スッキリわかる
エネルギー管理士 電気分野

佐藤 義美 著

電気書院

はじめに

　エネルギー管理士の資格取得は，受験年度を含め3年以内に「各課目60％以上」の合格基準点を得ることで合格できる国家試験です．一方，試験の出題範囲が広く，これをすべて学習することは困難です．このため，出題傾向に沿った効率的な学習を行うことが重要となります．

　本書は，初学者や課目合格途上の受験者のために，エネルギー管理士電気分野の出題傾向に沿って作成したテキストです．合格に向けての学習は，この1冊で十分となるように出題率の高いポイントを厳選しました．このため，ほかのテキストは必要ありませんが，「エネルギー管理士電気分野模範解答集」などの過去問題集で実際の問題を解くことも大事です．

　本書の特長としては，次のとおりです．
■極力，図を用いて，理解しやすくしています．
■難しい用語等は，欄外で補足説明を付け加えています．
■計算問題は，途中の計算式を省略せずに，順を追って詳しく結論まで記述しています．
■出題の可能性の高い用語，問題は数回程度，繰り返し解説してあります．
■法規では，難解の用語・文章は必要に応じて欄外に解説を加え，わかりやすくしています．
　以上のように，学習につまずいたり，妨げる要因に対して対策を施した内容になっています．

　ぜひ，本書で繰り返し学習を重ねてください．自信をもって問題が正答できるようになれば，各科目とも合格基準点を得る力が十分身に付いているはずです．

　本書がエネルギー管理士合格を目指す皆様の一助となれば幸いです．

2019年9月　著者記す

法律等の略称は次のようにする.

① エネルギーの使用の合理化等に関する法律:「省エネ法」
（平成30年6月13日改正）

② エネルギーの使用の合理化等に関する法律施行令:「令」
（平成31年4月3日改正）

③ エネルギーの使用の合理化等に関する法律施行規則:「規則」
（平成31年4月12日改正）

④ エネルギーの使用の合理化等に関する基本方針:「基本方針」
（平成30年11月27日改正）

⑤ 工場等におけるエネルギーの使用の合理化等に関する事業者の判断基準:「工場等判断基準」
（平成30年3月30日改正）

試験概要

○試験課目

マークシートに記入する多肢選択式の試験で，表に示す4科目について行われます．

	課 目	出 題 内 容
I	エネルギー総合管理及び法規	エネルギーの使用の合理化等に関する法律及び命令 エネルギー情勢・政策，エネルギー概論 エネルギー管理技術の基礎(判断基準の理解・実践について)
II	電気の基礎	電気及び電子理論 自動制御及び情報処理 電気計測
III	電気設備及び機器	工場配電 電気機器
IV	電力応用	電動力応用 電気加熱※ 電気化学※ 　※印は，4問題中2問題を選択し，解答する． 照明※ 空気調和※

○試験実施時期

8月第1週目の日曜日（2019年は8月4日㈰に実施）

○試験時間

課目 I ・課目 II …80分　　課目III・課目IV…110分

○受験願書の受付時期

5月上旬から6月中旬

2019年は，5月7日㈫〜6月14日㈮.

インターネット申込みの場合は，6月13日㈭までに申込み，6月14日㈮までに受験手数料を納付すること

○受験資格

受験資格に制限はありません．どなたでも受験できます．

○受験手数料

17,000円（非課税）

ただし，旧制度の熱管理士または電気管理士の免状取得者で，平成17年度の改正法附則第4条に規定する試験課目（専門区分課目Ⅱ～Ⅳ）の免除を受け，課目Ⅰを受験する場合は，10,000円（非課税）．

○試験地

2019年は，

　北海道，宮城県，首都圏，愛知県，富山県，大阪府，広島県，香川県，福岡県および沖縄県

で実施されました．

○試験結果の発表

　例年，9月中旬に官報インターネット等にて合格発表され，受験者全員に合否通知書が発送されます．

○科目合格制度

　試験は課目ごとに合否が決定され，4課目すべてに合格すればエネルギー管理士試験に合格したことになります．一部の課目のみ合格した場合は，課目合格となり，翌年度および翌々年度の試験では，申請により合格している課目の試験が免除されます．つまり，3年以内に4課目合格すれば，エネルギー管理士試験の合格となります．

○試験に関する問い合わせ先

一般財団法人省エネルギーセンター

　エネルギー管理試験・講習センター　試験部

〒108-0023　東京都港区芝浦2丁目11番5号　五十嵐ビルディング5F

TEL：03-5439-4970　　FAX：03-5439-6290

https://www.eccj.or.jp/

目　次

第1章　課目Ⅰ　エネルギー総合管理及び法規

エネルギーの使用の合理化等に関する法律及び命令　　2
省エネ法　　2
関連法規　　44
エネルギー情勢・政策，エネルギー概論　　51
エネルギー情勢・政策　　51
エネルギー概論　　66
エネルギー管理技術の基礎　　75
エネルギーの基礎　　75
工場等判断基準　　90
実力Check!問題　　165

第2章　課目Ⅱ　電気の基礎

電気及び電子理論　　184
静電界の基礎　　184
磁界の基礎　　197
電磁誘導　　210
回路計算の基礎　　219
相互誘導回路と複素電力　　227
線形回路網の諸定理　　233
三相交流回路　　249
自動制御及び情報処理　　266
自動制御の概念と基本構成　　266
ラプラス変換　　270
伝達関数とブロック線図　　276
自動制御系の諸特性　　282
情報の表現方法（数値データ）　　299
集合と論理回路　　305
電気計測　　311
計測の概要　　311
測定の誤差　　314
指示電気計器の構造と動作原理　　318
直流電流・電圧及び交流電流・電圧の測定　　321

v

直流電力・交流電力の測定	325
抵抗・インピーダンスの測定	332
実力Check!問題	336

第3章　課目Ⅲ　電気設備及び機器

工場配電	352
配電方式と受電方式	352
工場配電の電気設計	372
電気機器	385
変圧器	385
誘導機	410
同期機	425
直流機	444
静止器	457
実力Check!問題	477

第4章　課目Ⅳ　電力応用

電動力応用	496
電動力応用の特徴と基本式	496
電動機による負荷駆動と運動方程式	501
電動力の応用例	534
電気加熱	552
熱計算	552
電気加熱原理と応用	558
電気化学	573
電気化学の基礎	573
電解工業の実例	580
照明	588
照明の基礎	588
照明設計と保守管理	605
空気調和	613
空気調和の基礎	613
熱源システム	620
空調エネルギーの管理手法	633
実力Check!問題	638
さくいん	663

課目 I

エネルギー総合管理及び法規

エネルギーの使用の合理化等に関する法律及び命令

エネルギー総合管理

- ●エネルギー情勢・政策, エネルギー概論
- ●エネルギー管理技術の基礎

エネルギーの使用の合理化等に関する法律

1　省エネ法

これだけは覚えよう！
- □総則（目的・定義）（第1条，第2条）
- □基本方針（第3条）
- □工場に係る措置（第5条，第7条〜第13条，第15条〜第44条）
- □建築物に係る措置（第143条）
- □機械器具に係る措置（第144条〜第148条）

■総　則

◇第1条　目的

　この法律は，内外におけるエネルギーをめぐる経済的社会的環境に応じた燃料資源の有効な利用の確保に資するため，**工場等，輸送，建築物及び機械器具等についてのエネルギーの使用の合理化に関する所要の措置，電気の需要の平準化に関する所要の措置**その他エネルギーの使用の合理化等を総合的に進めるために必要な措置等を講ずることとし，もつて国民経済の健全な発展に寄与することを目的とする.

◇第2条　定義

　この法律において**「エネルギー」とは，燃料並びに熱**（燃料を熱源とする熱に代えて使用される熱であって政令で定めるものを除く．以下同じ．）**及び電気**（燃料を熱源とする熱を変換して得られる動力を変換して得られる電気に代えて使用される電気であって政令で定めるものを除く．以下同じ．）をいう．

　2　この法律において**「燃料」とは，原油及び揮発油**，**重油**その他経済産業省令で定める**石油製品，可燃性天然ガ**

▶**エネルギーの使用合理化の対象**
エネルギーの使用合理化の対象は工場等，輸送，建築物および機械器具等の四つである．
さらに，電気の需要の平準化に関する事項が規定されている．

▶**エネルギー**
燃料・熱・電気を対象としている．
廃棄物からの回収エネルギーや太陽光，風力の自然エネルギーは対象外である．

▶**燃料とは**
- 原油，揮発油，重油とその他石油製品
- 可燃性天然ガス
- 石炭，コークス，石炭製品

のことである．

ス並びに**石炭及びコークス**その他経済産業省令で定める**石炭製品**であって，燃焼その他の経済産業省令で定める用途に供するものをいう．

3　この法律において「**電気の需要の平準化**」とは，**電気の需要量の季節又は時間帯による変動を縮小させること**をいう．

■基本方針

◇第3条　基本方針

経済産業大臣は，工場又は事務所その他の事業場（以下「工場等」という．），輸送，建築物，機械器具等に係るエネルギーの使用の合理化及び電気の需要の平準化を総合的に進める見地から，**エネルギーの使用の合理化等に関する基本方針**（以下「基本方針」という．）**を定め，これを公表しなければならない**．

2　**基本方針**は，エネルギーの使用の合理化のために**エネルギーを使用する者等が講ずべき措置に関する基本的な事項**，電気の需要の平準化を図るために**電気を使用する者等が講ずべき措置に関する基本的な事項**，**エネルギーの使用の合理化等の促進のための施策に関する基本的な事項**その他エネルギーの使用の合理化等に**関する事項について**，**エネルギー需給の長期見通し，電気その他のエネルギーの需給を取り巻く環境，エネルギーの使用の合理化に関する技術水準その他の事情を勘案して定めるものとする**．

4　**経済産業大臣**は，基本方針を定めようとするときは，あらかじめ，**輸送に係る部分**，**建築物に係る部分**（建築材料の品質の向上及び表示に係る部分並びに建築物の外壁，窓等を通しての熱の損失の防止の用に供される建築材料の熱の損失の防止のための性能の向上及び表示に係る部分を除く．）**及び自動車の性能に係る部分については国土交通大臣に協議しなければならない**．

▶**電気の需要の平準化**
1　電気の代わりに燃料，熱を用いて操業する．
2　電気のピーク時間帯の操業の一部を，オフピーク時間帯にシフトする．

▶**基本方針**
経済産業大臣がエネルギーの使用の合理化等に関する基本方針を定め，これを公表しなければならない．

▶**基本方針の施策**
エネルギーを使用する者等や電気を使用する者等が行うべき基本的事項，エネルギー使用合理化の施策に関する事項およびエネルギー需給の長期見通し等を定める．

▶**閣議の決定**
第3項では基本方針を定めるには，閣議の決定を経なければならない，としている．条文については省略する．

▶**基本方針の改定**
第5項では必要があるときは基本方針を改定できるとし，第6項では第1項から第4項についても準用するとしている．条文については省略する．

■工場に係る措置

◇第5条　事業者の判断の基準となるべき事項等

経済産業大臣は，工場等におけるエネルギーの使用の合理化の適切かつ有効な実施を図るため，次に掲げる事項並びにエネルギーの使用の合理化の目標及び当該目標を達成するために計画的に取り組むべき措置に関し，工場等においてエネルギーを使用して事業を行う者の判断の基準となるべき事項を定め，これを公表するものとする.

一　工場等であって専ら事務所その他これに類する用途に供するものにおけるエネルギーの使用の方法の改善，第145条第1項に規定するエネルギー消費性能等が優れている機械器具の選択その他エネルギーの使用の合理化に関する事項

二　工場等（前号に該当するものを除く.）におけるエネルギーの使用の合理化に関する事項であって次に掲げるもの

　　イ　燃料の燃焼の合理化

　　ロ　加熱及び冷却並びに伝熱の合理化

　　ハ　廃熱の回収利用

　　ニ　熱の動力等への変換の合理化

　　ホ　放射，伝導，抵抗等によるエネルギーの損失の防止

　　ヘ　電気の動力，熱等への変換の合理化

2　経済産業大臣は，工場等において電気を使用して事業を行う者による電気の需要の平準化に資する措置の適切かつ有効な実施を図るため，次に掲げる事項その他当該者が取り組むべき措置に関する指針を定め，これを公表するものとする.

一　電気需要平準化時間帯（電気の需給の状況に照らし電気の需要の平準化を推進する必要があると認められる時間帯として経済産業大臣が指定する時間帯をいう.）における電気の使用から燃料又は熱の使用への転換

▶告示

経済産業大臣は，工場等において，エネルギーを使用して事業を行う者（エネルギー使用合理化）の判断基準を定め，公表する（告示）.

▶判断基準

イ～への六つの判断基準は，しっかりと覚えておく.

二　電気需要平準化時間帯から電気需要平準化時間帯以外の時間帯への電気を消費する機械器具を使用する時間の変更

　3　第1項に規定する判断の基準となるべき事項及び前項に規定する指針は，エネルギー需給の長期見通し，電気その他のエネルギーの需給を取り巻く環境，エネルギーの使用の合理化に関する技術水準，業種別のエネルギーの使用の合理化の状況その他の事情を勘案して定めるものとし，これらの事情の変動に応じて必要な改定をするものとする．

◇第7条　特定事業者の指定

　経済産業大臣は，工場等を設置している者（連鎖化事業者（第18条第1項に規定する連鎖化事業者），認定管理統括者（第29条第2項に規定する認定管理統括者をいう）及び管理関係事業者（第29条第2項第二号に規定する管理関係事業者をいう）を除く）のうち，その設置している全ての工場等におけるエネルギーの年度（4月1日から翌年3月31日までをいう．以下同じ．）の使用量の合計量が政令で定める数値以上であるものをエネルギーの使用の合理化を特に推進する必要がある者として指定するものとする．

　2　前項のエネルギーの年度の使用量は，政令で定めるところにより算定する．

　3　工場等を設置している者は，その設置している全ての工場等の前年度における前項の政令で定めるところにより算定したエネルギーの使用量の合計量が第1項の政令で定める数値以上であるときは，経済産業省令で定めるところにより，その設置している全ての工場等の前年度におけるエネルギーの使用量その他エネルギーの使用の状況に関し，経済産業省令で定める事項を経済産業大臣に届け出なければならない．ただし，同項の規定により指定された者（以下「特定事業者」という．）については，この限りでない．

　4　特定事業者は，次の各号のいずれかに掲げる事由が

▶政令で定める値

原油換算で1500 kL/年の事業者のことである．
この政令で定める値以上になると，特定事業者として指定され，中長期計画の作成・提出，定期報告の作成・報告，エネルギー管理統括者，エネルギー管理企画推進者の選任届出等の義務が生じる．

▶エネルギー使用量等の届出

エネルギー使用量が原油換算で1500 kL/年以上のときは経済産業大臣への届出が必要．

生じたときは，経済産業省令で定めるところにより，**経済産業大臣に，第1項の規定による指定を取り消すべき旨の申出をすることができる.**

一　その設置している**全ての工場等につき事業の全部を行わなくなったとき.**

二　その設置している全ての工場等における第2項の政令で定めるところにより算定した**エネルギーの年度の使用量の合計量について第1項の政令で定める数値以上となる見込みがなくなったとき.**

三　連鎖化事業者となったとき.

◇**第8条　エネルギー管理統括者**

　特定事業者は，経済産業省令で定めるところにより，第15条第1項の中長期的な計画の作成事務，その設置している工場等におけるエネルギーの使用の合理化に関し，エネルギーを消費する設備の維持，エネルギーの使用の方法の改善及び監視その他経済産業省令で定める業務を**統括管理する者**（以下「エネルギー管理統括者」という.）**を選任**しなければならない.

　　2　エネルギー管理統括者は，特定事業者が行う**事業の実施を統括管理する者**をもって充てなければならない.

　　3　特定事業者は，経済産業省令で定めるところにより，**エネルギー管理統括者の選任又は解任について**経済産業大臣に届け出なければならない.

◇**第9条　エネルギー管理企画推進者**

　特定事業者は，経済産業省令で定めるところにより，前条第1項に規定する業務に関し，**エネルギー管理統括者を補佐する者**（以下「エネルギー管理企画推進者」）**を選任**しなければならない.

一　経済産業大臣又はその指定する者（以下「指定講習機関」）が経済産業省令で定めるところにより行うエネルギーの使用の合理化に関し必要な**知識及び技能に関する講習の課程を修了した者**

▶ **指定の取り消し**
- 事業を止めたとき.
- 原油換算で1500 kL未満/年の使用量になったとき.
- 連鎖化事業者となったとき

経済産業大臣はその申出に理由があると認めるときは指定を取り消し，申出がなくとも事由が認められるときは指定を取り消すことができる.また指定を取り消した旨を当該者が設置している工場等に係る事業を所管する大臣に通知する.

▶ **エネルギー管理統括者の選任・解任**
特定事業者（組織の代表者など）は，エネルギー管理統括者を選任しなければならい.また，選任，解任については経済産業大臣に届け出なければならない.

▶ **エネルギー管理統括者の責務**
エネルギー管理統括者（役員クラス）の責務について述べている.

▶ **エネルギー管理企画推進者の選任・解任**
特定事業者（組織の代表者など）は，エネルギー管理企画推進者を選任しなければならない.また，選任・解任について経済産業大臣に届け出なければならない.

二　エネルギー管理士免状（第51条に規定するエネルギー管理士免状をいう）の交付を受けている者

　　2　特定事業者は，前項第一号に掲げる者のうちからエネルギー管理企画推進者を選任した場合には，経済産業省令で定める期間ごとに，当該エネルギー管理企画推進者に経済産業大臣又は指定講習機関が経済産業省令で定めるところにより行うエネルギー管理企画推進者の**資質**の向上を図るための講習を受けさせなければならない．

◇第10条　第一種エネルギー管理指定工場等の指定等

　経済産業大臣は，特定事業者が設置している工場等のうち，第7条第2項の政令で定めるところにより算定したエネルギーの年度の使用量が**政令で定める数値以上であるもの**をエネルギーの使用の合理化を特に推進する必要がある**工場等として指定するものとする．**

　　2　特定事業者のうち前項の規定により**指定された工場等**（「**第一種エネルギー管理指定工場等**」という）**を設置している者**（「**第一種特定事業者**」という）**は，当該工場等**につき次の各号のいずれかに掲げる事由が生じたときは，経済産業省令で定めるところにより，**経済産業大臣に，前項の規定による指定を取り消すべき旨の申出をすることができる．**

一　**事業を行わなくなったとき．**

二　第7条第2項の政令で定めるところにより算定した**エネルギーの年度の使用量について前項の政令で定める数値以上となる見込みがなくなったとき．**

◇第11条　（エネルギー管理者）

　第一種特定事業者は，経済産業省令で定めるところにより，その設置している**第一種エネルギー管理指定工場等ごとに，**政令で定める基準に従って，**エネルギー管理士免状の交付を受けている者のうちから，**第一種エネルギー管理指定工場等におけるエネルギーの使用の合理化に関し，**エネルギーを消費する設備の維持，エネルギーの使用の方法**

▶**政令で定める数値**

原油換算で3 000 kL/年である．

▶**第一種エネルギー管理指定工場等の取り消し**

事業を止めたとき，年度使用量が，3 000 kL/年未満となったときに取り消しの申し出ができる．
経済産業大臣はその申出に理由があると認められるときは指定を取り消し，申出がなくとも事由が認められるときは指定を取り消すことができる．また，指定を取り消した旨を当該工場等に係る事業を所管する大臣に通知する．

の改善及び監視その他経済産業省令で定める業務を管理する者（「エネルギー管理者」という）を選任しなければならない．ただし，第一種エネルギー管理指定工場等のうち次に掲げるものについては，この限りでない．

一　第一種エネルギー管理指定工場等のうち製造業その他の政令で定める業種に属する事業の用に供する工場等であって，専ら事務所その他これに類する用途に供するもののうち政令で定めるもの

二　第一種エネルギー管理指定工場等のうち前号に規定する業種以外の業種に属する事業の用に供する工場等

　2　第一種特定事業者は，経済産業省令で定めるところにより，エネルギー管理者の選任又は解任について経済産業大臣に届け出なければならない．

◇第12条　（エネルギー管理員）

　第一種特定事業者のうち前条第1項各号に掲げる工場等を設置している者（以下「第一種指定事業者」という）は，経済産業省令で定めるところにより，その設置している当該工場等ごとに，第9条第1項各号に掲げる者のうちから，前条第1項各号に掲げる工場等におけるエネルギーの使用の合理化に関し，エネルギーを消費する設備の維持，エネルギーの使用の方法の改善及び監視その他経済産業省令で定める業務を管理する者（以下「エネルギー管理員」という）を選任しなければならない．

　2　第一種指定事業者は，第9条第1項第一号に掲げる者のうちからエネルギー管理員を選任した場合には，経済産業省令で定める期間ごとに，当該エネルギー管理員に経済産業大臣又は指定講習機関が経済産業省令で定めるところにより行うエネルギー管理員の資質の向上を図るための講習を受けさせなければならない．

◇第15条　中長期的な計画の作成

　特定事業者は，経済産業省令で定めるところにより，定期に，その設置している工場等について第5条第1項に規

▶**エネルギー管理者の選任・解任**

第一種特定事業者は，エネルギー管理者の選任・解任について経済産業大臣に届け出なければならない．

▶**エネルギー管理者の主な職務**

①エネルギーの使用の合理化に関し，エネルギー消費設備の維持
②エネルギーの使用法の改善および監視

▶**政令で定める業種**

一　製造業（物品の加工修理業を含む）
二　鉱業　三　電気供給業
四　ガス供給業　五　熱供給業
※事務所を除く

▶**エネルギー管理員の選任・解任**

第一種指定事業者は，エネルギー管理員の選任・解任について経済産業大臣に届け出なければならない．

▶**エネルギー管理員の職務**

エネルギー管理者の職務を準用する．

▶**主務大臣**

工場等・機械器具などの主務大臣は，経済産業大臣となる．建築物の主務大臣は，国土交通大臣となる．
主務大臣は，中長期計画作成のために必要な指針を定めることができ，それを公表する．

定する判断の基準となるべき事項において定められた**エネルギーの使用の合理化の目標**に関し，その達成のための**中長期的な計画を作成**し，主務大臣に提出しなければならない．

◇**第16条　定期の報告**

　特定事業者は，**毎年度**，経済産業省令で定めるところにより，その設置している工場等における**エネルギーの使用量**その他**エネルギーの使用の状況**（エネルギーの使用の効率及びエネルギーの使用に伴って発生する**二酸化炭素の排出量に係る事項を含む．**）並びに**エネルギーを消費する設備及びエネルギーの使用の合理化に関する設備の設置及び改廃の状況**に関し，経済産業省令で定める事項を**主務大臣に報告**しなければならない．

　2　**経済産業大臣**は，前項の経済産業省令（エネルギーの使用に伴って発生する**二酸化炭素の排出量に係る事項**に限る．）を定め，又はこれを変更しようとするときは，あらかじめ，**環境大臣に協議**しなければならない．

◇**第17条　合理化計画に係る指示及び命令**

　主務大臣は，特定事業者が設置している工場等におけるエネルギーの使用の合理化の状況が第五条第一項に規定する**判断の基準となるべき事項に照らして著しく不十分であ**ると認めるときは，当該特定事業者に対し，当該特定事業者のエネルギーを使用して行う事業に係る技術水準，同条第2項に規定する指針に従って講じた措置の状況その他の事情を勘案し，その**判断の根拠を示して，エネルギーの使用の合理化に関する計画**（以下「**合理化計画**」という．）を作成し，これを提出すべき旨の指示をすることができる．

　2　**主務大臣**は，合理化計画が当該特定事業者が設置している工場等に係るエネルギーの使用の合理化の適確な実施を図る上で適切でないと認めるときは，当該特定事業者に対し，**合理化計画を変更**すべき旨の指示をすることができる．

▶**定期報告の作成・報告**

定期報告のなかには，エネルギー消費に起因する二酸化炭素の排出量も報告することになっている．
定期報告のうち，エネルギーに起因する二酸化炭素排出量に関することは，経済産業大臣と環境大臣とで協議することになっている．

▶**合理化計画の指示**

主務大臣が合理化計画の作成・提出，変更，実施の指示を行う．
また，合理化計画の実施の指示に従わないときは公表できる．

9

3　主務大臣は，特定事業者が合理化計画を実施していないと認めるときは，当該特定事業者に対し，**合理化計画を適切に実施**すべき旨の指示をすることができる．

4　主務大臣は，前3項に規定する指示を受けた特定事業者がその指示に従わなかったときは，その旨を公表することができる．

◇第13条　第二種エネルギー管理指定工場等の指定等

　経済産業大臣は，特定事業者が設置している工場等のうち第一種エネルギー管理指定工場等以外の工場等であって第7条第2項の政令で定めるところにより算定したエネルギーの年度の使用量が同条第1項の政令で定める数値を下回らない数値であって政令で定めるもの以上であるものを**第一種エネルギー管理指定工場等に準じてエネルギーの使用の合理化を特に推進する必要がある工場等として指定するものとする．**

　2　特定事業者のうち前項の規定により指定された工場等（以下「第二種エネルギー管理指定工場等」という．）を設置している者（以下**「第二種特定事業者」**という．）は，当該工場等につき次の各号のいずれかに掲げる事由が生じたときは，経済産業省令で定めるところにより，経済産業大臣に，前項の規定による指定を取り消すべき旨の申出をすることができる．

一　事業を行わなくなったとき．

二　第7条第2項の政令で定めるところにより算定した**エネルギーの年度の使用量について前項の政令で定める数値以上となる見込みがなくなったとき．**

■特定連鎖化事業者に係る措置

◇第18条　特定連鎖化事業者の指定

　経済産業大臣は，定型的な約款による契約に基づき，特定の商標，商号その他の表示を使用させ，商品の販売又は役務の提供に関する方法を指定し，かつ，継続的に経営に

▶**エネルギー使用量**
原油換算で1500 kL/年

▶**第二種エネルギー管理指定工場等の取り消し**
事業を止めたとき，年度使用量が1500 kL/年未満となったときに取り消しの申出ができる．
経済産業大臣はその申出に理由が認められるときは指定を取り消し，申出がなくとも事由が認められるときは指定を取り消すことができる．
また，指定を取り消した旨を当該者が設置している工場等に係る事業を所管する大臣に通知する．

関する指導を行う事業であって，当該約款に，当該事業に
加盟する者（以下「加盟者」という．）が設置している工場
等におけるエネルギーの使用の条件に関する事項であって
経済産業省令で定めるものに係る定めがあるもの（以下
「連鎖化事業」という．）を行う者（以下**「連鎖化事業者」**
という．）のうち，当該連鎖化事業者が設置している全て
の工場等及び当該加盟者が設置している当該連鎖化事業に
係る全ての工場等における第7条第2項の政令で定めると
ころにより算定した**エネルギーの年度の使用量の合計量**が
同条第1項の**政令で定める数値以上**であるものをエネルギ
ーの使用の合理化を特に推進する必要がある者として指定
するものとする．

　2　連鎖化事業者は，その設置している全ての工場等及
び当該連鎖化事業者が行う連鎖化事業の加盟者が設置して
いる当該連鎖化事業に係る全ての工場等の前年度における
第7条第2項の政令で定めるところにより算定したエネル
ギーの使用量の合計量が同条第1項の**政令で定める数値以
上**であるときは，経済産業省令で定めるところにより，そ
の設置している全ての工場等及び当該連鎖化事業者が行う
連鎖化事業の加盟者が設置している当該連鎖化事業に係る
全ての工場等の前年度におけるエネルギーの使用量その他
エネルギーの使用の状況に関し，経済産業省令で定める事
項を**経済産業大臣に届け出なければならない**．ただし，前
項の規定により指定された者（以下**「特定連鎖化事業者」**
という．）については，この限りでない．

　3　特定連鎖化事業者は，次の各号のいずれかに掲げる
事由が生じたときは，経済産業省令で定めるところにより，
経済産業大臣に，第1項の規定による指定を取り消すべき
旨の申出をすることができる．

一　当該特定連鎖化事業者が設置している全ての工場等及
　び当該特定連鎖化事業者が行う連鎖化事業の加盟者が設
　置している当該連鎖化事業に係る全ての工場等につき事

▶政令で定める数値

原油換算で1 500 kL/年
この政令で定める数値以上
になると特定連鎖化事業者
として指定され，中長期計
画の作成・提出，定期報告
の作成・報告，エネルギー
管理統括者，エネルギー管
理企画推進者の選任届出の
義務が生じる．

**▶エネルギー使用量等
の届け出**

エネルギー使用量の合計量
が原油換算で，1 500 kL/
年以上のときは経済産業大
臣への届け出が必要となる．

▶指定の取り消し

・事業を止めたと
・原油換算で1 500 kL以上
　/年の使用量の見込みが
　なくなったとき
経済産業大臣は指定を取り
消した旨を当該者が設置し
ている事業所を管轄する大
臣に通知する．

11

業の全部を行わなくなったとき.

二　当該特定連鎖化事業者が設置している全ての工場等及び当該特定連鎖化事業者が行う連鎖化事業の加盟者が設置している当該連鎖化事業に係る全ての工場等における第7条第2項の政令で定めるところにより算定したエネルギーの年度の使用量の合計量について同条第1項の政令で定める数値以上となる見込みがなくなったとき.

◇第19条　エネルギー管理統括者

特定連鎖化事業者（当該特定連鎖化事業者が認定管理統括事業者（第29条第2項に規定する認定管理統括事業者をいう.）又は管理関係事業者（同項第二号に規定する管理関係事業者をいう.）である場合を除く.）は, 経済産業省令で定めるところにより, 第26条第1項の中長期的な計画の作成事務, その設置している工場等及び当該特定連鎖化事業者が行う連鎖化事業の加盟者が設置している当該連鎖化事業に係る工場等におけるエネルギーの使用の合理化に関し, エネルギーを消費する設備の維持, エネルギーの使用の方法の改善及び監視その他経済産業省令で定める業務を統括管理する者（以下この条及び次条第1項において「エネルギー管理統括者」という.）を選任しなければならない.

2　エネルギー管理統括者は, 特定連鎖化事業者が行う事業の実施を統括管理する者をもって充てなければならない.

3　特定連鎖化事業者は, 経済産業省令で定めるところにより, エネルギー管理統括者の選任又は解任について経済産業大臣に届け出なければならない.

◇第20条　エネルギー管理企画推進者

特定連鎖化事業者は, 経済産業省令で定めるところにより, 第9条第1項各号に掲げる者のうちから, 前条第1項に規定する業務に関し, エネルギー管理統括者を補佐する者（「エネルギー管理企画推進者」という.）を選任しなけ

第18条の第4項, 第5項については省略する.

▶エネルギー管理統括者の選任・解任

特定連鎖化事業者（組織の代表など）はエネルギー管理統括者を選任しなければならない.
また, 選任・解任については経済産業大臣に届け出なければならない.

▶エネルギー管理統括者の責務

エネルギー管理者（役員クラス）の責務について述べている.

▶エネルギー管理企画推進者の選任・解任

特定連鎖化事業者（組織の代表など）はエネルギー管理企画推進者を選任しなければならない.
また, 選任・解任については経済産業大臣に届け出なければならない.

ればならない.

2 特定連鎖化事業者は，第9条第1項第一号に掲げる者のうちからエネルギー管理企画推進者を選任した場合には，経済産業省令で定める期間ごとに，当該エネルギー管理企画推進者に経済産業大臣又は指定講習機関が経済産業省令で定めるところにより行うエネルギー管理企画推進者の**資質の向上**を図るための講習を受けさせなければならない.

3 特定連鎖化事業者は，経済産業省令で定めるところにより，エネルギー管理企画推進者の選任又は解任について経済産業大臣に届け出なければならない.

◇第21条 第一種連鎖化エネルギー管理指定工場等の指定等

経済産業大臣は，特定連鎖化事業者が設置している工場等のうち，第7条第2項の政令で定めるところにより算定したエネルギーの年度の使用量が第10条第1項の**政令で定める数値**以上であるものを**エネルギーの使用の合理化を特に推進する必要がある工場等として指定する**ものとする.

2 特定連鎖化事業者のうち前項の規定により指定された工場等（「第一種連鎖化エネルギー管理指定工場」という.）を設置している者（「第一種特定連鎖化事業者」という.）は，当該工場等につき次の各号のいずれかに掲げる事由が生じたときは，経済産業省令で定めるところにより，経済産業大臣に，前項の規定による**指定を取り消すべき旨の申出をする**ことができる.

一 事業を行わなくなったとき.

二 第7条第2項の政令で定めるところにより算定したエネルギーの年度の使用量について第10条第1項の政令で定める数値以上となる見込みがなくなったとき.

3 経済産業大臣は，前項の申出があった場合において，その申出に理由があると認めるときは，遅滞なく，第1項の規定による指定を取り消すものとする. 前項の申出がない場合において，当該工場等につき同各号のいずれかに掲

▶**政令で定める数値**

原油換算で3 000 kL/年

▶**指定の取り消し**

- 事業を止めたとき
- 原油換算で3 000 kL 以上/年の使用量の見込みがなくなったとき

経済産業大臣は，指定を取り消した旨を当該者が設置している事業所を管轄する大臣に通知する.

13

げる事由が生じたと認められるときも，同様とする．

4　経済産業大臣は，第1項の規定による指定又は前項の規定による指定の取消しをしたときは，その旨を当該工場等に係る事業を所管する大臣に通知するものとする．

◇第22条　（エネルギー管理者）

第一種特定連鎖化事業者は，経済産業省令で定めるところにより，その設置している第一種連鎖化エネルギー管理指定工場等ごとに，第11条第1項の政令で定める基準に従って，エネルギー管理士免状の交付を受けている者のうちから，第一種連鎖化エネルギー管理指定工場等におけるエネルギーの使用の合理化に関し，エネルギーを消費する設備の維持，エネルギーの使用の方法の改善及び監視その他経済産業省令で定める業務を管理する者（次項において**「エネルギー管理者」**という．）を選任しなければならない．ただし，第一種連鎖化エネルギー管理指定工場等のうち次に掲げるものについては，この限りでない．

一　第一種連鎖化エネルギー管理指定工場等のうち第11条第1項第一号の政令で定める業種に属する事業の用に供する工場等であって，専ら事務所その他これに類する用途に供するもののうち**政令で定めるもの**

二　第一種連鎖化エネルギー管理指定工場等のうち前号に規定する業種以外の業種に属する事業の用に供する工場等

2　第一種特定連鎖化事業者は，経済産業省令で定めるところにより，エネルギー管理者の選任又は解任について経済産業大臣に届け出なければならない．

◇第23条　（エネルギー管理員）

第一種特定連鎖化事業者のうち前条第1項各号に掲げる**工場等を設置している者**（以下この条において**「第一種指定連鎖化事業者」**という．）は，経済産業省令で定めるところにより，その設置している当該工場等ごとに，第9条第1項各号に掲げる者のうちから，前条第1項各号に掲げ

▶エネルギー管理者の選任・解任

第1種特定連鎖化事業者は，エネルギー管理者の選任・解任について経済産業大臣に届け出なければならない．

▶エネルギー管理者の職務

- エネルギーの使用の合理化に関し，エネルギー消費する設備の維持
- エネルギーの使用の方法の改善及び監視

▶政令で定める業種

一　製造業（物品の加工修理を含む）
二　鉱業
三　電気供給業
四　ガス供給業
五　熱供給業

▶エネルギー管理員の職務

- エネルギー管理員の職務を準用する．

る工場等におけるエネルギーの使用の合理化に関し，エネルギーを消費する設備の維持，エネルギーの使用の方法の改善及び監視その他経済産業省令で定める業務を管理する者（**「エネルギー管理員」**という．）を選任しなければならない．

2　**第一種特定連鎖化事業者**は，第9条第1項第一号に掲げる者のうちからエネルギー管理員を選任した場合には，経済産業省令で定める期間ごとに，当該エネルギー管理員に経済産業大臣又は指定講習機関が経済産業省令で定めるところにより行う**エネルギー管理員の資質の向上を図るための講習**を受けさせなければならない．

3　第一種指定連鎖化事業者は，経済産業省令で定めるところにより，エネルギー管理員の選任又は解任について経済産業大臣に届け出なければならない．

◇**第24条　第二種連鎖化エネルギー管理指定工場等の指定等**

経済産業大臣は，特定連鎖化事業者が設置している工場等のうち第一種連鎖化エネルギー管理指定工場等以外の工場等であって第7条第2項の政令で定めるところにより算定したエネルギーの年度の使用量が同条第1項の政令で定める数値を下回らない数値であって第13条第1項の政令で定めるもの以上であるものを第一種連鎖化エネルギー管理指定工場等に準じてエネルギーの使用の合理化を特に推進する必要がある工場等として指定するものとする．

2　特定連鎖化事業者のうち前項の規定により指定された工場等（**「第二種連鎖化エネルギー管理指定工場等」**という．）を設置している者（**「第二種特定連鎖化事業者」**という．）は，当該工場等につき次の各号のいずれかに掲げる事由が生じたときは，経済産業省令で定めるところにより，経済産業大臣に，前項の規定による指定を取り消すべき旨の申出をすることができる．

一　事業を行わなくなったとき．

▶**指定の取り消し**
- 事業を止めたとき
- 原油換算で3 000 kL以上/年の使用量の見込みがなくなったとき

経済産業大臣は指定を取り消した旨を当該者が設置している事業所を管轄する大臣に通知する．

第24条の第3項～第5項については省略する．

二　第7条第2項の政令で定めるところにより算定したエネルギーの年度の使用量について第13条第1項の政令で定める数値以上となる見込みがなくなったとき.

◇第25条　（エネルギー管理員）

　第二種特定連鎖化事業者は，経済産業省令で定めるところにより，その設置している第二種連鎖化エネルギー管理指定工場等ごとに，第9条第1項各号に掲げる者のうちから，第二種連鎖化エネルギー管理指定工場等におけるエネルギーの使用の合理化に関し，エネルギーを消費する設備の維持，エネルギーの使用の方法の改善及び監視その他経済産業省令で定める業務を管理する者（「エネルギー管理員」という.）を選任しなければならない.

　2　第二種特定連鎖化事業者は，第9条第1項第一号に掲げる者のうちからエネルギー管理員を選任した場合には，経済産業省令で定める期間ごとに，当該エネルギー管理員に経済産業大臣又は指定講習機関が経済産業省令で定めるところにより行うエネルギー管理員の資質の向上を図るための講習を受けさせなければならない.

　3　第二種特定連鎖化事業者は，経済産業省令で定めるところにより，エネルギー管理員の選任又は解任について経済産業大臣に届け出なければならない.

◇第26条　中長期的な計画の作成

　特定連鎖化事業者は，経済産業省令で定めるところにより，定期に，その設置している工場等及び当該特定連鎖化事業者が行う連鎖化事業の加盟者が設置している当該連鎖化事業に係る工場等について第5条第1項に規定する判断の基準となるべき事項において定められたエネルギーの使用の合理化の目標に関し，その達成のための中長期的な計画を作成し，主務大臣に提出しなければならない.

　2，3　略

◇第27条　定期の報告

　特定連鎖化事業者は，毎年度，経済産業省令で定めると

▶主務大臣

工場等・機械器具などの主務大臣は，経済産業大臣となる．建築物の主務大臣は国土交通大臣になる．主務大臣は，中長期計画の作成のために必要な指針を定めることができ，それを公表する．

▶定期報告の作成・報告

定期報告の中にはエネルギー消費に起因する二酸化炭素の排出量も報告することになっている．エネルギーに起因する排出量に関することは，経済産業大臣と協議することになっている．

ころにより，その設置している工場等及び当該特定連鎖化事業者が行う連鎖化事業の加盟者が設置している当該連鎖化事業に係る工場等における**エネルギーの使用量**その他**エネルギーの使用の状況**（エネルギーの使用の効率及びエネルギーの使用に伴って発生する二酸化炭素の排出量に係る事項を含む．）並びに**エネルギーを消費する設備**及び**エネルギーの使用の合理化に関する設備の設置及び改廃の状況**に関し，経済産業省令で定める事項を主務大臣に報告しなければならない．

2　**経済産業大臣**は，前項の経済産業省令（エネルギーの使用に伴って発生する**二酸化炭素の排出量に係る事項**に限る．）を定め，又はこれを変更しようとするときは，あらかじめ，**環境大臣に協議**しなければならない．

◇**第28条　合理化計画に係る指示及び命令**

主務大臣は，特定連鎖化事業者が設置している工場等及び当該特定連鎖化事業者が行う連鎖化事業の加盟者が設置している当該連鎖化事業に係る工場等におけるエネルギーの使用の合理化の状況が第5条第1項に規定する**判断の基準となるべき事項に照らして著しく不十分である**と認めるときは，当該特定連鎖化事業者に対し，当該特定連鎖化事業者のエネルギーを使用して行う事業に係る技術水準，同条第2項に規定する指針に従って講じた措置の状況その他の事情を勘案し，**その判断の根拠を示して**，**合理化計画を作成**し，これを**提出すべき旨の指示**をすることができる．

2　主務大臣は，合理化計画が当該特定連鎖化事業者が設置している工場等及び当該特定連鎖化事業者が行う連鎖化事業の加盟者が設置している当該連鎖化事業に係る工場等に係る**エネルギーの使用の合理化の適確な実施を図る上で適切でないと認める**ときは，当該特定連鎖化事業者に対し，**合理化計画を変更**すべき旨の指示をすることができる．

3　主務大臣は，特定連鎖化事業者が合理化計画を実施していないと認めるときは，当該特定連鎖化事業者に対し，

▶**合理化計画の指示**

主務大臣が合理化計画の作成・提出・変更，実施の指示を行う．また合理化計画の実施の指示に従わないときは公表できる．

合理化計画を適切に実施すべき旨の指示をすることができる.

　4　主務大臣は,前3項に規定する指示を受けた特定連鎖化事業者がその指示に従わなかったときは,その旨を公表することができる.

第28条の第5項については省略する.

■認定管理統括事業者に係る措置

◇第29条　認定管理統括事業者

　工場等を設置している者は,自らが発行済株式の全部を有する株式会社その他の当該工場等を設置している者と密接な関係を有する者として経済産業省令で定める者であって工場等を設置しているもの(「密接関係者」という.)と一体的に工場等におけるエネルギーの使用の合理化を推進する場合には,経済産業省令で定めるところにより,次の各号のいずれにも適合していることにつき,経済産業大臣の認定を受けることができる.

一　その認定の申請に係る密接関係者と**一体的に行うエネルギーの使用の合理化のための措置を統括して管理している者として経済産業省令で定める要件に該当する者で**あること.

二　当該工場等を設置している者及びその認定の申請に係る密接関係者が設置している全ての工場等の前年度における第7条第2項の政令で定めるところにより算定した**エネルギーの使用量の合計が同条第一項の政令で定める数値以上である**こと.

　2　経済産業大臣は,前項の認定を受けた者(以下「認定管理統括事業者」という.)が次の各号のいずれかに該当するときは,その認定を取り消すことができる.

一　前項第一号に規定する経済産業省令で定める**要件に該当しなくなったとき**.

二　当該認定管理統括事業者及びその認定に係る密接関係者(以下「管理関係事業者」という.)が設置している全

▶政令で定める値

原油換算で1 500 kL/年
この政令で定める値以上になると認定管理統括事業者として認定され,中長期計画の作成・提出,定期報告の作成・報告,エネルギー管理統括者,エネルギー管理企画推進者の選任届出の義務が生じる.

▶取り消し

- 認定要件に該当しなくなったとき
- 原油換算で1 500 kL/年の使用量の見込みがなくなったとき
- 不正の手段が判明したとき

経済産業大臣は認定取り消した旨を当該者が設置している事業所を管轄する大臣に通知する.

18

ての工場等における第七条第二項の政令で定めるところにより算定した**エネルギーの年度の使用量の合計量が同条第1項の政令で定める数値以上となる見込みがなくなったとき.**

三 **不正の手段により前項の認定を受けたことが判明したとき.**

◇**第30条　エネルギー管理統括者**

認定管理統括事業者は，経済産業省令で定めるところにより，第37条第1項の中長期的な計画の作成事務，その設置している工場等（当該認定管理統括事業者が特定連鎖化事業者である場合にあっては，当該者が行う連鎖化事業の加盟者が設置している当該連鎖化事業に係る工場等を含む.）及びその管理関係事業者が設置している工場等（当該管理関係事業者が特定連鎖化事業者である場合にあっては，当該者が行う連鎖化事業の加盟者が設置している当該連鎖化事業に係る工場等を含む.）におけるエネルギーの使用の合理化に関し，エネルギーを消費する設備の維持，エネルギーの使用の方法の改善及び監視その他経済産業省令で定める業務を**統括管理する者**（以下「**エネルギー管理統括者**」という.）**を選任**しなければならない.

2　エネルギー管理統括者は，認定管理統括事業者が行う事業の実施を統括管理する者をもって充てなければならない.

3　**認定管理統括事業者**は，経済産業省令で定めるところにより，**エネルギー管理統括者の選任又は解任**について**経済産業大臣に届け出なければならない.**

◇**第31条　エネルギー管理企画推進者**

認定管理統括事業者は，経済産業省令で定めるところにより，第9条第1項各号に掲げる者のうちから，前条第1項に規定する業務に関し，**エネルギー管理統括者を補佐する者**（以下「エネルギー管理企画推進者」という.）**を選任**しなければならない.

第29条の第3項については省略する.

▶**エネルギー管理統括者の選任・解任**

認定管理統括事業者（組織の代表）などエネルギー管理統括者を選任しなければならない．また，選任・解任については経済産業大臣に届け出なければならない．

▶**エネルギー管理統括者の責務**

エネルギー管理者（役員クラス）の責務について述べている．

▶**エネルギー管理企画推進者の選任・解任**

認定管理統括事業者（組織の代表など）は，エネルギー管理企画推進者を選任しなければならない．また，選任・解任については経済産業大臣に届け出なければならない．

2　認定管理統括事業者は，第9条第1項第一号に掲げる者のうちからエネルギー管理企画推進者を選任した場合には，経済産業省令で定める期間ごとに，当該エネルギー管理企画推進者に経済産業大臣又は指定講習機関が経済産業省令で定めるところにより行うエネルギー管理企画推進者の資質の向上を図るための講習を受けさせなければならない．

3　認定管理統括事業者は，経済産業省令で定めるところにより，エネルギー管理企画推進者の選任又は解任について経済産業大臣に届け出なければならない．

◇第32条　第一種管理統括エネルギー管理指定工場等の指定等

経済産業大臣は，認定管理統括事業者が設置している工場等のうち，第7条第2項の政令で定めるところにより算定したエネルギーの年度の使用量が第10条第1項の政令で定める数値以上であるものをエネルギーの使用の合理化を特に推進する必要がある工場等として指定するものとする．

2　認定管理統括事業者のうち前項の規定により指定された工場等（「第一種管理統括エネルギー管理指定工場等」という．）を設置している者（「第一種認定管理統括事業者」という．）は，当該工場等につき次の各号のいずれかに掲げる事由が生じたときは，経済産業省令で定めるところにより，経済産業大臣に，前項の規定による指定を取り消すべき旨の申出をすることができる．

一　事業を行わなくなったとき．

二　第7条第2項の政令で定めるところにより算定したエネルギーの年度の使用量について第10条第1項の政令で定める数値以上となる見込みがなくなったとき．

◇第33条　（エネルギー管理者）

第一種認定管理統括事業者は，経済産業省令で定めるところにより，その設置している第一種統括エネルギー管理指定工場等ごとに，第11条第1項の政令で定める基準に

▶政令で定める数値

原油換算で3 000 kL/年

▶指定の取り消し

・事業を止めたとき
・原油換算で3 000 kL以上/年の使用量の見込みがなくなったとき
経済産業大臣は指定を取り消した旨を当該者が設置している事業所を管轄する大臣に通知する．

第32条第3項および第4項については省略する．

▶エネルギー管理者の選任・解任

第一種認定管理統括事業者は，エネルギー管理者の選任・解任について経済産業大臣に届け出なければならない．

従って，**エネルギー管理士免状の交付を受けている者のうちから**，第一種管理統括エネルギー管理指定工場等におけるエネルギーの使用の合理化に関し，**エネルギーを消費する設備の維持，エネルギーの使用の方法の改善及び監視その他経済産業省令で定める業務を管理する者（「エネルギー管理者」という．）を選任しなければならない**．ただし，第一種管理統括エネルギー管理指定工場等のうち次に掲げるものについては，この限りでない．

一　第一種管理統括エネルギー管理指定工場等のうち第11条第1項第一号の政令で定める業種に属する事業の用に供する工場等であって，**専ら事務所その他これに類する用途に供するもののうち政令で定めるもの**

二　第一種管理統括エネルギー管理指定工場等のうち前号に規定する業種以外の業種に属する事業の用に供する工場等

2　第一種認定管理統括事業者は，経済産業省令で定めるところにより，**エネルギー管理者の選任又は解任**について**経済産業大臣に届け出なければならない**．

◇**第34条　（エネルギー管理員）**

第一種認定管理統括事業者のうち前条第1項各号に掲げる工場等を設置している者（**「第一種指定管理統括事業者」**という．）は，経済産業省令で定めるところにより，その設置している当該工場等ごとに，第9条第1項号に掲げる者のうちから，前条第1項各号に掲げる工場等におけるエネルギーの使用の合理化に関し，エネルギーを消費する設備の維持，エネルギーの使用の方法の改善及び監視その他経済産業省令で定める業務を管理する者（**「エネルギー管理員」**という．）を選任しなければならない．

2　第一種指定管理統括事業者は，第9条第1項第一号に掲げる者のうちからエネルギー管理員を選任した場合には，経済産業省令で定める期間ごとに，当該エネルギー管理員に経済産業大臣又は指定講習機関が経済産業省令で定

▶**エネルギー管理者の職務**
- エネルギーの使用の合理化に関し，エネルギー消費する設備の維持
- エネルギーの使用の方法の改善及び監視

▶**政令で定める業種**
一　製造業（物品の加工修理を含む）
二　鉱業
三　電気供給業
四　ガス供給業
五　熱供給業

▶**エネルギー管理員の職務**
エネルギー管理者の職務を準用する．

▶**エネルギー管理員の選任・解任**
第一種認定管理統括事業者は，エネルギー管理員の選任・解任について経済産業大臣に届け出なければならない．

めるところにより行う**エネルギー管理員の資質の向上を図るための講習を受けさせなければならない**.

3　第一種指定管理統括事業者は，経済産業省令で定めるところにより，**エネルギー管理員の選任又は解任について経済産業大臣に届け出なければならない**.

◇**第35条　第二種管理統括エネルギー管理指定工場等の指定等**

経済産業大臣は，認定管理統括事業者が設置している工場等のうち第一種管理統括エネルギー管理指定工場等以外の工場等であって第7条第2項の政令で定めるところにより算定したエネルギーの年度の使用量が同条第1項の政令で定める数値を下回らない数値であって第13条第1項の政令で定めるもの以上であるものを**第一種管理統括エネルギー管理指定工場等に準じてエネルギーの使用の合理化を特に推進する必要がある工場等として指定する**ものとする.

2　認定管理統括事業者のうち前項の規定により指定された工場等（「第二種管理統括エネルギー管理指定工場等」という.）を設置している者（**「第二種認定管理統括事業者」**という.）は，当該工場等につき次の各号のいずれかに掲げる事由が生じたときは，経済産業省令で定めるところにより，経済産業大臣に，前項の規定による指定を取り消すべき旨の申出をすることができる.

一　事業を行わなくなったとき.

二　第7条第2項の政令で定めるところにより算定した**エネルギーの年度の使用量**について第13条第1項の**政令で定める数値以上となる見込みがなくなったとき**.

◇**第36条　（エネルギー管理員）**

第二種認定管理統括事業者は，経済産業省令で定めるところにより，その設置している第二種管理統括エネルギー管理指定工場等ごとに，第9条第1項各号に掲げる者のうちから，第二種管理統括エネルギー管理指定工場等におけるエネルギーの使用の合理化に関し，**エネルギーを消費す**

▶指定等の取り消し
・事業を止めたとき
・原油換算で1 500 kL以上/年の使用量の見込みがなくなったとき
経済産業大臣は指定取り消した旨を当該者が設置している事業所を管轄する大臣に通知する.

第35条の第3項〜第5項については省略する.

る設備の維持，エネルギーの使用の方法の改善及び監視その他経済産業省令で定める業務を管理する者（「エネルギー管理員」という．）を選任しなければならない．

2　第二種認定管理統括事業者は，第9条第1項第一号に掲げる者のうちからエネルギー管理員を選任した場合には，経済産業省令で定める期間ごとに，当該エネルギー管理員に経済産業大臣又は指定講習機関が経済産業省令で定めるところにより行う**エネルギー管理員の資質の向上**を図るための講習を受けさせなければならない．

3　第二種認定管理統括事業者は，経済産業省令で定めるところにより，**エネルギー管理員の選任又は解任**について経済産業大臣に届け出なければならない．

◇**第37条　中長期的な計画の作成**

認定管理統括事業者は，経済産業省令で定めるところにより，**定期に**，その設置している工場等及びその管理関係事業者が設置している工場等について第5条第1項に規定する判断の基準となるべき事項において定められた**エネルギーの使用の合理化の目標**に関し，その達成のための**中長期的な計画**を作成し，主務大臣に提出しなければならない．

◇**第38条　定期の報告**

認定管理統括事業者は，**毎年度**，経済産業省令で定めるところにより，その設置している工場等及びその管理関係事業者が設置している工場等における**エネルギーの使用量その他エネルギーの使用の状況**（エネルギーの使用の効率及びエネルギーの使用に伴って発生する**二酸化炭素の排出量に係る事項を含む．**）並びに**エネルギーを消費する設備及びエネルギーの使用の合理化に関する設備の設置及び改廃の状況**に関し，経済産業省令で定める事項を主務大臣に報告しなければならない．

2　経済産業大臣は，前項の経済産業省令（エネルギーの使用に伴って発生する**二酸化炭素の排出量に係る事項に限る．**）を定め，又はこれを変更しようとするときは，あら

▶**主務大臣**

工場等・機器器具などの主務大臣は，経済産業大臣となる．建築物の主務大臣は国土交通大臣になる．
主務大臣は，中長期計画の作成のために必要な指針を定めることができ，それを公表する．

第37条第2項および第3項については省略する．

▶**定期報告の作成・報告**

定期報告の中にはエネルギー消費に起因する二酸化炭素の排出量も報告することになっている．エネルギーに起因する排出量に関することは，経済産業大臣と協議することになっている．

かじめ，環境大臣に協議しなければならない．

◇第39条　合理化計画に係る指示及び命令

主務大臣は，認定管理統括事業者が設置している工場等（当該認定管理統括事業者が特定連鎖化事業者である場合にあっては，当該者が行う連鎖化事業の加盟者が設置している当該連鎖化事業に係る工場等を含む．次項において同じ．）及びその管理関係事業者が設置している工場等におけるエネルギーの使用の合理化の状況が第5条第1項に規定する判断の基準となるべき事項に照らして著しく不十分であると認めるときは，当該認定管理統括事業者に対し，当該認定管理統括事業者のエネルギーを使用して行う事業に係る技術水準，同条第2項に規定する指針に従って講じた措置の状況その他の事情を勘案し，その判断の根拠を示して，合理化計画を作成し，これを提出すべき旨の指示をすることができる．

2　主務大臣は，合理化計画が当該認定管理統括事業者が設置している工場等及びその管理関係事業者が設置している工場等に係るエネルギーの使用の合理化の適確な実施を図る上で適切でないと認めるときは，当該認定管理統括事業者に対し，合理化計画を変更すべき旨の指示をすることができる．

3　主務大臣は，認定管理統括事業者が合理化計画を実施していないと認めるときは，当該認定管理統括事業者に対し，合理化計画を適切に実施すべき旨の指示をすることができる．

4　主務大臣は，前3項に規定する指示を受けた認定管理統括事業者が，その指示に従わなかったときは，その旨を公表することができる．

▶合理化計画の指示

主務大臣が合理化計画の作成・提出・変更，実施の指示を行う．また合理化計画の実施の指示に従わないときは公表できる．

第39条第5項については省略する．

■管理関係事業者に係る措置

◇第40条　第一種管理関係エネルギー管理指定工場等の
　指定等

　経済産業大臣は，管理関係事業者が設置している工場等
のうち，第7条第2項の政令で定めるところにより算定し
たエネルギーの年度の使用量が第10条第1項の**政令で定
める数値以上**であるものを**エネルギーの使用の合理化を特
に推進する必要がある工場等として指定する**ものとする．

　　2　管理関係事業者のうち前項の規定により**指定された
工場等**（「**第一種管理関係エネルギー管理指定工場等**」と
いう．）を設置している者（「**第一種管理関係事業者**」とい
う．）は，当該工場等につき次の各号のいずれかに掲げる
事由が生じたときは，経済産業省令で定めるところにより，
**経済産業大臣に，前項の規定による指定を取り消すべき旨
の申出をすることができる**．

一　事業を行わなくなったとき．

二　第7条第2項の政令で定めるところにより算定した**エ
　ネルギーの年度の使用量について第10条第1項の政令
　で定める数値以上となる見込みがなくなったとき**．

◇第41条　（エネルギー管理者）

　第一種管理関係事業者は，経済産業省令で定めるところ
により，その設置している**第一種管理関係エネルギー管理
指定工場等**ごとに，第11条第1項の政令で定める基準に
従って，**エネルギー管理士免状の交付を受けている者のう
ち**から，第一種管理関係エネルギー管理指定工場等におけ
るエネルギーの使用の合理化に関し，**エネルギーを消費す
る設備の維持，エネルギーの使用の方法の改善及び監視**そ
の他経済産業省令で定める業務を管理する者（「**エネルギ
ー管理者**」という．）を選任しなければならない．ただし，
第一種管理関係エネルギー管理指定工場等のうち次に掲げ
るものについては，この限りでない．

▶政令で定める値

原油換算で3000 kL/年
この政令で定める数値以上
になると特定連鎖化事業者
として指定され，中長期計
画の作成・提出，定期報告
の作成・報告，エネルギー
管理統括者，エネルギー管
理企画推進者の選任届出の
義務が生じる．

▶指定の取り消し

・事業を止めたとき
・原油換算で3000 kL以
　上/年の使用量の見込み
　がなくなったとき
経済産業大臣は指定を取り
消した旨を当該者が設置し
ている事業所を管轄する大
臣に通知する．

第40条の第3項～第5項
については省略する．

▶エネルギー管理者の
　選任・解任

第一種管理関係事業者は，
エネルギー管理者の選任・
解任について経済産業大臣
に届け出なければならない．

▶政令で定める業種

一　製造業（物品の加工修
　理を含む）
二　鉱業
三　電気供給業
四　ガス供給業
五　熱供給業

一　第一種管理関係エネルギー管理指定工場等のうち第11条第1項第一号の政令で定める業種に属する事業の用に供する工場等であって，専ら事務所その他これに類する用途に供するもののうち政令で定めるもの

二　第一種管理関係エネルギー管理指定工場等のうち前号に規定する業種以外の業種に属する事業の用に供する工場等

2　第一種管理関係事業者は，経済産業省令で定めるところにより，エネルギー管理者の選任又は解任について経済産業大臣に届け出なければならない．

◇第42条　（エネルギー管理員）

第一種管理関係事業者のうち前条第1項各号に掲げる工場等を設置している者（「**第一種指定管理関係事業者**」という．）は，経済産業省令で定めるところにより，その設置している当該工場等ごとに，第9条第1項各号に掲げる者のうちから，前条第1項各号に掲げる工場等におけるエネルギーの使用の合理化に関し，エネルギーを消費する設備の維持，エネルギーの使用の方法の改善及び監視その他経済産業省令で定める業務を管理する者（「**エネルギー管理員**」という．）を選任しなければならない．

2　**第一種指定管理統括事業者は**，第9条第1項第一号に掲げる者のうちからエネルギー管理員を選任した場合には，経済産業省令で定める期間ごとに，当該エネルギー管理員に経済産業大臣又は指定講習機関が経済産業省令で定めるところにより行う**エネルギー管理員の資質の向上**を図るための講習を受けさせなければならない．

3　**第一種指定管理関係事業者**は，経済産業省令で定めるところにより，**エネルギー管理員の選任又は解任**について**経済産業大臣**に届け出なければならない．

◇第43条　第二種管理関係エネルギー管理指定工場等の指定等

経済産業大臣は，管理関係事業者が設置している工場等

▶**エネルギー管理員の職務**
• エネルギー管理者の職務を準用する．

▶**エネルギー管理員の選任・解任**
第一種指定管理関係事業者は，エネルギー管理員の選任・解任について経済産業大臣に届け出なければならない．

▶**政令で定める数値**
原油換算で1 500 kL/年

のうち第一種管理関係エネルギー管理指定工場等以外の工場等であって第7条第2項の政令で定めるところにより算定したエネルギーの年度の使用量が同条第1項の**政令で定める数値**を下回らない数値であって第13条第1項の政令で定めるもの以上であるものを**第一種管理関係エネルギー管理指定工場等に準じてエネルギーの使用の合理化を特に推進する必要がある工場等として指定する**ものとする.

2 　管理関係事業者のうち前項の規定により指定された工場等（第4項及び次条第1項において「**第二種管理関係エネルギー管理指定工場等**」という.）を設置している者（同条において「**第二種管理関係事業者**」という.）は，当該工場等につき次の各号のいずれかに掲げる事由が生じたときは，経済産業省令で定めるところにより，経済産業大臣に，前項の規定による指定を取り消すべき旨の申出をすることができる.

一　**事業を行わなくなったとき**.

二　第7条第2項の政令で定めるところにより算定した**エネルギーの年度の使用量**について第10条第1項の**政令で定める数値以上となる見込みがなくなったとき**.

◇**第44条　（エネルギー管理員）**

第二種管理関係事業者は，経済産業省令で定めるところにより，その設置している第二種管理関係エネルギー管理指定工場等ごとに，第9条第1項各号に掲げる者のうちから，第二種管理関係エネルギー管理指定工場等におけるエネルギーの使用の合理化に関し，**エネルギーを消費する設備の維持，エネルギーの使用の方法の改善及び監視その他経済産業省令で定める業務を管理する者（「エネルギー管理員」**という.）**を選任しなければならない**.

2 　第二種管理関係事業者は，第9条第1項第一号に掲げる者のうちからエネルギー管理員を選任した場合には，経済産業省令で定める期間ごとに，当該エネルギー管理員に経済産業大臣又は指定講習機関が経済産業省令で定める

▶**指定の取り消し**

・事業を止めたとき
・原油換算で1500 kL 以上/年の使用量の見込みがなくなったとき
経済産業大臣は指定を取り消した旨を当該者が設置している事業所を管轄する大臣に通知する.

第43条の第3項～第5項については省略する.

▶**エネルギー管理員の選任・解任**
第二種管理関係事業者はエネルギー管理員の選任・解任について経済産業大臣に届け出なければならない.

27

ところにより行う**エネルギー管理員の資質の向上**を図るための講習を受けさせなければならない.

　3　第二種管理関係事業者は，経済産業省令で定めるところにより，**エネルギー管理員の選任又は解任**について**経済産業大臣**に届け出なければならない.

　以上，工場に係る措置をまとめると，第1表〜第5表となる.

　5業種に属するエネルギー管理指定工場等であっても本社等の事務所の場合は，第1種指定事業所（エネルギー管理員選任）となる.

■建築物に係る措置

◇第143条　建築物の建築をしようとする者等の努力

　次に掲げる者は，基本方針の定めるところに留意して，建築物の外壁，窓等を通しての**熱の損失の防止**及び建築物に設ける**空気調和設備**その他の政令で定める建築設備（以下「**空気調和設備等**」という.）に係る**エネルギーの効率的利用のための措置**を適確に実施することにより，建築物に係るエネルギーの使用の合理化に資するよう努めるとともに，**建築物に設ける電気を消費する機械器具に係る電気の需要の平準化に資する電気の利用のための措置**を適確に実施することにより，電気の需要の平準化に資するよう努めなければならない.

一　**建築物の建築をしようとする者**

二　**建築物の所有者**（所有者と管理者が異なる場合にあっては，管理者.）

三　建築物の直接外気に接する**屋根，壁又は床**（これらに設ける窓その他の開口部を含む.）の**修繕又は模様替**をしようとする者

四　建築物への**空気調和設備等の設置**又は建築物に設けた**空気調和設備等の改修**をしようとする者

第1表 事業者全体の義務

年間エネルギー使用量 （原油換算kL）	1500 kL/年以上	1500 kL未満/年未満
①事業者の区分	特定事業者，特定連鎖化事業者，認定管理統括事業者，管理関係事業者	—
②選任すべき者	• エネルギー管理統括者 • エネルギー管理企画推進者	
③取組み事項	• 判断基準に定めた措置の実施（管理標準の設定，省エネ措置など） • 指針に定めた措置の実践（燃料転換・稼働時間帯の変更）	
④目標	• 中長期的にみて年平均1％以上のエネルギー消費原単位低減 • 電気需要の平準化の評価原単位の低減	
⑤行政による関与	• 指導，助言，報告徴収 • 合理化計画の作成指示 • 指示に従わないとき公表・命令	指導・助言への対応

第2表 特定事業者等が設置する工場ごとの責務

年度間エネルギー 使用量 （原油換算値kL）	3000 kL/年度以上		1500 kL/年度以上～ 3000 L/年度未満
指定区分	①第一種エネルギー管理指定工場等 ②第一種連鎖化エネルギー管理指定工場等 ③第一種管理統括エネルギー管理指定工場等 ④第一種管理関係エネルギー管理指定工場等		①第二種エネルギー管理指定工場等 ②第二種連鎖化エネルギー管理指定工場等 ③第二種管理統括エネルギー管理指定工場等 ④第二種管理関係エネルギー管理指定工場等
事業者の区分	①第一種特定事業者		①第二種特定事業者 ②第二種特定連鎖化事業者 ③第二種認定管理統括事業者 ④第二種管理関係事業者
		第一種指定事業者	
	②第一種特定連鎖化事業者		
		第一種指定連鎖化事業者	
	③第一種認定管理統括事業者		
		第一種指定管理統括事業者	
	④第一種管理関係事業者		
		第一種指定管理関係事業者	
政令で定める業種	製造業等5業種 （鉱業，製造業，電気供給業，ガス供給業，熱供給業） ※事務所は除く	左記業種の事務所 （左記以外の業種） （ホテル，学校，病院，オフィスビルなど）	すべての業種
選任すべき者	エネルギー管理者	エネルギー管理員	エネルギー管理員

特定事業者等とは，特定事業者，特定連鎖化事業者，認定管理統括事業所，管理関係事業者とする．

第3表　エネルギー管理統括者等の役割，選任・資格要件，選任時期

選任すべき者	役割		選任・資格要件	選任時期
	事業者単位の エネルギー管理	工場等単位の エネルギー管理		
エネルギー管理 統括者	①経営的視点を踏まえた取組の推進する ②中長期計画の取りまとめる ③現場管理に係る企画立案，実務の統制	―	事業経営の一環として事業者全体の鳥瞰的なエネルギー管理を行い得る者 （役員クラスを想定）	選任すべき事由が生じた日以後遅滞なく選任する
エネルギー管理 企画推進者	エネルギー管理統括者を実務面から補佐する	―	エネルギー管理士またはエネルギー管理講習修了者	選任すべき事由が生じた日から6か月以内に選任
エネルギー 管理者	―	（例）第1種エネルギー管理指定工場等の現場管理（第1種指定事業所を除く）	エネルギー管理士	
エネルギー 管理員	―	（例）第1種エネルギー管理指定工場等の現場管理（第1種指定事業所の場合），第2種エネルギー管理指定工場等の現場管理	エネルギー管理士またはエネルギー管理員講習修了者	

第4表　特定事業者等が提出すべき書類

提出書類	提出期限	提出先
定期報告書	毎年度7月末日	事業者の主たる事務所（本社）所在地を管轄する経済産業局および当該事業所が設置しているすべての工場等に係る事業所管省庁
中長期計画書	毎年度7月末日	
エネルギー管理者等の選任・解任届出	選任・解任のあった日後，最初の7月末日	事業者の主たる事務所（本社）所在地を管轄する経済産業局

※定期報告書，中長期計画書は，工場等以外に輸送でも必要である．

第5表　エネルギー管理統括者等の選任数

選任すべき者	事業者の区分			選任数
エネルギー管理統括者	特定事業者は特定連鎖化事業者，認定管理統括事業者，管理関係事業者			1人
エネルギー管理企推進者	〃			1人
エネルギー管理者	第一種特定事業者等（第一種指定事業者等を除く）	①コークス製造業，電気供給業，ガス供給業，熱供給業	10万kL/年以上	2人
			10万kL/年未満	1人
		②製造業（コークス製造業を除く），鉱業の場合	10万kL/年以上	4人
			5万kL/年以上〜10万kL/年未満	3人
			2万kL/年以上〜5万kL/年未満	2人
			2万kL/年未満	1人
エネルギー管理員	第一種指定事業者等			1人
	第二種特定事業者等			1人

■機械器具に係る措置

◇第144条　エネルギー消費機器等製造事業者等の努力

エネルギー消費機器等（エネルギー消費機器（エネルギーを消費する機械器具をいう．以下同じ．）又は**関係機器**（エネルギー消費機器の部品として又は専らエネルギー消費機器とともに使用される機械器具であって，当該エネルギー消費機器の使用に際し消費されるエネルギーの量に影響を及ぼすものをいう）をいう．）**の製造又は輸入の事業を行う者**（以下「エネルギー消費機器等製造事業者等」という．）は，基本方針の定めるところに留意して，**その製造又は輸入に係るエネルギー消費機器等につき，エネルギー消費性能**（エネルギー消費機器の一定の条件での使用に際し消費されるエネルギーの量を基礎として評価される性能をいう．以下同じ．）又は**エネルギー消費関係性能**（関係機器に係るエネルギー消費機器のエネルギー消費性能に

▶**第一種指定事業者等**
第一種指定事業者，第一種指定連鎖化事業者，第一種指定管理統括事業者，第一種指定管理関係事業者とする．

▶**第二種特定事業者**
第二種特定事業者，第二種第二種特定連鎖化事業者，第二種認定管理統括事業者，第二種管理関係事業者とする．

31

関する当該関係機器の性能をいう．以下同じ．）の向上を
図ることにより，エネルギー消費機器等に係るエネルギー
の使用の合理化に資するよう努めなければならない．

2　電気を消費する機械器具（電気の需要の平準化に資
するための機能を付加することが技術的及び経済的に可能
なものに限る．以下この項において同じ．）の製造又は輸
入の事業を行う者は，基本方針の定めるところに留意して，
その製造又は輸入に係る電気を消費する機械器具につき，
電気の需要の平準化に係る性能の向上を図ることにより，
電気を消費する機械器具に係る電気の需要の平準化に資す
るよう努めなければならない．

◇第145条　エネルギー消費機器等製造事業者等の判断の
　　基準となるべき事項

　エネルギー消費機器等のうち，自動車（エネルギー消費
性能の向上を図ることが特に必要なものとして政令で定め
るものに限る．）その他我が国において大量に使用され，
かつ，その使用に際し相当量のエネルギーを消費するエネ
ルギー消費機器であってそのエネルギー消費性能の向上を
図ることが特に必要なものとして政令で定めるもの（以下
「特定エネルギー消費機器」という．）及び我が国において
大量に使用され，かつ，その使用に際し相当量のエネルギ
ーを消費するエネルギー消費機器に係る関係機器であって
そのエネルギー消費関係性能の向上を図ることが特に必要
なものとして政令で定めるもの（以下「特定関係機器」と
いう．）については，経済産業大臣（自動車及びこれに係
る特定関係機器にあっては，経済産業大臣及び国土交通大
臣．以下この章及び第162条第10項において同じ．）は，
特定エネルギー消費機器及び特定関係機器（以下「特定エ
ネルギー消費機器等」という）ごとに，そのエネルギー消
費性能又はエネルギー消費関係性能（以下「エネルギー消
費性能等」という．）の向上に関しエネルギー消費機器等
製造事業者等の判断の基準となるべき事項を定め，これを

▶エネルギー消費機器の
　製造又は輸入を行う者
次の①，②を行うことによ
りエネルギーの合理化に資
するよう努めなければなら
ない．
①製造又は輸入に係るエネ
ルギー消費性能又はエネ
ルギー消費関係性能の向
上を図る．
②製造又は輸入に係る電気
を消費する機械器具につ
き，電気の需要の平準化
に係る性能の向上を図る．

▶特定エネルギー消費機
　器の判断基準の公表
経済産業大臣は，特定エネ
ルギー消費機器エネルギー
消費性能の向上に関し製造
事業者等の判断の基準を定
め公表する．
ただし，自動車及びこれに
係る特定関係機器について
は経済産業大臣及び国土交
通大臣で協議し公表する．

▶判断の基準となる事項
エネルギー消費性能等が最
も優れているもののそのエ
ネルギー消費性能等，当該
特定エネルギー消費機器等
に関する技術開発の将来の
見通しその他の事情を勘案
して定めるものとし，これ
らの事情の変動に応じて必
要な改定をするものとする．

32

公表するものとする.

特定消費エネルギー機器は, 第6表（29種類）が対象となっている.

◇第146条　性能の向上に関する勧告及び命令

経済産業大臣は, エネルギー消費機器等製造事業者等であってその製造又は輸入に係る特定エネルギー消費機器等の生産量又は輸入量が政令で定める要件に該当するものが製造し, 又は輸入する特定エネルギー消費機器等につき, 前条第1項に規定する判断の基準となるべき事項に照らしてエネルギー消費性能等の向上を相当程度行う必要があると認めるときは, 当該エネルギー消費機器等製造事業者等に対し, その目標を示して, その製造又は輸入に係る当該特定エネルギー消費機器等のエネルギー消費性能等の向上を図るべき旨の勧告をすることができる.

2　経済産業大臣は, 前項に規定する勧告を受けたエネルギー消費機器等製造事業者等がその勧告に従わなかったときは, その旨を公表することができる.

3　経済産業大臣は, 第1項に規定する勧告を受けたエネルギー消費機器等製造事業者等が, 正当な理由がなくてその勧告に係る措置をとらなかった場合において, 当該特定エネルギー消費機器等に係るエネルギーの使用の合理化

第6表

1	乗用自動車	2	エアコンディショナ	3	蛍光ランプのみを主光源とする照明器具
4	テレビジョン受信機	5	複写機	6	電子計算機
7	磁気ディスク装置	8	貨物自動車	9	ビデオテープレコーダ
10	電気冷蔵庫	11	電気冷凍庫	12	ストーブ
13	ガス調理機器	14	ガス温水器	15	石油温水機器
16	電気便座	17	自動販売機	18	変圧器
19	ジャー炊飯器	20	電子レンジ	21	DVDレコーダ
22	ルーティング機器	23	スイッチング機器	24	複合機
25	プリンタ	26	電気温水機器	27	交流電動機
28	電球形LEDランプ	29	ショーケース		

を著しく害すると認めるときは，審議会等で政令で定めるものの意見を聴いて，当該エネルギー消費機器等製造事業者等に対し，**その勧告に係る措置をとるべきことを命ずることができる.**

◇**第147条　表示**

　経済産業大臣は，特定エネルギー消費機器等（家庭用品品質表示法<u>第２条第１項第一号</u>に規定する家庭用品であるものを除く．以下この条及び次条において同じ．）について，特定エネルギー消費機器等ごとに，次に掲げる事項を定め，これを告示するものとする.

一　次のイ又はロに掲げる特定エネルギー消費機器等の区分に応じ，それぞれイ又はロに定める事項

　　イ　特定エネルギー消費機器　**エネルギー消費効率**（特定エネルギー消費機器のエネルギー消費性能として経済産業省令（自動車にあっては，経済産業省令・国土交通省令）**で定めるところにより算定した数値を**いう．）に関しエネルギー消費機器等製造事業者等が表示すべき事項

　　ロ　特定関係機器　**寄与率**（特定関係機器のエネルギー消費関係性能として経済産業省令（自動車に係る特定関係機器にあっては，経済産業省令・国土交通省令）で定めるところにより算定した数値をいう．以下同じ．）**に関しエネルギー消費機器等製造事業者等が表示すべき事項**

二　表示の方法その他エネルギー消費効率又は寄与率の表示に際してエネルギー消費機器等製造事業者等が遵守すべき事項

◇**第148条　表示に関する勧告及び命令**

　経済産業大臣は，エネルギー消費機器等製造事業者等が特定エネルギー消費機器等について前条の規定により告示されたところに従って**エネルギー消費効率又は**寄与率に関**する表示をしていないと認めるときは，**当該エネルギー消

▶**勧告**

経済産業大臣は，製造又は輸入に係る特定エネルギー消費機器等の生産量又は輸入量が一定規模を超えたとき，エネルギー消費機器製造事業者に対し，「判断基準」に照らし合わせて，エネルギー消費性能の向上を図るべき，目標を示して，勧告ができる.

▶**特定熱損失防止材料**

建築物に係る「特定熱損失防止材料」として次の三つがある.
- 断熱材
- サッシ
- 複層ガラス

費機器等製造事業者等に対し，その製造又は輸入に係る特定エネルギー消費機器等につき，その告示されたところに従って**エネルギー消費効率又は寄与率に関する表示をすべき旨の勧告をすることができる**

2　**経済産業大臣は**，前項に規定する勧告を受けたエネルギー消費機器等製造事業者等がその勧告に従わなかつたときは，その旨を**公表することができる**．

問題1

次の文章の ⬚1⬚ ～ ⬚4⬚ の中に入れるべき最も適切な字句を解答群から選び，その記号を答えよ．

法第1条（目的）

　この法律は，内外におけるエネルギーをめぐる経済的社会的環境に応じた燃料資源の有効な利用の確保に資するため，工場等，輸送，建築物及び ⬚1⬚ 等についてのエネルギーの使用の合理化に関する所要の措置，電気の需要の ⬚2⬚ に関する所要の措置その他エネルギーの使用の合理化等を総合的に進めるために必要な措置を講ずることとし，もって国民経済の健全な発展に寄与することを目的とする．

第2条（定義）

　この法律において，「エネルギー」とは，燃料並びに熱（燃料を熱源とする熱に代えて使用される熱であって政令で定めるものを除く）及び電気（燃料を熱源とする熱を変換して得られる ⬚3⬚ を変換して得られる電気に代えて使用される電気であって政令で定めるものを除く）をいう．

2　この法律において，「燃料」とは， ⬚4⬚ 及び揮発油，重油その他経済産業省令で定める石油製品，可燃性天然ガス並びに石炭及びコークスその他経済産業省令で定める用途に供するものをいう．

3　この法律において，「電気の需要の ⬚2⬚ 」とは，電気の需要量の季節又は時間帯による変動を縮小させることをいう．

〈 ⬚1⬚ ～ ⬚4⬚ の解答群〉

ア　エネルギー	イ　流体力	ウ　動力	エ　蒸気
オ　電気器具	カ　回転力	キ　原油	ク　ガス
ケ　石油	コ　平準化	サ　変化	シ　需要率
ス　デマンド	セ　機械器具	ソ　設備	

解説

　法第1条は，エネルギーの使用の合理化の目的について定めており，「燃料資源の有効利用」「国民経済の健全な発展」を目的としている．このことから，エネルギーの消費の大きな割合を占める工場，輸送，建築物及び機械器具のエネルギーの使用の合理化を進めるための措置，電気の需要の平準化に関する措置を講ずることになっている．

　法第2条において，「エネルギー」には，電気（燃料を熱源とする熱を変換して得られる動力を変換して得られる電気）がある．

燃料とは，原油及び揮発油，重油その他経済産業省令で定める石油製品等がある.

(答) 1－セ，2－コ，3－ウ，4－キ

問題2

次の文章の $\boxed{1}$ ～ $\boxed{5}$ の中に入れるべき最も適切な字句を解答群から選び，その記号を答えよ.

法第5条（事業者の判断の基準となるべき事項等）

経済産業大臣は，工場等におけるエネルギーの使用の合理化の適切かつ有効な実施を図るため，次に掲げる事項並びにエネルギーの使用の合理化の目標及び当該目標を達成するために計画的に取り組むべき措置に関し，工場等においてエネルギーを使用して事業を行う者の $\boxed{1}$ となるべき事項を定め，これを公表するものとする.

一　工場等であって専ら事務所その他これに類する用途に供するものにおけるエネルギーの使用方法の改善，第145条第1項に規定するエネルギー消費性能等が優れている機械器具の選択その他エネルギーの使用の合理化に関する事項

二　工場等（前号に該当するものは除く）におけるエネルギーの使用の合理化に関する事項であって次に掲げるもの

イ　燃料の $\boxed{2}$ の合理化

ロ　加熱及び冷却並びに伝熱の合理化

ハ　廃熱の $\boxed{3}$ 利用

ニ　熱の動力等への変換の合理化

ホ　放射，伝導， $\boxed{4}$ 等によるエネルギーの損失の防止

ヘ　電気の動力，熱等への変換の合理化

2　経済産業大臣は，工場等において電気を使用して事業を行う者による電気の需要の平準化に資する措置の適切かつ有効な実施を図るため，次に掲げる事項その他該当者が取り組むべき事項その他該当者が取り組むべき措置に関する指針を定め，これを公表するものとする.

一　電気需要平準化時間帯（電気の需給の状況に照らし電気の需要の平準化を推進する必要があると認められる時間帯として経済産業大臣が指定する時間帯をいう. 以下同じ）における電気の使用から燃料又は $\boxed{5}$ の使用への転換

二　電気需要平準化時間帯から電気需要平準化時間帯以外の時間帯への電気を消費する機械器具を使用する時間の変更

37

〈 1 ～ 5 の解答群〉

ア	合理化の判断基準	イ	技術水準	ウ	判断の基準	エ	伝導
オ	伝熱	カ	使用	キ	エネルギー	ク	燃焼
ケ	電気	コ	機械力	サ	熱	シ	回収
ス	オフピーク	セ	ピーク	ソ	消費	タ	平準化
チ	抵抗	ツ	燃料				

解説

　法第5条では，経済産業大臣は，工場等におけるエネルギーの使用の合理化の適切かつ有効な実施を図るため，エネルギーを使用して事業を行う者の判断の基準となるべき事項を定め，公表しなければならない．工場等におけるエネルギーの使用の合理化のための判断基準は次のとおりである．

① 燃料の燃焼の合理化

② 加熱及び冷却並びに伝熱の合理化

③ 廃熱の回収利用

④ 熱の動力等への変換の合理化

⑤ 放射，伝導，抵抗等によるエネルギーの損失の防止

⑥ 電気の動力，熱への変換の合理化

(答)　1－ウ，2－ク，3－シ，4－チ，5－サ

問題3

　次の文章の 1 ～ 7 の中に入れるべき最も適切な字句または数値を解答群から選び，その記号を答えよ．

1) 法第11条（エネルギー管理者）

　第1種特定事業者は，経済産業省令で定めるところにより，その設置している第1種エネルギー管理指定工場等ごとに，政令で定める基準に従って，エネルギー管理士の免状の 1 を受けている者のうちから，エネルギー管理者を選任しなければならない．ただし，第1種エネルギー管理指定工場等のうち，次に掲げるものについては，この限りではない．

　一　第1種エネルギー管理指定工場等のうち製造業その他政令で定める業種に属する事業の用に供する工場等であって，専ら事務所その他これに類する用途に供するもののうち政令で定めるもの

　二　略

2　第1種特定事業者は，経済産業省令で定めるところにより，エネルギー管理者の　2　又は解任について経済産業大臣に届け出なければならない．

2)　令第4条（エネルギー管理者の選任基準）

法第11条第1項の政令で定める基準は，次のとおりとする．

一　コークス製造業，電気供給業，　3　又は熱供給業に属する第1種エネルギー管理指定工場等については，次の表の左欄に掲げる前年度における原油換算エネルギー使用量の区分に応じ，同表の右欄に掲げる数のエネルギー管理者をエネルギー管理士免状の交付を受けている者のうちから選任すること．

| 100 000 kL 未満 | 1人 |
| 100 000 kL 以上 | 2人 |

二　前項に規定する第1種エネルギー管理指定工場等以外の第1種エネルギー管理指定工場等については，次の表の左欄に掲げる前年度における原油換算エネルギー使用量の区分に応じ，同表の右欄に掲げる数のエネルギー管理者をエネルギー管理士免状の交付を受けている者から選任すること．

20 000 kL 未満	1人
20 000 kL 以上 50 000 kL 未満	2人
50 000 kL 以上　4　kL 未満	3人
4　kL 以上	4人

3)　規則第17条（エネルギー管理者の選任）

法第11条第1項の規定によるエネルギー管理者の選任は，次に定めるところによりしなければならない．

一　エネルギー管理者を選任すべき事由が生じた日以後　5　に選任すること．

二　エネルギー管理統括者若しくは　6　又はエネルギー管理者若しくはエネルギー管理員に選任されている者以外から選任すること．

4)　法第11条（エネルギー管理者の職務）

エネルギー管理者は，第1種エネルギー管理指定工場等におけるエネルギーの使用の合理化に関し，エネルギーを消費する設備の維持エネルギーの使用の方法の　7　及び監視その他経済産業省令で定める業務を管理する．

〈 1 ～ 7 の解答群〉

ア 評価	イ 計測	ウ 監視	エ 改善
オ 管理	カ 維持	キ エネルギー管理統括推進者	
ク エネルギー管理企画推進者		ケ エネルギー管理計画推進者	
コ 遅滞なく	サ 12月以内	シ 6月以内	ス 選任
セ 合格	ソ ガス製造業	タ ガス供給業	チ 150 000
ツ 200 000	テ 100 000	ト 交付	ナ 所有

解説

法第11条より，第1種特定事業者は設置しているエネルギー管理指定工場ごとに，エネルギー管理士免状の交付を受けている者のうちから選任しなければならない．

第1種エネルギー管理指定工場等のうち製造業その他政令で定める業種に属する工場等であって，専ら事務所などに供するもののうち政令で定めるものには，エネルギー管理者を必要としない．

第1種特定事業者は，エネルギー管理者の選任または解任については，経済産業大臣に届け出る必要がある．

コークス製造業，電気供給業，ガス供給業又は熱供給業に属する第1種エネルギー管理指定工場等は，原油換算の使用量の区分に応じたエネルギー管理者を選任する必要がある．

規則第17条より，エネルギー管理者を選任すべき事由が生じた日から6月以内に選任しなければならない．

選任は，すでにエネルギー管理統括者，エネルギー管理企画推進者，エネルギー管理者及びエネルギー管理員に選任されている者以外から選任しなければならない．

(答)　1―ト，　2―ス，　3―タ，　4―テ，　5―シ，　6―ク，　7―エ

問題4

次の文章の 1 ～ 5 の中に入れるべき最も適切な字句を解答群から選び，その記号を答えよ．

1) 法第15条（中長期的な計画の作成）

特定事業者は，経済産業省令で定めるところにより，定期に，その設置している工場等について第5条第1項に規定する判断の基準となるべき事項において定められたエネルギーの使用の合理化の 1 に関し，その達成のための中長期的な計画を作成し，主務大臣に提出しなければならない．

2 　略

3 　主務大臣は，前項の指針を定めた場合には，これを⬜2⬜するものとする．

2）　法第16条（定期の報告）

　特定事業者は，毎年度，経済産業省令で定めるところにより，その設置している工場等におけるエネルギーの使用量その他エネルギーの使用の状況（エネルギーの使用の⬜3⬜及びエネルギーの使用に伴って発生する⬜4⬜の排出量に係る事項を含む）並びにエネルギーを消費する設備及びエネルギーの使用の合理化に関する設備の設置及び改廃の状況に関し，経済産業省令で定める事項を主務大臣に報告しなければならない．

2 　経済産業大臣は，前項の経済産業省令（エネルギーの使用に伴って発生する⬜4⬜の排出量に係る事項に限る）を定め，又はこれを変更しようとするときは，あらかじめ⬜5⬜に協議しなければならない．

〈⬜1⬜から⬜5⬜の解答群〉

ア	撤去	イ	効率	ウ	状態	エ	告示	オ	実施
カ	主務大臣	キ	国土交通大臣			ク	環境大臣		
ケ	硫黄酸化物	コ	二酸化炭素			サ	窒素酸化物		
シ	目標	ス	実行	セ	公表				

解説

　第15条（中長期的な計画の作成）では，特定事業者は，毎年度，経済産業省令で定めるところにより，設置している工場等について，判断基準となるべき事項において，エネルギーの使用の合理化の目標に関して，中長期計画を作成し，主務大臣に提出する必要がある．また，主務大臣は，中長期計画の作成に必要な指針を定めることができits指針を公表することができる．

　第16条（定期の報告）では，特定事業者は，毎年度，設置している工場等について，経済産業省令で定める次の事項を報告しなければならない．

① 　エネルギーの使用量

② 　その他エネルギーの使用の状況（エネルギーの使用の効率およびエネルギーの使用に伴って発生する二酸化炭素の排出量に係る事項を含む）

③ 　エネルギーを消費する設備およびエネルギーの使用の合理化に関する設備の設置及び改廃の状況また，経済産業大臣は，「エネルギーの使用に伴って発生する二酸化炭素の排出量に係る事項」を定め，または変更するときは，環境大臣に協議しなければならない．

41

(答)　1 ―シ，2 ―セ，3 ―イ，4 ―コ，5 ―ク

問題5

次の文章の　1　～　7　の中に入れるべき最も適切な字句を解答群の中から選び，その記号を答えよ.

1)　法第17条（合理化計画に係る指示及び命令）

主務大臣は，特定事業者が設置している工場等におけるエネルギーの使用の合理化の状況が第5条第1項に規定する判断の基準となるべき事項に照らして著しく不十分であると認めるときは，当該特定事業者に対し，当該特定事業者のエネルギーを使用して行う事業に係る技術水準，同条第2項に規定する指針に従って講じた措置の状況その他の事情を勘案し，その判断の　1　を示して，エネルギーの使用の合理化に関する計画（以下「合理化計画」という.）を作成し，これを提出すべき旨の指示をすることができる.

2　主務大臣は，合理化計画が当該特定事業者が設置している工場等に係るエネルギーの使用の合理化の適確な実施を図る上で適切でないと認めるときは，当該特定事業者に対し，合理化計画を　2　すべき旨の指示をすることができる.

3　主務大臣は，特定事業者が合理化計画を実施していないと認めるときは，当該特定事業者に対し，合理化計画を適切に　3　すべき旨の指示をすることができる.

4　主務大臣は，前3項に規定する指示を受けた特定事業者がその指示に従わなかったとき，その旨を　4　することができる.

2)　法第162条（報告及び立入検査）

経済産業大臣は，法令の施行に必要な限度において，政令で定めるところにより，工場等においてエネルギーを使用して事業を行う者に対し，その設置している工場等に立ち入り，エネルギーを消費する設備，帳簿その他の物件を　5　させることができる.

2～10　省略

11　前各項の規定により立入検査をする職員は，その身分を示す証明書を携帯し，関係人に　6　しなければならない.

12　第1項から第10項までの規定による立入検査の権限は，　7　のために認められたものと解釈してはならない.

〈 1 から 7 の解答群〉

ア	理由	イ	根拠	ウ	結論	エ	変更	オ	修正
カ	中止	キ	実行	ク	実施	ケ	遂行	コ	公開
サ	公表	シ	意見	ス	指示	セ	見解	ソ	指導
タ	提示	チ	命令	ツ	状況	テ	状態	ト	稼働
ナ	検査	ニ	調査	ヌ	審査	ネ	開示	ノ	提出
ハ	犯罪捜査			ヒ	行政調査			フ	国税調査

解説

　主務大臣は，特定事業者に対し，工場等のエネルギーの使用の合理化の実施が適切でないときは，合理化計画を変更すべき旨を指示できる．主務大臣は，特定事業者が合理化計画を実施していないときは，合理化計画を適切に実施すべき旨を指示できる．

　主務大臣は，合理化計画の実施の指示を受けた特定事業者が，その指示に従わなかったときは，その旨を公表できる．

　経済産業大臣は，エネルギーを使用して事業を行う者に対し，業務の状況を報告させることができる．又，職員に工場等に立ち入らせ，エネルギーを消費する設備，帳簿その他物件を検査させることができる．

　立入検査をする職員は，関係人に身分を示す証明書を提示しなければならない．立入検査の権限は犯罪捜査のために認められたものではない．

　　　　　　(答)　　1―イ，2―エ，3―ク，4―サ，5―ナ，6―タ，7―ハ

エネルギーの使用の合理化等に関する法律

2 関連法規

これだけは覚えよう！
□基本方針内容（抜粋）：エネルギー消費原単位又は電気需要平準化評価原単位の改善を図るための運用管理
□規則（抜粋）：燃料の発熱量と原油への換算方法

■基本方針内容（抜粋）

◇工場等においてエネルギーを使用して事業を行う者が講ずべき措置

　工場等においてエネルギーを使用して事業を行う者は，次の各項目の実施を通じ，設置している**工場等（連鎖化事業者については，当該連鎖化事業者が行う連鎖化事業に加盟する者が設置している当該連鎖化事業に係る工場等を含む.）**における**エネルギー消費原単位又は電気需要平準化評価原単位**（電気の需要の平準化に資する措置を評価したエネルギー消費原単位をいう．以下同じ.）の改善を図るものとする.

① 　工場等に係る**エネルギーの使用の実態，エネルギーの使用の合理化に関する取組**等を把握すること.

② 　工場等に係る**エネルギーの使用の合理化の取組を示す方針を定め，当該取組の推進体制を整備する**こと.

③ 　エネルギー管理統括者及びエネルギー管理企画推進者を中心として，工場等全体の総合的なエネルギー管理を実施すること.

④ 　エネルギーを消費する設備の設置に当たっては，**エネルギー消費効率が優れ，かつ，効率的な使用が可能となる**ものを導入すること.

▶基本方針
省エネ法第3条に基づく.

⑤　エネルギー消費効率の向上及び効率的な使用の観点か
ら，**既設の設備の更新及び改善並びに当該既設設備に係
るエネルギーの使用の制御等の用に供する付加設備の導
入**を図ること．

⑥　エネルギーを消費する設備の運転並びに保守及び点検
その他の項目に関し，**管理標準を設定**し，**これに準拠し
た管理を行う**こと．

⑦　エネルギー管理統括者及びエネルギー管理企画推進者
によるエネルギー管理及びエネルギー管理員の適確かつ
十分な活用その他工場等全体における総合的なエネルギ
ー管理体制の充実を図ること．

⑧　工場等内で利用することが困難な**余剰エネルギー**を工
場等外で有効利用する方策について検討し，これが可能
な場合にはその実現を図ること．

■規則（抜粋）

◇第4条　換算の方法

令第2条第2項に規定する使用した燃料の量の原油の数
量への換算は，次のとおりとする．

一　別表第1の上欄に掲げる燃料にあっては，同欄に掲げ
る数量をそれぞれ同表の下欄に掲げる発熱量として換算
した後，発熱量1 GJを原油0.025 8 kLとして換算すること．

二　前号に規定する燃料以外の燃料にあっては，発熱量
1 GJを原油0.025 8 kLとして換算すること．

2　令第2条第2項に規定する**他人から供給された熱の量
の原油の数量への換算は**，別表第2の上欄に掲げる**熱の種
類ごとの熱量**に，それぞれ同表の下欄に掲げる当該熱を発
生させるために使用された燃料の発熱量に換算する係数
（以下この項において「**換算係数**」という．）**を乗じた後，
発熱量0.025 8 kLとして換算する**ものとする．
ただし，換算係数に相当する係数で当該熱を発生させるた
めに使用された燃料の発熱量を算定する上で適切と認めら

別表1　抜粋

原油1 kL	38.2 GJ
うちコンデンセート1 kL	35.3 GJ
揮発油　1 kL	34.6 GJ
ナフサ　1 kL	33.6 GJ
軽油　　1 kL	37.7 GJ
A重油　1 kL	39.1 GJ
液化石油ガス（LPG）1 t	50.8 GJ
B・C重油　1 kL	41.9 GJ
可燃性ガス（LNG）（不純物を分離液化したもの）	54.6 GJ
原料炭　1 t	29.0 GJ
一般炭　1 t	25.7 GJ
無煙炭　1 t	26.9 GJ

別表第2

産業用蒸気	1.03
産業用以外の蒸気	1.36
温水	1.36
冷水	1.36

れるものを求めることができるときは，換算係数に代えて当該係数を用いることができるものとする．

3　令第2条第2項に規定する他人から供給された電気の量の原油の数量への換算は，次のとおりとする．

一　別表第3の上欄に掲げる電気にあっては，同欄に掲げる数量をそれぞれ同表の下欄に掲げる熱量として換算した後，熱量1 GJを原油0.025 8 kLとして換算すること．

二　前号に規定する電気以外の電気にあっては，電気の量1 kW・hを熱量9 760 kJとして換算した後，熱量1 GJを原油0.025 8 kLとして換算すること．

別表第3

| 電気1 KW・h | イ　昼間の電気 | 9 970 kJ |
| | ロ　夜間の電気 | 9 280 kJ |

▶産業用蒸気
製造業に属する事業の用に供する工場等であって，専ら事務所その他これに類する用途に供する工場等以外の工場等から供給された蒸気をいう．

▶換算例
昼間の電気1 kW・hの原油換算の計算は，次のようになる．
1 kW・h×9.970 kJ/kW・h
　　×0.025 8 kL/kJ
≒0.257 kL

46

問題1

法第3条（基本方針）

次の文章の ___1___ ～ ___4___ の中に入れるべき最も適切な字句を解答群から選び，その記号を答えよ．

経済産業大臣は，工場又は事務所その他の事業場（以下「工場等」という），輸送，建築物，機械器具等に係るエネルギーの使用の合理化及び電気の需要の ___1___ を総合的に進める見地から，エネルギーの使用の合理化等に関する基本方針（以下「基本方針」という）を定め，これを公表しなければならない．

2　基本方針は，エネルギーの使用の合理化のためにエネルギーを使用する者等が講ずべき措置に関する基本的な事項，電気の需要の ___1___ を図るために電気を使用する者等が講ずべき措置に関する基本的な事項，エネルギーの使用の合理化等の促進のための施策に関する基本的な事項その他エネルギーの使用の合理化に関する事項について ___2___ の長期見通し，電気その他のエネルギーの需給を取り巻く環境，エネルギーの使用の合理化に関する技術水準その他の事情を勘案して定めるものとする．

3　省略

4　経済産業大臣は，基本方針を定めようとするときは，あらかじめ， ___3___ に係る部分，建築物に係る部分（建築材料の品質の向上及び表示に係る部分並びに建築物の外壁，窓等を通しての熱の損失の防止の用に供される建築材料の熱の損失の防止のための性能の向上及び表示に係る部分を除く）及び ___4___ の性能に係る部分については国土交通大臣に協議しなければならない．

〈 ___1___ ～ ___4___ の解答群〉

ア　エネルギー需給　　イ　エネルギー供給　　ウ　エネルギー需要
エ　エレベータ　　　　オ　船舶　　カ　自動車　　キ　電車
ク　機械器具　　　　　ケ　搬送　　コ　流通　　サ　輸送
シ　平準化　　　　　　ス　変動　　セ　平均電力　ソ　最大電力

解説

経済産業大臣は，工場または事務所その他の事業場（以下「工場等」という），輸送，建築物，機械器具等に係るエネルギーの使用の合理化及び電気の需要の平準化を総合的に進める見地から，エネルギーの使用の合理化等に関する基本方針を定め，公表することになっている．

基本方針は，以下の内容となっている．

① エネルギーの使用の合理化のためにエネルギーを使用する者が講ずべき措置に関する基本的な事項

② 電気の需要の平準化を図るために電気を使用する者等が講ずべき措置に関する基本的な事項

③ エネルギーの使用の合理化等の促進のための施策に関する事項

④ その他エネルギーの使用の合理化等に関する事項について，エネルギー需給の長期見通し，電気その他のエネルギーの需給を取り巻く環境，エネルギーの使用の合理化に関する技術水準その他の事情を勘案して定めるものとする.

経済産業大臣は，基本方針を定めようとするときは，あらかじめ，輸送に係る部分，建築物に係る部分（建築材料の品質の向上及び表示に係る部分並びに建築物の外壁，窓等を通しての熱の損失の防止の用に供される建築材料の熱の損失の防止のための性能の向上及び表示に係る部分を除く）および自動車の性能に係る部分については国土交通大臣に協議することになっている.

（答）　1—シ，2—ア，3—サ，4—カ

問題2

次の文章の　1　～　5　の中に入れるべき最も適切な字句または数値を解答群から選び，その記号を答えよ.

1)　令第2条（特定事業者の指定に係るエネルギーの使用量）

法7条第1項のエネルギーの年度の使用量の合計量についての政令で定める数値は，次項により算定した数値で　1　[kL]とする.

2　法第7条第2項の政令で定めるところにより算定するエネルギーの年度の使用量は，当該年度において使用した燃料の量並びに当該年度において他人から供給された熱及び電気の量をそれぞれ経済産業省令で定めるところにより原油の数量に換算した量を　2　した量（以下「原油換算エネルギー使用量」という）とする.

2)　令第3条（第一種エネルギー管理指定工場等の指定に係るエネルギーの使用量）

法第10条の第1項のエネルギーの年度の使用量についての政令で定める数値は原油換算エネルギー使用量の数値で　3　[kL]とする.

3)　規則第4条（換算の方法）

令第2条第2項に規定する使用した燃料の量の原油の数量への換算は，次のとおりとする.

一　別表第1の左欄に掲げる燃料にあっては，同欄に掲げる数量をそれぞれ同表の右欄に掲げる発熱量として換算した後，発熱量1GJを原油 4 [kL]として換算すること．

別表第1（抜粋）

原油1kL		38.2 GJ
うちコンデンセート1kL		35.3 GJ
揮発油1kL		34.6 GJ
ナフサ1kL		33.6 GJ
軽油　1kL		37.7 GJ
重油	A重油　1kL	39.1 GJ
	B・C重油　1kL	41.9 GJ

二　前号に規定する燃料以外の燃料にあっては，発熱量1GJを原油 4 [kL]として算すること．

2　省略

3　令第2条第2項に規定する他人から供給された電気の量の原油の数量への換算は，次のとおりとする．

一　別表第3の左欄に掲げる電気にあっては同欄に掲げる数量をそれぞれ同表の右欄に掲げる熱量として換算した後，熱量1GJを原油 4 [kL]として換算すること．

別表第3

電気1kW·h	昼間の電気	9970 kJ
	夜間の電気	9280 kJ

二　前号に規定する電気以外の電気にあっては，電気の量1kW·hを熱量 5 [kJ]として換算した後，熱量1GJを原油 4 [kL]として換算すること．

〈 1 ～ 5 の解答群〉

ア	1500	イ	3000	ウ	600	エ	0.258
オ	2.58	カ	0.0258	キ	9670	ク	9600
ケ	9760	コ	合算	サ	合計	シ	累計

解説

令第2条より，特定事業者として指定されるエネルギーの年度の使用量は

1500 kLである．年度の使用量は，当該年度において使用した燃料の量ならびに他人から供給された熱および電気の量を原油の数量に換算した量を合算した量のことである．

令第3条より，第1種エネルギー管理指定工場等の指定されるエネルギーの使用量は3000 kLである．

規則第4条より，発熱量1 GJの原油0.0258 kLとして換算すること．電気の量1 kW·hは，熱量9760 kJとして換算すること．

(答)　1－ア，2－コ，3－イ，4－カ，5－ケ

エネルギー情勢・政策，エネルギー概論

1　エネルギー情勢・政策

これだけは覚えよう！

□世界のエネルギー情勢：2015年度における一次エネルギーの石油換算値と，一次エネルギー源別の消費量の石油換算比率

□エネルギー消費量とGDP消費原単位：先進国と新興国において，それぞれのGDPとエネルギー消費の関係の違い

□日本のエネルギー情勢：1973年度基準で，2015年度までの部門別のエネルギー消費の伸び率と，2015年度の各部門のエネルギー消費の比率

□エネルギーと環境（①化石燃料の燃焼に伴い発生するNO_x，SO_x，CO_2等の環境に与える影響，②地球温暖化のメカニズムの概要，気象変動などの概要）

□今後の地球温暖化対策：温室効果ガスを2030年には2013年度比で26％削減する目標について各部門が取り組むべき対策や国の施策

□長期エネルギー需給見通し：長期エネルギー需給見通しの位置づけ，基本方針，2030年度までの需給見通しなどの概要を理解すること．

■世界のエネルギー情勢

◇世界のエネルギー需給動向

　世界の一次エネルギー量の消費量は，第1図より，経済成長とともに年平均2.6％で増加を続けており，消費量を石油換算に置き換えると1965年の37億tから，2015年度には131億tに達している．これら一次エネルギーの消費量の動向をエネルギー源別にみてみる．

51

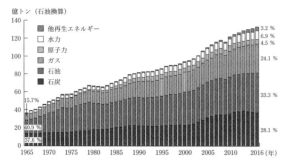

(注) 端数処理の関係で合計が100％にならない場合がある．
出典：「2018年度エネルギー白書」BP [Statistical Review of World Eenergy 2017] を基に作成
第1図

　石油は，石油以外の発電用等のエネルギー転換が進む一方，堅調な輸送用燃料消費に支えられている．1965年から2015年にかけて年平均2.1％増加している．2015年時点で全体消費量の32.9％を占めている．

　石炭は，2000年代において，経済成長の著しい中国など，安価な発電用燃料を求める東南アジアを中心に消費量が拡大してきた．近年では，中国の需要鈍化，米国における天然ガス（LNG）代替などにより，需要が減少したことから，石炭の消費量は伸び悩み状態である．2015年度では全体消費量の29.2％を占めている．

　天然ガスは，気候変動への対応が強く求められる先進国を中心に発電用・都市ガス用の消費が伸びている．2015年度では全体消費量の23.8％を占めている．

　原子力は，化石燃料資源の獲得を巡る国際競争の緩和や地球温暖化対策のため，アジア地域を中心に原子力発電設備容量が着実に増加してきた．2011年に発生した東京福島第一原子力発電所事故を受けて，日本の原子力発電電力量が減少したため，アジア地域の原子力発電量が減少したが，2014年度以降は再び増加に転じている．欧米地域では，原子力発電所の新規建設が少ないものの，出力増強や設備利用率の向上により，発電電力量は増加傾向になってきてい

▶一次エネルギー
2015年度の一次エネルギー消費量の上位は石油＞石炭＞天然ガスの順となる．

る．2015年度では，全体消費量の4.4％を占めている．

風力・太陽光などの再生可能エネルギーはエネルギー消費量全体を占める比率は高くないが，近年は太陽光発電の発電コストが低下しており，今後再生可能エネルギーの比率は増大していくと予想される．2015年度時点では，全体消費量の2.8％を占めている．

◇**GDPとエネルギー消費原単位**

世界の一次エネルギー量の消費は，2000年度以降は，アジアを主体とした新興国により消費伸び率を高くしている．一方，先進国（OECD）では，経済成長率，人口増加率ともに，新興国と比べて低いことや産業構造が変化し省エネルギー化が進んだことにより，伸び率は鈍化している．

第2図は国別・地域別の1人当たりの名目GDPと一次エネルギー消費との関係を示したものである．

縦軸に1人当たりの一次エネルギー消費，横軸に1人当たりの名目GDPとし，**縦軸の値/横軸の値がエネルギー消費原単位となる**．図の左下に位置する新興国が，今後GDPの増加とともにエネルギー消費が大きく増加することが予測される．先進国からの省エネ技術支援などにより，開発途上国のエネルギー消費効率を高めていくことが望まれる．

▶**エネルギー消費原単位**

エネルギー消費原単位
$$= \frac{1人当たりの一次エネルギー消費}{1人当たりの名目GDP}$$

※開発途上国のエネルギー消費増加に対し，先進国の省エネ技術支援が必要である．

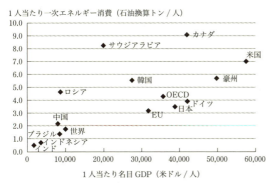

出典：「2018年度エネルギー白書」BP〔Statistical Review of World Eenergy 2017〕，世界銀行「World Development Indicators」を基に作成

第2図

■日本のエネルギー消費動向

わが国は1960年代からの高度経済成長を，中東の安価な石油に依存してきたため，1970年代の二度の石油ショックにより，大きな経済的な打撃を受けた．以降，官民一体となり省エネルギー，石油代替エネルギーの開発・導入および産業構造の改革に取り組み，エネルギー消費体質の目覚ましい改善が進んだ．

第3図は，最終エネルギー消費と実質GDPの推移を示したものである．この図より，1973年度から2016年度の間にGDP（円ベース）は**2.5倍**に伸びているのに対し，最終エネルギー消費は**1.2倍**にとどまっている．産業部門においては**0.8倍**と1973年度より減少している．

部門別にエネルギー消費の動向をみると，1973年度から2015年度までの伸びは，企業・事業所他部門は1.0倍（産業部門0.8倍，業務他部門2.1倍）家庭部門は1.9倍，運輸部門は1.7倍となった．企業・事業所他部門では第一次石油ショック以降に経済成長していく中で製造業を中心とした省エネルギー化が進んだことにより，微増に推移してきた．

家庭部門・運輸部門ではエネルギーを消費する機器や自

▶産業部門
農林水産鉱建設業と製造業の合計

企業・事業所他部門において，製造業を中心とした省エネルギー化が進んだ．

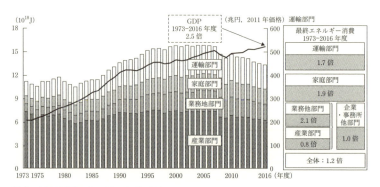

出典：2018年度エネルギー白書 p130

第3図

動車などの普及が進んだことにより，大きく増加した．

これらの結果，産業部門，業務他部門，家庭部門，運輸部門のシェアは，第4図より，第一次石油ショックの1973年度の65.5 %，9.2 %，8.9 %，16.4 %から，2015年度には45.3 %，18.2 %，13.8 %，22.7 %に変化してきている．

各部門のエネルギー消費量（2015年）は産業部門＞運輸部門＞業務他部門＞家庭部門の順となる．

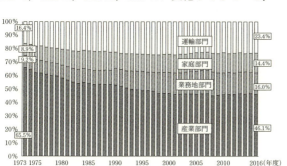

(注1) J（ジュール）＝エネルギーの大きさを示すの指標一つで，1 MJ＝0.025 8×10^{-3}原油換算kL．
(注2) 「総合エネルギー統計」は，1990年度以降の数値について算出方法が変更されている．
(注3) 産業部門は農林水産鉱建設業と製造業の合計．
(注4) 1993年度以前のGDPは日本エネルギー経済研究所推計．
出典：「2018年度エネルギー白書」資源エネルギー庁「総合エネルギー統計」，内閣府「国民経済計算」，日本エネルギー経済研究所「エネルギー・経済統計要覧」を基に作成．

第4図

■エネルギーと環境

◇エネルギーと環境問題

化石燃料の燃焼に伴い発生するSO_x，NO_x，ばいじんなどの排出について，国内では1970年代から燃料の低硫黄化・脱硝化および燃焼排ガス処理が進められ，産業部門においては十分な対策が施されている．

一方，アジア諸国においては，エネルギー使用の増加に伴う大気汚染が深刻な課題となっている．とくに世界第2位のエネルギー消費大国でかつ，世界一の石炭消費国である中国のSO_2の排出量は世界一で深刻な環境汚染を引き起こしている．中国各地で大気環境の悪化と酸性雨をもたら

し，発生源から遠隔の地域であるわが国を含めた周辺国にも影響を及ぼし問題となっている．

また，燃料の燃焼に伴い，発生する二酸化炭素により，大気の二酸化炭素濃度が上昇し，地球規模での気温上昇がみられる地球温暖化が問題となっている．

このような環境問題は，一国だけでは容易に改善されないため各国が一致団結し対策を講じることが望まれる．

◇地球温暖化のメカニズム

太陽は，人類が消費するエネルギー量の約1万倍にも達する膨大な量のエネルギーを地球に注ぎこんでいる．太陽光は非常に高温の物体からの放射であり，その波長は0.2〜2 μmと短い．地球に注がれるエネルギーの30％は宇宙に反射される．また，約20％は大気に吸収され，残りの約50％のエネルギーが地表に到達し吸収される．

大気および地表に吸収されたエネルギーは，最終的には宇宙に放射されて地球の温度が保たれる．地表からの放射は低温度表面からの放射であり，波長は赤外線域の4〜30 μmで，大気中の水分や二酸化炭素などの温室効果ガスに吸収されて大気の温度を高め，吸収されたエネルギーの一部は，地表面に再放射される．地球は保温された状態になり，地表温度が上昇する．ゆえにこの現象を「温室効果」と呼ぶ．温室効果ガスがなければ地表温度は −18 ℃ 程度まで下がるとみられ，温室効果ガスは快適な地球環境維持のために必要なガスであるが，濃度の増加を続けているため，地球規模での気温上昇による異常気象などが懸念されるようになった．

◇大気中の二酸化炭素濃度による地球環境の変化

2014年9月に公表されたIPCC（気候変動に関する政府間パネル）第5次評価報告書は次のような内容となっている．

① 気候に対する人為的影響は，大気と海洋の温暖化，世界の水環境の変化，雪氷の現象，世界平均海面水位の上

▶国連気候変動枠組条約国際会議（COP）
1992年，大気中の温室効果ガス濃度を安定化させることを目標とする「国連気候変動枠組条約」の合意により，行われる国際会議．
COP3　京都議定書
COP21　パリ協定

▶IPCC（気候変動に関する政府間パネル）
人為起源による気候変化影響，適応および緩和方策に関し，科学的，技術的，社会経済学的見地から包括的な評価を行うことを目的に1988年に設立された組織．

昇など検出されている.

② 世界平均地上気温は1880年から2012年の期間に0.85℃上昇している. 1901年から2012年の間では, 地球全体で地上気温の上昇が起きている.

③ 世界平均海面水位は1901年から2010年の期間に0.19m上昇した.

④ 大気中の二酸化炭素, メタン, 一酸化炭素は, 少なくとも過去80万年間で前例のない水準まで増加している. 2011年度の二酸化炭素の大気中濃度は391ppmである. 化石燃料の燃焼に伴う排出などにより, 工業化以前より40％増加している. 海洋は排出された人為的起源の二酸化炭素の約30％を吸収し海洋酸性化を引き起こしている.

⑤ 二酸化炭素の累積排出量と世界平均地上気温の応答は, ほぼ比例関係にある.

⑥ 気候変動は, 二酸化炭素の排出を停止させたとしても, 何世紀に持続することになる.

二酸化炭素濃度の上昇を抑制するためには, 次のような対策が実施・検討されている.

- 省エネルギー施策
- 二酸化炭素発生量の少ない化石燃料の使用
- 同一の発熱量に対する二酸化炭素発生量の比は,
    石炭：石油：天然ガス＝100：80：60
- 原子力発電の利用
- 再生可能エネルギー（風力・太陽光エネルギー）の活用
- 森林の整備・保全（二酸化炭素を光合成により, 酸素に変換）
- 二酸化炭素回収・貯留（CCS）などの技術開発

■今後の日本の地球温暖化対策

COP21で採択されたパリ協定などに基づき, 今後のわが国の地球温暖化対策計画は平成28年5月に閣議決定されている.

▶世界の温室効果ガスの割合

二酸化炭素：76％
メタン：16％
一酸化二窒素：6％
フロン類：2％
IPCC第5次評価報告書より

この計画によると，温室効果ガスを2030年には2013年度比で26％削減するとの中期目標について各主体に取り組むべき対策や国の施策を明らかにし，削減目標の道筋を付けている．また，長期目標として2050年までに80％の温室効果ガス排出削減を目指すことを位置付けている．主な対策・施策は以下のとおりである．

◇産業部門の取組み

- 低炭素社会実行計画の着実な実施と対策・検証：BAT（経済的に利用可能な最善の技術）の最大限導入をもとにCO_2削減目標値策定，厳格な評価・検証
- 設備・機器の省エネルギーとエネルギー管理の徹底：省エネ性に優れた設備・機器の導入，エネルギーマネジメントシステム（EMS）の活用

◇業務その他部門の取組み

- 建築物の省エネ対策：新築建築物の省エネ基準適合義務化・既存建築物の省エネ改修
- 機器の省エネ化：LED等の高効率照明を2030年度までにストックで100％達成，トップランナー制度による省エネ性能の向上
- エネルギー管理の徹底
- ビルエネルギーマネジメントシステム（BEMS），省エネ診断等による徹底したエネルギー管理

◇家庭部門の取組み

- 住宅の省エネ対策：新築住宅の省エネ基準適合義務化，既存住宅の断熱改修，ZEH（ゼロ・エネルギーハウス）の推進
- 機器の省エネ：LED等の高効率照明を2030年度までにストックで100％達成，家庭用燃料電池を2030年時点で530万台導入，トップランナー制度による省エネ性能の向上
- エネルギー管理の徹底：ホームエネルギーマネジメントシステム（HEMS），スマートメータを活用したエネル

▶**トップランナー制度**

省エネ法第145条に規定されるエネルギーの使用の合理化を図ることがとくに必要な機器について，エネルギー消費効率が最も優れているもの（トップランナー）の性能，技術開発の将来の見通し等を勘案し，製造事業者等が目標年度に満たすべき省エネ基準を定める制度．

ギー管理

◇**運輸部門の取組み**

- 次世代自動車の普及，燃費改善：次世代自動車（EV，FCV 等）の新車販売に占める割合を 2030 年時点で 5 割から 7 割まで普及させる．
- その他：エコドライブ，公共交通機関の利用推進，低炭素物流の推進モーダルシフト

◇**その他**

- 再生可能エネルギーの最大限の導入
- 固定価格買取制度の適切な運用・見直し，送配電線整備や運用ルールの整備
- 火力発電所の高効率化，安全性が確認できた原子力発電所の活用など

■長期エネルギー需給見通し

2015 年 3 月に，エネルギー政策基本法およびエネルギー基本計画を踏まえて「2030 年のエネルギー需給展望」がまとめられ，その後にエネルギーを取り巻く環境に対応した「長期エネルギー需給見通し」が 2015 年 7 月に公表されている．その概要は，以下のとおりである．

◇**長期エネルギー需給見通しの位置付け**

長期エネルギーの位置付けは，エネルギー政策の基本的視点である．安全性，安定供給，経済効率性および環境適合について達成すべき目標を想定したうえで，政策の基本的方向性に基づいて施策を講じたときに実現される将来のエネルギー需給構造の見通しである．

① 長期エネルギー需給見通し策定の基本方針

- 安全性：原子力は，世界最高水準の規制基準に加え，自主的安全性の向上安全性確保に必要な技術・人材の確保・発展を図ること．また，石油，ガス等の設備については安全性の向上に取り組んでいく．
- 安定供給：エネルギー自給率の改善は長年にわたるわが

国のエネルギー政策の大目標である．エネルギー調達先国の多角化や国産資源の開発を進め，調達リスクを低減しつつ，自給率はおおむね25％まで改善することを目指す．

- 経済効率性：東大震災以降，電気料金は，家庭用，産業用ともに大きく上昇している．電気料金の抑制は直前の課題であると同時に中長期的に安定的に抑制していく必要があり，現状よりも引き下げることを目指す．
- 環境適合：欧米に遜色ない温室効果ガス削減目標を掲げ世界をリードすることに資する長期エネルギー需給見通しを示すことを目指す．

② 2030年度のエネルギー需給構造の見通し

- エネルギー需給および一次エネルギー需給構造：経済成長によるエネルギー需給の増加を見込む中，徹底した省エネルギーの推進により，石油危機後並みの大幅なエネルギー効率の改善が見込まれている．産業部門，業務部門，運輸部門の省エネルギー対策をそれぞれ積み上げ，最終エネルギー消費で5 030万 kL 程度の省エネルギーが

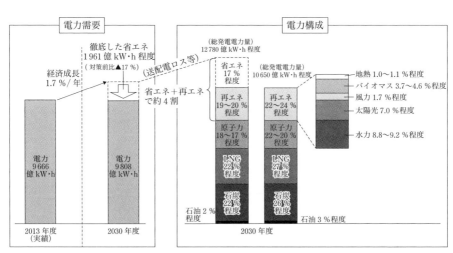

出典：総合資源エネルギー調査会　長期エネルギー需給見通し

第5図　2030年度のエネルギー需給構造の見通し

見込まれている.

- 電源構成:徹底した省エネルギーの推進,再生可能エネルギーの最大限の導入火力発電の効率化を進めつつ,原子力発電の依存度を低減することとしている.これにより,東日本大震災前に約3割を占めていた原子力発電の依存度は20％～22％程度に低減する.

2030年度の電力需要および電源構成は,第5図で表される.

③　長期エネルギー需給見通しの定期的な見直し

長期エネルギー需給見通しについては,少なくとも3年ごとに行われるエネルギー基本計画の検討に合わせて,必要に応じて見直すことになっている.

問題1

次の文章の ⎡1⎤～⎡5⎤ の中に入れるべき最も適切な数値を解答群から選び，その記号を答えよ．

世界の一次エネルギー量の消費量は，経済成長とともに年平均2.6％で増加を続けており，消費量を石油換算に置き換えると1965年の37億トンから，2015年度には⎡1⎤億トンに達している．これら一次エネルギーの消費量の動向をエネルギー源別にみてみる．

石油は，石油以外の発電用等のエネルギー転換が進む一方，堅調な輸送用燃料消費に支えられている．1965年から2015年にかけて年平均2.1％増加している．2015年時点で全体消費量の⎡2⎤[％]を占めている．

石炭は，2000年代において，経済成長の著しい中国など，安価な発電用燃料を求める東南アジアを中心に消費量が拡大してきた．近年では，中国の需要鈍化，米国における天然ガス（LNG）代替などにより，需要が減少したことから，石炭の消費量は伸び悩み状態である．2015年度では全体消費量の⎡3⎤[％]を占めている．

天然ガスは，気候変動への対応が強く求められる先進国を中心に発電用・都市ガス用の消費が伸びている．2015年度では全体消費量の⎡4⎤[％]を占めている．

原子力は，化石燃料資源の獲得を巡る国際競争の緩和や地球温暖化対策のため，アジア地域を中心に原子力発電設備容量が着実に増加してきた．2011年に発生した東京福島第一原子力発電所事故を受けて，日本の原子力発電電力量が減少したため，アジア地域の原子力発電量が減少したが，2014年度以降は再び増加に転じている．欧米地域では，原子力発電所の新規建設が少ないものの，出力増強や設備利用率の向上により，発電電力量は増加傾向になってきている．2015年度では，全体消費量の⎡5⎤[％]を占めている．

風力・太陽光などの再生可能エネルギーはエネルギー消費量全体を占める比率は高くないが，近年は太陽光発電の発電コストが低下しており，今後再生可能エネルギーの比率は増大していくと予想される．2015年度時点では，全体消費量の2.8％を占めている．

〈⎡1⎤～⎡5⎤の解答群〉

ア	101	イ	3.8	ウ	6.4	エ	4.4	オ	29.2
カ	121	キ	131	ク	32.9	ケ	42.9	コ	23.8

解説

2015年の世界のエネルギー消費量は，石油換算で131億トンに達している．2015

年の全体消費量において，石油，石炭，ガス（天然），原子力の占める割合[%]は次のようになる．

　　石油：32.9 %，石炭：29.2 %，ガス（天然）：23.8 %，原子力：4.4 %

　　　　　　　　　　　　（答）　1―キ，2―ク，3―オ，4―コ，5―エ

問題2

　次の文章の　1　～　5　の中に入れるべき最も適切な字句または数値を解答群から選び，その記号を答えよ．

　2014年9月に公表されたIPCC（気候変動に関する政府間パネル）第5次評価報告書は次のような内容となっている．

① 気候に対する人為的影響は，大気と海洋の　1　，世界の水環境の変化，雪氷の現象，世界平均海面水位の上昇などが検出されている．

② 世界平均地上気温は1880年から2012年の期間に　2　[℃]上昇している．1901年から2012年の間では，地球全体で地上気温の上昇が起きている．

③ 世界平均海面水位は1901年から2010年の期間に　3　[m]上昇した．

④ 大気中の二酸化炭素，メタン，一酸化炭素は，少なくとも過去80万年間で前例のない水準まで増加している．2011年度の二酸化炭素の大気中濃度は　4　[ppm]である．化石燃料の燃焼に伴う排出などにより，工業化以前より40 %増加している．海洋は排出された人為的起源の二酸化炭素の約30 %を吸収し海洋酸性化を引き起こしている．

⑤ 二酸化炭素の累積排出量と世界平均地上気温の応答は，ほぼ　5　関係にある．

⑥ 気候変動は，二酸化炭素の排出を停止させたとしても，何世紀も持続することになる．

〈　1　～　5　の解答群〉

ア	0.1	イ	0.85	ウ	0.19	エ	191	オ	291
カ	391	キ	比例	ク	反比例	ケ	無	コ	温暖化
サ	汚染	シ	異常現象						

解説

　気候に対する人為的影響として，大気と海洋の<u>温暖化</u>，世界の水環境の変化，雪氷の現象，世界平均海面水位の上昇が挙げられる．

　世界平均地上気温は1880年から2012年の期間に<u>0.85</u> ℃上昇している．

63

世界平均海面水位は1901年から2010年の期間に0.19 m上昇した．2011年度の二酸化炭素の大気中濃度は391 ppmである．化石燃料の燃焼に伴う排出などにより，工業化以前より40％増加している．二酸化炭素の累積排出量と世界平均地上気温の応答は，ほぼ比例関係にある．

(答)　1－コ，2－イ，3－ウ，4－カ，5－キ

問題3

次の文章の　1　～　5　の中に入れるべき最も適切な字句または数値を解答群から選び，その記号を答えよ．

COP21で採択されたパリ協定などに基づき，今後のわが国の地球温暖化対策計画は平成28年5月に閣議決定されている．

① 産業部門の取組み
- 　1　社会実行計画の着実な実施と対策・検証
- 設備・機器の省エネルギーとエネルギー管理の徹底

② 業務その他部門の取組み
- 建築物の省エネ対策
- 機器の省エネ化
- エネルギー管理の徹底
- ビルエネルギーマネジメントシステム（BEMS），省エネ診断等による徹底したエネルギー管理

③ 家庭部門の取組み
- 住宅の省対策：新築住宅の　2　適合義務化，既存住宅の断熱改修，ZEH（ゼロ・ネルギーハウス）の推進
- 機器の省エネ：LED等の高効率照明を2030年度までにストックで100％達成，家庭用　3　を2030年時点で530万台導入，トップランナー制度による省エネ性能の向上
- エネルギー管理の徹底：ホームエネルギーマネジメントシステム（HEMS），　4　を活用したエネルギー管理

④ 運輸部門の取組み
- 次世代自動車の普及，　5　改善
- その他：エコドライブ，公共交通機関の利用推進，低炭素物流の推進モーダルシフト

〈 1 〜 5 の解答群〉

ア 省エネ基準 　イ 低炭素 　ウ 高度化 　エ 機能性

オ 操作性 　カ 燃費 　キ スマートメータ

ク コンピュータ 　ケ 燃料電池 　コ EV（電気自動車）

サ トップランナー

(解説)

　産業部門の取組みの一つとして，低炭素社会実行計画の着実な実施と対策・検証が挙げられている．

　業務その他部門の取組みの一つとして，新築建築物の省エネ基準適合義務化・既存建築物の省エネ改修が挙げられている．

　家庭部門の取組みとして，家庭用燃料電池を2030年時点で530万台導入計画および，スマートメータを活用したエネルギー管理が挙げられている．

　運輸部門の取組みの一つとして，次世代自動車の普及や燃費の改善が挙げられている．

(答)　1－イ，2－ア，3－ケ，4－キ，5－カ

エネルギー情勢・政策，エネルギー概論

2　エネルギー概論

これだけは覚えよう！

□基本単位および組立単位

□エネルギーの形態：各エネルギーの形態の概要，エネルギーを表す公式

□エネルギーの有効活用と電力需要の平準化：電源側と負荷側における電力需要の平準化の概要

■基本単位と組立単位

　国際単位（SI）では，**長さ（メートル[m]），質量（キログラム[kg]），時間（秒[s]），電流（アンペア[A]），熱力学温度（ケルビン[K]），物質量（モル[mol]），および光度（カンデラ[cd]）** の七つを基本単位としている．

　これら七つの量以外の量については，基本単位の組合せが用いられそれらを組立単位と呼んでいる．組立単位のなかには固有の名称をもつものがいくつかある．組立単位と基本単位の関係を挙げると以下のものがある．

① 圧力 $\left[\dfrac{kg\cdot(m/s^2)}{m^2}\right]=\left[\dfrac{N}{m^2}\right]=[Pa]$

② 仕事率 $\left[\dfrac{kg\cdot(m/s^2)}{s}\cdot m\right]=\left[\dfrac{N\cdot m}{s}\right]=\left[\dfrac{J}{s}\right]=[W]$

③ 電圧 $\left[\dfrac{kg\cdot(m/s^2)}{A\cdot s}\cdot m\right]=\left[\dfrac{N\cdot m}{A\cdot s}\right]=\left[\dfrac{J}{A\cdot s}\right]=\left[\dfrac{W}{A}\right]=[V]$

④ 抵抗 $\left[\dfrac{kg\cdot m^2}{A^2\cdot s^3}\right]=\left[\left(\dfrac{kg\cdot m}{s^2}\,m\right)\dfrac{1}{A^2\cdot s}\right]=\left[\dfrac{N\cdot m}{A^2\cdot s}\right]$

$\qquad\qquad =\left[\dfrac{J}{A^2\cdot s}\right]=\left[\dfrac{W}{A^2}\right]=\left[\dfrac{V}{A}\right]=[\Omega]$

　主な基本単位と組立単位の関係を挙げると第1表となる．

▶SI単位の定義改定（2019年5月20日）

国際単位系（SI）の基本7単位のうち，以下の4単位の定義が改定された（前回の改定から130年ぶり）．

①質量[kg]
②電流[A]
③温度[K]
④物質量[mol]

第1表　固有名称をもつSI組立組織

量	単位記号	他のSI表示	SI基本単位による表し方
圧力	Pa	N/m²	$kg \cdot m \cdot s^{-2}$
エネルギー・仕事	J	N·m	$kg \cdot m^2 \cdot s^{-2}$
電力・仕事率	W	J/s	$kg \cdot m^2 \cdot s^{-3}$
電荷・電気量	C	V·F	$A \cdot s$
電圧・起電力	V	W/A	$kg \cdot m^2 \cdot s^{-3} \cdot A^{-1}$
静電容量	F	C/V	$kg^{-1} \cdot m^2 \cdot s^4 \cdot A^2$
電気抵抗	Ω	V/A	$kg \cdot m^2 \cdot s^{-3} \cdot A^{-2}$
磁束	Wb	V·s	$kg \cdot m^2 \cdot s^{-2} \cdot A^{-1}$
磁束密度	T	Wb/m²	$kg \cdot s^{-1} \cdot A^{-1}$
インダクタンス	H	Wb/A	$kg \cdot m^2 \cdot s^{-2} \cdot A^{-2}$

■エネルギーの形態

エネルギーには，種々の形態がある.

① 力学エネルギー

② 電磁気エネルギー

③ 光エネルギー

④ 化学エネルギー

⑤ 熱エネルギー

⑥ 核エネルギー

◇力学エネルギー

代表的なものとして，運動エネルギー，位置エネルギー，仕事エネルギーなどが挙げられる.

・運動エネルギー E [J]

速度 v [m/s] で運動している質量 m [kg] の物体がもつ運動エネルギー E [J] は，次式で表される.

$$E = \frac{1}{2} mv^2 \text{[J]}$$

・位置エネルギー E [J]

基準位置から h [m] の高さにある質量 m [kg] の物体がもつエネルギーのことである. 位置エネルギー E [J] は次式

▶組立単位と基本単位の関係

$kg(m/s)^2 = N \cdot m = J$

67

で表される.

$$E = mgh \,[\mathrm{J}]$$

- 仕事エネルギー $E\,[\mathrm{J}]$

$F\,[\mathrm{N}]$ の力で，力の向きに $x\,[\mathrm{m}]$ 移動した場合の仕事量 $W\,[\mathrm{J}]$ のことである．仕事エネルギー $E\,[\mathrm{J}]$ は次式で表される．

$$W = F \cdot x \,[\mathrm{J}]$$

◇電磁気エネルギー

電界や磁界の保有エネルギーのことである．それぞれが単位体積当たり保有するエネルギーを $w\,[\mathrm{J/m^3}]$ とすると，次式で表される．

$$w = \frac{1}{2}\varepsilon E^2 = \frac{1}{2}\mu H^2 \,[\mathrm{J/m^3}]$$

E：電界の強さ $[\mathrm{V/m}]$, ε：媒質の誘電率 $[\mathrm{F/m}]$, H：磁界の強さ $[\mathrm{A/m}]$, μ：媒質の透磁率 $[\mathrm{H/m}]$

◇光エネルギー

電磁波におけるエネルギーのことである．

一般的には，紫外線と赤外線とをあわせた波長が $1\,\mathrm{nm}$ 〜 $1\,\mathrm{mm}$ の範囲にある電磁波を光と呼んでいる．

◇化学エネルギー

物質を構成する原子や分子の結合エネルギーのことである．化学反応によって，物質の構成が変化すると，結合エネルギーが外部に放出（発熱反応）または吸収（吸収反応）される．

具体的なものとして，燃料（石炭・石油）が酸素と反応して，二酸化炭素や水蒸気などに変化する過程で大量に熱を発生する．これは燃料の保有していた化学エネルギーの一部が熱エネルギーに変換されたものである．

◇熱エネルギー

比熱 $k\,[\mathrm{J/(kg \cdot K)}]$, 質量 $m\,[\mathrm{kg}]$ の物体が，加熱などにより温度 $\Delta T\,[\mathrm{K}]$ だけ上昇したとき，物体内部で増加したエネルギー分のことである．熱エネルギー $E\,[\mathrm{J}]$ は次式で

表される.

$$E = m \cdot k \cdot \Delta T \text{ [J]}$$

◇**核エネルギー**

核反応で m [kg] の質量欠損が生じたときに発生するエネルギーのことである. 核エネルギー E [J] は次式で表される.

$$E = mc^2 \text{ [J]}$$

m：質量欠損[kg], c：光の速度（3×10^8 m/s）

■エネルギーの有効利用と電力需要平準化

エネルギーの有効利用方法として，電力貯蔵システム，分散型電源設備が挙げられる. 一般的に電力需要は昼間の時間帯に多く，夜間の時間帯は少なくなる. また，夏季は冷房電力の需要，冬季は暖房電力の需要が多くなり季節的な負荷変動が大きくなっている.

このような負荷変動に対し，電源側は大規模火力発電所などをベース電力供給運転とし，時々刻々な負荷変動に対しては，出力変化が容易に行える水力発電所などが対応している. また，昼間のピーク負荷に対しては，前日の夜間に上池に水を揚水し，昼間のピーク時に上池から下池に水を放流し発電する揚水発電所が対応している.

負荷側の電力需要平準化の対策としては，次の四つの方法がある.

① ピークシフト：夜間に電力やエネルギーを蓄え，蓄えた電力やエネルギーを昼間のピーク時間帯に放出し，昼間のピーク時の電力を低減する方式である. 具体例として，NAS電池設備蓄熱式空調，操業時間のシフト，電気自動車の夜間充電などがある.

② ピークカット：ピーク時の所要需要電力自体を節減し，ピーク電力の削減を図るものである. 具体例として，空調のデマンド制御，家庭用の燃料電池などがある.

③ エネルギー源の転換：燃料使用や自家発電等により，

▶**NAS電池**

負極にナトリウム（Na），正極に硫黄（S），電解質に β アルミナを用いた，大規模電力貯蔵に適した二次電池.

系統電力の消費を他のエネルギーで代替えするものである．具体例として，コージェネレーションやガス冷房（GHP，吸収式冷温水器）の使用などがある．

④　省エネルギー：昼間・夜間を問わず，エネルギー使用機器の効率向上，熱放散等のエネルギー利用上の損失を低減し，エネルギー使用量を削減するものである．具体例として，高効率電動機，LED，高効率変圧器，高断熱性能などがある．

▶GHP
ガスヒートポンプエアコン・高効率ガスエンジンを使用し，冷暖房を行うシステム．

問題1

次の文章の １ の中に入れるべき最も適切な字句を解答群から選び，その記号を答えよ．また，$\boxed{A\text{a.b}\times10^c}$ に当てはまる数値を計算し，その結果を答えよ．ただし，解答は解答すべき数値の最小位の一つ下の位で四捨五入すること．

国際単位系（SI）では，長さ（メートル[m]），質量（キログラム[kg]），時間（秒[s]），電流（アンペア[A]），熱力学温度（ケルビン[K]），光度（カンデラ[cd]）および物質量（モル[mol]）の 7 個の量を基本単位という．基本単位にはない，力やエネルギーなどの単位は，前述の 7 個の基本単位を組み合わせて表されるもので組立単位と呼ぶ．組立単位の一つである １ は，「すべての方向に対して 1 cd の光度をもつ標準の点光源が，1 sr の立体角内に放出する光速を 1 １ とする.」と定義される．したがって，100 W 白熱電球が発する全光束が 1200 １ の場合，電球が点光源からなる完全な球であるとすると，光源の光度は $\boxed{A\text{a.b}\times10^c}$ [cd] である．なお，球に対する全立体角は，球面積を半径の 2 乗で除したものである．

〈 １ の解答群〉

ア　ルクス（lx）　　イ　ガウス（G）　　ウ　ルーメン（lm）

解説

ルーメンは「すべての方向に対して 1 cd（カンデラ）の光度をもつ，標準の点光源，1 sr（ステラジアン）の立体角内に放出する光速を 1 lm（ルーメン）」と定義されている．

球体に対する全立体角 ω_0 [sr] は，球の表面積 S [m²] を半径 r [m] の 2 乗で割った値に等しいことから，次式が成立する．

$$\omega_0 = \frac{S}{r^2} = \frac{4\pi r^2}{r^2} = 4\pi \text{ sr}$$

全光束が F [lm] である電球が点光源からなる完全な球であるとすると，光源の光度 I [cd] は，$F = 1200$ lm であるから

$$I = \frac{F}{\omega_0} = \frac{F}{4\pi} = \frac{1000}{4\pi} = 95.541 \fallingdotseq 9.6 \times 10^1 \text{cd}$$

（答）　　1 —ウ，　A— 9.6×10^1

問題2

次の文章の １ ～ ４ の中に入れるべき最も適切な字句または数値を解答群から選び，その記号を答えよ．

家庭用の高効率コージェネレーションシステムとして，徐々に普及が広がっている　1　には固体高分子形や　2　形があり，燃料にはいずれも都市ガスなどの燃料ガスを改質して得られる　3　を用いる．一方，2014年末に市販が開始された燃料電池乗用車に搭載される　3　燃料は約　4　[MPa]の圧力容器に充てんされる．

〈　1　～　4　の解答群〉

ア　700　　　イ　70　　　ウ　7　　　エ　固体酸化物　　　オ　りん酸
カ　圧力スイング吸着　　　キ　改質　　　　　ク　水素　　コ　炭素
サ　燃焼ガス　　　　　　　シ　溶融炭酸塩型　　ス　燃料電池
セ　蓄熱給湯　　　　　　　ソ　ガスエンジン

解説

燃料電池には，作動する温度別に，以下の種類がある．

• 低温形・中温形：室温から200℃で運転するもので，固体高分子形燃料電池，アルカリ形燃料電，りん酸形燃料電池などがある．

• 高温形：溶融炭酸塩を電解質として，650℃付近で作動させる溶融炭酸塩形燃料電池がある．

• 超高温形：ジルコニア系の固体電解質を用い，1 000℃以下で作動する固体酸化物形燃料電池がある．

家庭用の燃料電池として，固体高分子形や固体酸化物形が使用され，燃料は都市ガスなどを改質して得られる水素を用いている．

燃料電池車に搭載される燃料電池は，固体高分子形であり，燃料は約70 MPaの圧力で圧力容器に充てんされた水素を使用している．

(答)　1―ス，2―エ，3―ク，4―イ

問題3

次の文章の　1　および　2　の中に入れるべき最も適切な字句を解答群から選び，その記号を答えよ．

熱力学の第一法則はエネルギー保存則といわれる．この法則を確認した先駆者の一人は，ジュールであり，その実験方法の一つは，おもりの落下運動により液体容器内の羽根車を回転させることで，おもりの　1　エネルギーを液体の粘性を介して液体の　2　エネルギー，すなわち温度上昇に交換するものであった．

〈 [1] および [2] の解答群〉

ア　運動　　イ　弾性　　ウ　速度　　エ　熱　　　オ　化学
カ　圧力　　キ　位置　　ク　回転　　ケ　加速　　コ　圧縮

解説

　ジュールは，おもりをある高さまで持ち上げて，落とすことにより液体容器内の羽根車を回転させることで，おもりの位置エネルギーと液体の熱エネルギーの関係より，エネルギー保存則の成立に繋げた．

(答)　1—キ，2—エ

問題4

　次の文章の [1] ～ [4] の中に入れるべき最も適切な字句を解答群から選び，その記号を答えよ．

　大規模な電力貯蔵システムとしてわが国で最も実績のあるのは [1] である．これと比べると小規模ではあるが，電気化学反応により，電気エネルギーの貯蔵と利用が繰り返しできるものを [2] と呼ぶ． [2] のなかで，最も長い実績を有するものは鉛蓄電池であり，自動車の搭載用機器電源などで用いられている．

　電力会社の各発電所から送電する従来の方式に対して，再生可能エネルギーによる発電，自家用発電所や各種コージェネレーションなど，分散型電源の普及が期待されている．

　家庭用の燃料電池として [3] と [4] の2種類があり，高温で作動するのは [4] である．

〈 [1] ～ [4] の解答群〉

ア　一次電池　　　イ　キャパシタ　　　ウ　フライホール
エ　揚水発電　　　オ　超伝導コイル　　カ　ナトリウム・イオン電池
キ　リチウムイオン電池　　ク　りん酸形　　ケ　固体酸化物形
コ　固体高分子形　　　サ　二次電池　　　シ　溶融炭酸塩形

解説

　電力需要の少ない時間帯の余剰電力を利用して水を下池からポンプで上池に汲み上げ，電力需要の多い時間帯にこれを水力発電に使用する方式を揚水発電という．この方式はすでに大規模な電力貯蔵システムとして実用化されている．

　電池のうち充電可能な電池が二次電池であり，エネルギーの貯蔵に用いられる．二次電池のなかで，鉛蓄電池は，自動車用の電源などとして長年にわたって使用さ

れている.

　固体高分子形燃料電池は，固体高分子からなるイオン交換膜を利用する水素—酸素燃料電池で，60〜80℃程度の常温に近い温度で作動させる．固体酸化物形燃料電池は，ジルコニアの固体電解質を用い，1 000℃付近で作動させる超高温形の燃料電池である．

（答）　1—エ，2—サ，3—コ，4—ケ

エネルギー管理技術の基礎

1　エネルギーの基礎

これだけは覚えよう！

□運動と仕事に関連する用語および公式：変位と速度，加速度，自由落下運動，運動の法則，仕事と仕事率，等速円運動
□熱とエネルギーに関連する用語および公式：温度/顕熱/潜熱，熱量と比熱
□気体の熱的性質に関連する用語および公式：気体の分子運動と圧力，大気圧，理想気体の状態式
□熱力学の第一法則に関連する用語および公式：内部エネルギー，熱と仕事と内部エネルギー，断熱変化
□熱力学の第2法則の概要
□伝熱について，関連する用語および公式：伝熱の3形態，伝導伝熱，対流伝熱（熱伝達），放射伝熱，熱系と電気系との相似性
□流体力学について，関連する用語，公式：流体の静力学，流体の動力学

■運動と仕事

◇変位と速度

変位とは，物体が基準点から，**どの方向にどれだけの距離を運動したか**を示す量のことである．

速度とは，**単位時間当たりの物体の変位**のことである．速度の大きさを速さと呼び，速度は速さと運動の方向を表すベクトルである．時間を秒 [s]，距離をメートル [m] の単位で表すと，速度の単位はメートル毎秒 [m/s] となる．変位を x [m]，時間を t [s] とすると，速度 v [m/s] は，次式で表される．

$$v = \frac{\mathrm{d}x}{\mathrm{d}t} \, [\mathrm{m/s}]$$

◇加速度

加速度とは，速度の時間的変化のことである．加速度 α [m/s^2] を速度 v [m/s] で表すと，次式となる．

$$\alpha = \frac{dv}{dt} [\text{m/s}^2]$$

◇自由落下運動

自由落下運動とは，物体が重力だけを受けて落下する**等加速度運動**である．加速度の大きさ g は，$g \fallingdotseq 9.8 \, \text{m/s}^2$ である．

自由落下後の時間を t [s] としたときの運動の速さ v [m/s] は次式となる．

$$v = gt \; [\text{m/s}]$$

落下距離 y [m] は，次式となる．

$$y = \frac{1}{2}\alpha t^2 \, [\text{m}]$$

◇運動の法則

① 慣性の法則

物体に外部から力が働かないか，または働いていてもその力の和（力の釣り合いがとれている）が 0 であれば，静止している物体は静止し続け，運動している物体は，等速直線運動を続ける．これを慣性の法則という．

② 力と加速度

物体に働く力の釣合いがとれなくなったときには，いままで静止，または等速直線運動をしていた物体の運動状態が，加速度運動に変化する．このときの物体の質量を m [kg]，作用する力を F [N]，加速度を α [m/s^2] とすると，次式の関係が成立する．

$$F = m \cdot \alpha \; [\text{N}]$$

◇仕事と仕事率

① 仕事

物体に一定の力 F [N] を加えて，その力の向きに x [m] だけ移動させる．このとき，力が行った仕事 W [J] は次式

▶**仕事の単位**

N・m＝J

で表される．

$$W = F \cdot x \,[\mathrm{J}]$$

物体が力の向きに移動したときのみ仕事を行ったことになる．

移動した距離が0mであれば，仕事も0Jである．

② 仕事率

一定時間当たりの仕事の量が仕事率である．時間t [s]の間に仕事W [J]を行ったとき，仕事率P [W]は次式で表される．

$$P = \frac{W}{t} \,[\mathrm{W}]$$

物体に一定の力を加えて，一定速度v [m/s]で距離x [m]だけ移動させたとき，仕事率P [W]は次式で表される．

$$P = \frac{W}{t} = \frac{F \cdot x}{t} = Fv \,[\mathrm{W}]$$

▶仕事率の単位

J/s = W

◇**等速円運動**

① 周期と回転速度

等速円運動は，物体が円周上を一定の速さで移動する運動のことである．1周すると物体は元の位置に戻ることになる．

周期T [s]は，物体が1周するのに要する時間のことである．また，回転速度n [s]は，物体が1秒間に円周軌道上を回転する回数のことであり，$n = 1/T$ [s^{-1}]で表される．

② 角速度

第1図のように時間t [s]間に，物体がQ_1からQ_2まで移

▶角速度

円運動をしている物体と円の中心点を結ぶ線分が，単位時間当たりに回転する速度のことである．

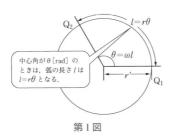

第1図

動したときに弧$\widehat{Q_1Q_2}$に対する回転角を$\theta\,[\text{rad}]$とするとすれば，角速度$\omega[\text{rad/s}]$は次式で表される．

$$\omega = \frac{\theta}{t}\,[\text{rad/s}]$$

周期$T\,[\text{s}]$は，物体が1回転，回転角度で$2\pi\,\text{rad}$回転するので次式の関係が成り立つ．

$$\omega = \frac{2\pi}{T} = 2\pi n\,[\text{rad}]$$

円運動の速度の大きさ$v\,[\text{m/s}]$は，角速度$\omega[\text{rad/s}]$を用いて表すことができる．第1図より，物体が円周上を中心角で$\theta\,[\text{rad}]$移動したときの移動距離$l\,[\text{m}]$は，円の半径を$r\,[\text{m}]$とすると$l = r\cdot\theta\,[\text{m}]$となる．このことから，物体による円運動の速さ$v\,[\text{m/s}]$は，次式となる．

$$v = \frac{l}{t} = \frac{r\cdot\theta}{t} = r\cdot\omega\,[\text{m/s}]$$

▶**rad（ラジアン）**
角速度θの単位である．

■熱とエネルギー

◇熱エネルギーと温度

① 温度

温度には，二つの単位がある．一つは，気温，体温など日常で使われている**セルシウス温度（摂氏温度）**で，単位は$[℃]$が使用される．もう一つは，気体の圧力・体積変化などの計算に使われる**熱力学温度（絶対温度）**で，単位はケルビン$[\text{K}]$が使用される．

セルシウス温度$t\,[℃]$と絶対温度$T\,[\text{K}]$の間には，次式の関係がある．

$$T = t + 273.15\,[\text{K}]$$

② 顕熱と潜熱

第2図で，大気圧で水に熱を加えると熱量に応じて温度変化をする．加える熱量を増加していくと水の温度が上昇していく．これは水の原子・分子の運動エネルギーが増加していくことを示すものである．

▶**温度**
セルシウス温度とケルビン温度とを区別するため，セルシウス温度をt，絶対温度をTで表す．

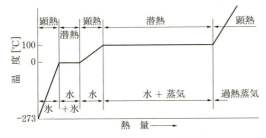

第2図 水の温度と熱および状態変化

沸点（100 ℃）に達するまでは，加えた熱量に比例して水の温度が直線的に上昇するが，沸点に達した以降は加えた熱量は，水が蒸発するのに使われるため温度が上昇しない．

このように**温度変化で確認できる範囲の熱を顕熱**という．また，**温度変化を伴わない範囲の熱の動きを潜熱**という．

◇熱量と比熱

一般に，水が蒸気に変化するといった相変化がない場合には物質を加熱すると温度が上昇する．このときに加えた熱エネルギー量を熱量といい Q で表し，単位を [J] とする．

物質を加熱あるいは冷却するとき，出入りする熱量はその物質の質量および温度変化に比例する．質量 m [kg] の物質の温度を t_1 [℃]（絶対温度 T_1 [K]）から t_2 [℃]（絶対温度 T_2 [K]）まで，変化させるのに必要な熱量 Q [J] は次式で表される．

$$Q = c \cdot m \cdot (t_2 - t_1) = c \cdot m \cdot (T_2 - T_1)$$

ここで，比例定数 c は物質の種類により異なる値をもち，比熱といい，単位を [J/(kg·K)] とする．

また，物質の温度を 1 ℃上昇させるのに必要な熱量を熱容量といい，C で表し，単位を [J/K] とする．

$$C = m \cdot c \; [\text{J/K}]$$

> ▶潜熱の例
> 1気圧の水と蒸気との間の潜熱は約 2 257 kJ/kg である．1気圧の氷と水との潜熱は 335 kJ/kg である．

■気体の熱的性質

◇気体の分子運動と圧力

気体を容器に充てん加圧したとき，容器の単位面積当た

りを垂直に押す力を気体の圧力といい，単位はパスカル
[Pa]である．

　容器の面積 S [m²] を気体が F [N] で垂直に押したとき
の圧力 P の単位[Pa]は次式で表される．

$$P = \frac{F}{S} [\text{Pa}]$$

◇**理想気体の状態式**

　気体はある力と温度によりその体積は大きく変化し，変
化の過程には一定の関係がある．

　温度が一定の場合は，圧力と体積は反比例する．気体の
圧力 P [Pa]，気体の体積を V [m³] とすると，次式が成立
する．

$$P \cdot V = \text{一定}$$

　圧力が一定の場合は，絶対温度と体積は比例する．気体
の体積 V [m³]，気体の絶対温度を T [K] とすると次式が
成立する．

$$\frac{V}{T} = \text{一定}$$

　これら二つの法則を組み合わせると，気体の絶対温度と
圧力との関係は次式で表せる．

$$P \cdot V = m \cdot R \cdot T$$

$$P \cdot v = R \cdot T$$

　ただし，P は気体の圧力[Pa]，V は体積[m³]，v は比体
積[m³/kg]，T は絶対温度[K]，m は気体の質量[kg]，R は
気体定数[J/(kg・K)]とする．

■**熱力学の法則**

◇**内部エネルギー**

　一般に，静止した物質に熱を加えると，物質の温度は上
昇し，膨張しようとする．これは物質を加熱することによ
り，物質を構成している原子，分子などの熱運動が活発に
なり，それらのもつ運動エネルギーが増加することによる

▶**圧力の単位**
N/m² = Pa

▶**ボイルの法則**
$PV = \text{一定}$

▶**シャルルの法則**
$\frac{V}{T} = \text{一定}$

▶**定数 R**
R は，気体の種類により異なる定数である．
気体定数の単位は，比熱の単位と同じである．

ものである．このほかに原子，分子間では位置エネルギー
をもっている．内部エネルギーは，物質を構成している原
子・分子などが保有する運動エネルギーと位置エネルギー
を合わせたものである．

◇熱力学の第一法則（熱と仕事と内部エネルギー）

気体などの物質に外部から仕事をすることによって，気
体の内部エネルギーを増加させることができる．ピストン
を利用して気体を圧縮すると，気体の内部エネルギーは増
加し，温度が上昇する．このように気体の温度を上昇させ
るには，熱を加えてもよい，気体に仕事を与えてもよい．
熱と仕事は同じであり互いに変換が可能である．外部から
気体に与えた仕事 W [J]，外部から加えた熱量を Q [J] と
すると，気体の内部エネルギーの増加分 ΔU [J] は次式で
表される．

$$\Delta U = W + Q \text{ [J]}$$

この関係を熱力学の第一法則という．

◇断熱変化

断熱変化とは，熱の出入りを遮断したまま，気体などの
物質の温度や圧力の状態を変化させたときの物質の状態変
化のことである．気体を断熱圧縮した場合，気体の内部エ
ネルギーは増加し温度が上昇する．逆に気体を断熱膨張し
た場合，気体の温度が下がる．

◇熱力学の第二法則

熱力学の第一法則によると，熱と仕事は同等であり，互
いに変換できる．実際には，仕事を熱に変換するときには
その全量が熱に変換できるのに対し，熱から仕事を得るに
は，その一部のみが仕事に変換され残りはそのまま外部に
捨てられる．これを熱力学の第二法則という．

■伝　熱

◇伝熱の3形態

熱の伝わる形態は，**伝熱，対流，放射**の三つに分けられ，

81

これらが単独で，あるいは組み合わさって現れる．

◇伝導伝熱

厚さ b [m] で，面積 S [m²] の壁があり，両側の表面温度 t_1 [℃]（絶対温度 T_1 [K]）および t_2 [℃]（絶対温度 T_2 [K]）（$t_1 < t_2$）に保たれているとき，この壁を通して単位時間に通過する熱量 Q [W] は次式で表される．

$$Q = \lambda \cdot S \cdot \frac{t_1 - t_2}{b} = \lambda \cdot S \cdot \frac{T_1 - T_2}{b} \text{[W]} \qquad (1)$$

この式で比例定数 λ は熱伝導率 [W/(m·k)] と呼ばれ，物体の種類や密度によって異なる．

◇対流伝熱（熱伝達）

壁の表面を液体が流れているとき，壁から液体に流れる熱量は，流体の種類や流れの状況，伝熱面の性状などにより大きく変化する．壁の表面温度 t_w [℃] と流体温度 t_f [℃] の差に比例する．

表面積 A [m²] の壁面からの対流伝熱による伝熱量 q [W] は次式で表される．

$$q = h \cdot A \cdot (t_w - t_f) \text{[W]} \qquad (2)$$

ただし，h は熱伝達率 [W/(m²·K)] と呼ばれ，流体の種類や流れの状況，伝熱表面の性状などにより大きく変化する．

> **▶対流**
> 対流を発生する原因により，自然対流と強制対流に分けることができる．

◇放射伝熱

伝導伝熱や対流伝熱は，物体の内部を熱が移動するのに対し，放射伝熱は，物質間を電磁波で熱が直接伝える．

物体の表面から放出される放射エネルギー E [W] は次式で表される．

$$E = 5.67\varepsilon \cdot A \cdot \left(t + \frac{273.15}{100} \right)^4 \text{[W]}$$

ε は放射率と呼ばれ，物質の温度や表面の状態により値が決まる．A [m²] は物体の表面積，t [℃] は物体の表面温度とする．

◇熱回路と電気回路の相似性

伝導伝熱の(1)式および対流伝熱の(2)式より，それぞれ温度差 Δt を求めると次式で表される．

$$\Delta t = t_1 - t_2 = \frac{b}{\lambda \cdot A} \cdot q = t_{\mathrm{w}} - t_{\mathrm{f}} = \frac{1}{h \cdot A} q \,[^\circ\mathrm{C}]$$

ここで，温度 Δt を電圧，$(b/\lambda \cdot A)$ および $(1/h \cdot A)$ を電気抵抗，伝熱量 Q を電流と考えると電気回路のオーム法則と類似する．これを熱オームの法則という．

以下に電気回路と熱回路の諸量の対応をまとめる．

▶**熱抵抗**
$(b/\lambda \cdot A)$ および $(1/h \cdot A)$ は熱抵抗 [K/W] と呼ばれる．

第1表

電気回路		熱回路	
電圧（電位差）	V [V]	温度差	t [K]
電流	I [A]	伝熱量	q [W]
抵抗	R [Ω]	熱抵抗	R [K/W]
導電率	ρ [S/m]	熱伝導率	λ [W/(m·K)]
電荷（電気量）	Q [C]	熱量	Q [J]
静電容量	C [F]	熱容量	C [J/K]

問題1

次の文章の $\boxed{\text{A\,a\,b, c}}$ に当てはまる数値を計算し，その結果を答えよ．ただし，解答は解答すべき数値の最小位の一つ下の位で四捨五入すること．

温度800℃の物体の表面から放射される単位面積，単位時間当たりの放射エネルギーは $\boxed{\text{A\,a\,b, c}}$ [kW/m²] となる．ただし，物体の表面の放射率は0.85，ステファン・ボルツマン定数を 5.67×10^{-8} W/(m²·K⁴) とする．

解説

ステファン・ボルツマンの法則より，物体の表面から放射される放射エネルギー E [kW/m²] を求める．

$$E = \varepsilon(\sigma \cdot T^4) \, [\text{W/m}^2]$$

ただし，ε：放射率，σ：ステファン・ボルツマン定数（5.67×10^{-8} W/(m²·K⁴)），T：絶対温度 [K]

$\varepsilon = 0.85$，$\sigma = 5.67 \times 10^{-8}$ W/(m²·K⁴)，$T = 273 + 800 = 1\,073$ K であるから次のように求まる．

$$E = 0.85 \times (5.67 \times 10^{-8} \times 1\,073^4) = 63\,886 \ \text{W/m}^2 \fallingdotseq 63.9 \ \text{kW/m}^2$$

（答）　63.9

問題2

次の文章の $\boxed{\text{A\,a, b}}$ に当てはまる数値を計算し，その結果を答えよ．ただし，解答は解答すべき数値の最小位の一つ下の位で四捨五入すること．

厚さ60 cmの平板の片側の表面温度が40℃，もう一方の表面温度が20℃であった．この平板の，厚さ方向に伝わる単位面積当りの熱流が40 W/m²であるとき，この平板の熱伝導率は $\boxed{\text{A\,a, b}}$ [W/m·K] となる．

解説

平板物体において，単位面積当たりの熱流 Q [W/m²] は，熱伝導率 λ [W/(m·K)] および平面の温度差 $\theta_1 - \theta_2$ [℃] に比例し，厚さ d [m] に反比例する．

$$Q = \lambda \frac{\theta_1 - \theta_2}{d} \, [\text{W/m}^2] \qquad ①$$

①式より，熱伝導率 λ について求めると

$$\lambda = \frac{d \times Q}{\theta_1 - \theta_2}$$

$d = 0.6$ m，$Q = 40$ W/m²，$\theta_1 - \theta_2 = 40 - 20 = 20$ ℃であるから次のように求まる．

$$\lambda = \frac{0.6 \times 40}{20} = 1.2\,\mathrm{W/(m \cdot K)}$$

(答)　1.2

問題3

次の文章の [A.a.b.c] に当てはまる数値を計算し，その結果を答えよ．ただし，解答は解答すべき数値の最小位の一つ下の位で四捨五入すること．

ボイラ効率は，投入した燃料の熱量が蒸気の発生にどれだけ有効に利用されたかを示す比率である．入出熱法では，ボイラ給水が蒸気になるまでに得た熱量を，消費した燃料が完全燃焼する際に発生する熱量で除した値で示される．

蒸発量が12 t/hで燃料消費量が700 kg/hのボイラがある．ボイラ入口の給水の比エンタルピーが430 kJ/kg，ボイラ出口の蒸気の比エンタルピーが2 770 kJ/kg，燃料の低発熱量が41.8 MJ/kgであるとき，この低発熱量基準のボイラ効率は [A.a.b.c] [%] となる．

解説

ボイラ効率 η_B は，ボイラに加えた燃料の熱量に対する蒸気の得た熱量の比をいい，入熱法は入熱合計と有効出熱の比で表される．

$$\eta_B = \frac{Z(i_S - i_W)}{BH}\,[\%]$$

$Z(i_s - i_w)$：蒸気の得た熱量 [kJ/h]，BH：ボイラに投入した燃料の熱量 [kJ/h]，Z：ボイラの蒸発量 [kg/h]，i_W：ボイラ入口の給水エンタルピー [kJ/kg]，i_S：ボイラ出口の給水エンタルピー [kJ/kg]，B：ボイラの燃料消費量 [kg/h]，H：燃料の低位発熱量 [kJ/kg] であるから，

$$\eta_B = \frac{12 \times 10^3 \times 2340}{700 \times 41.8 \times 10^3}$$

$$= 0.959\,67 \fallingdotseq 96.0\,\%$$

(答)　96.0

問題4

次の文章の [A.a.bc] に当てはまる数値を計算し，その結果を答えよ．ただし，解答は解答すべき数値の最小位の一つ下の位で四捨五入すること．

燃料に都市ガスを使用している自家用火力発電所の年間発電端における発生電力量が20 GW・h，高発熱量ベースの年間平均発電端熱効率が38 %であった．ガスの

85

高発熱量を $45\,\mathrm{MJ/m^3_N}$ としたときの，この火力発電所の年間ガス消費量は $\boxed{\mathrm{A\,a,\,bc}}$ $\times 10^6\,[\mathrm{m^3_N}]$ となる．ただし，$\mathrm{m^3_N}$ の添字Nは標準状態の量であることを示している．

解説

火力発電所の発電端熱効率ηは，年間発電端発生電力量ηは次式で表される．

$$\eta = \frac{3600\,W}{BH}\,[\%] \qquad\qquad\qquad ①$$

W：年間発生電力量$[\mathrm{MW\cdot h}]$，H：ガスの高発熱量$[\mathrm{MJ/m^3_N}]$，B：年間ガス使用量$[\mathrm{m^3N}]$．

$W = 20\,\mathrm{GW\cdot h} = 20\times 10^3\,\mathrm{MW\cdot h}$，$H = 45\,\mathrm{MJ/m^3}$，$\eta = 38\,\%$であるから，①式より$B\,[\mathrm{m^3N}]$を求める．

$$B = \frac{3600\,W}{\eta H} = \frac{3600\times 20\times 10^3}{38\,\%\times 45} \fallingdotseq 4.21\times 10^6\,\mathrm{m^3_N}$$

（答）　4.21

問題5

次の文章の $\boxed{\mathrm{A\,a,\,bc}}$ に当てはまる数値を計算し，その結果を答えよ．ただし，解答は解答すべき数値の最小位の一つ下の位で四捨五入すること．

質量$10\,\mathrm{kg}$，温度$20\,℃$の水を標準大気圧のもとで加熱して，すべて乾き飽和蒸気にするために必要な熱量は $\boxed{\mathrm{A\,a,\,bc}} \times 10^4\,[\mathrm{kJ}]$ となる．

ただし，$20\,℃$の水が$100\,℃$の飽和水になるまでの比熱を$4.18\,\mathrm{kJ/(kg\cdot K)}$，水の蒸発潜熱を$2\,257\,\mathrm{kJ/kg}$とする．

解説

乾き蒸気になるまでの必要な熱量$Q\,[\mathrm{kJ}]$は次式で表される．

$$Q = mc_1\Delta t + mc_2\,[\mathrm{kJ}]$$

Q：乾き蒸気になるまでの必要な熱量$[\mathrm{kJ}]$，c_1：水の比熱$[\mathrm{kJ/(kg\cdot K)}]$，$c_2$：水の蒸発潜熱$[\mathrm{kJ/kg}]$，$m$：水の質量$[\mathrm{kg}]$，$\Delta t$：水の温度差$[\mathrm{K}]$

$m = 10\,\mathrm{kg}$，$c_1 = 4.18\,\mathrm{kJ/(kg\cdot K)}$，$c_2 = 2\,257\,\mathrm{kJ/kg}$，$\Delta t = 100 - 20 = 80\,\mathrm{K}$であるから，

$$Q = (10\times 4.18\times 80) + (10\times 2\,257) = 25\,914\,\mathrm{kJ} \fallingdotseq 2.59\times 10^4\,\mathrm{kJ}$$

となる．

（答）　2.59

問題6

次の文章の $\boxed{\text{A abc}}$ に当てはまる数値を計算し，その結果を答えよ．ただし，解答は解答すべき数値の最小位の一つ下の位で四捨五入すること．

三相3線式400 V電源から供給される平衡三相負荷の消費電力が85 kW，遅れ力率が85 %であるとき，この負荷に供給する線路の線電流は，$\boxed{\text{A abc}}$ [A]となる．

解説

線路の線電流 I [A]は，次式で表される．

$$I = \frac{P}{\sqrt{3}\ V \cdot \cos\theta}\,[\text{A}]$$

P：平衡三相負荷の消費電力[W]，V：線路電圧[V]，$\cos\theta$：遅れ力率

$P = 85\,\text{kW} = 85 \times 10^3\,\text{W}$，$V = 400\,\text{V}$，$\cos\theta = 0.85$ であるから

$$I = \frac{85 \times 10^3}{\sqrt{3} \times 400 \times 0.85} \fallingdotseq 144.3 \fallingdotseq 144\,\text{A}$$

（答）　144

問題7

次の文章の $\boxed{\text{A a, b}}$ に当てはまる数値を計算し，その結果を答えよ．ただし，解答は解答すべき数値の最小位の一つ下の位で四捨五入すること．

抵抗6 Ω，誘導性リアクタンス8 Ωを直列に接続した単相負荷がある．この負荷に交流400 Vの電圧を加えたとき，負荷で消費される有効電力は$\boxed{\text{A a, b}}$ [kW]となる．

解説

単相負荷に流れる電流 I [A]は次式で表される．

$$I = \frac{V}{\sqrt{r^2 + x^2}}\,[\text{A}]$$

V：単相回路の電圧[V]，r：負荷の抵抗分[Ω]，x：負荷のリアクタンス分[Ω]

$V = 400\,\text{V}$，$r = 6\,\Omega$，$x = 8\,\Omega$ であるから，

$$I = \frac{400}{\sqrt{6^2 + 8^2}} = 40\,\text{A}$$

式より，単相負荷の消費電力 P [kW]は

$$P = I^2 \times r = 40^2 \times 6 = 9\,600\,\text{W} = 9.6\,\text{kW}$$

（答）　9.6

87

---**問題8**---

次の文章の $\boxed{\text{A ab. c}}$ に当てはまる数値を計算し，その結果を答えよ．ただし，解答は解答すべき数値の最小位の一つ下の位で四捨五入すること．

線間電圧 400 V の対称三相交流電源から供給される平衡三相負荷の電流が 60 A，遅れ力率が 60 ％であった．

この負荷の力率を 100 ％に改善するために，負荷に設置すべきコンデンサ容量は，$\boxed{\text{A ab. c}}$ [kvar] となる．

解説

負荷の無効電力 Q_{L} [kvar] は，次式で表される．

$$Q = \sqrt{3}\, VI \sin\theta \times 10^{-3} = \sqrt{3}\, VI \times \sqrt{1 - \cos^2\theta} \times 10^{-3}\,[\text{kvar}]$$

V：線間電圧 [V]，I：三相負荷電流 [A]，$\cos\theta$：遅れ力率 $V = 400$ V，$I = 60$ A，$\cos\theta = 0.6$ であるから，

$$Q = \sqrt{3} \times 400 \times 60 \times \sqrt{1 - 0.6^2} \times 10^{-3} \fallingdotseq 33\,254\,\text{var} \fallingdotseq 33.3\,\text{kvar}$$

となる．したがって，力率 100 ％に改善するには，33.3 kvar の容量のコンデンサを設置すればよい．

(答)　33.3

---**問題9**---

次の文章の $\boxed{\text{A a/b}}$ に当てはまる数値を計算し，その結果を答えよ．

三相交流電源から三相負荷へ供給する電圧は，負荷の大きさや，電源から負荷までの距離などを考慮して決められるが，その際の線路における電力損失を考える．負荷は，同一電力で同一力率であるとし，同じ線路を用いて電力を供給する場合，負荷の電圧を 2 倍にすると線路における電力損失は $\boxed{\text{A a/b}}$ 倍となる．

解説

三相負荷の線路損失 P_{L} [W] は，次式で表される．

$$P_{\text{L}} = 3 \times I^2 r = 3 \times \left(\frac{P}{\sqrt{3}\, V \cos\theta}\right)^2 \times r = \frac{1}{V^2}\left(\frac{P}{\cos\theta}\right)^2 \times r\,[\text{W}]$$

よって，負荷は，同一電力で同一力率であることから，電圧の 2 乗に反比例することがわかる．したがって，電圧を 2 倍にすると線路損失は 1/4 倍となる．

(答)　1/4

問題10

次の文章の A.a.b に当てはまる数値を計算し，その結果を答えよ．ただし，解答は解答すべき数値の最小位の一つ下の位で四捨五入すること．

送風機の風量を $1\,000\,\text{m}^3/\text{min}$（質量流量 G [kg/min]），風圧（吐出し側と吸込側の全圧力の差）を $100\,\text{Pa}$，送風機の効率を $80\,\%$ としたときの送風機の所要動力は A.a.b [kW] となる．

解説

送風機の所要動力 P (kW) は，Q [m³/min]，H [Pa] とすると，次式で表される．

$$P = \frac{QH}{60} \cdot \frac{1}{\eta} \times 10^{-3} (\text{kW}) \qquad ①$$

$Q = 1\,000\,\text{m}^3/\text{min}$，$H = 100\,\text{Pa}$，$\eta = 0.8$ であるから

$$P = \frac{1000 \times 100}{60} \times \frac{1}{0.8} \times 10^{-3} \fallingdotseq 2.083 \fallingdotseq 2.1\,\text{kW}$$

補足　①式の単位に着目すると，

$$\frac{\theta\,[\text{m}^3/\text{min}]}{60} = \frac{\theta}{60}\,[\text{m}^3/\text{s}]$$

$$H\,[\text{Pa}] = H\,[\text{N/m}^2]$$

$\dfrac{QH}{60}$ の単位は

$$\left[\frac{\text{m}^3}{\text{s}}\right] \times \left[\frac{\text{N}}{\text{m}^2}\right] = \left[\frac{\text{N} \times \text{m}}{\text{s}}\right] = [\text{W}]$$

となる．

（答）　2.1

エネルギー管理技術の基礎

2　工場等判断基準

これだけは覚えよう！

□判断基準に関連する主要な管理技術の概要：空気比・燃料の発熱量・燃焼ガス量，蒸気・ボイラ・工業炉・熱交換器，排ガスの廃熱回収・プロセス排熱の回収・蒸気ドレンの排熱回収，熱機関・蒸気タービン・コンバインドサイクル発電・コージェネレーション発電，工業炉のヒートパターン・炉内圧調整・炉体損失・断熱材，受変電設備および配電設備とその適用，工場負荷，電圧管理，電動機の選定，流体機械，電気加熱設備，照明設備

□基準部分，目標及び措置部分に関する事項：エネルギー消費設備等に関する事項の事業者の判断基準のエネルギーを効率的に利用するための手段・方法

　工場等判断基準は，「エネルギーの使用の合理化等に関する法律（「省エネ法」という）」第5条に基づき，工場等においてエネルギーの使用の合理化の実施を図るための判断基準として定められたものである．工場等判断基準の骨組みを整理すると第2-1図のようになる．

■判断基準に関連する主な管理技術

　基準部分（事務所・工場）および，目標及び措置部分（事務所・工場）に関連する主な管理技術（重要な用語解説も含む）について解説していく．

◇空気比・燃料の発熱量・燃焼ガス量

① 空気比

　燃料を完全燃焼させるのに必要な空気量を理論空気量という．

　理論空気量の値は，燃料に含まれている各元素の質量割

▶**基準部分**
エネルギーの使用の合理化の基準を以下，「基準部分」という．

▶**目標及び措置部分**
エネルギーの使用の合理化の目標及び計画的に取り組むべき措置を以下，「目標及び措置部分」という．

▶**基準部分（事務所）**
「専ら事務所その他これに類する用途に供する工場等におけるエネルギーの使用の合理化に関する事項」を以下，「基準部分（事務所）」という．

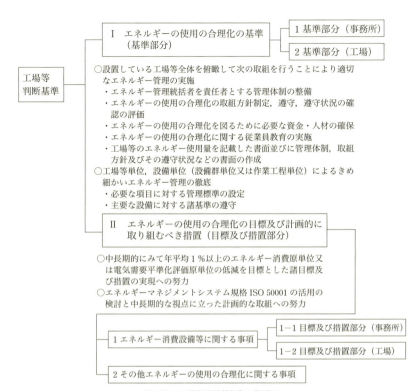

第1図　工場等判断基準の骨組み

第1表

燃料の種類		理論空気量	空気比
液体燃料	重油	10.4〜10.9 [m^3_N/kg]	1.05〜1.5
	軽油	11.2	
	灯油	11.2	
	ガソリン	11.6	
気体燃料	都市ガス (6B)	4.6 [m^3_N/m^3_N]	1.05〜1.45
	都市ガス (13A)	11.0	
	プロパンガス	23.8	
	ブタンガス	30.0	

合がわかれば計算ができる．各燃料の理論空気量は第1表のようになる．

　実際の燃焼においては，供給した空気（酸素）をすべて燃焼に利用することは困難であり，理論空気量だけを供給

▶**基準部分（工場）**

「工場等（事務所に該当するものを除く）におけるエネルギーの使用の合理化に関する事項」を以下，「基準部分（工場）」という．

した場合には不完全燃焼となる．したがって，完全燃焼を達成するためには理論空気量より少し多めの空気を供給することが必要となる．理論空気量よりどのくらい多めにするかを判断する指標として空気比 α が使われる．

$$\alpha = \frac{A}{A_0} \quad (A：供給空気量 [\mathrm{m}^3], \ A_0：理論空気量 [\mathrm{m}^3])$$

空気比は不完全燃焼をおこさない程度の最小値にするのが望ましい．ただし，燃料の種類により異なり，第1表のとおりである．

空気比 α は，排ガス分析により乾き排ガス中の残存酸素濃度（体積割合 O_2 [%]）を測定し，次の近似式で概略値をつかむことができる．

$$\alpha = \frac{21}{21 - O_2}$$

② 燃料の発熱量

燃料の発熱量は，燃料が完全燃焼したときに発生する熱量のことであり，固体燃料，液体燃料では [MJ/kg]，気体燃料では $[\mathrm{MJ/m}^3_\mathrm{N}]$ の単位で示す．燃料に水素が含まれていると，燃焼により生成した水蒸気が燃焼ガス中に含まれる．水蒸気は冷却すると水になるが，このとき凝縮潜熱を発生する．燃料の高発熱量は，燃焼ガス中の水蒸気が水になるときの潜熱を含めた発熱量のことである．燃料の低発熱量は高発熱量から水蒸気の潜熱を差し引いたもので，水蒸気のままで排出される場合の発熱量である．

③ 燃焼ガス量

燃焼によって発生した燃焼ガス量は，燃料中のC，H，Sの各可燃元素が燃焼によって生成される CO_2，H_2O，SO_2 のガス量に，空気中の窒素量および多めに供給した酸素量を加えた合計値で表される．

理論空気量 A_0 で燃料を燃焼させたときの燃焼ガス量は，燃焼の種類で決まり，理論燃焼ガス量と呼ばれる．実際の燃焼で発生する燃焼ガス量 G は，次式で表される．

▶**目標及び措置部分（事務所）**
「専ら事務所その他これに類する用途に供する工場等におけるエネルギーの使用の合理化の目標及び計画的に取り組むべき措置」は以下，「目標及び措置部分（事務所）という．

▶**目標及び措置部分（工場）**
「工場等（事務所に該当するものを除く）におけるエネルギーの使用の合理化の目標及び計画的に取り組むべき措置」を以下，「目標及び措置部分（工場）という．

▶**残存酸素濃度**
燃焼反応に使用されなかった酸素の排ガス中における濃度のことである．

▶**燃料**
燃料の主成分は，炭素C，水素H，硫黄Sである．

▶**燃焼熱**
燃焼によって発生する熱は，炭素と水素の燃焼熱である．

$$G = G_0 + (A - A_0) = G_0 + (\alpha - 1)A_0 \, [\text{m}^3]$$

G_0：理論燃焼ガス量 $[\text{m}^3]$，α：空気比，A_0：理論空気量 $[\text{m}^3]$，A：供給空気量 $[\text{m}^3]$

$A = \alpha \cdot A_0 \, [\text{m}^3]$

　燃焼ガスが被加熱物に熱を伝えた後に，煙道・煙突などに流れるとき燃焼排ガスもしくは，排ガスという．したがって，ガス量は，燃焼ガス量≒排ガス量となる．

◇蒸気・ボイラ・工業炉・熱交換器

① 蒸気とは

　水を圧力一定のもとで加熱すると徐々に温度が上昇する．ある温度に達するとそれ以上温度は上昇せず，沸騰が始まり蒸気が発生するようになる．この状態では加えた熱量はすべて蒸気の発生に利用され，このときの熱量を蒸発潜熱と呼ぶ．蒸気の体積は液体の体積と比較して著しく大きいため，蒸気が発生し始めると湿り蒸気の体積が急激に増加するようになる．

　飽和温度は，温度上昇が停止し蒸気は発生し始める温度であるが，この温度は圧力が高いほど高くなる．蒸気の発生が始まった直後では飽和温度の水と蒸気が共存し，これを湿り蒸気という．

　湿り蒸気を加熱し続けると飽和水は徐々に減少し蒸気の発生量が増加を続け，最後にはすべて蒸気の状態となる．これを飽和蒸気（＝乾き飽和蒸気）と呼ぶ．

　飽和蒸気をさらに加熱すると，蒸気の温度は再び上昇し始める．このような飽和温度より高い温度の蒸気を過熱蒸気という．

② ボイラ

　投入した燃料の熱量が，いかに蒸気の発生に有効に利用されたかを示すものがボイラ効率である．蒸気発生に要した熱量を，消費した燃料が完全燃焼する際に発生する熱量で除した値で示される．ボイラ効率 η_L を入出熱法で表すと次式で表される．

▶**乾き度と湿り度**

湿り蒸気では乾き飽和蒸気と飽和水が共存しているが，それぞれの混合割合により湿り蒸気の性質が大きく異なる．乾き度は，湿り蒸気に含まれる乾き蒸気の質量割合を x で示す．湿り蒸気中の質量割合は，乾き度 x を用いると $(1-x)$ となる．

▶**入出熱法**

入力と出力を熱量で表し比較したものである．

93

$$\eta_L = \frac{W(h_1 - h_0)}{G \cdot H_L}$$

W：ボイラの発熱量[kg/h]，h_1：ボイラ出口の蒸気比エンタルピー[kJ/kg]，h_0：ボイラ入口の蒸気比エンタルピー[kJ/kg]，G：燃料消費量[kg/h]，H_L：燃料の低発熱量[kJ/kg]

ボイラに投入された熱量のうち，蒸気の発生に有効利用されなかった熱損失（ボイラの諸損失）には，排ガス損失，不完全燃焼による熱損失，すす・燃えがらの未燃分による熱損失，放散熱による熱損失，その他による熱損失がある．

このなかでも排ガス損失が最も大きいため，熱回収をしっかりと行う必要がある．燃焼空気の予熱（空気予熱器），給水の加熱（節炭器）により，排ガスの熱回収を行う．

③　工業炉

工業炉を分類すると燃料を熱源とする燃焼加熱炉と電気炉がある．工業炉の用途および炉の種類は，第2表のようになる．

操業方式で分類すると連続炉とバッチ炉に分類される．

▶**ボイラ諸損失**
ボイラ諸損失のなかで，排ガス損失が最も大きい．

▶**バッチ炉**
間欠運転を行う炉のことである．

第2表　工業炉の種類

業種	炉の種類（例）
鉄鋼業	高炉，熱風炉，焼結路，コークス炉，転炉，アーク炉，加熱炉，焼鈍炉
鋳造業	キュポラ，誘導溶解炉，保持炉，熱処理炉，乾燥炉
非鉄金属精錬業	ばい焼炉，精錬炉，溶解炉，加熱炉，熱処理炉
窯業	溶解炉，仮焼炉，焼成炉，徐冷炉
化学工業	蒸留加熱炉，分解炉，改質炉，反応炉，乾留炉，乾燥炉
機械加工業	焼結炉，めっき炉，熱処理炉，乾燥炉
共通	廃棄物焼却炉

④　熱交換器

排熱を回収する場合のように，高温流体により低温流体を加熱するための装置を熱交換器という．

94

高温流体1から低温流体2に熱を伝えるとき，第1図のように固体壁をはさんで両側に流体を流す．このような場合には温度t_1[℃]の高温流体から固体壁に対流伝熱により伝えられた熱量は伝導伝熱により固体壁の内部を伝わり，対流伝熱により温度t_2[℃]の低温流体に伝わる．このような一連の熱の流れを熱通過と呼び，熱通過量Q[W]は，次式で表される．

$$Q = K \cdot A \cdot (t_1 - t_2) \, [\mathrm{W}]$$

K：熱通過率[W/(m²·K)]

▶**熱通過率**
熱通過率は，両側の流体によってほぼ決まる．

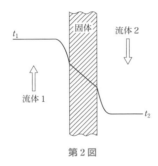

第2図

　熱交換器で高温流体から低温流体に伝達される熱量は，伝熱面の各部において両流体の温度差に比例するが，流体の温度が場所によって変化する．このため，交換熱量を計算するためには熱交換器全体として平均的な温度差を用いる必要がある．この温度差を対数平均温度差Δt_mと呼び，次式で表される．

$$\Delta t_\mathrm{m} = \frac{\Delta t_1 - \Delta t_2}{\ln \dfrac{\Delta t_1}{\Delta t_2}}$$

Δt_1[K]およびΔt_2[K]は熱交換器の両端における高温流体と低温流体の温度差を表す．

　対数平均温度差を用いると伝熱面積A[m²]の熱交換器における交換熱量Q[W]は次式で表される．

$$Q = K \cdot A \cdot \Delta t_\mathrm{m} \, [\mathrm{W}]$$

◇排ガスの廃熱回収利用・プロセス排熱の回収・蒸気ドレンの排熱回収

排ガスの廃熱を回収した回収熱の利用方法は，発生と消費パターンが一致する自工程で使用できる燃焼用空気予熱，給水予熱が最も多いが，他には乾燥・予備用熱風，原料加熱，燃料予熱，水蒸気発生の熱源として使用される．

燃焼用排ガスからの廃熱回収で最も注意すべきは，硫酸ミストによる低温腐食の問題である．この低温腐食をさけるためには，排ガスと接触する伝熱面に耐食性の材料を使用するか，伝熱面の温度を酸露点より高く保つ必要がある．また，燃焼用空気予熱は，可燃限界の拡張，火炎温度上昇など燃焼によい影響を与えるが，一方，燃焼機器の耐熱性，NO_x増加，燃焼用空気密度の低下による風量増加などに留意する必要がある．

プロセス排熱の回収において，プロセス内で発生する排熱の媒体は，一般にはそのままプロセス内で直接利用する．プロセスの効率向上および燃料の節減になる．

蒸気ドレンの廃熱回収において，一般に蒸気使用設備で利用される熱量は，蒸気のもつ全熱量のうちの凝縮潜熱だけの場合が多い．顕熱，すなわちドレンの熱量のほとんどが大気に捨てられている場合が多い．このドレンの熱量をボイラ用水あるいは低圧フラッシュ蒸気として回収すれば，ボイラの実質蒸発量が増加したことになり，燃料費節減，見かけ上のボイラ効率の向上に繋がる．ドレンは，高圧のまま回収することにより回収率が高まる．

◇熱機関・蒸気タービン・コンバインドサイクル発電・コージェネレーション発電

① 熱機関

工場などで用いる熱機関には，オットーサイクル機関，ディーゼルサイクル機関，ガスタービンサイクル，ランキンサイクル機関などがある．

・オットーサイクル機関：燃料の吸気，圧縮，膨張（爆発），

▶硫酸ミスト
霧状になった硫酸，または硫酸を含む水滴などの微粒子が，大気中に浮遊したものをいう．

▶酸露点
水蒸気を含む空気を冷却したとき，凝結が始まる温度をいう．単に露点ともいう．

▶フラッシュ蒸気
高圧高温のドレンが低圧の雰囲気に晒されたときにドレンの一部が蒸気になる現象をいう．

▶膨張（爆発）
空気と燃料を圧縮した混合気に点火プラグによって点火することにより起きる．

排気の四つの工程を連続して繰り返す往復機関をオットーサイクル機関という．ガソリンエンジン，ガスエンジンなどがこれに相当する．

- ディーゼルサイクル機関：ディーゼルサイクル機関は，オットーサイクル機関と工程がほぼ同様だが，違いは，膨張（爆発）は，点火プラグは必要としない．高温高圧の空気と蒸発した燃料が混合し自己着火することである．ディーゼルサイクル機関は，オットーサイクル機関と比較して圧縮比が高くなるため，熱効率が高く，低速時のトルクが大きい．ディーゼルエンジンがこれに相当する．

- ガスタービンサイクル機関：オットーサイクル機関やディーゼル機関と同様に，吸気，圧縮，膨張（爆発），排気の工程からなる．別名ブレイトンサイクルとも呼ばれる．ガスタービンは，吸い込んだ空気を圧縮機で圧縮し燃焼器に導きその中で燃料を燃焼させ，生じた高温高圧のガスでタービンを回転させて熱エネルギーを機械エネルギーに変換する．ガスタービンの特徴は，小形・軽量で高出力が得られる．回転機関のために，往復機関に比べて騒音や振動が少ない．ただし，圧縮機の駆動のために機械エネルギーの大半が使用されるために外部に取り出せる有効な機械エネルギーは少なくなり，熱効率はオットーサイクル機関，ディーゼル機関に比べて低い．

- ランキンサイクル機関：火力発電所の基本的な熱サイクルである．第3図に概要を示す．ボイラで発生した高温高圧の蒸気は，過熱器でさらに加熱されて過熱蒸気①となり，蒸気タービンに流入する．流入した蒸気はタービン内で断熱膨張し，その力がタービンのブレード（羽根）に作用し，タービンを回転させる．その後，エネルギーを失った蒸気は，低温・低圧の蒸気②となり，復水器で温水③に変化し，給水ポンプで加圧水④になり，再びボイラに戻り加熱される．このような熱サイクルをランキンサイクルという．

▶**オットーサイクル機関**
点火プラグにより着火

▶**ディーゼルサイクル機関**
自己着火．

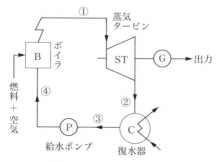

第3図　ランキンサイクル

② 蒸気タービン

　蒸気タービンは，蒸気のもつ熱エネルギーを運動エネルギーに変換し，高速で噴出する蒸気の力で蒸気タービンのロータを回転させるものである．変換効率が80～90％と高効率であり，信頼性が高い．

　熱利用設備からの排熱や廃蒸気などの蒸気を用いて蒸気タービンを働かすことにより，プラント全体の熱効率が向上する．

③ コンバインドサイクル発電

　単純開放サイクルガスタービンの排気ガスは，温度が高く，かつ酸素分を豊富に含み有効に利用できる熱エネルギーが大きい．この排気ガスを利用して蒸気タービン発電する一連のシステムをコンバインドサイクル発電という．

　排熱回収形のコンバインドサイクル発電の概要図および熱勘定の例を挙げると第4図となる．

　コンバインドサイクル発電の特徴を挙げると以下のようになる．

- 熱効率が高い：高温ガスタービンの採用と十分な熱回収により，熱効率は汽力発電より大幅に高くすることができる．したがって，火力発電の発電システムは，従来のボイラ蒸気タービンに代わって，コンバインドサイクル発電が主流になっている．最近では，タービン入口温度が1300℃級の高効率ガスタービンを採用したものでは，

▶蒸気タービンの用途
発電用と機械駆動用で，発電機・ポンプ送風機，圧縮機，船舶のスクリューなどの駆動源として用いられる．

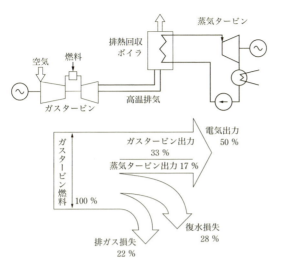

第4図 コンバインドサイクル発電の概念図と熱勘定の例

熱効率が48％に達成している．さらに，次世代形として，タービン入口温度が1450℃の高効率ガスタービンでは，熱効率が53％に達成可能になっている．

- 始動時間が短い：汽力発電所の場合，ボイラチューブの過大な熱応力をさけるため急激な温度上昇などに制約があり，毎深停止機（DSS機）でも100分ほどの時間を要したが，ガスタービンの始動時間は極めて短く，数十分で始動できる．
- 冷却水量，温排水量が少ない：コンバインドサイクル発電システムのガスタービン側は，冷却水量，温排水量は発生しない．
- 出力は大気温度の影響を受ける：気温が上昇すると空気流入質量が減り，ガスタービンの出力が低下するとともに蒸気タービンの出力も下がる．
- 良質な燃料が必要：ガスタービンに高温ガスを使用するため，脱硝装置などの窒素酸化物（NO_x）対策および，高温腐食をおこさないようにLNG（液化天然ガス）あるいは軽質油などの良質の燃料が必要である．

④　コージェネレーション

　　コージェネレーションシステムは一つの熱エネルギー源から2種類以上の有効な二次エネルギーを同時に生産・供給するシステムで，熱電併給システムと呼ばれる．一般に需要側に設置され，燃料燃焼により得られる高温部の熱は動力を発生するために，低温部の熱は加熱用などに用いられる．このシステムでは，発電効率は25〜45％程度であるが，熱の有効利用により70〜80％の総合エネルギー効率を得ることができる．

　　計画上の留意点には次のようなものがある．

• 電力負荷および熱負荷の状況把握：コージェネレーションシステムは，電力需要だけではなく，蒸気または温水のような熱需要が大きく，また，将来的にも熱需要が見込まれる場合は，あわせて検討しておく．導入に際し，力と熱の負荷状況（時間・季節変動・負荷パターン）を正確に把握し，利用率が最大になるように適切な原動機の種類と容量および台数などをシミュレーションなどによって選定し，経済性について十分に評価することが必要である．

• 原動機の種類：コージェネレーションシステムに使用される原動機の特性をまとめて第3表に示す．

• 系統連系：電力需要の時々刻々の変化に追従することが困難なために，電力会社の系統に連系し，電力需要変動分を吸収するのが一般的である．系統の停電時にコージェネレーション設備から電力が逆潮流して危険のため，連系にあたっては，系統から解列するため保護設備等を完全にしておく必要がある．また，故障や定期整備に備えて，系統分割，バックアップ体制を考慮しておく必要がある．

▶逆潮流
有効電力が需要家側から系統（電源）側に流れることをいう．

第3表　原動機などの種類と特徴

	ディーゼルエンジン	ガスエンジン	ガスタービン	りん酸形燃料電池
単機容量	10～10 000 kW	1～9 000 kW	28～100 000 kW	50/100/200 kW
発電効率（LHV）	33～48 %	23～45 %	20～40 %	35～45 %
総合効率（LHV）	65～75 %	70～80 %	70～85 %	60～80 %
燃料	A重油・軽油	都市ガス・LPG・消化ガス	灯油・軽油・A重油・都市ガス・LPG	都市ガス・灯油・メタノール・LPG・消化ガス
排熱回収形態	排ガス：温水または蒸気 冷却水：温水	排ガス：温水または蒸気 冷却水：温水	排ガス：主として蒸気	排ガス：温水または蒸気 冷却水：温水
NOx対策　燃焼改善	噴射時期遅延	希薄燃焼	水噴射，蒸気噴射，予混合希薄燃焼	必要なし
NOx対策　排ガス処理	選択還元脱硝	三元触媒・選択還元脱硝	選択還元脱硝	必要なし
騒音	80～90 db（A）防音対策を要する	70～75 db（A）防音対策を要する	85～95 db（A）防音対策を要する	55 db（A）
特徴	・発電効率が高い ・設置台数が最も多く実績豊富 ・始動時，負荷変動時にすすが出やすい ・部分負荷時の効率低下が少ない	・排ガス熱回収装置のメンテナンスが容易 ・三元触媒方式により排ガスの清浄化が可能	・発電効率が比較的低い ・冷却水が不要 ・小形軽量 ・法律で定期点検頻度などが決められている ・蒸気の回収が容易	・発電効率が高い ・騒音，振動，NOxが低い ・消化ガスが利用できる ・直流電源 ・高品質電源

注）LHV：低発熱量

◇工業炉のヒートパターン・炉内圧の調整・炉体損失・断熱材

① 工業炉のヒートパターン改善

ヒートパターンは，連続加熱炉では炉内における高温ガスの温度分布をいい，バッチ炉では時間経過に伴う温度変化曲線のことである．被加熱材の温度上昇速度を左右する重要な要素である．連続加熱炉において，被加熱材装入口

▶三元触媒方式

排気ガス中に含まれている一酸化炭素（CO），炭化水素（HC），窒素酸化物（NOx）の有害成分を酸化・還元によって同時に浄化する方式である．

近くから温度を高く設定すると急速加熱となり，加熱能力は増すが排ガス温度が高くなる．被加熱材装入口近くは温度を低くし，緩やかに温度上昇していけば，加熱能力は低下するが均熱性が良く排ガス損失も少なくなる．

② 炉内圧の調整

　加熱炉には材料の装入口や抽出口，あるいは炉の天井や側壁部分の亀裂など多くの開口部があるため，炉内圧の大小により炎が吹き出したり外気を吸い込んだりする．

　炉内圧が高い場合，炉の開口部から放炎し，熱効率を下げてしまう．さらに放炎した箇所の壁が損傷してしまう．煙道ダンパの開度調整により，炉内圧を適正値にする必要がある．

　炉内圧が外気より低いときは，外気を吸い込むため炉内が冷却され炉内を所定の温度に保つには，余分な燃料が必要になる．さらに，バーナには適正な空気量を送っていても炉内は過剰空気量の多い燃焼になり排ガス量も増えるため排ガス損失が大きくなる．

③ 炉体損失

　加熱炉では炉体温度が高いため炉壁からの放熱量が大きくなる．乾燥炉では炉内温度は低いが表面積が大きいため，炉全体からの放熱量が大きくなる．

④ 断熱材

- 断熱材の具備すべき条件として，熱伝導率が小さい，密度が小さい，長時間使用しても変形や変質しない，施工が容易，安価があげられる．

　炉壁断熱材料としては，強度が大きいが重く，熱伝導率が大きい耐火れんが，耐火断熱れんがに代わって軽量で断熱性のよいセラミックファイバが多用されるようになってきている．

◇受変電設備および配電設備とその運用

① 契約電圧を供給電圧

　電気小売業者（電力会社など）からの需要家への電力供

▶セラミックファイバ

軽量であるため，炉のフレームなどの構造体や基礎も軽量になる．
熱容量が小さいので，バッチ炉では蓄熱損失が低減する．
連続炉では温度調節が鋭敏化できる．
施工も容易で，乾燥や予熱が不要で工期が短縮できる．
高温での長期間使用は，結晶化による脆化，収縮，炉内ガスの流れによる剥離を起こすため，定期的な点検補修が必要である．

給は，電力需給契約に基づいて行われる．一般には契約電力が2 000 kW 未満の需要家には6.6 kV の高圧，2 000 kW 以上の需要家には22 kV 以上の特別高圧が選定される．

第4表は契約電力と供給電圧の関係を示す．

第4表　契約電力別供給電圧の例

契約電力	供給電圧
50 kW 以上2 000 kW 未満	6.6 kV
2 000 kW 以上10 000 kW 未満	22 kV
10 000 kW 以上50 000 kW 未満	66 kV
50 000 kW 以上	154 kV

② 受電方式

1回線受電は，コスト面では経済的であるが，他の2回線受電やスポットネットワーク受電に比べて信頼度は低い．

スポットネットワーク受電は，一次側1回線故障時にも他の回線により無停電で供給を継続することができる極めて信頼性が高い方式であるが，変圧器の利用率が低く建設費が高い．

③ 配電方式

国内で使用されている配電電圧は，次のとおりである．

- 低圧：交流 600 V 以下（100，200，100/200，230，400，230/400），直流750 V 以下
- 高圧：低圧の上限値を超えて7 kV 以下のもの（3.3，6.6 kV）
- 特別高圧：7 kV 超過のもの（11.4，22，33，66，77，154 kV）

配電線路の損失は，流れる電流の2乗および線路抵抗に比例する．線路電流をI [A]，線路1線の単位長 [m] 当たりの抵抗をr [Ω/m] とすれば，それぞれの配電方式の配電損失は次式のようになる（平衡負荷とする．）．

- 単相3線式：$P_2 = 2 \cdot r \cdot I^2 \cdot L$ [W]
- 三相3線式：$P_3 = 3 \cdot r \cdot I^2 \cdot L$ [W]

▶ **2回線受電方式**
本線予備線受電，ループ受電，平行2回線受電などがある．

▶ **スポットネットワーク受電**
3回線で受電し，都市部で使用される．

配電損失のほとんどは，線路の抵抗損失と変圧器の損失である．配電線路の設計段階において，適切な電圧および適切な電線の太さ，ならびに電源を負荷中心におくような回路構成が配電損失の低減に繋がる．

配電線路の運用面において，負荷電流の平衡分担を意識した供給回線の選択が配電損失の低減に繋がる．また，軽負荷時の変圧器の無負荷損の低減のために，一部の変圧器の運転停止（無電圧状態にする）も有効である．

④ 変圧器

変圧器の全損失は，無負荷損（鉄損と誘電損）P_i と負荷損（銅損と漂遊負荷損）P_c の和である．

無負荷損は変圧器の出力に関係なく一定であり，負荷損は変圧器の2乗に比例して増減する．

変圧器の効率 η [%] は次式で表される．

$$\eta = \frac{P_2 \cos\phi}{P_2 \cos\theta + P_i + P_c} [\%]$$

▶変圧器の効率
$P_i = P_c$ のとき，η が最大になる．

ただし，P_2：出力（皮相電力）[V・A]，P_i：無負荷損[W]，P_c：皮相電力 P_2 のときの負荷損[W]，$\cos\theta$：負荷力率

第5図より，低負荷のときは鉄損 P_i が相対的に大きく，高負荷のときは負荷損 P_c が大きくなる．

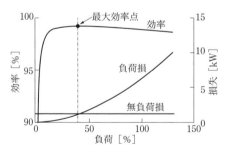

第5図 変圧器の負荷，損失，効率の関係（3φ 300 kV・Aクラス）

変圧器の負荷は刻一刻と変化して，負荷損は負荷の変動に伴って変化する．1日における変圧器の効率を表したものを全日効率 η_d といい，次式で表される．

▶全日効率
$24P_i = W_c$ のとき，η_d は最大になる．

$$\eta_{\mathrm{d}} = \frac{1日の出力電力量}{1日の入力電力量} = \frac{W}{W + 24P_{\mathrm{i}} + W_{\mathrm{c}}}$$

ただし，W：1日の出力電力量[W・h]，W_{c}：負荷損電力量[W・h]

変圧器の運用においては，次の点を考慮する．

• 無負荷時の解列：変圧器には無負荷時でも励磁電流が流れており，無負荷損を生じている．複数の変圧器が低負荷で運転されている場合は，負荷を統合して変圧器の運転効率の向上を図るとともに，無負荷となった変圧器を解列（線路から切り離す）する．最近では，無負荷損が一層減少した低損失形変圧器が普及している．この変圧器の最大効率点が，全負荷の50％以下に移行する傾向があるので負荷の統合時に考慮する必要がある．

• 台数制御：複数台の変圧器が並行運転している場合は，負荷の変動に合わせて総合損失が最小になるように，運転台数を制御する．

• 低損失変圧器の適用：変圧器のように常時接続状態に置かれる場合，無負荷損の低減効果が大きい．最近，市場に出ているアモルファス形では，無負荷損が，鉄心にけい素鋼帯を使用した場合よりもさらに減少している．

◇工場負荷

工場負荷は業種・規模の大小により，異なる負荷形態や運転条件をもっている．工場の電力使用状況を表す負荷諸係数として次のようなものが挙げられる．

① 需要率

需要率とは，最大需要電力の設備容量に対する比率で表される．

$$需要率 = \frac{最大需要電力[\mathrm{kW}]}{設備容量[\mathrm{kW}]} [\%]$$

② 負荷率

負荷率とは，ある一定期間中の負荷の平均電力の最大負荷電力（同一期間中）に対する比率で表される．

▶需要率
需要率は100％以下である．

▶負荷率
負荷率は100％以下である．

$$負荷率 = \frac{ある期間の平均電力\,[kW]}{最大負荷電力\,[kW]}\,[\%]$$

③ 不等率

不等率とは，負荷個々の最大負荷電力の合計の合成最大電力に対する比をいい，次式で表される．

$$不等率 = \frac{負荷個々の最大負荷電力の合計\,[kW]}{合成最大電力\,[kW]}$$

▶**不等率**
不等率は常に 1 以上である．

◇**電圧管理**

① 電圧降下率

配電線の電圧降下は，送電端および受電端（負荷端）の相電圧を $E_s E_R$ とすれば，相電圧の電圧降下 ΔE [V] は近似式で表すと次のようになる．

$$\Delta E = E_s - E_R \fallingdotseq I(R\cos\theta + X\sin\theta)$$

ただし，I：線路電流 [A]，R：線路の抵抗 [Ω]，X：線路のリアクタンス [Ω]，$\cos\theta$：負荷力率

三相配電線の線間の電圧降下 ΔV は，相電圧の電圧降下 ΔE の $\sqrt{3}$ 倍であるから次式のようになる．

$$\Delta V \fallingdotseq \sqrt{3}\,I\,(R\cos\theta + X\sin\theta)$$

また，電圧降下率 ε [%] は次式で表される．

$$\varepsilon = \frac{E_S - E_R}{E_R}\,[\%]$$

② 電圧調整

電圧調整の目的は，配電系統全般にわたってすべての負荷設備の電圧変動幅を適正な範囲に入れることである．この適正範囲は，電気事業法により，その電気の供給点において標準電圧に応じ，次のような値に維持することが定められている．

▶**電圧の適正範囲**
電気事業法第26条，同法施行規則第38条で規定されている．

・標準電圧 100 V：101 ± 6 V
・標準電圧 200 V：202 ± 20 V

◇**力率管理**

① 力率改善

負荷の力率は，一般に遅れ力率である．力率が低いと無

効電力の比率が高まるため線路電流が増加し，線路損失が増加する．線路損失の低減のために力率を改善（高くする）することが必要である．

負荷力率を$\cos\theta_1$から$\cos\theta_2$に改善すれば，電流は$I_1\,[\mathrm{A}]$から$I_2\,[\mathrm{A}]$に減少する．このときの電流低減率αは次式で表される．

$$\alpha = \frac{I_2}{I_1} = \frac{\cos\theta_1}{\cos\theta_2}$$

力率改善による効果は次のとおりである．

・配電損失の低減：1相当たりの線路損失低減量$\Delta P\,[\mathrm{W}]$は次式となる．

$$\Delta P = (I_1{}^2 - I_2{}^2)\cdot R = I_1{}^2\cdot(1-\alpha^2)\cdot R\,[\mathrm{W}]$$

・電圧降下の低減：相電圧の電圧降下の低減量$\Delta V\,[\mathrm{V}]$は次式となる．

$$\Delta V = (I_1 R\cos\theta_1 + I_1\cdot X\sin\theta_1)$$
$$- (I_2 R\cos\theta_2 + I_2 X\sin\theta_2)\,[\mathrm{V}]$$

② 電気基本料金の低減

一般に電気の基本料金は次式で表され，力率[%]が改善されれば基本料金が低減できる．

基本料金＝契約基本料金単価×{1＋(85－力率)}

力率の調整は進相コンデンサの開閉によるものが一般的である．調整方法として，時間制御によるもの，無効電力によるもの，力率制御によるものがある．

・基準部分（事務所・工場）：受電端における力率は95％以上とすることを基準とする．

・目標及び措置部分（事務所・工場）：受電端における力率は98％以上とすることを基準とする．

◇電動機の諸特性

電動機は対象とする負荷に動力を供給することにあり，負荷の要求する特性に応じた電動機を選択する必要がある．

目的とする仕事を行うために電動機の諸特性を考慮して負荷に適した電動機を選択することが重要である．

107

電動機の諸特性は，次のとおりである．
① 始動トルク
　一般に整流子をもつ電動機は始動トルクが大きい．特に直流直巻電動機は始動トルクが大きく，始動点付近の低速で大きな始動トルクを出すことができる．
② トルクと回転速度
　誘導電動機はトルクが変化しても回転速度はあまり変化しない．一方，直流直巻電動機はトルクによって速度が大きく変化し，無負荷では回転速度が極端に上昇する．
③ 定速度性
　誘導電動機は無負荷でも定格負荷でも速度はあまり変化しない（変化は数パーセント）．同期速度電動機は，負荷や電圧が変化しても回転速度は一定である．
④ 速度制御
　直流電動機および交流整流子電動機は，電圧を変えることにより速度を連続的に変えることができる．
　誘導電動機は，周波数と極数で定まる同期速度付近で回転するため，電圧変化による速度変化はほとんどない．

◇**流体機械の特性**
① ポンプの流量制御
　第6図は，流量-揚程特性を表したものである．ポンプ

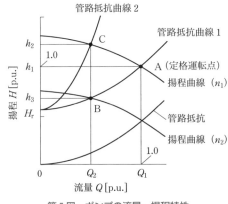

第5図　ポンプの流量—揚程特性

の流量制御を回転速度制御で行う場合と，弁の開度調整で行う場合について考えてみる．

ただし，揚程曲線（n_1）を，回転速度n_1でのポンプ全揚程を表す．

H_cを水頭で表した需要点水圧とする．

管路抵抗曲線6と揚程曲線（n_1）との交点Aの流量Q_1で定格運転をしているとき，回転速度制御により，流量を$Q_1 \to Q_2$に減少する場合は，回転速度をn_2に低減すれば，揚程が揚程曲線（n_2）に変わり，運転点がAからBに移動し運転することになる．

一方，弁の開度調整では開度を絞り流量を$Q_1 \to Q_2$に減少させると管路抵抗曲線2に変わり，運転点がAからCに移動する．

ポンプ軸動力は流量と揚程の積に比例することから，同じ流量Q_2であっても揚程の小さなB点での運転が省エネルギー上有利となる．

② ファンの風量制御

第7図は，送風機の風量—風圧特性を表したものである．送風機の風量制御を回転速度制御と，ダンパの開度調整で行う場合について考えてみる．送風抵抗曲線1と風圧曲線1（n_1）との交点Aの風量Q_1で定格運転しているとき，

▶節約動力
第6図の中で，h_2－C－B－h_3で囲まれた部分が弁の開度調整を速度制御に変更した場合の節約動力となる．

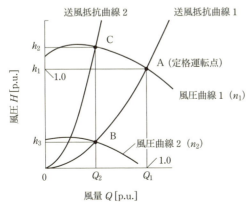

第7図　送風機の風量—風圧特性

回転速度制御により，風量を$Q_1 \rightarrow Q_2$に減少する場合は，回転速度を$n_1 \rightarrow n_2$に低減すれば，圧力曲線（n_2）に変わり，運転点がAからBに移動し運転することになる．

　一方，ダンパの開度調整により，開度を絞り風量を$Q_1 \rightarrow Q_2$に減少すると，送風抵抗曲線2に変わり，運転点がAからCに移動する．ファン軸動力は風量と風圧の積に比例することから，同じ風量Q_2であっても風圧の小さな運転点Bでの運転が省エネルギー上有利となる．

◇電気加熱器設備

　電気加熱は，電気エネルギーを熱エネルギーに変換し，伝導，対流放射によって被加熱物を加熱するものである．

① 電気加熱器の特徴

• 加熱に必要なエネルギーだけを供給できる．

• 加熱操作はスイッチの入り，切りで容易に行うことができる．

• 加熱目的に応じて適切な加熱方法が選択利用できる．

• 加熱エネルギーを被加熱物の加熱を必要とする箇所へ集中して供給することができる．

• 被加熱物を内部から加熱できるとともに，均一加熱となる．

• 高密度の加熱エネルギーを供給できるため，超高温加熱が可能である．

• 真空内での加熱など雰囲気条件を自由に設定することができる．電気加熱は，燃料の燃焼による加熱，蒸気などによる加熱では得ることができない特徴をもっている．

② 電気加熱器の種類

• 抵抗加熱：直接電源に接続された導電性物体中に，流れる電流のジュール熱を利用する加熱方法である．発熱体から発生する熱を被加熱物に伝える間接加熱方式と，被加熱物自身に直接電流を通じて加熱する直接加熱方式がある．

• アーク加熱：アークは，大気中の放電によって電離した

▶節約動力
第6図の中で，$h_2 - C - B - h_3$で囲まれた部分が弁の開度調整を速度制御に変更した場合の節約動力となる．

気体中での導電現象で低電圧・大電流となる．アーク中の気体温度は4 000〜6 000 Kに達する．アーク加熱はアークを高温熱源として利用する加熱方式である．電源により交流アーク炉，直流アーク炉があるが，アークの安定性，騒音，フリッカの低減などの点から，直流アーク炉が有望とされている．

- プラズマ加熱：プラズマは，電離気体のエネルギーを利用して加熱や表面処理を行うことができる．種類として熱プラズマと低温プラズマとに分けられる．

③　誘導加熱

絶縁されたコイルの中に導電性の被加熱物を置き，コイルに電流を流すと，被加熱材の中に交番磁束を生じ渦電流が流れる．誘導加熱は，この渦電流によるジュール熱によって加熱する方式である．誘導加熱では，被加熱材内に誘起される渦電流密度は表皮効果により表面から内部に進むに従い指数関数的に減少する．その電流密度が表面の電流密度の$1/e$（≒0.368）になる位置までの深さを電流の浸透深さδという．

$$\delta = 503 \sqrt{\frac{\rho}{f \cdot \mu_r}}\,[\text{m}]$$

ρ：導体の抵抗率[Ω・m]，μ_r：導体の比透磁率，f：電源周波数[Hz]

誘導加熱は，周波数の選定により，金属表面焼入れのような表面だけの加熱や，全体の均一加熱ができる．

④　誘電加熱

誘電加熱は，誘電体に高周波を加えたときに生じる誘電損を利用して加熱するものであり，その発熱量Pは周波数，誘電率$\tan\delta$に比例し，加える電圧の2乗に比例する．

$$P = \frac{5}{9} \cdot f \cdot E^2 \cdot \varepsilon_r \tan\delta \times 10^{-10}\,[\text{W/m}^3]$$

f：周波数[Hz]，E：電解の強さ[V/m]，ε_r：比誘電率，δ：誘電損角，$\varepsilon_r \tan\theta$：誘電損失（損失係数）

▶**熱プラズマ**
5 000〜30 000 Kの超高温の熱源であり金属合金の溶解・精錬・溶接・微粒子の生成などに使用される．

▶**低温プラズマ**
低圧気体中のプラズマで表面処理などに利用される．

▶**誘導加熱**
被加熱物が導電性のときに用いる．

▶**誘電加熱**
被加熱物が絶縁性のときに用いる．

使用周波数は，2～数十MHzの範囲である．誘電加熱は，誘電体（絶縁体）を急速加熱・均一加熱・局部加熱ができる．

⑤　マイクロ波加熱

マイクロ波加熱の原理は，誘電加熱と基本的に同じである．道波管内をマイクロ波でアプリケータ内の非加熱物に照射し加熱する．誘電加熱で加熱が困難であった水分の多い食品などの加熱に利用される．電子レンジが代表例である．

マイクロ波加熱は複雑な形状でも比較的均一加熱ができる．

⑥　赤外加熱

赤外放射は可視光より波長の長い電磁波で，0.76～1000 μmの波長範囲のものをいう．赤外放射は物質に吸収されると光反応を示さず，そのエネルギーはほとんど熱に変換される．赤外放射は光化学的に高い周波数領域にあるため，入射波のエネルギーはほとんど被加熱体の表面層部分で吸収される．このため，産業用としては塗装の乾燥に利用されている．

赤外放射は，伝熱のための媒体は必要としない，雰囲気の選択も自由にでき，かつ温度制御の応答性に優れている．

◇照明設備の管理

照明設備は，快適な環境を得るために，光源から出る光を制御・調整する光学的機能と，この機能を果たすために電気エネルギーを供給・制御する電気的機能と，光源を保持・保護するための機械的機能を併せもつものである．したがって，照明設備を構成する主な要素は光源（ランプ），点灯装置，照明器具である．

①　高効率機器

照明設備は光源と点灯装置，照明器具から構成される．

・光源：現在実用化されている人工光源は，熱放射を利用した白熱電球やハロゲン球，LEDを利用したランプ，

低圧蒸気圧におけるアーク放電を利用した蛍光ランプ（Hf），高圧蒸気におけるアーク放電を利用した水銀ランプやメタルハライドランプなどのようなHIDランプがある．

- 点灯装置：蛍光ランプやHIDランプには点灯装置が必要となる．点灯装置は，一般に安定器と呼ばれ安定器自身による電力消費が発生するため，放電ランプの総合効率はランプ効率より小さくなる．安定器には磁気回路式と電子式（インバータ式）がある．

- 照明器具：照明器具の光学的な機能面では，反射板などの反射率の向上が図られている．従来の反射板は，鉄板に白色メラミン樹脂塗装を施したものが主流であった．最近ではアルミニウム材の鏡面仕上げをしたものや高純度の銀，もしくは特殊な金属酸化層を蒸着したものが出始めている．これらにより反射率が向上し，照明設備の効率向上に寄与している．

② タスク・アンビエント照明方式

タスク・アンビエント照明方式は，「作業を行う領域には所要の照度を与え，その他の周辺領域には，これより低い照度を与える照明方式」と定義され，視作業用の照度を供給するために特定の面や領域に向けたタスク照明と，視作業が行われる領域全体の全般照度を供給するアンビエント照明で構成される．

③ 制御による効率化

照明設備の制御には，人感センサによる在室検知制御や，適正照度調整制御，タイムスケジュール制御，昼光利用制御などがある．

■基準部分，目標及び措置部分に関する告示（抜粋）

判断基準は工場等を事務所および工場に分けて，それぞれの基準部分，目標及び措置部分について，第5表，第6表のような構成になっている．

▶電子式（インバータ式）

磁気回路式と比べて，高価であるが以下の利点がある．

- 安定器の消費電力が少ない（効率が良い）．
- 調光制御が容易である．
- 軽量のため作業性が良い．

基準部分（事務所・工場）は，事務所・工場におけるエネルギーの使用の合理化の適切かつ有効な実施を図るために遵守すべき諸基準について述べている．

　目標及び措置部分（工場・事務所）は，工場全体としてまたは工場等ごとにエネルギー消費原単位または電気需要平準化評価原単位を中長期的にみて年平均1％以上低減させることを目標として，技術的経済的に可能な範囲で実現に努める内容について述べている．

◇**基準部分（事務所）（第5表）**

(1)　空気調和設備，換気設備に関する事項

①　空気調和設備，換気設備の管理

ア．空気調和の管理は，**空気調和を施す区画を限定し，**ブラインドの管理等による**負荷の軽減及び区画の使用状況**

第5表

1．基準部分（事務所・工場）			
2．エネルギー消費設備等に関する事項			
2-1	事務所	2-2	工場
(1)	空気調和設備，換気設備に関する事項	(1)	燃料の燃焼の合理化
(2)	ボイラー設備，給湯設備に関する事項	(2)	加熱及び冷却並びに伝熱の合理化 (2-1) 加熱設備等 (2-2) 空気調和設備
(3)	照明設備，昇降機，動力設備に関する事項	(3)	排熱の回収利用
(4)	受変電設備，BEMSに関する事項	(4)	熱の動力等への変換の合理化 (4-1) 発電専用設備 (4-2) コージェネレーション設備
(5)	発電用設備及びコージェネレーション設備に関する事項	(5)	放射，伝導，抵抗等によるエネルギーの損失の防止 (5-1) 放射，伝導等による熱の損失の防止 (5-2) 抵抗等による電気の損失の防止
(6)	事務用機器，民生用機器に関する事項	(6)	電気の動力，熱等への変換の合理化 (6-1) 電動力応用設備，電気加熱設備等 (6-2) 照明設備，昇降機，事務用機器，民生機器
(7)	業務用機器に関する事項	(7)	

第6表

1. 目標及び措置部分（事務所・工場）		
2. エネルギー消費設備等に関する事項		
1-1	事務所	1-2	工場

1-1	事務所	1-2	工場
(1)	空気調和設備	(1)	燃焼設備
(2)	換気設備	(2)	熱利用設備
(3)	ボイラー設備	(3)	廃熱回収設備
(4)	給湯設備	(4)	コージェネレーション設備
(5)	照明設備	(5)	電気使用設備
(6)	昇降機	(6)	空気調和設備・給湯設備・換気設備・昇降機等
(7)	BEMS	(7)	照明設備
(8)	コージェネレーション	(8)	工場エネルギー管理システム
(9)	電気設備		
2. その他エネルギーの使用の合理化に関する事項			
(1)	熱エネルギーの効率的利用のための検討		
(2)	余剰蒸気の活用等		
(3)	未利用エネルギーの活用		
(4)	エネルギー使用の合理化に関するサービス提供事業者の活用		
(5)	エネルギーの地域での融通		
(6)	エネルギー使用の合理化に関するツールや手法の活用		
(7)	エネルギー使用の合理化に関する情報技術の活用		

等に応じた設備の**運転時間，室内温度，換気回数，湿度，外気の有効利用等**についての管理標準を設定して行うこと．なお，冷暖房温度については，**政府の推奨する**設定温度を勘案した管理標準とすること．

イ．空気調和設備の熱源設備において燃焼を行う設備（**吸収式冷凍機，冷温水発生器**等）の管理は，空気比についての管理標準を設定して行うこと．

ウ．空気調和設備を構成する**熱源設備**，熱源設備から冷水等により**空気調和機設備に熱搬送する設備**（以下「**熱搬送設備**」という．），**空気調和機設備**の管理は，**外気条件の季節変動等**に応じ，**冷却水温度や冷温水温度，圧力等の設定**により，空気調和設備の総合的なエネルギー効率

▶**空気比**
燃焼に供給した空気量を理論空気量で除した値である．

▶**吸収式冷凍機・冷温水発生器**
低圧条件下で冷媒を蒸発させ，その気化熱で冷水をつくる．

を向上させるように管理標準を設定して行うこと.

エ. 空気調和設備の熱源設備が**複数の同機種の熱源機**で構成され，又は**使用するエネルギーの種類の異なる複数の熱源機**で構成されている場合は，**外気条件の季節変動や負荷変動等**に応じ，**稼働台数の調整又は稼働機器の選択**により熱源設備の総合的なエネルギー効率を向上させるように管理標準を設定して行うこと.

オ. 熱搬送設備が**複数のポンプ**で構成されている場合は，**季節変動等**に応じ，**稼働台数の調整又は稼働機器の選択**により熱搬送設備の総合的なエネルギー効率を向上させるように管理標準を設定して行うこと.

カ. 空気調和機設備が同一区画において**複数の同機種の空気調和機**で構成され，又は**種類の異なる複数の空気調和機**で構成されている場合は，**混合損失の防止や負荷の状態**に応じ，**稼働台数の調整又は稼働機器の選択**により空気調和機設備の総合的なエネルギー効率を向上させるように管理標準を設定して行うこと.

キ. 換気設備の管理は，**換気を施す区画を限定し**，**換気量**，**運転時間**，**温度等**についての管理標準を設定して行うこと.これらの設定に関しては換気の目的，場所に合わせたものとすること.

② 空気調和設備，換気設備に関する計測及び記録

ア. 空気調和を施す区画ごとに，**温度，湿度その他の空気の状態の把握及び空気調和の効率の改善に必要な事項**の計測及び記録に関する管理標準を設定し，これに基づきこれらの事項を定期的に計測し，その結果を記録すること.

イ. 空気調和設備を構成する**熱源設備，熱搬送設備，空気調和機設備は，個別機器の効率及び空気調和設備全体の総合的な効率の改善に必要な事項**の計測及び記録に関する管理標準を設定し，これに基づきこれらの事項を定期的に計測し，その結果を記録すること.

ウ．換気を施す区画ごとに，**温度，二酸化炭素濃度**その他の空気の**状態の把握**及び**換気効率の改善**に必要な事項の計測及び記録に関する管理標準を設定し，これに基づきこれらの事項を定期的に計測し，その結果を記録すること．

③　空気調和設備，換気設備の保守及び点検

ア．空気調和設備を構成する**熱源設備，熱搬送設備，空気調和機設備**は，**保温材や断熱材の維持，フィルターの目づまり**及び**凝縮器や熱交換器に付着したスケールの除去等個別機器の効率**及び**空気調和設備全体の総合的な効率の改善**に必要な事項の保守及び点検に関する管理標準を設定し，これに基づき定期的に保守及び点検を行い，**良好な状態に維持する**こと．

イ．空気調和設備，換気設備の**自動制御装置の管理**に必要な事項の保守及び点検に関する管理標準を設定し，これに基づき定期的に保守及び点検を行い，**良好な状態に維持する**こと．

ウ．換気設備を構成する**ファン，ダクト等**は，**フィルターの目づまり除去等個別機器の効率**及び**換気設備全体の総合的な効率の改善**に必要な事項の保守及び点検に関する管理標準を設定し，これに基づき定期的に保守及び点検を行い，**良好な状態に維持する**こと．

④　空気調和設備，換気設備の新設に当たっての措置

ア．空気調和設備，換気設備を新設する場合には，**必要な負荷，換気量**に応じた**設備を選定する**こと．

イ．空気調和設備を新設する場合には，次に掲げる事項等の措置を講じることにより，エネルギーの効率的利用を実施すること．

（ア）　可能な限り**空気調和を施す区画ごと**に**個別制御**ができるものとすること．

（イ）　**ヒートポンプ**等を活用した**効率の高い熱源設備を採用**すること．

（ウ）　熱搬送設備の**風道・配管等の経路の短縮**や**断熱等に配慮したエネルギーの損失の少ない設備**とすること．

（エ）　負荷の変動が予想される空気調和設備の熱源設備，熱搬送設備は，**適切な台数分割，台数制御及び回転数制御，部分負荷運転時に効率の高い機器**又は**蓄熱システム等効率の高い運転が可能となるシステムを採用**すること．また，**熱搬送設備は変揚程制御の採用**を考慮すること．

（オ）　空気調和機設備を負荷変動の大きい状態で使用するときは，負荷に応じた運転制御を行うことができるようにするため，**回転数制御装置等による変風量システム及び変流量システムを採用**すること．

（カ）　夏期や冬期の外気導入に伴う冷暖房負荷を軽減するために，**全熱交換器の採用**を考慮すること．また，中間期や冬期に冷房が必要な場合は，**外気冷房制御の採用**を考慮すること．

　　その際，加湿を行う場合には，冷房負荷を軽減するため，**水加湿方式の採用**を考慮すること．

（キ）　蓄熱システム及び地域冷暖房システムより熱を受ける熱搬送設備の揚程が大きい場合は，**熱交換器を採用**し揚程の低減を行うこと．

（ク）　エアコンディショナーの室外機の設置場所や設置方法は，日射や通風状況，集積する場合の**通風状態**等を考慮し決定すること．

（ケ）　空気調和を施す区画ごとの温度，湿度その他の空気の状態の把握及び空気調和の効率の改善に必要な事項の計測に必要な機器，センサー等を設置するとともに，**ビルエネルギー管理システム**（以下「BEMS」という．）等の**採用**により，適切な空気調和の制御，運転分析ができるものとすること．

ウ．エネルギーの使用の合理化等に関する法律第144条第2項により定められたエネルギー消費機器（以下「**特定**

▶ヒートポンプ

少ない投入エネルギーで空気中から熱をかき集めて，大きな熱エネルギーとして利用する技術のことである．

▶蓄熱システム

熱源機と空調機の間に蓄熱槽を設けて，熱を蓄える方式である．熱の生産と消費をずらすことができ，ピーク電力の抑制に効果的である．

▶変揚程制御

ポンプの送水量（吐出量）に応じて送水する力（揚程圧力）を変更する制御である．揚程圧力を低くすると所要電力が小さくなる．

▶変風量システム

送風温度を一定とし，送風量を室内発熱負荷に応じて制御する方法である（風量一定運転に比べて搬送動力を削減できる）．

▶変流量システム

室内発熱負荷に応じて，ポンプの台数制御，回転制御により，冷水量や温水量を制御する方式である（流量一定運転に比べて搬送動力を削減できる）．

▶全熱交換器

空調用の外気を取り入れるときに，室内からの排気と熱交換（顕熱，潜熱）する装置である．

▶外気冷房制御

中間期から冬季にかけて冷房をする場合は，冷熱源として外気を全面的に利用して冷房を行う方法である（冷凍機本体は停止のため，エネルギー削減に繋がる）．

エネルギー消費機器」という.）に該当する空気調和設備，
換気設備に係る機器を新設する場合は，当該機器に関す
る性能の向上に関する製造事業者等の判断の基準に規定
する基準エネルギー消費効率以上の効率のものの採用を
考慮すること.

エ．換気設備を新設する場合には，次に掲げる事項等を講
じることにより，エネルギーの効率的利用を実施するこ
と.

（ア）　負荷変動に対して適した制御方式に採用すること.

（イ）　風道等の経路の短縮や断熱等に配慮したエネルギ
ーの損失の少ない設備とすること.

(2)　ボイラ設備，給湯設備に関する事項

①　ボイラ設備，給湯設備の管理

ア．ボイラ設備は，ボイラの容量及び使用する燃料の種類
に応じて空気比についての管理標準を設定して行うこと.

イ．ア．の管理標準は，別表第1（A）に掲げる空気比の
値を基準として空気比を低下させるように設定すること.

▶別表第1（A）
省略する.

ウ．ボイラ設備は，蒸気等の圧力，温度及び運転時間に関
する管理標準を設定し，適切に運転し過剰な蒸気等の供
給及び燃料の供給をなくすこと.

エ．ボイラへの給水は水質に関する管理標準を設定し，水
質管理を行うこと．なお，給水水質の管理は，日本産業
規格B 8223（ボイラーの給水及びボイラ水の水質）に規
定するところ（これに準ずる規格を含む．）により行う
こと.

▶水質管理
ボイラ水の水質を最適の状
態に維持するために，水処
理・処理薬品添加・ブロ
ー・水質分析などを行うこ
とである.

オ．複数のボイラ設備を使用する場合は，総合的なエネル
ギー効率を向上させるように管理標準を設定し，適切な
運転台数とすること.

カ．給湯設備の管理は，季節及び作業の内容に応じ供給箇
所の限定や供給期間，給湯温度，給湯圧力その他給湯の
効率の改善に必要な事項についての管理標準を設定して
行うこと.

119

キ．給湯設備の熱源設備の管理は，負荷の変動に応じ，熱源機とポンプ等の補機を含めた総合的なエネルギー効率を向上させるように管理標準を設定して行うこと．

ク．給湯設備の熱源設備が**複数の熱源機で構成されている場合**は，負荷の状態に応じ，**稼働台数の調整**により熱源設備の総合的なエネルギー効率を向上させるように管理標準を設定して行うこと．

② ボイラ設備，給湯設備に関する計測及び記録

ア．ボイラ設備は，**燃料の供給量**，**蒸気の圧力**，**温水温度**，**排ガス中の残存酸素量**，**廃ガスの温度**，**ボイラ給水量その他のボイラの効率の改善に必要な事項**の計測及び記録に関する管理標準を設定し，これに基づきこれらの事項を定期的に計測し，その結果を記録すること．

イ．給湯設備は，**給水量**，**給湯温度その他給湯の効率の改善に必要な事項**の計測及び記録に関する管理標準を設定し，これに基づきこれらの事項を定期的に計測し，その結果を記録すること．

③ ボイラ設備，給湯設備の保守及び点検

ア．ボイラ設備の効率の改善に必要な事項の保守及び点検に関する管理標準を設定し，これに基づき定期的に保守及び点検を行い，**良好な状態に維持する**こと．

イ．ボイラ設備の**保温及び断熱の維持**，**スチームトラップの蒸気の漏えい**，**詰まりを防止する**ように保守及び点検に関する管理標準を設定し，これに基づき定期的に保守及び点検を行い，**良好な状態に維持する**こと．

ウ．給湯設備は，**熱交換器に付着したスケールの除去等給湯効率の改善に必要な事項**，**自動制御装置の管理に必要な事項**の保守及び点検に関する管理標準を設定し，これに基づき定期的に保守及び点検を行い，**良好な状態に維持する**こと．

④ ボイラ設備，給湯設備の新設に当たっての措置

ア．ボイラ設備，給湯設備を新設する場合には，**必要な負**

▶**排ガス中の残存酸素量**
燃焼反応に使用されなかった酸素量のことをいう．この残存酸素は，排ガスに含まれ，煙道から大気に放出していく．

▶**スチームトラップ**
蒸気配管からドレン（温水）だけを排出する自動弁の一種である．

120

荷に応じた設備を選定すること.

イ. ボイラ設備からの**廃ガス温度が別表第2（A）に掲げる廃ガス温度を超過する場合は廃熱利用の措置を講ずる**こと. また, **蒸気ドレンの廃熱が有効利用できる場合は, 回収利用の措置を講ずる**こと.

ウ. ボイラ設備を新設する場合は, 次に掲げる事項等の措置を講じることにより, エネルギーの効率的利用のための措置を実施すること.

（ア） **エコノマイザ**等を搭載した**高効率なボイラ設備を採用**すること.

（イ） **配管経路の短縮, 配管の断熱等に配慮したエネルギーの損失の少ない設備**とすること.

エ. 負荷の変動が予想されるボイラ設備は, 適切な台数分割を行い, **台数制御により効率の高い運転が可能となる**システムを採用すること.

オ. 給湯設備を新設する場合には, 次に掲げる事項等の措置を講じることにより, エネルギーの効率的利用のための措置を実施すること.

（ア） 給湯負荷の変化に応じた運用が可能なものとすること.

（イ） 使用量の少ない給湯箇所は**局所式**にする等の措置を講じること.

（ウ） **ヒートポンプシステム, 潜熱回収方式の熱源設備の採用**を考慮すること.

（エ） **配管経路の短縮, 配管の断熱等に配慮したエネルギー損失の少ない設備**とすること.

カ. 特定エネルギー消費機器に該当するボイラ設備, 給湯設備に係る機器を新設する場合は, 当該機器に関する性能の向上に関する製造事業者等の判断の基準に規定する**基準エネルギー消費効率以上の効率のものの採用**を考慮すること.

▶**別表第2（A）**
省略する.
目標廃ガス温度はボイラの種類・燃料により異なる.
$110 \sim 250\,^{\circ}\mathrm{C}$

▶**エコノマイザ**
給水予熱を行うための熱交換器のことである. 節炭器ともいう.

▶**潜熱回収方式**
排気ガス中の水蒸気が凝縮（温水になる）するときに, でる熱（潜熱）を回収する方式のことである.

(3) 照明設備，昇降機，動力設備に関する事項

① 照明設備，昇降機の管理

ア．照明設備は，日本産業規格Z 9110（照度基準）又は
Z 9125（屋内作業場の照明基準）及びこれらに準ずる規
格に規定するところにより管理標準を設定して使用する
こと．また，**過剰又は不要な照明をなくす**ように管理標
準を設定し，**調光による減光又は消灯を行う**こと．

イ．昇降機は，時間帯や曜日等により**停止階の制限**，複数
台ある場合には**稼働台数の制限**等に関して管理標準を設
定し，効率的な運転を行うこと．

② 照明設備に関する計測及び記録

照明設備は，照明を施す作業場所等の照度の計測及び記
録に関する管理標準を設定し，これに基づき定期的に計測
し，その結果を記録すること．

③ 照明設備，昇降機，動力設備の保守及び点検

ア．照明設備は，**照明器具及びランプ等の清掃**並びに**光源
の交換**等保守及び点検に関する管理標準を設定し，これ
に基づき定期的に保守及び点検を行うこと．

イ．昇降機は，**電動機の負荷となる機器，動力伝達部及び
電動機の機械損失を低減する**よう保守及び点検に関する
管理標準を設定し，これに基づき定期的に保守及び点検
を行うこと．

ウ．給排水設備，機械駐車設備等の動力設備は，**負荷機械**
（**電動機の負荷となる機械をいう．以下同じ．**），**動力伝
達部及び電動機における機械損失を低減する**ように保守
及び点検に関する管理標準を設定し，これに基づき定期
的に保守及び点検を行うこと．また，負荷機械がポンプ，
ファン等の流体機械の場合は，**流体の漏えいを防止し**，
流体を輸送する**配管，ダクトの抵抗を低減する**ように保
守及び点検に関する管理標準を設定し，これに基づき定
期的に保守及び点検を行うこと．

▶**日本産業規格**
JISと呼ばれる．
標準化の対象にデータ，サ
ービス，経営管理等が追加
され，「日本工業規格」か
ら名称変更された．

④　照明設備，昇降機，動力設備の新設に当たっての措置

ア．照明設備，昇降機を新設する場合には，**必要な照度，輸送量**に応じた設備を選定すること．

イ．照明設備を新設する場合には，次に掲げる事項等の措置を講じることにより，エネルギーの効率的利用を実施すること．

　　（ア）　**電子回路式安定器（インバーター）**を点灯回路に使用した蛍光ランプ（**Hf蛍光ランプ**）等省エネルギー型設備の導入について考慮すること．

　　（イ）　**高輝度放電ランプ（HIDランプ）**等効率の高いランプを使用した照明器具等省エネルギー型設備の導入について考慮すること．

　　（ウ）　**清掃，光源の交換等の保守が容易な照明器具を選択する**とともに，その設置場所，設置方法等についても保守性を考慮すること．

　　（エ）　照明器具の選択には，光源の**発光効率**だけでなく，点灯回路や照明器具の効率及び被照明場所への**照射効率も含めた総合的な照明効率を考慮**すること．

　　（オ）　昼光を使用することができる場所の照明設備の回路は，他の照明設備と**別回路**にすることを考慮すること．

　　（カ）　不必要な場所及び時間帯の**消灯又は減光のため，人体感知装置の設置，計時装置（タイマ）の利用**又は保安設備との連動等の実施を考慮すること．

ウ．特定エネルギー消費機器に該当する照明設備に係る機器を新設する場合は，当該機器に関する性能の向上に関する製造事業者等の判断の基準に規定する**基準エネルギー消費効率以上の効率のものの採用**を考慮すること．

エ．昇降機を新設する場合には，エネルギーの利用効率の高い制御方式，駆動方式の昇降機を採用する等の措置を講じることにより，エネルギーの効率的利用を実施すること．

▶**電子回路式安定器**
電子回路で構成され，効率が良く軽量で即時点灯型の安定器のことである．

▶**Hf蛍光ランプ**
数十kHzの高周波で放電する高周波専用の蛍光ランプのことである．

▶**HIDランプ**
金属蒸気中の放電によって発光するランプのことである．メタルハライドランプともいう（点灯時のランプはとても高温である）．

▶**発光効率**
単位ワット当たりの光源から発する光束のことである．単位は〔lm/W〕で表される．

▶**照射効率**
光源からの光束のうち，被照射面を照らす（入射する）割合のことである．

▶**基準エネルギー消費効率**
特定エネルギー消費機器（29種類）の製品区分毎に定められた目標値のことである．（p.15第6表参照）目標値は，製品区分ごとのトップランナー機器のエネルギー消費効率の値である．

オ．特定エネルギー消費機器に該当する交流電動機又は当該機器が組み込まれた動力設備を新設する場合には，当該機器に関する性能の向上に関する製造事業者等の判断の基準に規定する**基準エネルギー消費効率以上の効率のものの採用**を考慮すること．なお，特定エネルギー消費機器に該当しない交流電動機（かご形三相誘導電動機に限る）又は当該機器が組み込まれた動力設備を新設する場合には，日本産業規格Ｃ4212（高効率低圧三相かご形誘導電動機）に規定する効率値以上の効率のものの採用を考慮すること．

(4) 受変電設備，BEMSに関する事項

① 受変電設備の管理

ア．変圧器及び無停電電源装置は，部分負荷における効率を考慮して，変圧器及び無停電電源装置の全体の効率が高くなるように管理標準を設定し，**稼働台数の調整及び負荷の適正配分**を行うこと．

イ．受電端における力率については，**95％以上**とすることを基準として**進相コンデンサ等を制御する**ように管理標準を設定して管理すること．

② 受変電設備に関する計測及び記録

事務所その他の事業場における**電気の使用量**並びに**受変電設備の電圧，電流等電気の損失を低減する**ために必要な**事項**の計測及び記録に関する管理標準を設定し，これに基づきこれらの事項を定期的に計測し，その結果を記録すること．

③ 受変電設備の保守及び点検

受変電設備は，**良好な状態に維持する**ように保守及び点検に関する管理標準を設定し，これに基づき定期的に保守及び点検を行うこと．

④ 受変電設備，BEMSの新設に当たっての措置

ア．受変電設備を新設する場合には，**エネルギー損失の少ない機器を採用する**とともに，電力の需要実績と将来の

▶BEMS（ビルエネルギーマネジメントシステム）

ビルの設備，環境およびエネルギーを管理するためのシステムのことである．一般に以下のシステムを保有している．

- 設備機器の監視制御システム
- 設備管理システム
- エネルギー管理システム
- 課金管理/経営管理システム

動向について十分な検討を行い，**受変電設備の配置，配電圧，設備容量を決定する**こと．

イ．特定エネルギー消費機器に該当する受変電設備に係る機器を新設する場合は，当該機器に関する性能の向上に関する製造事業者等の判断の基準に規定する**基準エネルギー消費効率以上の効率のものの採用を考慮する**こと．

ウ．電気を使用する設備や空気調和設備等を総合的に管理し評価をするために**BEMSの採用**を考慮すること．

(5) 発電専用設備及びコージェネレーション設備に関する事項

① 発電専用設備及びコージェネレーション設備の管理

ア．ガスタービン，蒸気タービン，ガスエンジン等専ら発電のみに供される設備（以下「**発電専用設備**」という.）にあっては，高効率の運転を維持できるよう管理標準を設定して運転の管理をすること．また，**複数の発電専用設備の並列運転に際しては，個々の機器の特性を考慮の上，負荷の増減に応じて適切な配分がなされる**ように管理標準を設定し，総合的な効率の向上を図ること．

イ．コージェネレーション設備に使用されるガスタービン，ガスエンジン，ディーゼルエンジン等の運転の管理は，管理標準を設定して，発生する**熱及び電気が十分に利用される**よう負荷の増減に応じ総合的な効率を高めるものとすること．また，**複数のコージェネレーション設備の並列運転に際しては，個々の機器の特性を考慮の上，負荷の増減に応じて適切な配分がなされる**ように管理標準を設定し，総合的な効率の向上を図ること．

② 発電専用設備，コージェネレーション設備に関する計測及び記録

発電専用設備及びコージェネレーション設備については，**補機等を含めた総合的な効率の改善に**必要な**事項**の計測及び記録に関する管理標準を設定し，これに基づき定期的に計測を行い，その結果を記録すること．

③　発電専用設備，コージェネレーション設備の保守及び
　　点検

　発電専用設備及びコージェネレーション設備を利用する
場合には，**補機等を含めた総合的な効率を高い状態に維持
する**ように保守及び点検に関する管理標準を設定し，これ
に基づき定期的に保守及び点検を行うこと．

④　発電専用設備，コージェネレーション設備の新設に当
　　たっての措置

ア．発電専用設備を新設する場合には，**電力の需要実績と
将来の動向**について十分検討を行い，適正規模の設備容
量のものとすること．

イ．発電専用設備を新設する場合には，**国内の火力発電専
用設備の平均的な受電端発電効率と比較し，年間で著し
くこれを下回らない**ものとすること．

ウ．コージェネレーション設備を新設する場合には，**熱及
び電力の需要実績と将来の動向**について十分な検討を行
い，年間を総合して排熱及び電力の十分な利用が可能で
あることを確認し，適正規模の設備容量のコージェネレ
ーション設備の設置を行うこと．

(6)　事務用機器，民生用機器に関する事項

①　事務用機器の管理

　事務用機器の管理は，**不要運転**等がなされないよう管理
標準を設定して行うこと．

②　事務用機器の保守及び点検

　事務用機器については，必要に応じ定期的に保守及び点
検を行うこと．

③　事務用機器，民生用機器の新設に当たっての措置

　特定エネルギー消費機器に該当する事務用機器，民生用
機器を新設する場合は，当該機器に関する性能の向上に関
する製造事業者等の判断の基準に規定する**基準エネルギー
消費効率以上の効率のものの採用**を考慮すること．

(7)　業務用機器に関する事項

①　業務用機器の管理

　厨房機器，業務用冷蔵庫，業務用冷凍庫，ショーケース，医療機器，放送機器，通信機器，電子計算機，実験装置，遊戯用機器等の業務用機器の管理は，**季節**や**曜日，時間帯，負荷量，不要時等の必要な事項**について管理標準を設定して行うこと．

②　業務用機器に関する計測及び記録

　業務用機器の稼働状態の把握及び改善に必要な事項の計測及び記録に関する管理標準を設定し，これに基づきこれらの事項を定期的に計測し，その結果を記録すること．

③　業務用機器の保守及び点検

　業務用機器は，保守及び点検に関する管理標準を設定し，これに基づき定期的に保守及び点検を行い，**良好な状態に維持する**こと．

④　業務用機器の新設に当たっての措置

ア．業務用機器の新設に当たっては，エネルギー効率の高い機器を選定すること．

イ．熱を発生する業務用機器の新設に当たっては，**空調区画の限定**や**外気量の制限**等により空気調和の負荷を増大させないように考慮すること．また，**ダクトの使用**や**装置に熱媒体を還流させる**などをして**空気調和区画外に直接熱を排出**し，**空気調和の負荷を増大させない**ように考慮すること．

ウ．特定エネルギー消費機器に該当する業務用機器を新設する場合は，当該機器に関する性能の向上に関する製造事業者等の判断の基準に規定する**基準エネルギー消費効率以上の効率のものの採用**を考慮すること．

(8)　その他エネルギーの使用の合理化に関する事項

　事業場の居室等を賃貸している事業者（以下「**賃貸事業者**」という．）と事業場の居室等を賃借している事業者（以下「**賃借事業者**」という．）は，共同してエネルギーの使用

127

の合理化に関する活動を推進するとともに，賃貸事業者は，賃借事業者のエネルギーの使用の合理化状況が確認できるように**エネルギー使用量の把握を行い，賃借事業者に**情報提供すること．その際，計量設備がある場合は計量値とし，**計量設備がない場合は合理的な算定方法に基づいた推計値とする**こと．

◇**目標及び措置部分（事務所）（第6表）**

(1) 空気調和設備

空気調和設備に関しては，次に掲げる事項等の措置を講じることにより，エネルギーの効率的利用の実施について検討すること．

ア．空気調和設備には，効率の高い熱源設備を使った**蓄熱式ヒートポンプシステム，ガス冷暖房システム等の採用**について検討すること．また，工場等に冷房と暖房の負荷が同時に存在する場合には，**熱回収システムの採用**について検討すること．さらに，排熱を有効に利用できる場合には，**熱回収型ヒートポンプ，排熱駆動型熱源機の採用**についても検討すること．

イ．空気調和を行う部分の**壁，屋根**については，**厚さの増加，熱伝導率の低い材料の利用，断熱の二重化等**により，空気調和を行う部分の**断熱性を向上させる**よう検討すること．また，**窓**にあっては，**ブラインド，熱線反射ガラス，選択透過フィルム，二重構造による熱的緩衝帯の設置等の採用による**日射遮へい対策も併せて検討すること．

ウ．空気調和設備については，**二酸化炭素センサ等による外気導入量制御の採用**により，外気処理に伴う**負荷の削減**を検討すること．また，**夏期以外の期間の冷房については，冷却塔により冷却された水を利用した冷房を行う**等熱源設備が消費するエネルギーの削減を検討すること．

エ．空気調和設備については，送風量及び循環水量が低減できる**大温度差システムの採用**について検討すること．

▶**蓄熱式ヒートポンプ**

割安な夜間電力を利用してヒートポンプを運転し，蓄熱槽に温水・冷水・氷などを蓄え，昼間の冷房や給湯，製品冷却などを行うシステムのことである．

▶**ガス冷暖房システム**

クリーンな天然ガスを燃料とした冷暖房システムのことである．ガスヒートポンプ（GHP），ガス式吸収冷凍機などがある．

▶**排熱駆動型熱源機**

排熱を利用して熱・冷熱を発生する設備のことである．吸着式冷凍機などがある．

▶**熱反射ガラス**

ガラスの表面に極薄い金属膜をコーティングしたものである．金属膜が日射光を遮り，室内の温度上昇を和らげることができる．

▶**選択透過フィルム**

幅広い波長帯域の光を選択的に反射・通過できるものである．

▶**熱的緩衝帯**

温度変化を緩やかに変化させるための空間・領域のことである．

▶**大温度差システム**

熱源から空調機までの冷水（温水）の往きと還りの温度差 Δt を通常より大きくすることにより搬送水量を小さくすることができるシステムである．搬送動力の削減に繋がる．

オ．配管及びダクトは，**熱伝導率の低い断熱材の利用**等により，**断熱性を向上させる**よう検討すること．

(2) 換気設備

屋内駐車場，機械室及び電気室等の換気用動力に関しては，**各種センサ等による風量制御の採用**により動力の削減を検討すること．

(3) ボイラ設備

① ボイラについては，別表第１(B)**の空気比の値を目標として空気比を低下させる**よう努めること．

② 排ガスの廃熱の回収利用については，別表第２(B)に**掲げる廃ガス温度の値を目標として廃ガス温度を低下させる**よう努めること．

(4) 給湯設備

給湯設備に関しては，**ヒートポンプシステムや潜熱回収方式の熱源設備を複合して使う**など，エネルギー利用効率の高い給湯設備の採用等の措置を講じることにより，エネルギーの効率的利用の実施について検討すること．

(5) 照明設備

照明設備に関しては，次に掲げる事項等の措置を講じることにより，エネルギーの効率的利用の実施について検討すること．

ア．照明設備については，**昼光を利用**することができる場合は，**減光が可能な照明器具の選択や照明自動制御装置の採用**を検討すること．また，照明設備を施した当初や光源を交換した直後の高い照度を適正に補正し省電力を図ることができる照明設備の採用を検討すること．

イ．**LED**（**発光ダイオード**）**照明器具の採用**を検討すること．

(6) 昇降機

エスカレータ設備等の昇降機については，**人感センサ**により通行者不在のときに設備を停止させるなど，**利用状況に応じた効率的な運転**を行うことを検討すること．

▶**別表第１(B)**
省略する．

▶**別表第２(B)**
省略する．
目標廃ガス温度はボイラの種類・燃料により異なる．
$110\sim320$℃

(7) BEMS

BEMSについては，次に掲げる事項等の措置を講じることにより，エネルギーの効率的利用の実施について検討すること．

ア．エネルギー管理の中核となる設備として，系統別に**年単位，季節単位，月単位，週単位，日単位又は時間単位等**でエネルギー管理を実施し，数値，グラフ等で過去の実績と比較した**エネルギーの消費動向等が把握できる**よう検討すること．

イ．空気調和設備，電気設備等について統合的な省エネルギー制御を実施することを検討すること．

ウ．機器や設備の保守状況，運転時間，運転特性値等を比較検討し，機器や設備の劣化状況，保守時期等が把握できるよう検討すること．

(8) コージェネレーション設備

蒸気又は温水需要が大きく，将来，**年間を総合して排熱の十分な利用が可能**であると見込まれる場合には，コージェネレーション設備の設置を検討すること．

(9) 電気使用設備

① 受電端における力率を**98 %以上**とすることを目標として，別表第4に掲げる設備（同表に掲げる容量以下のものを除く．）又は変電設備における力率を進相コンデンサの設置等により向上させるよう検討すること．

② 缶・ボトル飲料自動販売機を設置する場合は，タイマ等の活用により，**夜間，休日等販売しない時間帯の運転停止**，庫内**照明が不必要な時間帯の消灯**など，**利用状況に応じた効率的な運転を行う**ことを検討すること．

◇**基準部分（工場）（第5表）**

(1) 燃料の燃焼の合理化

① 燃料の燃焼の管理

ア．燃料の燃焼の管理は，**燃料の燃焼を行う設備**（以下「**燃焼設備**」という．）及び使用する燃料の種類に応じて，

▶別表第4

力率を向上すべき設備とその容量は，防爆形等安全性の面から適用が難しい設備を除き，次のようになる．

- かご形誘導電動機：75 kW
- 巻線形誘導電動機：100 kW
- 誘導炉：50 kW
- 真空溶解炉：50 kW
- 誘導加熱装置：50 kW
- アーク炉：―
- フラッシュバット溶接機（携帯型のものを除く）：10 kW
- アーク溶接機（携帯型のものを除く）：10 kW
- 整流器：10 000 kW

空気比についての管理標準を設定して行うこと．

イ．ア．の管理標準は，別表第1（A）**に掲げる空気比の値を基準として空気比を低下させる**ように設定すること．

ウ．**複数の燃焼設備を使用するときは，燃焼設備全体としての熱効率**（投入熱量のうち対象物の付加価値を高めるために使われた熱量の割合をいう．以下同じ．）**が高くなる**ように管理標準を設定し，それぞれの燃焼設備の**燃焼負荷を調整する**こと．

エ．燃料を燃焼する場合には，**燃料の粒度，水分，粘度等の性状**に応じて，**燃焼効率が高くなる**よう運転条件に関する管理標準を設定し，適切に運転すること．

② 燃料の燃焼に関する計測及び記録

燃焼設備ごとに，**燃料の供給量，燃焼に伴う排ガスの温度，排ガス中の残存酸素量その他の燃料の燃焼状態の把握及び改善に必要な事項**の計測及び記録に関する管理標準を設定し，これに基づきこれらの事項を定期的に計測し，その結果を記録すること．

③ 燃焼設備の保守及び点検

燃焼設備は，保守及び点検に関する管理標準を設定し，これに基づき定期的に保守及び点検を行い，**良好な状態に維持する**こと．

④ 燃焼設備の新設に当たっての措置

ア．燃焼設備を新設する場合には，必要な負荷に応じた設備を選定すること．

イ．燃焼設備を新設する場合には，バーナー等の燃焼機器は，**燃焼設備及び燃料の種類に適合し**，かつ，**負荷及び燃焼状態の変動**に応じて**燃料の供給量及び空気比を調整できる**ものとすること．

ウ．燃焼設備を新設する場合には，通風装置は，**通風量及び燃焼室内の圧力を調整できる**ものとすること．

▶別表第1（A）
省略する．

(2) 加熱及び冷却並びに伝熱の合理化

(2-1) 加熱設備等

① 加熱及び冷却並びに伝熱の管理

ア．蒸気等の熱媒体を用いる**加熱設備，冷却設備，乾燥設備，熱交換器等**については，加熱及び冷却並びに伝熱（以下「**加熱等**」という．）に必要とされる**熱媒体の温度，圧力及び量並びに供給される熱媒体の温度，圧力及び量**について管理標準を設定し，熱媒体による**熱量の過剰な供給をなくす**こと．

イ．加熱，熱処理等を行う**工業炉**については，設備の構造，被加熱物の特性，加熱，熱処理等の前後の工程等に応じて，熱効率を向上させるように管理標準を設定し，**ヒートパターン**（被加熱物の温度の時間の経過に対応した変化の態様をいう．）を改善すること．

ウ．加熱等を行う設備は，**被加熱物又は被冷却物の量及び炉内配置**について管理標準を設定し，**過大負荷及び過小負荷を避ける**こと．

エ．**複数の加熱等**を行う設備を使用するときは，**設備全体としての熱効率が高くなる**ように管理標準を設定し，それぞれの設備の負荷を調整すること．

オ．**加熱を反復して行う工程**においては，管理標準を設定し，**工程間の待ち時間を短縮する**こと．

カ．加熱等を行う設備で断続的な運転ができるものについては，管理標準を設定し，**運転を集約化する**こと．

キ．ボイラへの給水は，**伝熱管へのスケールの付着及びスラッジ等の沈澱を防止する**よう水質に関する管理標準を設定して行うこと．給水の水質の管理は，日本産業規格 B 8223（ボイラーの給水及びボイラー水の水質）に規定するところ（これに準ずる規格を含む．）により行うこと．

ク．蒸気を用いる加熱等を行う設備については，**不要時に蒸気供給バルブを閉止する**こと．

ケ．加熱等を行う設備で用いる蒸気については，**適切な乾**

▶**スケール**
給水中などに含まれた金属イオンが結晶化し配管内壁に付着した状態をいう．主成分はカルシウム，ナトリウムなどである．

▶**スラッジ**
給水中に存在する浮遊物・沈殿物（錆）などのことである．

き度を維持すること.

コ. その他, 加熱等の管理は, 被加熱物及び被冷却物の温度, 加熱等に用いられる蒸気等の熱媒体の温度, 圧力及び流量その他の加熱等に係る事項についての管理標準を設定して行うこと.

② 加熱等に関する計測及び記録

被加熱物又は被冷却物の温度, 加熱等に用いられる**蒸気等の熱媒体の温度, 圧力及び流量その他の熱の移動の状態の把握及び改善に必要な事項**の計測及び記録に関する管理標準を設定し, これに基づきこれらの事項を定期的に計測し, その結果を記録すること.

③ 加熱等を行う設備の保守及び点検

ボイラ, 工業炉, 熱交換器等の伝熱面その他の伝熱に係る部分の保守及び点検に関する管理標準を設定し, これに基づき定期的にばいじん, スケールその他の付着物を除去し, 伝熱性能の低下を防止すること.

④ 加熱等を行う設備の新設に当たっての措置

ア. 加熱等を行う設備を新設する場合には, 必要な負荷に応じた設備を選定すること.

イ. 加熱等を行う設備を新設する場合には, 次に掲げる事項等の措置を講じることにより, エネルギーの効率的利用を実施すること.

（ア） 熱交換に係る部分には, 熱伝導率の高い材料を用いること.

（イ） 熱交換器の配列の適正化により総合的な熱効率を向上させること.

(2-2) 空気調和設備, 給湯設備

① 空気調和設備, 給湯設備の管理

ア. 製品製造, 貯蔵等に必要な環境の維持, 作業員のための作業環境の維持を行うための空気調和においては, 空気調和を施す区画を限定し負荷の軽減及び区画の使用状況等に応じた設備の運転時間, 温度, 換気回数, 湿度等

▶乾き度
蒸気の乾いている度合いを示す指標である. 蒸気は湿った状態から乾いた状態までさまざまな蒸気雰囲気が存在する.

▶ばいじん
物が燃えた際に発生・飛散する微細な物質（すすなど）のことである.

133

についての管理標準を設定して行うこと.

イ．工場内にある事務所等の空気調和の管理は，**空気調和を施す区画を限定し**，ブラインドの管理等による**負荷の軽減**及び区画の使用状況等に応じた設備の**運転時間，室内温度，換気回数，湿度，外気の有効利用等**についての管理標準を設定して行うこと．なお，冷暖房温度については，**政府の推奨する**設定温度を勘案した管理標準とすること．

ウ．空気調和設備を構成する**熱源設備，熱搬送設備，空気調和機設備**の管理は，**外気条件の季節変動等**に応じ，**冷却水温度や冷温水温度，圧力等の設定**により，空気調和設備の総合的なエネルギー効率を向上させるように管理標準を設定して行うこと．

エ．空気調和設備の熱源設備が**複数の同機種の熱源機**で構成され，又は**使用するエネルギーの種類の異なる複数の熱源機**で構成されている場合は，**外気条件の季節変動や負荷変動等**に応じ，**稼働台数の調整又は稼働機器の選択**により熱源設備の総合的なエネルギー効率を向上させるように管理標準を設定して行うこと．

オ．熱搬送設備が**複数のポンプ**で構成されている場合は，**負荷変動等**に応じ，**稼働台数の調整又は稼働機器の選択**により熱搬送設備の総合的なエネルギー効率を向上させるように管理標準を設定して行うこと．

カ．空気調和機設備が同一区画において**複数の同機種の空気調和機**で構成され，又は**種類の異なる複数の空気調和機**で構成されている場合は，**混合損失の防止や負荷の状態**に応じ，**稼働台数の調整又は稼働機器の選択**により空気調和機設備の総合的なエネルギー効率を向上させるように管理標準を設定して行うこと．

キ．給湯設備の管理は，**季節及び作業の内容に応じ供給箇所を限定し，給湯温度，給湯圧力その他給湯の効率の改善に必要な事項**についての管理標準を設定して行うこと．

ク．給湯設備の熱源設備の管理は，**負荷の変動**に応じ，**熱源機とポンプ等の補機を含めた総合的なエネルギー効率を向上**させるように管理標準を設定して行うこと．

ケ．給湯設備の熱源設備が**複数の熱源機**で構成されている場合は，負荷の状態に応じ，**稼動台数の調整**により熱源設備の総合的なエネルギー効率を向上させるように管理標準を設定して行うこと．

② 空気調和設備，給湯設備に関する計測及び記録

ア．空気調和を施す区画ごとに，**温度，湿度その他の空気の状態の把握及び空気調和の効率の改善に必要な事項**の計測及び記録に関する管理標準を設定し，これに基づきこれらの事項を定期的に計測し，その結果を記録すること．

イ．空気調和設備を構成する熱源設備，熱搬送設備，空気調和機設備は，**個別機器の効率及び空気調和設備全体の総合的な効率の改善に必要な事項**の計測及び記録に関する管理標準を設定し，これに基づきこれらの事項を定期的に計測し，その結果を記録すること．

ウ．給湯設備は，**給水量，給湯温度その他給湯の効率の改善に必要な事項**の計測及び記録に関する管理標準を設定し，これに基づきこれらの事項を定期的に計測し，その結果を記録すること．

③ 空気調和設備，給湯設備の保守及び点検

ア．空気調和設備を構成する熱源設備，熱搬送設備，空気調和機設備は，**保温材や断熱材の維持，フィルターの目づまり及び凝縮器に付着したスケールの除去等個別機器の効率及び空気調和設備全体の総合的な効率の改善に必要な事項**の保守及び点検に関する管理標準を設定し，これに基づき定期的に保守及び点検を行い，**良好な状態に維持する**こと．

イ．給湯設備は，**熱交換器に付着したスケールの除去等給湯効率の改善**に必要な事項の保守及び点検に関する管理

標準を設定し，これに基づき定期的に保守及び点検を行い，**良好な状態に維持する**こと．

ウ．空気調和設備，給湯設備の**自動制御装置の管理に必要な事項**の保守及び点検に関する管理標準を設定し，これに基づき定期的に保守及び点検を行い，**良好な状態に維持する**こと．

④　空気調和設備，給湯設備の新設に当たっての措置

ア．空気調和設備，給湯設備を新設する場合には，**必要な負荷**に応じた設備を選定すること．

イ．空気調和設備を新設する場合には，次に掲げる事項等の措置を講じることにより，エネルギーの効率的利用を実施すること．

（ア）　熱需要の変化に対応できる容量のものとし，可能な限り**空気調和を施す区画ごとに個別制御**ができるものとすること．

（イ）　**ヒートポンプ**等を活用した**効率の高い熱源設備を採用する**こと．

（ウ）　負荷の変動が予想される空気調和設備の熱源設備，熱搬送設備は，**適切な台数分割，台数制御及び回転数制御**，部分負荷運転時に効率の高い機器又は**蓄熱システム等効率の高い運転が可能となるシステムを採用**すること．また，**熱搬送設備は変揚程制御の採用**を考慮すること．

（エ）　空気調和機設備を**負荷変動の大きい状態**で使用するときは，負荷に応じた運転制御を行うことができるようにするため，**回転数制御装置等による変風量システム及び変流量システムを採用**すること．

（オ）　夏期や冬期の外気導入に伴う冷暖房負荷を軽減するために，**全熱交換器の採用**を考慮すること．また，中間期や冬期に冷房が必要な場合は，**外気冷房制御の採用**を考慮すること．

その際，加湿を行う場合には，冷房負荷を軽減する

▶回転数制御装置
インバータを用いて電動機の回転速度制御を行う装置のことである．

ため，**水加湿方式の採用**を考慮すること．

（カ）　熱を発生する生産設備等が設置されている場合は，**ダクトの使用や熱媒体を還流させる**などにより空気調和区画外に直接熱を排出し，空気調和の負荷を増大させない**ようにすること．

（キ）　作業場全域の空気調和を行うことが不要な場合は，作業者の近傍のみに**局所空気調和**を行う，あるいは**放射暖房**などにより空気調和に要する負荷を低減すること．また，空気調和を行う容積等を極小化すること．

（ク）　建屋に隙間が多い場合や開口部がある場合には，**可能な限り閉鎖し**空気調和に要する負荷を低減すること．

（ケ）　エアコンディショナーの室外機の設置場所や設置方法は，日射や通風状況，集積する場合の**通風状態等**を考慮し決定すること．

（コ）　空気調和を施す区画ごとの**温度，湿度その他の空気の状態の把握及び空気調和の効率の改善に必要な事項の計測に必要な計量器，センサー等を設置するとともに，工場エネルギー管理システム**等のシステムの採用により，適切な空気調和の制御，運転分析ができるものとすること．

ウ．給湯設備を新設する場合には，次に掲げる事項等の措置を講じることにより，エネルギーの効率的利用のための措置を実施すること．

（ア）　給湯負荷の変化に応じた運用が可能なものとすること．

（イ）　使用量の少ない給湯箇所は**局所式**にする等の措置を講じること．

（ウ）　**ヒートポンプシステム，潜熱回収方式**の熱源設備の採用を考慮すること．

エ．特定エネルギー消費機器に該当する空気調和設備，給湯設備に係る機器を新設する場合は，当該機器に関する

▶**工場エネルギー管理システム**

Factory Energy Management System の略でFEMS と呼ばれる．

性能の向上に関する製造事業者等の判断の基準に規定する**基準エネルギー消費効率以上の効率のものの採用**を考慮すること．

(3) 廃熱の回収利用

① 廃熱の回収利用の基準

ア．排ガスの廃熱の回収利用は，排ガスを排出する設備等に応じ，**廃ガスの温度**又は**廃熱回収率**について管理標準を設定して行うこと．

イ．ア．の管理標準は，別表第2（A）**に掲げる廃ガス温度及び廃熱回収率の値を基準として廃ガス温度を低下させ廃熱回収率を高める**ように設定すること．

ウ．蒸気ドレンの廃熱の回収利用は，廃熱の回収を行う**蒸気ドレンの温度，量及び性状の範囲**について管理標準を設定して行うこと．

エ．加熱された固体若しくは流体が有する**顕熱，潜熱，圧力，可燃性成分等の回収利用**は，回収を行う範囲について管理標準を設定して行うこと．

オ．排ガス等の廃熱は，**原材料の予熱等その温度，設備の使用条件等に応じた適確な利用に努める**こと．

② 廃熱に関する計測及び記録

廃熱の温度，熱量，廃熱を排出する熱媒体の成分その他の廃熱の状況を把握し，その利用を促進するために必要な事項の計測及び記録に関する管理標準を設定し，これに基づきこれらの事項を定期的に計測し，その結果を記録すること．

③ 廃熱回収設備の保守及び点検

廃熱の回収利用のための熱交換器，**廃熱ボイラ等**（以下「**廃熱回収設備**」という．）は，**伝熱面等の汚れの除去，熱媒体の漏えい部分の補修等廃熱回収及び廃熱利用の効率を維持するための事項**に関する保守及び点検について管理標準を設定し，これに基づき定期的に保守及び点検を行うこと．

▶**廃ガス温度**
燃焼設備等から排出するガスの温度である．

▶**別表第2（A）**
省略する．
目標廃ガス温度はボイラの種類・燃料により異なる．
110～250℃

▶**廃熱ボイラ**
他の燃焼設備からの燃焼廃熱，被加熱物からの廃熱を利用して，蒸気または温水を製造するボイラのことである．

④　廃熱回収設備の新設に当たっての措置

ア．廃熱を排出する設備から廃熱回収設備に**廃熱を輸送する煙道，管等を新設する場合**には，空気の侵入の防止，断熱の強化その他の廃熱の温度を高く維持するための措置を講ずること．

イ．廃熱回収設備を新設する場合には，**廃熱回収率を高めるように**伝熱面の性状及び形状の改善，伝熱面積の増加等の措置を講ずること．

(4)　熱の動力等への変換の合理化

(4-1)　発電専用設備

①　発電専用設備の管理

ア．発電専用設備にあっては，高効率の運転を維持できるよう管理標準を設定して運転の管理をすること．また，**複数の発電専用設備の並列運転に際しては，個々の機器の特性を考慮の上，負荷の増減に応じて適切な配分がなされる**ように管理標準を設定し，総合的な効率の向上を図ること．

イ．火力発電所の運用に当たって蒸気タービンの部分負荷における減圧運転が可能な場合には，最適化について管理標準を設定して行うこと．

②　発電専用設備に関する計測及び記録

発電専用設備については，総合的な効率の計測及び記録に関する管理標準を設定し，これに基づき定期的に計測を行い，その結果を記録すること．

③　発電専用設備の保守及び点検

発電専用設備を利用する場合には，総合的な効率を高い状態に維持するように保守及び点検に関する管理標準を設定し，これに基づき定期的に保守及び点検を行うこと．

④　発電専用設備の新設に当たっての措置

ア．発電専用設備を新設する場合には，電力の需要実績と将来の動向について十分検討を行い，適正規模の設備容量のものとすること．

▶減圧運転
蒸気加減弁の開度を一定にし，蒸気圧力を低下させて運転することである．減圧運転は，部分負荷時のときでもタービン効率を高く維持できる．

イ．発電専用設備を新設する場合には，**国内の火力発電専用設備の平均的な**受電端発電効率**と比較し**，年間で著しくこれを下回らないものとすること．この際，別表第5に掲げる電力供給業に使用する発電専用設備を新設する場合には，別表第2の2に掲げる発電効率以上のものとすること．

(4-2)　コージェネレーション設備

① コージェネレーション設備の管理

ア．コージェネレーション設備に使用されるボイラ，ガスタービン，蒸気タービン，ガスエンジン，ディーゼルエンジン等の運転の管理は，管理標準を設定して，発生する熱及び電気が十分に利用されるよう負荷の増減に応じた総合的な効率を高めるものとすること．また，**複数のコージェネレーション設備の並列運転に際しては，個々の機器の特性を考慮の上，**負荷の増減に応じて適切な配分がなされる**ように管理標準を設定し，総合的な効率の向上を図ること．

イ．**抽気タービン又は背圧タービンを**コージェネレーション設備に使用するときは，**抽気タービンの抽気圧力又は背圧タービンの背圧の**許容される最低値**について，管理標準を設定して行うこと．

② コージェネレーション設備に関する計測及び記録

ア．コージェネレーション設備に使用するボイラ，ガスタービン，蒸気タービン，ガスエンジン，ディーゼルエンジン等については，負荷の増減に応じた総合的な効率の改善に必要な計測及び記録に関する管理標準を設定し，これに基づき定期的に計測を行い，その結果を記録すること．

イ．抽気タービン又は背圧タービンを**許容される最低の抽気圧力又は背圧に近い圧力**で運転する場合には，**運転時間，入口圧力，抽気圧力又は背圧，出口圧力，蒸気量等**の計測及び記録に関する管理標準を設定し，これに基づ

▶**別表第2の2　基準発電効率**
石炭による火力発電：42％
可燃性天然ガスおよび都市ガスによる火力発電：50.5％
石油その他の燃料による火力発電：39.0％

▶**抽気タービン**
蒸気タービンの途中から蒸気を一部抽気してボイラ用の給水予熱用などに使用できるタービンのことである．

▶**背圧タービン**
タービンからの排気圧力（背圧）が大気圧以上のタービンのことで，その排気（蒸気）を工場内などの作業用蒸気として使用する．

きこれらの事項を定期的に計測し，その結果を記録すること．

③　コージェネレーション設備の保守及び点検

コージェネレーション設備は，総合的な効率を高い状態に維持するように保守及び点検に関する管理標準を設定し，これに基づき定期的に保守及び点検を行うこと．

④　コージェネレーション設備の新設に当たっての措置

コージェネレーション設備を新設する場合には，**熱及び電力の需要実績**と**将来の動向**について十分な検討を行い，**年間を総合して排熱及び電力の十分な利用が可能である**ことを確認し，適正規模の設備容量のコージェネレーション設備の設置を行うこと．

(5)　放射，伝導，抵抗等によるエネルギーの損失の防止

(5-1)　放射，伝導等による熱の損失の防止

①　断熱の基準

ア．熱媒体及びプロセス流体の輸送を行う配管その他の設備並びに加熱等を行う設備（以下「熱利用設備」という．）の断熱化の工事は，日本工業規格 A 9501（保温保冷工事施工標準）及びこれに準ずる規格に規定するところにより行うこと．

イ．工業炉を新たに床から建設するときは，**別表第 3（A）**に掲げる**炉壁外面温度の値**（間欠式操業炉又は 1 日の操業時間が 12 時間を超えない工業炉のうち，炉内温度が 500 ℃以上のものにあっては，別表第 3（A）に掲げる炉壁外面温度の値又は炉壁内面の面積の 70 ％以上の部分をかさ密度の加重平均値 1.0 以下の断熱物質によって構成すること．）**を基準として，炉壁の断熱性を向上させる**ように断熱化の措置を講ずること．また，既存の工業炉についても施工上可能な場合には，別表第 3（A）に掲げる炉壁外面温度の値を基準として断熱化の措置を講ずること．

▶別表第 3（A）基準炉壁外面温度

炉内温度が 900 ℃未満のとき
天井：90 ℃，側壁：80 ℃，外気に接する底面：100 ℃

900 ℃以上 1 100 ℃未満のとき
天井：110 ℃，側壁：95 ℃，外気に接する底面：120 ℃

1 100 ℃以上 1 300 ℃未満のとき
天井：125 ℃，側壁：110 ℃，外気に接する底面：145 ℃

1 300 ℃以上のとき
天井：140 ℃，側壁：120 ℃，外気に接する底面：180 ℃

141

② 熱の損失に関する計測及び記録

　加熱等を行う設備ごとに，**炉壁外面温度，被加熱物温度，廃ガス温度等熱の損失状況を把握**するための事項及び**熱の損失改善**に**必要な事項**の計測及び記録に関する管理標準を設定し，これに基づきこれらの事項を定期的に計測し，その結果に基づく熱勘定等の分析を行い，その結果を記録すること．

③ 熱利用設備の保守及び点検

ア．熱利用設備は，断熱工事等熱の損失の防止のために講じた措置の保守及び点検に関する管理標準を設定し，これに基づき定期的に保守及び点検を行うこと．

イ．**スチームトラップ**は，その作動の不良等による**蒸気の漏えい及びトラップの詰まりを防止する**ように保守及び点検に関する管理標準を設定し，これに基づき定期的に保守及び点検を行うこと．

④ 熱利用設備の新設に当たっての措置

ア．熱利用設備を新設する場合には，**断熱材の厚さの増加，熱伝導率の低い断熱材の利用，断熱の二重化等断熱性を向上させる**こと．また，耐火断熱材を使用する場合は，**十分な耐火断熱性能**を**有する耐火断熱材を使用する**こと．

イ．熱利用設備を新設する場合には，熱利用設備の**開口部**については，**開口部の縮小又は密閉，二重扉の取付け，内部からの空気流等による遮断等**により，**放散及び空気の流出入による熱の損失を防止する**こと．

ウ．熱利用設備を新設する場合には，**熱媒体を輸送する配管の経路の合理化，熱源設備の分散化等**により，**放熱面積を低減する**こと．

(5-2)　抵抗等による電気の損失の防止

① 受変電設備及び配電設備の管理

ア．変圧器及び無停電電源装置は，部分負荷における効率を考慮して，変圧器及び無停電電源装置の全体の効率が高くなるように管理標準を設定し，**稼働台数の調整及び**

負荷の適正配分を行うこと．

イ．受変電設備の配置の適正化及び配電方式の変更による配電線路の短縮，配電電圧の適正化等について管理標準を設定し，配電損失を低減すること．

ウ．受電端における力率については，95％以上とすることを基準として，別表第4に掲げる設備（同表に掲げる容量以下のものを除く．）又は変電設備における力率を進相コンデンサの設置等により向上させること．ただし，発電所の所内補機を対象とする場合はこの限りでない．

▶別表第4
前出．

エ．進相コンデンサは，これを設置する設備の稼働又は停止に合わせて稼働又は停止させるように管理標準を設定して管理すること．

オ．三相電源に単相負荷を接続させるときは，電圧の不平衡を防止するよう管理標準を設定して行うこと．

カ．電気を使用する設備（以下「電気使用設備」という．）の稼働について管理標準を設定し，調整することにより，工場における電気の使用を平準化して最大電流を低減すること．

キ．その他，電気使用設備への電気の供給の管理は，電気使用設備の種類，稼働状況及び容量に応じて，受変電設備及び配電設備の電圧，電流等電気の損失を低減するために必要な事項について管理標準を設定して行うこと．

② 受変電設備及び配電設備に関する計測及び記録

工場における電気の使用量並びに受変電設備及び配電設備の電圧，電流等電気の損失を低減するために必要な事項の計測及び記録に関する管理標準を設定し，これに基づきこれらの事項を定期的に計測し，その結果を記録すること．

③ 受変電設備及び配電設備の保守及び点検

受変電設備及び配電設備は，良好な状態に維持するように保守及び点検に関する管理標準を設定し，これに基づき定期的に保守及び点検を行うこと．

143

④ 受変電設備及び配電設備の新設に当たっての措置

ア．受変電設備及び配電設備を新設する場合には，**電力の需要実績と将来の動向**について十分な検討を行い，**受変電設備の配置，配電圧，設備容量を決定する**こと．

イ．特定エネルギー消費機器に該当する受変電設備に係る機器を新設する場合は，当該機器に関する性能の向上に関する製造事業者等の判断の基準に規定する**基準エネルギー消費効率以上の効率のものの採用を考慮する**こと．

(6) 電気の動力，熱等への変換の合理化

(6-1) 電動力応用設備，電気加熱設備等

① 電動力応用設備，電気加熱設備等の管理

ア．電動力応用設備については，電動機の**空転による電気の損失を低減する**よう，始動電力量との関係を勘案して管理標準を設定し，**不要時の停止を行う**こと．

イ．複数の電動機を使用するときは，それぞれの電動機の部分負荷における効率を考慮して，電動機全体の効率が高くなるように管理標準を設定し，**稼働台数の調整及び負荷の適正配分**を行うこと．

ウ．ポンプ，ファン，ブロワ，コンプレッサ等の流体機械については，**使用端圧力及び吐出量の見直しを行い，負荷に応じた運転台数の選択，回転数の変更等**に関する管理標準を設定し，**電動機の負荷を低減する**こと．なお負荷変動幅が定常的な場合は，配管やダクトの変更，**インペラカット等**の対策を検討すること．

エ．**誘導炉，アーク炉，抵抗炉**等の電気加熱設備は，**被加熱物の装てん方法の改善，無負荷稼働による電気の損失の低減，断熱及び廃熱回収利用**（排気のある設備に限る.）に関して管理標準を設定し，その熱効率を向上させること．

オ．電解設備は，適当な形状及び特性の電極を採用し，**電極間距離，電解液の濃度，導体の接触抵抗等**に関して管理標準を設定し，その**電解効率を向上させる**こと．

▶空転
空回りすること．

▶インペラカット
ポンプの回転速度を変えず，インペラ外径加工を行うことでポンプ性能を最適化する．

▶電解効率
単位量の析出物（製品）を製造するための理論電力量を実際に要した電力量で除した値のことである．

カ．その他，電気の使用の管理は，電動力応用設備，電気加熱設備等の電気使用設備ごとに，その電圧，電流等電気の損失を低減するために必要な事項についての管理標準を設定して行うこと．

② 電動力応用設備，電気加熱設備等に関する計測及び記録

電動力応用設備，電気加熱設備等の設備については，**電圧，電流等電気の損失を低減する**ために必要な事項の計測及び記録に関する管理標準を設定し，これに基づきこれらの事項を定期的に計測し，その結果を記録すること．

③ 電動力応用設備，電気加熱設備等の保守及び点検

ア．電動力応用設備は，**負荷機械，動力伝達部及び電動機における機械損失を低減する**ように保守及び点検に関する管理標準を設定し，これに基づき定期的に保守及び点検を行うこと．

イ．ポンプ，ファン，ブロワ，コンプレッサ等の流体機械は，**流体の漏えいを防止し，流体を輸送する配管やダクト等の抵抗を低減する**ように保守及び点検に関する管理標準を設定し，これに基づき定期的に保守及び点検を行うこと．

ウ．電気加熱設備及び電解設備は，**配線の接続部分，開閉器の接触部分等における抵抗損失を低減する**ように保守及び点検に関する管理標準を設定し，これに基づき定期的に保守及び点検を行うこと．

④ 電動力応用設備，電気加熱設備等の新設に当たっての措置

電動力応用設備であって常時負荷変動の大きい状態で使用することが想定されるような設備を新設する場合には，負荷変動に対して稼働状態を調整しやすい設備構成とすること．

ア．電動力応用設備は，電気加熱設備等を新設する場合には，**必要な負荷**に応じた設備を選定すること．

▶ **負荷機械**
電動機などから動力を受けて回転する機械（巻上機，工作機械など）のことである．

▶ **流体機械**
電動機，タービンなどの動力を受けて流体（水，油，気体など）を昇圧，圧送する機械，あるいは流体の圧力や速度を利用して動力を取り出す機械のことである．ポンプ，送風機，圧縮機，タービンなどがある．

145

イ．電力応用設備であって常時負荷変動の大きい状態で使用することが想定されるような設備を新設する場合には，負荷変動に対して稼働状態を調整しやすい設備構成とすること．

ウ．特定エネルギー消費機器に該当する交流電動機又は当該機器が組み込まれた電動力応用設備を新設する場合には，当該機器に関する性能の向上に関する製造事業者等の判断の基準に規定する**基準エネルギー消費効率以上の効率のものの採用**を考慮すること．なお，特定エネルギー消費機器に該当しない交流電動機（籠形三相誘導電動機に限る）又は当該機器が組み込まれた電動力応用設備を新設する場合には，日本工業規格Ｃ4212（高効率低圧三相かご形誘導電動機）に規定する効率値以上の効率のものの採用を考慮すること．

(6-2) 照明設備，昇降機，事務用機器，民生用機器

① 照明設備，昇降機，事務用機器の管理

ア．照明設備については，**日本産業規格Ｚ9110（照度基準**）又はＺ9125（屋内作業場の照明基準）及びこれらに準ずる規格に規定するところにより管理標準を設定して使用すること．また，**調光による減光又は消灯**についての管理標準を設定し，**過剰又は不要な照明をなくすこと**．

イ．昇降機は，時間帯や曜日等により停止階の制限，複数台ある場合には**稼働台数の制限等**に関して管理標準を設定し，効率的な運転を行うこと．

ウ．事務用機については，不要時において適宜電源を切るとともに，**低電力モードの設定**を実施すること．

② 照明設備に関する計測及び記録

　照明設備については，照明を施す作業場等の照度の計測及び記録に関する管理標準を設定し，これに基づき定期的に計測し，その結果を記録すること．

③ 照明設備，昇降機，事務用機器の保守及び点検

ア．照明設備は，**照明器具及びランプ等の清掃**並びに**光源**

▶**照度範囲**

日本産業規格Ｚ9110（照度基準）において，次の領域の推奨照度の照度範囲は
- 倉庫：75～150 lx
- 事務所：500～1000 lx
- 工場（普通の視作業）：300～750 lx
- 工場（やや精密な作業）：500～1000 lx
- 工場（非常に精密な作業）：1000～2000 lx

である．

の交換等保守及び点検に関する管理標準を設定し，これに基づき定期的に保守及び点検を行うこと．

イ．昇降機は，**電動機の負荷となる機器，動力伝達部及び電動機の機械損失を低減する**よう保守及び点検に関する管理標準を設定し，これに基づき定期的に保守及び点検を行うこと．

ウ．事務用機器は，必要に応じ定期的に保守及び点検を行うこと．

④ 照明設備，昇降機，事務用機器，民生用機器の新設に当たっての措置

ア．照明設備，昇降機を新設する場合には，必要な照度，輸送量に応じた設備を選定すること．

イ．照明設備を新設する場合には，次に掲げる事項等の措置を講じることにより，エネルギーの効率的利用を実施すること．

（ア）**電子回路式安定器（インバータ）**を点灯回路に使用した蛍光ランプ（**Hf蛍光ランプ**）等省エネルギー型設備を考慮すること．

（イ）**高輝度放電ランプ（HIDランプ）**等効率の高いランプを使用した照明器具等省エネルギー型設備を考慮すること．

（ウ）清掃，光源の交換等の保守が容易な照明器具を選択するとともに，その設置場所，設置方法等についても保守性を考慮すること．

（エ）照明器具の選択には，光源の**発光効率**だけでなく，点灯回路や照明器具の効率及び被照明場所への**照射効率**も含めた**総合的な照明効率**を考慮すること．

（オ）昼光を使用することができる場所の照明設備の回路は，**他の照明設備と別回路**にすることを考慮すること．

（カ）不必要な場所及び時間帯の**消灯又は減光のため**，**人体感知装置の設置，計時装置（タイマー）の利用**又

は保安設備との連動等の措置を考慮すること．

ウ．昇降機を新設する場合には，エネルギーの利用効率の高い制御方式，駆動方式の昇降機を採用する等の措置を講じることにより，エネルギーの効率的利用を実施すること．

エ．特定エネルギー消費機器に該当する照明設備に係る機器，事務用機器及び民生用機器を新設する場合は，当該機器に関する性能の向上に関する製造事業者等の**判断の基準に規定する基準エネルギー消費効率以上の効率のものの採用**を考慮すること．

◇目標及び措置部分（工場）（第6表）

(1)　燃焼設備

①　燃焼設備については，別表第1（B）の空気比の値を**目標として空気比を低下させる**よう努めること．

②　空気比の管理標準に従い**空気比**を管理できるようにするため，**燃焼制御装置を設ける**よう検討すること．

③　バーナ等の燃焼機器は，**燃焼設備及び燃料の種類に適合し**，かつ，**負荷及び燃焼状態の変動**に応じて**燃料の供給量及び空気比を調整できる**ものとするよう検討すること．また，バーナの更新・新設に当たっては，**リジェネレイティブバーナ**等熱交換器と一体となったバーナを採用することにより熱効率を向上させることができるときは，これらの採用を検討すること．

④　通風装置は，**通風量及び燃焼室内の圧力を調整できる**ものとするよう検討すること．

⑤　燃焼設備ごとに，**燃料の供給量，燃焼に伴う排ガス温度，排ガス中の残存酸素量その他の燃料の燃焼状態の把握及び改善に必要な事項**について，計測機器を設置し，コンピュータを使用すること等により的確な燃焼管理を行うことを検討すること．

▶別表第1（B）
省略する．

▶リジェネレイティブ
　バーナ
燃焼部（バーナ）と蓄熱部（リジェネレイティブ）を一体構成になったものである．2台1組により交互燃焼を行う効率の高い排熱回収システムである．

(2) 熱利用設備

① **冷却器及び凝縮器への入口温度**については，**200 ℃未満に下げる**ことを目標として効率的な熱回収に努めること．ただし，固体又は汚れの著しい流体若しくは著しく腐食性のある流体及び冷却熱量が毎時2 100 MJ未満又は熱回収可能量が毎時630 MJ未満のものについては，この限りではない．

② 加熱等を行う設備で用いる蒸気であって，**乾き度を高める**ことによりエネルギーの使用の合理化が図れる場合にあっては，**輸送段階での放熱防止及びスチームセパレーターの導入**により熱利用設備での**乾き度を高める**ことを検討すること．

③ 工業炉の炉壁面等は，その**性状及び形状を改善**することにより，**放射率を向上させる**よう検討すること．

④ 加熱等を行う設備の伝熱面は，その**性状及び形状を改善**することにより，**熱伝達率を向上させる**よう検討すること．

⑤ 加熱等を行う設備の熱交換に係る部分には，**熱伝導率の高い材料を用いる**よう検討すること．

⑥ 工業炉の**炉体，架台及び冶具**，被加熱物を搬入するための台車等は，**熱容量を低減させる**よう検討すること．

⑦ **直火バーナ，液中燃焼等**により被加熱物を直接加熱することが可能な場合には，直接加熱するよう検討すること．

⑧ **多重効用缶**を用い加熱等を行う場合には，**効用段数の増加**により総合的な熱効率が向上するよう検討すること．

⑨ **蒸留塔**に関しては，**運転圧力の適正化，段数の多段化等による還流比の低減，蒸気の再圧縮，多重効用化等**について検討すること．

⑩ 熱交換器の**増設及び配列の適正化**により**総合的な熱効率を向上**させるよう検討すること．

⑪ 高温で使用する工業炉と低温で使用する工業炉の組合

▶**スチームセパレータ**
配管内のドレンを含んだ蒸気が熱利用設備に入る前に，ドレンを分離・除去する装置である．

▶**液中燃焼**
水中燃焼ともいう．液体の中にバーナや燃焼室を設け，燃料を燃焼し発生する燃焼ガスで液体を加熱する方式である．

▶**多重効用缶**
生産プロセスで発生した蒸気を他の加熱原にして，そこで得た蒸気を同様にさらに他の加熱原として，順次繰り返すシステムである．化学プロセスでは，か性ソーダなどを加熱蒸発させて濃縮する蒸発操作がある．蒸発した蒸気を加熱源として他の蒸発缶に用いる．このプロセスを幾度も繰り返す．

▶**蒸留塔**
混合物を一度蒸発させ，後で再び凝縮させることで，沸点の異なる成分を分離・濃縮する装置のことである．

せ等により，熱を**多段階**に利用して，総合的な熱効率を
向上させるよう検討すること．

⑫　加熱等を行う設備の制御方法の改善により，熱の有効
利用を図るよう努めること．

⑬　加熱等の反復を必要とする工程は，**連続化若しくは統
合化又は短縮若しくは一部の省略**を行うよう検討するこ
と．

⑭　工業炉の炉壁外面温度の値を，別表第 3（B）に掲げる
炉壁外面温度の値（間欠式操業炉又は 1 日の操業時間が
12 時間を超えない工業炉のうち，炉内温度が 500 ℃以上
のものにあっては，別表第 3（B）に掲げる炉壁外面温度
の値又は炉壁内面の面積の 80 ％以上の部分をかさ密度
の加重平均値 0.75 以下の断熱物質によって構成するこ
と．）を目標として炉壁の断熱性を向上させるよう努め
ること．

⑮　断熱材の厚さの増加，熱伝導率の低い断熱材の利用，
断熱の二重化等により，熱利用設備の断熱性を向上させ
るよう検討すること．

⑯　**熱利用設備の開口部については，開口部の縮小又は密
閉，二重扉の取付け，内部からの空気流等による遮断等**
により，**放散及び空気の流出入による熱の損失を防止す
る**よう検討すること．

⑰　熱利用設備の**回転部分，継手部分等**には，シールを行
う等**熱媒体の漏えいを防止する**ための措置を講ずるよう
検討すること．

⑱　熱媒体を輸送する**配管の経路の合理化**により，放熱面
積を低減するよう検討すること．

⑲　開放型の蒸気使用設備，開放型の高温物質の搬送設備
等には，おおいを設けることにより，**放散又は熱媒体の
拡散による熱の損失を低減する**よう検討すること．ただ
し，搬送しながら空冷する必要がある場合はこの限りで
ない．

▶別表第 3（B）　目標炉
壁外面温度

炉内温度が 900 ℃未満のと
き
天井：80 ℃，側壁：70 ℃，
外気に接する底面：90 ℃
900 ℃以上 1 100 ℃未満の
とき
天井：100 ℃，側壁：90 ℃，
外気に接する底面：110 ℃
1 100 ℃以上 1 300 ℃未満の
とき
天井：110 ℃，側壁：100 ℃，
外気に接する底面：135 ℃
1 300 ℃以上のとき
天井：120 ℃，側壁：110 ℃，
外気に接する底面：160 ℃

⑳　排ガスの廃熱の回収利用については，別表第2（B）に掲げる**廃ガス温度**及び**廃熱回収率の値を目標**として廃ガス温度を低下させ廃熱回収率を高めるよう努めること．

㉑　被加熱材の水分の事前除去，予熱，予備粉砕等，事前処理によりエネルギーの使用の合理化が図れる場合は，予備処理の方法を調査検討すること．

㉒　**ボイラ，冷凍機等の熱利用設備**を設置する場合において，**小型化**し**分散配置する**こと又は**蓄熱設備を設ける**ことによりエネルギーの使用の合理化が図れるときは，その方法を検討すること．

㉓　ボイラ，工業炉，蒸気，温水等の熱媒体を用いる**加熱設備及び乾燥設備等の設置**に当たっては，使用する温度レベル等を勘案し熱効率の高い設備を採用するとともに，**その特性，種類を勘案し，設備の運転特性及び稼働状況に応じて，所要能力に見合った容量**のものを検討すること．

㉔　温水媒体による加熱設備にあっては，**真空蒸気媒体による加熱**についても検討すること．

(3)　廃熱回収装置

①　廃熱を排出する設備から廃熱回収設備に廃熱を輸送する煙道，管等には，**空気の侵入の防止，断熱の強化その他の廃熱の温度を高く維持するための措置**を講ずるよう検討すること．

②　廃熱回収設備は，**廃熱回収率を高めるため，伝熱面の性状及び形状の改善，伝熱面積の増加等の措置**を講ずるよう検討すること．また，**蓄熱設備の設置により，廃熱利用が可能となる場合には，蓄熱設備の設置**についても**検討する**こと．

③　廃熱の排出の状況に応じ，その有効利用の方法を調査検討すること．

④　加熱された固体又は流体が有する**顕熱，潜熱，圧力，可燃性成分及び反応熱等**はその排出の状況に応じ，その

▶別表第2（B）
省略する．

▶真空蒸気加熱
従来温水を加熱源とする設備において，同温度の真空減圧蒸気を加熱媒体として用いる方法である（蒸気は温水に比べて潜熱があるため8〜10倍の熱量がある）．

有効利用の方法を検討すること．

(4)　コージェネレーション設備

①　**蒸気又は温水需要が大きく，将来年間を総合して排熱の十分な利用が可能**であると見込まれる場合には，コージェネレーション設備の設置を検討すること．

②　コージェネレーション設備に使用する抽気タービン又は背圧タービンについて，**抽気条件又は背圧条件の変更**により効率向上が可能な場合には，**抽気タービン又は背圧タービンの改造**を検討すること．

(5)　電気使用設備

①　電動力応用設備を**負荷変動の大きい状態**で使用するときは，負荷に応じた運転制御を行うことができるようにするため，**回転数制御装置**等を設置するよう検討すること．

②　電動機はその特性，種類を勘案し，**負荷機械の運転特性及び稼働状況**に応じて所要出力に見合った容量のものを配置するよう検討すること．

③　受電端における力率を**98％以上**とすることを目標として，別表第4に掲げる設備（同表に掲げる容量以下のものを除く．）又は変電設備における力率を**進相コンデンサの設置**等により向上させるよう検討すること．

▶別表第4
前出．

④　電気使用設備ごとに，電気の使用量，電気の変換により得られた動力，熱等の状態，当該動力，熱等の利用過程で生じる排ガスの温度その他電気使用設備に係る電気の使用状態を把握し，コンピュータを使用するなどにより的確な計測管理を行うことを検討すること．

⑤　電気加熱設備は，**燃料の燃焼による加熱，蒸気等による加熱と電気による加熱の特徴を比較勘案**して導入すること．さらに電気加熱設備の導入に際しては，**温度レベルにより適切な加熱方式を採用する**よう検討すること．

⑥　エアコンプレッサを設置する場合において，**小形化し，分散配置する**ことによりエネルギーの使用の合理化が図

152

れるときは，その方法を検討すること．また，**圧力の低いエアーの用途**には，**エアコンプレッサによる高圧エアーを減圧して使用せず，低圧用のブロワ又はファンの利用**を検討すること．

⑦　缶・ボトル飲料自動販売機を設置する場合は，タイマ等の活用により，夜間，休日等販売しない時間帯の**運転停止**，庫内照明が**不必要な時間帯の消灯**など，利用状況に応じた効率的な運転を行うことを検討すること．

(6)　空気調和設備，給湯設備，換気設備，昇降機等

①　空気調和設備に関しては，次に掲げる事項等の措置を講じることにより，エネルギーの効率的利用の実施について検討すること．

ア．空気調和設備には，効率の高い熱源設備を使った**蓄熱式ヒートポンプシステム，ガス冷暖房システム等の採用**について検討すること．また，工場等に冷房と暖房の負荷が同時に存在する場合には**熱回収システムの採用**について検討すること．さらに，排熱を有効に利用できる場合には，**熱回収型ヒートポンプ，排熱駆動型熱源機の採用**についても検討すること．

イ．空気調和を行う部分の**壁**，屋根については，**厚さの増加，熱伝導率の低い材料の利用，断熱の二重化等**により，空気調和を行う部分の断熱性を向上させるよう検討すること．また，**窓**にあっては，**ブラインド，熱線反射ガラス，選択透過フィルム，二重構造による熱的緩衝帯の設置等の採用による日射遮へい対策**も併せて検討すること．

ウ．空気調和設備については，**二酸化炭素センサ等による外気導入量制御の採用**により，**外気処理に伴う負荷の削減を検討する**こと．また，**夏期以外の期間の冷房については，冷却塔により冷却された水を利用した冷房を行う**等熱源設備が消費するエネルギーの削減を検討すること．

エ．空気調和設備については，送風量及び循環水量が低減できる**大温度差システムの採用**について検討すること．

オ．配管及びダクトは，**熱伝導率の低い断熱材の利用等**により，断熱性を向上させるよう検討すること．

② 給湯設備に関しては，次に掲げる事項等の措置を講じることにより，エネルギーの効率的利用の実施について検討すること．

ア．**ヒートポンプシステムや潜熱回収方式の熱源設備を複合して使う**など，より効率の高い給湯設備の採用について検討すること．

イ．加温，乾燥設備等に用いる給湯設備に関しては，**ヒートポンプシステムや潜熱回収方式の熱源設備の採用**について検討すること．

③ 屋内駐車場，機械室及び電気室等の換気用動力に関しては，**各種センサ等による風量制御の採用**により動力の削減を検討すること．

④ エスカレータ設備等の昇降機については，**人感センサにより通行者不在のときに設備を停止**させるなど，利用状況に応じた効率的な運転を行うことを検討すること．

(7) 照明設備

照明設備関しては，次に掲げる事項等の措置を講じることにより，エネルギーの効率的利用の実施について検討すること．

ア．照明設備については，**昼光を利用することができる**場合は，**減光が可能な照明器具の選択や照明自動制御装置の採用**を検討すること．また，照明設備を施した当初や光源を交換した直後の高い照度を適正に補正し省電力を図ることができる照明設備の採用を検討すること．

イ．**LED（発光ダイオード）照明器具の採用**を検討すること．

(8) 工場エネルギー管理システム

工場エネルギー管理システムについては，次に掲げる事項等の措置を講じることにより，エネルギーの効率的利用の実施について検討すること．

ア．エネルギー管理の中核となる設備として，系統別に**年**

単位，季節単位，月単位，週単位，日単位又は時間単位
等でエネルギー管理を実施し，数値，グラフ等で過去の
実績と比較した**エネルギーの消費動向等が把握できる**よ
う検討すること．

イ．燃焼設備，熱利用設備，廃熱回収設備，コージェネレ
ーション設備，電気使用設備，空気調和設備，換気設備，
給湯設備等について**統合的な省エネルギー制御を実施す
る**ことを検討すること．

ウ．機器や設備の保守状況，運転時間，運転特性値等を比
較検討し，**機器や設備の劣化状況，保守時期等が把握**で
きるよう検討すること．

◇**その他エネルギーの使用の合理化に関する事項**

(1)　熱エネルギーの効率的利用のための検討

　熱の効率的利用を図るためには，**有効エネルギー（エク
セルギー）**の観点からの総合的なエネルギー使用状況のデ
ータを整備するとともに，**熱利用の温度的な整合性改善**に
ついても検討すること．

(2)　余剰蒸気の活用等

①　工場等において**利用価値のある高温の燃焼ガス又は蒸
気が存在する場合**には，(1)の観点を踏まえ，**発電，作業
動力等への有効利用を行うよう検討する**こと．また，**複
合発電及び蒸気条件の改善により，熱の動力等への変換
効率の向上**を行うよう検討すること．

②　工場等において，**利用価値のある余剰の熱，蒸気等が
存在する場合**には，(1)の観点を踏まえ，**他工場又は民生
部門において有効利用**を行うよう検討すること．

(3)　未利用エネルギーの活用

①　可燃性廃棄物を燃焼又は処理する際発生するエネルギ
ーや燃料については，できるだけ回収し，利用を図るよ
う検討すること．

②　工場等又はその周辺において，**工場排水，下水，河川
水，海水等の温度差エネルギーの回収が可能な場合**には，

ヒートポンプ等を活用した熱効率の高い設備を用いて，できるだけその利用を図るよう検討すること．

③　工場等の周辺の他の事業者が設置している工場等で発生する**廃熱**が，自らの工場等で利用が可能な場合には，できるだけその**利用を図るよう検討する**こと．

(4)　エネルギーの使用の合理化に関するサービス提供事業者の活用

　エネルギーの使用の合理化を総合的に進めるために必要な措置を講ずるに当たっては，**ESCO事業者等**によるエネルギー効率改善に関する**診断，助言，エネルギーの効率的利用に係る保証の手法等の活用についても検討する**こと．

(5)　エネルギーの地域での融通

　多様なエネルギー需要が近接している街区・地区や隣接する建築物間等において，**エネルギーを融通する**ことにより総合的なエネルギーの使用の合理化を図ることができる**場合**には，**エネルギーの面的利用について検討する**こと．

(6)　エネルギーの使用の合理化に関するツールや手法の活用

　業務用ビルのエネルギーの使用の合理化を行うに当たっては，ビルのエネルギーを試算して，省エネルギー対策適用時の**削減効果を比較評価するツールや，空気調和設備等の運転プロセスデータを編集し，グラフ化して運転状態を分析しやすくするツールの活用について検討する**こと．

(7)　エネルギーの使用の合理化に関する情報技術の活用

①　工場等において，製造設備を設置する場合には，**ネットワークに接続可能な設備を採用する**とともに，設備の稼働状況等に関するデータを活用し，その他の設備と合わせて**ネットワークを用いて制御する**ことでエネルギーの使用の合理化を検討すること．

②　製品の開発工程におけるエネルギーの使用の合理化に当たっては，**試作段階**において実機を用いずに**シミュレーション技術の活用を検討する**こと．

▶**ESCO事業者**
エネルギーの使用の合理化に関する包括的なサービスを提供する者をいう．

問題1

　次の各文章は令和元年4月1日時点で施行されている「工場等におけるエネルギーの使用の合理化に関する事業者の判断基準」（以下，「工場等判断基準」と略記）の内容およびそれに関連した管理技術の基礎について述べたものである．

　これらの文章において「工場等（専ら事務所その他これに類する用途に供する工場などは除く）に関する事項」における「工場等判断基準」の本文に関連する事項の引用部分を示す上で，「Ⅰ　エネルギーの使用の合理化の基準」の部分は，「基準部分（工場）」「Ⅱ　エネルギーの使用の合理化の目標及び計画的に取り組むべき措置」の部分は，「目標及び措置部分（工場）」と略記する．

　　　1　～　7　の中に入れるべき最も適切な字句または記述を解答群から選び，その記号を答えよ．

(1)　「工場等判断基準」の「基準部分（工場）」は，事業者の　1　を示したもので次の6分野からなる．

　① 燃料の燃焼の合理化

　② 加熱及び冷却並びに伝熱の合理化

　③ 廃熱の回収利用

　④ 熱の動力等への伝熱の合理化

　⑤ 放射，伝導，抵抗等による　2　の損失の防止

　⑥ 電気の動力，熱等への変換の合理化

　　また，「目標及び措置部分（工場）」は，その設置している工場等におけるエネルギー消費原単位及び　3　を管理し，その設置している工場等全体として又は工場ごとにエネルギー消費原単位又は　3　を中長期的にみて年平均1パーセント以上低減させることを目標として，技術的かつ経済的に可能な範囲内で，1エネルギー消費設備等に関する事項及び2その他エネルギーの使用の合理化に関する事項に掲げる諸目標及び措置の実現に努めるものとしている．

(2)　バーナなどの燃焼機器において，効率の良い燃焼を行うには，負荷及び燃焼状態の変動に応じ燃料の供給量や空気比を適正に調整でき，かつ排ガス損失の少ないものにすることが重要である．

　　例えば排ガス損失に関して，「工場等判断基準」の「目標及び措置部分（工場）」は，バーナの更新・新設に当たっては，　4　バーナなどの熱交換器と一体になったバーナを採用することにより熱効率を向上させることができるときは，これらの採用を検討することを求めている．

⑶ 廃熱の回収に当たっては，排熱の熱量や温度などの実態を把握し，回収熱の利用先の調査，量的バランスの調整対策を行うとともに，回収，熱輸送，蓄熱の方法についての選定や容量の決定など，設備面での検討を行うことが省エネルギー対策のポイントである．

　「工場等判断基準」の「基準部分（工場）」は，廃熱回収設備に廃熱を輸送する煙道管などを新設する場合には，　5　の防止，断熱の強化，その他の廃熱の温度を高く維持するための措置を講ずることを求めている．

⑷ 工業炉では，炉内圧が外気より低いときには冷たい外気を吸込み，炉内が冷却されるため，炉内を所定の温度に保つには余分な燃料が必要になる．また，外気が侵入することにより，炉内の燃焼ガスの流動状態が変わり温度分布も不均一になるため，燃焼ガスから被加熱物への伝熱量も減少することになる．

　「工場等判断基準」の「基準部分（工場）」は，熱利用設備を新設する場合には，熱利用設備の開口部については，開口部の　6　，二重扉の取付け，内部からの空気流などの遮断などにより，放散及び空気の流出入による損失を防止することを求めている．

⑸ 蒸気配管は，蒸気の品質を保つとともに，エネルギー経済面で優れたものでなければならない．理想的な蒸気輸送配管の条件は，①短距離適正口径であること，②放熱損失・圧力損失を最小にすることである．

　「工場等判断基準」の「基準部分（工場）」は，熱利用設備を新設する場合には，熱媒体を輸送する配管の　7　，熱源設備の分散化などにより放熱面積を低減することを求めている．

〈　1　〜　7　の解答群〉

ア　電気需要平準化評価原単位　　イ　空気の侵入　　ウ　経路の合理化

エ　放射率の向上　　　オ　混合損失　　　カ　判断基準

キ　縮小又は密閉　　　ケ　エネルギー　　コ　リジェネレイティブ

サ　点検補修　　　　　シ　熱伝導率　　　セ　予混合燃焼

ソ　最大需要電力

解説

　「工場等判断基準」の「基準部分（工場）」は，事業者の判断基準を示したもので次の6分野からなっている．

①　燃料の燃焼の合理化

②　加熱及び冷却並びに伝熱の合理化

158

③ 廃熱の回収利用

④ 熱の動力等への伝熱の合理化

⑤ 放射，伝導，抵抗等によるエネルギーの損失の防止

⑥ 電気の動力，熱等への変換の合理化

「目標及び措置部分（工場）」では，その設置している工場等におけるエネルギー消費原単位及び電気需要平準化原単位を管理し，その設置している工場等全体として又は工場ごとにエネルギー消費原単位又は電気需要平準化原単位を中長期的にみて年平均１％以上低減させることを目標の実現に努めるものとしている．

「工場等判断基準」の「目標及び措置部分（工場）」では，バーナの更新・新設に当たっては，バーナなどの熱交換器と一体になったリジェネレイティブバーナを採用すること（熱効率を向上させることができるとき）の，検討が求められている．

「工場等判断基準」の「基準部分（工場）」では，廃熱回収設備に廃熱を輸送する煙道管などを新設する場合には，空気の侵入の防止，断熱の強化，その他の廃熱の温度を高く維持するための措置を講ずることを求めている．

「工場等判断基準」の「基準部分（工場）」では，熱利用設備を新設する場合には，熱利用設備の開口部については，開口部の縮小又は密閉，二重扉の取付け，内部からの空気流などの遮断などにより，放散及び空気の流出入による損失を防止することを求めている

「工場等判断基準」の「基準部分（工場）」では，熱利用設備を新設する場合には，熱媒体を輸送する配管の経路の合理化，熱源設備の分散化などにより放熱面積を低減することを求めている．

（答）　１—カ，　２—ケ，　３—ア，　４—コ，　５—イ，　６—キ，　７—ウ

―――**問題2**

次の各文章の　　１　　～　　７　　の中に入れるべき最も適切な字句または記述を解答群から選び，その記号を答えよ．

(1) ボイラ給水の中には種々の不純物が含まれており，管理を怠ると，ボイラの運転経過とともにボイラ水中の不純物の濃度が高くなり，例えば蒸発管内側にスケールが付着するようになる．

スケールの熱伝導率は蒸発管材料に比べてかなり小さいため，付着量が少なくても所定の蒸気量を確保しようとすると，燃料使用量が増加することになる．

「工場等判断基準」の「基準部分（工場）」は，ボイラ給水は，伝熱管へのスケ

ール付着及び $\boxed{1}$ などの沈殿を防止するよう，水質に関する管理標準を設定して行うことを求めている．

(2) 電気加熱設備や電解設備では大電流を必要とする負荷が多く，省エネルギー対策としてこれに関する措置が必要である．

　「工場等判断基準」の「基準部分（工場）」は，電気加熱設備及び電解設備は，配線の接続部分，開閉器の接触部分などにおける $\boxed{2}$ を低減するように保守及び点検に関する管理標準を設定し，これに基づき定期的に保守及び点検を行うことを求めている．

(3) 照明設備について，「工場等判断基準」の「基準部分（工場）」は，日本工業規格の照度基準等に規定するところにより，管理標準を設定して使用すること．また，調光による減光又は消灯についての管理標準を設定し，過剰又は不要な照明をなくすことを求めている．JIS Z 9110：2011「照明基準総則」では，事務所ビルにおける事務室の推奨照度の範囲は $\boxed{3}$ [lx] としている．

(4) 空気調和機設備を効率良く運転するためには適切な保守及び点検が必要である．「工場等判断基準」の「基準部分（工場）」は，空気調和設備を構成する熱源設備，$\boxed{4}$ ，空気調和設備は，保温材や断熱材の維持，フィルタの目つまりの除去及び $\boxed{5}$ に付着したスケールの除去など個別機器の効率及び空気調和設備全体の総合的な効率の改善に必要な事項の保守及び点検に関する管理標準を設定し，これに基づき定期的に保守及び点検を行い，良好な状態に維持することが求められている．

(5) ポンプ，ファン，ブロワ，コンプレッサなどの流体機械の省エネルギーの手段として吐出圧力や吐出流量などの負荷の低減を行うこと，それに応じた流体機械の運転を行うことが重要である．

　「工場等判断基準」の「基準部分（工場）」は，ポンプ，ファン，ブロワ，コンプレッサなどの流体機械については，$\boxed{6}$ 及び吐出量の見直しを行い，負荷に応じた運転台数の選択，$\boxed{7}$ などに関する管理標準を設定し，電動機の負荷を低減することが求められている．

〈$\boxed{1}$ ～ $\boxed{7}$ の解答群〉

ア　抵抗損失　　　　　イ　500～1 000　　ウ　1 000～2 000
エ　300～500　　　　　オ　スケール　　　カ　使用端圧力
キ　回転速度の変更　　ク　熱損失　　　　ケ　加熱器
コ　スラッジ　　　　　サ　圧縮機　　　　シ　凝縮器

ス　熱搬送設備　　　セ　吐出圧力　　ソ　汚れ

タ　使用端圧力　　　チ　終端圧力　　ツ　ジュール損

テ　周波数制御　　　ト　滑り制御

解説

　「工場等判断基準」の「基準部分（工場）」では，ボイラ給水は伝熱管へのスケール付着及び<u>スラッジ</u>などの沈殿を防止するよう，水質に関する管理標準を設定して行うことを求めている．

　「工場等判断基準」の「基準部分（工場）」では，電気加熱設備及び電解設備は，配線の接続部分，開閉器の接触部分などにおける<u>抵抗損失</u>を低減するように保守及び点検に関する管理標準を設定し，これに基づき定期的に保守及び点検を行うことを求めている．

　JIS Z 9110：2011「照明基準総則」では，事務所ビルにおける事務室の推奨照度の範囲は，<u>500～1000 lx</u>としている．

　「工場等判断基準」の「基準部分（工場）」では，空気調和設備を構成する熱源設備，<u>熱搬送設備</u>，空気調和機設備は，保温材や断熱材の維持，フィルタの目つまりの除去及び凝縮器に付着したスケールの除去など個別機器の効率及び空気調和設備全体の総合的な効率の改善に必要な事項の保守及び点検に関する管理標準を設定し，これに基づき定期的に保守及び点検を行い，良好な状態に維持することが求められている．

　「工場等判断基準」の「基準部分（工場）」では，ポンプ，ファン，ブロワ，コンプレッサなどの流体機械については，<u>使用端圧力及び吐出量</u>の見直しを行い，負荷に応じた運転台数の選択，<u>回転速度の変更</u>などに関する管理標準を設定し，電動機の負荷を低減することが求められている．

（答）　1—コ，2—ア，3—イ，4—ス，5—シ，6—タ，7—キ

問題3

　次の文章の $\boxed{\text{A lab, c}}$ に当てはまる数値を計算し，その結果を答えよ．ただし，解答は解答すべき数値の最小位の一つ下の位で四捨五入すること．

　質量が300 kgで温度が20℃の水が入っている水槽がある．この水に，蒸気を混入して温度50℃の温水にするために，混入する圧力0.2 MPaの乾き蒸気は，$\boxed{\text{A lab, c}}$ [kg] である．

　ただし，この混入の際，蒸気のもつ熱エネルギーは水の加熱のみとする．20℃の

水の比エンタルピーを83.9 kJ/kg, 50℃の温水の比エンタルピーを209.3 kJ/kg, 圧力0.2 MPaの乾き飽和蒸気の比エンタルピーを2 706.2 kJ/kgとする.

解説

エネルギー保存則から次式が成立する.

　　20℃の水のエンタルピー＋乾き蒸気のエンタルピー

　　　＝50℃の温水のエンタルピー

混入する蒸気をm [kg]とし，式で表すと次のようになる.

　　$(83.9 \times 300) + (2\,706.2 \times m) = 209.3 \times (300 + m)$

m [kg]について求めると，

$$m = \frac{(209.3 \times 300) - (83.9 \times 300)}{2\,706.2 - 209.3} \fallingdotseq 15.066 \fallingdotseq 15.1\,\text{kg}$$

（答）　15.1

問題4

次の文章の $\boxed{\text{A}\text{a}.\text{bc}}$ に当てはまる数値を計算し，その結果を答えよ．ただし，解答は解答すべき数値の最小位の一つ下の位で四捨五入すること.

燃料として重油を使用している火力発電所の年間燃料消費量が100 000 kLであった．この発電所の年間平均発電端効率（高発熱量基準）を40.0 %，燃料の高発熱量を39.1 MJ/Lとしたときの年間における発電端発生電力量は，$\boxed{\text{A}\text{a}.\text{bc}} \times 10^5$ [MW·h]となる.

解説

年間の発電端効率η [%]は次式で表される.

$$\eta = \frac{3600\,W}{BH}\,[\%]$$

ただし，W：発電端電力量[MW·h]，H：燃料の高発熱量[MJ/L]，B：年間の燃料消費量[L]とする.

$\eta = 40\,\%$，$H = 39.1$ MJ/L，$B = 100\,000 \times 10^3$ Lを代入し，年間における発電端電力量W [MW·h]を求める.

$$W = \frac{BH\eta}{3600} = \frac{39.1 \times 100\,000 \times 10^3 \times 40\,\%}{3600} \fallingdotseq 4.344 \times 10^5 \fallingdotseq 4.34 \times 10^5\,\text{MW·h}$$

（答）　4.34

---**問題5**---

次の文章の $\boxed{\text{A abc}}$ に当てはまる数値を計算し、その結果を答えよ。ただし、解答は解答すべき数値の最小位の一つ下の位で四捨五入すること。

三相誘導電動機を、軸トルク $T = 2\,\text{kN·m}$、回転速度 $n = 720\,\text{min}^{-1}$ で運転している。電動機の所要動力は、軸トルクと回転角速度 ω に比例し、また $\omega = 2\pi n/60\,[\text{rad/s}]$ で表される。この電動機の効率が $90\,\%$ であるとき、所要電力は $\boxed{\text{A abc}}\,[\text{kW}]$ となる。

解説

電動機の軸動力（出力）を $P_\text{o}\,[\text{kW}]$、電動機軸に発生する軸トルク $T\,[\text{N·m}]$、電動機の回転角速度 $\omega = 2\pi n/60\,[\text{rad/s}]$ とすると次式が成り立つ。

$$P_0 = \omega T \times 10^{-3} = \frac{2\pi n}{60} \times T \times 10^{-3}\,[\text{kW}]$$

電動機の効率 $\eta\,[\%]$ の場合、この電動機の所要（入力）電力 $P_\text{i}\,[\text{kW}]$ は、

$$P_\text{i} = \frac{P_\text{o}}{\left(\dfrac{\eta}{100}\right)} = \frac{\left(\dfrac{2\pi n}{60}\right)}{\left(\dfrac{\eta}{100}\right)} \times T \times 10^{-3}\,[\text{kW}]$$

$n = 720\,\text{min}^{-1}$、$\eta = 90\,\%$、$T = 2 \times 10^3\,\text{N}$ を代入すると次のように求まる。

$$P_\text{i} = \frac{\dfrac{2\pi n \times 720}{60}}{90\,\%} \times 2 \times 10^3 \times 10^{-3} \fallingdotseq 167.4 \fallingdotseq 167\,\text{kW}$$

（答）　167

---**問題6**---

次の文章の式において、$\boxed{1}$ および $\boxed{2}$ に当てはまる記号を解答群より選び、その記号を答えよ。

ポンプまたはファンを三相誘導電動機で駆動する場合、その回転速度 $N\,[\text{min}^{-1}]$ を電源の周波数 $f\,[\text{Hz}]$、極数 p および滑り s で表すと次式となる。

$$N = \frac{120 \times \boxed{1}}{\boxed{2}}(1 - s)\,[\text{min}^{-1}]$$

〈$\boxed{1}$〜$\boxed{2}$の解答群〉

ア　f　　イ　N　　ウ　p　　エ　s

解説

三相誘導電動機の電源周波数を $f\,[\text{Hz}]$、極数を p（極）とすると同期速度 n_0

$[\text{min}^{-1}]$ は

$$n_0 = \frac{120f}{p} [\text{min}^{-1}]$$

となり，滑り s のときの電動機の回転速度 $n [\text{min}^{-1}]$ は次式となる．

$$n = n_0(1-s) = \frac{120f}{p}(1-s)[\text{min}^{-1}]$$

(答)　1－ア，2－ウ

問題7

次の文章の $\boxed{\text{A.a.b.c}}$ に当てはまる数値を計算し，その結果を答えよ．ただし，解答は解答すべき数値の最小位の一つ下の位で四捨五入すること．

送風機の吐出し側にある制御ダンパにおいて，流量が $20\,000\,\text{kg/h}$ で圧力損失が $3\,\text{kPa}$ であるとき，この圧力損失をエネルギーに換算すると $\boxed{\text{A.a.b.c}} [\text{kJ/s}]$ となる．

ここで，流れは一様で，制御ダンパの前後で流速の差はないものとする．また，空気の密度は $1.2\,\text{kg/m}^3$ で一定とする．

解説

容積流量 $Q [\text{m}^3/\text{s}]$ の空気が流れる制御ダンパ圧力損失が $H [\text{Pa}]$ であるとき，この圧力損失をエネルギー $P [\text{J/s}]$ に換算すると次式となる．

$$P = QH [\text{J/s}] \quad ① \quad \left(\frac{\text{m}^3}{\text{s}} \times \text{Pa} = \frac{\text{m}^3}{\text{s}} \times \frac{\text{N}}{\text{m}^2} = \frac{\text{N·m}}{\text{s}} = \frac{\text{J}}{\text{s}} \right)$$

空気の質量流量が $W [\text{kg/s}]$ で，空気の密度が $\rho [\text{kg/m}^3]$ であるとき，容積流量 $Q [\text{m}^3/\text{s}]$ は次式で表される．

$$Q = \frac{W}{\rho} (\text{m}^3/\text{s}) \tag{②}$$

②式を①式に代入すると

$$Q = \frac{W}{\rho} \cdot H (\text{J/s}) \tag{③}$$

③式に，$W = 20\,000\,\text{kg/h} = (20\,000/3\,600)\,\text{kg/s} \fallingdotseq 5.56\,\text{kg/s}$，$\rho = 1.2\,\text{kg/m}^3$，$H = 3\,\text{kPa} = 3 \times 10^3\,\text{Pa}$ を代入すると，次のように求まる．

$$P = \frac{5.56}{1.2} \times 3 \times 10^3 \fallingdotseq 13.9 \times 10^3\,\text{J/s} = 13.9\,\text{kJ/s}$$

(答)　13.9

実力Check!問題

エネルギー総合管理及び法規

問題1	エネルギーの使用の合理化等に関する法律及び命令	Check!

次の各問いに答えよ．なお，法令は2019年4月1日時点で施行されているものである．

以下の問題では

- エネルギーの使用の合理化等に関する法律を「法」
- エネルギーの使用の合理化等に関する法律施行令を「令」
- エネルギーの使用の合理化等に関する法律施行規則を「則」

と略記する．

(1)　次の各文章の　1　～　5　の中に入れるべき最も適切な字句または記述を解答群から選び，その記号を答えよ．

1)　「法」第5条の条文の一部

経済産業大臣は，工場等におけるエネルギーの使用の合理化の適切かつ　1　実施を図るため，次に掲げる事項並びにエネルギーの使用の合理化の目標及び当該目標を達成するために計画的に取り組むべき措置に関し，工場等においてエネルギーを使用して事業を行う者の　2　となるべき事項を定め，これを公表するものとする．

2　経済産業大臣は，工場等において電気を使用して事業を行う者による電気の需要の　3　に資する措置の適切かつ　1　実施を図るため，次に掲げる事項その他当該者が取り組むべき措置に関する指針を定め，これを公表するものとする．

3　第1項に規定する判断の基準となるべき事項及び前項に規定する指針は，エネルギー需給の　4　，電気その他のエネルギーの需給を取り巻く環境，エネルギーの使用の合理化に関する技術的水準，業種別のエネルギーの使用の合理化の状況その他の状況を勘案して定めるものとし，これらの事情の変動に応じて必要な

改定をするものとする．

2) 「法」第17条の条文の一部

　　主務大臣は，特定事業者が設置している工場等におけるエネルギーの使用の合理化の状況が第5条第1項に規定する ☐2☐ となるべき事項に照らして著しく不十分であると認めるときは，当該特定事業者に対し，当該特定事業者のエネルギーを使用して行う事業に係る技術水準，同条第2項に規定する指針に従って講じた措置の状況その他の事情を勘案し，その判断の根拠を示してエネルギーの使用の合理化に関する計画（以下「合理化計画」という）を作成し，これを提出すべき旨の指示をすることができる．

2　　主務大臣は，合理化計画が当該特定事業者の設置している工場等に係るエネルギーの使用の合理化の的確な実施を図る上で適切でないと認めるときは，当該特定事業者に対し，合理化計画を変更すべき旨の ☐5☐ をすることができる．

〈 ☐1☐ ～ ☐5☐ の解答群〉

ア　投資を行って	イ　法令を遵守して	ウ　判断の基準	エ　正常化
オ　監視	カ　有効な	キ　効果的な	ク　最大
ケ　平準化	コ　長期見通し	サ　中期見通し	シ　短期見通し
ス　命令	セ　指示	ソ　警告	

(2)　次の各文章の ☐6☐ ～ ☐9☐ の中にいれるべき最も適切な字句または記述を解答群から選び，その記号を答えよ．

　　ある事業者が所有する生産工場における前年度の燃料，電気などの使用量は次のa～cのとおりであった．この事業者は，生産工場のほかに，別の事業所として塗装工場があり，そこでの前年度の燃料，電気などの使用量は次のdおよびeであった．また，この事業者には，生産工場および塗装工場のほかに，別の事業所として本社事務所があり，そこでの前年度の電気使用量は，次のfであった．以上が，この事業者の設置している事業所のすべてであり，この事業者は，a～f以外のエネルギーは使用していなかった．

a：生産工場で，一般電気事業者から購入した電気の量を熱量に換算した量が60 000 GJ

b：生産工場の焼成炉で使用した都市ガスの量を発熱量に換算した量が50 000 GJ

c：生産工場のボイラで使用した燃料の量を発熱量に換算した値が30 000 GJ，そのうち木材チップの量を発熱量に換算した量が10 000 GJ，A重油の量を発熱量に換算した量が20 000 GJ d：塗装工場で，一般電気事業者から購入して使用した電気の量を熱量に換算した量が 40 000 GJ

e：塗装工場のコージェネレーション装置で，使用した都市ガスの量を発熱量に換算した量が 20 000 GJ で，コージェネレーション装置で発生した熱および電気はすべて工場内で使用した．

f：本社事務所で，一般電気事業者から購入して使用した電気の量を熱量に換算した量が 0.8 万 GJ

この事業者全体での，前年度に使用したエネルギー使用量を「法」で定めるところにより原油の数量に換算した量は，　6　[kL] となり，この事業者は，そのエネルギー使用量から判断して特定事業者に該当する．また，同じく前年度に使用した「法」で定めるエネルギー使用量から，この生産工場および塗装工場は，　7　のエネルギー管理指定工場等に該当し，当該の指定を受けた後，この生産工場について　8　，この塗装工場について　9　を選任しなければならない．

〈　6　〜　9　の解答群〉

ア　4 005　　イ　4 154　　ウ　4 360　　エ　4 479　　オ　4 692　　カ　4 749

キ　4 950　　ク　5 108　　ケ　5 311　　コ　5 564　　サ　エネルギー管理員 1 名

シ　エネルギー管理者 1 名　　　　　　　ス　エネルギー管理者 2 名

セ　エネルギー管理者 1 名とエネルギー管理員 1 名

ソ　エネルギー管理者 1 名又はエネルギー管理員 1 名

タ　生産工場が第一種で塗装工場が第二種

チ　あわせて第一種　　ツ　いずれも第一種　　テ　いずれも第二種

(3)　次の各文章の　10　〜　13　の中にいれるべき最も適切な字句または記述を解答群から選び，その記号を答えよ．

1)　「法」第18条，「法」第18条の 2 関連文章

連鎖化事業とは，定形型な約款による契約に基づき，特定の商標，商号その他の表示を使用させ，商品の販売又は役務の提供に関する方法を指定し，かつ，継続的に経営に関する指導を行う事業であって，当該約款に，当該事業に加盟する者が設置している工場等における　10　の条件に関する事項であって経済産業省令で定めるものに係る定めがあるもの，を指している．

連鎖化事業を行う連鎖化事業者の，「法」によるエネルギー使用量が政令で定める数値以上であるときは，特定連鎖化事業者として指定される．特定連鎖化事業者が行わなければならないのは次の　11　である．

① エネルギー管理統括者の選任

② エネルギー管理 __12__ の選任

③ 定期の報告

④ __13__ の作成

〈 __10__ ～ __13__ の解答群〉

ア ①と④ イ ①と②と④ ウ ①と③と④ エ ①と②と③と④

オ エネルギーの使用 カ エネルギー供給契約

キ 共通して用いる事業方法 ク 共通の資材などの購買

ケ 管理者 コ 管理員 サ 企画推進者 シ 企画書

ス 提案書 セ 中長期的な計画 ソ 定期の報告

問題2 エネルギー情勢・政策，エネルギー概論 Check!

次の各文章の __1__ ～ __10__ の中に入れるべき最も適切な字句をそれぞれの解答群から選び，その記号を答えよ．また，$\boxed{A}\ a.b \times 10^C$ および $\boxed{B}\ a.b \times 10^C$ に当てはまる数値を計算し，その結果を答えよ．ただし，解答は解答すべき数値の最小位の一つ下の位で四捨五入すること．

(1) 一次エネルギーの中で主要なものとして，石炭，石油，天然ガスなどのいわゆる化石燃料がある．これらの化石燃料を用いて火力発電を行う場合の発電単価は，発熱量当たりの燃料購入コストに比例するものとして比較すると，多少変動があるものの，エネルギー・経済要覧によると，コストが安いい順に __1__ となる．化石燃料の一つとして，最近とりわけ米国で生産が急増している __2__ が新たな燃料資源として期待されている．

〈 __1__ および __2__ の解答群〉

ア 天然ガス→石炭→原油 イ 石炭→天然ガス→原油

ウ 原油→石炭→天然ガス エ メタンハイドレード オ シェールガス

カ オイルサンド

(2) 国際単位系（SI）では，長さ（メートル[m]），質量（キログラム[kg]），時間（秒[s]），電流（アンペア[A]），熱力学温度（ケルビン[K]），光度（カンデラ[cd]）および __3__ の7個の量を基本単位を組み合わせて表され，組立単位と呼ばれる．力（ニュートン[N]）は基本単位を用いると $[(kg \cdot m)/s^2]$ で表すことができる．さらに，圧力（パスカル[Pa]）は，基本単位を用いると __4__ で表され

る．これを用いると大気圧は変動するもおよそ $\boxed{\text{A}}\,\text{a.b} \times 10^{\boxed{\text{C}}}$ [Pa]である．

〈 $\boxed{3}$ および $\boxed{4}$ の解答群〉

ア　電力（ワット[W]）　　イ　物質量（モル[mol]）　　ウ　電荷（クーロン[C]）

エ　N/m²　　　　　　　　オ　kg/m²　　　　　　　　カ　W/m²

(3) 電圧1.5 Vの単三アルカリ乾電池の容量が1 200 mA·hであるとする．この電池
における電気エネルギーは質量1 kgの物体が基準面に対して高さ $\boxed{\text{B}}\,\text{a.b} \times 10^{\boxed{\text{C}}}$ [m]
にあるときの位置エネルギーに相当する．ただし，重力の加速度は9.8 m/s²とす
る．

(4) これまでわが国の電力の供給は，主として原子力発電を定常的なベースとして，
$\boxed{5}$ 発電や $\boxed{6}$ 発電が需要変動にも対応する役割を受けもってきたが，東
日本大震災以後は，この枠組みが大きく変わり，$\boxed{5}$ 発電の急増によるコスト
アップとともに，電力供給力に余裕がなくなった結果，電気需要の総量規制およ
び電気需要の $\boxed{7}$ の推進が以前にも増して重要課題となっている．このため，
工場のような大口の電気需要家は，電気の使用を燃料または熱の使用へ転換する
ことや，双方を併用することなどが強く求められている．また，電気の需要の
$\boxed{7}$ の面からは，電気を消費する機器の稼働時間帯の変更や $\boxed{8}$ の導入な
どのピークシフト対策が強く求められている．一方，家庭のような小口の電気需
要家にとっては，深夜電力を有効利用する機器の導入に加えて，太陽熱温水器な
どの $\boxed{9}$ エネルギーの導入実績がある．さらに，電気と熱を利用できる燃料電
池なども，近年普及しつつあり，将来的には $\boxed{10}$ にも本来の利用目的に加えて
$\boxed{8}$ 同様に深夜電力を利用する役割を受け持たせることなどが期待できる．

〈 $\boxed{5}$ ～ $\boxed{10}$ の解答群〉

ア　バイオマス　　イ　水力　　ウ　原子力　　エ　火力　　オ　燃料電池

カ　電気自動車　　キ　蓄電池　　ク　太陽光発電　　ケ　常用発電機

コ　サイリスタ　　サ　インバータ　　シ　LED　　ス　熱　　セ　水素

ソ　平準化　　タ　平均化　　チ　一定化　　ツ　電気　　テ　蒸気

ト　再生可能　　ナ　自然　　ニ　太陽

問題3　エネルギー管理技術の基礎　Check! ☐ ☐ ☐

次の各文章は「工場等におけるエネルギーの使用の合理に関する事業者の判断の
基準」（以下，「工場等判断基準」と略記）の内容に関連したもので，これらの文章

において「工場等（専ら事務所その他これに類する用途に供する工場等を除く）に関する事項」について

　　　「Ⅰ　エネルギーの使用の合理化の基礎」の部分は「基準部分（工場）」

　　　「Ⅱ　エネルギーの使用の合理化の目標及び計画的に取り組むべき措置」の部分は「目標及び措置部分（工場）」

と略記する．

　　$\boxed{1}$ から $\boxed{15}$ の中に入れるべき最も適切な字句，数値または式をそれぞれの解答群から選び，その記号を答えよ．また，$\boxed{A\ ab.c}$ ～ $\boxed{G\ a.b.c \times 10^d}$ に当てはまる数値を計算し，その結果を答えよ．ただし，解答は解答すべき数値の最小位の一つ下の位で四捨五入すること．

(1)　「工場等判断基準」の「基準部分（工場）」は，事業者が遵守すべき基準を示したものであり，次の六つの分野ごとにその基準が示されている．

　　① 　燃料の燃焼の合理化

　　② 　$\boxed{1}$ の合理化

　　③ 　廃熱の回収利用

　　④ 　熱の動力等への変換の合理化

　　⑤ 　放射，伝導，抵抗等によるエネルギー損失の防止

　　⑥ 　電気の動力，熱等への変換の合理化

　　また，「目標及び措置部分（工場）」は，その設置している工場等におけるエネルギー消費原単位及び $\boxed{2}$ を管理し，その設置している工場等全体として又は工場等ごとにエネルギー消費原単位又は $\boxed{2}$ を中長期的にみて年平均1パーセント以上低減させることを目標として，技術的かつ経済的に可能な範囲で，1エネルギー消費設備等に関する事項及び2その他エネルギーの使用の合理化に関する事項に掲げる諸目標及び措置の実現に努めるものとしている．

(2)　バーナなどの燃焼機器において，効率の良い燃焼を行うには，負荷及び燃焼状態の変動に応じ燃料の供給量や空気比を適正に調整でき，かつ，排ガス損失の少ないものにすることが重要である．

　　「工場等判断基準」の「目標及び措置部分（工場）」では，バーナの更新・新設に当たっては $\boxed{3}$ バーナなど熱交換器と一体となったバーナを採用することにより熱効率を向上させることができるときは，これらの採用を検討することを求めている．

〈 1 ～ 3 の解答群〉

ア　電気需要平準化評価原単位　　イ　最大需要電力　　ウ　夏期の買電量

エ　蓄熱の有効　　カ　加熱及び冷却並びに伝熱　　キ　加熱並びに伝熱

ク　加熱及び冷却　　ケ　予混合燃焼　　コ　拡散燃焼

サ　リジェネレイティブ

(3)　温度800℃の物体の表面から放射される単位面積，単位時間当たりの放射エネルギーは A ab.c [kW/m²]である．ただし，この物体の表面の放射率を0.8，ステファン・ボルツマン定数を 5.67×10^{-8} W/(m²·k⁴)とする．

(4)　質量が1 000 kgで温度が20℃の水が入っている水槽がある．この水に，蒸気を混入して温度を50℃の温水にするために，圧力0.2 MPaの渇き飽和蒸気を用いた場合，B ab.c [kg]混入する必要がある．ただし，この混入の際，蒸気のもつ熱エネルギーは水の加熱のみに用いられる．

　　　20℃の水の比エンタルピーを83.9 kJ/kg，50℃の温水の比エンタルピーを209.3 kJ/kg，圧力0.2 MPaの渇き飽和蒸気の比エンタルピーを2 706.2 kJ/kgとする．

(5)　厚さ60 cmの平板の片側の表面温度が60℃，もう一方の表面温度が20℃であった．この平板の，厚さ方向に伝わる単位面積当たりの熱流が60 W/m²であるとき，この平板の熱伝導率は C a.b [W/(m·K)]である．

(6)　ボイラ効率は，投入した燃料の熱量が蒸気の発生にどれだけ有効に利用されたかを示す比率であり，入出熱法では，ボイラ給水が蒸気になるまでに得た熱量を，消費した燃料が完全燃焼する際に発生する熱量で除した値で示される．

　　　蒸発量が10 t/hで燃料消費量が600 kg/hのボイラがある．ボイラ入口の給水エンタルピーが430 kJ/kg，ボイラ出口の蒸気の比エンタルピーが2 770 kJ/kg，燃料の低発熱量が41.8 MJ/kgであるとすると，このときの低発熱量基準のボイラ効率は D ab.c [%]である．

(7)　廃熱の回収にあたっては，廃熱の熱量や温度などの実態を把握し，回収熱の利用先の調査，量的バランスの調整対策を行うとともに，回収，熱輸送，蓄熱の方法についての選定や容量の決定など，設備面での検討を行うことが省エネルギー対策のポイントである．

　　　「工場等判断基準」の「基準部分（工場）」は，廃熱回収設備に廃熱を輸送する煙道，管などを新設する場合には，4 の防止，断熱の強化，その他の廃熱の温度を高く維持するための措置を講ずることを求めている．

171

(8) 工業炉では，炉内圧が外気より低いときには冷たい外気を手込み炉内が冷却されるため，炉内を所定の温度に保つには余分な燃料が必要になる．また，外気が侵入することにより，炉内の燃焼ガスの流動状態が変わり温度分布も不均一になるため，燃焼ガスから非加熱物への伝熱量も減少することになる．

「工場等判断基準」の「基準部分（工場）」は，熱利用設備を新設する場合には，熱利用設備の開口部の縮小又は密閉， 5 ，内部からの空気流などの遮断などにより，放散及び空気の流出入による熱の損失を防止することを求めている．

〈 4 および 5 の解答群〉

ア 放射率の向上　　イ 発生ドレンの排出　　ウ 二重扉の取付け

エ 混合損失　　　　オ 空気の侵入　　　　カ 煙道ダンパ開度の調整

(9) 燃料としてガスを使用している自家用火力発電所の年間発電端発生電力量が 20 GW·h，高発熱量ベースの年間平均発電端熱効率が 40 % であった．ガスの高発熱量を 45 MJ/m³ₙ としたとき，この火力発電所の年間ガス消費量は $\boxed{E}$ a.b × 10$^{\boxed{C}}$ [m³ₙ] である．ここで，m³ₙ の添字 N は標準状態での量であることを表している．

(10) 抵抗 12 Ω，リアクタンス 16 Ω を直列に接続した負荷がある．この負荷に交流 200 V の電圧を加えたときに，この負荷で消費される電力は $\boxed{F}$ a.b [kW] である．

(11) 「エアコンディショナのエネルギー消費性能の向上に関するエネルギー消費機器等製造事業者等の判断の基準等」（平成 28 年 3 月 28 日告示）において，製造事業者が製造する機器の効率は，定められた基準エネルギー消費効率の値を下回らないこととされている．

国内向けに出荷する業務用のエアコンディショナでは，エネルギー消費効率として 6 を用いることが定められている．このエアコンディショナの基準エネルギー消費効率の値は，エアコンディショナの形態や冷房能力などにより異なるが， 7 の範囲にある．

〈 6 および 7 の解答群〉

ア 冷房エネルギー消費効率　　イ 通年エネルギー消費効率　　ウ 成績係数

エ 3.9～6.0　　オ 2.3～3.5　　カ 0.71～0.95

(12) 三相誘導電動機の使用電力を測定したところ，有効電力が 40 kW，無効電力が 30 kvar であった．このときの三相電力の力率は $\boxed{G}$ ab [%] である．

(13) 三相交流は，一般に単相交流に比べ送配電損失が少なく，また，回転磁界がつくりやすいなど優れた特徴をもっており，発電，送配電，需要設備のいずれにおいても幅広く採用されている．三相交流（3線式）および単相交流（2線式）に

おいて，線間電圧，線電流および力率が等しい場合に，三相交流で供給できる電力は単相交流の　8　倍である．

(14) ファンまたはポンプを三相誘導電動機で駆動する場合，その回転速度は，電源の周波数 f [Hz]，極数 p および滑り s を用いて表すと　9　[min^{-1}] となる．

〈　8　および　9　の解答群〉

ア $\dfrac{120fp}{1-s}$ 　イ $\dfrac{120fp}{s}$ 　ウ $\dfrac{120f(1-s)}{p}$ 　エ $\dfrac{120fs}{p}$

オ 3 　　カ $\sqrt{3}$ 　　キ $\sqrt{2}$

(15) 三相誘導電動機を電圧 400 V で運転したとき，最小の 15 分間は 20 A，次の 45 分間は 40 A の電流が流れた．電動機が 60 分間で使用した電力量は H ab.c [kW・h] である．

　　　ここで，三相誘導電動機の力率は 85 % 一定とし，また，$\sqrt{3}=1.732$ として計算すること．

(16) ポンプ，ファン，ブロア，コンプレッサなどの流体機械の省エネルギーの手段として，吐出圧力や吐出流量など負荷の低減を行うことと，それに応じた流体機械の運転を行うことが重要である．

　　　「工場等判断基準」の「基準部分（工場）」では，ポンプ，ファン，ブロア，コンプレッサなどの流体機械については，　10　及び吐出量の見直しを行い，負荷に応じた運転台数の選択，　11　などに関する管理標準を設定し，電動機の負荷を低減することが求められている．

(17) 電気化学システムは，基本的には，電極，電解質，外部回路で構成されている．
　　　「工場等判断基準」の「基準部分（工場）」では，電解設備は，適当な形状および特性の電極を採用し電極間距離，　12　，導体の接触抵抗などに関して管理標準を設定し，その　13　を向上させることが求められている．

(18) 照明設備について，「工場等判断基準」の「基準部分（工場）」では，日本工業規格の照度基準等に規定するところにより，管理標準を設定して使用すること．また，調光による減光又は消灯についての管理標準を設定し，過剰又は不要な照明をなくすことを求めている．JIS Z 9110：2011「照明基準総則」では，事務所ビルにおける事務室の推奨照度範囲は　14　[lx] としている．

　　　照明計算に使用される代表的な指標の一つとして，次式で表されるものが使用される．

$$U = \frac{\text{被照面に入射する光束}}{\text{光源の全光束}}$$

この U は，形状や反射率，照明器具などから求められ $\boxed{15}$ と呼ばれる.

〈 $\boxed{10}$ ～ $\boxed{15}$ の解答群〉

ア 照明率	イ 室指数	ウ ランプ効率	エ 回転速度の変更
オ 送端圧力	カ 使用端圧力	キ 吐出圧力	ク 析出物の排出
ケ 電解液の濃度	コ 電解槽温度	サ 電力効率	シ 電解効率
ス 力率	セ 150～400	ソ 500～1 000	タ 1 000～2 000

解答・解説

【エネルギー総合管理及び法規】

問題1 (1) 1—カ，2—ウ，3—ケ，4—コ，5—セ
(2) 6—ク，7—タ，8—シ，9—サ
(3) 10—オ，11—エ，12—サ，13—セ

(1) 法第5条第1項で，「エネルギーの使用の合理化の適切かつ**有効**な実施を図るため…」，「エネルギーを使用して事業を行う者の**判断の基準**となるべき事項を定め…」と規定している．

同条第2項で，「…電気を使用して事業を行う者による電気の需要の**平準化**に資する措置の…」と規定している．

同条第3項で，「…エネルギー需給の**長期見通し**，電気その他のエネルギーの需給を取り巻く環境…」と規定している．

法第16条第2項で，「当該特定事業者に対し，合理化計画を変更すべき旨の**指示**をすることができる」と規定している．

(2) エネルギーの使用量は，使用した燃料の量，他人から供給された熱・電気の量が対象とされる．この事業所全体でのエネルギーの使用量は，cの木材チップが燃料から除外される（法第2条より）．原油換算係数は，0.025 8 kL/GJ であることから，事業者全体の原油に換算した量は，次式で表される．

$$(60\,000 + 50\,000 + 20\,000 + 40\,000 + 20\,000 + 8\,000) \times 0.025\,8 \fallingdotseq 5\,108 \text{ kL}$$

生産工場の原油に換算した量は

$$(60\,000 + 50\,000 + 20\,000) \times 0.025\,8 = 3\,354 \text{ kL}$$

となるので，**第一種**エネルギー管理指定工場（3 000 kL 以上）となる．

同様に，**塗装工場**の原油に換算した量は

$$(40\,000 + 20\,000) \times 0.025\,8 = 1\,548 \text{ kL}$$

となるので，**第2種エネルギー管理指定工場**（1 500 kL 以上）となる．

したがって，生産工場は**エネルギー管理者1名**，塗装工場は**エネルギー管理員1名**のそれぞれの選任が義務付けられている．

(3) 法第18条第1項で，「…当該事業に加盟する者が設置している工場等におけ

175

るエネルギーの使用の条件に関する事項であって…」と規定している.

同条第2項で,特定連鎖化事業者に対し,「エネルギー管理統括者の選任」「エネルギー管理企画推進者の選任」「定期の報告」「中長期的な計画の作成」が義務付けられている.

問題2 (1) 1—イ,2—オ
(2) 3—イ,4—エ,A—1.0×10^5
(3) B—6.6×10^2
(4) 5—エ,6—イ,7—ソ,8—キ,9—ト,10—カ

(1) 化石燃料を用いたエネルギー価格は,安い順に**石炭→天然ガス→原油**となっている.シェールガスは,地層から取り出した天然ガスのことである.

(2) SI系単位における基本単位は,長さ[m],質量[kg],時間[s],電流[A],熱力学温度[K],光度[cd],**物質量[mol]**である.

圧力の単位,パスカルは$1\,\mathrm{Pa} = 1\,\mathrm{N/m^2}$で表される.

大気の圧力は,ほぼ$1\,000\,\mathrm{hPa}$であり,$1\,\mathrm{hPa} = 100\,\mathrm{Pa}$であるから,

$1\,000\,\mathrm{ha} = 1\,000 \times 100 = 1.0 \times 10^5\,\mathrm{ha}$

となる.なお,hPaはヘクトパスカルと読む.

(3) 電圧$1.5\,\mathrm{V}$,容量$1\,200\,\mathrm{mA \cdot h}$の乾電池の保有する電気エネルギー$W_1\,[\mathrm{J}]$は,次式で表される.$1\,\mathrm{h} = 3\,600\,\mathrm{s}$ $1\,\mathrm{mA} = 1 \times 10^{-3}\,\mathrm{A}$であるから,

$W_1 = 1.5\,\mathrm{V} \times 1\,200\,\mathrm{mA \cdot h} = 1.5\,\mathrm{V} \times 1\,200 \times 10^{-3}\,\mathrm{A} \times 3\,600\,\mathrm{s}$

$= 6\,480\,(\mathrm{V \cdot A})\mathrm{s} = 6\,480\,\mathrm{J}$

次に$1\,\mathrm{kg}$の物体が$h\,[\mathrm{m}]$の高さにある位置エネルギーを$W_2\,[\mathrm{J}]$は,次式で表される.

$W_2 = mgh = 1 \times 9.8h\,[\mathrm{J}]$

$W_1 = W_2$より,$1\,\mathrm{kg}$の高さ$h\,[\mathrm{m}]$を求めると

$6{,}480 = 1 \times 9.8h$

$h = 6{,}480/9.8 = 661 \fallingdotseq 6.6 \times 10^2\,\mathrm{m}$

(4) 従来,日本の発電所の役割は,主に原子力発電はベース運転,**火力発電**や**水力発電**は需要変動に対応した運転を担ってきた.また,東日本大震災以降,電力供給不足に対応するために電気需要の**平準化**の推進が重要課題となっている.工場のような大口需要家では電気の使用を熱の使用へ転換することが求められている.**蓄電池**導入や熱と電気を利用できる燃料電池,**電気自動車**を用いた深夜電力の充電,

176

昼間の放電が期待できる.

問題3 1―カ, 2―ア, 3―サ, A―60.1, B―50.2, C―0.9, D―93.3,
4―オ, 5―ウ, E―4.0×10⁶, F―1.2, 6―イ, 7―エ, G―80,
8―カ, 9―ウ, H―20.6, 10―カ, 11―エ, 12―ケ, 13―シ, 14
―ソ, 15―ア

(1) 「工場等判断基準」の「基準部分（工場）」は, 事業者が遵守すべき基準を示
したもので, 次の6分野からなる.

① 燃料の燃焼の合理化

② **加熱及び冷却並びに伝熱**の合理化

③ 廃熱の回収利用

④ 熱の動力等への変換の合理化

⑤ 放射, 伝導, 抵抗等によるエネルギーの損失の防止

⑥ 電気の動力, 熱等への変換の合理化

「目標及び措置部分（工場）」では, その設置している工場等におけるエネルギー
消費原単位及び**電気需要平準化評価原単位**を管理することと, それらを中長期的に
見て年平均1％以上低減させることを目標とし, 技術的かつ経済的に可能な範囲内
で目標の実現に努めることを求めている.

(2) 「工場等判断基準」の「目標及び措置部分（工場）」では, バーナの更新・新
設に当たっては**リジェネレイティブバーナ**など熱交換器と一体となったバーナを採
用することにより熱効率を向上させることができるときは, これらの採用を検討す
ることを求めている.

リジェネレイティブバーナは, 蓄熱体を組み込んだ2台の小形化されたバーナを
交互に運転させて, 燃焼用排ガスで燃焼用空気を予熱するものである.

(3) 放射率ε, 放射温度T [K], ステファン・ボルツマン定数δ [W/(m²·K⁴)] と
すると, 単位面積, 単位時間当たりの放射エネルギーE [kW/m²] は, 次式で表され
る.

$$E = \varepsilon \cdot \delta \cdot T^4 \text{[K/m}^2\text{]}$$

$\varepsilon = 0.8$, $\delta = 5.67 \times 10^{-8}$ W/(m²·K⁴), $T = 800 + 273 = 1\,073$ K であるから

$$E = 0.8 \times 5.67 \times 10^{-8} \times 1\,073^4 = 60\,127 \text{ W/m}^2 \fallingdotseq 60.1 \text{ kW/m}^2$$

(4) 求める乾き飽和蒸気の質量をm [kg] とすると, エネルギーの保存則より, 次
式が成立する.

177

$$(1\,000 + m) \times 209.3 = (1\,000 \times 83.9) + (m \times 2\,706.2)$$
$$(2\,706.2 - 209.3)m = 1\,000 \times (209.3 - 83.9)$$
$$m = 50.22 \fallingdotseq 50.2 \text{ kg}$$

(5) 第1図のように，単位面積当たりの熱流 $q\,[\text{W/m}^2]$ は，次式で表される．
$$q = \lambda \frac{\theta_1 - \theta_2}{d}\,[\text{W/m}^2]$$

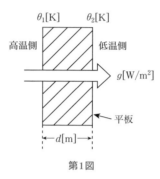

第1図

λ を求め，数値を代入すると
$$\lambda = \frac{d \times q}{\theta_1 - \theta_2} = \frac{0.6 \times 60}{60 - 20} = \frac{36}{40} = 0.9\,\text{W/(m·K)}$$

(6) ボイラ効率 η_B は，ボイラに加えた燃料の熱量に対する蒸気の得た熱量の比を表す．
$$\eta_\text{B} = \frac{\text{有効出熱}}{\text{入熱合計}}\,[\%]$$

有効出熱 $= 10 \times 10^3\,\text{kg/h} \times (2\,770 - 430)\,\text{kJ/kg} = 23\,400 \times 10^3\,\text{kJ/h}$
$= 23\,400\,\text{MJ/h}$

入熱合計 $= 600\,\text{kg/h} \times 41.8\,\text{MJ/kg} = 25\,080\,\text{MJ/h}$

したがって，ボイラ効率 $\eta_\text{B}\,[\%]$ は
$$\eta_\text{B} = \frac{23\,400}{25\,080} \fallingdotseq 0.9330 \fallingdotseq 93.3\%$$

(7) 「工場等判断基準」の「基準部分（工場）」では，廃熱回収に廃熱を輸送する煙道，管などを新設する場合には，**空気の侵入の防止**，断熱の強化などを講ずることを求めている．

(8) 「工場等判断基準」の「基準部分（工場）」では，熱利用設備を新設する場合には，開口部については，開口部の縮小または密閉，**二重扉の取付け**，放散および

空気の流出入による熱の損失を防止することを求めている.

(9) 火力発電所の発電端熱効率 η [%] は,次式で表される.

$$\eta = \frac{3600\,W}{BH}\,[\%]$$

ただし,W：年間発電端発生電力量 [MW·h],B：年間ガス消費量 [m³$_N$],H：ガスの高発熱量 [MJ/m³$_N$] とする.

年間ガス消費量 B [m³$_N$] について求めて,数値を代入すると

$$W = 20\,\text{GW·h} = 20 \times 10^3\,\text{MW·h},\quad \eta = 40\,\%,\quad H = 45\,\text{m}^3{}_N$$

であるから

$$B = \frac{3600\,W}{\eta H} = \frac{3600 \times 20 \times 10^3}{0.4 \times 45} = 4.0 \times 10^6\,\text{m}^3{}_N$$

となる.

(10) 抵抗 $12\,\Omega$,リアクタンス $8\,\Omega$ を直列に接続した回路の合成インピーダンス Z [Ω] は

$$Z = \sqrt{12^2 + 16^2} = 20\,\Omega$$

となるので,$V = 200\,\text{V}$ の交流電圧を加えたときに,回路に流れる電流 I [A] は,

$$I = \frac{V}{Z} = \frac{200}{20} = 10\,\text{A}$$

したがって,この負荷で消費される電力 P は,

$$P = I^2 R = 10^2 \times 12 = 1\,200\,\text{W} = 1.2\,\text{kW}$$

(11) 平成27年度以降の国内向けに出荷する業務用のエアコンディショナでは,エネルギー消費効率として,**通年エネルギー消費効率（APF）**を用いることと定められている.APFとは,「年間に冷暖房に使用した入力エネルギー量に対する年間の発揮した能力のエネルギーの総和」で定義される.

業務用のエアコンディショナの基準エネルギー効率の値は,冷暖房能力などにより異なるが,おおよそ 3.9〜6.0 の範囲としている.

(12) 有効電力を P [kW],無効電力を Q [kvar] とすると,力率 $\cos\theta$ は次式より求めることができる.

$$\cos\theta = \frac{P}{\sqrt{P^2 + Q^2}} = \frac{40}{\sqrt{40^2 + 30^2}} = \frac{40}{50} = 0.8 \fallingdotseq 80\,\%$$

(13) 線間電圧を V [V],線電流を I [A],力率を $\cos\theta$ とすると,三相電力 P_3 [W] および単相電力 P_1 [W] は,次式で表される.

$$P_3 = \sqrt{3}\,VI\cos\theta\,[\text{W}]$$

$$P_1 = VI \cos \theta \,[\text{W}]$$

$$\therefore \quad \frac{P_3}{P_1} = \frac{\sqrt{3}\,VI \cos \theta}{VI \cos \theta} = \sqrt{3}\ \text{倍}$$

⑭ 同期速度 $N_\text{s}\,[\text{min}^{-1}]$ は

$$N_\text{s} = \frac{120f}{p}\,[\text{min}^{-1}]$$

となる．したがって，滑り s のときの回転速度 $N\,(\text{min}^{-1})$ は次式となる．

$$N = \frac{120f(1-s)}{p}\,[\text{min}^{-1}]$$

⑮ 力率 0.85 の三相 400 V 誘導電動機を運転したとき，最初の 15 分間は 20 A，次の 45 分間は 40 A の電流が流れたとき，60 分間で使用した電力量 W は，

$$W = \sqrt{3} \times 400 \left\{ \left(20 \times \frac{1}{4}\right) + \left(40 \times \frac{3}{4}\right) \right\} \times 0.85 = 20610.8\ \text{W·h} \fallingdotseq 20.6\ \text{kW·h}$$

（15 分＝1/4 時間，45 分＝3/4 時間）

⑯ 「工場等判断基準」の「基準部分（工場）」では，ポンプ，ファン，ブロア，コンプレッサー等の流体機械については，**使用端圧力**及び吐出量の見直しを行い，負荷に応じた運転台数の選択，**回転速度の変更**などに関する管理標準を設定し，電動機の負荷を低減することが求められている．なお，負荷変動幅が定常的な運転パターンである場合は，配管やダクトの変更，インペラーカットなどの対策について検討することも必要である．

⑰ 電気化学システムは，第 2 図のように二つの電極（アノードとカソード），電解質および外部回路より構成されている．「工場等判断基準」の「基準部分（工場）」では，電解設備は適当な形状および特性の電極を採用し，管理標準を設定し，**電極間距離**，**電解液の濃度**，導体の接触抵抗などを適正に管理することにより，その**電解効率**を向上させることが求められている．

⑱ JIS Z 9110：2011「照明基準総則」では，事務所ビルにおける事務室の推奨照度範囲は 500～1 000 lx としている．

照明率 U は，被照面に入射する光束と光源の光束の比で定義され，部屋の形状，器具効率，室内の反射率などで決まる．

$$U = \frac{\text{被正面に入射する光束}}{\text{光源の全光束}}$$

照明率は 1 以下の値であり，照明率が大きいほど，光源から出た光束が有効に使用されていることを示す．

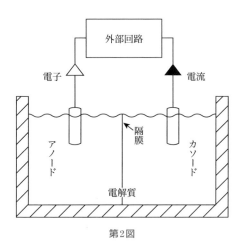

第2図

課目 II

電気の基礎

電気及び電子理論
自動制御及び情報処理
電気計測

電気及び電子理論

1 静電界の基礎

これだけは覚えよう！

☐クーロンの法則：複数の点電荷が存在するとき，それぞれの電荷に作用する静電力を求める算出方法

☐電界の強さ：複数の点電荷が存在するとき，任意の点にある+1Cの電荷における電界の強さを求める算出方法

☐電位と仕事：電界の強さと電位および仕事の相互関係

☐ガウスの法則：球，円筒，平面などの導体に電荷が分布しているとき，任意の距離における電界の強さを求める算出方法

☐静電容量：同心導体球間，同軸円筒導体間，平行板間の静電容量を求める算出方法

☐平行板コンデンサに蓄えられるエネルギー：平行板コンデンサに蓄えられるエネルギーと電極板に作用する力を求める算出方法

☐誘電分極：誘電分極の概要・誘電分極の強さを求める算出方法

■クーロンの法則

同符号の電荷の間には反発力が働き，異符号の電荷の間には吸引力が働く．この二つの電荷間に働く力の大きさを，クーロンの法則で表すことができる．静止している電荷 Q_1 [C]，Q_2 [C] が距離 r [m] だけ離れて真空中に存在したとき，この**二つの電荷の間に働く力を静電力**と呼び，大きさ F [N] は次式で表される．

$$F = \frac{1}{4\pi\varepsilon_0} \times \frac{Q_1 Q_2}{r^2} = 9 \times 10^9 \times \frac{Q_1 Q_2}{r^2} \text{ [N]} \qquad (1)$$

ε_0 は真空の誘電率[F/m]

■電界の強さ

電界内で作用する力は静電力，磁界内で作用する力は磁

▶(1)式の単位変換
[F/m]，[C]，[m]の単位を用いて[N]の単位を導く過程を示す．
(1)式の右辺の単位より

$$\frac{1}{\text{F/m}} \times \frac{\text{C}^2}{\text{m}^2} = \frac{\text{V}}{\text{C}}\text{m} \times \frac{\text{C}^2}{\text{m}^2}$$

$$= \frac{\text{V} \times \text{C}}{\text{m}} = \frac{\text{N·m}}{\text{m}}$$

$$= \text{N}$$

▶真空中の誘電率 ε_0
ε_0 はSIの定義値で，
$$\varepsilon_0 = 8.854 \times 10^{-12} \text{ F/m}$$
である．

$\dfrac{1}{4\pi\varepsilon_0} = 9 \times 10^9$ の関係式を覚えておくと便利である．誘電率 ε は後述する．

184

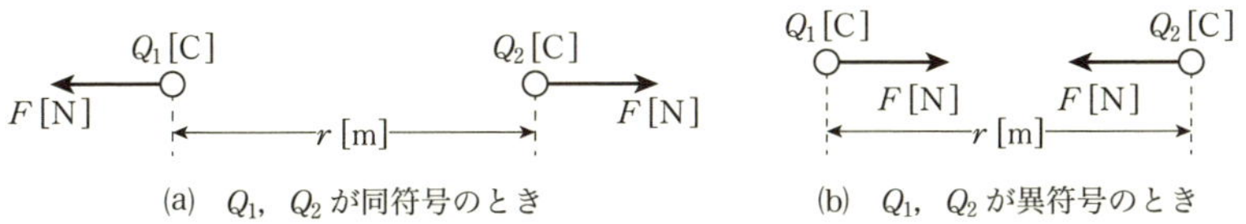

(a) Q_1, Q_2 が同符号のとき　　(b) Q_1, Q_2 が異符号のとき

第1図

気力と呼ぶ．どちらも単位は[N]で表す．電界の強さは，電界内の任意の点に +1 C の電荷を置いたとき，それに働く静電力の大きさのことである．

電界をつくっている電荷を Q_1[C]，それから r[m] 離れた点の +1 C の電荷に作用する**電界の強さ** E[V/m] を，**ガウスの法則**より次式で表すことができる．

$$E = \frac{1}{4\pi\varepsilon_0} \times \frac{Q_1}{r^2} \text{[V/m]} \tag{2}$$

(1)，(2)式より，静電力 F[N] は，次式で表される．

$$F = \frac{1}{4\pi\varepsilon_0} \times \frac{Q_1 Q_2}{r^2} = E \times Q_2 \text{[N]} \tag{3}$$

(3)式の意味は，電界をつくっている電荷 Q_1[C] から，r[m] 離れた点に電荷 Q_2[C] を置くと，電荷 Q_2[C] に作用する静電力の大きさ F[N] は，電界の**強さ E[V/m] に比例する**ことがわかる．

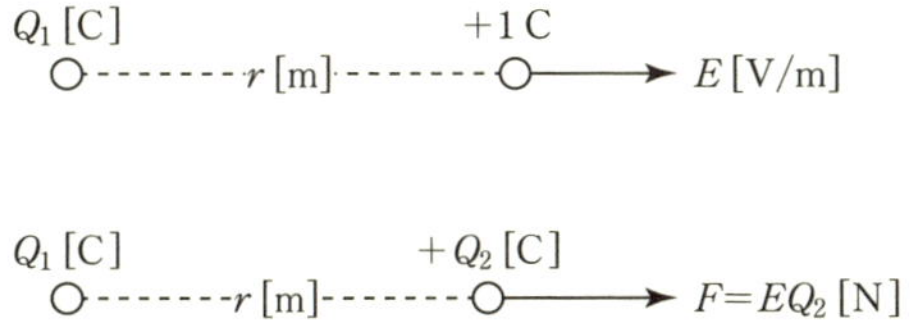

第2図

■電位と仕事

電位 V とは，電界の向きと逆方向に +1 C の電荷を無限遠点∞から，任意の点 r まで運ぶのに要する**仕事**であるから次式で表される．

(2)式の単位変換
右辺の単位より
$$\frac{1}{\text{F/m}} \times \frac{\text{C}}{\text{m}^2} = \frac{\text{V}}{\text{C}}\text{m} \times \frac{\text{C}}{\text{m}^2}$$
$$= \text{V/m}$$

▶ガウスの法則
ある閉曲面を垂直に貫く電気力線の本数は，その閉曲面の内部に存在する電荷の総量 Q に比例し，$Q/\varepsilon_0\varepsilon_S$ に等しい．
詳しくは後述する．

▶電位
静電ポテンシャルとも呼ばれる．

▶電界の向き
第3図の人が丸い荷物を押す方向と逆方向である．

185

$$V = -\int_{\infty}^{r} E dx \, [\text{V}] = -\int_{\infty}^{r} \frac{1}{4\pi\varepsilon_0} \frac{Q_1}{x^2} dx$$

$$= \frac{Q_1}{4\pi\varepsilon_0} \left(-\int_{\infty}^{r} \frac{1}{x^2} \right) = \frac{Q_1}{4\pi\varepsilon_0} \left[\frac{1}{x} \right]_{\infty}^{r}$$

$$= \frac{Q_1}{4\pi\varepsilon_0 r} \, [\text{J}] \tag{4}$$

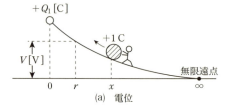

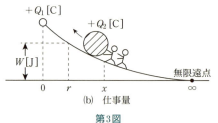

第3図

ここで無限遠点とは，電界の強さが0 V/mの地点とし，理論上の基準点である．

(4)式より，Q_2 [C]の静電荷を無限遠点から，任意の点まで運ぶのに要する**仕事量** W を考えると次式で表される．

$$W = Q_2 V = Q_2 \times \left(-\int_{\infty}^{r} E dx \right) [\text{W}]$$

$$= Q_2 \times \left(-\int_{\infty}^{r} \frac{1}{4\pi\varepsilon_0} \frac{Q_1}{x^2} dx \right)$$

$$= \frac{Q_2 Q_1}{4\pi\varepsilon_0} \left(-\int_{\infty}^{r} \frac{1}{x^2} dx \right) = \frac{Q_2 Q_1}{4\pi\varepsilon_0} \left[\frac{1}{x} \right]_{\infty}^{r}$$

$$= \frac{Q_2 Q_1}{4\pi\varepsilon_0 r} \, [\text{J}] \tag{5}$$

▶(4)式の単位変換

右辺の単位より

$$\frac{1}{\text{F/m}} \times \frac{\text{C}^2}{\text{m}} \quad \left(\text{F} = \frac{\text{V}}{\text{C}} \right)$$

$$= \frac{\text{V}}{\text{C}} \text{m} \times \frac{\text{C}^2}{\text{m}}$$

$$= \text{V} \cdot \text{C}$$

$$= \text{J}$$

となる．

■ガウスの法則

ガウスの法則とは，第4図より，電界内の閉曲面Cの内側から外側に向かう（矢印の向き）**電気力線の総数**とその閉曲面Cに存在する**総電荷量**Qの関係を表したものである．

▶電気力線
電界中に仮想した線で，その接線の方向は電界の方向と一致する．同方向の電気力線の数が多いと電界の強さが大きい．

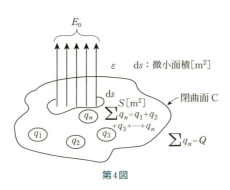

第4図

$$\int E_n \, dS = E_n S = \frac{\sum q_n}{\varepsilon} = \frac{Q}{\varepsilon} \qquad (6)$$

(5)式より，電気力線の総数（電界の強さE_nに閉曲面の面積$S\,[\mathrm{m}^2]$を掛けた値）は閉曲線に存在する総電荷量を誘電率εで割った値と同じである．具体的に，ガウスの法則により，球面導体，円筒導体および平面板について，電界の強さについて考えてみる．

▶誘電率ε
真空中の誘電率ε_0と比誘電率ε_sの積で表される．
$\varepsilon = \varepsilon_0 \varepsilon_s \,[\mathrm{F/m}]$
真空中，空気中における比誘電率は，$\varepsilon_s \fallingdotseq 1$とする．

◇球状導体における電界の強さ

球面導体の中心O点から，半径$r\,[\mathrm{m}]$における球面の表面積Aに存在する電荷の総和を$Q\,[\mathrm{C}]$，表面積を$A = 4\pi r^2\,[\mathrm{m}^2]$とすると，ガウスの法則より球面導体から流出する電界の強さ$E_r\,[\mathrm{V/m}]$は，次式で表される．

$E_r \times 4\pi r^2 = Q/\varepsilon$ より，

$$E_r = \frac{Q}{4\pi \varepsilon r^2}\,[\mathrm{V/m}] \qquad (7)$$

（ε：球外の空間の誘電率$[\mathrm{F/m}]$）

◇円筒導体における電界の強さ

長さ1m当たりの円筒導体の中心軸Oから，半径方向に

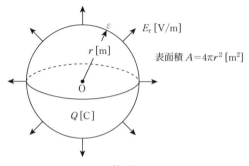

第5図

半径 r [m] における円筒形の表面積（閉曲面）に存在する電荷の総和を Q [C]，表面積を $A = 2\pi r \times 1 = 2\pi r$ [m²] とすると，ガウスの法則より円筒導体から流出する電界の強さ E_r [V/m] は次式で表される．

$E_r \times 2\pi r = Q/\varepsilon$ より，

$$E_r = \frac{Q}{2\pi\varepsilon r} [\text{V/m}] \tag{8}$$

（ε：誘電率 [F/m]）

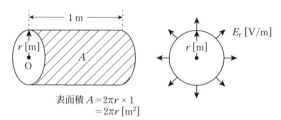

第6図

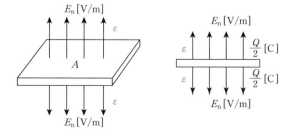

第7図

◇平面板における電界の強さ

面積 $S\,[\mathrm{m}^2]$ 当たりの平面板に存在する電荷の総和を $Q\,[\mathrm{C}]$ とすると，ガウスの法則より平面板の両面から，流出する電界の強さ $E\,[\mathrm{V/m}]$ は次式で表される．

$E \times S = Q/2\varepsilon$ より，

$$E = \frac{Q}{2\varepsilon S}\,[\mathrm{V/m}] \quad\quad (9)$$

(ε：誘電率$[\mathrm{F/m}]$)

▶電界の強さ $E\,[\mathrm{V/m}]$
電気力線に対し直角な単位面積（1 m²）当たりの電気力線の本数を電界の強さという．電気力線の周囲を空気中とすると $\varepsilon = \varepsilon_0$ となり，
$$E = \frac{q}{S\varepsilon_0}$$
q：電束

■静電容量

静電容量 C とは，電荷量の大きさ Q を表す比例定数である．電荷量 Q を電圧 V で割った値に等しい．

具体的に，同心球導体間，同軸導体間および平行板間の静電容量 C について考えてみる．

▶静電容量
$$C = \frac{Q}{V}$$

◇同心球導体間の静電容量

第8図のように，内側導体球（Ⅰ）の半径が $a\,[\mathrm{m}]$ および，外側の中空導体球（Ⅱ）の半径を $b\,[\mathrm{m}]$ とし，内外導体球に，$+Q\,[\mathrm{C}]$，$-Q\,[\mathrm{C}]$ の電荷が存在すると，内外導体球間の電界の強さ $E_\mathrm{x}\,[\mathrm{V/m}]$ は，(7)式より次式となる．

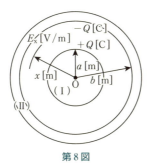

第8図

$$E_\mathrm{x} = \frac{Q}{4\pi\varepsilon x^2}\,[\mathrm{V/m}] \quad (\varepsilon：誘電率[\mathrm{F/m}])$$

よって，**球導体間の電位 $V\,[\mathrm{V}]$** は次式となる．ただし，$a < x < b$ とする．

$$V = -\int_b^a E_x dx = \frac{Q}{4\pi\varepsilon}\int_b^a \frac{-1}{x_2}dx = \frac{Q}{4\pi\varepsilon}\left[\frac{1}{x}\right]_b^a$$

$$= \frac{Q}{4\pi\varepsilon}\left(\frac{1}{a}-\frac{1}{b}\right)[\text{V}] \qquad (10)$$

(9)式より，同心球導体間の静電容量 C [F] は

$$C = \frac{Q}{V} = \frac{4\pi\varepsilon}{\left(\dfrac{1}{a}-\dfrac{1}{b}\right)} = \frac{4\pi\varepsilon ab}{b-a}[\text{F}] \qquad (11)$$

◇同軸導体間の静電容量

第9図のように，内側円筒導体（Ⅰ）の半径を a [m] および，外側の中空円筒導体（Ⅱ）の半径を b [m] とし，内外円筒導体球に，$+Q$ [C]，$-Q$ [C] の電荷が存在すると，内外円筒導体球間の電界の強さ E_x [V/m] は，(8)式より次式となる．

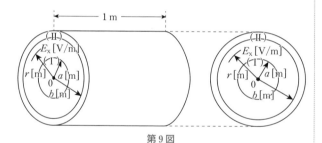

第9図

$$E_x = \frac{Q}{2\pi\varepsilon x}[\text{V/m}]$$

よって，円筒導体間の電位 V [V] は次式となる．

$$V = -\int_b^a E_x dx = \frac{Q}{2\pi\varepsilon}\int_b^a \frac{-1}{x}dx = \frac{Q}{2\pi\varepsilon}\int_a^b \frac{1}{x}dx$$

$$= \frac{Q}{2\pi\varepsilon}(\ln x)_a^b = \frac{Q}{2\pi\varepsilon}\left(\ln\frac{b}{a}\right)[\text{V}] \qquad (12)$$

(12)式より，同軸円筒導体間の静電容量 C [F] は

$$C = \frac{Q}{V} = \frac{2\pi\varepsilon}{\ln\dfrac{b}{a}}[\text{F}] \qquad (13)$$

◇平面板の静電容量

第10図のように，Ⅰ，Ⅱを2枚の平面板電極とし，その

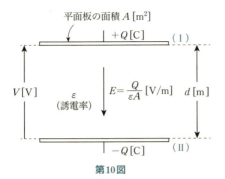

第10図

面積を S [m²], 間隔を d [m] とし, それぞれの平面板電極に $+Q$ [C], $-Q$ [C] の電荷が存在すると, 導体間の電界の強さ E [V/m] は, (9)式より次式となる.

$$E = 2 \times \frac{Q}{2\varepsilon S} \times \frac{Q}{\varepsilon S} [\text{V/m}] \qquad (14)$$

したがって, 平面板間の電位 V [V] は次式となる.

$$V = Ed = \frac{Q}{\varepsilon S} d [\text{V}] \qquad (15)$$

(15)式より, 平面板間の静電容量 C [F] は次式となる.

$$C = \frac{Q}{V} = \frac{\varepsilon S}{d} [\text{F}] \qquad (16)$$

■平行平板コンデンサに蓄えられるエネルギー

平行平板に蓄えられるエネルギー W [J] について考える.

第11図(a)でコンデンサ C [F] の電荷が q [C] とすると, コンデンサの両板間の電位 v は, 次式で表される.

$$v = \frac{q}{C} [\text{V}] \qquad (17)$$

電荷を q から, $q + dq$ に増加させるのに必要なエネルギーを dw [J] とすると,

$$dw = vdq = \frac{q}{C} dq [\text{J}] \qquad (18)$$

したがって, 電荷 q が $0 \sim Q$ [C] まで電荷を蓄えたときのエネルギー W_0 [J] は, 次式で表される.

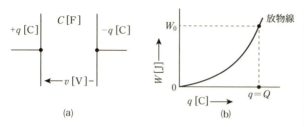

第11図

$$W_0 = \int_0^Q dw = \int_0^Q \frac{qdq}{C} = \frac{Q^2}{2C} \text{[J]} \tag{19}$$

(18)式で，電荷 q を横軸に，エネルギー W を縦軸にして表すと第11図(b)のようになる．

■誘電分極

第12図のように誘電体（絶縁体）の原子は，電界がないときは原子核が中心に，その周囲に電子があり，全体的に中性である．この原子を電界の中に入れると電子（負電荷）は正の電極側に引き寄せられ，原子核（正電荷）は負極側に引き寄せられる．結果，**正の電極側に近い箇所は負電荷が過剰，負極に近い箇所は正電荷が過剰**となる．

原子が見かけ上の一つの電気双極子になり，原子がこのような状態になることを**分極**という．誘電体中の原子が分極状態になることを誘電分極という．

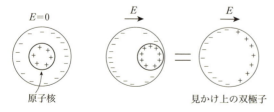

第12図

第13図(a)のように，真空中において $\pm\sigma$ の電荷密度のある2枚の金属板間に誘電体を入れると分極が起こる．分極により誘電体の両端のうち，$+\sigma$ の金属板の近くには $-\sigma'$，

$-\sigma$ の金属板の近くには $+\sigma'$ の分極電荷密度が出現し，第13図(b)のようになる．したがって，両金属板には，$+(\sigma-\sigma')$，$-(\sigma-\sigma')$ の見かけ上の電荷により電界の強さ E は次式で表される．

$$E = \frac{\sigma - \sigma'}{\varepsilon_0} \qquad (20)$$

また，分極の強さ P は，分極電荷密度に等しいから

$$P = \sigma' \qquad (21)$$

(20)，(21)式より，

$$E = \frac{\sigma - P}{\varepsilon_0} \qquad (22)$$

となる．

第13図(a)より，誘電体中の電界の強さ E は，

$$E = \frac{\sigma}{\varepsilon_0 \varepsilon_s} \qquad (23)$$

(23)式より，$\sigma = \varepsilon_0 \varepsilon_s E$ とし，(22)式に代入すると，分極の強さ P は次式で表される．

$$P = (\varepsilon_0 \varepsilon_s - \varepsilon_0)E = \varepsilon_0(\varepsilon_s - 1)E \qquad (24)$$

▶**分極電荷密度**
分極作用により，発生する電荷密度を分極電荷密度という．

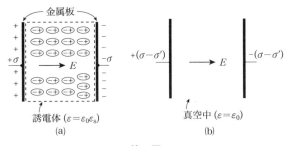

第13図

問題 1

真空中に 2 個の点電荷 $q_1 = 1\,\mu\mathrm{C}$ と $q_2 = 4\,\mu\mathrm{C}$ とがある．この両点電荷間に働く反発力 f が 0.4 N であるときの両点電荷間の距離 $r\,[\mathrm{cm}]$ を求めよ．

解説

$F = 9 \times 10^9 \times \dfrac{q_1 q_2}{r^2}\,[\mathrm{N}]$ より r^2 について求め，数値を代入する．

$q_1 = 1\,\mu\mathrm{C} = 1 \times 10^{-6}\,\mathrm{C}$, $q_2 = 4\,\mu\mathrm{C} = 4 \times 10^{-6}\,\mathrm{C}$, $F = 0.4\,\mathrm{N}$ であるから，

$$r^2 = 9 \times 10^9 \times \frac{q_1 q_2}{F} = 9 \times 10^9 \times \frac{(1 \times 10^{-6})(4 \times 10^{-6})}{0.4}$$

$$= \frac{9 \times 4}{0.4} \times 10^{-3} = 9 \times 10^{-2}$$

したがって，$r = \sqrt{9 \times 10^{-2}} = 3 \times 10^{-1}\,\mathrm{m} = 30\,\mathrm{cm}$ となる．

（答）　30 cm

問題 2

真空中において 2 個の点電荷 $q_1 = 4\,\mu\mathrm{C}$, $q_2 = -9\,\mu\mathrm{C}$ が，間隔 $r = 6\,\mathrm{cm}$ で置かれている．このとき，両電荷の中央点 P の電界の強さ $E_\mathrm{p}\,[\mathrm{V/m}]$ を求めよ．

解説

中央点 P に $+1\,\mathrm{C}$ の電荷を置いたとき，これに作用する電界の強さを求めればよい．それぞれの電荷 q_1, $q_2\,[\mathrm{C}]$ による電界の強さ E_1, $E_2\,[\mathrm{V/m}]$ は次式で表される．

$$E_1 = 9 \times 10^9 \times \frac{q_1}{\left(\dfrac{r}{2}\right)^2} = 9 \times 10^9 \frac{4 \times 10^{-6}}{\left(\dfrac{6 \times 10^{-2}}{2}\right)^2} = 4 \times 10^7\,\mathrm{V/m} \qquad ①$$

（P 点において右方向の向き）

$$E_2 = 9 \times 10^9 \times \frac{q_2}{\left(\dfrac{r}{2}\right)^2} = 9 \times 10^9 \frac{-9 \times 10^{-6}}{\left(\dfrac{6 \times 10^{-2}}{2}\right)^2} = -9 \times 10^7\,\mathrm{V/m} \qquad ②$$

（P 点において右方向の向き）

①，②式より，E_1，E_2 の向きは同方向になる．

$$q_1 \circ\text{-----------------} \underset{P}{\overset{|E_1|}{\bullet}} \overset{\longrightarrow}{|E_2|} \text{-----------------} \circ q_2$$

したがって，それぞれの電界の強さの絶対値を $|E_1|$，$|E_2|$ とすると，P 点で合成

した電界の強さ E_p [V/m] は，次式で表される．

$$E_p = |E_1| + |E_2|$$
$$(|E_2| = |-9 \times 10^7| = 9 \times 10^7)$$
$$= 4 \times 10^7 + 9 \times 10^7 = 13 \times 10^7 \text{ V/m} \quad (\text{P点において右方向})$$

(答) 13×10^7 V/m

問題 3

図のように電界の強さを E [V/m] とするとQ点よりP点まで，点電荷 $+q$ [C] の電荷を移動するのに必要な仕事量 W [J] を求めよ．

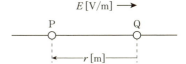

解説

電界の強さが E [V/m] ということは，その点において $+1$ C の電荷を置いたとき，これに働く力は E [N] であることを表す．この点に q [C] の電荷を置くと，$F = qE$ [N] で方向は電界の方向と一致する．この力 F に打ち勝ってQ点からP点まで移動させるには外部から仕事を与える必要がある．このときの仕事量を W [J] とすると

$$W = F \text{ [N]} \times r \text{ [m]} = Eqr \text{ [J]}$$

(答) Eqr [J]

問題 4

図のように薄くて極めて広い平面板の間隔 d を 2 cm とし，電荷の表面密度を $\pm \delta = 4 \times 10^{-8}$ C/m^2 とすれば，両極板の電界の強さ E [V/m] および電位差 V [V] はいくらか．

解説

平面板間の電界の強さを E [V/m] とすれば，電荷密度と電束密度 D [C/m^2] は同一であることから

$$E = \frac{D}{\varepsilon_0} = \frac{\delta}{\varepsilon_0} = \frac{4\pi\delta}{4\pi\varepsilon_0} = (9 \times 10^9) \times (4\pi \times 4 \times 10^{-8}) = 4522 \text{ V/m}$$

平面板 a および b の電位をそれぞれ V_a，V_b とすれば，両極板の電位差 V [V] は

$$V = V_a - V_b = E \times d = 4522 \times 2 \times 10^{-2} \fallingdotseq 90 \text{ V}$$

(答) 4522 V/m, 90 V

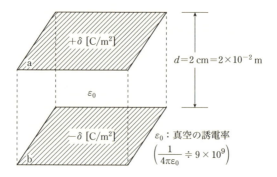

問題5

図より，平行平板コンデンサの蓄えられるエネルギー W [J] を求めよ．

ただし，S：電極板の面積 [m²]，d：電極板間の距離 [m]，ε_0：真空の誘電率 [F/m]，ε_s：比誘電率，$\pm Q$：電極板上の電荷 [C] とする．

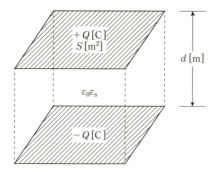

解説

誘電体中の電界の強さ E [V/m] は

$$E = \frac{D}{\varepsilon_0 \varepsilon_s} = \frac{Q/S}{\varepsilon_0 \varepsilon_s} = \frac{Q}{\varepsilon_0 \varepsilon_s S} [\text{V/m}]$$

となり，このことから単位体積当たりのエネルギー w [J/m³] は

$$w = \frac{1}{2}\varepsilon_0 \varepsilon_s E^2 = \frac{1}{2}\varepsilon_0 \varepsilon_s \left(\frac{Q}{\varepsilon_0 \varepsilon_s S}\right)^2 = \frac{Q^2}{2\varepsilon_0 \varepsilon_s S^2} [\text{J/m}^3]$$

誘電体全体のエネルギー W [J] は

$$W = wSd = \frac{Q^2}{2\varepsilon_0 \varepsilon_s S^2} \times Sd = \frac{Q^2 d}{2\varepsilon_0 \varepsilon_s S} [\text{J}]$$

(答) $\dfrac{Q^2 d}{2\varepsilon_0 \varepsilon_s S}$ [J]

電気及び電子理論

2　磁界の基礎

> **これだけは覚えよう！**
> □静磁界におけるクーロンの法則：複数の磁極が存在するとき，それぞれの磁石に作用する磁気力を求める算出方法
> □磁界の強さ：導体に流れる電流により発生する磁界の方向・磁界の強さ（大きさ）を求める算出方法
> □磁位と仕事量：磁界方向に逆らって任意の点の磁位（V）まで，磁極を移動させるのに必要な仕事量を求める算出方法
> □ビオ・サバールの法則：ビオ・サバールの法則（式）を用いて，無限長直線導体に電流が流れたときの磁界の強さ（大きさ）を求める算出方法
> □右ねじの法則とアンペアの周回路の法則：平行導体に電流が流れたときに導体間に作用する力を求める算出方法
> □磁気回路：磁束，磁気抵抗，磁界の強さ（大きさ）を求める算出方法
> □電磁エネルギー：単位体積当たりの磁気エネルギー w [J/m^3]，全体の磁気エネルギー W [J] を求める算出方法

■静磁界のクーロンの法則

　二つの磁極間に働く力の大きさを，クーロンの法則で表すことができる．静止している磁極 m_1 [Wb]，m_2 [Wb] が距離 r [m] だけ離れて真空中に存在したとき，この二つの磁極の間に働く力を**磁気力**と呼び，**大きさ F [N]** は次式で表される．

▶符号
磁石の場合，N極を＋S極を－とする．

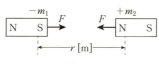

第1図

$$F = \frac{1}{4\pi\mu_0} \times \frac{m_1 m_2}{r^2} \fallingdotseq 6.33 \times 10^4 \times \frac{m_1 m_2}{r^2} \text{[N]} \quad (1)$$

μ_0 は，真空の透磁率と呼ばれる．

同符号の磁極の間には反発力が働き，異符号の磁極の間には吸引力が働く．

■磁界の強さと磁気力

磁界の強さは，磁界内の任意の点に $+1\,\text{Wb}$ の電荷を置いたとき，それに働く磁気力の大きさのことである．磁界をつくっている磁極を $m_1\,[\text{Wb}]$，それから $r\,[\text{m}]$ 離れた点の $+1\,\text{Wb}$ の磁極に作用する**磁界の強さ $H\,[\text{A/m}]$ を，クーロンの法則**で表すことができる．

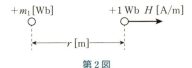

第2図

(1)式で，$m_2 = 1\,\text{Wb}$ とすると次式で表される．

$$H = \frac{1}{4\pi\mu_0} \times \frac{m_1 \times 1}{r^2} = \frac{1}{4\pi\mu_0} \times \frac{m_1}{r^2}\,[\text{A/m}] \quad (2)$$

(1), (2)式より，磁気力 $F\,[\text{N}]$ は

$$F = \frac{1}{4\pi\mu_0} \times \frac{m_1 m_2}{r^2} = m_2 \times H\,[\text{N}] \quad (3)$$

となる．(3)式の意味は，磁界をつくっている磁極 $m_1\,[\text{C}]$ から，$r\,[\text{m}]$ 離れた点に磁極 $m_2\,[\text{Wb}]$ を置くと，磁極 $m_2\,[\text{Wb}]$ に作用する**磁気力は，磁界の強さに比例**することがわかる．

■磁位と仕事

磁位 U とは，磁界の向きと逆方向に $+1\,\text{Wb}$ の磁極を無限遠点 ∞ から，任意の点 r まで運ぶのに要する仕事量である．次式により表される．

▶(1)式の単位変換

$$\frac{1}{\text{H/m}} \times \frac{\text{Wb}^2}{\text{m}^2} \quad \left(\text{H} = \frac{\text{Wb}}{\text{A}}\right)$$
$$= \frac{\text{A}}{\text{Wb}}\text{m} \times \frac{\text{Wb}^2}{\text{m}^2}$$
$$= \frac{\text{Wb}\cdot\text{A}}{\text{m}}$$
$$= \frac{\text{V}\cdot\text{A}\cdot\text{s}}{\text{m}} = \frac{\text{W}\cdot\text{s}}{\text{m}}$$
$$= \frac{\text{N}\cdot\text{m}}{\text{m}} = \text{N}$$

▶(2)式の単位変換

右辺の単位より

$$\frac{1}{\text{H/m}} \times \frac{\text{Wb}}{\text{m}^2}$$
$$= \frac{\text{A}}{\text{Wb}}\text{m} \times \frac{\text{Wb}}{\text{m}^2}$$
$$= \text{A/m}$$

となる．

▶磁界の向き

1静電界の基礎の第3図で人が丸い荷物を押す方向と逆方向である．

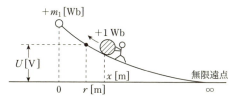

第3図

$$U = -\int_\infty^r H\,dx = -\int_\infty^r \frac{1}{4\pi\mu_0}\frac{m_1}{x^2}dx$$

$$= \frac{m_1}{4\pi\mu_0}\left(-\int_\infty^r \frac{1}{x^2}\right) = \frac{m_1}{4\pi\mu_0}\left[\frac{1}{x}\right]_\infty^r$$

$$= \frac{m_1}{4\pi\mu_0 r}\,[\text{J}] \qquad (4)$$

ここで，無限遠点とは，磁界の大きさが0 A/mの地点とし，理論上の基準点である．(3)式より，m_2 [Wb]の磁極を無限遠点から，任意の点 r [m] まで運ぶのに要する仕事量を考えると次式で表される．

$$W = m_2 U = m_2 \times \left(-\int_\infty^r H\,dx\right)$$

$$= m_2 \times \left(-\int_\infty^r \frac{1}{4\pi\mu_0}\frac{m_1}{x^2}dx\right) = \frac{m_1 m_2}{4\pi\mu_0}\left(-\int_\infty^r \frac{1}{x^2}dx\right)$$

$$= \frac{m_1 m_2}{4\pi\mu_0}\left[\frac{1}{x}\right]_\infty^r = \frac{m_1 m_2}{4\pi\varepsilon_0 r}\,[\text{J}] \qquad (5)$$

▶(5)式の単位変換

$$\frac{1}{\text{H/m}} \times \frac{\text{Wb}^2}{\text{m}}$$
$$= \frac{\text{A}}{\text{Wb}}\text{m} \times \frac{\text{Wb}^2}{\text{m}}$$
$$= \text{Wb}\cdot\text{A}$$
$$= \text{V}\cdot\text{A}\cdot\text{s}\quad(\text{V}\cdot\text{A}=\text{W})$$
$$= \text{W}\cdot\text{s}$$
$$= \text{J}$$

■ビオ・サバールの法則

一つの閉曲線に沿って電流が流れているとき，任意の点における磁界の強さを求める式が**ビオ・サバールの法則**と呼ばれている．

電流が流れている導体上の微小電流要素 $I\,dx$ から距離 r [m] のところにある点の磁界の強さ H [A/m] は次式で表すことができる．

$$dH = \frac{I\,dx \sin\theta}{4\pi r^2}\,[\text{A/m}] \qquad (6)$$

ビオ・サバールの法則を用いて『無限長直線導体におけ

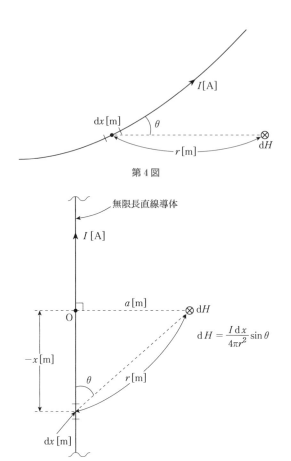

第 4 図

第 5 図

$$\mathrm{d}H = \frac{I\,\mathrm{d}x}{4\pi r^2}\sin\theta$$

る磁界の強さ』について考える．

第 5 図より，$\mathrm{d}x/\mathrm{d}\theta = a/\sin^2\theta$ および，$r = a/\sin\theta$ を(6)式に代入すると，

$$\mathrm{d}H = \frac{I}{4\pi} \times \frac{a\,\mathrm{d}\theta}{\sin^2\theta} \times \frac{\sin^2\theta}{a^2} \times \sin\theta$$

$$= \frac{I}{4\pi a}\sin\theta\,\mathrm{d}\theta\,[\mathrm{A/m}] \qquad (8)$$

(8)式より，θ を $0 \sim \pi$ まで積分した値がP点の磁界の強さ H [A/m] となる．

▶ $\dfrac{\mathrm{d}\theta}{\mathrm{d}x} = \dfrac{a}{\sin^2\theta}$ の補足説明

$\tan\theta = -\dfrac{a}{x}$ より

$$x = -\dfrac{a}{\tan\theta}$$

とし，両辺で θ で微分する．

$$\dfrac{\mathrm{d}x}{\mathrm{d}\theta} = -a\left[\dfrac{\mathrm{d}}{\mathrm{d}\theta}\tan\theta\right]$$

$$= -a\dfrac{1}{-\sin^2\theta}$$

$$= \dfrac{a}{\sin^2\theta}$$

$\left(\dfrac{\mathrm{d}}{\mathrm{d}\theta}\tan\theta = -\dfrac{1}{\sin^2\theta}\right)$

$$H = \int_0^\pi dH = \int_0^\pi \frac{I}{4\pi a}\sin\theta d\theta = \frac{I}{4\pi a}[-\cos\theta]_0^\pi$$
$$= \frac{I}{2\pi a}\,[\text{A/m}] \qquad\qquad (9)$$

■右ねじの法則とアンペアの周回積分の法則

◇右ねじの法則

導体に電流が流れると，導体の半径方向の円周上に磁界が生じる．

円形コイルに電流が流れると，円形コイルの中心軸上に磁界が生じる．

電流と磁界の方向は次のように定められる．

- 電流の進む方向を右ねじの回転方向（時計方向）とすると，磁界の進む方向は右ねじの進む方向となる．
- 磁界の進む方向を右ねじの回転方向（時計方向）とすると，電流の進む方向は右ねじの進む方向となる．

これを**アンペアの右ねじの法則**という．

▶電流の方向
⊗：クロスと読む
紙面の表から裏に垂直方向の電流もしくは磁界を表す．
⊙：ドットと読む
紙面の裏から表に垂直方向の電流もしくは磁界を表す．

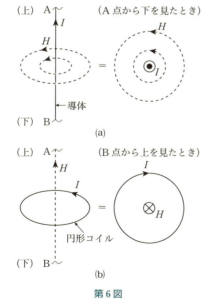

第6図

◇アンペア周回積分の法則

電流 I [A] が流れている n 本の導体が任意の閉曲線 C と鎖交（通過する）しているとき，C に沿って磁界を積分すると次式で表すことができる．

$$\oint H \mathrm{d}l = \sum_{i=1}^{n} I_i \,[\mathrm{A}] \tag{10}$$

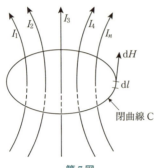

第 7 図

磁界 H [A/m] が通過した閉曲線の経路を半径 R [m] の外周と考えると $\oint H \mathrm{d}l$ は，次式で表される．

$$\oint H \mathrm{d}l = 2\pi R \times H \,[\mathrm{A}] \tag{11}$$

また，閉曲線を通過した電流の総和を I [A] とすると，

$$\sum_{i=1}^{n} I_i \,[\mathrm{A}] = I \,[\mathrm{A}] \tag{12}$$

となり，(10)式に(11)，(12)式を代入すると次式となる．

$$2\pi R \times H = I \,[\mathrm{A}] \tag{13}$$

(12)式より，磁界の強さ H [A/m] は次式となる．

$$H = \frac{I}{2\pi R} \,[\mathrm{A/m}] \tag{14}$$

■磁気回路

磁界空間における磁界 H [A/m] と磁束密度 B [T] には次のような関係がある．

$$B = \mu H = \mu_0 \mu_s H \,[\mathrm{T}] \tag{15}$$

▶$2\pi R$
半径 R に沿った円の 1 周の積分値

▶磁束密度の単位
T はテスラと読む．
$1 \times 10^{12} = 1\mathrm{T}$ の T はテラと読み，単位の接頭語などとして使われる．混同しないように注意すること．

μ_0：真空の透磁率（$=4\pi \times 10^{-7}$ H/m），μ_s：磁性体の比透磁率，μ：磁性体の透磁率（$=\mu_0 \times \mu_s$ [H/m]）

透磁率の大きい磁性体を用いて，磁束の通路（磁路）をつくると，磁束は，周囲にほとんど漏れずに通路を通る．このように磁路を閉じたものを磁気回路という．

次に，環状鉄心回路（第8図）を用いて，起磁力，磁気抵抗，磁束について考えてみる．

▶磁路
磁束の通路のことを磁路という．

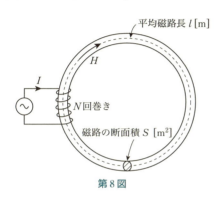

第8図

起磁力 NI [A] を，磁気抵抗 R_m [H^{-1}] と磁束 ϕ [Wb] で表すと次式となる．

$$NI = R_m \phi \text{ [A]} \tag{16}$$

また，磁気抵抗 R_m [H^{-1}] は次式で表される．

$$R_m = \frac{l}{\mu S} \text{ [H}^{-1}\text{]} \tag{17}$$

l：平均磁路長 [m]，S：磁路の断面積 [m^2]

(16), (17)式より，磁束 ϕ [Wb] は次式で表される．

$$\phi = \frac{NI}{R_m} = \frac{\mu S N I}{l} \text{ [Wb]} \tag{18}$$

(18)式より，磁束 ϕ は透磁率 μ が高いほど，大きくなることがわかる．

磁気回路の計算は，電気回路のオームの法則のように計算を行うことができる．これらの関係を整理すると第1表のようになる．

▶磁気抵抗の単位
A/Wb から H^{-1} に変わっている．
$R_m = \dfrac{l}{\mu S}$ の分母・分子の単位は，
$\dfrac{\text{m}}{\left(\frac{\text{H}}{\text{m}}\right)\text{m}^2} = \dfrac{1}{\text{H}} = \text{H}^{-1}$
となる．

第1表

電気回路	磁気回路
起電力 E [V]	起磁力 $F = NI$ [A]
電流 I [A]	磁束 Φ [Wb]
電気抵抗 $R = \rho \dfrac{l}{S}$ [Ω]	磁気抵抗 $R_\mathrm{m} = \dfrac{l}{\mu A}$ [H^{-1}]
導電率 σ [S/m]	透磁率 μ [H/m]
電気回路のオームの法則 $I = \dfrac{E}{R} = \dfrac{E}{\rho \dfrac{l}{S}}$ [A]	磁気回路のオームの法則 $\Phi = \dfrac{NI}{R_\mathrm{m}} = \dfrac{NI}{\dfrac{l}{\mu S}}$ [Wb]

■電磁力

◇フレミングの左手の法則

導体に電流が流れると磁界を発生する．磁界の空間中に導体を配置し電流を流すと，電流により発生した磁界と空間の磁界との間で，力 F が働くことになり，これを**フレミングの左手の法則**といい，次式で表される．

$$F = IBl \sin\theta \ [\text{A}] \tag{19}$$

l：導体の長さ [m]，θ：磁界の方向 H [A/m] と電流 I [A] の方向とのなす角度である．

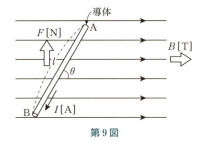

第9図

作用する力 F [N]，磁束密度 B [T]，電流 I [A] の方向はフレミングの左手の法則で表される．

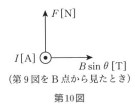

(第9図をB点から見たとき)

第10図

◇平行導体に流れる電流の方向と作用する力の方向

2本の十分長い導体をr[m]だけ平行に離して置き、それぞれに、I_1[A]、I_2[A]の電流を流した場合に作用する力について考える。電流I_1[A]が電流I_2[A]（導体Ⅱ）のところにつくる磁界の強さH_1[A/m]は、(14)式より$H_1 = I_1/2\pi r$[A/m]であるから、磁束密度B[T]は

$$B = \mu H_1 = \frac{\mu I_1}{2\pi r} [\text{T}] \tag{20}$$

となる。したがって、電流I_2[A]（導体Ⅱ）に作用する力F[N]は

$$F = I_2 Bl\sin\theta = \frac{\mu I_1 I_2 \sin\theta}{2\pi r} = \frac{\mu I_1 I_2}{2\pi r} [\text{N}] \tag{21}$$

▶(21)式補足
磁束密度B[T]とI_2[A]の方向は90°であるから$\sin\theta = \sin 90° = 1$となる。

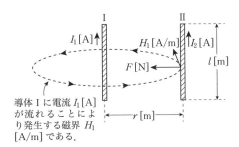

第11図

作用する力の方向は、I_1[A]、I_2[A]が同方向のときは**吸引力**、逆方向のときは**反発力**を生じる。

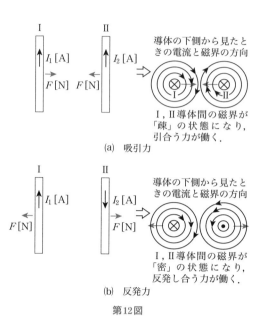

(a) 吸引力

(b) 反発力

第12図

問題1

真空中で磁極の強さが2×10^{-5} Wbの磁極から距離10 cm離れた点の磁界の強さ[A/m]はいくらか.

解説

$r = 0.1$ m, $m = 2 \times 10^{-5}$ Wbであるから, 磁界の強さH [A/m]は次のように求まる.

$$H = \frac{1}{4\pi\mu_0} \frac{m}{r^2} = (6.33 \times 10^4) \frac{2 \times 10^{-5}}{0.1^2} \fallingdotseq 127 \, \text{A/m}$$

（答）　127 A/m

問題2

非常に長い直線導体に20 Aの電流が流れているとき, 導体より1 m離れた点における磁界の強さ[A/m]はいくらか.

解説

$r = 1$ m, $I = 20$ Aであるから, アンペアの周回路の法則より, 磁界の強さH [A/m]は次のように求まる.

$$H = \frac{1}{2\pi r} = \frac{20}{2\pi \times 1} \fallingdotseq 3.18 \, \text{A/m}$$

（答）　3.18 A/m

問題3

半径が10 cmの20回巻きの円形コイルに20 Aの電流を流したとき, このコイルの中心に生じる磁界の強さ[A/m]はいくらか

解説

$r = 0.1$ m, $N = 20$回巻き, $I = 20$ Aであるから, ビオ・サバールの法則より, 磁界の強さH [A/m]は

$$H = \frac{NI}{2r} = \frac{20 \times 20}{2 \times 0.1} = 2000 \, \text{A/m}$$

（答）　2 000 A/m

問題4

A, B 2本の平行直線導体があり, 導体Aには6 A, 導体Bには, 導体Aと逆方向に15 Aの電流が流れている. 導体A, Bの間隔がl [m]のとき, 導体Aより, 7.5 m,

207

左側に離れた点Pにおける合成磁界が 0 A/m になった．この条件で導体AB間の距離 l [m] を求めよ．

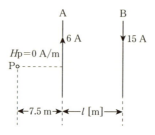

解説

導体Aに流れる電流によるP点の磁界の強さを H_{PA} [A/m]，導体Bに流れる電流によるP点の磁界の強さを H_{PB} [A/m] とすると，アンペアの周回積分の法則より，P点の磁界の強さ H_P [A/m] は次式となる．

$$H_P = H_{PA} - H_{PB} = \frac{6}{2\pi \times 7.5} - \frac{15}{2\pi \times (l+7.5)} = 0$$

上式より，導体A-B間の距離 l [m] は次のように求まる．

$$l = \frac{7.5 \times 15}{6} - 7.5 = 11.25 \text{m}$$

(答) 11.25 m

問題5

図のように，磁路の平均の長さ l [m]，断面積 S [m^2] で透磁率 μ [H/m] の環状鉄心に巻数 N のコイルが巻かれている．

コイルに電流 I [A] を流したときの，環状鉄心内の磁束 ϕ [Wb] を求めよ．

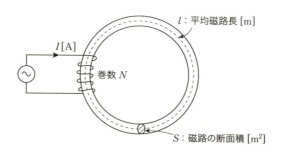

解説

環状鉄心の磁気抵抗 R [H^{-1}] は，$R = l/\mu S$ [H^{-1}] であるから，鉄心内を通過する磁束 ϕ [Wb] は，次式で表される．

$$\phi = \frac{NI}{R} = \frac{NI}{l/\mu S} = \frac{\mu SNI}{l} \text{[Wb]}$$

(答) $\dfrac{\mu SNI}{l}$ [Wb]

電気及び電子理論

3 電磁誘導

> **これだけは覚えよう！**
> □ファラデーの法則：誘導起電力（大きさ）を求める算出方法・発生した誘導起電力の方向の考え方
> □フレミングの右手の法則：フレミングの右手の法則を用いて移動する導体に誘導される起電力（大きさ）を求める算出方法
> □自己誘導：自己インダクタンスを求める算出方法
> □相互誘導：相互インダクタンスを求める算出方法
> □電磁エネルギー：電磁エネルギー W を求める算出方法

■ファラデーの法則

二つの閉回路があり，一方の閉回路の電流が変化したりすると，他方の閉回路に誘導起電力を発生する．この現象を**電磁誘導**という．

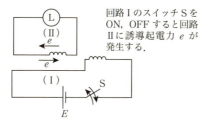

回路Iのスイッチ S を ON, OFF すると回路 II に誘導起電力 e が発生する．

第1図

◇ファラデーの法則

電磁誘導によって発生する**誘導起電力の大きさ**は，この回路に鎖交する**磁束数の時間的変化の割合に比例**する．

◇レンツの法則

電磁誘導によって発生する**誘導起電力の向き**は，この回路に鎖交するする**磁束の変化を妨げる電流を流す方向**になる．

▶ファラデーの法則
誘導起電力の**大きさ**に関する法則である．

▶レンツの法則
誘導起電力の方向に関する法則である．

第2図のように回路のコイル（N回）に，磁石（N極）を近づけたとき，磁石による磁束（ϕ_1）が増加しようとするが，その変化を妨げるような向きに磁束（ϕ_2）が生じるように誘導起電力e[V]が発生する．

$$e = -N\frac{d\phi_2}{dt} \quad (1)$$

▶(1)式
－は磁束鎖交数の変化を妨げる方向（逆方向）を表す．

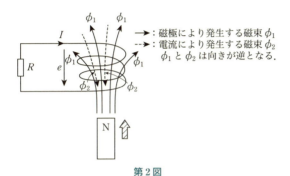

第2図

同様に，閉回路のコイル（N回）から磁石（N極）を遠ざけたとき，磁石による磁束（ϕ_1）が減少しようとするが，その変化を妨げるような向きに磁束（ϕ_2）が生じるように誘導起電力e[V]が発生する．

■フレミングの右手の法則

長さl[m]の直線導体が速度v[m/s]で磁束密度B[T]の磁界空間を角度θ方向に運動すると，導体には誘導起電力e[V]が生じる．

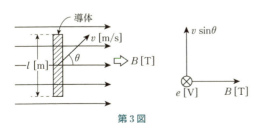

第3図

$$e = vBl\sin\theta \ [\text{V}] \quad (2)$$

$v\sin\theta$ が右手の親指，B が人差し指，e が中指の方向となる．これをフレミングの右手の法則という．

■自己誘導

コイルに電流 I [A] を流すと，この電流によりコイルに鎖交する磁束が発生する．コイルの漏れ磁束がないとすると鎖交する磁束 ϕ [Wb] は次式で表される．

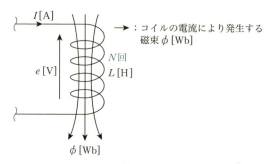

第4図

$$\phi = N\phi = LI \text{ [Wb]} \tag{3}$$

(3)式より，磁束鎖交数 ϕ [Wb] は自己インダクタンス L [H] に比例する．

また，コイルの電流 I [A] が変化するとき，コイルに誘導される起電力 e [V] は

$$e = -N\frac{\mathrm{d}\phi}{\mathrm{d}t} = -L\frac{\mathrm{d}I}{\mathrm{d}t} \text{ [V]} \tag{4}$$

となる．このようにコイル自身に流れる電流によってコイルに逆起電力が誘導されることを**自己誘導**という．

■相互誘導

第5図のように2個のコイルを接近して並べ，一次側のコイルに流れる電流を流し変化させると，二次側のコイルの磁束鎖交数が変化して，二次側のコイルに起電力 V_2 [V] が誘導される．

一次側に流れる電流 I_1 [A] により発生する磁束のうち二

▶起電力
一次側のコイルにも同時に自己誘導により起電力が発生する．

次側のコイルと鎖交する磁束を ϕ_{12} [Wb] とする．ϕ_{12} [Wb] は一次側コイルに流れる電流 I_1 [A] に比例することから，比例定数を M_{12} とすると

$$\phi_{12} = M_{12}I_1 \text{ [Wb]} \tag{5}$$

となる．

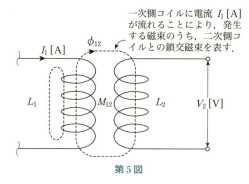

第5図

同様に第6図のように，二次側のコイルに電流を流し変化させると，一次側のコイルの磁束鎖交数が変化して，一次側のコイルに起電力 V_1 [V] が誘導される．

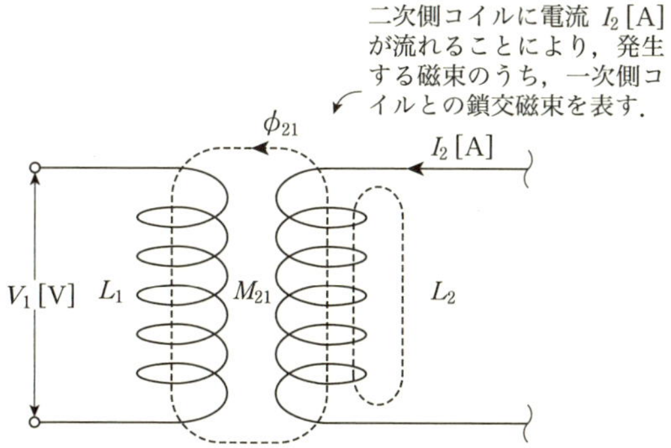

第6図

二次側に流れる電流 I_2 [A] により発生する磁束のうち，一次側のコイルと鎖交する磁束を ϕ_{21} [Wb] とする．ϕ_{21} [Wb] は二次側コイルに流れる電流 I_2 [A] に比例することから，比例定数を M_{12} とすると

$$\phi_{21} = M_{21}I_2 \,[\text{Wb}] \tag{6}$$

となる．(5), (6)式に比例定数 M_{12}, M_{21} は $M_{12} = M_{21}$ であるから，これを M とすると，それぞれの誘導起電力 V_1, $V_2[\text{V}]$ は次式で表される．

$$V_2 = -\frac{d\phi_{12}}{dt} = -M\frac{dI_1}{dt}\,[\text{V}] \tag{7}$$

$$V_1 = -\frac{d\phi_{21}}{dt} = -M\frac{dI_2}{dt}\,[\text{V}] \tag{8}$$

この M を**相互インダクタンス[H]**といい，各コイルの自己インダクタンス L_1, $L_2[\text{H}]$ との間には次式の関係がある．

$$M = k\sqrt{L_1 L_2}\,[\text{H}] \tag{9}$$

k は結合係数という．

このように互いのコイルに流れる電流によって発生した磁束により，反対側のコイルに起電力が誘導されることを相互誘導という．

▶**結合係数**
k の範囲は $0 < k < 1$ となる．

■電磁エネルギー

第7図のように，コイルに流れている電流 $I\,[\text{A}]$ を増加させようとすると，自己誘導により逆起電力 V_e が発生する．

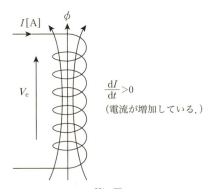

第7図

$$V_e = -L\frac{dI}{dt}\,[\text{V}] \tag{10}$$

(10)式より，この逆起電力に逆らって電流 I [A] を流すのに必要な仕事量 dW [J] は

$$dW = |V_e| \times I \times dt = L\frac{dI}{dt} \times I \times dt$$
$$= L \times I \times dI \,[\mathrm{J}] \qquad (11)$$

となる．(11)式より，コイルに流れる電流を 0 A〜I [A] まで流すのに必要なエネルギー W [J] は次式で表される．

$$W = \int_0^I dW = \int_0^I L \times I \times dI = L\int_0^I I dI$$
$$= \frac{1}{2}LI^2 \,[\mathrm{J}] \qquad (12)$$

これが，自己インダクタンス L のコイルに蓄積される電磁エネルギーである．

▶**絶対値**

$|V_e|$ は V_e の大きさを表している．
常に正の値である．

▶**静電エネルギー**

$W = \frac{1}{2}CV^2$ [J] となる．

215

問題 1

100回巻きのコイルを通り抜ける磁束を 0.5 秒間に 2 Wb だけ変化させたとき，コイルに誘導される起電力の大きさ [V] を求めよ．

解説

$N = 100$ 回巻き，$\mathrm{d}\phi/\mathrm{d}t = 2\,\mathrm{Wb}/0.5\,\mathrm{s} = 4\,\mathrm{Wb/s}$ であるから，誘導起電力 $e\,[\mathrm{V}]$ は次式より求まる．

$$e = -N\frac{\mathrm{d}\phi}{\mathrm{d}t} = -100 \times 4 = -400\,\mathrm{V}$$

誘導起電力の大きさは $|e|$ は 400 V となる．

（答）　400 V

問題 2

紙面に平行な水平面において，1 m の間隔で張られた 2 本の直線状の平行導線に 5 Ω の抵抗を接続している．この平行導線に垂直に図に示すように直線状の導体棒 AB を渡し，紙面の裏側から表側にに向かって磁束密度 $B = 3 \times 10^{-2}\,\mathrm{T}$ の一様な磁界をかける．

導体棒を磁界の方向に垂直な矢印方向に一定速度 $v = 4\,\mathrm{m/s}$ で移動させたとき，5 Ω の抵抗に流れる電流の大きさと方向を求めよ．

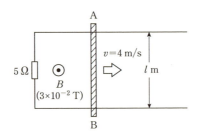

解説

導体棒に流れる電流の方向は，フレミングの右手の法則より，A→B（下向き）に流れる．よって，5 Ω の抵抗には上向きに流れる．また，導体棒に誘導される起電力 $e\,[\mathrm{V}]$ は，

$$e = Blv\sin\theta = 3 \times 10^{-2} \times 1 \times 4 \times 1 = 12 \times 10^{-2} = 12 \times 10^{-2} = 0.12\,\mathrm{V}$$

したがって，5 Ω に流れる電流 $i\,[\mathrm{A}]$ は

$$i = \frac{e}{r} = \frac{0.12}{5} = 0.024 \text{ A}$$

（答）0.024 Aの大きさの電流が抵抗5Ωを上向きに流れる

問題3

中心長，ギャップ長がそれぞれ，$L_1 = 200$ cm，$L_2 = 10$ cmで断面積$S = 200$ cm^2，比透磁率$\mu_s = 1000$の環状鉄心に巻かれたソレノイド（巻数$N = 10000$回）に電流$I = 10$ Aを流したとき，鉄心内に生じる磁束ϕ [Wb]の値を求めよ．ただし，漏れ磁束はないものとする．真空中の透磁率$\mu_0 = 4\pi \times 10^{-7}$ H/mとする．

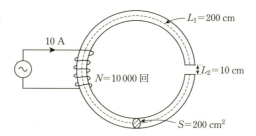

解説

環状鉄心内を通過する磁束ϕ [wb]は次式で表される．$L_1 = 2$ m，$L_2 = 0.1$ m，$\mu_s = 1000$，$\mu_0 = 4\pi \times 10^{-7}$ H/m，$N = 10000$回巻き，$I = 10$ Aであるから

$$\phi = \frac{NI}{R} = \frac{NI}{\left(\dfrac{L_1}{\mu_0 \mu_s} + \dfrac{L_2}{\mu_0}\right)} = \frac{\mu_0 \mu_s NI}{L_1 + \mu_s L_2}$$

$$= \frac{4\pi \times 10^{-7} \times 1000 \times 10000 \times 10}{2 + 1000 \times 0.1} \fallingdotseq 1.23 \text{ Wb}$$

（答）1.23 Wb

問題4

インダクタンスが10 mHのコイルに直流20 Aの電流が流れているとき，コイルに蓄積される電磁エネルギー[J]を求めよ．

解説

$L = 10 \times 10^{-3}$ H，$I = 20$ Aであるから，電磁エネルギーW [J]は

$$W = \frac{1}{2} LI^2 = \frac{1}{2} \times 10 \times 10^{-3} \times 20^2 = 2 \text{ J}$$

(答)　2 J

問題5

二つのコイルの自己インダクタンスがそれぞれ $L_1 = 10$ mH，$L_2 = 14$ mHでコイル間の相互インダクタンスMが$M = 11$ mHのとき，コイル間の結合係数kを求めよ．

解説

結合係数kは次式で表される．　$L_1 = 10 \times 10^{-3}$ H，$L_2 = 14 \times 10^{-3}$ H，$M = 11 \times 10^{-3}$ Hであるから，

$$k = \frac{M}{\sqrt{L_1 \times L_2}} = \frac{11 \times 10^{-3}}{\sqrt{10 \times 10^{-3} \times 14 \times 10^{-3}}} \fallingdotseq 0.930$$

(答)　0.930

電気及び電子理論

4 回路計算の基礎

> これだけは覚えよう！
> □直列回路：各部の電圧および，電流を求める算出方法・複素インピーダンスのベクトル図の作図
> □並列回路：電圧，各部の電流を求める算出方法・複素アドミタンスのベクトル図の作図
> □直並列回路：各電圧，電流を求める算出方法・複素アドミタンスのベクトル図の作図

■直列回路

第1図の RLC 直列回路について考える．

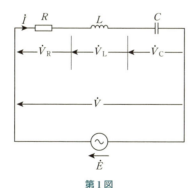

第1図

回路に流れる電流を $\dot{I}$ [A] とすれば，各素子の端子電圧は次式となる．

$$\dot{V}_R = R\dot{I} \text{ [V]} \tag{1}$$

$$\dot{V}_L = j\omega L \dot{I} \text{ [V]} \tag{2}$$

$$\dot{V}_c = \frac{\dot{I}}{j\omega C} = -j\frac{\dot{I}}{\omega C} \text{ [V]} \tag{3}$$

(1)式〜(3)式より,回路全体の電圧 $\dot{V}$ [V] は

$$\dot{V} = \dot{V}_R + \dot{V}_L + \dot{V}_C = \left\{R + j\left(\omega L - \frac{1}{\omega C}\right)\right\}\dot{I} \text{ [V]} \quad (4)$$

となり,(4)式より,この回路の複素インピーダンス $\dot{Z}$ [Ω] は

$$\dot{Z} = \frac{\dot{V}}{\dot{I}} = \left\{R + j\left(\omega L - \frac{1}{\omega C}\right)\right\} \quad (5)$$

となる.複素インピーダンス $\dot{Z}$ [Ω] の虚数部の $\left(\omega L - \frac{1}{\omega C}\right)$ を**リアクタンス**といい,$\left(\omega L - \frac{1}{\omega C}\right) > 0$ のときは**誘導性リアクタンス**,$\left(\omega L - \frac{1}{\omega C}\right) < 0$ のときは**容量性リアクタンス**と呼ぶ.

$\left(\omega L - \frac{1}{\omega C}\right) > 0$ のときの複素インピーダンスのベクトル図を描くと第2図のようになる.

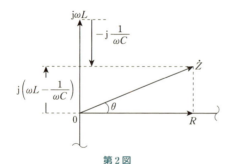

第2図

$$\dot{\theta} = \tan^{-1}\frac{\omega L - \dfrac{1}{\omega C}}{R} \text{ は,} \dot{I} \text{ と } \dot{V} \text{ の位相角を表す.}$$

■並列回路

第3図の,RLC 並列回路について考える.

回路の電圧を $\dot{V}$ [V] とすれば,各素子に流れる電流は次式となる.

$$\dot{I}_R = \frac{\dot{V}}{R} \text{ [A]} \quad (6)$$

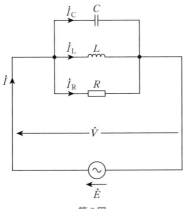

第3図

$$\dot{I}_L = \frac{\dot{V}}{j\omega L} = -j\frac{\dot{V}}{\omega L} [A] \qquad (7)$$

$$\dot{I}_C = \frac{\dot{V}}{\frac{1}{j\omega C}} = j\omega C\dot{V} [A] \qquad (8)$$

(6)式〜(8)式より，回路全体の電流を$\dot{I}$ [A]とすると

$$\dot{I} = \dot{I}_R + \dot{I}_C + \dot{I}_L = \left\{\frac{1}{R} + j\left(\omega C - \frac{1}{\omega L}\right)\right\}\dot{V} [A] \qquad (9)$$

となり，(9)式より，この回路の複素インピーダンス$\dot{Z}$ [Ω]は

$$\dot{Z} = \frac{\dot{V}}{\dot{I}} = \frac{1}{\frac{1}{R} + j\left(\omega C - \frac{1}{\omega L}\right)} [\Omega] \qquad (10)$$

(10)式より，$\dot{Y}$ [S] $= \dfrac{1}{\dot{Z}[\Omega]}$ の関係が成り立つ．$\dot{Y}$ [S] を複素アドミタンスと呼び，次式で表される．

$$\dot{Y} = \left\{\frac{1}{R} + j\left(\omega C - \frac{1}{\omega L}\right)\right\} [S] \qquad (11)$$

(9)式で，$\left(\omega C - \dfrac{1}{\omega L}\right) > 0$ のときの複素アドミタンスのベクトル図を描くと第4図のようになる．

$$\theta = \tan^{-1}\frac{\omega L - \dfrac{1}{\omega C}}{\dfrac{1}{R}} = \tan^{-1} R\left(\omega L - \dfrac{1}{\omega C}\right)$$

θは，$\dot{I}$と$\dot{V}$の位相角を表す．

▶アドミタンスの単位
Sは「ジーメンス」と読む．
$1\,S = 1\,\Omega^{-1}$

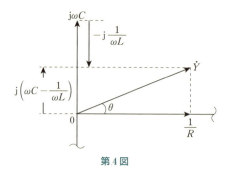

第4図

■直並列回路

第5図の直並列回路について考える．

電源電圧を$\dot{V}$ [V]とすれば各部に流れる電流は次式となる．

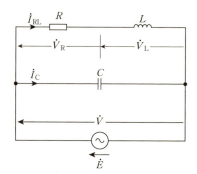

第5図

$$\dot{I}_{RL} = \frac{\dot{V}}{R + j\omega L} \text{ [A]} \tag{12}$$

$$\dot{I}_C = \frac{\dot{V}}{\frac{1}{j\omega C}} = j\omega C \dot{V} \text{ [A]} \tag{13}$$

(12)式，(13)式より，回路全体の電流$\dot{I}$ [A]は

$$\dot{I} = \dot{I}_{RL} + \dot{I}_C = \left\{ \frac{1}{R + j\omega L} + j\omega C \right\} \dot{V}$$

$$= \left\{ \frac{(R - j\omega L) + j\omega C(R - j\omega L)(R + j\omega L)}{(R + j\omega L)(R - j\omega L)} \right\} \dot{V}$$

$$= \left[\frac{R - \mathrm{j}\omega L + \mathrm{j}\omega C\{R^2 + (\omega L)^2\}}{R^2 + (\omega L)^2}\right]\dot{V}$$

$$= \frac{R + \mathrm{j}\omega[C\{R^2 + (\omega L)^2\} - L]}{R^2 + (\omega L)^2}\dot{V}\,[\mathrm{A}] \qquad (14)$$

となる. (14)式より, 複素アドミタンス $\dot{Y}$ [S] は

$$\dot{Y} = \frac{R + \mathrm{j}\omega[C\{R^2 + (\omega L)^2\} - L]}{R^2 + (\omega L)^2}$$

$$= \frac{R - \mathrm{j}\omega[L - C\{R^2 + (\omega L)^2\}]}{R^2 + (\omega L)^2}\,(\mathrm{S}) \qquad (15)$$

(15)式より, $L - C\{R^2 + (\omega L)^2\} > 0$ のときの複素アドミタンスのベクトル図を描くと第6図のようになる.

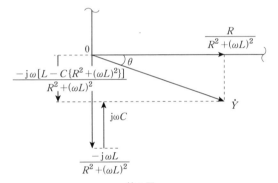

第6図

$$\dot{\theta} = \tan^{-1}\frac{\omega[C\{R^2 + (\omega L)^2\} - L]}{R}$$

$\dot{\theta}$ は, $\dot{I}$ と $\dot{V}$ の位相角を表す.

問題1

図の回路の 50 Hz におけるインピーダンスの絶対値はいくらか求めよ．

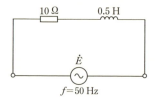

解説

問題文の図より，インピーダンス $\dot{Z}$ は次式で表される．
$$\dot{Z} = 10 + j(2\pi f \times 0.5) = 10 + j(2\pi \times 50 \times 0.5) = 10 + j157 \ \Omega$$
インピーダンス $\dot{Z}$ の大きさ $Z \ [\Omega]$ は，
$$Z = \sqrt{10^2 + 157^2} \fallingdotseq 157 \ \Omega$$

（答）　157 Ω

問題2

図の回路で，$R = 8 \ \Omega$，$X = 6 \ \Omega$，$E = 50 + j30 \ \mathrm{V}$ のとき，電流 $\dot{I} \ [\mathrm{A}]$ を求めよ．

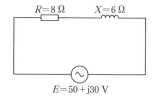

解説

問題の図より，$\dot{I} \ [\mathrm{A}]$ は，次式で表される．
$$\dot{I} = \frac{50 + j30}{8 + j6} = \frac{(50 + j30)(8 - j6)}{(8 + j6)(8 - j6)} = \frac{400 + j240 - j300 + 180}{100}$$
$$= \frac{580 - j60}{100} = 5.8 - j0.6 \ \mathrm{A}$$

（答）　$5.8 - j0.6 \ \mathrm{A}$

問題3

図の直列回路に 200 V，50 Hz の正弦波交流電圧をかけたとき，回路に流れる電流の大きさ I [A] を求めよ．

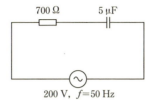

解説

問題の図より，インピーダンス $\dot{Z}$ は，次式で表される．

$$\dot{Z} = 700 + \frac{1}{j2\pi f \times 5 \times 10^{-6}} = 700 - j\frac{1}{2\pi \times 50 \times 5 \times 10^{-6}} \fallingdotseq 700 - j637 \ \Omega$$

インピーダンス $\dot{Z}$ の大きさ Z [Ω] は

$$Z = \sqrt{700^2 + (-637)^2} \fallingdotseq 946 \ \Omega$$

となる．したがって，電流の大きさ I [A] は

$$I = \frac{200}{Z} = \frac{200}{946} \fallingdotseq 0.211 \ \text{A}$$

（答）　0.211 A

問題4

図の直列回路で，$\dot{E} = 60 + j80$ V の電圧をかけたところ，$\dot{I} = 8 + j6$ A の電流が流れた．この回路のインピーダンス $\dot{Z}$ を求めよ．

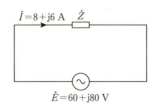

解説

問題の図より，回路のインピーダンス $\dot{Z}$ は，次式で表される．

$$\dot{Z} = \frac{\dot{E}}{\dot{I}} = \frac{60 + j80}{8 + j6} = \frac{(60 + j80)(8 - j6)}{(8 + j6)(8 - j6)} = \frac{480 + j640 - j360 + 480}{100}$$
$$= \frac{960 + j280}{100} = 9.6 + j2.8 \ \Omega$$

(答)　$9.6 + j2.8 \ \Omega$

問題 5

図の回路で，$\dot{I} = 8 + j6$ A の電流がアドミタンス $\dot{Y} = (4.8 - j1.4) \times 10^{-2}$ S に流れた．このアドミタンス $\dot{Y}$ [S] の両端に加わる電圧 $\dot{E}$ [V] を求めよ．

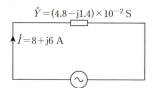

解説

問題の図より，回路のアドミタンス $\dot{Y}$ に加わる電圧 $\dot{E}$ は，次式で表される．

$$\dot{E} = \frac{\dot{I}}{\dot{Y}} = \frac{8 + j6}{(4.8 - j1.4) \times 10^{-2}} = \frac{(8 + j6)(4.8 + j1.4)}{(4.8 - j1.4)(4.8 + j1.4)} \times 10^2$$
$$= \left(\frac{38.4 + j28.8 + j11.2 - 8.4}{25}\right) \times 10^2 = \left(\frac{30 + j40}{25}\right) \times 10^2$$
$$= 120 + j160 \ \text{V}$$

(答)　$120 + j160$ V

電気及び電子理論

5 相互誘導回路と複素電力

これだけは覚えよう！
- 二つのコイルの電流の正の向きと M の符号の関係
- M を含む回路の V-Y 変換のときの M の符号の関係
- 複素電力の有効電力，無効電力を求める算出方法

■二つのコイルの電流の正の向きと M の符号

相互インダクタンス M の符号は，各コイルの「・」の位置点に対し電流が流入，もしくは流出するかにより，M の符号が決まる．

代表的なパターンを取りあげ，回路方程式までの過程を図で示す．

第1図より，相互インダクタンスが $+M$ の場合は「・」の位置点に電流が流入する向きに流れる．

第2図より，相互インダクタンスが $-M$ の場合は「・」の位置点から一方の電流が流出（この場合は $\dot{I}_2$）する．

以上を整理すると
- $\dot{I}_1, \dot{I}_2$ ともに「・」の位置点に流入する → $+M$ となる．
- $\dot{I}_1$ が「・」の位置点に流入，$\dot{I}_2$ は「・」の位置点から

▶補足
- $+M$ となる要件は左記以外に $\dot{I}_1, \dot{I}_2$ ともに「・」の位置点から流出するときも，該当する．
- $-M$ となる要件は左記以外に $\dot{I}_1$ が「・」の位置点から流出，$\dot{I}_2$ が「・」の位置点に流入するときも該当する．

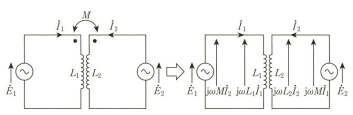

$$\dot{E}_1 = j\omega L_1 \dot{I}_1 + j\omega M \dot{I}_2, \quad \dot{E}_2 = j\omega M \dot{I}_1 + j\omega L_2 \dot{I}_2$$

第1図

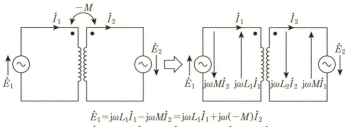

$$\dot{E}_1 = j\omega L_1 \dot{I}_1 - j\omega M \dot{I}_2 = j\omega L_1 \dot{I}_1 + j\omega(-M)\dot{I}_2$$
$$\dot{E}_2 = -j\omega M \dot{I}_1 + j\omega L_2 \dot{I}_2 = j\omega(-M)\dot{I}_1 + j\omega L_2 \dot{I}_2$$

第2図

流出する→$-M$となる．

■*M*を含む回路のV-Y変換

第3図，第4図のV，Y結線を考え，両回路が等価であるとき，**各端子間から見たインピーダンスが等しく**なければならない．

第3図，第4図の各2端子間のスイッチを入れて，電流を流すことにより，それぞれの端子間のインピーダンスを求めると，次式のようになる．

・a-b間のインピーダンス$\dot{Z}_{ab}$

$$\dot{Z}_{ab} = \frac{\dot{V}_{ab}}{\dot{I}_{ab}} = \dot{Z}_1 = \dot{Z}_a + \dot{Z}_b \tag{1}$$

$\dot{Z}_{ab}$のときはS_{ab}は閉じてS_{bc}，S_{ca}は開く．
このときに流れる電流が$\dot{I}_{ab}$である．

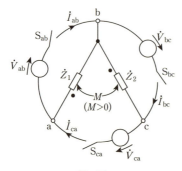

第3図

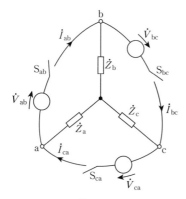

第 4 図

- b–c 間のインピーダンス $\dot{Z}_{bc}$

$$\dot{Z}_{bc} = \frac{\dot{V}_{bc}}{\dot{I}_{bc}} = \dot{Z}_2 = \dot{Z}_b + \dot{Z}_c \qquad (2)$$

- c–a 間のインピーダンス $\dot{Z}_{ca}$

$$\dot{Z}_{ca} = \frac{\dot{V}_{ca}}{\dot{I}_{ca}} = \dot{Z}_1 + \dot{Z}_2 + j2\omega M = \dot{Z}_a + \dot{Z}_c \qquad (3)$$

(1)式+(2)式+(3)式とすると，次式ができる．

$$\dot{Z}_1 + \dot{Z}_2 + j\omega M = \dot{Z}_a + \dot{Z}_b + \dot{Z}_c \qquad (4)$$

(4)式−(2)式より，

$$Z_a = Z_1 + j\omega M$$

(4)式−(3)式より，

$$Z_b = -j\omega M$$

(4)式−(1)式より，

$$Z_c = Z_2 + j\omega M$$

したがって，第 5 図のような変換回路が成立する．

同様に $\dot{Z}_{bc}$ のときは S_{bc} は閉じて，S_{ab}, S_{ca} を開く．このときに流れる電流が $\dot{I}_{bc}$ である．

同様に $\dot{Z}_{ca}$ のときは S_{ca} は閉じて，S_{ab}, S_{bc} を開く．このときに流れる電流が $\dot{I}_{ca}$ である．

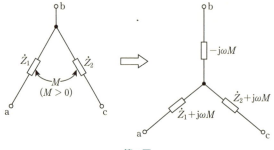

第5図

■複素電力

複素数で表示された電圧・電流を $\dot{V}$, $\dot{I}$ とすると，共役複素数は $\overline{V}$, $\overline{I}$ となり，**複素電力**は次式で表される．

$$P + jQ = \dot{V} \times \overline{I} \quad \text{（遅れ無効電力を正値とする）} \quad (5)$$

$$P + jQ = \overline{V} \times \dot{I} \quad \text{（進み無効電力を正値とする）} \quad (6)$$

▶複素電力
有効電力（実数部）と無効電力（虚数部）を複素数で表示したものである．電圧と電流の位相角 θ を得るために，電圧もしくは，電流のどちらかを共役複素数とし，複素電力を求める．

問題1

図の回路において，一次側，二次側の回路方程式を求めよ．

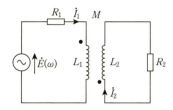

解説

問題の回路図より，各コイル L_1, L_2 の・（ドット）の位置点に電流が流入することから，相互インダクタンス M の符号は正となる．

よって，次式の回路方程式が成り立つ．

一次側：$(R+j\omega L_1)\dot{I}_1 + j\omega M \dot{I}_2 = \dot{E}$

二次側：$j\omega M \dot{I}_1 + (R_2+j\omega L_2)\dot{I}_2 = 0$

（答）　一次側：$(R+j\omega L_1)\dot{I}_1 + j\omega M \dot{I}_2 = \dot{E}$
　　　　二次側：$j\omega M \dot{I}_1 + (R_2+j\omega L_2)\dot{I}_2 = 0$

問題2

図の回路においてa–b間のインピーダンス $\dot{Z}$ はいくらか．

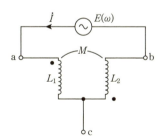

解説

問題文の回路図をV→Y変換すると，図のようになる．

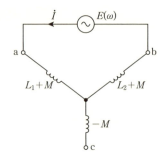

各コイル L_1, L_2 の・（ドット）の位置点に電流が流入することから，相互インダクタンスの符号は正となる．

図より，a–b 間のインピーダンス $\dot{Z}$ は

$\dot{Z} = j\omega(L_1 + M) + j\omega(L_2 + M) = j\omega(L_1 + L_2 + 2M)$

（答） $j\omega(L_1 + L_2 + 2M)$

問題 3

ある回路に $\dot{E} = 50 + j40$ V の電圧を加えたとき，$\dot{I} = 8 + j3$ A の電流が流れた．この回路の有効電力 [W] および無効電力 [var] はいくらか．

解説

複素電力 $\dot{S}$ は，次式で表される．

$\dot{S} = \dot{E} \times \overline{I}$ （遅れ無効電力は正とする．）

$\dot{E} = 50 + j40$ V，$\overline{I} = 8 - j3$ A であるから複素電力 $\dot{S}$ は，

$\dot{S} = (50 + j40)(8 - j3) = 400 + j320 - j150 + 120$

$\quad = 520 + j170$ V・A

（答） 有効電力 520 W，無効電力 170 var（遅れ）

電気及び電子理論

6 線形回路網の諸定理

これだけは覚えよう！
- キルヒホッフの法則：回路網の各枝路の電流を求める算出方法
- テブナンの定理：任意の回路の電流を求める算出方法
- 重ねの定理：複数電源の回路網の電流を求める算出方法
- ノートンの定理：電流源の回路において，任意の枝路の電圧を求める算出方法
- △-Y変換：互いの変換方法
- 電圧源，電流源：互いの変換方法

■キルヒホッフの法則

◇第1法則

回路中の任意の接続点において，**その点に流れ込んだ電流分だけ流れ出す**．

◇第2法則

回路中の閉回路を一定方向に1周したとき，回路の**各部分の起電力の合計**と**電圧降下の合計は同じ**になる．

第1図のように各枝路 $B-E_1-Z_1-A$，$B-Z_2-A$，$B-E_2-Z_3-A$ の電流を I_1，I_2，I_3 とする．

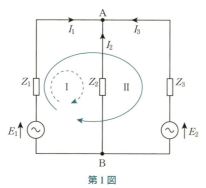

第1図

▶キルヒホッフの法則
第1法則を電流則，第2法則を電圧則と呼ぶことがある．

A 点において第 1 法則を適用すると

$$I_1 + I_2 + I_3 = 0 \tag{1}$$

となる．さらに第 2 法則を以下の閉回路に適用する．

$B - E_1 - Z_1 - A - Z_2 - B$ の閉回路 I では，次式が成立する．

$$I_1 Z_1 - I_2 Z_2 = E_1 \tag{2}$$

$B - E_1 - Z_1 - A - Z_3 - E_2 - B$ の閉回路 II では，次式が成立する．

$$I_1 Z_1 - I_3 Z_3 = E_1 - E_2 \tag{3}$$

(1)式〜(3)式より，各枝路の電流 I_1, I_2, I_3 を求めてみる．

(1)式より，$I_3 = -(I_1 + I_2)$ とし，(3)式に代入する．

$$I_1 Z_1 + (I_1 + I_2) Z_3 = E_1 - E_2$$

$$I_1(Z_1 + Z_3) + I_2 Z_3 = E_1 - E_2 \tag{4}$$

(2)式，(4)式より，I_1, I_2 を求める．

((2)式 $\times Z_3$) + ((4)式 $\times Z_2$) より，I_1 が得られる．

$$I_1 = \frac{(Z_2 + Z_3) E_1 - Z_2 E_2}{Z_1 Z_2 + Z_2 Z_3 + Z_3 Z_1} \tag{5}$$

((2)式 $\times (Z_1 + Z_3)$) − ((4)式 $\times Z_1$) より，I_2 が得られる．

$$I_2 = \frac{-Z_3 E_1 - Z_1 E_2}{Z_1 Z_2 + Z_2 Z_3 + Z_3 Z_1} \tag{6}$$

(5)式，(6)式を(1)式に代入すると，I_3 が得られる．

$$I_3 = \frac{-Z_2 E_1 + (Z_1 + Z_2) E_2}{Z_1 Z_2 + Z_2 Z_3 + Z_3 Z_1}$$

■テブナンの定理

回路網中の任意の 2 点間に，インピーダンス Z が接続された場合，そのインピーダンス Z に流れる電流 I は，インピーダンスを接続する前の 2 点間の電圧 V_{ab} を，接続されたインピーダンス Z と任意の 2 点間から見た回路のインピーダンス Z_0 との和で割ったもので表される．

$$I = \frac{V_{ab}}{Z + Z_0}$$

これを**テブナンの定理**という．

具体的に，第2図で考えるとする．

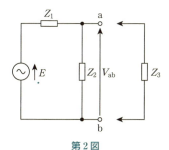

第2図

端子a-b間（開放）の電圧V_{ab}は

$$V_{ab} = \frac{Z_2}{Z_1 + Z_2} E \qquad (7)$$

となる．端子a-b間から回路（電源側）を見たときのインピーダンスZ_0は

$$Z_0 = \frac{Z_1 Z_2}{Z_1 + Z_2} \qquad (8)$$

(7)式，(8)式より，インピーダンスZ_3を接続したときにZ_3に流れる電流Iは，**テブナンの定理**により次式で表される．

$$I = \frac{V_{ab}}{Z_0 + Z_3} = \frac{\dfrac{Z_2}{Z_1 + Z_2} E}{\dfrac{Z_1 Z_2}{Z_1 + Z_2} + Z_3}$$

$$= \frac{Z_2 E}{Z_1 Z_2 + Z_2 Z_3 + Z_3 Z_1}$$

■重ねの理

多数の起電力を含む回路網柱の**電流分布**は，各起電力が単独にその位置にあるとき流れる**電流分布の総和に等しい**．これを**重ねの理**という．ただし，線形回路に限る．第3図の回路の各部の電流I_1, I_2, I_3を重ねの理によって求めてみる．

第3図より，起電力E_1だけを考えた回路を第4図とする．

第4図より，枝路の電流I_{11}, I_{21}, I_{31}について求めてみる．

▶**線形回路**
方眼紙に描くと電圧と電流が比例関係にある回路のことである．R, L, Cなどで構成されている回路である．一方，非線形回路とは，ダイオードやトラジスタが含まれる回路のことである．これは電圧と電流が曲線になる．

▶**電源**
任意の電源以外のほかの電源は，電圧源（起電力）の場合は開放，電流源の場合は短絡とする．

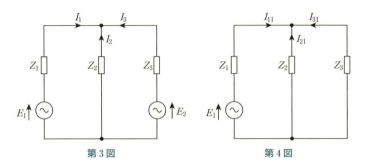

第 3 図　　　　　　　　第 4 図

$$I_{11} = \frac{E_1}{Z_1 + \dfrac{Z_2 Z_3}{Z_2 + Z_3}} = \frac{(Z_2 + Z_3)E_1}{Z_1 Z_2 + Z_2 Z_3 + Z_3 Z_1} \quad (9)$$

$$I_{21} = -I_{11} \frac{Z_3}{Z_2 + Z_3} = \frac{-Z_3 E_1}{Z_1 Z_2 + Z_2 Z_3 + Z_3 Z_1} \quad (10)$$

$$I_{31} = -I_{11} \frac{Z_2}{Z_2 + Z_3} = \frac{-Z_2 E_1}{Z_1 Z_2 + Z_2 Z_3 + Z_3 Z_1} \quad (11)$$

同様にして，起電力 E_2 だけの回路を考えて第 5 図とする．

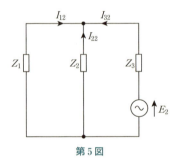

第 5 図

第 5 図より，枝路の電流 I_{12}, I_{22}, I_{32} について求めてみる．

$$I_{32} = \frac{E_2}{Z_3 + \dfrac{Z_1 Z_2}{Z_1 + Z_2}} = \frac{(Z_1 + Z_2)E_2}{Z_1 Z_2 + Z_2 Z_3 + Z_3 Z_1} \quad (12)$$

$$I_{12} = -I_{32} \frac{Z_2}{Z_1 + Z_2} = \frac{-Z_2 E_2}{Z_1 Z_2 + Z_2 Z_3 + Z_3 Z_1} \quad (13)$$

$$I_{22} = -I_{32} \frac{Z1}{Z_1 + Z_2} = \frac{-Z_1 E_2}{Z_1 Z_2 + Z_2 Z_3 + Z_3 Z_1} \quad (14)$$

(9)式〜(14)式より，第 3 図の I_1, I_2, I_3 を求めると

$$I_1 = I_{11} + I_{12}$$

$$= \frac{(Z_2 + Z_3)E_1}{Z_1Z_2 + Z_2Z_3 + Z_3Z_1} + \frac{-Z_2E_2}{Z_1Z_2 + Z_2Z_3 + Z_3Z_1}$$

$$= \frac{(Z_2 + Z_3)E_1 - Z_2E_2}{Z_1Z_2 + Z_2Z_3 + Z_3Z_1}$$

$$I_2 = I_{21} + I_{22}$$

$$= \frac{-Z_3E_1}{Z_1Z_2 + Z_2Z_3 + Z_3Z_1} + \frac{-Z_1E_2}{Z_1Z_2 + Z_2Z_3 + Z_3Z_1}$$

$$= \frac{-Z_3E_1 - Z_1E_2}{Z_1Z_2 + Z_2Z_3 + Z_3Z_1}$$

$$I_3 = I_{31} + I_{32}$$

$$= \frac{-Z_2E_1}{Z_1Z_2 + Z_2Z_3 + Z_3Z_1} + \frac{(Z_1 + Z_2)E_2}{Z_1Z_2 + Z_2Z_3 + Z_3Z_1}$$

$$= \frac{-Z_2E_1 + (Z_1 + Z_2)E_2}{Z_1Z_2 + Z_2Z_3 + Z_3Z_1}$$

■ノートンの定理

回路網中の任意の2点間に，アドミタンス Y を接続した場合，そのアドミタンスの両端に現れる電圧 E は，任意の2点間から回路網を見たときのアドミタンスを Y_0 とし，その2点間を短絡した場合の短絡電流を I_s とすれば，次式で表される．

$$E = \frac{I_s}{Y + Y_0} \tag{15}$$

これを**ノートンの定理**という．

具体的に，第6図の端子に Y_3 を接続した場合の端子a-b間の電圧 E_3 を求めてみる．

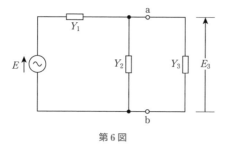

第 6 図

端子a-b間を短絡した場合の電流I_sは，第 7 図より求まる．

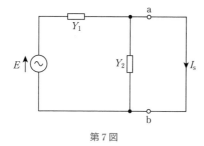

第 7 図

$$I_s = EY_1 \qquad (16)$$

端子a-b間から見たアドミタンスY_0は，第 8 図より求まる．

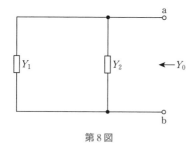

第 8 図

$$Y_0 = Y_1 + Y_2 \qquad (17)$$

(16)式，(17)式を(15)式に代入し，Y_3を端子a-b間に接続した場合の端子電圧E_3を求めてみる．

$$E_3 = \frac{I_s}{Y_3+Y_0} = \frac{EY_1}{Y_1+Y_2+Y_3}$$

となる．

■△-Y変換

Y接続のインピーダンスを等価な△接続のインピーダンスに，あるいは△接続を等価なY接続に変換することを△-Y変換という．

具体的に変換の過程を確認していく．

◇△→Yへの変換

第9図(a)の各端子間のインピーダンスと第9図(b)の各端子間のインピーダンスを等しいとしたときに，以下の式が成立する．

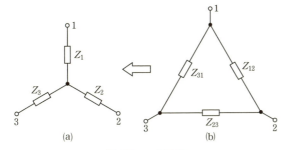

第9図　△-Y変換

端子1-2間では

$$Z_1 + Z_2 = \frac{Z_{12}(Z_{23}+Z_{31})}{Z_{12}+Z_{23}+Z_{31}} \tag{18}$$

同様に端子2-3間では

$$Z_2 + Z_3 = \frac{Z_{23}(Z_{12}+Z_{31})}{Z_{12}+Z_{23}+Z_{31}} \tag{19}$$

同様に端子3-1間では

$$Z_3 + Z_1 = \frac{Z_{31}(Z_{12}+Z_{23})}{Z_{12}+Z_{23}+Z_{31}} \tag{20}$$

((18)式＋(19)式＋(20)式)/2より，

▶インピーダンスの関係

$Z_{12}=Z_{23}=Z_{31}=Z$ のとき，
$$Z_1 = Z_2 = Z_3 = \frac{Z}{3}$$
となる．

$$Z_1 + Z_2 + Z_3 = \frac{Z_{12}Z_{23} + Z_{23}Z_{31} + Z_{31}Z_{12}}{Z_{12} + Z_{23} + Z_{31}} \qquad (21)$$

(21)式－(19)式より

$$Z_1 = \frac{Z_{31}Z_{12}}{Z_{12} + Z_{23} + Z_{31}} \qquad (22)$$

(21)式－(20)式より

$$Z_2 = \frac{Z_{12}Z_{23}}{Z_{12} + Z_{23} + Z_{31}} \qquad (23)$$

(2)式－(18)式より

$$Z_3 = \frac{Z_{23}Z_{31}}{Z_{12} + Z_{23} + Z_{31}} \qquad (24)$$

◇Y→△への変換

この場合は，任意の1端子と他の端子を短絡したときの合成アドミタンスを考えると計算が簡単になる．

第10図(a)の各端子間のアドミタンスと第10図(b)の各端子間のアドミタンスを等しいとしたときに，以下の式が成立する．

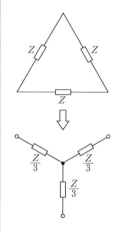

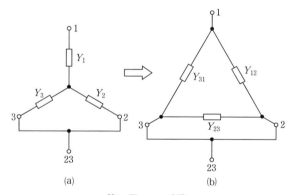

第10図　Y-△変換

端子1-端子23間では

$$\frac{Y_1(Y_2 + Y_3)}{Y_1 + Y_2 + Y_3} = Y_{12} + Y_{31} \qquad (25)$$

(25)式は第10図で考える．

同様に端子2-端子31間では端子3と1を短絡

$$\frac{Y_2(Y_1+Y_3)}{Y_1+Y_2+Y_3}=Y_{12}+Y_{23} \tag{26}$$

同様に端子3-端子12間では端子1と2を短絡

$$\frac{Y_3(Y_1+Y_2)}{Y_1+Y_2+Y_3}=Y_{23}+Y_{31} \tag{27}$$

となる．

((25)式＋(26)式＋(27)式)/2 より

$$\frac{Y_1Y_2+Y_2Y_3+Y_3Y_1}{Y_1+Y_2+Y_3}=Y_{12}+Y_{23}+Y_{31} \tag{28}$$

(28)式 － (27)式 より

$$\frac{Y_1Y_2}{Y_1+Y_2+Y_3}=Y_{12} \tag{29}$$

(28)式 － (25)式 より

$$\frac{Y_2Y_3}{Y_1+Y_2+Y_3}=Y_{23} \tag{30}$$

(28)式 － (26)式 より

$$\frac{Y_3Y_1}{Y_1+Y_2+Y_3}=Y_{31} \tag{31}$$

(29)式～(31)式より，

$$Z_{12}=\frac{1}{Y_{12}}=\frac{Y_1+Y_2+Y_3}{Y_1Y_2}=\frac{\frac{1}{Z_1}+\frac{1}{Z_2}+\frac{1}{Z_3}}{\frac{1}{Z_1Z_2}}$$

$$=\frac{Z_1Z_2+Z_2Z_3+Z_3Z_1}{Z_3}$$

$$Z_{23}=\frac{1}{Y_{23}}=\frac{Y_1+Y_2+Y_3}{Y_2Y_3}=\frac{\frac{1}{Z_1}+\frac{1}{Z_2}+\frac{1}{Z_3}}{\frac{1}{Z_2Z_3}}$$

$$=\frac{Z_1Z_2+Z_2Z_3+Z_3Z_1}{Z_1}$$

$$Z_{31}=\frac{1}{Y_{31}}=\frac{Y_1+Y_2+Y_3}{Y_3Y_1}=\frac{\frac{1}{Z_1}+\frac{1}{Z_2}+\frac{1}{Z_3}}{\frac{1}{Z_3Z_1}}$$

$$=\frac{Z_1Z_2+Z_2Z_3+Z_3Z_1}{Z_2}$$

(26)式は，第10図で23間を切り離し，31間を短絡して考える．

同様に式(27)は，第10図で23間を切り離し，12間で短絡して考える．

▶**インピーダンスの関係**
$Z_1=Z_2=Z_3=Z$ のとき $Z_{12}=Z_{23}=Z_{31}=3Z$ となる．

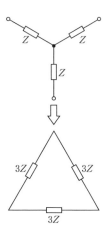

■電圧源,電流源

電源には,電圧源と電流源がある.電圧源を電流源に変換する,または電流源を電圧源に変換する方法について考えてみる.ただし,電圧源は内部インピーダンスをほぼ0とみなし,電流源は逆に内部インピーダンスを無限大(∞)とする.

> ▶電源の種類
> 一般に電源というと電圧源のことを指す.

◇電圧源回路⇒電流源回路

第11図(a)の電圧源回路で端子a-b間を短絡すると短絡電流I_sは

$$I_s = \frac{E}{Z_0}$$

となり,端子a-b間から見たインピーダンスZ_{ab}は

$$Z_{ab} = Z_0$$

ノートンの定理により,第11図(b)のように電流源I_sとアドミタンス$1/Z_0$の並列で構成された電流源回路となる.

> 第11図で(a)(b)ともa-b間に加わる電圧はEである.

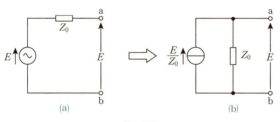

第11図

◇電流源回路⇒電圧源回路

第12図(a)の電流源回路で端子a-b間の電圧V_{ab}は

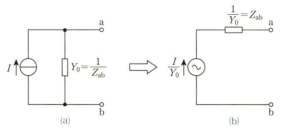

> 第12図で(a)(b)ともa-b間を短絡したとき流れる電流はIである.

第12図

$$V_{ab} = \frac{I}{Y_0}$$

となり，端子a-b間から見たインピーダンス Z_{ab} は

$$Z_{ab} = \frac{1}{Y_0}$$

テブナンの定理により，第12図(b)のように電圧源 V_{ab} とインピーダンス Z_{ab} の直列で構成された電圧源回路となる．

問題1

図の回路において，10Ωの抵抗に流れる電流 I [A] をキルヒホッフの法則を用いて求めよ．

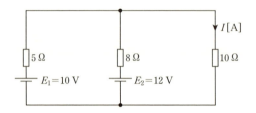

解説

問題の回路を図のように回路Ⅰ，Ⅱについて考えると，キルヒホッフの法則より，次式が成立する．

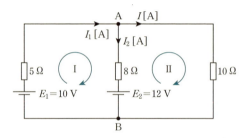

$5I_1 + 8I_2 = E_1 - E_2$ ①

$-8I_2 + 10I = E_2$ ②

$I_1 = I_2 + I$ ③

③式を①式に代入すると

$5(I_2 + I) + 8I_2 = E_1 - E_2$

$13I_2 + 5I = E_1 - E_2$ ④

(②式×13) − (④式×8) より，

$-104I_2 + 130I = 13E_2$ ⑤

$104I_2 + 40I = 8E_1 - 8E_2$ ⑥

⑤式＋⑥式より

$170I = 8E_1 + 5E_2$ ⑦

⑦式より，

$$I = \frac{8}{170}E_1 + \frac{5}{170}E_2$$
$$= \frac{8}{170} \times 10 + \frac{5}{170} \times 12 = \frac{140}{170} = \frac{14}{17} = 0.8236 \fallingdotseq 0.824 \text{ A}$$

(答)　0.824 A

問題2

問題1の回路において，10 Ωの抵抗に流れる電流 I [A] をテブナンの定理を用いて求めよ．

解説

抵抗10 Ωを外している状態のa–b間の電圧 V_{ab} は図より，

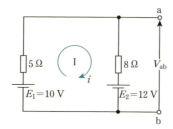

$$V_{ab} = 10 - 5i = 12 + 8i \text{ [V]} \qquad ①$$

となる．①式より，

$$i = -\frac{2}{13} \text{ A} \qquad ②$$

②式を①式に代入すると

$$V_{ab} = 10 - 5\left(-\frac{2}{13}\right) = \frac{140}{13} \text{ V} \qquad ③$$

図より，電源側を見たときの抵抗 R [Ω] は

$$R = \frac{5 \times 8}{5 + 8} = \frac{40}{13} \text{ Ω} \qquad ④$$

③, ④式より，テブナンの定理により，10 Ωの抵抗を接続したきの電流 I [A] は

$$I = \frac{V_{ab}}{R + 10} = \frac{\frac{140}{13}}{\frac{40}{13} + 10} = \frac{140}{13} \times \frac{13}{170} = \frac{14}{17} = 0.8236 \fallingdotseq 0.824 \text{ A}$$

(答)　0.824 A

問題3

図の回路において，電圧源E，電流源Jおよび抵抗R_1，R_2が接続されている．テブナンの定理を用いて，a-b間の電圧を求めよ．

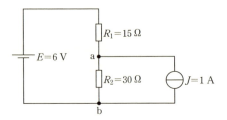

解説

問題の回路より，抵抗$R_2 = 30\,\Omega$を外している状態のa-b間の電圧V_{ab} [V]は，

$$V_{ab} = E + R_1 \times J = 6 + (15 \times 1) = 6 + 15 = 21\,\text{V} \quad ①$$

となる．図より両電源側を見たときの抵抗R [Ω]は，

$$R = \frac{15 \times \infty}{15 + \infty} = 15\,\Omega \quad ②$$

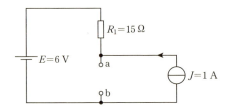

①，②式より，テブナンの定理により，$R_2 = 30\,\Omega$の抵抗を接続したときの電流I [A]は

$$I = \frac{V_{ab}}{R + 30} = \frac{21}{15 + 30} = \frac{21}{45} = \frac{7}{15}\,\text{A} \quad ③$$

③式より，$R_2 = 30\,\Omega$の抵抗を接続したときのa-b間の電圧V_{ab} [V]は

$$V_{ab} = IR_2 = \frac{7}{15} \times 30 = 14\,\text{V}$$

(答) 14 V

問題4

問題3の回路において，電圧源E，電流源Jおよび抵抗R_1，R_2が接続されている．

ノートンの定理を用いて，a-b間の電圧を求めよ．

解説

図のようにa-b間を短絡したときに流れる短絡電流 I_s [A] は，

$$I_s = \frac{E}{R_1} + J = \frac{6}{15} + 1 = 1.4 \text{ A} \qquad ①$$

となる．a-b間から，両電源側を見たときのアドミタンス Y_1 は，

$$Y_1 = \frac{1}{R} = \frac{1}{15} [\text{S}] \qquad ②$$

となる．

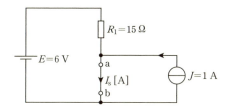

①，②式よりノートンの定理により，

$$Y_2 = \frac{1}{R_2} = \frac{1}{30} \text{ S}$$

のアドミタンスを接続したときのa-b間の電圧 V_{ab} [V] は

$$V_{ab} = \frac{I_s}{Y_1 + Y_2} = \frac{1.4}{\frac{1}{15} + \frac{1}{30}} = \frac{450 \times 1.4}{45} = 14 \text{ V}$$

（答）　14 V

問題5

問題3の回路において，電圧源 E，電流源 J および抵抗 R_1，R_2 が接続されている．電圧源⇒電流源変換を行って，a-b間の電圧を求めよ．

解説

問題の回路の電圧源回路を電流源回路に変換すると図の左側のようになる．
R_1 と R_2 の並列回路の合成抵抗 R は

$$R = \frac{1}{\frac{1}{R_1} + \frac{1}{R_2}} = \frac{1}{\frac{1}{15} + \frac{1}{30}} = \frac{450}{45} = 10 \text{ Ω} \qquad ①$$

図(b)で，$R = 10 \text{ Ω}$ に流れる電流 I [A] は

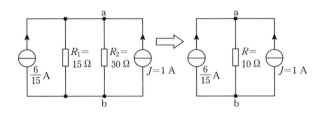

$$I = \frac{6}{15} + J = \frac{6}{15} + 1 = \frac{21}{15} \text{ A} \qquad ②$$

①, ②式より, a-b間の電圧 V_{ab} [V] は

$$V_{ab} = IR = \frac{21}{15} \times 10 = 14 \text{ V}$$

(答) 14 V

電気及び電子理論

7 三相交流回路

> **これだけは覚えよう！**
> □対称三相交流の電圧，電流の瞬時値・実効値のベクトル図の作図
> □各結線方式における電圧・電流のベクトル図の作図
> □非対称三相回路の各線路電流，相電流を求める算出方法

■三相交流の基礎

三つのコイルの正弦波起電力が位相差120°で進行している瞬時値の波形を考えると第1図となる．

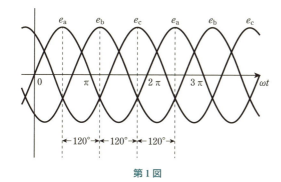

第1図

第1図より，各起電力の同一時刻の瞬時値の和と考えると，次式が成立する．

$$e_a + e_b + e_c = 0 \tag{1}$$

(1)式のように第1図で，同一時刻の各起電力の瞬時値の和は0になる．ベクトル図では静止ベクトルを扱うので対称三相電圧の瞬時値 e_a, e_b, e_c の実効値 $\dot{E}_A$, $\dot{E}_B$, $\dot{E}_C$ を用いる．この実効値においても(1)式と同様に，各起電力の実効値のベクトル和は0になる．

▶遅れ・進み

基準ベクトルより，時計方向の位置にあるものを遅れ，反時計方向の位置にあるものを進みという．

$$\dot{E}_A + \dot{E}_B + \dot{E}_C = 0$$

$\dot{E}_A$, $\dot{E}_B$, $\dot{E}_C$ のうち一つを基準ベクトルに定めて描く. $\dot{E}_A$ を基準ベクトルとした場合,遅れおよび進みについては以下のように表す.ただし,$|\dot{E}_A| = |\dot{E}_B| = |\dot{E}_C| = E$ とする.

- $\dot{E}_A$ を基準とする
  $$\dot{E}_A = E_A \angle 0° = E \angle 0°$$
- $\dot{E}_B$ は $\dot{E}_A$ より120°遅れている
  $$\dot{E}_B = E \angle -120° \qquad (2)$$
- $\dot{E}_B$ は $\dot{E}_A$ より240°進んでいる
  $$\dot{E}_B = E \angle 240° \qquad (3)$$
- $\dot{E}_C$ は $\dot{E}_A$ より240°遅れている
  $$\dot{E}_C = E \angle -240° \qquad (4)$$
- $\dot{E}_C$ は $\dot{E}_A$ より120°進んでいる
  $$\dot{E}_C = E \angle 120° \qquad (5)$$

(2)式,(3)式,(4)式,(5)式を図で表すと第2図となり,③式=④式,⑤式=⑥式が成立する.

▶ $\dot{E}_B = E \angle 240°$ の見方
E は大きさ(絶対値)を表す,∠240°は位置を表す(基準ベクトルから,反時計方向240°の位置を表している).

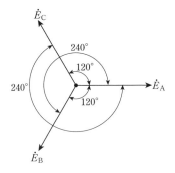

第2図

以上より,相順の回転方向は,$\dot{E}_A$ を基準ベクトルとすると

$$\dot{E}_A = E \angle 0°, \quad \dot{E}_B = E \angle -120°, \quad \dot{E}_C = E \angle -240°$$

のとき,相順は正方向(正相)であるといい第3図で表される.

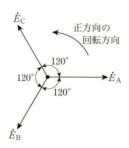

第3図

同様に，$\dot{E}_A$ を基準ベクトルとし，
$$\dot{E}_A = E\angle 0°, \quad \dot{E}_C = E\angle -120°, \quad \dot{E}_B = E\angle -240°$$
のとき，相順は逆方向（逆相）であるといい，第4図で表される．

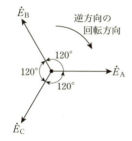

第4図

■各結線方式

三相交流回路の電源あるいは負荷の結線方式にはY結線と△結線などがある．また，電源や負荷の1相の電圧，電流を相電圧，相電流といい，電線相互間の電圧を線間電圧，電源と負荷を結ぶ線に流れる電流を線電流という．

電源と負荷の結線により，以下の4種類について考える．

Y結線（対称三相電源）－Y結線（平衡三相負荷）

△結線（対称三相電源）－△結線（平衡三相負荷）

Y結線（対称三相電源）－△結線（平衡三相負荷）

△結線（対称三相電源）－Y結線（平衡三相負荷）

ただし，各負荷インピーダンス Z は，抵抗負荷のみとす

る.

◇対称Y結線(電源)－平衡Y結線(負荷)

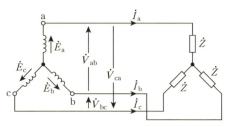

第5図

第5図のY結線の三相電源の相電圧は，$\dot{E}_a$を基準とすると$\dot{E}_a$, $\dot{E}_b$, $\dot{E}_c$は，次式で表される．ただし，$|\dot{E}_a| = |\dot{E}_b| = |\dot{E}_c| = E$，$\dot{Z} = Z$とする．

$$\dot{E}_a = E \angle 0 = E \tag{7}$$

$$\dot{E}_b = E \angle -120° = a^2 E \tag{8}$$

$$\dot{E}_c = E \angle -240° = aE \tag{9}$$

(7)式～(9)式より，相電流＝線電流を求める．

$$\dot{I}_a = \frac{\dot{E}_a}{\dot{Z}} = \frac{E}{Z} \tag{10}$$

$$\dot{I}_b = \frac{\dot{E}_b}{\dot{Z}} = \frac{a^2 E}{Z} \tag{11}$$

$$\dot{I}_c = \frac{\dot{E}_c}{\dot{Z}} = \frac{aE}{Z} \tag{12}$$

となる．(10)式～(12)式より，

$$\dot{I}_a + \dot{I}_b + \dot{I}_c = \frac{E}{\dot{Z}}(1 + a^2 + a) = 0 \tag{13}$$

が成立する．この(13)式より，中性線は必要がないことがわかる．

次に端子a-b間，b-c間およびc-a間の電圧を求めると

$$\dot{V}_{ab} = \dot{E}_a - \dot{E}_b = E - a^2 E = E\left\{1 - \left(-\frac{1}{2} - j\frac{\sqrt{3}}{2}\right)\right\}$$

$$= E\left(\frac{3}{2} + j\frac{\sqrt{3}}{2}\right) = \sqrt{3}\,E\left(\frac{\sqrt{3}}{2} + j\frac{1}{2}\right)$$

▶Y-Y結線（平衡三相負荷）のとき
- 線電流＝相電流
- 線間電圧＝$\sqrt{3}$×相電圧
の関係が成立する．

▶ベクトルオペレータ
aはベクトルオペレータと呼ばれ，位置を表すものである．
$a^2 = 1 \angle -120°$
$a = 1 \angle -240°$
$1 + a^2 + a = 0$
覚えておくこと．

$$= \sqrt{3}E \angle 30° \tag{14}$$

$$\dot{V}_{bc} = \dot{E}_b - \dot{E}_c = a^2 E - aE$$
$$= E\left\{\left(-\frac{1}{2} - j\frac{\sqrt{3}}{2}\right) - \left(-\frac{1}{2} + j\frac{\sqrt{3}}{2}\right)\right\}$$
$$= -j\sqrt{3}\,E = \sqrt{3}\,E \angle -90° \tag{15}$$

$$\dot{V}_{ca} = \dot{E}_c - \dot{E}_a = aE - E = E\left\{\left(-\frac{1}{2} + j\frac{\sqrt{3}}{2}\right) - 1\right\}$$
$$= E\left(-\frac{3}{2} + j\frac{\sqrt{3}}{2}\right) = \sqrt{3}\,E\left(-\frac{\sqrt{3}}{2} + j\frac{1}{2}\right)$$
$$= \sqrt{3}\,E \angle -210° \tag{16}$$

以上，(7)式～(12)式，(14)式～(16)式より，ベクトル図を描くと第6図となる．

$|\dot{E}_a| = |\dot{E}_b| = |\dot{E}_c| = E$
$|\dot{V}_{ab}| = |\dot{V}_{bc}| = |\dot{V}_{ca}|$
$\quad = \sqrt{3}\,E$

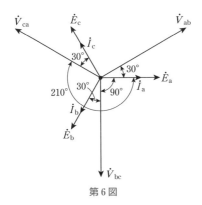

第6図

◇対称△結線（電源）－平衡△結線（負荷）

第7図の△結線の三相電源の相電圧は，$\dot{E}_a$を基準とすると，$\dot{E}_a$, $\dot{E}_b$, $\dot{E}_c$および$\dot{V}_{ab}$, $\dot{V}_{bc}$, $\dot{V}_{ca}$は，次式で表される．ただし，$|\dot{E}_a| = |\dot{E}_b| = |\dot{E}_c| = E$, $\dot{Z} = Z$とする．

$$\dot{E}_a = \dot{V}_{ab} = E \angle 0° = E \tag{17}$$
$$\dot{E}_b = \dot{V}_{bc} = E \angle -120° = a^2 E \tag{18}$$
$$\dot{E}_c = \dot{V}_{ca} = E \angle -240° = aE \tag{19}$$

次に各相電流を求める．

$$\dot{I}_{ab} = \frac{\dot{E}_a}{\dot{Z}} = \frac{E}{Z} \angle 0° \tag{20}$$

▶ △-△結線（平衡三相負荷）のとき
- 線電流＝$\sqrt{3}$×相電流
- 線間電圧＝相電圧の関係が成立する．

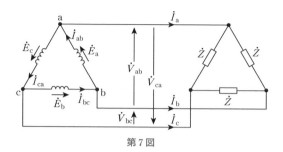

第7図

$$\dot{I}_{bc} = \frac{\dot{E}_b}{\dot{Z}} = \frac{a^2 E}{Z} = \frac{E}{Z} \angle -120° \tag{21}$$

$$\dot{I}_{ca} = \frac{\dot{E}_c}{\dot{Z}} = \frac{aE}{Z} = \frac{E}{Z} \angle -240° \tag{22}$$

(20)式〜(22)式から，各線電流を求める．

$$\dot{I}_a = \dot{I}_{ab} - \dot{I}_{ca} = \frac{E}{Z} - \frac{aE}{Z} = \frac{E}{Z}(1-a)$$
$$= \frac{E}{Z}\left\{1-\left(-\frac{1}{2}+j\frac{\sqrt{3}}{2}\right)\right\} = \frac{E}{Z}\left(\frac{3}{2}-j\frac{\sqrt{3}}{2}\right)$$
$$= \frac{\sqrt{3}\,E}{Z}\left(\frac{\sqrt{3}}{2}-j\frac{1}{2}\right) = \frac{\sqrt{3}\,E}{Z} \angle -30° \tag{23}$$

$$\dot{I}_b = \dot{I}_{bc} - \dot{I}_{ab} = \frac{a^2 E}{Z} - \frac{E}{Z} = \frac{E}{Z}(a^2-1)$$
$$= \frac{E}{Z}\left\{\left(-\frac{1}{2}-j\frac{\sqrt{3}}{2}\right)-1\right\} = \frac{E}{Z}\left(-\frac{3}{2}-j\frac{\sqrt{3}}{2}\right)$$
$$= \frac{\sqrt{3}\,E}{Z}\left(-\frac{\sqrt{3}}{2}-j\frac{1}{2}\right) = \frac{\sqrt{3}\,E}{Z} \angle -150° \tag{24}$$

$$\dot{I}_c = \dot{I}_{ca} - \dot{I}_{bc} = \frac{a^2 E}{Z} - \frac{aE}{Z} = \frac{E}{Z}(a-a^2)$$
$$= \frac{E}{Z}\left\{\left(-\frac{1}{2}+j\frac{\sqrt{3}}{2}\right)-\left(-\frac{1}{2}-j\frac{\sqrt{3}}{2}\right)\right\}$$
$$= j\frac{\sqrt{3}\,E}{Z} = \frac{\sqrt{3}\,E}{Z} \angle -270° = \frac{\sqrt{3}\,E}{Z} \angle 90° \tag{25}$$

以上，(17)式〜(25)式より，ベクトル図を描くと第8図となる．

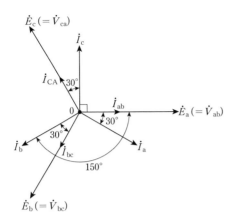

$$|\dot{I}_{ab}| = |\dot{I}_{bc}| = |\dot{I}_{ca}| = \frac{E}{Z}$$
$$|\dot{I}_a| = |\dot{I}_b| = |\dot{I}_c| = \sqrt{3}\left(\frac{E}{Z}\right)$$

第8図

◇**対称△結線（電源）－平衡Y結線（負荷）**

負荷のY結線を△結線に変換すると，負荷の1相のインピーダンスは $\dot{Z}(Y) \to 3\dot{Z}(\triangle)$ となり，第9図のようになる．

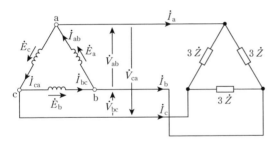

第9図

△結線の三相電源の相電圧 $\dot{E}_a$ を基準とすると，対称△結線（電源）－平衡△結線（負荷）と同様に各諸量を求めることができる．

$\dot{E}_a$, $\dot{E}_b$, $\dot{E}_c$ および $\dot{V}_{ab}$, $\dot{V}_{bc}$, $\dot{V}_{ca}$ は，次式で表される．ただし，$|\dot{E}_a| = |\dot{E}_b| = |\dot{E}_c| = E$, $\dot{Z} = Z$ とする．

$$\dot{E}_a = \dot{V}_{ab} = E \angle 0°, \quad \dot{E}_b = \dot{V}_{bc} = E \angle -120°$$
$$\dot{E}_c = \dot{V}_{ca} = E \angle -240°$$

同様に $\dot{I}_a$, $\dot{I}_b$, $\dot{I}_c$ および $\dot{I}_{ab}$, $\dot{I}_{bc}$, $\dot{I}_{ca}$ は，次式で表される．

$$\dot{I}_{ab} = \frac{\dot{E}_a}{3\dot{Z}} = \frac{E}{3Z} \angle 0°, \quad \dot{I}_{bc} = \frac{\dot{E}_b}{3\dot{Z}} = \frac{E}{3Z} \angle -120°$$

$$\dot{I}_{ca} = \frac{\dot{E}_c}{3\dot{Z}} = \frac{E}{3Z} \angle -240°$$

$$\dot{I}_a = \sqrt{3}\left(\frac{E}{3Z} \angle -30°\right), \quad \dot{I}_b = \sqrt{3}\left(3\frac{E}{Z} \angle -150°\right)$$

$$\dot{I}_c = \sqrt{3}\left(\frac{E}{3Z} \angle -270°\right)$$

◇対称Y結線(電源)-平衡△結線(負荷)

負荷の△結線をY結線に変換すると,負荷の1相のインピーダンスは,$\dot{Z}(\triangle) \to \frac{\dot{Z}}{3}(Y)$ となり,第10図のようになる.

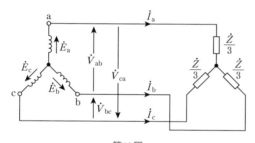

第10図

Y結線の三相電源の相電圧は,$\dot{E}_a$を基準とすると,対称Y結線(電源)-平衡Y結線(負荷)と同様に各諸量を求めることができる.

$\dot{E}_a$,$\dot{E}_b$,$\dot{E}_c$および$\dot{V}_{ab}$,$\dot{V}_{bc}$,$\dot{V}_{ca}$は,次式で表される.ただし,$|\dot{E}_a|=|\dot{E}_b|=|\dot{E}_c|=E$,$\dot{Z}=Z$とする.

$$\dot{E}_a = E \angle 0°, \quad \dot{E}_b = E \angle -120°, \quad \dot{E}_c = E \angle -240°$$

$$\dot{V}_{ab} = \sqrt{3}\,E \angle 30°, \quad \dot{V}_{bc} = \sqrt{3}\,E \angle -90°,$$

$$\dot{V}_{ca} = \sqrt{3}\,E \angle -210°$$

同様に$\dot{I}_a$,$\dot{I}_b$,$\dot{I}_c$は,次式で表される.

$$\dot{I}_a = \frac{\dot{E}_a}{\frac{\dot{Z}}{3}} = \frac{E}{\frac{Z}{3}} \angle 0°, \quad \dot{I}_b = \frac{\dot{E}_b}{\frac{\dot{Z}}{3}} = \frac{E}{\frac{Z}{3}} \angle -120°$$

$$\dot{I}_c = \frac{\dot{E}_c}{\dfrac{\dot{Z}}{3}} = \frac{E}{\dfrac{Z}{3}} \angle -240°$$

■非対称三相回路（不平衡三相負荷）

三相負荷が不平衡の場合について，キルヒホッフの法則を用いて各線路電流を求める．

◇Y結線不平衡負荷のキルヒホッフの法則による解法

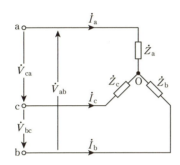

第11図

第11図において，各線間電圧は

$$\dot{V}_{ab} = V \text{（基準）}, \quad \dot{V}_{bc} = a^2 V, \quad \dot{V}_{ca} = aV \quad (26)$$

とする．キルヒホッフの法則より，

$$\dot{I}_a + \dot{I}_b + \dot{I}_c = 0 \quad (27)$$

$$\dot{Z}_a \dot{I}_a - \dot{Z}_b \dot{I}_b = V \quad (= \dot{V}_{ab}) \quad (28)$$

$$\dot{Z}_b \dot{I}_b - \dot{Z}_c \dot{I}_c = a^2 V \quad (= \dot{V}_{bc}) \quad (29)$$

となる．(27)式～(29)式より各線路電流 $\dot{I}_a$, $\dot{I}_b$, $\dot{I}_c$ を求める．

(27)式より，$\dot{I}_c = -(\dot{I}_a + \dot{I}_b)$ とし，(29)式に代入すると

$$\dot{Z}_b \dot{I}_b + \dot{Z}_c (\dot{I}_a + \dot{I}_b) = a^2 V$$

$$\dot{Z}_c \dot{I}_a + (\dot{Z}_b + \dot{Z}_c) \dot{I}_b = a^2 V \quad (30)$$

$(\dot{Z}_b + \dot{Z}_c) \times$(28)式 $+ \dot{Z}_b \times$(30)式より，$\dot{I}_a$ を求める．

$(\dot{Z}_b + \dot{Z}_c) \times$(28)式は次式となる．

$$(\dot{Z}_b + \dot{Z}_c) \dot{Z}_a \dot{I}_a - (\dot{Z}_b + \dot{Z}_c) \dot{Z}_b \dot{I}_b = (\dot{Z}_b + \dot{Z}_c) V \quad (31)$$

$\dot{Z}_b \times$(30)式は次式となる．

$$\dot{Z}_b \dot{Z}_c \dot{I}_a + (\dot{Z}_b + \dot{Z}_c) \dot{Z}_b \dot{I}_b = \dot{Z}_b a^2 V \quad (32)$$

(31)式+(32)式は次式となる

$$(\dot{Z}_a\dot{Z}_b + \dot{Z}_b\dot{Z}_c + \dot{Z}_c\dot{Z}_a)\dot{I}_a = (-a\dot{Z}_b + \dot{Z}_c)V \quad (33)$$

(33)式より，$\dot{I}_a$ は

$$\dot{I}_a = \frac{-a\dot{Z}_b + \dot{Z}_c}{\Delta}V \quad (34)$$

となる．ただし，$\Delta = \dot{Z}_a\dot{Z}_b + \dot{Z}_b\dot{Z}_c + \dot{Z}_c\dot{Z}_a$ とする．

同様にして，$\dot{I}_b$ を求める．

$\dot{Z}_a \times$(30)式$-\dot{Z}_c \times$(28)式より，$\dot{Z}_b \times$(30)式は次式となる．

$$\dot{Z}_c\dot{Z}_a\dot{I}_a + \dot{Z}_a(\dot{Z}_b + \dot{Z}_c)\dot{I}_c = \dot{Z}_a a^2 V \quad (35)$$

$\dot{Z}_c \times$(28)式は次式となる．

$$\dot{Z}_c\dot{Z}_a\dot{I}_a - \dot{Z}_b\dot{Z}_c\dot{I}_b = \dot{Z}_c V \quad (=\dot{V}_{ab}) \quad (36)$$

(35)式と(36)式は次式となる．

$$(\dot{Z}_a\dot{Z}_b + \dot{Z}_b\dot{Z}_c + \dot{Z}_c\dot{Z}_a)\dot{I}_b = \dot{Z}_a a^2 V - \dot{Z}_c V \quad (37)$$

(37)式より，$\dot{I}_b$ は

$$\dot{I}_b = \frac{-a^2\dot{Z}_a + \dot{Z}_c}{\Delta}V \quad (38)$$

(34)式，(36)式より，$\dot{I}_c$ を求めると

$$\dot{I}_c = -(\dot{I}_a + \dot{I}_b) = -\left(\frac{-a\dot{Z}_b + \dot{Z}_c}{\Delta}V + \frac{a^2\dot{Z}_a - \dot{Z}_c}{\Delta}V\right)$$

$$= \frac{a\dot{Z}_b - a^2\dot{Z}_a}{\Delta}V$$

となる．

◇△結線不平衡負荷のキルヒホッフの法則による解法

第12図において　各線間電圧は

$$\dot{V}_{ab} = V, \quad \dot{V}_{bc} = a^2 V, \quad \dot{V}_{ca} = aV$$

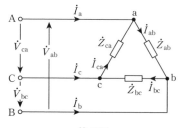

第12図

負荷の各相電流 $\dot{I}_{ab}$, $\dot{I}_{bc}$, $\dot{I}_{ca}$ は次式で表される.

$$\dot{V}_{ab} = V = \dot{Z}_{ab}\dot{I}_{ab} \quad \rightarrow \quad \dot{I}_{ab} = \frac{V}{\dot{Z}_{ab}} \tag{39}$$

$$\dot{V}_{bc} = a^2 V = \dot{Z}_{bc}\dot{I}_{bc} \quad \rightarrow \quad \dot{I}_{bc} = \frac{a^2 V}{\dot{Z}_{bc}} \tag{40}$$

$$\dot{V}_{ca} = a V = \dot{Z}_{ca}\dot{I}_{ca} \quad \rightarrow \quad \dot{I}_{ca} = \frac{a V}{\dot{Z}_{ca}} \tag{41}$$

キルヒホッフの第一法則を，a，b，c点に適用すると

$$\dot{I}_a = \dot{I}_{ab} - \dot{I}_{ca} \tag{42}$$

$$\dot{I}_b = \dot{I}_{bc} - \dot{I}_{ab} \tag{43}$$

$$\dot{I}_c = \dot{I}_{ca} - \dot{I}_{bc} \tag{44}$$

(42)式～(44)式に，(39)式～(41)式を代入すると

$$\dot{I}_a = \frac{V}{\dot{Z}_{ab}} - \frac{a V}{\dot{Z}_{ca}} = \left(\frac{1}{\dot{Z}_{ab}} - \frac{a}{\dot{Z}_{ca}} \right) V$$

$$\dot{I}_b = \frac{a^2 V}{\dot{Z}_{bc}} - \frac{V}{\dot{Z}_{ab}} = \left(\frac{a^2}{\dot{Z}_{bc}} - \frac{1}{\dot{Z}_{ab}} \right) V$$

$$\dot{I}_c = \frac{a V}{\dot{Z}_{ca}} - \frac{a^2 V}{\dot{Z}_{bc}} = \left(\frac{a}{\dot{Z}_{ca}} - \frac{a^2}{\dot{Z}_{bc}} \right) V$$

問題1

図の平衡三相回路において，線電流の大きさ I [A]はいくらになるか．

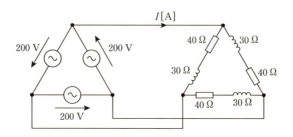

解説

問題の図において，負荷を△結線→Y結線に変換すると1相のインピーダンス $\dot{Z}$ は

$$\dot{Z} = \frac{30 + j40}{3} \, \Omega$$

となる．平衡三相電源と平衡三相負荷であるから，線電流の大きさ I [A]は次式で表される．

$$I = \frac{200}{\sqrt{3}} \times \frac{1}{|\dot{Z}|} = \frac{200}{\sqrt{3}} \times \frac{1}{\frac{\sqrt{30^2 + 40^2}}{3}} = \frac{200}{\sqrt{3}} \times \frac{3}{50} = 4\sqrt{3} \text{ A}$$

(答) $4\sqrt{3}$ A

問題2

図のような回路において，電流 I_1 [A]と I_2 [A]の大きさが等しいとき抵抗 r [Ω]はいくらか．

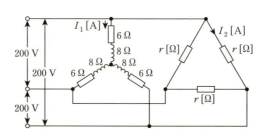

解説

それぞれの電流 I_1, I_2 [A] は次式で表される.

$$I_1 = \frac{200}{\sqrt{3}} \times \frac{1}{|6 + j8|} = \frac{200}{\sqrt{3}} \times \frac{1}{10} = \frac{20}{\sqrt{3}} \text{ A}$$

$$I_2 = \frac{200}{r}$$

$I_1 = I_2$ [A] の条件より, r [Ω] を求める.

$$\frac{20}{\sqrt{3}} = \frac{200}{r}$$

$$\therefore \ r = 10\sqrt{3} \text{ Ω}$$

（答）　$10\sqrt{3}$ Ω

電気及び電子理論

8 ひずみ波交流

> **これだけは覚えよう！**
> □各調波回路のインピーダンス，力率，電流の実効値などの諸量値を求める算出方法
> □ひずみ波回路の電流の実効値，ひずみ率などを求める算出方法

■ひずみ波交流回路の基礎

基本波 e_1 と第3調波 e_3 で合成された電圧 e を電源とした第1図のひずみ波回路において考えてみる．

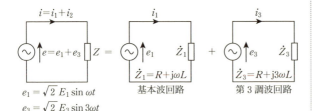

第1図

▶**高調波**
基本波の正数倍の周波数の正弦波をもつ信号を高調波と呼ぶ．基本波の3倍の周波数を第3調波，5倍の周波数を第5調波，n 倍の周波数を第 n 調波という．

基本波回路に対しては，抵抗 R [Ω]，リアクタンス ωL [Ω] のインピーダンス回路であるから，次式が成立する．

インピーダンス：$Z_1 = \sqrt{R^2 + (\omega L)^2}$ (1)

力率：$\cos\theta_1 = \dfrac{R}{\sqrt{R^2 + (\omega L)^2}}$ (2)

基本波の瞬時値 e_1 の実効値を E_1 とすると

電流の実効値：$I_1 = \dfrac{E_1}{Z_1} = \dfrac{E_1}{\sqrt{R^2 + (\omega L)^2}}$ (3)

電流の瞬時値：$i_1 = \sqrt{2}\, I_1 \sin(\omega t - \theta_1)$
$\qquad = \dfrac{\sqrt{2}\, E_1}{\sqrt{R^2 + (\omega L)^2}} \sin(\omega t - \theta_1)$ (4)

有効電力：$P_1 = E_1 I_1 \cos\theta_1 = \dfrac{E_1{}^2 R}{R^2 + (\omega L)^2}$　　　(5)

ただし，E_1：基本波の実効値，$\theta_1 = \tan^{-1}\dfrac{\omega L}{R}$：インピーダンス角とする．

次に，第3調波回路に対しては，抵抗$R\,[\Omega]$，リアクタンス$3\,\omega L\,[\Omega]$のインピーダンス回路となるから，次式が成立する．

インピーダンス：$Z_3 = \sqrt{R^2 + (3\omega L)^2}$　　　(6)

力率：$\cos\theta_3 = \dfrac{R}{\sqrt{R^2 + (3\omega L)^2}}$　　　(7)

第3調波の瞬時値e_3の実効値をE_3とすると

電流の実効値：$I_3 = \dfrac{E_3}{Z_3} = \dfrac{E_3}{\sqrt{R^2 + (3\omega L)^2}}$　　　(8)

電流の瞬時値：$i_3 = \sqrt{2}\,I_3 \sin(3\omega t - \theta_3)$

$$= \dfrac{\sqrt{2}\,E_3}{\sqrt{R^2 + (3\omega L)^2}} \sin(3\omega t - \theta_3)\,(9)$$

電力値：$P_3 = E_3 I_3 \cos\theta_3 = \dfrac{E_3{}^2 R}{R^2 + (3\omega L)^2}$　　　(10)

ただし，E_3：第3調波の実効値，$\theta_3 = \tan^{-1}\dfrac{3\omega L}{R}$：インピーダンス角とする．

■ひずみ波交流の電力，諸定数の計算

第1図のひずみ波の電流iはi_1とi_3との合成であるから，(4)式，(9)式より

$$i = i_1 + i_3 = \sqrt{2}\,I_1 \sin(\omega t - \theta_1) + \sqrt{2}\,I_3 \sin(3\omega t - \theta_3)$$

となる．ひずみ波回路の有効電力Pは，P_1とP_3の和であるから，

$$P = P_1 + P_3 = E_1 I_1 \cos\theta_1 + E_3 I_3 \cos\theta_3$$

となる．ひずみ波回路の電圧，電流の実効値E，Iは，

$$E = \sqrt{E_1{}^2 + E_3{}^2} \tag{11}$$

$$I = \sqrt{I_1{}^2 + I_3{}^2} \tag{12}$$

となる．ひずみ波の皮相電力Kは

263

$$K = EI = \left(\sqrt{E_1{}^2 + E_3{}^2}\right)\left(\sqrt{I_1{}^2 + I_3{}^2}\right) \tag{13}$$

(11)式〜(13)式より，ひずみ波回路の力率$\cos\theta$は

$$\cos\theta = \frac{P}{K} = \frac{E_1 I_1 \cos\theta_1 + E_3 I_3 \cos\theta_3}{\left(\sqrt{E_1{}^2 + E_3{}^2}\right)\left(\sqrt{I_1{}^2 + I_3{}^2}\right)}$$

となる．

また，ひずみ率は，次式で表される．

$$ひずみ率 = \frac{高調波の実効値}{基本波の実効値}$$

$$電圧のひずみ率 = \frac{E_3}{E_1}, \quad 電流のひずみ率 = \frac{I_3}{I_1}$$

問題 1

次の式で与えられる電圧の実効値 [V] はいくらか.

$$e = 120 \sin(\omega t - 45°) + 90 \sin(3\omega t + 60°) \text{ V}$$

解説

基本波, 第 3 調波の実効値 E_1, E_2 は

$$E_1 = \frac{120}{\sqrt{2}} \text{ V}$$

$$E_3 = \frac{90}{\sqrt{2}} \text{ V}$$

となる. したがって, この式の電圧の実効値 E [V] は

$$E = \sqrt{E_1{}^2 + E_3{}^2} = \sqrt{\left(\frac{120}{\sqrt{2}}\right)^2 + \left(\frac{90}{\sqrt{2}}\right)^2} = \frac{150}{\sqrt{2}} ≒ 106 \text{ V}$$

（答） 106 V

問題 2

$v = 200 \sin \omega t + 40 \sin 3\omega t + 30 \sin 5\omega t$ で表されるひずみ波交流電圧のひずみ率の値はいくらか.

解説

基本波, 各調波の実効値 E_1, E_n は

$$E_1 = \frac{200}{\sqrt{2}} \text{ V}$$

$$E_n = \sqrt{\left(\frac{40}{\sqrt{2}}\right)^2 + \left(\frac{30}{\sqrt{2}}\right)^2} = \frac{50}{\sqrt{2}} \text{ V}$$

となる. したがって, ひずみ率は

$$\text{ひずみ率} = \frac{50/\sqrt{2}}{200/\sqrt{2}} = \frac{50}{200} = 0.25 = 25\%$$

（答） 25 %

自動制御及び情報処理

1　自動制御の概念と基本構成

これだけは覚えよう！
- □自動制御方法の三つの種類についての概要
- □フィードバック制御とフィードフォワード制御の基本パターン図
- □制御対象（目標値・制御量）の特徴

■自動制御の概念

　自動制御とは制御装置によって自動的に行われる制御のことである．自動制御が対象とするものには，機械の運動に関するもの，温度や圧力などに関するものなどがあり，制御対象と呼ぶ．制御を行う装置を制御装置といい，制御装置と制御対象との組合せを制御系という．

■自動制御の分類および基本構成

◇制御構成の分類

　制御方法によって次の三つに分類できる．

① シーケンス制御

　ある条件にしたがって段階的に制御する方法である．
　押しボタンなどによる運転・停止の操作などである．

② フィードバック制御（閉ループ制御）

　制御対象の信号（制御量）をフィードバックし，目標値と制御量の差（偏差）に基づき制御量を目標値に近づけていく．

　制御精度が高い反面，制御量を小さく設計すると不安定になることがある．

③ フィードフォワード制御（開ループ制御）

　制御信号の流れが一方向であり，制御量がフィードバッ

クされない．

制御精度は低いが高速で安定した制御ができる．一般にフィードバック制御と併用される．

■フィードバック制御とフィードフォワード制御の基本

それぞれの基本構成は，第1図，第2図となる．

第1図　フィードバック制御

第2図　フィードフォワード制御

▶偏差
目標値と制御量の差

▶外乱
制御系の状態を乱そうとする外的原因

▶操作量
制御量を制御するために制御対象を加える量

▶制御部
目標値や偏差に基づいて操作量を生成する．

▶制御対象
制御の対象となるもので，装置全体，プロセス，システムなどのことである．

■制御対象の種類

制御系の特徴を，制御対象を目標値と制御量に分類して特徴をまとめると第1表のようになる．

第1表

制御対象	名称	特徴
目標値	定値制御	目標値が一定な制御である．精度を高めるには定常偏差を小さくすることが重要である．
	追従制御	目標値が変化する制御である．即応性が必要とされる．
	プログラム制御	目標値が定められたスケジュールで変化する制御である．
制御量	プロセス制御	温度，圧力，流量などを対象とする制御である．制御量が緩やかな変化をする．石油精製ラインなどに用いる．
	サーボ制御	物体の位置や姿勢など物理的変位を対象とする制御である．制御量は高速応答が要求される．工作機械などに用いる．

問題1

自動制御に関する次の基本的な用語の説明文章の ⬜ の中に入れるべき適切な字句を答えよ．

① 制御対象：制御の対象となるもので，装置全体，プロセス，⬜1⬜ などのことである．
② 制御装置：制御を行うため制御対象に付加する装置で，検出部，⬜2⬜，操作部より構成される．
③ 検出部：制御対象から制御量を検出し，主に⬜3⬜信号をつくる部分，⬜3⬜要素ともいう．
④ 調節部：検出出力と⬜4⬜を比較し，その結果に妥当な増幅変換などを施し，制御系が所要の働きをするのに必要な信号をつくり出す．
⑤ 操作部：⬜5⬜から信号を受けて制御対象に働きかける部分のことである．
⑥ 制御要素：動作信号を⬜6⬜に変換する要素，調節部と操作部からなる．
⑦ 目標値：⬜7⬜が任意の値をとるように，目標値として外部から与えられる値（値が一定の場合，設定値という）のことである．
⑧ 基準入力：制御系を動作させる基準として，直接，⬜8⬜に加えられる信号のことである．
⑨ 主フィードバック信号：制御量と基準入力信号を⬜9⬜するためにフィードバックされる信号のことである．
⑩ 制御動作信号：⬜10⬜から主フィードバック信号を引いたもの．
⑪ 外乱：制御系の状態を乱そうとする⬜11⬜のことである．

解説

下図のフィードバック制御における各用語の説明は，次のとおりである．

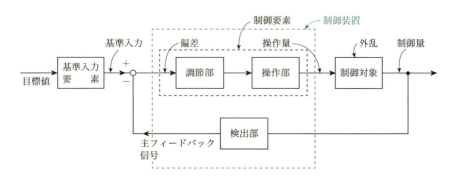

① 制御対象：制御の対象となるもので，装置全体，プロセス，システムのことである．

② 制御装置：制御を行うため制御対象に付加する装置で，検出部，調節部，操作部より構成される．

③ 検出部：制御対象から制御量を検出し，主フィードバック信号をつくる部分のことである．フィードバック要素ともいう．

④ 調節部：検出部出力と目標値を比較し，その結果に適当な増幅，変換などを施し，制御系が所要の働きをするのに必要な信号をつくり出す．

⑤ 操作部：調節部からの信号を受けて制御対象に働きかける部分のことである．

⑥ 制御要素：動作信号を操作量に変換する要素のことである．

⑦ 制御量：制御対象に属する量のうち，制御することを目的とするものである．

⑧ 目標値：制御量がその値をとるように，目標値として外部から与えられる値（値が一定の場合，設定値という．）

⑨ 制御偏差：目標値から制御量を引いたものである．

⑩ 操作量：制御を行うために制御装置から制御対象に加える量のことである．

⑪ 基準入力：制御系を動作させる基準として，直接，閉ループに加えられる入力信号のことである．

⑫ 主フィードバック信号：制御量を基準入力信号と比較するためにフィードバックされた信号のことである．

⑬ 偏差（制御動作信号）：基準入力信号から主フィードバック信号を引いたものである．

⑭ 外乱：制御系の状態を乱そうとする外的原因のことである．

（答）　1—システム，2—調節部，3—フィードバック，4—目標値，5—調節部，6—操作量，7—制御量，8—閉ループ，9—比較，10—基準入力信号，11—外的原因

自動制御及び情報処理

2 ラプラス変換

これだけは覚えよう！
□ラプラス変換・逆ラプラス変換方法
□ラプラス変換を用いた伝達関数の求め方

■ラプラス変換

自動制御において，目標値の変化，外乱の変化が起きた場合の応答を**過渡応答**または，動特性という．

制御システムは，複数の動特性をもつ要素から構成され，各要素のほとんどは，微分方程式で表される．したがって，**自動制御の動特性は，連立微分方程式で表す**ことができる．この連立微分方程式の取り扱いを簡単にしたのが**ラプラス変換**である．ラプラス変換を用いると，過渡現象回路も直流回路と同様の考え方で解くことができる．

RL および RC の直列回路について，ラプラス変換を用いて，回路に流れる電流（時間関数）を i を求めてみる．

■RL 直列回路の過渡現象

第1図の R と L の直列回路について考えてみる．

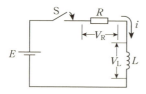

第1図

$t=0$ でスイッチ S を閉じたときの回路方程式は次式で表される．

▶**過渡応答**
入力信号が，ある定常状態から任意の時間的変化を経て，ある定常状態になったとき，指示値，表示値または出力信号が定常状態に達するまでの応答．

▶**ラプラス変換で微分方程式を解く**
微分方程式を解く方法としてのラプラス変換は次式で表される．

$$F(s) = \int_0^\infty f(t)e^{-st}dt$$

$f(t)$ は時間 t の関数
$F(s)$ はラプラスの演算子 s の関数
この計算を行うには高度な数学力が必要されるが，第1表のラプラス変換・逆ラプラス変換の結果式を用いることで容易に計算ができる．

$$E = Ri + L\frac{\mathrm{d}i}{\mathrm{d}t} \tag{1}$$

(1)式をラプラス変換すると（第1表より）

$$E\,(変換前) \to E/s\,(変換後) \tag{2}$$

$$i\,(変換前) \to I\,(変換後) \tag{3}$$

$$\frac{\mathrm{d}i}{\mathrm{d}t}\,(変換前) = sI\,(変換後) \tag{4}$$

sはラプラスの演算子，iはラプラス変換前の時間関数で表した電流，Iはラプラス変換後の電流である．

(2)式～(4)式を(1)式に代入すると

$$\frac{E}{s} = RI + sLI = (R + sL)I \tag{5}$$

(5)式より，第2図の回路が描ける．

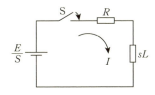

第2図

第1表 ラプラス変換，逆ラプラス変換

変換前	変換後	変換前	変換後
E（定数）	$\dfrac{E}{s}$	$\dfrac{I}{s}$	$\int i\,\mathrm{d}t$
$e^{-\alpha t}$	$\dfrac{1}{s+\alpha}$	I（sの関数）	i（時間関数）
$\dfrac{\mathrm{d}i}{\mathrm{d}t}$	sI	$e^{-\alpha t}\cdot\cos\beta t$	$\dfrac{s+\alpha}{(s+\alpha)^2+\beta^2}$
$\int i\,\mathrm{d}t$	$\dfrac{I}{s}$	$\dfrac{1}{\beta}e^{-\alpha t}\cdot\sin\beta t$	$\dfrac{1}{(s+\alpha)^2+\beta^2}$
i（時間関数）	I（sの関数）	$te^{-\alpha t}$	$\dfrac{1}{(s+\alpha)^2}$
$\dfrac{K\,（定数）}{s}$	K（定数）	$e^{-\alpha t}\cdot\cosh\beta t$	$\dfrac{s+\alpha}{(s+\alpha)^2-\beta^2}$
$\dfrac{1}{s+\alpha}$	$e^{-\alpha t}$	$\dfrac{1}{\beta}e^{-\alpha t}\cdot\sinh\beta t$	$\dfrac{1}{(s+\alpha)^2-\beta^2}$
sI	$\dfrac{\mathrm{d}i}{\mathrm{d}t}$		

(5)式より，電流 I を求めると

$$I = \frac{E}{s}\frac{1}{R+sL} = \frac{E}{L}\frac{1}{s}\frac{1}{s+\frac{R}{L}}$$

$$= \frac{E}{R}\left(\frac{1}{s} - \frac{1}{s+\frac{R}{L}}\right) \qquad (6)$$

(6)式を逆ラプラス変換する（時間の関数に戻す）と，電流 i は（第1表より）

$$\frac{1}{s} \text{（変換前）} \rightarrow 1 \text{（変換後）} \qquad (7)$$

$$\frac{1}{s+\frac{R}{L}} \text{（変換前）} \rightarrow e^{-\frac{Rt}{L}} \text{（変換後）} \qquad (8)$$

(7), (8)式を(6)式に代入すると

$$i = \frac{E}{R}\left(1 - e^{-\frac{Rt}{L}}\right) \qquad (9)$$

(9)式で e の指数が -1 となる時間を時定数という．
(9)式の時定数は $t = L/R$ となる．

■ *RC* 直列回路の過渡現象

第3図より R と C の直列回路について考えてみる．

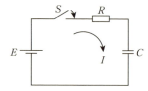

第3図

$t = 0$ でスイッチ S を閉じたときの回路方程式は次式で表される．

$$E = Ri + \frac{1}{C}\int i\,dt \qquad (10)$$

(1)式をラプラス変換すると（第1表より）

E （変換前） $\rightarrow \dfrac{E}{s}$ （変換後） \qquad (11)

▶ $\dfrac{1}{s}\dfrac{1}{s+\dfrac{R}{L}}$ を部分分数に変換する方法

$$\frac{1}{s}\frac{1}{s+\frac{R}{L}} = \frac{A}{s} + \frac{B}{s+\frac{R}{L}}$$

A, B : 定数
上式より

$$1 = \left(s+\frac{R}{L}\right)A + sB$$
$$= (A+B)s + \frac{R}{L}A$$

となるから次式が成立する．
$A + B = 0, \quad A = -B$
$\dfrac{R}{L}A = 1, \quad A = \dfrac{L}{R}$,
$B = -\dfrac{L}{R}$

$$\therefore \frac{1}{s\left(s+\frac{R}{L}\right)}$$
$$= \frac{L}{R}\left(\frac{1}{s} - \frac{1}{s+\frac{R}{L}}\right)$$

▶逆ラプラス変換
s の関数から時間の関数に変換することをいう．

$$i\ (\text{変換前}) \rightarrow I\ (\text{変換後}) \qquad (12)$$

$$\int i\,\mathrm{d}t\ (\text{変換前}) \rightarrow \frac{I}{s}\ (\text{変換後}) \qquad (13)$$

sはラプラスの演算子，iはラプラス変換前の時間関数で表した電流，Iはラプラス変換後の電流である．

(11)式～(13)式を(10)式に代入すると

$$\frac{E}{s} = RI + \frac{I}{sC} = \left(R + \frac{1}{sC}\right)I \qquad (14)$$

(14)式より，第4図の回路が描ける．

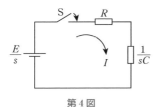

第4図

(14)式より，電流Iを求めると

$$I = \frac{\dfrac{E}{s}}{R + \dfrac{1}{sC}} = \frac{E}{sR + \dfrac{1}{C}} = \frac{1}{s + \dfrac{1}{CR}} \frac{E}{R} \qquad (15)$$

(15)式を逆ラプラス変換する（時間の関数に戻す）と電流iは（第1表より）

$$\frac{1}{s + \dfrac{1}{CR}}\ (\text{変換前}) \rightarrow \mathrm{e}^{-\frac{1}{CR}t}\ (\text{変換後}) \qquad (16)$$

(16)式を(17)式に代入すると

$$i = \frac{E}{R}\mathrm{e}^{-\frac{1}{CR}t} \qquad (17)$$

(17)式でeの指数が-1となる時間を時定数という．

(9)式の時定数は$t = CR$となる．

ラプラス変換および逆ラプラス変換においては，第1表の変換式を覚えておけばよい．

問題1

図の回路の時定数が50 msであるとき，Rの値は何[kΩ]となるか．

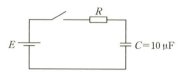

解説

RC直列回路の時定数Tは，$T = CR$(s)であるから，$T = 50$ ms $= 50 \times 10^{-3}$ s，$C = 10$ μF $= 10 \times 10^{-6}$ Fを代入して，R [Ω]を求める．

$$R = \frac{T}{C} = \frac{50 \times 10^{-3}}{10 \times 10^{-6}} = 5 \times 10^3 \text{ Ω} = 5 \text{ kΩ}$$

(答) 5 kΩ

問題2

図のように，抵抗RとインダクタンスLのコイルを直列に接続した回路がある．この回路において，スイッチSを時刻$t = 0$で閉じた場合に流れる電流および各素子の端子間電圧に関する記述として誤っているのは次のうちどれか．

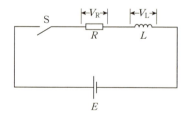

(1) 回路の時定数の大きさは，Lの値に比例している．
(2) Rの値を大きくするとこの回路の時定数は，小さくなる．
(3) スイッチSを閉じた瞬間（時刻$t = 0$）のコイルの端子電圧V_Lの大きさは，0である．
(4) 定常状態の電流は，Lの値に関係しない．
(5) 抵抗Rの端子間電圧V_Rの大きさは，定常状態では電源電圧Eの大きさに等しくなる．

解説

(1) 正しい記述である.

この回路の時定数 T は, $T = L/R$ であるから, L の大きさに比例する.

(2) 正しい記述である.

時定数の大きさは R の大きさに反比例する.

(3) 誤りの記述である.

RL 回路の電流 i は,

$$i = \frac{E}{R}\left(1 - \mathrm{e}^{-\frac{R}{L}t}\right)$$

であるから, コイルの両端子に加わる電圧 V_L の大きさは, 次式となる.

$$V_\mathrm{L} = L\frac{\mathrm{d}i}{\mathrm{d}t} = L\frac{E}{R}\cdot\frac{\mathrm{d}\left(1 - \mathrm{e}^{-\frac{R}{L}t}\right)}{\mathrm{d}t} = L\frac{E}{R}\cdot\frac{R}{L}\mathrm{e}^{-\frac{R}{L}t} = E\mathrm{e}^{-\frac{R}{L}t}$$

上式より, $t = 0\,\mathrm{s}$ のとき, V_L は $V_\mathrm{L} = E\mathrm{e}^{-0} = E$ となる.

(4) 正しい記述である.

定常状態を $t = \infty$ と考えると, 回路に流れる電流 i は

$$i = \frac{E}{R}\left(1 - \mathrm{e}^{-\frac{R}{L}t}\right) = \frac{E}{R}\left(1 - \mathrm{e}^{-0}\right) = \frac{E}{R}$$

となり, L の値と関係しない.

(5) 正しい記述である.

定常状態の電流は, $i = E/R$ であるから, 抵抗 R の端子間電圧 V_R は,

$$V_\mathrm{R} = i\cdot R = \frac{E}{R}\cdot R = E$$

となり, 電源電圧 E の大きさに等しくなる.

(答) (3)

275

自動制御及び情報処理

3 伝達関数とブロック線図

これだけは覚えよう！
□各伝達関数の主な特徴（応答）を覚えること．
□ブロック線図より伝達関数を求める方法を習得すること．

■伝達関数

入力信号と出力信号の比が伝達関数である．

入出力を時間関数で表すと第1図となり，この t 関数をラプラス変換を用いて，s の関数に表したのが第2図となる．

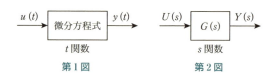

第1図　第2図

▶ t 関数と s 関数の関係

$$\frac{d}{dt}i(t) \rightarrow sI(s)$$

$$\int i(t)dt \rightarrow \frac{I(s)}{s}$$

などがある．

伝達関数 $G(s)$ を求めると，次式で表される．

$$G(s) = \frac{Y(s)}{U(s)} \tag{1}$$

代表的な伝達関数を取りあげると第1表となる．

■ブロック線図

自動制御系のなかでの信号伝達の様子を，記号的に図で表してわかりやすくしたものがブロック線図である．

ブロック線図の構成要素は第3図で表すように，伝達要素の加え合わせ点（加算点），引出し点である．それぞれの要点を下記に示す．

① 伝達要素：四角形の中に，伝達関数を記載する．
② 加え合わせ点：信号の加減算を示す．

▶伝達関数
フィードバックの伝達関数はしっかりと暗記すること．

第1表

伝達関数（$G(s)$）	応答	名称
K（K：比例ゲイン）	入力に比例した信号を出力する．	比例要素
$\dfrac{1}{Ts}$（T：積分時間）	入力を積分した信号を出力する．	積分要素
Ts（T：微分時間）	入力を微分した信号を出力する．	微分要素
$K\left(1+\dfrac{1}{Ts}\right)$ $\begin{pmatrix}K：比例ゲイン\\T：積分時間\end{pmatrix}$	比例要素と積分要素の応答を加算した信号を出力する．	比例積分要素
$\dfrac{K}{Ts+1}$ $\begin{pmatrix}K：比例ゲイン\\T：時定数\end{pmatrix}$	入力に遅れて信号を出力する．	一時遅れ要素
$\dfrac{K\omega_n{}^2}{s^2+2\zeta\omega_n s+\omega_n{}^2}$ ω_m：固有角周波数 ζ：減衰係数 K：比例ゲイン	減衰係数ζの値で応答が変わる． $0<\zeta<1$：振動的 $\zeta>1$：非振動的 $\zeta=1$：臨界状態	二次遅れ要素
$e^{-\tau s}$（τ：むだ時間）	入力からτ時間遅れた信号を出力する．	むだ時間要素

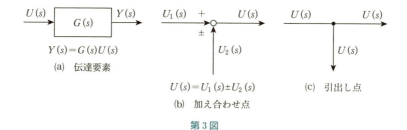

第3図

③ 引出し点：信号の分岐を示す．

第2表に代表的な**ブロック線図の等価変換**を表す．

▶**等価変換**
ブロック線図の等価変換は，覚えておくこと．

第2表　ブロック線図の等価変換

名称	元のブロック線図	等価変換したブロック線図
直列結合	入力　　　　出力　$u \to G_1 \to G_2 \to Y$	$U \to \boxed{G_1 \, G_2} \to Y$
並列結合	$U \to G_1, G_2 \to Y$	$U \to \boxed{G_1 + G_2} \to Y$
フィードバック結合	$u \to G,\ H$	$u \to \boxed{\dfrac{G}{1+GH}} \to Y$
フィードバック結合（外乱付き）	$u,\ D(外乱),\ G_1,\ G_2,\ H \to Y$	$u \to \boxed{\dfrac{G_1 G_2}{1+G_1 G_2 H}}$、$D \to \boxed{\dfrac{G_2}{1+G_1 G_2 H}} \to Y$

問題 1

図のブロック線図の総合伝達関数 G を求めよ．

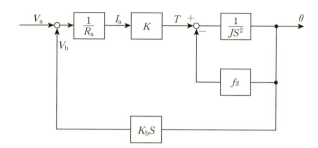

解説

第1図の(1)〜(4)のそれぞれの枠内は次式の関係式が成り立つ．

(1) $\dfrac{I_a}{V_a - V_b} = \dfrac{1}{R_a}$

(2) $\dfrac{T}{I_a} = K$

(3) $\dfrac{\theta}{T} = \dfrac{1}{Js^2 + fs}$

(4) $\dfrac{V_b}{\theta} = K_b s$

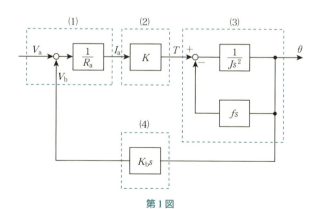

第 1 図

(1)〜(3)における伝達関数 G_1 は，直列結合（第 2 表参照）であるから，次式で表される．

$$G_1 = \frac{\dfrac{K}{R_a}}{Js^2 + fs}$$

となり，(1)〜(4)におけるブロック線図は，第2図のように変換することができる．

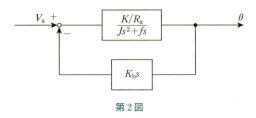

第2図

したがって，第2図より総合伝達関数 G は，フィードバック結合（第2表参照）であるから次式で表される．

$$G = \frac{G_1}{1 + G_1 \cdot K_b s} = \frac{\dfrac{K/R_a}{Js^2 + fs}}{1 + \dfrac{\dfrac{K}{R_a} K_b s}{Js^2 + fs}} = \frac{K/R_a}{Js^2 + fs + \dfrac{KK_b s}{R_a}}$$

$$= \frac{K/R_a}{Js^2 + \dfrac{(R_a f + KK_b)s}{R_a}}$$

ブロック線図は最終的には第3図となる．

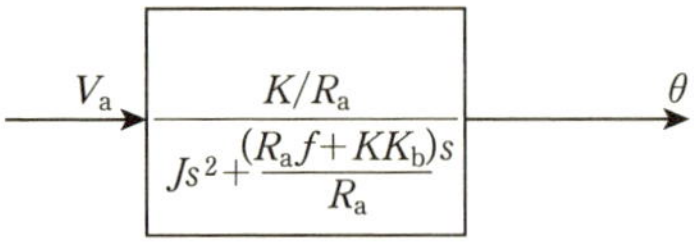

第3図

(答) $G = \dfrac{K/R_a}{Js^2 + \dfrac{(R_a f + KK_b)s}{R_a}}$

問題2

次の文章および表の [1]〜[5] の中に入れるべき最も適切な字句または式を解答群の中から選び，その記号を答えよ．

信号の流れと，信号を他の信号に変換する伝達要素とで制御系を表す図を [1] という．一般に，伝達要素の特性は出力信号をラプラス変換したものと，入力信号

をラプラス変換したものとの比で表され，□2□という．

次の表に示すように，入力 X と出力 Y との関係を等価変換の法則にしたがって統合することができる．

演算内容	合成（変換）前	合成（変換）後
直列結合	$X \to \boxed{G_1} \to \boxed{G_2} \to Y$	$X \to \boxed{3} \to Y$
並列結合	$X \to \boxed{G_1},\ \boxed{G_2} \to \overset{+}{\underset{\pm}{\bigcirc}} \to Y$	$X \to \boxed{4} \to Y$
フィードバック結合	$X \to \overset{+}{\underset{\pm}{\bigcirc}} \to \boxed{G_1} \to Y,\ \boxed{H}$	$X \to \boxed{5} \to Y$

〈□1□〜□5□の解答群〉

ア　ラプラス変換　　イ　積分　　　　ウ　微分　　　　エ　微分方程式

オ　ブロック線図　　カ　伝達関数　　キ　$\dfrac{H}{1 \mp G_1 \cdot H}$　　ク　$\dfrac{H}{1 \pm G_1 \cdot H}$

ケ　$\dfrac{G_1 \cdot H}{1 \pm G_1 \cdot H}$　　コ　$\dfrac{G_1}{1 \mp G_1 \cdot H}$　　サ　$\dfrac{G_1}{1 \pm G_1 \cdot H}$　　シ　$G_2 \pm G_1$

ス　$G_1 \pm G_2$　　セ　$G_1 \cdot G_2$　　ソ　$\dfrac{G_1}{G_2}$

解説

ブロック線図とは，信号の流れと，変換する伝達要素で制御系を表す図である．

伝達関数は入出力の信号をラプラス変換したものの比で表される．それぞれのラプラス変換したものを，$X(s)$（入力），$Y(s)$（出力）とすると，$Y(s)/X(s)$ が伝達関数となる．

ブロック線図の等価変換は，第2表を参照．

フィードバック結合では，一般に加え合わせ点のフィードバック信号の極性は−である．この場合に等価変換した伝達関数は，$G_1/(1 \pm G_1 \cdot H)$ となる．設問文の場合は，加え合わせ点の極性は±であるので，$G_1/(1 \mp G_1 \cdot H)$ となる．

（答）　1−オ，2−カ，3−セ，4−ス，5−コ

自動制御及び情報処理

4　自動制御系の諸特性

> これだけは覚えよう！
> □定常偏差（残留偏差）の考え方
> □過渡特性：インディシャル応答の波形の係る用語・一次，二次遅れ要素の伝達関数を用いたステップ応答 $Y(s)$ の時間関数 $y(t)$ への変換の算出方法
> □制御系の安定性：2種類の安定判別方法

■定常特性

目標値の変化や外乱に対して**十分時間が経過した定常状態で残っている偏差を定常偏差または残留偏差**という．定常特性では制御精度が重要なために，目標値の変化や外乱に対して出力信号としての目標値と制御量の偏差をとって考える．

第1図の直結フィードバック系において，目標値 $R(s)$ と制御量 $X(s)$ の偏差 $E(s)$ は

$$E(s) = \frac{1}{1+G(s)} R(s)$$

となる．

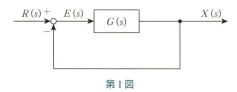

第1図

■過渡特性

◇**インディシャル応答（単位ステップ応答）**

過渡状態において制御量が目標値に一致している制御系

▶インディシャル応答
単位ステップ関数が入力信号のときのときの過渡応答をインディシャル応答といい，単位ステップ応答ともいう．
y軸に$x(t)$，x軸に時間tをおく．

は理想であるが，実際の制御対象では遅れを伴う．したがって実際の系ではできるだけ速応性に優れ，安定度が高い状態での応答が要求される．

一般に，制御系のインディシャル応答は第 2 図のように**減衰しながら定常値に落ちつく**．

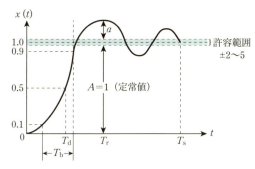

第 2 図　インディシャル応答

この過渡応答を評価するためにインディシャル応答に関して次のように定義している．

- 行過ぎ量：最終値を超えた部分の最大値を最終値のパーセントで表したもので a/A [%] となる．
- 行過ぎ時間：行過ぎ量が現れるまでの時間 T_r
- 整定時間：応答が許容範囲（±2〜5 %）に達し，それ以降，この範囲から逸脱しなくなるまでの時間 T_s
- 遅れ時間：最終値の 1/2 に達するまでの時間 T_d
- 立上り時間：応答が最終値の 10 %〜90 % になるまでに要する時間 T_b

ここで，行過ぎ時間，整定時間，遅れ時間，立上り時間は系の速応性に関係し，その値が小さいほど，速応性がよくなる．

また，行過ぎ量は系の減衰性つまり安定度の尺度となり，減衰係数と密接な関係がある．

一般に入力信号の種類により，過渡応答は以下のように分けられる．

① インパルス応答：単位インパルス関数を入力信号としたときの過渡応答のことである．

② ステップ応答：ステップ関数を入力信号としたときの過渡応答のことである．とくに，単位ステップ関数が入力信号のときはインディシャル応答という．

③ ランプ応答：ランプ関数を入力信号としたときの過渡応答のことである．

　これらの過渡応答が実際の時間的変換に対してどのように変化するかは，出力 $Y(s)＝$伝達関数 $G(s)×$入力 $X(s)$ を用いて，逆ラプラス変換を行い，時間関数 $y(t)$ を求めることによりわかる．

◇一次遅れ要素，二次遅れ要素の単位ステップ応答

(1)　一次遅れ要素の伝達関数における単位ステップ応答

　一次遅れ要素の伝達関数（第 1 表参照）は

$$G(s)＝\frac{K}{Ts+1}＝\frac{1}{Ts+1} \tag{1}$$

　単位ステップ入力は $1/s$ であるから，(1)式に乗じると単位ステップ応答 $Y(s)$ は，次式で表される．

$$Y(s)＝\frac{1}{s}G(s)＝\frac{1}{s}\frac{1}{Ts+1} \tag{2}$$

(2)式の $1/s(Ts+1)$ を部分分数に展開すると

$$\frac{1}{s}\frac{1}{Ts+1}＝\frac{1}{s}-\frac{T}{Ts+1} \tag{3}$$

(3)式を(2)式に代入すると

$$Y(s)＝\frac{1}{s}-\frac{T}{Ts+1}＝\frac{1}{s}-\frac{1}{s+1/T} \tag{4}$$

(4)式を逆ラプラス変換すると，時間関数 $y(t)$ は

$$y(t)＝1-\mathrm{e}^{-\frac{t}{T}}$$

となり，出力の定常値（ $t→∞$ ）は 1 となる．

(2)　二次遅れ要素の伝達関数における単位ステップ応答

　二次遅れ要素の伝達関数（第 1 表参照）は

▶単位ステップ応答

ステップ応答のうち，単位ステップ（高さが 1 のステップ状変化の）入力に対する応答のこと． $K=1$.

$$\mathcal{L}^{-1}\frac{1}{s}＝1$$

$$\mathcal{L}^{-1}\frac{1}{s+\dfrac{1}{T}}＝\mathrm{e}^{-\frac{t}{T}}$$

$$G(s) = \frac{\omega_n{}^2}{(s^2 + 2\zeta\omega_n s + \omega_n{}^2)}$$

$$= \frac{\omega_n{}^2}{(s^2 + 2\zeta\omega_n s + \omega_n{}^2)} \qquad (5)$$

単位ステップ入力は$1/s$であるから，(5)式に乗じると単位ステップ応答$Y(s)$は，次式で表される.

$$Y(s) = \frac{1}{s}G(s) = \frac{\omega_n{}^2}{s(s^2 + 2\zeta\omega_n s + \omega_n{}^2)} \qquad (6)$$

単位ステップ応答$Y(s)$を求めるために，(6)式の分母の$(s^2 + 2\zeta\omega_n s + \omega_n{}^2)$を因数分解して次のようにおく.

$$s^2 + 2\zeta\omega_n s + \omega_n{}^2 = (S - S_1)(S - S_2)$$

s_1，s_2は，$s^2 + 2\zeta\omega_n s + \omega_n{}^2 = 0$の根である. s_1，s_2について求めると

$$s_1, s_2 = \frac{-2\zeta\omega_n \pm \sqrt{(-2\zeta\omega_n)^2 - 4\omega_n{}^2}}{2}$$

$$= \omega_n\left(-\zeta \pm \sqrt{\zeta^2 - 1}\right) \qquad (7)$$

減衰係数ζの値により，単位ステップ応答は大きく変化する. $\zeta < 1$，$\zeta = 1$，$\zeta > 1$の場合について，個別に計算を行ってみる.

(a) $\zeta < 1$の場合

(7)式より，$\sqrt{\zeta^2 - 1} < 0$となるため，$\sqrt{(-1) \times (1 - \zeta^2)}$ $= j\sqrt{1 - \zeta^2}$とすると，s_1，s_2は次式で表される.

$$s_1 = -\zeta\omega_n + j\sqrt{1 - \zeta^2}\,\omega_n = -\alpha + j\beta \qquad (8)$$

$$s_2 = -\zeta\omega_n - j\sqrt{1 - \zeta^2}\,\omega_n = -\alpha - j\beta \qquad (9)$$

ただし，$\alpha = \zeta\omega_n$，$\beta = \sqrt{1 - \zeta^2}$，$\omega_n$とする.

(8)式，(9)式より

$$s^2 + 2\zeta\omega_n s + \omega_n{}^a = (s - s_1)(s - s_2)$$

$$= (s + \alpha - j\beta)(s + \alpha + j\beta)$$

$$= (s + \alpha)^2 + \beta^2 \qquad (10)$$

(10)式を(6)式に代入すると，単位ステップ応答$Y(s)$は

$$Y(s) = \frac{\omega_n{}^2}{s\{(s + \alpha)^2 + \beta^2\}} \qquad (11)$$

▶$\zeta < 1$の場合

単位ステップ応答の時間関数$y(t)$は次式で表される.

$$y(t) = 1 - e^{-\zeta\omega_n t}$$
$$\left(\cos\sqrt{1 - \zeta^2}\,\omega_n t\right.$$
$$+ \frac{\zeta}{\sqrt{(1 - \zeta^2)}\omega_n}$$
$$\left.\sin\sqrt{1 - \zeta^2}\,\omega_n t\right)$$

$y(t)$は，振動的に変化する.

(11)式を部分分数に分解すると

$$\frac{\omega_\mathrm{n}^2}{s\{(s+\alpha)^2+\beta^2\}} = \frac{A}{s} + \frac{Bs+C}{(s+\alpha)^2+\beta^2} \tag{12}$$

A, B, C は定数とする.

(12)式より，次式が成立する.

$$\begin{aligned}
\omega_\mathrm{n}^2 &= A\{(s+\alpha)^2+\beta^2\} + s(Bs+c) \\
&= A(s^2+2\alpha s+\alpha^2+\beta^2) + Bs^2 + Cs \\
&= (A+B)s^2 + (2\alpha A+C)s + A(\alpha^2+\beta^2) \tag{13}
\end{aligned}$$

(13)式より

$$\left.\begin{aligned}
s^2\text{の項} &: A+B=0 \\
s\text{の項} &: 2\alpha A+C=0 \\
\text{定数項} &: A(\alpha^2+\beta^2)=\omega_\mathrm{n}^2
\end{aligned}\right\} \tag{14}$$

(14)式より

$$\left.\begin{aligned}
A &= \frac{\omega_\mathrm{n}^2}{\alpha^2+\beta^2} \\
B &= -A = -\frac{\omega_\mathrm{n}^2}{\alpha^2+\beta^2} \\
C &= -2\alpha A = -\frac{2\alpha\omega_\mathrm{n}^2}{\alpha^2+\beta^2}
\end{aligned}\right\} \tag{15}$$

(15)式を(12)式に代入すると

$$\begin{aligned}
Y(s) &= \left(\frac{\omega_\mathrm{n}^2}{\alpha^2+\beta^2}\right)\frac{1}{s} - \left(\frac{\omega_\mathrm{n}^2}{\alpha^2+\beta^2}\right)\frac{s+2\alpha}{(s+\alpha)^2+\beta^2} \\
&= \frac{\omega_\mathrm{n}^2}{\alpha^2+\beta^2}\left(\frac{1}{s} - \frac{s+2\alpha}{(s+\alpha)^2+\beta^2}\right) \\
&= \frac{\omega_\mathrm{n}^2}{\alpha^2+\beta^2}\left(\frac{1}{s} - \frac{s+\alpha}{(s+\alpha)^2+\beta^2} - \frac{\alpha}{(s+\alpha)^2+\beta^2}\right) \tag{16}
\end{aligned}$$

(16)式を逆ラプラス変換すると

$$\left.\begin{aligned}
\mathcal{L}^{-1}\frac{1}{s} &= 1 \\
\mathcal{L}^{-1}\frac{s+\alpha}{(s+\alpha)^2+\beta^2} &= \mathrm{e}^{-\alpha t}\cos\beta t \\
\mathcal{L}^{-1}\frac{\alpha}{(s+\alpha)^2+\beta^2} &= \frac{\alpha}{\beta}\mathrm{e}^{-\alpha t}\sin\beta t
\end{aligned}\right\} \tag{17}$$

$$\begin{aligned}
&\frac{s+2\alpha}{(s+\alpha)^2+\beta^2} \\
&= \frac{s+\alpha}{(s+\alpha)^2+\beta^2} \\
&\quad + \frac{\alpha}{(s+\alpha)^2+\beta^2}
\end{aligned}$$

(17)式より，$y(t) = \mathcal{L}^{-1} Y(s)$ は，次式で表される．

$$
\begin{aligned}
y(t) &= \mathcal{L}^{-1} Y(s) \\
&= \frac{\omega_\mathrm{n}^2}{\alpha^2 + \beta^2} \left[1 - \mathrm{e}^{-\alpha t} \cdot \cos \beta t - \frac{\alpha}{\beta} \mathrm{e}^{-\alpha t} \cdot \sin \beta t \right] \\
&= \frac{\omega_\mathrm{n}^2}{\alpha^2 + \beta^2} \left[1 - \mathrm{e}^{-\alpha t} \left(\cos \beta t + \frac{\alpha}{\beta} \sin \beta t \right) \right] \quad (18)
\end{aligned}
$$

$\alpha = \zeta \omega_\mathrm{n}$，$\beta = \sqrt{1 - \zeta^2} \cdot \omega_\mathrm{n}$ であるから，(18)式に代入すると

$$
\begin{aligned}
y(t) = 1 - \mathrm{e}^{-\zeta \omega_\mathrm{n} t} \Big(&\cos \sqrt{1 - \zeta^2} \cdot \omega_\mathrm{n} t \\
&+ \frac{\zeta}{\sqrt{1 - \zeta^2}} \sin \sqrt{1 - \zeta^2} \cdot \omega_\mathrm{n} t \Big)
\end{aligned}
$$

> $\alpha^2 + \beta^2$
> $= \zeta^2 \omega_\mathrm{n}^2 + (1 - \zeta^2) \omega_\mathrm{n}^2$
> $= \omega_\mathrm{n}^2$

となる．

(b) $\zeta = 1$ の場合

(7)式より，$\sqrt{\zeta^2 - 1} = 0$ となるため，$s_1,\ s_2$ は次式で表される．

$$
s_1 = s_2 = -\omega_\mathrm{n} \quad (19)
$$

(19)式より，$s_1 = s_2 = s$ とすると

$$
s^2 + 2\zeta \omega_\mathrm{n} s + \omega_\mathrm{n}^2 = (s + \omega_\mathrm{n})^2 \quad (20)
$$

(20)式を(6)式に代入すると，単位ステップ応答 $Y(s)$ は

$$
Y(s) = \frac{\omega_\mathrm{n}^2}{s(s + \omega_\mathrm{n})^2} \quad (21)
$$

(21)式を部分分数に分解すると

$$
\frac{\omega_\mathrm{n}^2}{s(s + \omega_\mathrm{n})^2} = \frac{D}{s} + \frac{Es + F}{(s + \omega_\mathrm{n})^2} \quad (22)
$$

$D,\ E,\ F$ は，定数とする．

(22)式より，次式が成立する．

$$
\begin{aligned}
\omega_\mathrm{n}^2 &= D(s + \omega_\mathrm{n})^2 + s(Es + F) \\
&= D(s^2 + 2\omega_\mathrm{n} s + \omega_\mathrm{n}^2) + Es^2 + Fs \\
&= (D + E)s^2 + (2\omega_\mathrm{n} D + F)s + D\omega_\mathrm{n}^2 \quad (23)
\end{aligned}
$$

(23)式より

$$
\left.
\begin{aligned}
&s^2 \text{の項}: D + E = 0 \\
&s \text{の項}: 2\omega_\mathrm{n} D + F = 0 \\
&\text{定数項}: D\omega_\mathrm{n}^2 = \omega_\mathrm{n}^2
\end{aligned}
\right\} \quad (24)
$$

▶**$\zeta = 1$ の場合**

単位ステップ応答の時間関数 $y(t)$ は次式で表される．

$$
\begin{aligned}
y(t) &= 1 - \mathrm{e}^{-\omega_\mathrm{n} t} \\
&\quad - \omega_\mathrm{n} t \mathrm{e}^{-\omega_\mathrm{n} t} \\
&= 1 - \mathrm{e}^{-\omega_\mathrm{n} t}(1 + \omega_\mathrm{n} t)
\end{aligned}
$$

$y(t)$ は振動的・非振動的変化の境界線に沿って推移していく．

(24)式より,

$$D = 1, \quad E = -D = -1, \quad F = -2\omega_n D = -2\omega_n \quad (25)$$

(25)式を(22)式に代入すると

$$Y(s) = \frac{1}{s} + \frac{-s - 2\omega_n}{(s + \omega_n)^2}$$

$$= \frac{1}{s} - \frac{1}{s + \omega_n} - \frac{\omega_n}{(s + \omega_n)^2} \quad (26)$$

(26)式を逆ラプラス変換をすると

$$\left.\begin{array}{l}
\mathcal{L}^{-1} \dfrac{1}{s} = 1 \\[2mm]
\mathcal{L}^{-1} \dfrac{1}{s + \omega_n} = e^{-\omega_n t} \\[2mm]
\mathcal{L}^{-1} \dfrac{\omega_n}{(s + \omega_n)^2} = \omega_n t e^{-\omega_n t}
\end{array}\right\} \quad (27)$$

(27)式より, $y(t) = \mathcal{L}^{-1} Y(s)$ は,次式で表される.

$$y(t) = \mathcal{L}^{-1} Y(s) = 1 - e^{-\omega_n t} - \omega_n t e^{-\omega_n t}$$

$$= 1 - e^{-\omega_n t}(1 + \omega_n t)$$

(c) $\zeta > 1$ の場合

(7)式より, $\sqrt{\zeta^2 - 1} > 0$ とすると s_1, s_2 は次式で表される.

$$s_1 = -\zeta\omega_n + \sqrt{\zeta^2 - 1} \cdot \omega_n = -\alpha + \beta' \quad (28)$$

$$s_2 = -\zeta\omega_n - \sqrt{\zeta^2 - 1} \cdot \omega_n = -\alpha - \beta' \quad (29)$$

ただし, $\alpha = \zeta\omega_n$, $\beta' = \sqrt{\zeta^2 - 1} \cdot \omega_n$ とする.

(28)式,(29)式より,

$$s^2 + 2\zeta\omega_n s + \omega_n^a = (s - s_1)(s - s_2)$$

$$= (s + \alpha - \beta')(s + \alpha + \beta')$$

$$= (s + \alpha)^2 - \beta'^2 \quad (30)$$

(30)式を(6)式に代入すると

$$Y(s) = \frac{\omega_n^2}{s\{(s + \alpha)^2 - \beta'^2\}} \quad (31)$$

(31)式を部分分数に分解すると

$$\frac{\omega_n^2}{s\{(s + \alpha)^2 - \beta'^2\}} = \frac{G}{s} + \frac{Hs + I}{(s + \alpha)^2 - \beta'^2} \quad (32)$$

$$\frac{-s - 2\omega_n}{(s + \omega_n)^2}$$

$$= \frac{-(s + \omega_n) - \omega_n}{(s + \omega_n)^2}$$

$$= \frac{-(s + \omega_n)}{(s + \omega_n)^2} - \frac{\omega_n}{(s + \omega_n)^2}$$

$$= -\frac{1}{s + \omega_n} - \frac{\omega_n}{(s + \omega_n)^2}$$

▶$\zeta > 1$ の場合

単位ステップ応答の時間関数 $y(t)$ は次式で表される.

$$y(t) = 1 - e^{-\zeta\omega_n t}$$
$$(\cosh\sqrt{\zeta^2 - 1}\,\omega_n t$$
$$+ \frac{\zeta}{\sqrt{\zeta^2 - 1}}$$
$$\sinh\sqrt{\zeta^2 - 1}\,\omega_n t)$$

$y(t)$ は非振動的に変化していく.

G, H, I は定数とする.

(32)式より，次式が成立する.

$$\omega_{\mathrm{n}}^2 = G\{(s+\alpha)^2 - \beta'^2\} + s(Hs + I)$$
$$= G\{s^2 + 2\alpha s + \alpha^2 - \beta'^2\} + Hs^2 + Is$$
$$= (G + H)s^2 + (2\alpha G + I)s + G(\alpha^2 - \beta'^2) \qquad (33)$$

(33)式より

$$\left.\begin{array}{l} s^2 \text{の項} : G + H = 0 \\[4pt] s \text{の項} : 2\alpha G + I = 0 \\[4pt] \text{定数項} : G(\alpha^2 - \beta'^2) = \omega_{\mathrm{n}}^2 \end{array}\right\} \qquad (34)$$

(34)式より

$$\left.\begin{array}{l} G = \dfrac{\omega_{\mathrm{n}}^2}{\alpha^2 - \beta'^2}, \quad H = -G = -\dfrac{\omega_{\mathrm{n}}^2}{\alpha^2 - \beta'^2} \\[10pt] I = -2\alpha G = \dfrac{-2\alpha\omega_{\mathrm{n}}^2}{\alpha^2 - \beta'^2} \end{array}\right\} \qquad (35)$$

(35)式を(32)式に代入すると

$$Y(s) = \left(\frac{\omega_{\mathrm{n}}^2}{\alpha^2 - \beta'^2}\right)\frac{1}{s} - \left(\frac{\omega_{\mathrm{n}}^2}{\alpha^2 - \beta'^2}\right)\frac{s + 2\alpha}{(s+\alpha)^2 - \beta'^2}$$
$$= \left(\frac{\omega_{\mathrm{n}}^2}{\alpha^2 - \beta'^2}\right)\left[\frac{1}{s} - \frac{s + \alpha}{(s+\alpha)^2 - \beta'^2} - \frac{\alpha}{(s+\alpha)^2 - \beta'^2}\right]$$

$$\tag{36}$$

$$\frac{s + 2\alpha}{(s+\alpha)^2 - \beta'^2}$$
$$= \frac{(s+\alpha) + \alpha}{(s+\alpha)^2 - \beta'^2}$$
$$= \frac{s + \alpha}{(s+\alpha)^2 - \beta'^2}$$
$$\quad + \frac{\alpha}{(s+\alpha)^2 - \beta'^2}$$

(36)式を逆ラプラス変換すると

$$\mathcal{L}^{-1}\frac{1}{s} = 1, \quad \mathcal{L}^{-1}\frac{s + \alpha}{(s+\alpha)^2 - \beta'^2} = \mathrm{e}^{-\alpha t}\cdot\cosh\beta' t$$

$$\mathcal{L}^{-1}\frac{\alpha}{(s+\alpha)^2 - \beta'^2} = \frac{\alpha}{\beta'}\mathrm{e}^{-\alpha t}\cdot\sinh\beta' t \qquad (37)$$

(37)式より

$$y(t) = \frac{\omega_{\mathrm{n}}^2}{\alpha^2 - \beta'^2}\left(1 - \mathrm{e}^{-\alpha t}\cdot\cosh\beta' t - \frac{\alpha}{\beta'}\mathrm{e}^{-\alpha t}\cdot\sinh\beta' t\right)$$

$$= \frac{\omega_{\mathrm{n}}^2}{\alpha^2 - \beta'^2}\left\{1 - \mathrm{e}^{-\alpha t}\left(\cosh\beta' t + \frac{\alpha}{\beta'}\sinh\beta' t\right)\right\} \qquad (38)$$

$\alpha = \zeta\omega_{\mathrm{n}}$，$\beta = \sqrt{\zeta^2 - 1}\cdot\omega_{\mathrm{n}}$ であるから，(38)式に代入すると

$$\alpha^2 - \beta'^2$$
$$= \zeta^2\omega_{\mathrm{n}}^2 - (\zeta^2 - 1)\omega_{\mathrm{n}}^2$$
$$= \omega_{\mathrm{n}}^2$$

$$y(t) = 1 - e^{-\zeta\omega_n t}\Big(\cosh\sqrt{\zeta^2-1}\cdot\omega_n t$$
$$+ \frac{\zeta}{\sqrt{\zeta^2-1}}\sinh\sqrt{\zeta^a-1}\cdot\omega_n t\Big)$$

以上をまとめると以下となる．

ζ の値を 0.2, 0.4, 0.6, 0.8, 1, 2 と変化させたときの出力曲線は第3図（概要）のようになる．

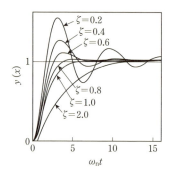

第3図　二次遅れ系のステップ応答

■制御系の安定性

制御系の安定の判別方法には，ラウスの安定判別方法，フルビッツの安定判別方法がある．

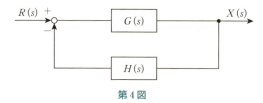

第4図

第4図のフィードバック制御系の閉ループ伝達関数 $W(s)$ は

$$W(s) = \frac{G(s)}{1+G(s)H(s)} = \frac{N(s)}{D(s)} \quad (1)$$

(1)式の分母＝0としたときを特性方程式と呼び，次式で表される．

▶特性根

特性方程式の根を特性根という．

$$D(s) = 1 + G(s)H(s) = 0 \qquad (2)$$

この特性方程式より，ラウスおよびフルビッツの安定判別方法を用いて制御系の安定性について考える．

◇ラウスの安定判別法

(2)式の特性方程式をn次の制御系で考える．

$$a_0 S_n + a_1 s_{n-1} + \cdots + a_{n-1} s + a_n = 0 \qquad (3)$$

この制御系が安定であるためには，次の二つの条件を満足する必要がある．

ラウスの安定条件①

すべての係数$a_0, a_1, \cdots, a_n$が**同符号**でかつすべて存在していると安定となる．一つでも係数が抜けている項があれば不安定となる．

ラウスの安定条件②

特定方程式の係数からラウスの数表を作成したとき，その**1列がすべて同符号であれば安定，符号変化があれば不安定**となる．

不安定符号変化の回数に等しい個数の不安定根がある．

(3)式の特性方程式で考えてみる．

- すべての係数$a_0, a_1, \cdots, a_n$が同符号でかつすべて存在するかどうか確認する．
- ラウスの数表を作成し，第1列目の符号を確認する．

ラウスの数表の作成手順は，以下に示す．

特性方程式の係数$a_0, a_1, \cdots, a_n$について配列を定める．

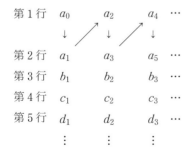

次に第3行，4行，5行，1列目，2列目について次の

ように計算を行う.

$$b_1 = -\frac{1}{a_1}\begin{vmatrix} a_0 & a_2 \\ a_1 & a_3 \end{vmatrix} = -\frac{1}{a_1}(a_0 a_3 - a_1 a_2)$$

$$= \frac{1}{a_1}(a_1 a_2 - a_0 a_3)$$

$$b_2 = -\frac{1}{a_1}\begin{vmatrix} a_0 & a_4 \\ a_1 & a_5 \end{vmatrix} = -\frac{1}{a_1}(a_0 a_5 - a_1 a_4)$$

$$= \frac{1}{a_1}(a_1 a_4 - a_0 a_5)$$

$$c_1 = -\frac{1}{b_1}\begin{vmatrix} a_1 & a_3 \\ b_1 & b_2 \end{vmatrix} = -\frac{1}{b_1}(a_1 b_2 - b_1 a_3)$$

$$= \frac{1}{b_1}(b_1 a_3 - a_1 b_2)$$

$$c_2 = -\frac{1}{b_1}\begin{vmatrix} a_1 & a_5 \\ b_1 & b_3 \end{vmatrix} = -\frac{1}{b_1}(a_1 b_3 - b_1 a_5)$$

$$= \frac{1}{b_1}(a_5 b_1 - a_1 b_3)$$

$$d_1 = -\frac{1}{c_1}\begin{vmatrix} b_1 & b_2 \\ c_1 & c_2 \end{vmatrix} = -\frac{1}{c_1}(b_1 c_2 - c_1 b_2)$$

$$= \frac{1}{c_1}(c_1 b_2 - b_1 c_2)$$

$$d_2 = -\frac{1}{c_1}\begin{vmatrix} b_1 & b_3 \\ c_1 & c_3 \end{vmatrix} = -\frac{1}{c_1}(b_1 c_3 - c_1 b_3)$$

$$= \frac{1}{c_1}(c_1 b_3 - b_1 c_3)$$

以上より, ラウスの数表は, 第1表のようになる.

第1表 ラウスの数表

列\行	1	2	3	4	5
1	a_0	a_2	a_4	a_6	
2	a_1	a_3	a_5	a_7	
3	b_1	b_2	$\cdots$	$\cdots$	
4	c_1	c_2	$\cdots$		
5	d_1	d_2	$\cdots$		

具体的に，以下の特性方程式の判定を行ってみる．

① $s^4 + 2s^3 + 2s^2 + 3s + 4 = 0$ (4)

② $s^4 + 4s^3 + 6s^2 + 5s + 2 = 0$ (5)

①の特性方程式の安定判別手順

• 係数はすべて正であり，かつすべて存在する．

• ラウスの数表を作成すると第2表となる．

第2表

列 行	1	2	3	4
1	1	2	4	0
2	2	3	0	0
3	b_1	b_2	b_3	0
4	c_1	c_2	c_3	0
5	d_1	d_2	d_3	0

第6表より，

$$b_1 = -\frac{1}{2}\begin{vmatrix} 1 & 2 \\ 2 & 3 \end{vmatrix} = -\frac{1}{2}\{(1 \times 3) - (2 \times 2)\} = \frac{1}{2}$$

$$b_2 = -\frac{1}{2}\begin{vmatrix} 1 & 4 \\ 2 & 0 \end{vmatrix} = -\frac{1}{2}(0 - 2 \times 4) = 4$$

$$b_3 = -\frac{1}{2}\begin{vmatrix} 1 & 0 \\ 2 & 0 \end{vmatrix} = 0$$

$$c_1 = -\frac{1}{b_1}\begin{vmatrix} 2 & 3 \\ b_1 & b_2 \end{vmatrix} = -2\begin{vmatrix} 2 & 3 \\ \frac{1}{2} & 4 \end{vmatrix}$$

$$= -2\left\{(2 \times 4) - \left(\frac{1}{2} \times 3\right)\right\} = -13$$

$$c_2 = -\frac{1}{b_1}\begin{vmatrix} 2 & 0 \\ b_1 & b_3 \end{vmatrix} = -2\begin{vmatrix} 2 & 0 \\ \frac{1}{2} & 0 \end{vmatrix} = 0$$

$$c_3 = -\frac{1}{b_1}\begin{vmatrix} 2 & 0 \\ b_1 & 0 \end{vmatrix} = 0$$

$$d_1 = -\frac{1}{c_1}\begin{vmatrix} b_1 & b_2 \\ c_1 & c_2 \end{vmatrix} = \frac{1}{13}\begin{vmatrix} \dfrac{1}{2} & 4 \\ -13 & 0 \end{vmatrix} = \frac{1}{13}(13 \times 4) = 4$$

$$d_2 = -\frac{1}{c_1}\begin{vmatrix} b_1 & b_3 \\ c_1 & c_3 \end{vmatrix} = \frac{1}{13}\begin{vmatrix} \dfrac{1}{2} & 0 \\ -13 & 0 \end{vmatrix} = 0$$

$$d_3 = -\frac{1}{c_1}\begin{vmatrix} b_1 & 0 \\ c_1 & 0 \end{vmatrix} = 0$$

となるから，ラウスの数表は第3表となる．

第3表

列 行	1	2	3	4
1	1	2	4	0
2	2	3	0	0
3	$\dfrac{1}{2}$	4	0	0
4	-13	0	0	0
5	4	0	0	0

　第3表より，第1列の要素において，1，2，1/2，-13，4と2回符号変化があることから，不安定根が二つ存在する．

　したがって，この制御系は不安定であることがわかる．

　②の特性方程式の安定判別手順

・係数はすべて正であり，かつすべて存在する．

・ラウスの数表を作成すると第4表となる．

第4表

列 行	1	2	3	4
1	1	6	2	0
2	4	5	0	0
3	b_1	b_2	b_3	0
4	c_1	c_2	c_3	0
5	d_1	d_2	d_3	0

第4表より，

$$b_1 = -\frac{1}{4}\begin{vmatrix} 1 & 6 \\ 4 & 5 \end{vmatrix} = -\frac{1}{4}\{(1\times 5)-(4\times 6)\} = \frac{19}{4}$$

$$b_2 = -\frac{1}{4}\begin{vmatrix} 1 & 2 \\ 4 & 0 \end{vmatrix} = -\frac{1}{4}(-4\times 2) = 2$$

$$b_3 = -\frac{1}{4}\begin{vmatrix} 1 & 0 \\ 4 & 0 \end{vmatrix} = 0$$

$$c_1 = -\frac{1}{b_1}\begin{vmatrix} 4 & 5 \\ b_1 & b_2 \end{vmatrix} = -\frac{4}{19}\begin{vmatrix} 4 & 5 \\ \frac{19}{4} & 2 \end{vmatrix}$$

$$= -\frac{4}{19}\left\{(4\times 2)-\left(\frac{19}{4}\times 5\right)\right\} = -\frac{4}{19}\left(8-\frac{95}{4}\right)$$

$$= -\frac{4}{19}\left(\frac{32-95}{4}\right) = \frac{63}{19}$$

$$c_2 = -\frac{1}{b_1}\begin{vmatrix} 4 & 0 \\ b_1 & b_3 \end{vmatrix} = -\frac{4}{19}(4\times 0) = 0$$

$$c_3 = -\frac{1}{b_1}\begin{vmatrix} 4 & 0 \\ b_1 & 0 \end{vmatrix} = 0$$

$$d_1 = -\frac{1}{c_1}\begin{vmatrix} b_1 & b_2 \\ c_1 & c_2 \end{vmatrix} = -\frac{19}{63}\begin{vmatrix} \frac{19}{4} & 2 \\ \frac{63}{19} & 0 \end{vmatrix}$$

$$= -\frac{19}{63}\left(-\frac{63}{19}\times 2\right) = 2$$

$$d_2 = -\frac{1}{c_1}\begin{vmatrix} b_1 & b_3 \\ c_1 & c_3 \end{vmatrix} = -\frac{19}{63}\begin{vmatrix} \frac{19}{4} & 0 \\ \frac{63}{19} & 0 \end{vmatrix} = 0$$

$$d_3 = -\frac{1}{c_1}\begin{vmatrix} b_1 & 0 \\ c_1 & 0 \end{vmatrix} = 0$$

となるから，ラウスの数表は第5表となる．

第5表

列 行	1	2	3	4
1	1	6	2	0
2	4	5	0	0
3	$\dfrac{19}{4}$	2	0	0
4	$\dfrac{63}{19}$	0	0	0
5	2	0	0	0

第5表より，第1列目の要素は，1，4，19/4，63/19，2となり，すべて同符号である．

したがって，この制御系が安定であることがわかる．

◇フルビッツの安定判別方法

フルビッツの判別方法は，ラウスの判別方法と同様に，特性方程式の係数を用いて安定か，不安定かを判別する方法である．

この制御系が安定であるためには，次の二つの条件を満足する必要がある．

• フルビッツの安定条件①

すべての係数a_0，a_1，a_2，$\cdots$，a_nが存在し，**同符号**であること．

• フルビッツの安定条件②

係数を並べた(6)式のフルビッツの行列式を考える．

$$H_n = \begin{bmatrix} a_1 & a_3 & \cdots & a_{n-1} \\ a_0 & a_2 & \cdots & a_n \\ 0 & a_1 & a_3 & \cdots \\ 0 & a_0 & a_2 & \cdots \end{bmatrix} \tag{6}$$

(6)式より，

$$H_1 = a_1$$

$$H_2 = \begin{bmatrix} a_1 & a_3 \\ a_0 & a_2 \end{bmatrix}$$

$$H_3 = \begin{bmatrix} a_1 & a_3 & a_5 \\ a_0 & a_2 & a_4 \\ 0 & a_1 & a_3 \end{bmatrix}$$

などと順に H_n を求めて，これらがすべて正であること．

このフルビッツの二つの安定条件が満たされるときに，制御系が安定している．

具体的に，以下の特性方程式の判定を行ってみる．

① $s^3 + s^2 + 1 = 0$

② $s^3 + 2s^2 + s + 1 = 0$

①の特性方程式の安定判別手順

・s の 1 乗の係数が 0 である．

・フルビッツの行列式を考える．

$$H_1 = 1 \tag{7}$$

$$H_2 = \begin{vmatrix} 1 & 1 \\ 1 & 0 \end{vmatrix} = -1 \tag{8}$$

(7)式，(8)式より，フルビッツの行列式 H_2 は負である．したがって，この制御系は不安定であることがわかる．

②の特性方程式の安定判別手順

・すべての係数が存在し，正である．

・フルビッツの行列式を考える．

$$H_1 = 2 \tag{9}$$

$$H_2 = \begin{vmatrix} 2 & 1 \\ 1 & 1 \end{vmatrix} = 1 \tag{10}$$

(9)式，(10)式より，フルビッツの行列式 H_1，H_2 は正である．したがって，この制御系は安定であることがわかる．

▶①の場合
安定条件①だけで制御系が不安定であることがわかる．

問題1

開ループ伝達関数が $G(s) = \dfrac{1}{s^2(s+1)}$ である直結フィードバックの制御系の安定性をフルビッツの安定条件により判別しなさい.

解説

直結フィードバック制御であるから,次式で表される.

$$W(s) = \frac{G(s)}{1 + G(s)} \tag{①}$$

①式より,特性方程式は

$$1 + G(s) = 0 \tag{②}$$

②式に $G(s) = \dfrac{1}{s^2(s+1)}$ を代入整理すると

$$1 + \frac{1}{s^2(s+1)} = 0$$

$$s^3 + s^2 + 1 = 0 \tag{③}$$

③式より

- s の 1 乗の係数が 0 ある.
- フルビッツの行列式は

$$H_1 = 1$$

$$H_2 = \begin{bmatrix} 0 & 1 \\ 1 & 1 \end{bmatrix} = -1 < 0$$

となり, $H_2 = -1 < 0$ となる.

以上のことから,この制御系は不安定である.

(答) 不安定

自動制御及び情報処理

5 情報の表現方法（数値データ）

これだけは覚えよう！
□ 1ビット，1バイトの定義
□ 各進数間の変換に関する計算方法

■進数の変換

連続的な物量（時間，温度，長さ）をアナログといい，離散的に数えられる量（数，金額，人口）をディジタルという．

これらの情報データを整理すると第1図のようになる．

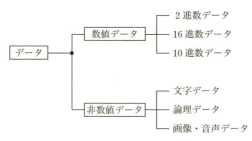

第1図

ここでは，数値データについて取りあげる．

コンピュータでは，数値は0または1の2進数の1桁が数値の最小単位として処理される．この最小単位をビットといい，bitと表現する．また，2進数の8桁，8bitを1バイトといい，1byteと表現する．

基数は，2進数や10進数，16進数などの数値表現を行う際に，各桁の重みの基本となる数のことを表す．

また，10進数を2進数に変換したり，16進数を10進数に変換したりすることを基数変換という．コンピュータ内

▶ビット
2ビットを2進数で表すと00, 01, 10, 11の4とおりとなる．
1ビット＝2^1＝2とおり
2ビット＝2^2＝4とおり
8ビット＝2^8＝256とおり
＝1バイト
nビット＝2^n＝2^nとおり

部では，2進数ですべてのデータを表現する．

0と1の組合せで表現される2進数は，大きな数を表すと桁数が多くなってわかり難いので，16進数による表現の方法がある．16進数では，1桁（0～F）で4bit（10進数で0～15に相当）の数値を表現する．

それぞれの進数の関係をまとめると第1表となる．

第1表

10進数	2進数	16進数
0	0000	0
1	0001	1
2	0010	2
3	0011	3
4	0100	4
5	0101	5
6	0110	6
7	0111	7
8	1000	8
9	1001	9
10	1010	A
11	1011	B
12	1100	C
13	1101	D
14	1110	E
15	1111	F
16	10000	10

次に各進数を他の進数に変換する方法について，具体的に計算を通して解説する．

① 10進数→2進数変換

10進数『59』を2進数に変換する．

10進数を2進数に変換するには，次のように2で順次割り商が0になるまで繰り返す計算で求まる．

$59/2 = 29$　余り1

$29/2 = 14$　余り1

$14/2 = 7$　余り0

$$7/2 = 3 \qquad 余り1$$
$$3/2 = 1 \qquad 余り1$$
$$1/2 = 0 \qquad 余り1$$
$$\uparrow$$
（商が0で終り）

余りを下から並べる．111011となり，これが10進法59を2進法で表したものである．

$$(59)_{10} = (111011)_2$$

② 2進数→10進数への変換

$(111011)_2$を10進数に変換をする．

2進数を10進数に変換するには，小数点以上の場合は下位の桁から順に$2^0, 2^1, 2^2, \cdots$という重みを与え次のように計算を行う．

$$(111011)_2 \rightarrow (1 \times 2^5) + (1 \times 2^4) + (1 \times 2^3) + (0 \times 2^2)$$
$$+ (1 \times 2^1) + (1 \times 2^0)$$
$$= 32 + 16 + 8 + 2 + 1 = 59$$

以上より，次式の関係が成立する．

$$(111011)_2 = (59)_{10}$$

③ 2進数→16進数の変換

$(10110111100100)_2$を16進数に変換する．

2進数を16進数に変換するには，次のように下位の桁（右の桁）から4桁ずつブロックにして対応する16進数を割り当てる．上位の桁（左の桁）で，4桁に満たないときは，0を補う．

$$(10\ \ 1101\ \ 1110\ \ 0100)_2 \quad \leftarrow 4桁にブロックする．$$
$$(10\ \ \boxed{1101}\ \ \boxed{1110}\ \ \boxed{0100})_2 \quad \leftarrow 上位の桁に0を補う．$$
$$(\boxed{0010}\ \ \boxed{1101}\ \ \boxed{1110}\ \ \boxed{0100})_2 \quad \leftarrow 16進数に割り当てる．$$
$$\downarrow \qquad \downarrow \qquad \downarrow \qquad \downarrow$$
$$2 \qquad D \qquad E \qquad 4 \qquad （第1表参照）$$

以上より，次式の関係が成立する．

$$(0010\ \ 1101\ \ 1110\ \ 0100)_2 = (2DE4)_{16}$$

④ 16進数→2進数

$(2DE4)_{16}$を2進数に変換する．

301

16進数を2進数に変換するには、16進数の1桁に対応する4桁の2進数を割り当てる。

$(2DE4)_{16}$に第1表より、2進数を割り当てる。

$(2)_{16} = (0010)_2$、$(D)_{16} = (1101)_2$、$(E)_{16} = (1110)_2$

$(4)_{16} = (0100)$であるから、

$(0010\ 1101\ 1110\ 0100)_2$

以上より、次式の関係が成立する。

$(2DE4)_{16} = (0010\ 1101\ 1110\ 0100)_2$

⑤ 10進小数→16進小数

$(0.71875)_{10}$を16進小数に変換する。

10進小数を16進小数に変換するには、10進小数を2進小数に変換し、次に2進小数を16進小数に変換する。

(i) $(0.71875)_{10}$を2進小数に変換する。

次のように、順次、小数部に2をかけていき、小数部が0になるまで繰り返す方法で計算を行う。

$0.718\ 75 \times 2 = 1.4375$（小数部は下へ）

$0.437\ 5\ \ \times 2 = 0.875$（小数部は下へ）

$0.875\ \ \ \ \times 2 = 1.75$（小数部は下へ）

$0.75\ \ \ \ \ \times 2 = 1.5$（小数部は下へ）

$0.5\ \ \ \ \ \ \times 2 = 1.0$ ←小数部は0で終り

上記の計算式より、整数部の数値を上から並べると10111となり、2進小数は$(0.10111)_2$となる。

以上より、次式の関係が成立する。

$(0.71875)_{10} = (0.10111)_2$

(ii) $(0.10111)_2$を16進小数に変換する。

次のように、2進小数の先頭（小数点1桁目）から4bitのブロックに分け、4桁に満たない場合は下位の桁（右の桁）に0を補う。

$(0.1011\ 1)$ ←4桁にブロックする。

$(0.\boxed{1011}\ 1)$ ←下位の桁に0を補う。

$(0.\boxed{1011}\ \boxed{1000})$ ←16進数に割り当てる。

$(0.\quad B\quad\quad 8\quad)_{16}$ （第1表参照）

以上より，次式の関係が成立する．

$(0.10111)_2 = (0.B8)_{16}$

(i), (ii)より

$(0.7185)_{10} = (0.B8)_{16}$

⑥ 16進小数→10進小数に変換する．

$(0.B8)_{16}$を10進小数に変換する．

16進小数を10進小数に変換するには，16進小数を2進小数に変換し，次に2進小数を10進小数に変換する．

(i) $(0.B8)_{16}$を2進小数に変換する．

$(0.B8)_{16}$ ←第1表より，2進数に割り当てる．

$(B)_{16} = (1011)_2$, $(8)_{16} = (1000)_2$であるから$(0.1011$ $1000)_2$となる．

以上より，次式の関係が成立する．

$(0.B8)_{16} = (0.1011\ 1000)_2$

(ii) $(0.1011\ 1000)_2$を10進小数に変換する．

$(0.1011\ 1000)_2$

$\rightarrow \{(1 \times 2^{-1}) + (1 \times 2^{-3}) + (1 \times 2^{-4}) + (1 \times 2^{-5})\}$

$= (0.5 + 0.125 + 0.0625 + 0.03125)$

$= (0.71875)_{10}$

以上より，次式の関係が成立する．

$(0.1011\ 1000)_2 = (0.71875)_{10}$

(i), (ii)より

$(0.B8)_{16} = (0.71875)_{10}$

303

問題1

次の文章の ⬜1⬜ 〜 ⬜5⬜ の中に入れるべき数値を解答群から選び，その記号を答えよ．

コンピュータでは，数値は0または1の ⬜1⬜ の1桁が数値の ⬜2⬜ として処理される．この最小単位をビットといい，bitと表現する．また，2進数の8桁，8 bitを ⬜3⬜ という．

基数は，2進数や10進数，16進数などの数値表現を行う際に，各桁の重みの基本となる数のことを表す．

また，10進数を2進数に変換したり，16進数を10進数に変換したりすることを ⬜4⬜ という．コンピュータ内部では，2進数ですべてのデータを表現する．

0と1の組合せで表現される2進数は，大きな数を表すと桁数が多くなってわかり難いので，16進数による表現の方法がある．16進数では，1桁 ⬜5⬜ で4 bit（10進数で0〜15に相当）の数値を表現する．

〈 ⬜1⬜ 〜 ⬜5⬜ の解答群〉

ア 0〜K	イ 0〜10	ウ 0〜F
エ 16進数	オ 8進数	カ 2進数
キ 最大単位	ク 最小単位	ケ 平均単位
コ 1バイト	サ 1ビット	シ 基数変換
ス 母数変換	セ 等価変換	

解説

「進数の変換」を参照すること．

（答） 1—カ， 2—ク， 3—コ， 4—シ， 5—ウ

自動制御及び情報処理

6 集合と論理回路

これだけは覚えよう！
□論理和，論理積，論理不定および排他的論理和の使い方
□ド・モルガンの法則（公式）
□加算器の考え方

集合には，和集合，積集合，差集合などがある．論理演算には，論理和（or），論理積（and），論理不定（not），排他的論理和（EXOR，XOR）などがある．なお，論理不定は，単に否定ということもある．また，集合には，積集合，和集合，差集合などがある．

▶MIL記号

AND

OR

NOT

NAND

NOR

EXOR(XOR)

■論理演算

論理演算の意味は次のとおりである．なお，A，Bは論理変数と呼び，1ビットの2進数で，1または0の値をとる．

これらをまとめると第1表となる．

第1表

論理演算	表記	意味
論理積（AND）	$A \cdot B$	両方のビットが1のときのみ，結果が1となる．
論理和（OR）	$A + B$	両方のビットのうちいずれかが1のとき結果が1となる．
論理否定（NOT）	$\overline{A}$	ビットの反転である．1のとき0，0のとき1となる．
排他的論理和（EXOR, XOR）	$A \oplus B$	対応するビットが同じであれば0，等しくなければ1となる．

論理演算の結果を表にまとめたものを真理値表といい第2表で表すことができる．

第2表（真理値表）

A	B	論理積	論理和	排他的論理和	論理否定	
		$A \cdot B$	$A + B$	$A \oplus B$	$\overline{A}$	$\overline{B}$
0	0	0	0	0	1	1
0	1	0	1	1	1	0
1	0	0	1	1	0	1
1	1	1	1	0	0	0

なお，排他的論理和は，次のように展開することができる．

$$A \oplus B = A \cdot \overline{B} + \overline{A} \cdot B \tag{1}$$

(1)式を用いて，排他的論理和の真理値表を作成すると第3表で表すことができる．

第3表

A	B	$\overline{A}$	$\overline{B}$	$A \oplus B$	$A \cdot \overline{B}$	$\overline{A} \cdot B$	$A \cdot \overline{B} + \overline{A} \cdot B$
0	0	1	1	0	0	0	0
0	1	1	0	1	0	1	1
1	0	0	1	1	1	0	1
1	1	0	0	0	0	0	0

■ド・モルガンの法則

論理演算でよく知られている公式に，ド・モルガンの法則がある．

$$\overline{(A \cdot B)} = \overline{A} + \overline{B} \tag{2}$$

$$\overline{(A + B)} = \overline{A} \cdot \overline{B} \tag{3}$$

この公式（(2)式，(3)式）は，かっこをはずすことにより，論理積が論理和に，論理和が論理積になることをしっかりと覚えておくことが必要である．

■加算器

加算器は，2進数1桁の加算を行う回路で，AND回路，OR回路，NOT回路の三つの論理回路から構成される．

加算器の種類としては，下位桁からの桁上がりを考慮しない半加算器，下位桁からの桁上がりを考慮する全加算器がある．

▶排他的論理和
展開式を知っていると問題解法の手助けになるので覚えておくことが必要である．

▶二重否定
$\overline{\overline{A}} = A, \quad \overline{\overline{B}} = B$

◇**半加算器（HA）**

回路の入力 A, B に 0 または 1 の信号を送ると，加算結果が出力 C, S に出力する．C は桁の繰り上がりを示し，S は加算結果の下位 1 桁を示している．2 進数の加算結果は次のようになる．結果より，**C が論理積，S が排他的論理和**となっている．

A	B	C	S
0	+ 0	= 0	0
0	+ 1	= 0	1
1	+ 0	= 0	1
1	+ 1	= 1	0

第1図は，半加算器の回路構成である．

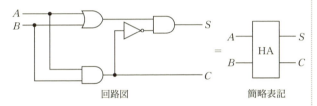

第1図

◇**全加算器**

入力が三つあり，一つは下位桁からの繰り上がりとなる．X, Y, Z の三つの加算となり，加算結果は次にようになる．

半加算のように論理積，排他的論理和という関係にはならない．

X	Y	Z	C	S
0	+ 0	+ 0	= 0	0
0	+ 0	+ 1	= 0	1
0	+ 1	+ 0	= 0	1
0	+ 1	+ 1	= 1	0
1	+ 0	+ 0	= 0	1
1	+ 0	+ 1	= 1	0
1	+ 1	+ 0	= 1	0
1	+ 1	+ 1	= 1	1

第2図の半加算器の回路より，C および S が求まる．

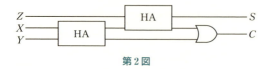

第2図

問題1

次の文章の □1□ ～ □5□ の中に入れるべき数値を解答群から選び，その記号を答えよ．

計算機では，数値は一般的に □1□ 進数で表現される． □1□ 進数の一桁をビットと呼び， □2□ ビットを1バイトと呼ぶ．1バイトで数値を表す場合， □3□ とおりの符号なし整数（非負整数）とみなすと，10進数としてその値は □4□ となり，また負数が2の補数で表現されている符号付整数とみなすと，10進数として，その値は □5□ となる．

〈 □1□ ～ □5□ の解答群〉

ア 256　　イ 255　　ウ 8　　　エ 2　　　オ −1

カ 16　　　キ 32　　　ク −128　　ケ 4　　　コ 888

解説

コンピュータ内部では，数値は一般に2進数で表される．

2進数の8ビットを1バイトと呼び，1バイトで0～255（$2^8 - 1$）とおりの符号なし整数（非負整数）を表すことができる．負の整数は，2の補数として表される．2の補数とは2進数の各ビットの0と1を反転した後，1を加えることにより求められる．負数を表現する場合は，1バイトで−128～＋127の表現ができる．

2進数を正整数として考えるときは，「符号なし整数」，負数も含めた整数と解釈するときは「符号付き整数」ということができる．10進数と2進数（正整数，負整数）の関係を表1・2に示す．

表1　10進数と2進数の対応（符号なし）

10進数	2進数（8ビット）
1	0000 0001
2	0000 0010
4	0000 0100
8	0000 1000
128	1000 0000
255	1111 1111

表2　10進数と2進数の対応（符号付き）

10進数	2進数（8ビット）
−1	1111 1111
−2	1111 1110
−4	1111 1100
−8	1111 1000
−128	1000 0000

（答）　1—エ，2—ウ，3—ア，4—イ，5—オ

── 問題2 ──

論理式 $\overline{(\overline{A}+B)\cdot(A+\overline{C})}$ と等しいもの次のうちどれか，解答群から選べ．

ここで，『・』は論理積，『+』は論理和，$\overline{X}$ は X の否定を表す．

〈解答群〉

ア　$A\cdot\overline{B}+\overline{A}\cdot C$　　　イ　$\overline{A}\cdot B+A\cdot\overline{C}$

ウ　$(A+\overline{B})\cdot(\overline{A}+C)$　　エ　$(\overline{A}+B)\cdot(A+\overline{C})$

オ　$(A+\overline{B})\cdot(\overline{A}\cdot C)$　　カ　$(\overline{A}\cdot B)\cdot(A+\overline{C})$

解説

ド・モルガンの法則を用いて，与えられた論理式を展開していくと次式となる．

$$\overline{(\overline{A}+B)\cdot(A+\overline{C})}=\overline{(\overline{A}+B)}+\overline{(A+\overline{C})}=\overline{\overline{A}}\cdot\overline{B}+\overline{A}\cdot\overline{\overline{C}}=A\cdot\overline{B}+\overline{A}\cdot C$$

(答)　ア

電気計測

1 計測の概要

これだけは覚えよう！
□測定の基本についての概要
□アナログとディジタルの相違点

■測定の基本

測定の基本的な考え方には，偏位法と零位法がある．

偏位法は，第1図に示すように，被側定量を変換器に通して指針振れなどに変換し，測定値として表示する方法である．外部からの電力の供給なしに変化・表示するものを指示計器という．一方，外部の電力を用いて変換・増幅・表示するものを電子計器という．

第1図　偏位法

零位法は，第2図に示すように，あらかじめ既知である標準量を変化させ，比較器で被側定量と標準量が平衡する点を定め，このときの標準量をもって測定値とする方法である．平衡した時点では被側定量のこのエネルギーの消費はないので精密な測定が可能である．

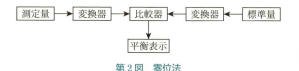

第2図　零位法

> ▶計測と測定
>
> 計測は，特定の目的をもって事物を量的にとらえるための方法・手段を考究し，実施し，その結果を用い所期の目的を達成させること．測定は，ある量を，基準として用いる量と比較し，数値または符号を用いて表すこと．

■アナログ量とディジタル量

連続した量をアナログ量といい，例えば0から1の間の値を考えたとき，この間でどのような値もとり得る．

一方，ディジタル量は，0, 0.2, 0.4, 0.6, 0.8, 1.0のように，規則的な不連続の量（量子化された量）のことである．

アナログ計器は，指示電気計器を代表とするものでアナログ量である電気量を測定するものである．

ディジタル量は，一般に，アナログ量をアナログ―ディジタル変換（A/D）変換してパルス量としたものである．

計器でカウントを行いディジタル表示するものをディジタル計器と呼ぶ．

▶**アナログ量とディジタル量**
アナログ量は連続量のことで，ディジタル量は分離量あるいは離散量のこと．

問題1

次の文章の〔 1 〕～〔 5 〕の中に入れるべき最も適切な字句を解答群の中から選び，その記号を答えよ．

測定の基本的な考え方には，〔 1 〕法と零位法がある．〔 1 〕法は，被側定量を変換器に通して，指針振れなどに変換し，測定値として表示する方法である．

外部からの電力の供給なしに変化・表示するものを〔 2 〕計器という．一方，外部の電力を用いて変換・増幅・表示するものを電子計器という．

零位法は，あらかじめ既知である標準量を変化させ，比較器で被側定量と標準量が〔 3 〕する点を定め，このときの標準量をもって測定値とする方法である．

平衡した時点では被側定量のエネルギーの消費はないので〔 4 〕な測定が可能である．

アナログ計器は，指示電気計器を代表とするものでアナログ量である電気量を測定するものである．

ディジタル量は，一般に，アナログ量を〔 5 〕変換してパルス量としたものである．

〈〔 1 〕～〔 5 〕の解答群〉

ア	D/A	イ	D/D	ウ	A/D	エ	高電圧
オ	大電流	カ	精密	キ	低電圧	ク	指針
コ	指示	サ	パルス	シ	偏位	ス	電位
セ	等電位	ソ	平衡				

解説

計測の概要を参照のこと．

(答)　1－シ，2－コ，3－ソ，4－カ，5－ウ

313

電気計測

2　測定の誤差

> ### これだけは覚えよう！
> □誤差，誤差率の算出方法
> □精度・校正についての概要

■誤差と精度

誤差εは測定値をM，真値をTとすると

$$\varepsilon = M - T \qquad (1)$$

で定義される.

誤差の小さい測定ほど精度の良い測定である．一般に測定の精度は誤差率，相対誤差で表し，次式で表される.

$$誤差率 = \frac{M-T}{T} \, [\%] \qquad (2)$$

$$相対誤差 = \frac{M-T}{T} \qquad (3)$$

■精　　度

精度は誤差の大きさを示すが，測定器のばらつきも意味する．一方，確度または正確度という用語もあり，これは誤差の程度を表す．100 Vの商用電圧を電圧計で測定したとする．5回の測定をして，105，103，104，105および103 Vの測定値であったとする．平均値104 Vを仮の真値とすると誤差εは±1 Vとなる.

正確には，後述の校正を行うことにより精度が本来定義されたものになる.

JISでは，計器の誤差範囲として，誤差階級が規定されており，電流計，電圧系および電力計については，第1表のとおりに分類される.

> ▶絶対誤差
> $|\varepsilon| = |M - T|$
> 誤差の大きさのみを示す.

第1表

階級	許容誤差（%）	用　途
0.2級	±0.2	標準用．精密実験室に置かれ移動できないもの．
0.5級	±0.5	精密測定用．携帯用計器などである．
1.0級	±1.0	準精密測定用．配電盤計器などである．
1.5級	±1.5	普通級．パネル用計器などである．
2.5級	±2.5	小形パネル計器などである．

■校　正

　計測器の測定を表示（アナログ表示とディジタル表示）するために表示目盛りをつけたり表示数値を決めたりするには，その単位の標準となる値（標準値）をもつ標準器がある．一般に使用される計測器は，標準器を用いて計測器の指示値が正しい値を示すように調整されている．これを校正という．この標準器についても同様に，より正確な標準器により，校正され，最終的には国の研究機関の標準器（国家標準または国際標準）に行き着く．このように校正先をたどることを繰り返して国家標準に行き着くことが確かめられている場合，その計測器は，国家標準に対し，『トレーサビリティ』があるという．

　国家標準としては標準電池，標準抵抗器，標準コンデンサなどがある．

▶校正
校正には，計器を調整して誤差を修正することは含まない．

問題1

次の文章の ⬜1⬜ 〜 ⬜5⬜ の中に入れるべき最も適切な字句を解答群の中から選び，その記号を答えよ．

測定は，基準としている量との ⬜1⬜ によってなされる．この基準量との ⬜1⬜ から目盛を振り当て表示装置を規定する行為，または作業を ⬜2⬜ という．この ⬜2⬜ を行う際に必要となる標準器が，上位の機関につながっていることを ⬜3⬜ が確立しているという．実際の測定を行う際に，その測定結果に対する評価を行う指標として用いられる ⬜4⬜ は「測定器から真の値を引いた値」と定義され，この値が小さい場合に ⬜5⬜ が良いと評価される．

〈 ⬜1⬜ 〜 ⬜5⬜ の解答群〉

ア　トレーサビリティ　　イ　トレンド　　ウ　ばらつき　　エ　感度

オ　精度　　カ　校正　　キ　誤差　　　ク　偏差　　　　ケ　差分

コ　修正　　サ　調整　　シ　比較

解説

測定は，基準としている量との比較によってなされる．この基準量との比較から目盛を振り当て表示装置をする行為，または作業を校正という．校正を行う標準器が上位の機関（国立の研究機関）につながっていることを「トレーサビリティ」が確立されているという．

JIS Z 8103によれば，「誤差」とは，「測定値から真の値を引いた値」と定義されている．

（答）　1―シ，2―カ，3―ア，4―キ，5―オ

問題2

誤差率が−2％の電圧計で測定した値が100 Vのときその真値はいくらになるか．正しいものを解答群から選べ．

〈解答群〉

ア　104　　イ　102　　ウ　100　　エ　98　　オ　96

解説

(2)式に誤差率＝−2％　測定値$M = 100$ Vを代入し，真値Tを求めると

$$-2\% = \frac{100 - T}{T}$$

$$-0.02T = 100 - T$$

$$T = \frac{100}{0.98} \fallingdotseq 102 \text{ V}$$

（答）　イ

電気計測

3 指示電気計器の構造と動作原理

これだけは覚えよう！
□指示計器の動作原理と特徴

■計器の種類と特徴

◇可動コイル形
永久磁石の磁界とコイルに流れる電流の相互作用による.

◇可動鉄片形
可動鉄片と固定子コイルの磁界との相互作用によるものである.

◇電流力計形
2組のコイルに流れる電流による電磁力の相互作用によるものである.

◇静電形
2枚の帯電導体に働く静電力によるものである.

◇誘導形
固定アルミ磁界とアルミ回転円盤の渦電流との相互作用によるものである.

◇整流形
整流回路の出力を可動コイルで指示するものである.

◇熱電形
熱電対の熱起電力を可動コイル形で指示するものである.

計器の種類と特徴についてまとめると第1表となる.

アナログ式の指示計器は，測定系の各部分で誤差が積算されてしまい，トータルとしての誤差が多くなる．そこで，アナログ量をディジタル化して表示するディジタル計器が用いられる.

第1表

種類	測定			特徴
	回路	対象	指示値	
可動コイル形	直流	電流 （数μA～100 A） 電圧 （10 mV～1 kV）	平均値	• 高感度 • 外部磁界の影響小 • 分流器や倍率器の組合せで大電流・電圧測定
可動鉄片形	直流 交流 （500 Hz程度まで）	電流 （10 mA～100 A） 電圧 （10 V～1 kV）	実効値	• 商用周波数の交流電圧・電流測定 • 安価で堅牢 • 外部磁界の影響大 • 波形・周波数の影響大
電流力計形	直流 交流 （1 kHz程度まで）	電流 （10 mA～20 A） 電圧 （1 V～1 kV） 電力	実効値	• 消費電力大 • 小形化しにくい. • 外部磁界の影響大.
静電形	直流 交流 （100 kHz程度まで）	電圧 （1 V～100 kV）	実効値	• 単独で高電圧測定可 • 消費電力小 • 波形の影響小
誘導形	交流 （10 Hz～500 Hz）	電流 （0.1 A～100 A） 電圧 （1 V～100 V） 電力	実効値	• 構造が簡単 • 堅牢 • 駆動トルク大 • 周波数の影響大
整流形	交流 （10 Hz～1 MHz）	電流 （100 μA～0.1 A） 電圧 （1 V～1 kV）	実効値	• 交流の中で最も高感度 • 波形の影響大 • 波形により実効値表示
熱電形	直流交流 電流 100 MHz以下 電圧 100 kHz以下	電流 （1 mA～5 A） 電圧 （1 V～100 V）	実効値	• 高周波の測定可 • 指示値の精度が高い • 過負荷に弱い • 周囲温度の影響大

交流および直流の電流・電圧・抵抗などの測定値を数値で示すディジタル計器（電子指示計器）は，ディジタルマルチメータ，ディジタルテスタなどと呼ばれる．A/D変換部，入出力増幅器および分圧器，各種の電気量やその他の物量を直流電圧に変換する変換器で構成している．A/D変換器には，低速であるが入力に加わるノイズの影響が少ない二重積分形が最も多く使われる．

▶電源

電子指示計器は電源を必要とするが，アナログ指示計器は電源を必要としない．

問題1

次の文章の ☐1☐ 〜 ☐3☐ の中に入れるべき最も適切な字句を解答群から選び，その記号を答えよ．

商用周波数の交流電圧・電流の測定には，丈夫で安価な ☐1☐ 形計器が使用される．また，高周波の交流電圧・電流の測定では，抵抗線に発生するジュール熱による熱電力を利用した ☐2☐ 形計器や，ダイオードを用いる ☐3☐ 形計器が使用される．

〈☐1☐ 〜 ☐3☐ の解答群〉

ア　可動コイル　　イ　可動コイル比率計

ウ　可動鉄片　　　エ　電流力計　　オ　熱電

カ　静電　　　　　キ　誘導形　　　ク　整流

解説

- 可動鉄片形計器は，固定子コイルによる磁界内に置かれた可動鉄片の吸引，反発力を利用した計器である．丈夫で安価のため，商用周波数の電圧・電流の測定に使用される．

- 熱電形計器は，電流による発熱作用による熱起電力を利用して，可動コイル形計器を指示させる計器である．高周波電圧・電流の測定に使用される．

- 整流型形計器は，ダイオードで交流を直流に変換して可動コイル形計器を指示させる計器である．

(答)　1—ウ，2—オ，3—ク

電気計測

4　直流電流・電圧及び交流電流・電圧の測定

これだけは覚えよう！
□直流電圧・電流の測定（計算）方法
□交流電圧・電流の測定（計算）方法

■直流電流の測定

　一般に可動コイル形計器を使用する．可動コイル自体に流れる電流は数十mA程度であるため，Aクラスの電流を測定するには，第1図に示すように可動コイル形計器に抵抗R_sをもった分流器を並列に接続する．電流計の内部抵抗r_A，流れる電流I_Aとすると，測定電流Iは次式で表す．

$$I = \frac{r_A + R_s}{R_s} I_A = m_A I_A \tag{1}$$

▶**電流計の倍率**
m_Aを電流計の倍率といい，この値をかけた数字が計器上で表示される．

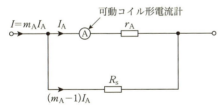

第1図　電流計の分流器

　アナログ指示計器は，針で指示をするため可動部分が存在する．この部分の慣性により指示に時間遅れが生じる．これに対し，ディジタル指示計器は可動部分がない．A/D変換器が変換に要する時間は，アナログ式指示電気計器の遅れと比べるとはるかに短い．

■直流電圧の測定

電圧計も同様に，高い電圧を測定する計器は，第2図に示すように可動コイル形計器に抵抗R_mをもった倍率器が直列に接続されている．

$$V = \frac{r_\mathrm{v} + R_\mathrm{m}}{r_\mathrm{v}} V_\mathrm{v} = m_\mathrm{v} V_\mathrm{v} \tag{2}$$

▶電圧計の倍率
m_vを電圧計の倍率という．

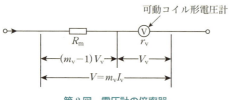

第2図　電圧計の倍率器

■交流電流の測定

通常の交流電流計は実効値で表す．計器の定格値より大きな値の測定には，変流器を用いて，電流の測定範囲を拡大する．第3図に示すように，変流器も一次コイルを測定電流i_1が流れる線路と直列に接続する．電流計に流れる電流がi_2であるとき，変流器の変流比から，次式の関係が成り立つ．

$$i_1 = \frac{n_2}{n_1} i_2 \tag{3}$$

▶変流比
変流比は$\dfrac{1}{巻数比}$となる．

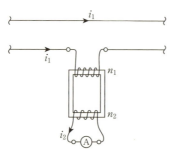

第3図　変流器

(3)式より，$n_2 \gg n_1$であるから，電流計単体の定格より

大きな電流の測定ができる．

■交流電圧の測定

交流電圧計と同様に，実効値で表す．計器の定格値より大きな値の測定には，計器用変圧器を用いて，電圧の測定範囲を拡大する．第4図に示すように計器用変圧器の一次コイルを測定線路電圧v_1を計るように接続する．このとき，計器用変圧器の二次コイル側に接続された電圧計の指示値がv_2であるとき，変圧器の巻数比から，次式の関係が成り立つ．

$$v_1 = \frac{n_1}{n_2} v_2 \qquad (4)$$

(4)式より，$n_1 \gg n_2$であるから，電圧計単体の定格より大きな電圧の測定ができる．

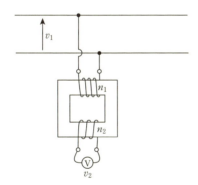

第4図　計器用変圧器

問題1

内部抵抗1200 Ωで50 μAまで測定できる直流電流計の測定範囲を拡大するため，抵抗値20 Ωの分流器を接続して，ある回路の電流を測定したところ，この直流電流計が40 μAを指示した．この場合，この回路に流れる電流I [mA]はいくらか．

解説

分流器の抵抗20 Ωに流れる電流I_s [mA]は，図より次式が求まる．

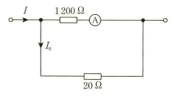

$$I_s = \frac{1200 \times 40 \times 10^{-6}}{20} = 2.4 \times 10^{-3} \text{ A}$$
$$= 2.4 \text{ mA}$$

したがって，回路に流れる電流I [mA]は分流器に流れる電流と直流電流計に流れる電流の和であるから次のように求まる．

$$I = 2.4 + (40 \times 10^{-3}) = 2.44 \text{ mA}$$

（答）　2.44 mA

問題2

内部抵抗10 kΩで最大目盛300 Vの電圧計を，最大900 Vを計測できる電圧計にするには，倍率器の抵抗[kΩ]はいくらか．

解説

図より，電圧計に300 V加わったときに倍率器に600 Vが加わるようにすれば最大900 Vが測定できる．

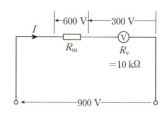

したがって，次式が成立する．

$$I = \frac{600}{R_m} = \frac{300}{10 \times 10^3}$$

$$R_m = \frac{600}{300} \times 10 \times 10^3 = 20 \times 10^3 \text{ Ω} = 20 \text{ kΩ}$$

（答）　20 kΩ

電気計測

5 直流電力・交流電力の測定

> これだけは覚えよう！
> □電圧計・電流計を用いた直流電力を求める算出方法
> □3電圧・3電流計法による交流単相電力を求める算出方法
> □2電力計法による交流三相電力を求める算出方法

■直流電力の測定

負荷抵抗で消費される直流電力は，電圧計と電流形を用いて，第1図(a), (b)のように接続して，電力を求めることができる．電圧計と電流計の内部抵抗を r_V, r_A およびそれぞれの計器の電圧，電流を V, I とすると，電力は次式で表される．

$$P = VI - \frac{V^2}{r_V} \text{(第1図(a))} \quad P = VI - r_A I^2 \text{(第1図(b))}$$

計器の内部抵抗を無視する（$r_V = \infty$, $r_A = 0$）と両者とも $P = VI$ となる．

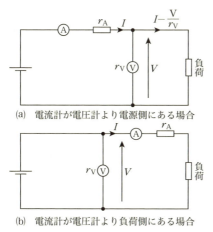

(a) 電流計が電圧計より電源側にある場合

(b) 電流計が電圧計より負荷側にある場合

第1図

■単相交流電力の測定

一般に，有効電力 $VI\cos\theta$ の測定には，電流力形電力計の固定子コイルに電流 I，可動コイルに電圧 V を加えて測定する．

無効電力 $VI\sin\theta$ は，電力計の電圧または電流の位相を 90°移相した無効電力計により測定する．ここでは 3 個の単相電圧計を用いて，有効電力を求める 3 電圧計法と 3 個の電流計を用いて有効電力を求める 3 電流計法について解説する．

◇ 3 電圧計法

3 個の交流電圧計および抵抗 R を第 2 図(a)のように接続すると，電圧 $\dot{V}_1$ を基準ベクトルとしたとき，第 2 図(b)のベクトル図を描くことができる．

第 2 図(b)のベクトル図より，次式の関係が成り立つ．

$$V_3{}^2 = (V_1 + V_2\cos\theta)^2 + (V_2\sin\theta)^2$$
$$= V_1{}^2 + V_2{}^2 + 2V_1V_2\cos\theta \tag{1}$$

(1)式より，$\cos\theta$ について求めると

$$\cos\theta = \frac{V_3{}^2 - V_1{}^2 - V_2{}^2}{2V_1V_2} \tag{2}$$

$V_2 = IR$, $P = V_1 I\cos\theta$ より，

$$P = \frac{V_1V_2}{R}\cos\theta \tag{3}$$

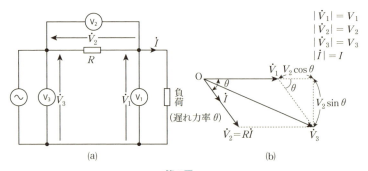

第 2 図

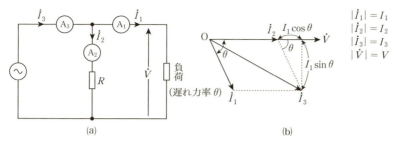

第3図

(2)式を(3)式に代入し，有効電力Pを求める．

$$P = \frac{V_1 V_2}{R} \times \frac{V_3^2 - V_1^2 - V_2^2}{2V_1 V_2} = \frac{V_3^2 - V_1^2 - V_2^2}{2R}$$

◇ **3 電流計法**

3個の交流電流計および抵抗Rを第3図(a)のように接続すると，電圧$\dot{V}$を基準ベクトルとしたとき，第3図(b)のベクトル図を描くことができる．

第3図(b)のベクトル図より，次式の関係が成り立つ．

$$I_3^2 = (I_1 \cos\theta + I_2)^2 + (I_1 \sin\theta)^2$$
$$= I_1^2 + I_2^2 + 2I_1 I_2 \cos\theta \quad (4)$$

(4)式より，$\cos\theta$について求めると

$$\cos\theta = \frac{I_3^2 - I_1^2 - I_2^2}{2I_1 I_2} \quad (5)$$

$V = I_2 R$，$P = VI_1 \cos\theta$ より，

$$P = I_1 I_2 R \cos\theta \quad (6)$$

(5)式を(6)式に代入し，有効電力Pを求める．

$$P = I_1 I_2 R \times \frac{I_3^2 - I_1^2 - I_2^2}{2I_1 I_2} = \frac{R}{2}(I_3^2 - I_1^2 - I_2^2)$$

■交流三相電力の測定

三相交流の電力の測定は，2個の単相電力計を用いて測定できる．これを2電力計法という．第4図のように接続すると，三相電力Pは次式で求まる．

$$P = P_1 + P_2$$

▶**ブロンデルの定理**
n相電力は$n-1$個の電力計で測定できる

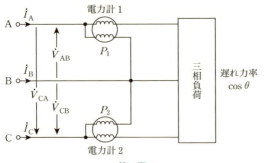

第4図

第4図より,相電圧 $\dot{V}_A$ を基準とし,ベクトル図を描くと第5図のようになる.

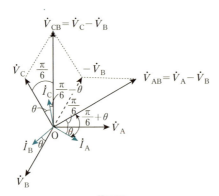

第5図

ベクトル図より,P_1,P_2 は次式で表すことができる.

$$P_1 = |\dot{V}_{AB}| \times |\dot{I}_A| \times \cos\left(\theta + \frac{\pi}{6}\right) \tag{7}$$

$$P_2 = |\dot{V}_{CB}| \times |\dot{I}_C| \times \cos\left(\theta - \frac{\pi}{6}\right) \tag{8}$$

ここで,電源および負荷が平衡であるとすると

$$|\dot{V}_{AB}| = |\dot{V}_{CB}| = V, \quad |\dot{I}_A| = |\dot{I}_C| = I$$

となり,(7)式,(8)式に代入すると

$$P_1 = VI \times \cos\left(\theta + \frac{\pi}{6}\right) \tag{9}$$

$$P_2 = VI \times \cos\left(\theta - \frac{\pi}{6}\right) \tag{10}$$

$\cos\left(\theta + \frac{\pi}{6}\right)$
$= \cos\theta\cos\frac{\pi}{6} - \sin\theta\sin\frac{\pi}{6}$
$= \cos\theta \cdot \frac{\sqrt{3}}{2} - \sin\theta \cdot \frac{1}{2}$

$\cos\left(\theta - \frac{\pi}{6}\right)$
$= \cos\theta\cos\frac{\pi}{6} + \sin\theta\sin\frac{\pi}{6}$
$= \cos\theta \cdot \frac{\sqrt{3}}{2} + \sin\theta \cdot \frac{1}{2}$

となる. (9)式, (10)式より,

$$P = P_1 + P_2 = VI\cos\left(\theta + \frac{\pi}{6}\right) + VI\cos\left(\theta - \frac{\pi}{6}\right)$$

$$= 2VI \times \frac{\sqrt{3}}{2} \times \cos\theta = \sqrt{3}\,VI\cos\theta$$

となる.

$P_1 + P_2 = \sqrt{3}\,VI\cos\theta$
は覚えること.

問題 1

負荷 $R\,[\Omega]$ の消費する直流電力を電圧計および電流計を用いて測定するとき，計器の接続方法を図 1，図 2 とした場合，それぞれの誤差（測定値−真値）はいくらか．r_A，r_V は，電流計，電圧計の内部抵抗とする．

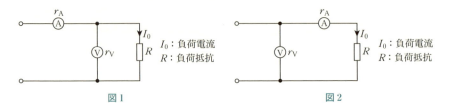

図 1　　　　　　　　　　　　図 2

解説

図 1 の場合，

真値：$T = R \times I_0^2$

測定値：$M = $ 電圧の指示値 $\times$ 電流計の指示値

$$= (R \times I_0) \times \left(I_0 + \frac{R \times I_0}{r_V} \right) = (R \times I_0^2) + \left(\frac{R^2 \times I_0^2}{r_V} \right)$$

よって，誤差は

$$M - T = \frac{R^2 \times I_0^2}{r_V}$$

同様に，図 2 の場合，測定値 M は

$$M = \{(r_A \times I_0) + (R \times I_0)\} \times I_0 = (r_A \times I_0^2) + (R \times I_0^2)$$

よって，誤差は

$$M - T = r_A \times I_0^2$$

となる．

（答）　図 1 のとき $\dfrac{R^2 \times I_0^2}{r_V}$，図 2 のとき $r_A \times I_0^2$

問題 2

図のように電流計 3 個を接続した回路で負荷の力率を 0.8（遅れ）とするとき，電流計 A_3 の指示値はいくらか．

ただし，電流計 A_1 および A_2 の指示値は，ともに 10 A とする．

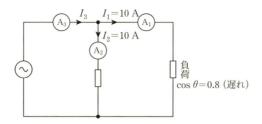

解説

問題の図より，次式が成立する．

$$I_3{}^2 = (I_1\cos\theta + I_2)^2 + (I_1\sin\theta)^2 = I_1{}^2 + I_2{}^2 + 2I_1I_2\cos\theta$$

$I_1 = I_2 = 10\,\text{A}$，$\cos\theta = 0.8$（遅れ）を代入し，I_3を求める．

$$I_3{}^2 = 10^2 + 10^2 + (2 \times 10 \times 10 \times 0.8) = 360$$

$$I_3 = 6\sqrt{10}\,\text{A}$$

（答）　$6\sqrt{10}\,\text{A}$

問題3

図のように，三相平衡負荷に供給する回路に二つの電力計を接続して，三相交流電圧を加えたところ，各計器の指示が$P_1 = 6\,\text{kW}$，$P_2 = 3\,\text{kW}$であった．線間電圧が200 V，線電流が30 Aとすれば，この負荷の力率はいくらか．

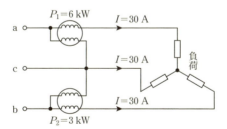

解説

問題の図より，2電力計法による測定であるから，次式が成り立つ．

$$P_1 + P_2 = \sqrt{3}\,V \times I \times \cos\theta$$

力率$\cos\theta$について求めると

$$\cos\theta = \frac{P_1 + P_2}{\sqrt{3}\,V \times I} = \frac{6000 + 3000}{\sqrt{3} \times 200 \times 30} \fallingdotseq 0.8660$$

（答）　0.866

電気計測

6 抵抗・インピーダンスの測定

これだけは覚えよう！
□ 抵抗は測定範囲に応じた測定方法
□ インピーダンスの測定は，ブリッジ回路を用いた平衡条件より求める計算方法

■抵抗の測定

1Ω以下の抵抗値は，電位差計もしくは，ケルビンダブルブリッジで平衡を求める方法で測定をする．

1Ω～1MΩの抵抗値は，電流・電圧より測定する．測定すべき抵抗に直列に電流計を，並列に電圧計を接続して，オームの法則により，電圧計と電流計の指示値より抵抗を算出する．

1MΩ以上の高抵抗測定には，絶縁抵抗計（メガー）を使用するのが一般的である．

■インピーダンスの測定

交流回路のインピーダンスの測定には，第1図のようなブリッジ回路を用いる．交流電源$\dot{E}$，検流計Gおよびブリ

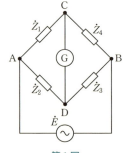

第1図

ッジを構成するインピーダンス$\dot{Z}_1 \sim \dot{Z}_4$からなる．各辺の
インピーダンスを調節して，検流計の出力が0となるブリ
ッジを平衡させた状態では，次の関係が成り立つ．

$$\dot{Z}_1\dot{Z}_3 = \dot{Z}_2\dot{Z}_4 \tag{1}$$

(1)式より，3辺のインピーダンスが既知であれば，残り
1辺のインピーダンスの値がわかる．ただし，$\dot{Z}_1 \sim \dot{Z}_4$は
複素数であるから(1)式の平衡条件とは，

$(\dot{Z}_1\dot{Z}_3)$の実数部 $= (\dot{Z}_2\dot{Z}_4)$の実数部

$(\dot{Z}_1\dot{Z}_3)$の虚数部 $= (\dot{Z}_2\dot{Z}_4)$の虚数部

となる．

▶**ブリッジの平衡条件**
$\dot{Z}_1\dot{Z}_3 = \dot{Z}_2\dot{Z}_4$

問題1

図のようにブリッジ回路によってインダクタンス L はいくらになるか．ただし，D は平衡検出器，R_1, R_2 は無誘導抵抗，C は静電容量とする．

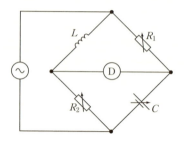

解説

問題の図より，ブリッジの平衡条件式は

$$j\omega L \times \frac{1}{j\omega C} = R_1 \times R_2 \ \rightarrow \ \frac{L}{C} = R_1 R_2$$

したがって，インダクタンス L は

$$L = C R_1 R_2$$

となる．

(答) $CR_1 R_2$

問題2

図のように交流ブリッジが $R_1 = 100\ \Omega$, $R_2 = 1\ \text{k}\Omega$, $R_3 = 10\ \text{k}\Omega$, $C = 10^{-8}\ \text{F}$ において平衡した．この場合，$L\ [\text{H}]$ および $r\ [\Omega]$ はそれぞれいくらか．

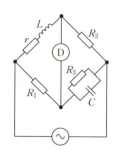

解説

問題の図より，ブリッジの平衡条件式は

$$(r + j\omega L)\cfrac{1}{\cfrac{1}{R_3} + j\omega C} = R_1 R_2$$

①

$$(r + j\omega L) = R_1 R_2\left(\frac{1}{R_3} + j\omega C\right) = \frac{R_1 R_2}{R_3} + j\omega C R_1 R_2$$

①式より，平衡条件は

$$r = \frac{R_1 R_2}{R_3} \quad (実数部)$$

②

$$L = CR_1 R_2 \quad (虚数部)$$

③

②式，③式より，r, Lを求めると

$$r = \frac{100 \times 1 \times 10^3}{10 \times 10^3} = 10\,\Omega$$

$$L = CR_1 R_2 = 10^{-8} \times 100 \times 1 \times 10^3 = 1 \times 10^{-3}\,\mathrm{H}$$

となる．

(答) $L = 1 \times 10^{-3}\,\mathrm{H}$, $r = 10\,\Omega$

実力Check!問題

電気の基礎

問題4 電気及び電子理論

次の各文章の 1 ～ 8 の中に入れるべき最も適切な数値または式をそれぞれの解答群から選び，その記号を答えよ．

(1) 図1に示すように，電圧200 Vの単相交流電源に，誘導性リアクタンス6Ω，容量性リアクタンス8Ωおよび抵抗R [Ω]からなる負荷が接続された回路がある．電源電圧から見た負荷力率が1となるとき，抵抗R [Ω]で消費される電力P [kW]は，次の過程で求めることができる．

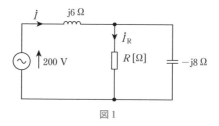

図1

この回路において，電源から負荷を見た合成インピーダンス$\dot{Z}$ [Ω]は，次のようになる．

$$\dot{Z} = j6 + \frac{64R - j\boxed{1}}{R^2 + 64} \text{ [Ω]}$$

負荷力率が1となるためには，$R = 8\sqrt{3}$ Ωとすればよい．
このときの，合成インピーダンス$\dot{Z}$の大きさZ [Ω]は

$Z = \boxed{2}$ [Ω]

したがって，このときの抵抗Rで消費される電力P [kW]は次のようになる．

$$P = \frac{\boxed{3}}{\sqrt{3}} \text{ [kW]}$$

〈 1 〜 3 の解答群〉

ア	$\sqrt{3}$	イ	2	ウ	$4\sqrt{3}$	エ	$8\sqrt{3}$	オ	$12\sqrt{3}$
カ	$4R^2$	キ	$6R^2$	ク	$8R^2$	ク	$\frac{1}{\sqrt{3}}$	コ	$\sqrt{3}$
ケ	$2\sqrt{3}$	コ	$3\sqrt{3}$	サ	9.25	シ	10.25	ス	20
セ	30	ソ	40

(2) 図2に示すように，相電圧が $\dot{E}_A$, $\dot{E}_B$, $\dot{E}_C$ の対称三相交流電源に，1相当たり $3+\text{j}\sqrt{3}\ \Omega$ のインピーダンスを△結線した平衡三相負荷が接続されている．ここで，相回転はA←B←C←Aの順であり，図に示されているインピーダンス以外のインピーダンスは無視する．

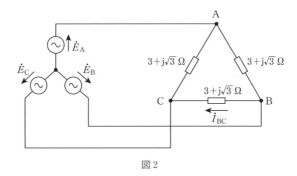

図2

1) 相電圧の大きさが120 Vであるとき，線間電圧 $\dot{V}_{AB}$ の位相を基準とすると各線間電圧 $\dot{V}_{AB}$, $\dot{V}_{BC}$, $\dot{V}_{CA}$ は次のようになる．

$\dot{V}_{AB} = 120\sqrt{3} + \text{j}0$ V

$\dot{V}_{BC} = \boxed{4}$ [V]

$\dot{V}_{CA} = \boxed{5}$ [V]

〈 4 および 5 の解答群〉

ア	$-30\sqrt{3}(1+\text{j}\sqrt{3})$	イ	$-30\sqrt{3}(\sqrt{3}+\text{j})$	ウ	$-60\sqrt{3}(\sqrt{3}+\text{j})$
エ	$-60\sqrt{3}(1+\text{j}\sqrt{3})$	オ	$-30\sqrt{3}(1-\text{j}\sqrt{3})$	カ	$-30\sqrt{3}(\sqrt{3}-\text{j})$
キ	$-60\sqrt{3}(\sqrt{3}-\text{j})$	ク	$-60\sqrt{3}(1-\text{j}\sqrt{3})$

2) 負荷インピーダンスが $3+\text{j}\sqrt{3}\ \Omega$ であるので，力率 $\cos\theta$ は

$\cos\theta = \boxed{6}$

であり，電流 $\dot{I}_{BC}$ [A] は，次のようになる．

$\dot{I}_{BC} = \boxed{}$ [A]

また，三相負荷全体の消費電力 P は次のようになる．

$P = \boxed{}$ [kW]

〈$\boxed{}$〜$\boxed{}$ の解答群〉

ア 12.4	イ 22.4	ウ 32.4
エ 42.4	オ 52.4	カ $-10\sqrt{3}\,(\sqrt{3}+j)$
キ $-10\sqrt{3}\,(3+j\sqrt{3})$	ク $-10\sqrt{3}\,(3-j\sqrt{3})$	ケ $-10\sqrt{3}\,(\sqrt{3}-j)$
コ $-10\sqrt{3}\,(-\sqrt{3}+j)$	サ $\dfrac{1}{2}$	シ $\dfrac{\sqrt{3}}{2}$
ス $\dfrac{1}{\sqrt{3}}$	セ $\sqrt{\dfrac{2}{3}}$	ソ $\dfrac{1}{3}$

問題5　自動制御及び情報処理　Check! □ □ □

次の各問に答えよ．

(1) 次の文章の $\boxed{}$〜$\boxed{}$ の中に入れるべき最も適切な字句，式または記述をそれぞれの解答群から選び，その記号を答えよ．

1) 図1に示すように電圧 $e(t)$ [V] の電源に，R [Ω] の抵抗と L [H] のインダクタンスを直列に接続した回路がある．この回路の電圧 $e(t)$ と電流 $i(t)$ との関係は，次の微分方程式で表される．

$Ri(t) + \boxed{} = e(t)$　　　　　　　　　　　　①

この微分方程式について，ラプラス変換を用いて考えてみる．

①式の両辺をラプラス変換し，$e(t)$ のラプラス変換を $E(s)$，$i(t)$ のラプラス変換を $I(s)$ で表すとき，次式を得る．ただし，すべての初期値を0とする．

$RI(s) + \boxed{} = E(s)$　　　　　　　　　　　②

②式において，$E(s)$ を入力，$I(s)$ を出力としたときの伝達関数を $G(s)$ とすると，$G(s)$ は $\boxed{}$ で表され，これは一次遅れ要素と呼ばれる．このゲイン定数は $1/R$ であり，時定数は $\boxed{}$ となる．

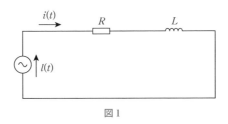

図1

〈 1 〜 4 の解答群〉

ア $\dfrac{R}{L}$ イ $\dfrac{L}{R}$ ウ $\dfrac{1}{R}$ エ $\dfrac{1}{L}$ オ L

カ $R\dfrac{di(t)}{dt}$ キ $\dfrac{R}{L}\dfrac{di(t)}{dt}$ ク $L\dfrac{di(t)}{dt}$ ケ $\dfrac{L}{R}\dfrac{di(t)}{dt}$ コ $\dfrac{di(t)}{dt}$

サ $L\dfrac{I(s)}{s}$ シ $\dfrac{R}{L}\dfrac{I(s)}{s}$ ス $sLI(s)$ セ $s^2LI(s)$ ソ $LI(s)$

タ $\dfrac{1}{R+L}$ チ $\dfrac{1}{L+sR}$ ツ $\dfrac{1}{R+sL}$ テ $\dfrac{s}{L+sR}$ ト $\dfrac{s}{R+sL}$

2) 図2に示すように，電圧 $e(t)$ のラプラス変換を $E(s)$，電流 $i(t)$ のラプラス変換を $I(s)$ で表すとき伝達関数が $\dfrac{5s}{s+4}$ で表せたとする．この系において，$e(t)=1\,\mathrm{V}$ のステップ入力を加えると，電流 $i(t)$ は，値にステップ変化したあと 5

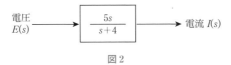

図2

〈 5 の解答群〉

ア 単調に増加して，∞に発散していく．
イ 単調に増加して，ある一定値になる．
ウ 単調に減少して，ある一定値になる．
エ ある値を維持する．
オ 持続的に振動していく．

(2) 次の文章の 6 および 7 の中に入れるべき最も適切な字句を解答群から選び，その記号を答えよ．

フィードバック制御のブロック線図を図3に示す．

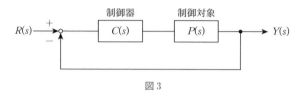

図3

ただし，$R(s)$：目標値，$Y(s)$：制御量，$P(s)$：制御対象，$C(s)$：伝達関数とする．

　一般にプロセス制御系の場合，システムは複雑で，その動特性を把握することは困難である．しかし，制御対象を次のような伝達関数をもつシステムとし動特性を解析することができる．

$$P(s) = \frac{H_p e^{-sL}}{(1+T_1 s)(1+T_2 s)}$$

ここで，H_P，L，T_1，T_2 はある定数である．また，e^{-sL} は ⑥ 要素を表している．

このようなシステムを制御するためには，次のような伝達関数 $C(s)$ をもつ制御器が用いられる．

$$C(s) = K_c \left(1 + \frac{1}{T_3 s} + T_4 s \right) \qquad ③$$

ここで，K_c，T_3，T_4 はある定数である．③式において，$K_c \neq 0$，$K_c/T_3 = 0$，$K_c T_4 \neq 0$ の場合を ⑦ 制御という．

〈 ⑥ および ⑦ の解答群〉

ア　むだ時間　　イ　比例　　ウ　微分　　エ　積分　　オ　近似微分
カ　PI　　　　　キ　PD　　　ク　P　　　ケ　I　　　　コ　D

(3) 次の文章の ⑧ ～ ⑰ の中に入れるべき最も適切な字句または数値をそれぞれの解答群から選び，その記号を答えよ．

1) ネットワーク上の情報の盗聴・漏えい対策の一つとして，情報の暗号化がある．暗号方式は暗号化用と復号用に同じ鍵を使う共通鍵暗号方式と，異なる鍵を使う ⑧ 鍵暗号方式に分けられる．処理速度は共通鍵暗号方式のほうが ⑨ ．暗号化プロトコルとしては，遠隔ログイン，ファイル転送などが用いられる ⑩ や，暗号化認定の機能をもちWebで広く採用されている ⑪ がある．企業などの拠点間接続には通信キャリアのバックボーンネットワークやインターネットなどを介し，仮想的な専用線として接続を行う ⑫ が用

いられることが多く，これにはセキュリティの確保のために暗号化技術などが
使用される．

〈 8 ～ 12 の解答群〉

ア 公開　　イ 対称　　ウ 秘密　　エ 遅い　　オ 速い　　カ VPN

キ SSL　　ク SSH　　ケ PGP　　コ DES

2)　Xは10進数の26，Yは2進数で表すと10である．X×Yの結果を2進数で
表すと 13 ，10進数で表すと 14 ，16進数で表すと 15 となる．また，
X/Yの結果を2進数で表すと 16 ，16進数で表すと 17 となる．

〈 13 ～ 17 までの解答群〉

ア 1A　　　イ D　　　　ウ 78　　　　エ 64　　　　オ 52

カ 34　　　キ 16　　　ク 13　　　　ケ 110100　　コ 100110

サ 11010　　シ 10011　　ス 1101

| **問題6** | 電気計測 | *Check!* | 鑫 ☐ | きょう ☐ | 難 ☐ |

次の各問に答えよ．

(1)　次の文章の 1 および 2 の中に入れるべき最も適切な字句を解答群か
ら選び，その記号を答えよ．

　温度センサとして広く使用されるものに，熱電対，サーミスタ測温体，測温抵
抗体，半導体センサなどがある．このうち，熱電対は，2種類の金属を両端で接
続し，二つの接点に異なる温度を与えたときに電流が流れる 1 を利用した
もので，この接点の一方を開いたときに，温度差に応じて変化する起電力で温度
を測定する．また，サーミスタ測温体は，温度によって 2 の値が大きく変化
する性質を利用して温度を測定する．

〈 1 および 2 の解答群〉

ア インダクタンス　　イ ペルチェ効果　　ウ ゼーベック効果　　エ 起電力

オ 電流　　　　　　　カ 抵抗　　　　　　キ トムソン効果　　　ク 熱

ケ ジュール熱　　　　コ ひずみ

(2)　次の文章の 3 ～ 5 の中に入れるべき最も適切な字句を解答群から選
び，その記号を答えよ．

　電圧の高い交流回路で電圧，電流などの電気量を測定する場合，一般に，計器
を回路から絶縁するとともに，測定対象の電圧，電流レベルを変換して，標準的

341

な計器で測定可能となるように，計器用変成器を用いる．計器用変成器には電圧を変成する計器用変圧器と，電流を変成する変流器がある．

計器用変圧器の一次電圧の値を V_1，二次電圧の値を V_2，一次巻線の巻数を N_1，二次巻線の巻数を N_2 とすると次式が成立する．

$$\frac{V_1}{V_2} = \boxed{3}$$

また，変流器の一次電流の値を I_1，二次電流の値を I_2，一次巻線の巻数を N_1，二次巻線の巻数を N_2 とすると，次式が成立する．

$$\frac{I_1}{I_2} = \boxed{4}$$

計器用変圧器の一次電圧と二次電圧の値の比 V_1/V_2 を変圧比，変流器の一次電流と二次電流の値の比 I_1/I_2 を変流比と呼ぶ．

いま，ある負荷の電力 P_1 を測定するために，変圧比 K_V の計器用変圧器と，変流比 K_I の変流器を使用して二次側の電力を測定したところ P_2 [kW] であった．

$$P_1 = \boxed{5} \times P_2 \text{ [kW]}$$

〈 $\boxed{3}$ 〜 $\boxed{5}$ の解答群〉

ア $\dfrac{K_V}{K_I}$ イ $\dfrac{K_I}{K_V}$ ウ $K_V K_I$ エ $\dfrac{N_2}{N_1}$ オ $\dfrac{N_1}{N_2}$

カ $\left(\dfrac{N_2}{N_1}\right)^2$ キ $\left(\dfrac{N_1}{N_2}\right)^2$

(3) 次の文章の $\boxed{6}$ 〜 $\boxed{8}$ の中に入れるべき最も適切な字句を解答群から選び，その記号を答えよ．

図1のように，周波数の異なる電源を直列に接続した回路において，抵抗 R で消費される電力について考えてみる．

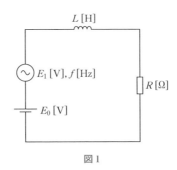

図1

ただし，E_1は交流電源の実効値，fはその周波数，E_0は直流電源である．

周波数が異なる電源をもつ回路の場合，抵抗Rで消費される電力は，重ねの理により図2，3のようにそれぞれの電源が単独にある場合の回路で電力を求め，その和を求める．

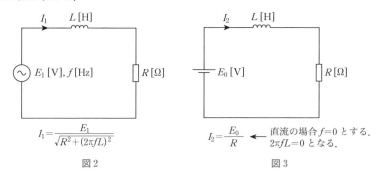

図2　　　　　　　　　　図3

交流電源のみによるRで消費される電力P_1は，次式で表される．

$$P_1 = I_1{}^2 R = \frac{RE_1{}^2}{\boxed{6}}$$

直流電源のみによるRで消費される電力P_2は，次式で表される．

$$P_2 = I_0{}^2 R = \frac{E_0{}^2}{\boxed{7}}$$

したがって，図1で，Rで消費される電力Pは，次式となる．

$$P = P_1 + P_2 = \frac{E_0{}^2}{R}\left(\frac{E_1{}^2 R^2}{\boxed{8}} + 1\right)$$

〈$\boxed{6}$～$\boxed{8}$の解答群〉

ア　$\sqrt{R^2+(2\pi fL)^2}$　　イ　$\sqrt{R^2+(2\pi L)^2}$　　ウ　$R^2+(2\pi fL)^2$　　エ　R

オ　$2\pi fL$　　　　　　　　　カ　L　　　　　　　　　　キ　$E_0{}^2\{R^2+(2\pi fL)^2\}$

ク　$E_1{}^2\{R^2+(2\pi fL)^2\}$　ケ　$E_1\{R^2+(2\pi fL)^2\}$　コ　$E_0\{R^2+(2\pi fL)^2\}$

解答・解説

電気の基礎

問題4 (1) 1—ク，2—ケ，3—ス
(2) 4—エ，5—ク，6—シ，7—キ，8—ウ

電源から負荷を見た合成インピーダンス $\dot{Z}$ [Ω]は，抵抗 R [Ω]と容量性リアクタンス $-\mathrm{j}8$ Ω が並列に接続された回路に誘導性リアクタンス $\mathrm{j}6$ Ω が直列に接続されている．よって，次式で表される．

$$\dot{Z} = \mathrm{j}6 + \cfrac{1}{\cfrac{1}{R} + \cfrac{1}{-\mathrm{j}8}} = \mathrm{j}6 + \frac{-\mathrm{j}8R}{R - \mathrm{j}8} = \mathrm{j}6 + \frac{-\mathrm{j}8R(R + \mathrm{j}8)}{(R - \mathrm{j}8)(R + \mathrm{j}8)} = \mathrm{j}6 + \frac{64R - \mathrm{j}8R^2}{R^2 + 64}$$

$$= \frac{64R}{R^2 + 64} + \mathrm{j}\left(6 - \frac{8R^2}{R^2 + 64}\right)[\Omega]$$

負荷力率が1となるためには，合成インピーダンスのjの項が0になればよい．よって，次式が成立する．

$$\mathrm{j}\left(6 - \frac{8R^2}{R^2 + 64}\right) = 0$$

$$6 = \frac{8R^2}{R^2 + 64}$$

よって，$R^2 = 192$ となり，$R = 8\sqrt{3}$ Ω となる．
したがって，このときのインピーダンスの大きさ Z [Ω]は

$$Z = \frac{64R}{R^2 + 64} = \frac{64 \times 8\sqrt{3}}{(8\sqrt{3})^2 + 64} = 2\sqrt{3}\ \Omega$$

次に，抵抗 R [Ω]に流れる電流 $\dot{I}_\mathrm{R}$ [A]は，次式で表される．

$$\dot{I}_\mathrm{R} = \frac{\dot{V}}{\dot{Z}} \times \frac{-\mathrm{j}8}{R - \mathrm{j}8} = \frac{200}{2\sqrt{3}} \times \frac{-\mathrm{j}8}{8\sqrt{3} - \mathrm{j}8} = \frac{100}{\sqrt{3}} \times \frac{-\mathrm{j}8}{8\sqrt{3} - \mathrm{j}8}$$

$$= \frac{100}{\sqrt{3}} \times \frac{-\mathrm{j}}{\sqrt{3} - \mathrm{j}}\ \mathrm{A}$$

電流 $\dot{I}_\mathrm{R}$ [A]の大きさ $|\dot{I}_\mathrm{R}|$ [A]は

$$|\dot{I}_\mathrm{R}| = \frac{100}{\sqrt{3}} \times \frac{1}{\sqrt{3} + 1} = \frac{50}{\sqrt{3}}\ \mathrm{A}$$

抵抗 $R\,[\Omega]$ で消費される電力 P は

$$P = |\dot{I}_R|^2 \times R = \left|\frac{50}{\sqrt{3}}\right|^2 \times 8\sqrt{3} = \frac{20\,000}{\sqrt{3}}\,\text{W} = \frac{20}{\sqrt{3}}\,\text{kW}$$

(2) $\dot{V}_{AB}\,[\text{V}]$ を基準とすると，各線間電圧は，図のように表すことができる．

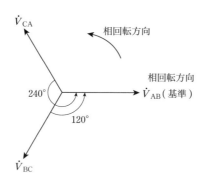

$$\dot{V}_{AB} = 120\sqrt{3} + \text{j}0\,\text{V}$$

$$\dot{V}_{BC} = 120\sqrt{3}\,(\cos 120° - \text{j}\sin 120°) = 120\sqrt{3}\left(-\frac{1}{2} - \text{j}\frac{\sqrt{3}}{2}\right)$$

$$= -60\sqrt{3}\,(1 + \text{j}\sqrt{3})\,\text{V}$$

$$\dot{V}_{CA} = 120\sqrt{3}\,(\cos 240° - \text{j}\sin 240°) = 120\sqrt{3}\left(-\frac{1}{2} + \text{j}\frac{\sqrt{3}}{2}\right)$$

$$= -60\sqrt{3}\,(1 - \text{j}\sqrt{3})\,\text{V}$$

2) 力率 $\cos\theta$ は，負荷インピーダンスより，次式で表される．

$$\cos\theta = \frac{R}{|\dot{Z}|} = \frac{3}{\sqrt{3^2 + (\sqrt{3})^2}} = \frac{3}{\sqrt{12}} = \frac{3}{2\sqrt{3}} = \frac{\sqrt{3}}{2}$$

電流 $\dot{I}_{BC}\,[\text{A}]$ は，

$$\dot{I}_{BC} = \frac{\dot{V}_{BC}}{\dot{Z}} = \frac{-60\sqrt{3}\,(1 + \text{j}\sqrt{3})}{3 + \text{j}\sqrt{3}} = \frac{-60\sqrt{3}\,(1 + \text{j}\sqrt{3})(3 - \text{j}\sqrt{3})}{(3 + \text{j}\sqrt{3})(3 - \text{j}\sqrt{3})}$$

$$= \frac{-60\sqrt{3}\,(3 + \text{j}3\sqrt{3} - \text{j}\sqrt{3} + 3)}{3^2 + (\sqrt{3})^2} = \frac{-60\sqrt{3}\,(6 + \text{j}2\sqrt{3})}{12}$$

$$= -10\sqrt{3}\,(3 + \text{j}\sqrt{3})\,\text{A}$$

負荷 P は，三相平衡負荷であるから，次式より求まる．

$$P = 3 \times |\dot{V}_{BC}| \times |\dot{I}_{BC}| \times \cos\theta = 3 \times |-60\sqrt{3}\,(1+\mathrm{j}\sqrt{3}\,)| \times |-10\sqrt{3}\,(3+\mathrm{j}\sqrt{3}\,)| \times \frac{\sqrt{3}}{2}$$

$$= 3 \times 120\sqrt{3} \times 60 \times \frac{\sqrt{3}}{2} = 32\,400\,\mathrm{W} = 32.4\,\mathrm{kW}$$

問題5　(1)　1—ク，　2—ス，　3—ツ，　4—イ，　5—ウ

(2)　6—ア，　7—キ

(3)　8—ア，　9—オ，　10—ク，　11—キ，　12—カ，　13—ケ，　14—オ，
　　　15—カ，　16—ス，　17—イ

(1)　微分方程式は，次式で表される．

$$Ri(t) + L\frac{\mathrm{d}i}{\mathrm{d}t} = e(t)$$

初期値を 0 でラプラス変換すると，

$$RI(s) = LsI(s) = E(s)$$

$E(s)$ を入力，$I(s)$ を出力としたときの伝達関数 $G(s)$ は，次式で表される．

$$G(s) = \frac{I(s)}{E(s)} = \frac{1}{R + Ls}$$

上式が一次遅れ要素と呼ばれる形である．一次遅れ要素の一般系は

$$G(s) = \frac{1}{Ts + 1}$$

$$\frac{1}{R + Ls} = \frac{1}{R\left(1 + \dfrac{L}{R}s\right)} = \frac{\dfrac{1}{R}}{1 + \dfrac{L}{R}s}$$

よって，時定数 T は，$T = \dfrac{L}{R}$ となり，ゲイン定数は，分子の $\dfrac{1}{R}$ となる．

2)　図2の入力 $E(s)$ にステップ入力（$e(t) = 1\,\mathrm{V}$）を加えると，$e(t)$ のラプラス変換 $E(s) = 1/s$ となる．

$$I(s) = \frac{5s}{s + 4}E(s) = \frac{5s}{s + 4} \times \frac{1}{s} = \frac{5s}{s + 4}$$

$i(t)$ は，

$$i(t) = \mathcal{L}^{-1}I(s) = 5\mathrm{e}^{-4t}$$

式より，初期値 0 としてステップ入力を加えると，5 A にステップ的に変化し，その後は**単調に減少して，ある一定値（0 A）になる**．

(2)　e^{-sL} は**むだ時間**要素を表している．

伝達関数の要素には，以下の三つ形がある．

346

比例要素（P）： 比例定数 K

積分要素（I）： $\dfrac{1}{T_\mathrm{I} s}$

微分要素（D）： $T_\mathrm{D} s$

ただし，K，T_I，T_D は定数とする．

したがって，$K_\mathrm{c}/T_3 = 0$ となり，比例要素（P）と微分要素（D）が存在するため，PD制御となる．

（3） 1） ネットワーク上の情報の盗聴・漏えいへの対策として，情報を暗号化してネットワークに流す方式がある．暗号化の方式は，共通鍵暗号方式と**公開鍵暗号方式**がある．

共通鍵暗号方式は，暗号化と複合化に同じ鍵を使用し，公開鍵暗号方式は暗号化と複合化では，異なる鍵を使用する．処理速度は共通鍵暗号方式が**速い**．

一般には，公開鍵暗号方式の利用が普及しており，WebではSSLと呼ばれるプロトコルにより，Webサーバとクライアント間で情報を暗号化する方法がとられている．

共通ログイン，ファイル転送等を暗号化するプロトコルとしては，**SSH**がある．インターネットを介したコンピュータ接続を暗号化技術により，仮想的な専用接続として利用し，セキュリティを確保するインターネット**VPN**も使用されている．

2） Xは10進数の26であるので，2進数に変換すると

$26/2 = 13\cdots$余り　0

$13/2 = 6$　$\cdots$余り　1

$6/2 = 3$　　$\cdots$余り　0

$3/2 = 1$　　$\cdots$余り　1

$1/2 = 0$　　$\cdots$余り　1

以上より，$X = (26)_{10} = (11010)_2$ となる．

Yは2進数の10であるので，10進数に変換すると $(1 \times 2^1) + (0 \times 2^0) = (2)_{10}$ となる．

以上より，$X \times Y$ を2進数で計算する．

$X \times Y = (11010)_2 \times (10)_2 = (110100)_2$

同様に，$X \times Y$ を10進数で計算する．

$X \times Y = (26)_{10} \times (2)_{10} = (52)_{10}$

$X \times Y$ を16進数で計算する．

$52/16 = 3 \cdots$ 余り 4

$3/16 = 0 \cdots$ 余り 3

$(52)_{10} = (34)_{16}$ となる.

また，X/Y を 10 進数で計算すると，

$$X/Y = (26)_{10}/(2)_{10} = (13)_{10}$$

2 進数に変換すると

$13/2 = 6 \quad \cdots$ 余り 1

$6/2 = 3 \quad \cdots$ 余り 0

$3/2 = 1 \quad \cdots$ 余り 1

$1/2 = 0 \quad \cdots$ 余り 1

$(13)_{10} = (1101)_2$ となる.

X/Y を 16 進数で計算すると

$13/16 = 0 \quad \cdots$ 余り 13（D）

$\leftarrow$　1　2　3　4　5　6　7　8　9　A(10)　B(11)　C(12)　D(13)　E(14)

F(15)　G(16)

$(13)_{10} = (D)_{16}$ となる.

問題6　(1)　1—ウ，2—カ

(2)　3—オ，4—エ，5—ウ

(3)　6—ウ，7—エ，8—キ

(1)　温度センサは，温度変化を起電力，抵抗の変化として出力するもので，熱電対，サーミスタ測温体，測温抵抗体，半導体センサなどがある．

　ゼーベック効果とは，2 種類の金属を接続して，一方の接続点を高温とし，他方の接続点を低温とすると，閉回路内に起電力が生じる現象のことである．このような 2 種類の金属を接続したものを熱電対という．また，サーミスタは半導体の**抵抗**の温度依存性が大きいことを利用した素子である．

(2)　電圧計，電流計の測定範囲を拡大するためには，倍率器，分流器が使用される．高電圧，大電流の回路では計器を回路から絶縁し標準的な測定ができるような計器用変成器が使用される．計器用変成器には電圧を変成する計器用変圧器（VT）と電流を変成する変流器（CT）がある．

　計器用変圧器の一次電圧 V_1，二次電圧 V_2，一次巻線の巻数 N_1，二次巻線の巻数 N_2 とすると，次式が成立する．

348

$$\frac{V_1}{V_2} = \frac{N_1}{N_2} = K_V$$

ここで，K_V は変圧比と呼ばれる．

また，計器用変流器の一次電流 I_1，二次電流 I_2，一次巻線の巻数 N_1，二次巻線の巻数 N_2 とすると，次式が成立する．

$$\frac{I_1}{I_2} = \frac{N_2}{N_1} = K_I$$

ここで，K_I は変流比と呼ばれる．

ある負荷の電力 $P_1 \, [\text{kW}]$ を測定するために，変圧比 K_V の計器用変圧器と，変流比 K_I の変流器とを使用して二次側の電力を測定したとき，$P_2 \, [\text{kW}]$ であった．このとき，次式が成立する．

$$\frac{P_1}{P_2} = \frac{V_1 \times I_1}{V_2 \times I_2} = K_V \cdot K_I$$

$P_1 \, [\text{kW}]$ について求めると

$$P_1 = K_V \cdot K_I \times P_2 \, [\text{kW}]$$

となる．

(3) 交流電源のみで R で消費される電力 P_1 は，

$$P_1 = I_1{}^2 R = \left\{ \frac{E_1}{\sqrt{R^2 + (2\pi f L)^2}} \right\}^2 \times R = \frac{R E_1{}^2}{R^2 + (2\pi f L)^2}$$

直流電源のみで R に消費される電力 P_2 は

$$P_0 = I_2{}^2 R = \left(\frac{E_0}{R} \right)^2 \times R = \frac{E_0{}^2}{R}$$

よって，図1の R で消費される電力 P は，次式となる．

$$P = P_1 + P_0 = \frac{R E_1{}^2}{R^2 + (2\pi f L)^2} + \frac{E_0{}^2}{R} = \frac{E_0{}^2}{R} \left[\frac{E_1{}^2 R^2}{E_0{}^2 \{ R^2 + (2\pi f L)^2 \}} + 1 \right]$$

課目 Ⅲ

電気設備及び機器

工場配電

電気機器

工場配電

1 配電方式と受電方式

これだけは覚えよう！
□配電方式では，低圧・高圧・特別高圧の配電方式の概要（特に特別高圧のスポットネットワーク方式の動作原理および関連用語）
□単相3線式回路では，バランサ取付け後の各電流の流れ
□Y結線三相4線式回路では，単相負荷が接続されたときの線路電流を求める算出方法
□異容量V結線においては，進み接続，遅れ接続，開放端接続のときのベクトル図，各線路に流れる電流を求める算出方法

■配電方式の構成

配電線路は，発電所で発生した電気を送電線路から受けて需要家まで輸送する役割を担っている．配電用変電所は，需要家が受電するのに適した電圧に変成する場所である．

電圧は，低圧，高圧および特別高圧の3種類になっている．

- 低圧：交流600 V以下（100，200，100/200，230/400）
  直流750 V以下
- 高圧：低圧の限度を超えて7000 V以下（3.3，6.6 kV）
- 特別高圧：7000 V超過（11，22，33，66，77，110，154 kV）

■低圧配電方式の構成

需要家の大多数は，低圧配電系統から受電する一般住宅である．低圧配電方式の構成には，低圧バンキング方式やレギュラネットワーク方式などがある．

◇**低圧バンキング方式**

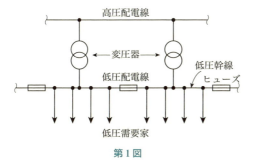

第1図

　一つの高圧配電線に複数台の変圧器を並列に接続し，各変圧器の低圧側で低圧幹線を相互接続した方式が低圧バンキング方式である回路構成から，次のような特徴がある．
① 変圧器の低圧幹線の合成インピーダンスが低減されて，電圧降下と電力損失が軽減される．
② 1台の変圧器が故障しても，他の変圧器により負荷へ無停電で給電できる．
③ 高負荷のときに1台の変圧器の故障により，正常な変圧器が次々に過負荷になり，連鎖的に電力供給を遮断するカスケーディング事故のおそれがある．対策として，低圧幹線にヒューズを設け，低圧需要家の隣接区間を遮断するようにしている．
④ 高圧（または特別高圧）配電線が停電してしまうと，低圧側の需要家はすべて停電してしまう．

◇**レギュラネットワーク方式**

　低圧バンキング方式の高圧（あるいは特別高圧）配電線を多重回線にして，低圧側の需要家に対する供給信頼度を高めた方式がレギュラネットワーク方式である．

▶**カスケーディング事故**
過負荷により，電力供給が次々に遮断されていく事故のことである．

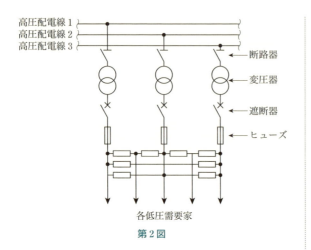

第2図

■高圧配電方式の構成

　配電用変電所から，多数の需要家への電気を供給するための高圧配電方式の構成には，**放射状（樹枝状）方式**や**ループ（環状）方式**がある．

◇放射状（樹枝状）方式

　放射状（樹枝状）方式は，第3図のように線路が木の枝のように放射状になっている配電方式のことである．

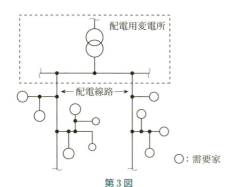

第3図

　回路構成から，次のような特徴がある．
① 線路の電流が容易に想定できることから，保護システムは簡便なものが採用でき，経済的である．

② 需要家に対する電気の供給経路は一つだけであるため，配電線路で事故が発生すると停電となる．供給信頼度が低い方式である．

◇**ループ（環状）方式**

ループ（環状）方式は，第4図のように放射状方式の二つの配電線の末端同士の開閉器を用いてループ状に接続した配電方式のことである．ループ方式を構成するための線路開閉器は，結合開閉器あるいは連系開閉器と呼ぶ．回路構成から，次の特徴がある．

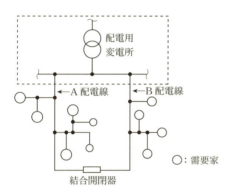

第4図

① 常時，結合開閉器を閉じてループ運転として運用する場合は負荷電流が二つの配電線に分かれて流れるので線路損失や電圧降下が，放射状方式に比べて軽減できる．
② 二つの配電線において事故が発生した場合の電流分布の予測が難しくなるので，事故検出の保護システムが複雑で高価なものとなる．

■特別高圧配電方式の構成

配電用変電所から，多数の大規模需要家への電気を供給するための特別高圧配電方式の構成には，**常用予備切換方式**や**スポットネットワーク方式**がある．

◇常用予備切換方式

　常用予備切換方式は，第5図のように一つの需要家に対して，二つの配電系統から配電線を引き込み，一方を常用回線として受電する方式である．回路構成から，次のような特徴がある．

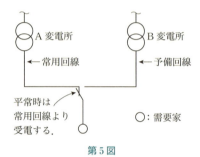

第5図

① 常用回線が停電したときに予備回線に切換受電できる．
② 設備構成はスポットネットワークと比較すると簡単な仕組みである．

◇スポットネットワーク方式

　スポットネットワーク方式は，複数の配電線から需要家に電力を供給する方式である．回路構成上，供給信頼性が極めて高い．

　第6図のように3回線の特別高圧配電線から，断路器，ネットワーク変圧器，ネットワークプロテクタ，ネットワーク母線を介して特別高圧の需要家側に電気は流れる．

　回路構成から，次のような特徴がある．
① 配電線のうち配電線1が停電しても，残りの配電線によって需要家側が無停電状態で送電が継続できる．
② 複数の配電線において，配電線1から配電線2へネットワーク母線を通じて逆送電できないように，プロテクタ遮断器の両側で電圧・電流を監視する電力方向継電器が設けられている．逆送電が発生したときは，ネットワークリレーからの指令によりプロテクタ遮断器が自動遮

▶ネットワークプロテクタ
プロテクタヒューズ，プロテクタ遮断器およびネットワークリレーから構成されている．

▶ネットワークリレー
プロテクタ遮断器に開閉操作の指令を出す電力方向継電器のことを指し，次のような特性をもっている．
・無電圧投入特性：ネットワーク母線が無電圧の場合には，プロテクタ遮断器を自動投入して受電する．
・差電圧（過電圧）投入特性：プロテクタ遮断器の一次側と二次側とで電圧を監視して，電力潮流が当該配電線から需要家へ向かう場合には，プロテクタ遮断器を自動投入することを差電圧投入という．
　逆に，需要家から配電線に電力が供給される状態（逆潮流）の場合はプロテクタ遮断器は投入しない．
・逆電力遮断特性：当該配電線が停電するなど，逆潮流となる場合にはプロテクタ遮断器を自動遮断する．

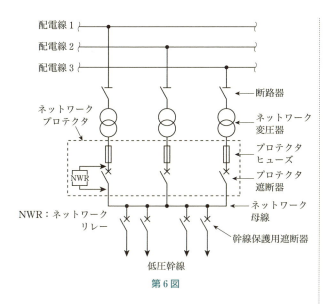

第6図

断する．

③ 他の配電方式に比べて，設備が高価で保護システムが複雑である．

■単相3線式回路の計算

単相3線式は，第7図のように変圧器二次側中性点を接地し，そこから中性線を出し，電圧線2線とあわせて3線で供給する方式である．

通常100/200V単相3線方式が採用され，小容量の100V負荷は電圧線と中性線との間に接続し，比較的容量の大きい200V負荷は両電圧線間に接続する．

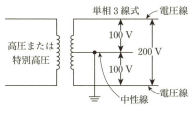

第7図

単相3線式は，100 Vの両側の負荷が不平衡になると，中性線に電流が流れ，両側の負荷の端子電圧が異なる．対策として，負荷側にバランサを接続する．

　定電流負荷が接続された単相3線式回路について，バランサ取付け前後における各線路の電流がどのように変化するか考えてみる．

① 負荷電流の大きさが $I_a > I_b$ のとき

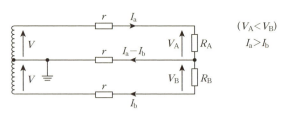

第8図　バランサ取付前の電流分布

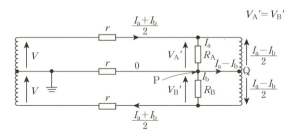

第9図　バランサ取付後の電流分布

② 負荷電流の大きさが $I_a < I_b$ のとき

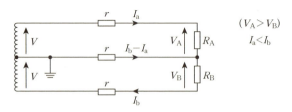

第10図　バランサ取付前の電流分布

▶バランサ
単巻変圧器のことである．

▶$I_a > I_b$ のとき
バランサを取付前の $V_A < V_B$ について
$V = I_a r + V_A$
$\quad + (I_a - I_b)r$　①
$V = -(I_a - I_b)r$
$\quad + V_B + I_b r$　②
①，②式より，V_A，V_B は
$V_A = V - 2I_a r + I_b r$
　　　　　　　　③
$V_B = V + I_a r - 2I_b r$
　　　　　　　　④
$V_A - V_B$ を③，④式より求めると
$V_A - V_B$
$= -3(I_a - I_b)r$　⑤
⑤より，$I_a > I_b$ であるから $V_A < V_B$ となる．
バランサ側に $I_a - I_b$ の電流が流入する．
バランサを取付前のP点とQ点の電位は，P点の方が高いためバランサ取付後はP→Q方向に流れる．

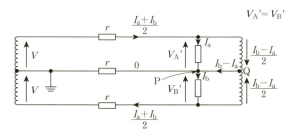

第11図　バランサ取付後の電流分布

> ▶ $I_a < I_b$ のとき
> バランサを取付前の $V_A > V_B$ の関係は①の $I_a > I_b$ と同様の考え方である．
> バランサ側から $I_b - I_a$ の電流が流出する．
> バランサ取付前のP点とQ点の電位は，Q点の方が高いため，バランサ取付後はQ→P方向に流れる．

以上，バランサ取付けにより，中性線に流れる電流が0 Aとなり，負荷側の各端子電圧が等しくなることがわかる．

■ Y結線三相4線式回路の計算

三相4線式回路において，単相負荷と三相負荷を接続したときの変圧器の各相に流れる電流 I_A，I_B，I_C について，第12図の回路において考える．

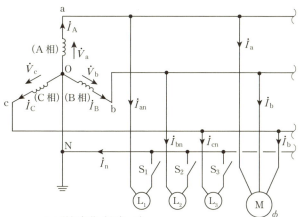

L：単相負荷（力率＝1）
M：三相負荷（遅れ力率＝$\cos\phi$）

第12図　Y結線三相4線式回路

① 単相負荷 L_1 と三相負荷Mが接続しているときベクトル図を描くと，第13図のようになる．

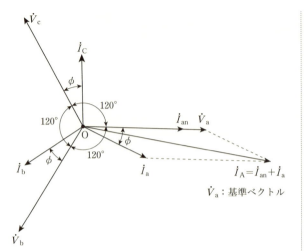

$\dot{V}_a = V \angle 0°$ とすると
$\dot{V}_b = V \angle -120°$
$\dot{V}_c = V \angle -240°$
となる.

第13図

第13図より，I_A, I_B, I_C および I_n について求める.

$$I_A = \sqrt{(I_{an} + I_a \cos\phi)^2 + (I_a \sin\phi)^2}$$
$$= \sqrt{I_{an}^2 + 2I_{an}I_a \cos\phi + I_a^2}$$

$I_B = I_b$, $I_C = I_c$, $I_n = I_{an}$ となり，A相の巻線に最も負荷がかかることがわかる.

② 単相負荷L_2と三相負荷Mが接続しているとき

同様にベクトル図を描くと，第14図となる.

第14図より，I_A, I_B, I_C および I_n について求める.

$$I_A = I_a$$
$$I_B = \sqrt{(I_{bn} + I_b \cos\phi)^2 + (I_b \sin\phi)^2}$$
$$= \sqrt{I_{bn}^2 + 2I_{bn}I_b \cos\phi + I_b^2}$$

$I_C = I_c$, $I_n = I_{bn}$ となり，B相の巻線に最も負荷がかかることがわかる.

③ 単相負荷L_3と相負荷Mが接続しているとき

同様にベクトル図を描くと，第15図となる.

第15図より，I_A, I_B, I_C および I_n について求める.

▶第13図
$I_{an} = |\dot{I}_{an}|$
$I_a = |\dot{I}_a|$, $I_b = |\dot{I}_b|$
$I_c = |\dot{I}_c|$, $I_n = |\dot{I}_n|$
$I_A = |\dot{I}_A| = |\dot{I}_{an} + \dot{I}_a|$
$I_B = |\dot{I}_B|$, $I_C = |\dot{I}_C|$

▶第14図
$I_{bn} = |\dot{I}_{bn}|$, $I_A = |\dot{I}_A|$
$I_B = |\dot{I}_B| = |\dot{I}_{bn} + \dot{I}_b|$
$I_C = |\dot{I}_C|$
$I_a = |\dot{I}_a|$, $I_b = |\dot{I}_b|$
$I_c = |\dot{I}_c|$, $I_n = |\dot{I}_n|$

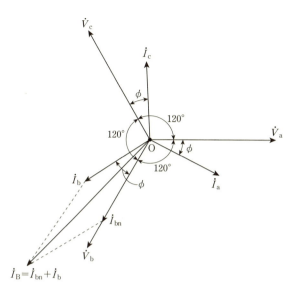

第14図

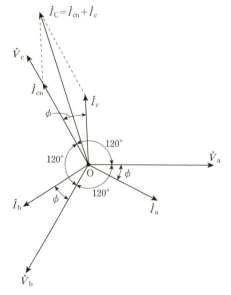

第15図

▶第15図
$I_{cn} = |\dot{I}_{cn}|$
$I_C = |\dot{I}_C| = |\dot{I}_{cn} + \dot{I}_c|$
$I_a = |\dot{I}_a|, \ I_b = |\dot{I}_b|$
$I_c = |\dot{I}_c|, \ I_n = |\dot{I}_n|$
$I_A = |\dot{I}_A|$

$$I_C = \sqrt{(I_{Cn} + I_c \cos\phi)^2 + (I_c \sin\phi)^2}$$
$$= \sqrt{I_{cn}^2 + 2I_{cn}I_c \cos\phi + I_c^2}$$

$I_n = I_{cn}$ となり，C相の巻線に最も負荷がかかることがわかる．

■異容量V結線回路の計算

三相3線式回路において，単相負荷と三相負荷を接続したときの異容量V結線変圧器の各線路に流れる電流 I_a，I_b，I_c について考える．

V結線の変圧器による回路の場合，単相負荷の接続箇所により **進み接続**，**遅れ接続**，**開放端接続** に分類される．

◇進み接続

単相負荷がab間に接続されている場合の回路図である．

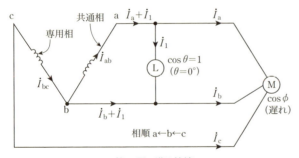

第16図　進み接続

電圧，電流のベクトル図を描くと，第17図のようになる．

共通相および専用相に流れる電流 $\dot{I}_{ab}$，$\dot{I}_{bc}$ の大きさ I_{ab}，I_{bc} について考える．

$$I_{ab} = |\dot{I}_a + \dot{I}_1|$$
$$= \sqrt{(I_1 \cos 30 + I_a \cos\phi)^2 + (I_1 \sin 30 - I_a \cos\phi)^2}$$
$$= \sqrt{I_1^2 (\cos^2 30 + \sin^2 30)}$$
$$\overline{+ 2I_1 I_a (\cos 30 \cos\phi - \sin 30 \sin\phi)}$$
$$\overline{+ I_a^2 (\cos^2 \phi + \sin^2 \phi)}$$

▶I_{ab} を求める
$\dot{V}_a$ を基準として考える．
（第17図）

$I_a = |\dot{I}_a|$
$I_1 = |\dot{I}_1|$

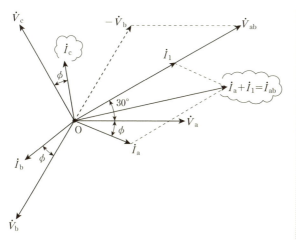

第17図　進み接続

$$= \sqrt{I_1^2 + 2I_1 I_a \left(\frac{\sqrt{3}}{2}\cos\phi - \frac{1}{2}\sin\phi\right) + I_a^2}$$

$$= \sqrt{I_1^2 + I_1 I_a (\sqrt{3}\cos\phi - \sin\phi) + I_a^2}$$

$I_{bc} = |\dot{I}_c|$

◇遅れ接続

単相負荷がbc間に接続されている場合の回路図である．

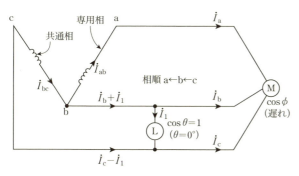

第18図　遅れ接続

電圧，電流のベクトル図を描くと，第19図のようになる．

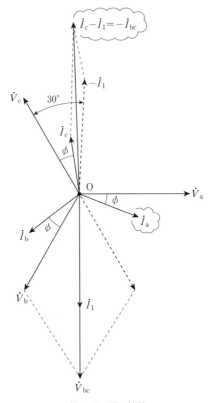

第19図　遅れ接続

共通相および専用相に流れる電流 $\dot{I}_{bc}$, $\dot{I}_{ab}$ の大きさ I_{bc}, I_{ab} について考える．

$$I_{bc} = |(\dot{I}_c - \dot{I}_1)|$$
$$= \sqrt{(I_1 \cos 30 + I_c \cos \phi)^2 + (I_1 \sin 30 + I_c \sin \phi)^2}$$
$$= \sqrt{I_1^2 (\cos^2 30 + \sin^2 30)}^{\ *}$$
$$\overline{\phantom{{}={}}}^{*}\ \overline{+ 2I_1 I_c (\cos 30 \cos \phi + \sin 30 \sin \phi)}^{\ *}$$
$$\overline{\phantom{{}={}}}^{*}\ \overline{+ I_c^2 (\cos^2 \phi + \sin^2 \phi)}$$
$$= \sqrt{I_1^2 + 2I_1 I_c \left(\frac{\sqrt{3}}{2} \cos \phi + \frac{1}{2} \sin \phi \right) + I_c^2}$$
$$= \sqrt{I_1^2 + I_1 I_c (\sqrt{3} \cos \phi + \sin \phi) + I_c^2}$$

▶ I_{bc} を求める
$\dot{V}_C$ を基準として考える．
（第19図）

$I_c = |\dot{I}_c|$
$I_1 = |\dot{I}_1|$

$I_{ab} = |\dot{I}_a|$

◇**開放端接続**

単相負荷がca間に接続されている場合の回路図である．

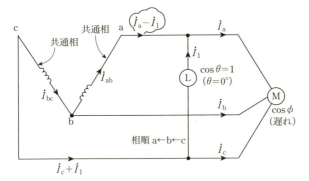

第20図　開放端接続

電圧，電流のベクトル図を描くと，第21図のようになる．
共通相に流れる電流 $\dot{I}_{ab}$，$\dot{I}_{bc}$ の大きさ I_{ab}，I_{bc} について考える．

▶ I_{ab} **を求める**
$\dot{V}_a$ を基準として考える．

▶ I_{bc} **を求める**
$\dot{V}_c$ を基準として考える．

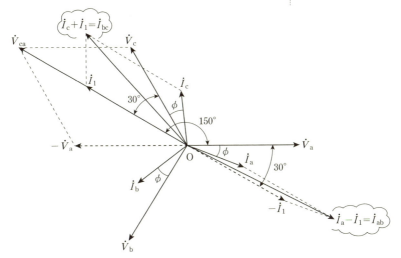

第21図　開放端接続

$$I_{ab} = |\dot{I}_a - \dot{I}_1|$$

$$= \sqrt{(I_a \cos\phi + I_1 \cos 30)^2 + (I_a \sin\phi + I_1 \sin 30)^2}$$

$$= \sqrt{I_a{}^2 (\cos^2\phi + \sin^2\phi)}\,{}^*$$

$$^* \overline{+ 2I_1 I_a (\cos\phi \cos 30 + \sin\phi \sin 30)}\,{}^*$$

$$^* \overline{+ I_1{}^2 (\cos^2 30 + \sin^2 30)}$$

$$= \sqrt{I_a{}^2 + 2I_1 I_a \left(\frac{\sqrt{3}}{2}\cos\phi + \frac{1}{2}\sin\phi\right) + I_1{}^2}$$

$$= \sqrt{I_a{}^2 + I_1 I_a (\sqrt{3}\cos\phi + \sin\phi) + I_1{}^2}$$

$$I_{bc} = |\dot{I}_c - \dot{I}_1|$$

$$= \sqrt{(I_c \cos\phi + I_1 \cos 30)^2 + (-I_c \sin\phi + I_1 \sin 30)^2}$$

$$= \sqrt{I_c{}^2 (\cos^2\phi + \sin^2\phi)}\,{}^*$$

$$^* \overline{+ 2I_1 I_c (\cos\phi \cos 30 - \sin\phi \sin 30)}\,{}^*$$

$$^* \overline{+ I_1{}^2 (\cos^2 30 + \sin^2 30)}$$

$$= \sqrt{I_c{}^2 + 2I_1 I_c \left(\frac{\sqrt{3}}{2}\cos\phi - \frac{1}{2}\sin\phi\right) + I_1{}^2}$$

$$= \sqrt{I_c{}^2 + I_1 I_c (\sqrt{3}\cos\phi - \sin\phi) + I_1{}^2}$$

$$I_a = |\dot{I}_a|$$
$$I_c = |\dot{I}_c|$$
$$I_1 = |\dot{I}_1|$$

問題1

次の各文章の [1] ～ [8] の中に入れるべき最も適切な字句または数値を解答群から選び，その記号を答えよ．

(1) 自家用需要家の受電方式には，1回線受電方式，2回線受電方式，スポットネットワーク受電方式などがある．これらの受電方式のうち，スポットネットワーク受電方式は，同一変電所から [1] 回線以上の並列受電を行うもので，極めて [2] の高い受電方式である．また，スポットネットワーク受電方式の低圧側に設置されるネットワークリレーには，無電圧投入特性，過電圧投入特性，および [3] 特性の三つの基本特性がある．

(2) 配電線路から負荷への一般的な供給形態である定電圧供給方式は，負荷を並列に接続して電力を供給するものであり，負荷変動により電流が増減する．電気事業法施行規則によれば，電気を供給する場所において維持すべき電圧の値として，標準電圧が100 Vの場合101 ± [4] [V]，標準電圧が200 Vの場合202 ± [5] [V] と規定されている．

(3) 低圧配電方式のうち，負荷電圧が100 Vの単相2線式と負荷電圧（線間電圧）が400 Vの三相3線式を，電流容量，電圧降下率および電力損失率について比較すると，次の結果が得られる．

- 電流容量からみた供給力は，単相2線式の約 [6] 倍である．
- 電圧降下率は，単相2線式の約 [7] 倍である．
- 電力損失率は，単相2線式の約 [8] 倍である．

となる．ただし，負荷は単相2線式で電流 I [A] の単相負荷，三相3線式では線電流 I [A] の三相平衡負荷でいずれも力率1とする．また，各電線の材質，断面積，こう長は両配電方式で同一とする．

〈 [1] ～ [8] の解答群〉

ア	0.2	イ	0.5	ウ	2～3	エ	3.5
オ	4	カ	6	キ	6.9	ク	10
ケ	12	コ	20	サ	電力投入	シ	利用率
ス	逆電流遮断	セ	信頼度	ソ	逆電力遮断		

解説

(1) スポットネットワーク（SNW）受電方式は，同一変電所から22～33 kV配電線2～3回線で並列受電を行うもので，極めて信頼性の高い受電方式である．

367

SNW受電方式には，次の三つの特徴が挙げられる．
① 無電圧投入特性
　ネットワーク母線が無電圧の状態でネットワーク変圧器が充電された場合，プロテクタ遮断器は自動投入する．
② 過電圧（差電圧）投入特性
　配電線事故が復旧して送電されたとき，プロテクタ遮断器を自動投入する．
③ 逆電力遮断特性
　配電線の1回線が故障時，健全回線からネットワーク母線を通じて故障回線へ電流が逆流するのを検出してプロテクト遮断器を遮断する．
(2) 電気事業法施行規則では，電気を供給する場所において，維持すべき電圧の値は，101 ± 6 V，202 ± 20 V と定められている．
(3) 図より，負荷電圧が100 Vの単相2線式と負荷電圧（線間電圧）が400 Vの三相3線式を比較する．ただし，単相2線式を基準として考える．

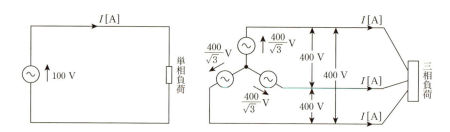

① 電流容量
　三相3線式の三相平衡負荷は $\sqrt{3} \times$ 線間電圧 $\times$ 線電流 となる．
　したがって，単相2線式と比較すると次式のようになる．

$$\frac{\text{三相3線式の電力供給力}}{\text{単相2線式の電力供給力}} = \frac{\sqrt{3} \times 400 \times I}{100 \times I} \fallingdotseq 6.93 \text{ 倍}$$

② 電圧降下率
　三相3線式の電圧降下率は，相電圧に対する電圧降下の比であるから $\frac{RI}{400/\sqrt{3}}$ となる．したがって，単相2線式と比較すると次式のようになる．

$$\frac{\text{三相3線式の電力供給力}}{\text{単相2線式の電力供給力}} = \frac{\frac{RI}{400/\sqrt{3}}}{\frac{2RI}{100}} \fallingdotseq 0.217 \text{ 倍}$$

③　電力損失率

三相 3 線式の電力損失率は，三相負荷に対する 3 線の電力損失の比であるから $\dfrac{3RI^2}{\sqrt{3} \times 400 \times I}$ となる．したがって単相 2 線式と比較すると次式のようになる．

$$\dfrac{\text{三相 3 線式の電力損失率}}{\text{単相 2 線式の電力損失率}} = \dfrac{\dfrac{3RI^2}{\sqrt{3} \times 400 \times I}}{\dfrac{2RI^2}{100 \times I}} \fallingdotseq 0.217 \text{ 倍}$$

（答）　1—ウ，2—セ，3—ソ，4—カ，5—コ，6—キ，7—ア，8—ア

問題2

次の文章の $\boxed{1}$ の中に入れるべき最も適切な式を解答群から選び，その記号を答えよ．

単相 3 線式配電線において平衡分電流（両電圧線の線路電流の和の1/2）を I とし，電流不平衡率 α は次式で表される．

$$\alpha = \left(\dfrac{\text{中性線電流}}{\text{両電圧線の線路電流の和}} \right)$$

この線路全体の電力損失は $\boxed{1}$ である．ただし，両電圧線の抵抗（$= R$）は等しく，中性線の抵抗は電圧線の抵抗の1/2とし，すべての負荷の力率は100％とする．

〈$\boxed{1}$ の解答群〉

ア　$(1 + 3\alpha^2)I^2R$　　イ　$(1 + 5\alpha^2)I^2R$　　ウ　$2(1 + 2\alpha^2)I^2R$

エ　$2(1 + 3\alpha^2)I^2R$　　オ　$2(1 + 5\alpha^2)I^2R$

解説

題意より，平衡分電流 I，電流不平衡率 α は次式で表される．

ただし，I_1，I_2 は電圧線に流れる電流とする．

$$I = \dfrac{I_1 + I_2}{2} \tag{①}$$

$$\alpha = \dfrac{I_1 - I_2}{I_1 + I_2} \tag{②}$$

②式より，

$$I_1 = \dfrac{1 + \alpha}{1 - \alpha I} I_2 \tag{③}$$

③式を①式に代入し，I_1，I_2 を I で表すと，

$$I_1 = (1 + \alpha)I \tag{④}$$

$$I_2 = (1 - \alpha)I \tag{⑤}$$

④,⑤式より,線路全体の損失P_lを求めると

$$P_l = RI_1{}^2 + RI_2{}^2 + \frac{R}{2}(I_1 - I_2)^2 = 2(1 + 2a^2)I^2 R$$

(答)　1—ウ

問題3

次の文章の　1　および　2　の中に入れるべき最も適切な数値を解答群から選び,その記号を答えよ.

図の三相3線式の回路において,単相負荷電流が4 A（力率遅れ0.866）平衡三相負荷電流が20 A（力率1）のときA相の巻線に流れる電流$\dot{I}_A$の大きさは　1　[A]である.また,A相の電圧との位相角の大きさは　2　となる.

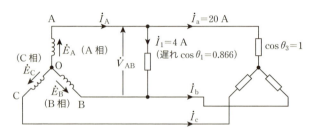

〈　1　および　2　の解答群〉

ア　$4\sqrt{2}$　　イ　$16\sqrt{2}$　　ウ　$20\sqrt{2}$　　エ　24

オ　0°　　カ　45°　　キ　60°　　ケ　90°

解説

題意の図より,ベクトル図を描くと図のようになる.

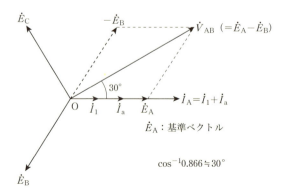

$\dot{E}_A$：基準ベクトル

$\cos^{-1} 0.866 ≒ 30°$

A巻線の電流I_A[A]は単相負荷電流I_1[A]と三相負荷電流I_a[A]が同相になるため，次式が成立する．

$$I_A = I_1 + I_a = 4 + 20 = 24\,\text{A}$$

となる．$\dot{I}_A$とA相の電圧$\dot{E}_A$との位相差θは，$\theta = 0°$となる．

(答)　1—エ，2—オ

問題4

次の文章の　1　に入れるべき最も適切な数値を解答群から選び，その記号を答えよ．

20 kV·Aの単相変圧器3台を△結線して三相負荷に電力を供給していた．1台の変圧器が故障したため，接続をV結線に変更し供給し始めた．このときの負荷が45 kV·Aであるとすれば，各変圧器の過負荷率は　1　[%]となる．

⟨　1　の解答群⟩

ア　15　　イ　20　　ウ　25　　エ　30　　オ　35

解説

V結線した場合の三相出力P_Vは次式で表される．

$$P_V = \sqrt{3} \times P_1 = \sqrt{3} \times 20\,\text{kV·A}$$

ただし，P_Vは単相変圧器の定格容量とする．

三相負荷$P = 45\,\text{kV·A}$と三相出力P_Vとの差分が過負荷分に相当する．

したがって，V結線時の過負荷率k[%]は次式となる．

$$k = \frac{45 - \sqrt{3} \times 20}{\sqrt{3} \times 20} \fallingdotseq 0.299 \fallingdotseq 30.0\,\%$$

(答)　1—エ

371

工場配電

2 工場配電の電気設計

> これだけは覚えよう！
> □配電線の短絡事故時の短絡電流を求める算出方法
> □需要率，負荷率，不等率の考え方を理解するとともに，各諸量値を求める算出方法
> □配電線路に繋がっている集中負荷，分布負荷の電圧降下・電力損失の算出方法

■配電線の短絡事故における回路計算

配電線の短絡事故における事故電流についての算出方法について考える．第1図のように変電所において，一次二次電圧がV_1/V_2[kV]，定格容量P[MV・A]の変圧器から送電するV_2[kV]配電線路がある．配電線の末端までのこう長をl[km]とする．

変圧器の一次側V_1[kV]の線路の百分率インピーダンスは無視する．変圧器の百分率インピーダンスは$\dot{Z}_t = jx_t$[%]（基準容量P[MV・A]），配電線の百分率インピーダンスは，$\dot{Z}_1 = r_1 + jx_1$[%/km]（基準容量P_1[MV・A]）とする．

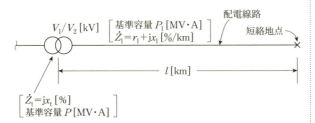

第1図

配電線の末端において，2線短絡事故または3線短絡事故が発生した場合における短絡事故電流I_{2S}[kA]，I_{3S}[kA]

を求めてみる.

事故点（配電線路末端）より，電源側を見たときの百分率インピーダンス $\sum Z\,[\%]$ は，次式で表される.

ただし，基準容量 $P_1\,[\mathrm{MV\cdot A}]$ とし，短絡事故前の配電線の末端の電圧は，$V_2\,[\mathrm{kV}]$ とする.

$$\sum Z = \left| \dot{Z}_t \frac{P_1}{P} + \dot{Z}_1 l \right| = \left| \mathrm{j} \frac{P_1}{P} x_t + (r_1 + \mathrm{j} x_1) l \right|$$

$$= \sqrt{(r_1 l)^2 + \left(x_t \frac{P_1}{P} + x_1 l \right)^2}\;[\%] \qquad (1)$$

(1)式より，3線短絡電流 $I_{3S}\,[\mathrm{kA}]$ は

$$I_{3S} = \frac{P_1}{\sqrt{3}\,V_2} \times \frac{100}{\sum Z}$$

$$= \frac{P_1}{\sqrt{3}\,V_2} \times \frac{100}{\sqrt{(r_1 l)^2 \times \left(x_t \dfrac{P_1}{P} + x_1 l \right)^2}}\;[\mathrm{kA}] \qquad (2)$$

となる.

(2)式より，2線短絡電流 $I_{2S}\,[\mathrm{kA}]$ は，3線短絡電流 $I_{3S}\,[\mathrm{kA}]$ の $\dfrac{\sqrt{3}}{2}$ 倍であるから次式となる.

$$I_{2S} = \frac{\sqrt{3}}{2} \times I_{3S}$$

$$= \frac{\sqrt{3}}{2} \times \frac{P_1}{\sqrt{3}\,V_2} \times \frac{100}{\sqrt{(r_1 l)^2 + \left(x_t \dfrac{P_1}{P} + x_1 l \right)^2}}$$

$$= \frac{1}{2} \times \frac{P_1}{V_2} \times \frac{100}{\sqrt{(r_1 l)^2 + \left(x_t \dfrac{P_1}{P} + x_1 l \right)^2}}\;[\mathrm{kA}] \qquad (3)$$

■負荷曲線と負荷特性

負荷曲線とは，負荷の変動を時間的に表した曲線（第2図）である.

一般に，縦軸に負荷電力，横軸に24時間の時刻をとった日負荷曲線が用いられる．縦軸の負荷電力には，1時間または30分などの一定時間内の平均電力をとり，これを**需要電力**という．ある期間中の需要電力の最大を**最大需要電力**と呼ぶ.

▶**基準容量の換算**
基準容量 $P\,[\mathrm{MV\cdot A}]$ 変圧器の百分率インピーダンス $\mathrm{j} x_t$ を基準容量 $P_1\,[\mathrm{MV\cdot A}]$ に換算すると $(P_1/P) \times \mathrm{j} x_t$ となる.

▶**短絡電流の関係**
2線短絡電流値
$= \dfrac{\sqrt{3}}{2} \times 3$ 線
短絡電流値の関係は覚えておくこと.

▶**負荷曲線**
日負荷曲線のほかに横軸に月間あるいは年間をとった月負荷曲線や年負荷曲線もある.

373

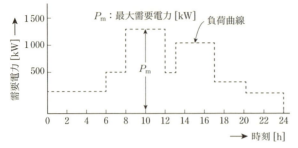

第2図

◇**負荷曲線の特性**

① 需要率

需要家のある時間中の最大需要電力 P_m [kW] と設備容量 S [kW] の比を**需要率**という．

$$需要率 = \frac{P_m[\text{kW}]}{S[\text{kW}]}[\%]$$

▶**需要率**
需要率の値は，100％以下である．

② 負荷率

電力の使用状況は時刻や季節によって変化する．需要家や変圧器群または変電所群にて，ある期間中の平均需要電力 P_e とその期間中の最大需要電力 P_m との比を**負荷率**という．

$$負荷率 = \frac{P_e[\text{kW}]}{P_m[\text{kW}]}[\%]$$

▶**負荷率**
負荷率の値が大きいほど，電気設備が有効に使用されていることを示す．負荷率の値は，100％以下である．

負荷率は期間のとり方によって，1日をとったものを日負荷率，1月をとったものを月負荷率，1年をとったものを年負荷率という．

③ 不等率

ある需要家A，B，Cの負荷曲線を第3図に示す．各需要家の負荷の最大電力は，同一時刻に発生すると限らないので，合成最大需要電力値 P_m は，各需要家の最大需要電力の総和（$P_A + P_B + P_C$）より小さくなる．この最大需要電力の総和と合成最大需要電力 P_m の比を**不等率**という．

$$不等率 = \frac{P_A + P_B + P_C[\text{kW}]}{P_m[\text{kW}]}$$

▶**不等率**
不等率の値は1以上となる．

374

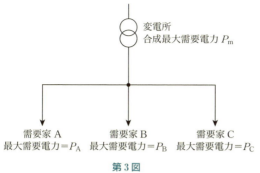

第3図

■集中・分布負荷における電圧降下・電力損失の計算

配電線路における負荷分布が異なる場合の線路電流，線間電圧降下，電力損失について考えてみる．

◇末端負荷の場合の計算

第4図のように，三相3線式のこう長が L [m] の配電線の末端A点に負荷が集中している線路がある．この線路の負荷電流は I [A] であり配電線1線当たりのインピーダンスは，抵抗分 r [Ω/m] のみとし，負荷力率は1とする．

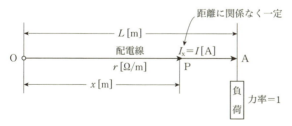

第4図

負荷が末端に集中している場合は，始点Oから x [m] のP点の**線路電流 I_x [A] は，距離に関係なく一定**となる．

$$I_x = I \text{ [A]}$$

配電線の線間電圧降下 V [V] は

$$V = \sqrt{3}\, rLI_x = \sqrt{3}\, rLI \text{ [V]}$$

となる．また，三相3線式配電線の電力損失P_l[W]は
$$P_l = 3 \times I_x^2 (rL) = 3rLI^2 \text{ [W]}$$
となる．

◇**平等分布負荷**の場合の計算

第5図のように，負荷電流が三相3線式の配電線に沿って均等に分布しており，負荷電流の合計値がI[A]とする．

このときのP点の線路電流I_x[A]を第6図より考えてみる．

第6図より，△OABと△PAQが相似になることに着目して考えると次式の関係が成立する．
$$\overline{OA} : \overline{PA} = \overline{OB} : \overline{PQ} \rightarrow L : L-x = I : I_x$$
線路電流I_xについて求めると次式で表される．
$$I_x = (L-x)\frac{I}{L} = \left(1 - \frac{x}{L}\right)I \text{ [A]}$$
微小距離dx[m]部分の配電線の線間電圧降下dV_1[V]は，

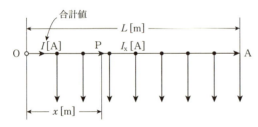

第5図　平等分布負荷

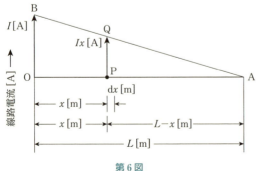

第6図

次式で表される.

$$\mathrm{d}V_1 = \sqrt{3} \times (r \cdot \mathrm{d}x)Ix = \sqrt{3} \times (r \cdot \mathrm{d}x)\left(l - \frac{x}{L}\right)I$$

$$= \sqrt{3}\, rI\left(1 - \frac{x}{L}\right)\mathrm{d}x\,[\mathrm{V}] \tag{1}$$

配電線全体の電圧降下 $V_1\,[\mathrm{V}]$ は，(1)式を x について 0 ～ $L\,[\mathrm{m}]$ まで積分することで求まる.

$$V_1 = \int_0^L \mathrm{d}V_1 = \int_0^L \left\{\sqrt{3}\, rI\left(1 - \frac{x}{L}\right)\right\}\mathrm{d}x$$

$$= \sqrt{3}\, rI \int_0^L \left(1 - \frac{x}{L}\right)\mathrm{d}x = \sqrt{3}\, rI\left(\int_0^L 1\mathrm{d}x - \int_0^L \frac{x}{L}\mathrm{d}x\right)$$

$$= \sqrt{3}\, rI\left\{[x]_0^L - \left[\frac{x^2}{2L}\right]_0^L\right\}$$

$$= \sqrt{3}\, rI\left\{(L-0) - \left[\frac{1}{2L}\right](L^2-0)\right\}$$

$$= \sqrt{3}\, rI\left\{L - \frac{L}{2}\right\} = \sqrt{3}\, rI \cdot \frac{L}{2} = \frac{1}{2}(\sqrt{3}\, rLI)\,[\mathrm{V}]$$

次に電力損失 $P_{l1}\,[\mathrm{W}]$ について考える．第6図より，微小距離 $\mathrm{d}x\,[\mathrm{m}]$ の1線の電力損失 $\mathrm{d}P_{l1}\,[\mathrm{W}]$ は次式で表される.

$$\mathrm{d}P_{l1} = (r\mathrm{d}x)Ix^2 = rIx^2\,\mathrm{d}x = r\left(1 - \frac{x}{L}\right)^2 I^2\,\mathrm{d}x\,[\mathrm{W}] \tag{2}$$

三相3線式配電線の電力損失 $P_{l1}\,[\mathrm{W}]$ は，(2)式を x について 0 から $L\,[\mathrm{m}]$ まで積分し，3倍することで求まる.

$$P_{l1} = 3 \times \int_0^L \mathrm{d}p_1 = 3 \times \int_0^L r\left(1 - \frac{x}{L}\right)^2 I^2\,\mathrm{d}x$$

$$= 3rI^2 \int_0^L \left(1 - \frac{x}{L}\right)^2 \mathrm{d}x = 3rI^2 \int_0^L \left(1 - \frac{2x}{L} + \frac{x^2}{L^2}\right)\mathrm{d}x$$

$$= 3rI^2\left(\int_0^L 1\mathrm{d}x - \frac{2}{L}\int_0^L x\mathrm{d}x + \frac{1}{L^2}\int_0^L x^2\,\mathrm{d}x\right)$$

$$= 3rI^2\left([x]_0^L - \frac{2}{L}\left[\frac{x^2}{2}\right]_0^L + \frac{1}{L^2}\left[\frac{x^3}{3}\right]_0^L\right)$$

$$= 3rI^2\left\{(L-0) - \frac{2}{L}\left(\frac{L^2}{2} - 0\right) + \frac{1}{L^2}\left(\frac{L^3}{3} - 0\right)\right\}$$

$$= 3rI^2\left(L - L + \frac{L}{3}\right) = rLI^2\,[\mathrm{W}]$$

◇**直線状に減少する分布負荷**の場合の計算

第7図のように，負荷電流が配電線の距離とともに直線状に減少する負荷分布のとき，負荷電流の合計値 I [A] の場合の線路電流 I_x [A] について求める．

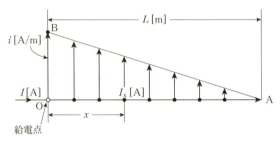

第7図

給電点Oの単位長さ当たりの負荷電流を i [A/m] とすると，I [A] と △OAB の面積が等しいから，次式が成立する．

$$I = \frac{1}{2}Li \text{ [A]} \tag{3}$$

(3)式より，給電点Oの単位長さ当たりの負荷電流 i [A/m] は

$$i = \frac{2I}{L} \text{ [A/m]}$$

となる．次に第8図より，給電点Oから距離 x [m] 離れた

▶第8図
△PAQ の面積は線路電流 I_x [A] に等しい．
$I_x = \frac{1}{2}i_x L$ [A]

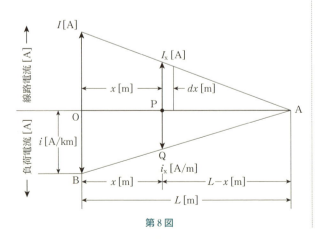

第8図

点Pの単位長さ当たりの負荷電流i_x[A/m]は，△OABと△PAQが相似になることに着目して考えると次式の関係が成立する．

$$\overline{OA} : \overline{PA} = \overline{OB} : \overline{PQ}$$

上式より，

$$L : (L-x) = i : ix$$

上式より，給電点Oから距離x[m]離れた点Pの単位長さ当たりの負荷電流i_x[A/m]は次式で表される．

$$i_x = \frac{(L-x)}{L} i \, [\text{A/m}]$$

第8図より，点Pの線路電流I_x[A]は△PAQの**面積に等しい**から，次式で表される．

$$I_x = \frac{1}{2}(L-x)i_x = \frac{1}{2}(L-x)\left(\frac{L-x}{L} i\right)$$

$$= \frac{1}{2}(L-x)\left(\frac{L-x}{L} \frac{2I}{L}\right) = \frac{(L-x)^2}{L^2} I \, [\text{A}] \qquad (4)$$

(4)式より，微小距離dxの線間電圧降下dV_2[V]は次式となる．

$$dV_2 = \sqrt{3}\,(r\,dx)Ix = \sqrt{3}\,r\,dx\frac{(L-x)^2}{L^2}I$$

$$= \sqrt{3}\,rI\frac{(L-x)^2}{L^2}\,dx\,[\text{V}]$$

上式より，配電線全体の線間電圧降下V_2[V]はxについて$0 \sim L$[m]まで積分することで求まる．

$$V_2 = \int_0^L dV_2 = \int_0^L \sqrt{3}\,rI\frac{(L-x)^2}{L^2}\,dx$$

$$= \frac{\sqrt{3}\,rI}{L^2}\int_0^L (L-x)^2\,dx = \frac{\sqrt{3}\,rI}{L^2}\left[\frac{-(L-x)^3}{3}\right]_0^L$$

$$= \frac{\sqrt{3}\,rI}{L^2}\left[0 + \frac{L^3}{3}\right] = \frac{1}{3}(\sqrt{3}\,rLI)\,[\text{V}]$$

次に電力損失P_{12}[W]について考える．第8図より，微小距離dxの1線の電力損失dP_{12}[W]は次式で表される．

$$\int_0^L (L-x)^n\,dx$$

$$= \left[-\frac{1}{n+1}(L-x)^{n+1}\right]_0^L$$

V_2[V]のとき$n=2$，P_{12}のときは$n=4$を代入して解く

$$dP_{12} = (rdx)I_x{}^2 = rI_x{}^2\,dx = r\left\{\frac{(L-x)^2}{L^2}I\right\}^2 dx$$

$$= rI^2\frac{(L-x)^4}{L^4}\,dx\,[\text{W}] \qquad (5)$$

三相 3 線式配電線の電力損失 $P_{12}\,[\text{W}]$ は，(5)式を x について 0 から $L\,[\text{m}]$ まで積分し 3 倍することで求まる．

$$P_{12} = 3 \times \int_0^L dP_2 = 3\int_0^L rI^2\frac{(L-x)^4}{L^4}\,dx$$

$$= \frac{3rI^2}{L^4}\int_0^L (L-x)^4\,dx = \frac{3rI^2}{L^4}\left[\frac{-(L-x)^5}{5}\right]_0^L$$

$$= \frac{3rI^2}{L^4}\left[0 + \frac{L^5}{5}\right] = \frac{1}{5}(3rLI^2)\,[\text{W}]$$

以上，集中・分布負荷の電流，電圧降下および電力損失を比較したものをまとめると第 1 表となる．

第 1 表

負荷の種類	線路電流	電圧降下	電力損失
集中負荷	$I_x = I\,[\text{A}]$	$V = \sqrt{3}\,rLI\,[\text{V}]$	$P_1 = 3rLI^2\,[\text{W}]$
平等分布負荷	$I_x = \left(1-\dfrac{x}{L}\right)I\,[\text{A}]$	$V_1 = \dfrac{1}{2}(\sqrt{3}\,rLI)\,[\text{V}]$	$P_{11} = rLI^2\,[\text{W}]$
直線状に減少する分布負荷	$I_x = \dfrac{(L-x)^2}{L^2}I\,[\text{A}]$	$V_2 = \dfrac{1}{3}(\sqrt{3}\,rLI)\,[\text{V}]$	$P_{12} = \dfrac{1}{5}(3rLI^2)\,[\text{W}]$

問題1

66/6.6 kV，8 MV・A 変圧器から送電されている 6.6 kV 配電線がある．配電線の末端までの距離が 6 km である．この配電線の末端で 2 線短絡事故が発生した．このときの 2 線短絡電流 [kA] はいくらか．

ただし，電源側および 66 kV 側のインピーダンスは無視し，変圧器のインピーダンスは 8 MV・A 基準で j8 %，6.6 kV 配電線のインピーダンスは，10 MV・A 基準で $4 + j10$ [%/km] である．

解説

基準容量を 8 MV・A として，配電線の末端から変圧器までのインピーダンス $\dot{Z}$ は，次式で表される．

$$\dot{Z} = j8 + \left\{\frac{8}{10}(4 + j10) \times 6\right\} = j8 + 19.2 + j48 = 19.2 + j56 \%$$

$$\therefore |\dot{Z}| = \sqrt{19.2^2 + 56^2} = 59.2 \%$$

となる．上式より，配電線の末端における 2 線短絡電流 I_{2S} [kA] は，次式で表される．

$$I_{2s} = \frac{\sqrt{3}}{2}\left(\frac{P}{\sqrt{3} \times V} \times \frac{100}{|\dot{Z}|} \times 10^{-3}\right) = \frac{\sqrt{3}}{2}\left(\frac{8 \times 10^3}{\sqrt{3} \times 6.6} \times \frac{100}{59.2} \times 10^{-3}\right)$$

$$= 1.024 \fallingdotseq 1.02 \, \text{kA}$$

ただし，P：基準容量 [kV・A]，V：基準電圧 [kV] とする．

(答) 1.02 kA

問題2

定格容量 1 500 kV・A の三相変圧器があり，図の実線で示される負荷曲線で運転している生産工場がある．

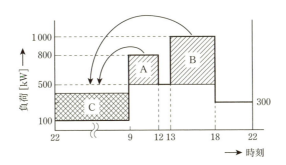

この生産工場では，負荷率の改善のために蓄熱システムを採用し，夜間に冷水を製造し，蓄熱漕に蓄え，昼間の冷房用として用いている．このシステムにより，図より9時から18時までの時間帯の斜線部分の負荷（AおよびB）を，前日の22時から当日の9時までの網目部分（C）に移行した．

このときの負荷移行前および移行後の日負荷率［％］と需要率［％］を求めよ．ただし，負荷の力率は常に遅れ80％とする．

[解説]

蓄熱式空調システムにより，昼間と夜間の需要の平準化を図り日負荷率，需要率を改善するものである．

負荷移行前の最大需要電力 P_m［kW］は，題意の図の負荷曲線の13時～18時の時刻に発生している．

$P_m = 1\,000$ kW

負荷移行前の1日の平均需要電力 P_e［kW］は，次式で表される．

$$P_e = \frac{100\times(2+9)+800\times(12-9)+500\times(13-12)+1000\times(18-13)}{24}*$$

$$*\frac{+300\times(22-18)}{}$$

$$= \frac{1100+2400+500+5000+1200}{24} = 425 \text{ kW}$$

負荷移行後の22時～9時の負荷電力 P_c'［kW］は，次式より求まる．

$$\{(1\,000-500)\times 5\} + \{(800-500)\times 3\} = (P_c'-100)\times 11$$

$$\therefore P_c' = \frac{\{(1000-500)\times 5\}+\{(800-500)\times 3\}}{11}+100 \fallingdotseq 409 \text{ kW}$$

よって，負荷移行後の負荷曲線は図のようになる．

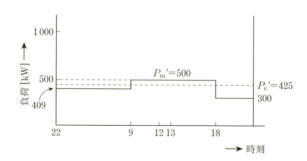

図より，負荷移行後の最大需要電力 P_m'［kW］は9時～18時の時刻に発生し，

$P_m' = 500$ kW

となる.

参考までに, 負荷移行後の平均電力 P_c'[kW] は, 次式より求まる.

$$(P_c' \times 11) + (500 \times 9) + (300 \times 4) = P_e' \times 24$$

$$P_e' = \frac{(P_c'l \times 11) + 4500 + 1200}{24} = \frac{(409 \times 11) + 5700}{24} = 424.96 \fallingdotseq 425\,\text{kW}$$

※負荷移行前後における平均電力は変化しない. したがって, 負荷移行前の平均電力を求めてこれを負荷移行後の平均電力としてよい.

以上より, 負荷移行前後の負荷率を k_1, k_2 [%] とすると,

$$k_1 = \frac{P_e}{P_m} = \frac{425}{1000} = 0.425 = 42.5\,\%$$

$$k_2 = \frac{P_e}{P_m'} = \frac{425}{500} = 0.85 = 85.0\,\%$$

となる.

同様に, 負荷移行前後の需要率を J_1, J_2 [%] とすると, 変圧器の設備容量 $K = 1\,500 \times 0.8 = 1\,200\,\text{kW}$ であるから,

$$J_1 = \frac{P_m}{K} = \frac{1000}{1200} \fallingdotseq 0.8333 \fallingdotseq 83.3\,\%$$

$$J_2 = \frac{P_m'}{K} = \frac{500}{1200} \fallingdotseq 0.41667 \fallingdotseq 41.7\,\%$$

となる.

(答) 負荷移行前の負荷率42.5 %, 需要率83.3 %

負荷移行後の負荷率85.0 %, 需要率41.7 %

問題3

給電点における年間の最大負荷電流が100 A, 配電線路の距離が1 kmの三相3線式6 600 Vの高圧配電線路がある.

線路中の年間損失電力量[kW·h]を求めよ. ただし, 1 線の線路抵抗 $r = 0.3\,\Omega/\text{km}$ とする. 負荷は全配電線路にわたり平等に分布し, かつ同一の負荷曲線を有するものとし, 年間損失係数 H を0.3とする.

解説

負荷が全配電線路にわたり平等に分布し, かつ同一負荷曲線であるから図のように直線的に分布している. A点を給電箇所, B点を配電線末端として, 給電箇所A点より x [km]の負荷電流 I_x [A]は次式で表される.

383

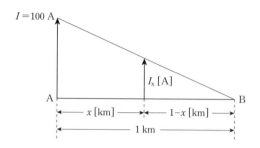

$$\frac{100}{1} = \frac{I_x}{1-x}$$

$$I_x = \frac{100}{1}(1-x) = 100 \times (1-x) \text{ [A]}$$

上式より，1線における損失電力 P [kW] は，

$$P = \int_0^1 I_x^2 r \mathrm{d}x \times 10^{-3} = \int_0^1 \{100 \times (1-x)\}^2 r \mathrm{d}x \times 10^{-3}$$

$$= 100^2 r \times 10^{-3} \int_0^1 (1 - 2x + x^2) \mathrm{d}x \qquad ①$$

$$= 10r \left| x - x^2 + \frac{x^3}{3} \right|_0^1 = 10r \left| 1 - 1 + \frac{1}{3} \right| = \frac{10r}{3} \text{ [kW]}$$

となる．

①式より，この三相3線式配電線路の年間損失電力量 W [kW・h] は

$$W = 3 \times P \times 365 \times 24 \times H = 3 \times \frac{10r}{3} \times 365 \times 24 \times 0.3$$

$$= 3 \times \frac{10 \times 0.3}{3} \times 365 \times 24 \times 0.3 = 7884 \text{ kW・h}$$

(答) 7 884 kW・h

電気機器

1 変圧器

これだけは覚えよう！

□変圧器が無負荷・負荷状態時のときの各電圧・電流に関するベクトル図の作図
□変圧器1相分のL形等価回路を作成
□変圧器の諸損失
□変圧器の効率，最大効率を生じるときの負荷率，銅損を求める算出方法
□変圧器の平行運転時の負荷分担を求める算出方法

■変圧器の原理

変圧器には，巻線の数により分類すると，**単巻線，2巻線，3巻線**などの種類がある．ここでは2巻線（絶縁巻線）の変圧器を取りあげ，無負荷と負荷状態のときについてそれぞれ考える．

◇無負荷状態

第1図のように一次巻線に無負荷の状態で，交流電圧 $\dot{V}$ [V] を加えると励磁電流 $\dot{I}_0$ [A] が流れる．この励磁電流 $\dot{I}_0$ [A] は，電圧 $\dot{V}$ [V] と同相分の電流 I_i [A] と，90°遅れの無効分 I_ϕ [A] に分けることができる．

I_i [A] は，$\dot{I}_0$ [A] の有効分で鉄損を供給するので**鉄損電流**という．

I_ϕ [A] は，$\dot{I}_0$ [A] の90°遅れ無効分で磁化作用を起こす電流なので**磁化電流**という．これらの関係は次式となる．

$$\dot{I}_0 = I_i - jI_\phi \text{ [A]}$$

励磁電流における鉄損が小さいため，無視（$I_i = 0$ A）した場合，励磁電流 $\dot{I}_0$ [A] は次式で表される．

$$\dot{I}_0 = -jI_\phi \text{ [A]} \tag{1}$$

385

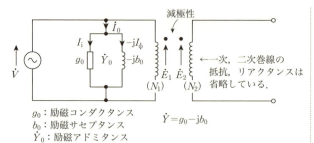

g_0：励磁コンダクタンス
b_0：励磁サセプタンス
$\dot{Y}_0$：励磁アドミタンス

$\dot{Y} = g_0 - jb_0$

第1図

▶極性
変圧器の一次，二次巻線に発生する誘導起電力$\dot{E}_1$，$\dot{E}_2$の方向を示すものである．種類としては減極性と加極性がある．
減極性は一次，二次側の端子U・uが同じ側にある．
加極性はU・uは対角線上にある．

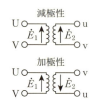

※第1図で●（ドット）側をU，u端子側とする．

以下，$\dot{I}_0$は，鉄損電流$I_i = 0$ A とする．

起磁力$N_1 \dot{I}_0$ [A]により鉄心内に発生する交番磁束ϕ_mが一，二次巻線側に誘導起電力$\dot{E}_1$，$\dot{E}_2$(V)を発生する．これらの誘導起電力の大きさは**ϕ_m，fを一定値**とすると，それぞれの**巻線数N_1，N_2に比例**する．

$$E_1 = 4.44fN_1\phi_m \text{ [V]}, \quad E_2 = 4.44fN_2\phi_m \text{ [V]} \quad (2)$$

(2)式より，変圧器の巻数比aは次式となる．

$$a = \frac{E_1}{E_2} = \frac{4.44fN_1\phi_m}{4.44fN_2\phi_m} = \frac{N_1}{N_2} \quad (3)$$

以上より，誘導起電力$\dot{E}_1$，$\dot{E}_2$[V]，ϕ_mおよび交流電圧$\dot{V}$ [V]のベクトル図を交流電圧$\dot{V}$ [V]を基準として表すと第2図となる．

▶交番磁束ϕ_m
励磁電流$\dot{I}_0$と同相である．

第1図より
$\dot{V} = -\dot{E}_1$，また$\dot{E}_1$と$\dot{E}_2$は同方向である．励磁電流$\dot{I}_0$は$\dot{V}$より90°遅れている．

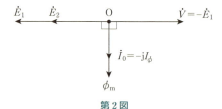

第2図

◇負荷状態

第3図より，励磁電流$\dot{I}_0$ [A]は$\dot{I}_0 \fallingdotseq -jI_\phi$ [A]とする．二次側に負荷を接続して二次電流$\dot{I}_2$ [A]が流れると，起磁力$N_2\dot{I}_2$ [A]が発生する．あわせて一次電流も変化する．
この一次電流を$\dot{I}_1$ [A]とすれば，変圧器の合成起磁力は

386

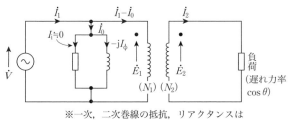

国内ではJIS，JEC規格を適用し「減極性」を標準としている．

第3図

$N_1\dot{I}_1 - N_2\dot{I}_2$ [A] となる．しかし，電流$\dot{I}_2$[A]が流れても，一次側の誘導起電力$\dot{E}_1$[V]は一定であるから，起磁力$N_1\dot{I}_0$[A]は変化しない．したがって，次式が成立する．

$$N_1\dot{I}_1 - N_2\dot{I}_2 = N_1\dot{I}_0 \tag{4}$$

(4)式より，

$$N_2\dot{I}_2 = N_1\dot{I}_1 - N_1\dot{I}_0 = N_1(\dot{I}_1 - \dot{I}_0) \tag{5}$$

となり，$\dot{I}_1 - \dot{I}_0$を一次負荷電流という．

(5)式の意味は，電源電圧$\dot{V}$[V]により，一次巻線に誘導される電圧$\dot{E}_1$[V]は一定である．したがって，励磁電流$\dot{I}_0$[A]は，負荷の有無にかかわらず一定となり，二次電流による起磁力$N_2\dot{I}_2$[A]を打ち消すために一次負荷電流$\dot{I}_1 - \dot{I}_0$[A]が電源から流れ込むと考えることができる．

(5)式より，巻数比aを$\dot{I}_2$[A]，$\dot{I}_1 - \dot{I}_0$[A]で表すと次式となる．

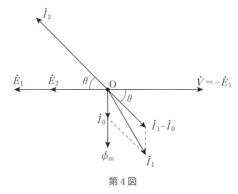

第4図

$$\alpha = \frac{N_1}{N_2} = \left|\frac{\dot{I}_2}{\dot{I}_1 - \dot{I}_0}\right|$$

交流電圧 $\dot{V}$ [V] を基準としてベクトル図で表すと第 4 図となる．

■変圧器の等価回路

三相変圧器の 1 相分の回路を描くと，第 5 図のようになり，それぞれ次式が成立する．

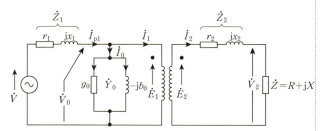

r_1, x_1：一次巻線の抵抗，リアクタンス　　$\dot{Y}$：励磁アドミタンス
g_0：励磁コンダクタンス　　r_2, x_2：二次巻線の抵抗，リアクタンス
b_0：励磁サセプタンス　　$\dot{I}_0 = \dot{I}_i - \mathrm{j}\dot{I}_\phi$
$\dot{V}_0$：励磁電圧，$\dot{V}_1$：一次電圧，$\dot{V}_2$：二次電圧　　I_i：鉄損電流
$\dot{E}_1$, $\dot{E}_2$：一次，二次巻線の誘導起電力　　I_ϕ：磁化電流
a：巻数比　　$\dot{Z} = R + \mathrm{j}X$：負荷インピーダンス
$\dot{I}_{\mathrm{p}1}$：一次電流　$\dot{I}_1$：一次負荷電流　$\dot{I}_2$：二次負荷電流
$\dot{E}_2$ と $\dot{I}_2$ の位相角：$\theta°$

第 5 図

$$\left.\begin{array}{l}\dot{V}_2 = \dot{Z}\dot{I}_2 [\mathrm{A}],\ \dot{E}_2 = \dot{Z}_2\dot{I}_2 + \dot{V}_2 [\mathrm{V}], \\ \dot{V}_0 = \dot{E}_1 = \alpha\dot{E}_2 [\mathrm{V}],\ \dot{I}_1' = \dfrac{1}{\alpha}\dot{I}_2 [\mathrm{A}], \\ \dot{I}_0 = \dot{Y}\dot{V}_0 [\mathrm{A}],\ \dot{V}_1 = \dot{Z}_1\dot{I}_{\mathrm{p}1} + \dot{V}_0 [\mathrm{V}]\end{array}\right\} \quad (6)$$

鉄心内を通過する交番磁束 ϕ_m を基準として，第 5 図に対応するベクトル図で表すと第 6 図となる．ただし，鉄損電流 $I_\mathrm{i} = 0$ A とする．

(6)式より，二次側の諸量を一次側に換算した値を以下のようにすると，第 7 図が描ける．

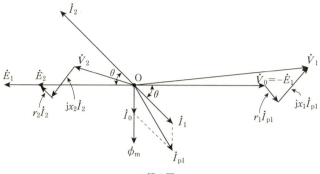

第 6 図

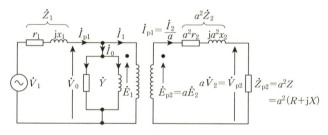

第 7 図

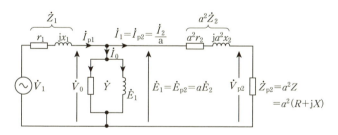

第 8 図

$$\dot{V}_{p2} = a\dot{V}_2, \quad \dot{I}_{p2} = \frac{1}{a}\dot{I}_2 = \dot{I}_1$$

$$\dot{E}_{p2} = a\dot{Z}_2\dot{I}_2 + a\dot{V}_2 (\mathrm{V}), \quad \dot{Z}_p = a^2\dot{Z}\cdots$$

さらに一次,二次の電圧,電流の大きさと位相が一致することから,第 8 図の等価回路を描くことができる.

■変圧器の電力損失

変圧器の主な損失は，次のように分類される．無負荷損および負荷損は熱となり，変圧器の温度上昇の原因となる．
① 無負荷損（鉄損P_i）：ヒステリシス損P_h，渦電流損P_e
② 負荷損P_c：銅損P_{c1}，漂遊負荷損P_{c2}
③ 補機損：冷却ファン，送油ポンプ損失等

◇鉄損P_i

変圧器の一次側に交流電圧を印加すると，変圧器の鉄心には交番磁束が生じて**ヒステリシス損**P_hと**渦電流損**P_eが発生する．

鉄損は一定の電圧，一定の周波数で使用した場合，変圧器の負荷の大きさに無関係で一定となる．

$$P_i = P_h + P_e$$

これらの損失を変圧器の入力電圧，周波数で表すと次のようになる．

① ヒステリシス損

第9図のように縦軸を磁束密度B，横軸を磁界の強さHとし，変圧器の巻線に正弦波の交流電圧を加えたとき，ヒステリシスループにより，磁界の強さが変化し，それに伴い磁束密度も変化する．このヒステリシスループの内部面積（斜線の領域）が**ヒステリシス損**となる．

▶変圧器の原理
鉄損（電流）を無視したが電力損失を考える場合には無視できない．

▶鉄損
おおよそ，鉄損の80％がヒステリシス損P_h，残りの20％が渦電流損P_eである．

▶ヒステリシスループ
磁性体に磁界を与えたときの磁束密度Bと磁界の強さHの関係を表す曲線．一般にB-H曲線で表される．

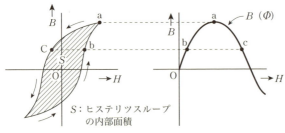

第9図 ヒステリシスループ

最大磁束密度をB_m[T]，周波数をf[Hz]，比例定数を

K_{h1}とすると，ヒステリシス損P_h[W/kg]は次式で表される．

- $B_m \geqq 1$のとき：$P_h = K_{h1}fB_m{}^2$ [W/kg]　　　　(7)

- $B_m < 1$のとき：$P_h \propto fB_m{}^{1.6}$ [W/kg]

ここでは，$B_m \geqq 1$の場合について考える．

変圧器の巻線の巻数をN[回]，鉄心の断面積をA[m²]，印加電圧をV[V]とすると，最大磁束密度B_m[T]は次式となる．

$$B_m = \frac{V}{4.44\,fNA} \,[\text{T}] \qquad (8)$$

(8)式を(7)式に代入すると

$$P_h = K_{h1}f\left(\frac{V}{4.44\,fNA}\right)^2 = \left(K_{h1} \times \frac{1}{(4.44\,NA)^2}\right) \cdot \frac{V^2}{f}$$

$$= K_{h2}\frac{V^2}{f} \,[\text{W/kg}] \qquad (9)$$

ただし，$K_{h2} = K_{h1} \times \dfrac{1}{(4.44\,NA)^2}$とする．

② 渦電流損P_e

変圧器のけい素鋼板の厚みをt[mm]とすると，**渦電流損**P_e（W/kg）は次式で表される．ただし，K_{e1}は比例定数とする．

$$P_e = K_{e1} \cdot (t \times 10^{-3} \times fB_m)^2 \,[\text{W/kg}] \qquad (10)$$

(10)式に(8)式を代入すると

$$P_e = K_{e1} \cdot \left(t \times 10^{-3} \times f \times \frac{V}{4.44\,fNA}\right)^2$$

$$= \left\{K_{e1} \cdot \left(\frac{t \times 10^{-3}}{4.44\,NA}\right)^2\right\} \cdot V^2$$

$$= K_{e2} \cdot V^2 \,[\text{W/kg}]$$

ただし，$K_{e2} = \left\{K_{e1} \cdot \left(\dfrac{t \times 10^{-3}}{4.44\,NA}\right)^2\right\}$とする．

◇**負荷損P_c**

銅損は負荷電流の2乗に比例して発生する損失である．

漂遊負荷損は，漏れ磁束などの損失であり，一般に非常に小さい値である．

K_{h1}：定数

$B_m \geqq 1$，$B_m < 1$の両方をまとめた場合のヒステリシス損P_h'は次式となる．
$P_h' = K_hfB_m{}^{1.6 \sim 2.0}$ [W/kg]
となる．

K_{h2}：定数

K_{e2}：定数

① 銅損 P_{c1}

第10図は，変圧器を一次側換算した簡易等価回路である．

等価回路より，銅損は r_1 と $a^2 r_2$ によるジュール損で，一次電流 I_1 の 2 乗に比例し，次式で表される．

$$P_{c1} = I_1^2 (r_1 + a^2 r_2) \quad (a：巻数比)$$

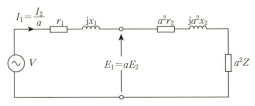

r_1, r_2：一次，二次巻線の抵抗
x_1, x_2：一次，二次巻線のリアクタンス
$a^2 Z$：負荷インピーダンス（一次側換算）

第10図

② 漂遊負荷損

導体中に発生する渦電流，取付け金具，ボルト等に通る漏れ磁束により発生する損失である．

◇補機損

変圧器の損失による内部の熱を下げるために冷却をしているが，その方法には，絶縁油を介して冷却を行う油入式と，油を使用せずに空気によって冷却をする乾式がある．補機には油を強制循環させるための送油ポンプ，その油を冷却する方法としてファンによる送油風冷式と循環水との熱交換で冷却する送油水冷式等がある．

これらは冷却効果が高いが，ポンプ，ファン等の電動機の電力が必要となり，これが補機損となる．

■変圧器の効率計算

◇変圧器の効率

効率には，実際の入出力を測定する実測効率と，諸損失を算定し，これをベースに計算したものが規約効率である．

▶実測効率
入力と出力の比を実負荷試験（実測）で求める．

$$実測効率 = \frac{出力}{入力}$$

一般に，効率といえば規約効率のことである．

変圧器の規約効率ηは，次式で表される．

$$\eta = \frac{\text{出力}}{\text{出力} + \text{損失}}$$

全負荷時の変圧器の損失は，鉄損P_iと全負荷銅損P_{cn}の和である．定格容量を$P\,[\text{V·A}]$，定格二次電圧を$V_2\,[\text{V}]$，二次電流を$I_2\,[\text{A}]$負荷の力率を$\cos\theta$とすると，全負荷時の効率η_0は次式となる．

$$\eta_0 = \frac{\text{出力}}{\text{出力} + \text{鉄損} + \text{全負荷銅損}}$$

$$= \frac{P\cos\theta}{P\cos\theta + P_i + P_{cn}} = \frac{V_2 I_2 \cos\theta}{V_2 I_2 \cos\theta + P_i + P_{cn}}$$

▶**全負荷銅損**
短絡試験より求める．

▶**鉄損**
無負荷試験より求める．

負荷率がα（全負荷時は$\alpha=1$である）としたときの効率η_αは次式となる．

$$\eta_\alpha = \frac{\alpha P\cos\theta}{\alpha P\cos\theta + P_i + \alpha^2 P_{cn}} \tag{11}$$

◇変圧器の最大効率

変圧器の効率は，全負荷時に最大になるわけではなく，ある一定の負荷率のときに最大となる．このときの負荷率は次のようにして求める．

(11)式の右側の分母，分子を負荷率αで除すると

$$\eta_\alpha = \frac{\dfrac{1}{\alpha}(\alpha P\cos\theta)}{\dfrac{1}{\alpha}(\alpha P\cos\theta + P_i + \alpha^2 P_{cn})}$$

$$= \frac{P\cos\theta}{P\cos\theta + \dfrac{P_i}{\alpha} + \alpha P_{cn}} \tag{12}$$

となる．(12)式で力率$\cos\theta$，定格容量$P\,[\text{V·A}]$，$P_i\,[\text{W}]$および$P_{cn}\,[\text{W}]$は一定である．η_αが最大になるには，分母の$\dfrac{P_i}{\alpha} + \alpha P_{cn}$が最小になればよい．ここで，最小値の定理を用いて考える．

$\dfrac{P_i}{\alpha} + \alpha P_{cn}$ は負荷率αによって変化する．

$\dfrac{P_i}{\alpha} \times \alpha P_{cn} = P_i P_{cn}$ （一定）であるので，次式（(13)式）の関係が成立するとき，$\dfrac{P_i}{\alpha} + \alpha P_{cn}$ が最小値となる．

393

$$\frac{P_\mathrm{i}}{\alpha} = \alpha P_\mathrm{cn} \qquad (13)$$

(13)式より，鉄損＝負荷率αのときの銅損のときに効率$\eta\alpha$が最大となる．

$$P_\mathrm{i} = \alpha^2 P_\mathrm{cn} \qquad (14)$$

(14)式より，最大効率となる負荷率α_mを求めると

$$\alpha = \alpha_\mathrm{m} = \sqrt{\frac{P_\mathrm{i}}{P_\mathrm{cn}}}$$

となる．(14)式を(11)式に代入し，**最大効率**η_mを求めると

$$\eta_\mathrm{m} = \frac{\alpha_\mathrm{m} P \cos\theta}{\alpha_\mathrm{m} P \cos\theta + 2P_\mathrm{i}} \quad \left(\alpha_\mathrm{m} = \sqrt{\frac{P_\mathrm{i}}{P_\mathrm{cn}}}\right)$$

となる．効率と負荷率および各損失の関係を図で表すと第11図で表される．

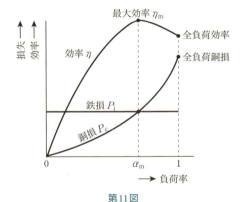

第11図

■変圧器の平行運転時の負荷分担

　変圧器の**平行運転**は，負荷が増大して容量が増加したときや，損失電力低減のための経済運用をするときに2台，3台などの変圧器を並列に接続して運転することをいう．
　平行運転に必要な条件は，以下のとおりである．
　① 一次，二次の極性が一致していること．
　② 巻数比（変圧比）が等しいこと．
　③ インピーダンス電圧が等しいこと．

▶三相変圧器で平行運転できない結線の組合せ
- △-△ と △-Y
- △-Y と Y-Y
- Y-△ と V-V

などである．

④ 巻線抵抗と漏れリアクタンスの比が等しいこと．
⑤ 相回転方向が一致していること（三相変圧器のみ）．
⑥ 一次と二次の位相（角変位）が等しいこと（三相変圧器のみ）．

◇負荷電流 $\dot{I}_L$ の負荷分担

第12図で単相変圧器Aの二次側無負荷誘導起電力を $\dot{E}_a$，二次側換算とした合成インピーダンスを $\dot{Z}_a = r_a + jx_a$ とする．同様に変圧器Bの無負荷誘導起電力を $\dot{E}_b$，インピーダンス $\dot{Z}_b = r_b + jx_b$ とする．

これらの変圧器A，Bが並列運転しているときの**負荷分担電流** $\dot{I}_A$ および $\dot{I}_B$ について求めてみる．

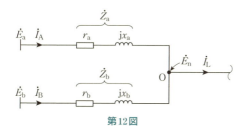

第12図

第12図より

$$\dot{I}_A = \frac{\dot{E}_a - \dot{E}_n}{\dot{Z}_a} \tag{15}$$

$$\dot{I}_B = \frac{\dot{E}_b - \dot{E}_n}{\dot{Z}_b} \tag{16}$$

$$\dot{I}_A + \dot{I}_B = \dot{I}_L \tag{17}$$

(15)，(16)式を(17)式に代入し，O点の $\dot{E}_n$ について求める．

$$\frac{\dot{E}_a - \dot{E}_n}{\dot{Z}_a} + \frac{\dot{E}_b - \dot{E}_n}{\dot{Z}_b} = \dot{I}_L$$

$$\left(\frac{1}{\dot{Z}_a} + \frac{1}{\dot{Z}_b} \right) \dot{E}_n = \frac{\dot{E}_a}{\dot{Z}_a} + \frac{\dot{E}_b}{\dot{Z}_b} - \dot{I}_L$$

$$\dot{E}_n = \frac{\dot{Z}_a \dot{Z}_b}{\dot{Z}_a + \dot{Z}_b}\left(\frac{\dot{E}_a}{\dot{Z}_a} + \frac{\dot{E}_b}{\dot{Z}_b} - \dot{I}_L\right)$$

$$= \left(\frac{\dot{Z}_b \dot{E}_a}{\dot{Z}_a + \dot{Z}_b} + \frac{\dot{Z}_a \dot{E}_b}{\dot{Z}_a + \dot{Z}_b} - \frac{\dot{Z}_a \dot{Z}_b}{\dot{Z}_a + \dot{Z}_b}\dot{I}_L\right) \quad (18)$$

(18)式を(15), (16)式に代入し，各変圧器の負荷分担電流 $\dot{I}_A$ および $\dot{I}_B$ を求める．

$$\dot{I}_A = \frac{1}{\dot{Z}_a}\left\{\dot{E}_a - \left(\frac{\dot{Z}_b \dot{E}_a}{\dot{Z}_a + \dot{Z}_b} + \frac{\dot{Z}_a \dot{E}_b}{\dot{Z}_a + \dot{Z}_b} - \frac{\dot{Z}_a \dot{Z}_b}{\dot{Z}_a + \dot{Z}_b}\dot{I}_L\right)\right\}$$

$$= \frac{1}{\dot{Z}_a}\left\{\frac{\dot{Z}_a(\dot{E}_a - \dot{E}_b)}{\dot{Z}_a + \dot{Z}_b} + \frac{\dot{Z}_a \dot{Z}_b}{\dot{Z}_a + \dot{Z}_b}\dot{I}_L\right\}$$

$$= \frac{\dot{E}_a - \dot{E}_b}{\dot{Z}_a + \dot{Z}_b} + \frac{\dot{Z}_b}{\dot{Z}_a + \dot{Z}_b}\dot{I}_L$$

$$= \frac{\dot{E}_a - \dot{E}_b}{r_a + r_b + j(x_a + x_b)} + \frac{r_b + jx_b}{r_a + r_b + j(x_a + x_b)}\dot{I}_L$$

$$\dot{I}_B = \frac{1}{\dot{Z}_b}\left\{\dot{E}_b - \left(\frac{\dot{Z}_b \dot{E}_a}{\dot{Z}_a + \dot{Z}_b} + \frac{\dot{Z}_a \dot{E}_b}{\dot{Z}_a + \dot{Z}_b} - \frac{\dot{Z}_a \dot{Z}_b}{\dot{Z}_a + \dot{Z}_b}\dot{I}_L\right)\right\}$$

$$= \frac{1}{\dot{Z}_b}\left\{\frac{-\dot{Z}_b(\dot{E}_a - \dot{E}_b)}{\dot{Z}_a + \dot{Z}_b} + \frac{\dot{Z}_a \dot{Z}_b}{\dot{Z}_a + \dot{Z}_b}\dot{I}_L\right\}$$

$$= \frac{-(\dot{E}_a - \dot{E}_b)}{\dot{Z}_a + \dot{Z}_b} + \frac{\dot{Z}_a}{\dot{Z}_a + \dot{Z}_b}\dot{I}_L$$

$$= \frac{-(\dot{E}_a - \dot{E}_b)}{r_a + r_b + j(x_a + x_b)} + \frac{r_a + jx_a}{r_a + r_b + j(x_a + x_b)}\dot{I}_L$$

◇**負荷インピーダンス $\dot{Z}_L$ の負荷分担**

第13図より，これらの単相変圧器A, Bが並列運転しているときの負荷分担電流 $\dot{I}_A$ および $\dot{I}_B$ について求める．

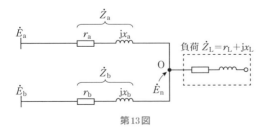

第13図

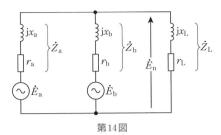

第14図

第13図を第14図のように描き換えて，ミルマンの定理より，O点の$\dot{E}_n$を求める．

$$\dot{E}_n = \frac{\dfrac{\dot{E}_a}{\dot{Z}_a} + \dfrac{\dot{E}_b}{\dot{Z}_b} + \dfrac{0}{\dot{Z}_L}}{\dfrac{1}{\dot{Z}_a} + \dfrac{1}{\dot{Z}_b} + \dfrac{1}{\dot{Z}_L}}$$

$$= \frac{\dot{Z}_b \dot{Z}_L \dot{E}_a + \dot{Z}_L \dot{Z}_a \dot{E}_b}{\dot{Z}_a \dot{Z}_b + \dot{Z}_b \dot{Z}_L + \dot{Z}_L \dot{Z}_a} \tag{19}$$

$$\dot{I}_A = \frac{\dot{E}_a - \dot{E}_n}{\dot{Z}_a} \tag{20}$$

$$\dot{I}_B = \frac{\dot{E}_b - \dot{E}_n}{\dot{Z}_b} \tag{21}$$

(19)式を(20)，(21)式に代入し，各変圧器の分担電流$\dot{I}_A$および$\dot{I}_B$を求める．

$$\dot{I}_A = \frac{1}{\dot{Z}_a} \left(\dot{E}_a - \frac{\dot{Z}_b \dot{Z}_L \dot{E}_a + \dot{Z}_L \dot{Z}_a \dot{E}_b}{\dot{Z}_a \dot{Z}_b + \dot{Z}_b \dot{Z}_L + \dot{Z}_L \dot{Z}_a} \right)$$

$$= \frac{1}{\dot{Z}_a} \left\{ \frac{\dot{Z}_a (\dot{Z}_b + \dot{Z}_L) \dot{E}_a - \dot{Z}_L \dot{Z}_a \dot{E}_b}{\dot{Z}_a \dot{Z}_b + \dot{Z}_b \dot{Z}_L + \dot{Z}_L \dot{Z}_a} \right\}$$

$$= \frac{(\dot{Z}_b + \dot{Z}_L) \dot{E}_a - \dot{Z}_L \dot{E}_b}{\dot{Z}_a \dot{Z}_b + \dot{Z}_b \dot{Z}_L + \dot{Z}_L \dot{Z}_a}$$

$$\dot{I}_B = \frac{1}{\dot{Z}_b} \left(\dot{E}_b - \frac{\dot{Z}_b \dot{Z}_L \dot{E}_a + \dot{Z}_L \dot{Z}_a \dot{E}_b}{\dot{Z}_a \dot{Z}_b + \dot{Z}_b \dot{Z}_L + \dot{Z}_L \dot{Z}_a} \right)$$

$$= \frac{1}{\dot{Z}_b} \frac{-\dot{Z}_b \dot{Z}_L \dot{E}_a + \dot{Z}_b (\dot{Z}_a + \dot{Z}_L) \dot{E}_b}{\dot{Z}_a \dot{Z}_b + \dot{Z}_b \dot{Z}_L + \dot{Z}_L \dot{Z}_a}$$

$$= \frac{-\dot{Z}_L \dot{E}_a + (\dot{Z}_a + \dot{Z}_L) \dot{E}_b}{\dot{Z}_a \dot{Z}_b + \dot{Z}_b \dot{Z}_L + \dot{Z}_L \dot{Z}_a}$$

$$\dot{I}_A + \dot{I}_B = \frac{\dot{Z}_b \dot{E}_a + \dot{Z}_a \dot{E}_b}{\dot{Z}_a \dot{Z}_b + \dot{Z}_b \dot{Z}_L + \dot{Z}_L \dot{Z}_a}$$

◇**百分率短絡インピーダンスを用いた負荷分担**

負荷分担は，各変圧器の**百分率短絡インピーダンスに反比例**する．第15図は，2台の単相変圧器の一次側を二次側に換算した等価回路である．

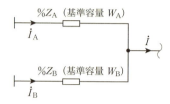

第15図

これらの変圧器A，Bが並列運転しているときの負荷分担電流$\dot{I}_A$および$\dot{I}_B$について求める．

各変圧器A，Bの基準容量をそれぞれW_A，W_Bとしたときの百分率短絡インピーダンス%$\dot{Z}_A$，%$\dot{Z}_B$とする．

第15図の等価回路の基準容量をW_Aとした場合，変圧器Bの百分率短絡インピーダンス%$\dot{Z}_B{}'$は次式で表される．

$$\%\dot{Z}_B{}' = \frac{W_A}{W_B} \times \%\dot{Z}_B \ [\%] \tag{22}$$

(22)式より，負荷分担電流$\dot{I}_A$および$\dot{I}_B$について求める．

$$\left. \begin{aligned} \dot{I}_A &= I \times \frac{\dot{Z}_B{}'}{\dot{Z}_A + \dot{Z}_B{}'} \\ \dot{I}_B &= I \times \frac{\dot{Z}_A}{\dot{Z}_A + \dot{Z}_B{}'} \end{aligned} \right\} \tag{23}$$

(22)，(23)式より，各変圧器の負荷分担容量P_A，P_Bは次式となる．

$$P_A = |\dot{V}_2| \times |\dot{I}_A| = |\dot{V}_2| \times \left| I \times \frac{\dot{Z}_B{}'}{\dot{Z}_A + \dot{Z}_B{}'} \right|$$

$$P_B = |\dot{V}_2| \times |\dot{I}_B| = |\dot{V}_2| \times \left| I \times \frac{\dot{Z}_A}{\dot{Z}_A + \dot{Z}_B{}'} \right|$$

ただし，$\dot{V}_2$は変圧器の二次側電圧を表す．

問題1

次の各文章の $\boxed{1}$ ～ $\boxed{10}$ の中に入れるべき最も適切な字句または数値をそれぞれの解答群から選び，その記号を答えよ．

(1) 電力用変圧器の規約効率の算定に用いられる全損失は，$\boxed{1}$ である無負荷損，および銅損と $\boxed{2}$ の和である負荷損とで構成される．変圧器に附属する冷却損失などの補機の損失は全損失に含めない．

　　無負荷損の大部分を占める鉄損は，ヒステリシス損と渦電流損に分けられる．ヒステリシス損は鉄心の磁化ヒステリシス現象により生じる損失で，交番磁界の下では周波数の1乗と $\boxed{3}$ の1.6～2乗に比例する．渦電流損は，鉄心中で磁束の変化に起因して発生する電流による抵抗損であり，一様な交番磁界の下では周波数の $\boxed{4}$ 乗と $\boxed{3}$ の2乗に比例する．

〈$\boxed{1}$ ～ $\boxed{4}$ の解答群〉

ア　ヒステリシス損　　イ　渦電流損　　ウ　漂遊負荷損

エ　誘電損　　　　　　オ　周波数　　　カ　最大磁束密度　　キ　磁束

ク　電流密度　　　　　ケ　1　　　　　　コ　2　　　　　　　サ　3

シ　4　　　　　　　　ス　鉄損　　　　　セ　補機損　　　　　ソ　ひずみ

(2) 変圧器の巻線に交流電圧を印加したときに発生する誘導起電力の大きさは，鉄心中の磁束分布が一様であれば，周波数と最大磁束密度の $\boxed{5}$ に比例する．変圧器の場合，印加電圧と誘導起電力は，ほぼ等しいとみなせるので，印加電圧をもとに考えると，ヒステリシス損は印加電圧の1.6～2乗に比例し，周波数の0.6～1乗に $\boxed{6}$ することになる．渦電流損は印加電圧の $\boxed{7}$ 乗に比例し，周波数に $\boxed{8}$ となる．

　　最近の変圧器は損失の少ない鉄心材料を使用しているため，無負荷損が減少し最大効率の負荷点が $\boxed{9}$ 側に移行する傾向がある．したがって，同一定格，同一特性の変圧器が2台ある場合，負荷の大きさが1台の変圧器で賄える範囲内であっても，2台の変圧器の並列運転のほうが $\boxed{10}$ が小さくなることがある．

〈$\boxed{5}$ ～ $\boxed{10}$ の解答群〉

ア　和　　　　　イ　差　　　　　ウ　積　　　　エ　比例　　　オ　反比例

カ　1　　　　　キ　2　　　　　ク　3　　　　　ケ　4　　　　コ　軽負荷

サ　重負荷　　　シ　中間負荷　　ス　無関係　　セ　全損失　　ソ　鉄損

タ　銅損　　　　チ　比例傾向　　ツ　反比例傾向

399

解説

(1) 無負荷損（鉄損）は，定格周波数の定格電圧を一次巻線に印加し，他の巻線（二次，三次巻線）を全て開路状態としたときに消費される有効電力のことである．

負荷損は，2巻線の場合において，一方の巻線を短絡し，他方の巻線に定格周波数の電圧を加え，各巻線に定格電流が流れる状態にしたときに消費される有効電力のことである．銅損，漂遊負荷損などがある．

鉄損は，ヒステリシス損と渦電流損に分けられる．周波数をf，最大磁束密度をB_m，ヒステリシス損をP_h，渦電流損をP_eとすると次式で表される．

$P_h = k_h f B_m^{1.6\sim2.0}$（$k_h$：比例定数）

$P_e = k_e f^2 B_m^2$（k_e：比例定数）

(2) 変圧器の誘導起電力をE，印加電圧をV，磁束の最大値をΦ_m巻数をNとすると次式が成り立つ．

$E \fallingdotseq V = 4.44 f \Phi_m N = k_v f B_m$（$k_v$：比例定数）

上式より，B_mは

$$B_m = \frac{V}{k_v f} = \frac{1}{k_v} \cdot \frac{V}{f}$$

よって，ヒステリシス損P_h渦電流損P_eは次式で表される．

$$P_h = k_h f \left(\frac{1}{k_v} \cdot \frac{V}{f}\right)^{1.6\sim2.0} = \frac{k_h}{k_v{}'} \cdot \frac{V^{1.6\sim2.0}}{f^{0.6\sim1.0}} K_1 \frac{V^{1.6\sim2.0}}{f^{1.6\sim1.0}} \quad \left(K_1 = \frac{K_h}{K_v{}'}\right)$$

$$P_e = k_e f^2 \left(\frac{1}{k_v} \cdot \frac{V}{f}\right)^2 = \frac{k_e}{k_v{}'} \cdot V^2 = K_2 V^2 \quad \left(k_2 = \frac{k_e}{k_v{}'}\right)$$

（答）　1—ス，2—ウ，3—カ，4—コ，5—ウ，

6—オ，7—キ，8—ス，9—コ，10—セ

問題2

次の文章の$\boxed{\text{A a, b}}$～$\boxed{\text{D a, b, c}}$に当てはまる数値を計算し，その結果を答えよ．ただし，解答は解答すべき数値の最小位の一つ下の位で四捨五入すること．

定格一次電圧$6\,600$ V，定格二次電圧210 V，定格容量500 kV·A，定格周波数50 Hzの単相変圧器があり，一次巻線抵抗が0.4 Ω二次巻線抵抗が$0.000\,5$ Ωである．この変圧器の二次側を開放して無負荷試験を行ったところ，一次側に1.3 A，力率0.04（遅れ）の電流が流れた．この無負荷試験結果から，この変圧器の無負荷損は$\boxed{\text{A a, b}} \times 10^2$ Wとなる．この無負荷損のうち，一次巻線抵抗による損失は0.68 Wと

計算されるので，計測された損失の大半が鉄損である．

この変圧器に定格容量の負荷を接続したときの負荷損は $\boxed{B\ \text{a, b c}} \times 10^3$ W となる．力率1.0で定格容量の負荷を接続したときの効率は $\boxed{C\ \text{ab. c}}$ [%] となる．またこの変圧器が最大効率となるのは $\boxed{D\ \text{ab. c}}$ [%]負荷のときである．

解説

無負荷試験の回路図は，(a)図となる．

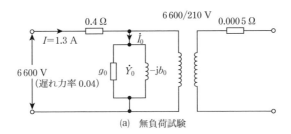

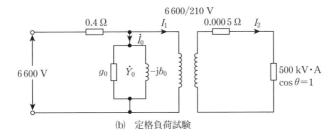

無負荷損 P_i [W] は

$P_i = 6\,600 \times 1.3 \times 0.04 = 343.2$ W

となるので，無負荷損 P_i のほとんどが鉄損 P_h [W] であることがわかる．

$P_i \fallingdotseq P_h = 343.2 \fallingdotseq 3.4 \times 10^2$ W

定格負荷試験の回路図は，(b)図となる．

一次側および二次側の定格電流 $I_1 I_2$ は次式より求まる．

$I_1 = \dfrac{500 \times 10^3}{6\,600} \fallingdotseq 75.76$ A

$I_2 = \dfrac{500 \times 10^3}{210} \fallingdotseq 2\,381$ A

負荷損 P_c [W] は，次式で表される．

$$P_c = (r_1 \times I_1^2) + (r_2 \times I_2^2)$$
$$= (0.4 \times 75.76^2) + (0.0005 \times 2381^2) = 5130 ≒ 5.13 \times 10^3 \text{ W}$$

力率1のときの効率 η [%] は

$$\eta = \frac{P}{P+(P_i+P_c)} = \frac{500 \times 10^3}{(500 \times 10^3)+343.2+5130}$$
$$≒ 0.98917 ≒ 98.9\%$$

また,変圧器の効率が最大になる負荷率を α とすると

$$\alpha^2 \times P_c = P_i \text{ (負荷率の2乗×全負荷損=鉄損)}$$

となる.

$$\alpha = \sqrt{\frac{P_i}{P_c}} = \sqrt{\frac{343.2}{5130}} ≒ 0.259 = 25.9\%$$

(答)　A—3.4,　B—5.13,　C—98.9,　D—25.9

問題3

次の各文章の 1 ～ 8 の中に入れる最も適切なものをそれぞれの解答群から選び,その記号を答えよ.

(1) 図は,単相変圧器の一次側から見た簡易等価回路である.

$\dot{V}_1$ [V] は一次側の端子電圧,$\dot{V}_2$ [V] は二次側の端子電圧,$\dot{E}_1$ [V] は一次巻線の誘導起電力,$\dot{E}_2$ [V] は二次巻線の誘導起電力,$\dot{I}_1$ [A] は一次電流,$\dot{I}_2$ [A] は二次電流,$\dot{Z}$ [Ω] は負荷のインピーダンスであり,r_1 [Ω] は一次巻線の抵抗,x_1 [Ω] は一次巻線の漏れリアクタンス,r_2 [Ω] は二次巻線の抵抗,x_2 [Ω] は二次巻線の漏れリアクタンスである.また,g_0 [S] 励磁コンダクタンス,b_0 [S] は励磁サセプタンスである.

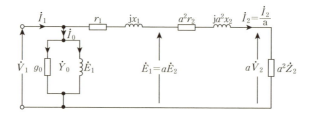

図において,a は巻数比であり,一次巻線 N_1 と二次巻線 N_2 を用いて $a=$ 1 で表される.図中の $\dot{I}_0$ は励磁電流であり印加電圧と同相の鉄損電流と,主磁束を発

生させる磁化電流を合成したものである．等価回路において，負荷側端子を開放して，$\dot{V}_1$として定格周波数の定格電圧$\dot{V}_{1n}$[V]を加えたときの　2　電力の値が無負荷損P_i[W]であり，これは印加電圧V_{1n}[V]とg_0[S]を用いて，$P_i =$　3　[W]で表される．

〈　1　〜　3　の解答群〉

ア　皮相　　　イ　無効　　　ウ　有効　　　エ　$\dfrac{V_1{}^2}{g_0}$　　　　オ　$\dfrac{V_1}{g_0}$

カ　$g_0 V_1{}^2$　　キ　$\dfrac{N_1}{N_2}$　　ク　$\dfrac{N_2}{N_1}$　　ケ　$N_1 \times N_2$

(2)　図のr_1[Ω]およびr_2[Ω]は，それぞれの巻線抵抗測定によって個別に求めることができる．通常，巻線抵抗測定によって得られた値は，使用する絶縁物の耐熱クラスによって基準巻線温度に補正した値が用いられる．油入変圧器の基準巻線温度は　4　[℃]である．x_1およびx_2の値は，二次巻線を短絡し，この巻線の定格電流を流すように一次巻線に印加した定格周波数の電圧V_{1S}[V]から，インピーダンス$\dot{Z}_{01}$[Ω]の大きさZ_{01}[Ω]を求め，これと抵抗測定によって求めたr_1[Ω]およびr_2[Ω]を使って，$x_1 + a^2 x_2$の値を求めることができる．

　　次に定格電圧および定格容量での基準インピーダンスをZ_b[Ω]とすると，パーセント値として表される　5　インピーダンス$\%Z_{01}$[%]は$\%Z_{01}$[%]$= \dfrac{Z_{01}[\Omega]}{Z_b[\Omega]} \times 100$[%]となる．この$\%Z_{01}$は，印加した電圧$V_{1S}$と定格電圧$V_{1n}$との比の百分率に等しい．また，このとき得られる電力の指示値は，この変圧器の　6　に相当し，これを基準巻線温度に補正した値が用いられる．

　　一方，電圧降下ε[%]は次式で与えられる．ここで，V_{2n}[V]は定格二次電圧であり，V_{20}[V]は定格二次電圧において定格力率の定格二次電流I_{2n}[A]を流し，そのままの状態で二次側を開放したときに現れる二次側端子電圧のことである．

$$\varepsilon = \frac{V_{20} - V_{2n}}{V_{2n}} \text{[%]}$$

この電圧変動率は，近似的に次式で示される．

$$\varepsilon \fallingdotseq \left(\frac{I_{2n} r}{V_{2n}} \cos \phi + \frac{I_{2n} x}{V_{2n}} \sin \phi \right) = p \cos \phi + q \sin \phi \text{[%]}$$

ここで，ϕ[rad]は力率角を表しr[Ω]，x[Ω]，p[%]およびq[%]を次のように定義する．

$$r = \frac{r_1}{a^2} + r_2, \quad x = \frac{x_1}{a^2} + x_2, \quad p = \frac{I_{2n} r}{V_{2n}} \times 100, \quad q = \frac{I_{2n} x}{V_{2n}} \times 100$$

この式で得られる p を百分率抵抗降下，q を百分率 [7] と呼び，$\%Z_{01}$ を p [%] および q [%] で表すと，$\%Z_{01} =$ [8] の関係が成立する．

〈[4]～[8] の解答群〉

ア 75	イ 95	ウ 105	エ $p-q$
オ $p+q$	カ $\sqrt{p^2+q^2}$	キ 短絡	ク 開放
ケ 励磁	コ 抵抗降下	サ リアクタンス降下	
シ 負荷損	ス 漂遊負荷損	ソ ヒステリシス損	

解説

(1) 変圧器の巻数比 a は，一次巻線数 N_1 と二次巻線数 N_2 の比で表され，一次巻線の誘導起電力 E_1 [V] と二次巻線の誘導起電力 E_2 [V] の比と等しくなる．

図に励磁回路とベクトル図を示す．

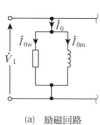

(a) 励磁回路　　(b) ベクトル図

$\dot{I}_0$ は励磁電流であり印加電圧 $\dot{V}_1$ と同軸の鉄損を生じさせる鉄損電流 I_{0w} と主磁束を発生させる磁化電流 $\dot{I}_{0m}$ に分けることができる．

問題3の図の回路において，負荷側を開放し，定格周波数電圧 V_{1m} [V] を加えたときの有効電力の値が無負荷損（鉄損）P_i であり，印加電圧 V_{1m} [V] と励磁コンダクタンス g_0 [S] を用いて表すと次式のようになる．

$$P_i = g_0 V_1^2 \text{ [W]}$$

(2) 巻線抵抗測定によって得られた値は使用する絶縁物の耐熱クラスによって基準巻線温度に補正した値を使用する．油入変圧器の基準巻線温度は 75 ℃ であり，乾式およびガス入変圧器では表に示した基準巻線温度に換算した値が使用される．

百分率短絡インピーダンス $\%Z_{01}$ [%] は，一方の巻線を短絡し，他方の巻線間で測定されたインピーダンス Z_{01} [Ω] と，基準インピーダンス Z_b [Ω] の比をパーセントで表したものである．パーセントで表した短絡インピーダンス $\%Z_{01}$ [%] は，二次巻線を短絡し，一次・二次巻線に定格電流を流すように一次巻線に印加した電圧

耐熱クラス	基準巻線温度 [℃]
A	75
E	90
B	95
F	115
H	140

V_{1S} [V] と定格電圧 V_{1m} [V] の比の百分率に等しい．

$$\%Z_{01} = \frac{V_{1S}}{V_{1m}} \times 100 \, [\%]$$

また，このとき得られる電力計の指示値は，変圧器の一次，二次巻線の抵抗損である負荷損に相当し，これを基準温度に補正した値を用いる．

電圧変動率 ε [%] は次式で表される．

$$\varepsilon = \frac{V_{20} - V_{2n}}{V_{2n}} \, [\%]$$

V_{2n}：定格二次電圧 [V], V_{20}：定格二次電圧において定格力率の定格二次電流 I_{2n} [A] を流し，そのままの状態で二次側を開放したときに現れる二次端子電圧である．

図に示したベクトル図においてOA≒OBとみなせる場合は，電圧変動率 ε は次式で表すことができる．

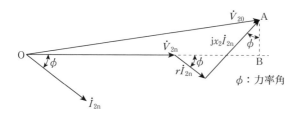

$$\varepsilon \fallingdotseq \left(\frac{I_{2n} r}{V_{2n}} \cos\phi + \frac{I_{2n} x}{V_{2n}} \sin\phi \right) = p\cos\phi + q\sin\phi \, [\%]$$

ここで，$r = \frac{r_1}{a^2} + r_2$, $x = \frac{x_1}{a^2} + x_2$, ϕ は力率角であり，

百分率抵抗降下 $p = \frac{I_{2n} r}{V_{2n}} \times 100 \, [\%]$

百分率リアクタンス降下 $q = \dfrac{I_{2n}x}{V_{2n}} \times 100\,[\%]$

短絡インピーダンス降下 $Z_{01} = \dfrac{I_{2n}\sqrt{r^2 + x^2}}{V_{2n}} \times 100$

$$= \sqrt{\left(\dfrac{rI_{2n}}{V_{2n}} \times 100\right)^2 + \left(\dfrac{xI_{2n}}{V_{2n}} \times 100\right)^2} = \sqrt{p^2 + q^2}\,[\%]$$

（答）　1—キ，　2—ウ，　3—カ，　4—ア，　5—キ，　6—シ，　7—サ，　8—カ

問題4

次の文章において，□□□□の中に入れるべき正しい組合せを解答群から選び，その記号を答えよ.

一次，二次定格電圧が相等しいA，B 2台の単相変圧器において，変圧器Aは容量20 kV・Aで百分率短絡インピーダンスが10％，変圧器Bは容量60 kV・Aで百分率短絡インピーダンスが6％である.

いま，A・B両変圧器を並列に接続して，二次側に72 kV・Aの負荷を加えたとき，各変圧器の負荷分担 [kV・A] は，□1□となる.

ただし，変圧器A，Bの巻線抵抗と漏れリアクタンスの比は等しいものとする.

〈□1□の解答群〉

ア　変圧器A：12 kV・A，変圧器B：60 kV・A

イ　変圧器A：60 kV・A，変圧器B：12 kV・A

ウ　変圧器A：24 kV・A，変圧器B：48 kV・A

エ　変圧器A：48 kV・A，変圧器B：24 kV・A

オ　変圧器A：36 kV・A，変圧器B：36 kV・A

解説

問題文より，「変圧器A，Bの抵抗と巻線リアクタンスの比が等しい」ことから，A，B変圧器の負荷分担の計算は代数計算で行うことができる.

変圧器Aの定格容量を基準容量にとると，それぞれの百分率短絡インピーダンス $\%Z_A$ および $\%Z_B'$ は次式となる.

$$\%Z_A = 10\,\%$$

$$\%Z_B' = \dfrac{20}{60}Z_B = \dfrac{20}{60} \times 6 = 2\,\%$$

変圧器A，Bの負荷分担 W_A，$W_B\,[\text{kV・A}]$ は

$$W_A = \frac{\%Z_B{}'}{\%Z_A + \%Z_B{}'} \times P_L = \frac{2}{10+2} \times 72 = 12\,\text{kV·A}$$

$$W_B = \frac{\%Z_A}{\%Z_A + \%Z_B{}'} \times P_L = \frac{10}{10+2} \times 72 = 60\,\text{kV·A}$$

となる.

（答）　ア

問題5

次の文章において，　　　　の中に入れるべき最も適切な数値を解答群から選び，その記号を答えよ.

定格電圧および巻数比の等しい2台の変圧器A，Bがある. これらの変圧器の定格容量は60 kV·A，40 kV·Aで，短絡インピーダンスは，それぞれ5 Ω，10 Ωである. これらの2台の変圧器を並列に接続して，いずれの変圧器も過負荷にならないように供給できる最大電力は　　　　[kV·A]となる.

ただし，変圧器A，Bの巻線の抵抗と漏れリアクタンスの比は等しいものとする.

〈　1　の解答群〉

ア　60　　イ　70　　ウ　80　　エ　90　　オ　100

解説

問題文より，「変圧器A，Bの抵抗と巻線リアクタンスの比が等しい」ことから，A，B変圧器の短絡インピーダンスを用いた負荷分担は代数計算で行うことができる.

A，B変圧器が過負荷にならないで供給できる最大電力をP_m [kV·A]とすると，A，B変圧器の負荷分担P_A，P_B [kV·A]は次式で表される.

$$P_A = \frac{10}{5+10} \times P_m = \frac{2P_m}{3}\,[\text{kV·A}]$$

$$P_B = \frac{5}{5+10} \times P_m = \frac{P_m}{3}\,[\text{kV·A}]$$

上式より，それぞれの変圧器が定格容量と同じ負荷分担をしたときの最大電力負荷について個々に考えてみる.

$P_A = 60$ kV·A（定格容量）まで負荷分担をしたときの，負荷電力P_{LA} [kV·A]は

$$P_{LA} = \frac{3}{2} \times 60 = 90\,\text{kV·A}$$

407

となる．同様に，$P_B = 40\,\mathrm{kV\cdot A}$（定格容量）まで負荷分担をしたとき，負荷電力 $P_{LB}\,[\mathrm{kV\cdot A}]$ は

$$P_{LB} = 3 \times 40 = 120\,\mathrm{kV\cdot A}$$

負荷電力が $90\,\mathrm{kV\cdot A}$ まで達すると，最初に A 変圧器の負荷分担が定格容量に達することがわかる．したがって，A，B 変圧器が過負荷とならない最大電力 P_m は，$P_m = 90\,\mathrm{kV\cdot A}$ となる．

(答)　エ

問題6

次の文章の $\boxed{\text{A.abcd}}$ ～ $\boxed{\text{E.ab, cd}}$ に当てはまる数値を計算し，その結果を答えよ．ただし，解答は解答すべき数値の最小位の一つ下の位で四捨五入すること．

定格容量 $300\,\mathrm{kV\cdot A}$，定格一次電圧 $6\,600\,\mathrm{V}$，定格二次電圧 $210\,\mathrm{V}$ の三相変圧器に，変圧器容量と等しく力率 1 の平衡三相負荷を接続したときの効率が $98.0\,\%$ であった．また，定格容量の $40\,\%$ で力率 1 平衡三相負荷を接続したときに最大効率となった．これら二つの条件から無負荷損 $P_i\,[\mathrm{W}]$，定格容量時の負荷損 $P_c\,[\mathrm{W}]$ は次のように計算される．

定格容量（$100\,\%$）で力率 1 の負荷を接続したときの効率より次式が成立する．

$$P_i + P_c = \boxed{\text{A.abcd}}\,[\mathrm{W}]$$

定格容量の $40\,\%$ で力率 1 の負荷を接続したときの最大効率より次式が成立する．

$$P_i = (\boxed{\text{B.a, d}} \times 10^{-1}) \times P_c\,[\mathrm{W}]$$

以上の二つの条件より，

$$P_i = \boxed{\text{C.abc, d}}\,[\mathrm{W}]$$

$$P_c = \boxed{\text{D.abcd}}\,[\mathrm{W}]$$

となる．

以上より，最大効率 η_m の値は $\boxed{\text{E.ab, cd}}\,[\%]$ となる．

解説

変圧器の定格容量に等しく，力率 1 のときの効率が $98.0\,\%$ であることから，次式が成立する．

$$98\,\% = \frac{300 \times 10^3}{300 \times 10^3 + P_i + P_c}$$

$P_i + P_c\,[\mathrm{W}]$ は

$$P_\mathrm{i} + P_\mathrm{c} = \left(\frac{100\,\%}{98\,\%} - 1\right) \times 300 \times 10^3 \fallingdotseq 6122.45 \fallingdotseq 6122\,\mathrm{W}$$

定格容量の40％で力率1のときに最大効率となることから鉄損P_iと全負荷損P_cとで次式の関係が成立する.

$$P_\mathrm{i} = \alpha^2 P_\mathrm{c} = 0.4^2 P_\mathrm{c} = 0.16 P_\mathrm{c} = 1.6 \times 10^{-1} P_\mathrm{c}\,[\mathrm{W}]$$

よって，$P_\mathrm{c}\,[\mathrm{W}]$，$P_\mathrm{i}\,[\mathrm{W}]$は次のように求まる.

$$0.16 P_\mathrm{c} + P_\mathrm{c} = 6122\,\mathrm{W}$$

$$P_\mathrm{c} = \frac{6122.45}{1.16} \fallingdotseq 5277.97 \fallingdotseq 5278\,\mathrm{W}$$

$$P_\mathrm{i} = 1.6 \times 10^{-1} \times 5277.97 \fallingdotseq 844.5\,\mathrm{W}$$

最大効率η_mは，$P_\mathrm{i} = \alpha^2 P_\mathrm{c}$のときに生じるから，次式で表される.

$$\eta_\mathrm{m} = \frac{0.4 \times 300}{(0.4 \times 300) + P_\mathrm{i} + \alpha^2 P_\mathrm{i}} = \frac{120}{120 + 2P_\mathrm{i}}$$

$$= \frac{120}{120 + (2 \times 0.8445)} \fallingdotseq 0.986\,12 \fallingdotseq 98.61\,\%$$

となる.

（答）　A－6122，B－1.6，C－844.4，D－5278，E－98.61

電気機器

2 誘導機

これだけは覚えよう！
- □誘導機の構造の概要を理解すること.
- □誘導機の等価回路を作成できること.
- □誘導機の二次入力，二次損失，二次出力を求める算出方法を習得すること.
- □誘導機のベクトル図が描けること.
- □誘導電動機の効率を求める算出方法を習得すること.
- □比例推移を用いて滑りsを求める算出方法を習得すること.

■誘導電動機の原理

　誘導機は，相対的に回転する二つの巻線をもち，一方の巻線から他方の巻線へ電磁誘導作用により，エネルギーを伝達する交流機である.

　第1図のように，静止している部分を固定子（一次側）といい，回転する部分を回転子（二次側）という. 回転子には第2図，第3図のようにかご形と巻線形の2種類がある.

　誘導電動機の固定子側に発生する**回転磁界の速度**$N_\mathrm{s}[\mathrm{min}^{-1}]$は次式で表される.

$$N_\mathrm{s} = \frac{120f}{p}[\mathrm{min}^{-1}]$$

ただし，$f[\mathrm{Hz}]$：電源周波数，$p[極]$：磁極数とする.

　誘導電動機の回転子は，同期速度$N_\mathrm{s}[\mathrm{min}^{-1}]$より，少し遅れて回転する. 遅れた差分と同期速度の比を**滑りs**といい，次式で表される.

$$s = \frac{N_\mathrm{s} - N}{N_\mathrm{s}}$$

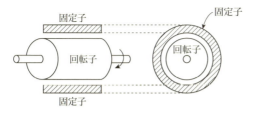

第1図

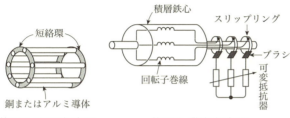

第2図 かご形回転子　　第3図 巻線形回転子

▶ かご形回転子
けい素鋼板を積層した中空円筒形の鉄心の外側表面近くに，回転軸方向に銅またはアルミの棒をはめ込み，両端を短絡環で短絡した構造になっている．第2図は，鉄心を取り除いた状態を表している．

▶ 巻線形回転子
第3図のように回転子の巻線をスリップリングとブラシを介して外部の可変抵抗を繋げて，回転子（二次側）側の抵抗を制御できる構造になっている．

ただし，N：回転子の回転速度 $[\text{min}^{-1}]$ とする．
よって，回転速度 $N\ [\text{min}^{-1}]$ は次式となる．
$$N = N_s(1-s)\ [\text{min}^{-1}]$$
となる．

▶ 回転速度
min^{-1}：1分当たりの回転速度を表す．
s^{-1}：1秒当たりの回転速度を表す．

■誘導電動機の等価回路とベクトル図

三相誘導電動機の**回転子**には，**かご形**，**巻線形**の2種類があるがほぼ同じ作用をするために，等価回路を考えるときは，巻線形の回路で考える．三相誘導電動機の回路は，固定子を一次回路，回転子を二次回路とし，両回路を回転磁界による磁束によって繋がれている．

1相分の回路を表すと，第4図となる．

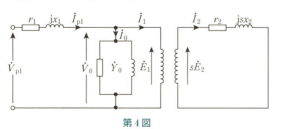

第4図

411

一次回路には励磁電流 $\dot{I}_0$ が流れる励磁回路 $\dot{Y}_0$ がある．二次回路には滑り s による回路がある．

第4図の回路の諸量は，次のようになる．

- $f_2 = sf_1$：滑り周波数（二次周波数）[Hz]
- sE_2：滑り s のときの二次誘導起電力 [V]
- sx_2：滑り s のときの二次巻線1相当たりの漏れリアクタンス [Ω]
- $I_2 = \dfrac{sE_2}{\sqrt{r_2^2 + sx_2^2}}$：二次電流 [A]
- $\dot{V}_{p1}$：電源電圧 [V]，f_1：電源周波数 [Hz]
- $\dot{I}_{p1}$：一次電流 [A]，$\dot{I}_1$：一次負荷電流 [A]，$\dot{I}_0$：励磁電流 [A]
- r_1, r_2：一次および二次側の1相の巻線抵抗 [Ω]
- $\dot{E}_1$, x_1：一次側1相の誘導起電力 [V] および，漏れリアクタンス [Ω]
- $\dot{E}_2$, x_2：電動機が停止しているときの二次側1相の誘導起電力 [V] および，漏れリアクタンス [Ω]

第4図の二次電流を $\dot{I}_2 = \dfrac{sE_2}{r_2 + jsx_2} = \dfrac{E_2}{\dfrac{r_2}{s} + jx_2}$ とし，二次側の諸量 $\dot{E}_2$ [V], $\dot{I}_2$ [A], r_2 [Ω], x_2 [Ω] を一次側に換算したものを $\dot{E}_2'$ [V], $\dot{I}_2'$ [A], r_2' [Ω], x_2' [Ω] として，T形等価回路を考えると第5図のようになる．

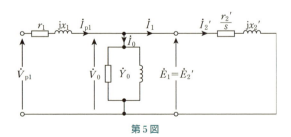

第5図

第5図の等価回路で，$\dfrac{r_2'}{s} = r_2' + \dfrac{1-s}{s} r_2'$ とし，出力

抵抗 $\frac{1-s}{s}r_2'[\Omega]$ を表した第6図の等価回路ができる.

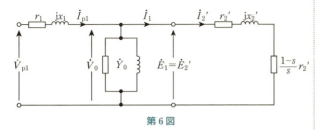

第6図

第6図の等価回路より，三相の場合の二次入力 P_2 [W]，二次銅損 P_{c2} [W]，**機械的出力** P_0 [W] は次式で表される.

$$P_2 = 3I_2'^2\left(\frac{r_2'}{s}\right)[\text{W}]$$

$$P_{c2} = 3I_2'^2 r_2'[\text{W}]$$

$$\boldsymbol{P_0} = P_2 - P_{c2} = 3I_2'^2\left(\frac{r_2'}{s}\right) - 3I_2'^2 r_2'$$

$$= 3I_2'^2\left(\frac{1-s}{s}\right)r_2'[\text{W}]$$

P_2, P_{C2}, P_0 の比について求めると次式となる.

$$P_2 : P_{c2} : P_0 = \frac{r_2'}{s} : r_2' : \frac{1-s}{s}r_2' = \frac{1}{s} : 1 : \frac{1-s}{s}$$

$$= 1 : s : 1-s$$

電動機に発生する**トルク** T [N·m] は次のように表される.

$P_0 = \omega T$ [W] の関係式より

$$T = \frac{P_0}{\omega} = \frac{P_0}{\omega_0(1-s)} = \frac{P_0}{\frac{2\pi}{60}N_s(1-s)}$$

$$= \frac{60}{2\pi N_s(1-s)} \times P_0$$

$$= \frac{60}{2\pi N_s(1-s)} \times 3I_2'^2\left(\frac{1-s}{s}\right)r_2'$$

$$= \left(3 \times \frac{60}{2\pi N_s}\right)\frac{I_2'^2 r_2'}{s}$$

$$= k\frac{I_2'^2 r_2'}{s}[\text{N·m}]$$

▶**角速度** ω [rad/s]
$\omega = \omega_0(1-s)$ [rad/s]

▶**同期角速度** ω_0 [rad/s]
$\omega_0 = \frac{2\pi N_s}{60}$ [rad/s]

ただし，$k = \left(3 \times \dfrac{60}{2\pi N_s}\right)$ とする．

第4図より，三相誘導電動機のベクトル図について考えてみる．

① 回転磁界をつくる磁束 ϕ を基準とする．

② 励磁電流 $\dot{I}_0$ は，磁束 ϕ より鉄損角 α だけ進んだ位相にある．

③ 磁束 ϕ の変化によって発生した一次誘導電圧 $\dot{E}_1$ は，ϕ より $\pi/2$ 遅れた位相にあり，これに打ち勝って加える電圧一次電圧 $\dot{V}_0$ は，ϕ より $\pi/2$ 進んだ位相にある．

④ 二次誘導電圧 $s\dot{E}_2$ は，磁束 ϕ より $\pi/2$ 遅れた位相にあり，二次電流 $\dot{I}_2$ は $\dot{E}_2$ より，$\theta = \tan^{-1}\left(\dfrac{sx_2}{r_2}\right)$ だけ遅れた位相にある．

⑤ $\dot{I}_2$ による二次起磁力を打ち消して磁界を一定に保つための一次負荷電流 $\dot{I}_1$ は，$\dot{I}_2$ と反対位相にある．

一次電流 $\dot{I}_1$，一次負荷電流 $\dot{I}_1{}'$，励磁電流 $\dot{I}_0$ は次式の関係となる．

$$\dot{I}_{p1} = \dot{I}_0 + \dot{I}_1$$

⑥ 一次巻線の抵抗 r_1 による電圧降下 $\dot{I}_{p1}r_1$，漏れリアクタンス降下 $\dot{I}_{p1}x_1$，$\dot{V}_{p1}$ および，$\dot{V}_{p1}$ は次式の関係となる．

$$\dot{V}_1 = \dot{V}_0 + \dot{I}_1 r_1 + j\dot{I}_1 x_1 = \dot{V}_0 + \dot{I}_1(r_1 + jx_1)$$

以上，①～⑥式より，ベクトル図を描くと第7図となる．

■誘導機の効率計算

第5図の等価回路において，励磁電流が極めて小さいために，励磁アドミタンス $\dot{Y}_0$ を回路の左端に移した第8図の簡易等価回路（L形等価回路）で効率計算について考える．

第8図より，電源側から見たインピーダンス $\dot{Z}$ は次式で表される．

ただし，励磁インピーダンスは含まない．

$$\dot{Z} = \sqrt{\left(r_1 + \dfrac{r_2{}'}{s}\right)^2 + (x_1 + x_2{}')^2} \; [\Omega]$$

▶**一次側誘導起電力**

$\phi = \phi \sin\omega t$ とすると一次側誘導起電力 e_1 は

$$
\begin{aligned}
e_1 &= -\frac{\mathrm{d}\phi}{\mathrm{d}t} \\
&= -\frac{\mathrm{d}(\phi \sin\omega t)}{\mathrm{d}t} \\
&= \omega\phi(-\cos\omega t) \\
&= \omega\phi\{-\sin(\omega t + \pi/2)\}
\end{aligned}
$$

となり，一次側誘導起電力 e_1 は磁束 ϕ より，$\pi/2$ だけ遅れているのがわかる．瞬時値で説明したが実効値も同様の位置関係にある．

▶**等価回路**

等価回路にはT形，L形回路がある．励磁電流が無視できる場合は，L形等価回路を用いる．

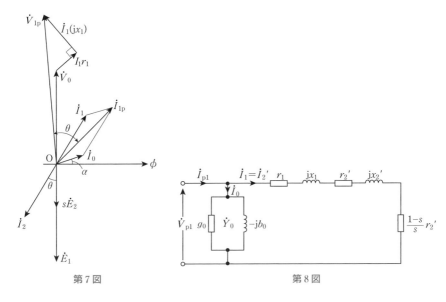

第7図 第8図

また,一次負荷電流 $\dot{I}_1$ [A],励磁電流 $\dot{I}_0$ [A] は次式で表される.

$$\dot{I}_1 = \frac{\dot{V}_{p1}}{\left(r_1 + \dfrac{r_2'}{s}\right) + j(x_1 + x_2')} \ [A]$$

$$\dot{I}_0 = (g_0 - jb_0)\dot{V}_{p1} \ [A]$$

よって,一次電流 $\dot{I}_1$ [A] は

$$\dot{I}_1 = \dot{I}_0 + \dot{I}_1' = (g_0 - jb_0)\dot{V}_{p1} + \frac{\dot{V}_{p1}}{\left(r_1 + \dfrac{r_2'}{s}\right) + j(x_1 + x_2')}$$

$$= \left[\left\{g_0 + \frac{r_1 + \dfrac{r_2'}{s}}{\left(r_1 + \dfrac{r_2'}{s}\right)^2 + (x_1 + x_2')^2}\right\}\right.$$

$$\left. - j\left\{b_0 + \frac{x_1 + x_2'}{\left(r_1 + \dfrac{r_2'}{s}\right)^2 + (x_1 + x_2')^2}\right\}\right]\dot{V}_{p1}$$

力率 $\cos\phi$ を求めると

$$\cos\phi = \cfrac{g_0 + \cfrac{r_1 + \cfrac{r_2'}{s}}{\left(r_1 + \cfrac{r_2'}{s}\right)^2 + (x_1 + x_2')^2}}{\sqrt{\left\{g_0 + \cfrac{r_1 + \cfrac{r_2'}{s}}{\left(r_1 + \cfrac{r_2'}{s}\right)^2 + (x_1 + x_2')^2}\right\}^2} *}$$

$$* \overline{+ \left\{b_0 + \cfrac{x_1 + x_2'}{\left(r_1 + \cfrac{r_2'}{s}\right)^2 + (x_1 + x_2')^2}\right\}^2}$$

三相誘導電動機の一次入力 $P_1\,[\mathrm{W}]$ および，二次入力 $P_2\,[\mathrm{W}]$ は

$$P_1 = 3V_{\mathrm{P1}}I_{\mathrm{P1}}\cos\phi\ [\mathrm{W}]$$

$$P_2 = 3I_1{}^2\,\frac{r_2}{s}\ [\mathrm{W}]$$

一次銅損 $P_{\mathrm{c1}}\,[\mathrm{W}]$ および二次銅損 $P_{\mathrm{c2}}\,[\mathrm{W}]$ は

$$P_{\mathrm{c1}} = 3I_1{}^2 r_1\ [\mathrm{W}]$$

$$P_{\mathrm{c2}} = 3I_1{}^2 r_2'\ [\mathrm{W}]$$

電動機の機械的出力 $P_0\,[\mathrm{W}]$ は

$$P_0 = P_2 - P_{\mathrm{c2}} = 3I_1{}^2\,\frac{r_2'}{s} - 3I_1{}^2\,r_2' = 3I_1{}^2\left(\frac{1-s}{s}\right)r_2'$$

この電動機の効率 η は次式で表される．

$$\eta = \frac{P_0}{P_1} = \frac{I_1{}^2\left(\dfrac{1-s}{s}\right)r_2'}{V_{\mathrm{p1}}I_{\mathrm{p1}}\cos\phi}$$

■誘導電動機の比例推移

誘導電動機のトルクは次式で表される．

$$T = k\,\frac{I_2'{}^2\,r_2'}{s}\ [\mathrm{N\cdot m}]$$

第6図のT形等価回路より，$\dot{I}_2'\,[\mathrm{A}]$ は次式となる．

$$I_2' = \cfrac{V_{\mathrm{p1}}}{\sqrt{\left(r_1 + \cfrac{r_2'}{s}\right)^2 + (x_1 + x_2')^2}}\ [\mathrm{A}]$$

よって，トルク T は

$\dfrac{r_2'}{s} \gg r,\ (x_1 + x_2)$
であるから
$r_1 \fallingdotseq 0,\ (x_1 + x_2) \fallingdotseq 0$
と考える．

$$T = k\frac{r_2}{s}\frac{V_{p1}^2}{\left(\sqrt{\left(r_1+\frac{r_2'}{s}\right)^2+(x_1+x_2')^2}\right)^2}\,[\text{N·m}]$$

ここで，滑りsが小さい範囲では，$\frac{r_2'}{s} \gg r_1, (x_1+x_2')$であるからトルク$T\,[\text{N·m}]$は，次式のように簡略化できる．

$$T = k\frac{r_2'}{s} \times \frac{V_{p1}^2}{\left(\frac{r_2'}{s}\right)^2} = k\frac{V_0^2}{\left(\frac{r_2'}{s}\right)}\,(\text{N·m})$$

上式より，仮に二次抵抗をm倍（mr_2'）になったとすれば，滑りもm倍（ms）にすれば，トルクの大きさは一定となる．

第9図において，二次抵抗がr_2'で運転している電動機トルク―回転速度特性をT_Aとする．同様に二次抵抗mr_2'で運転している電動機トルク―回転速度特性をT_Bとする．

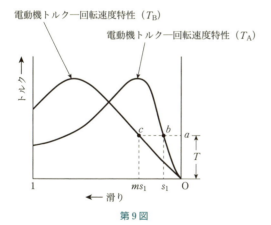

第9図

滑りs_1がm倍に増加したとき，二次抵抗を増加してm倍にすれば同じトルクで運転することができる．これを比例推移といい，巻線形の誘導電動機の始動，速度制御の方法として採用されている．

▶比例推移
滑りが小さい範囲で成立する（トルク特性が直線上のとき）．

問題1

次の文章の □1□ ～ □4□ の中に入れるべき最も適切な字句または式を解答群から選び，その記号を答えよ．

三相誘導電動機の回転速度 n [min^{-1}] は，同期速度を n_0 [min^{-1}]，一次周波数を f [Hz]，極数を $2p$，滑りを s とすれば，次式で表される．

$$n = n_0(1-s) = \boxed{1} \times (1-s)$$

この式から，電動機の速度制御は

① □2□ を変える．

② □3□ を変える．

③ 滑りを変える．

①の方法は構造の簡単なかご形三相誘導電動機に用いることができる．

②の方法はかご形でも固定子の構造が複雑な □3□ 切換形三相誘導電動機に用いる．

③の方法は □4□ の構造が複雑な巻線形三相誘導電動機に用いる．

〈 □1□ ～ □4□ の解答群〉

ア $\dfrac{f}{p}$ イ $\dfrac{60f}{2p}$ ウ $\dfrac{120f}{2p}$ エ 一次周波数

オ 二次周波数 カ 回転子 キ 固定子 ク 極数

ケ 二次抵抗 コ エアギャップ

解説

三相誘導電動機の回転速度 n [min^{-1}] は，次式で表される．

$$n = n_0(1-s) = \frac{120f}{2p}(1-s) \text{[min}^{-1}\text{]}$$

ただし，n_0：同期速度 [min^{-1}]，f：一次周波数 [Hz]，$2p$：極数，s：滑りとする．この式から，三相誘導電動機の回転速度 n を変えるためには，次の三つの方法が考えられる．

① 一次周波数 f を変える．

② 極数 $2p$ を変える．

③ 滑り s を変える．

このうち，①と③の速度制御は連続的にできるが，②は段階的なものとなる．

①の方法は一次周波数を変えることで同期速度が変化することを利用したものである．インバータを用いることで容易に速度制御が可能であり，かご形三相誘導電

動に広く普及している.

一般には，電動機のギャップの磁束を一定に保つように周波数 f と供給電圧 V も変えて，励磁電流が一定になるようにしてある.

すなわち，$V/f=$ 一定制御運転である.

（答）　1—ウ，　2—エ，　3—ク，　4—カ

問題2

次の文章の $\boxed{1}$～$\boxed{5}$ の中に入れるべき最も適切な字句または式を解答群から選び，その記号を答えよ.

静止しているかご形三相誘導電動機の電機子巻線に三相交流電流を供給すると $\boxed{1}$ が発生するとともに，かご形回転子に大きな誘導電流が流れる. この電流と磁束との間の電磁力によって，回転子は $\boxed{2}$ に回転する. 回転子の回転速度が上昇すると回転子導体に流れる電流は減少し，負荷にみあうトルクを発生できる回転速度で回転する. 誘導電動機の1相の回路について，二次側諸量を一次側に換算したL形等価回路を用いるとき，滑り s で運転している三相誘導電動機の二次入力 P_2[W] は，二次電流を I_2[A]，二次抵抗を r_2[Ω] とすれば，次式で表される.

$$P_2 = 3I_2{}^2 \times \boxed{3} \,[\text{W}]$$

また，二次銅損 P_{c2}[W] は次式で現れる.

$$P_{c2} = 3I_2{}^2 r_2 = \boxed{4} \,[\text{W}]$$

したがって，発生動力 P_0[W] は

$$P_0 = P_2 - P_{c2} = 3I_2{}^2 r_2 \left(\frac{1-s}{s} \right) [\text{W}]$$

となり，発生トルク T(N·m) は次式で表される.

$$T = \frac{P_0}{\omega} = \frac{1}{\omega_0} \times 3I_2{}^2 \frac{r_2}{s} = \frac{1}{\omega_0} \times \frac{3V_1{}^2 \dfrac{r_2}{s}}{(\boxed{5})^2 + (x_1 + x_2)^2} [\text{N·m}]$$

ただし，ω は回転速度 [rad/s]，ω_0 は同期角速度 [rad/s]，V_1 は一次星形相電圧 [V]，r_1 は一次抵抗 [Ω]，x_1, x_2：一次，二次漏れリアクタンス [Ω] とする.

〈$\boxed{1}$～$\boxed{5}$ の解答群〉

ア　交番磁束	イ　回転磁束	ウ　相対磁束
エ　絶対磁束	オ　交番磁束の方向	カ　回転磁束の方向
キ　相対磁束の方向	ケ　絶対磁束の方向	コ　r_2

419

サ	$\dfrac{r_2}{1-s}$	シ	$\dfrac{r_2}{s}$	ス	$\dfrac{r_2}{s}(1-s)$
セ	sP_2	ソ	$\dfrac{P_2}{s}$	タ	$\dfrac{P_2}{s}(1-s)$
チ	r_1+r_2	ツ	$r_1+\dfrac{r_2}{s}$	テ	r_1+sr_2
ト	$\dfrac{r_1}{s}+r_2$				

解説

　静止しているかご形三相誘導電動機の電機子巻線に三相交流電流を供給すると回転磁束が発生し，かご形回転子に大きな誘導電流が流れる．この電流と磁束との間の電磁力によって，回転子は回転磁束方向に回転する．

　二次入力 P_2 [W]，二次銅損 P_{c2} [W]，発生動力 P_0 [W] およびトルク T [N·m] は次式で表される．

$$P_2 = 3I_2{}^2\frac{r_2}{s}\,[\text{W}]$$

$$P_{c2} = 3I_2{}^2 r_2 = sP_2\,[\text{W}]$$

$$P_0 = P_2 - P_{c2} = 3I_2{}^2\frac{r_2}{s} - 3I_2{}^2 r_2 = 3I_2{}^2 r_2\left(\frac{1}{s}-1\right) = 3I_2{}^2 r_2\left(\frac{1-s}{s}\right)[\text{W}]$$

$$T = \frac{P_0}{\omega} = \frac{P_0}{\omega_0(1-s)} = \frac{1}{\omega_0(1-s)} \times 3I_2{}^2 r_2\left(\frac{1-s}{s}\right)$$

$$= \frac{1}{\omega_0(1-s)} \times \frac{3V_1{}^2}{\left(r_1+\dfrac{r_2}{s}\right)^2+(x_1+x_2)^2} r_2\left(\frac{1-s}{s}\right)$$

$$= \frac{1}{\omega_0} \times \frac{3V_1{}^2\dfrac{r_2}{s}}{\left(r_1+\dfrac{r_2}{s}\right)^2+(x_1+x_2)^2}\,[\text{N·m}]$$

（答）　1―イ，　2―カ，　3―シ，　4―セ，　5―ツ

問題3

　次の各文章の [A]a.bc ～ [C] abc に当てはまる数値を計算し，その結果を答えよ．ただし，解答は解答すべき数値の最小位の一つ下の位で四捨五入すること．

(1)　滑りが0.06で運転されている三相誘導電動機の二次抵抗損 P_{c2} が225 Wであるときの電動機の発生動力 P_0 は [A]a.bc [kW] となる．

(2)　定格出力250 kW，定格電圧3 000 V，周波数50 Hz，8極のかご形三相誘導電動機が，全負荷時の二次銅損8 kW，機械損5 kWである場合，全負荷時の滑りは，

420

$\boxed{\text{B}\,\text{a, bc}} \times 10^{-2}$ となり，回転速度は $\boxed{\text{C}\,\text{abc}}\,[\min^{-1}]$ となる．ただし，定格出力は定格負荷時の発生動力から機械損を差引いたものに等しいとする．

解説

(1) 滑り $s = 0.06$ で運転しているときの三相誘導電動機の二次抵抗損が $P_{c2} = 225\,\text{W}$ であるとき，電動機の発生動力 $P_0\,[\text{W}]$ は，次式より求まる．

$$P_0 = P_{c2}\frac{1-s}{s} = 225 \times \frac{1-0.06}{0.06} = 3525\,\text{W} \fallingdotseq 3.53\,\text{kW}$$

(2) 定格出力 $P_n = 250\,\text{kW}$，機械損 $P_L = 5\,\text{kW}$ であるから，発生動力 $P_0\,[\text{kW}]$ は

$$P_0 = P_n + P_L = 250 + 5 = 255\,\text{kW}$$

となる．次に発生動力 $P_0 = 255\,\text{kW}$，二次銅損 $P_{c2} = 8\,\text{kW}$，滑り s の関係式より，滑り s を求める．

$$P_0 = \frac{P_{c2}}{s}(1-s)\,[\text{kW}]$$

$$255 = \frac{8}{s}(1-s)\,[\text{kW}]$$

よって，滑り s は

$$s = \frac{8}{255+8} = 0.03042 \fallingdotseq 3.04 \times 10^{-2}$$

となる．

次に，三相誘導電動機の回転速度 $N\,[\min^{-1}]$ は，次式より求める．

$$N = N_0(1-s) = \frac{120f}{2p}(1-s) = \frac{120 \times 50}{8}(1-0.0304)$$

$$= 727.2 \fallingdotseq 727\,\min^{-1}$$

（答） A　3.53，B　3.04，C　727

問題4

次の文章の $\boxed{\quad 1 \quad}$ ～ $\boxed{\quad 4 \quad}$ の中に入れるべき最も適切な字句，数値または式を解答群から選び，その記号を答えよ．

巻線形三相誘導電動機に回転子速度に比例するトルクを要求する負荷を繋いで運転している．このときの滑り $s = 1\%$ であった．

電動機の二次抵抗を増加して，滑り s を 1% から 2% にするには，二次抵抗をもとの抵抗の何倍にしなければならないかを検討する．また，電動機トルク—回転速度特性は直線とする．

負荷トルクは，回転数の速度に比例するから，滑り 1% のときは $\boxed{\quad 1 \quad}$ の 99%

421

のときの負荷トルクを T_m とし，滑り 2 % のときの負荷トルク T を T_m で表すと次式となる．

$$T = \boxed{2} \times T_\mathrm{m}$$

電動機トルク—回転速度特性は，次の図で表すことができる．

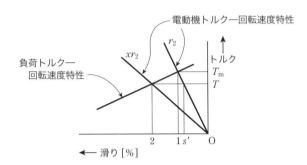

図より，二次抵抗 r_2 のときの電動機—トルク速度特性より，電動機トルクが T のときの滑り s' について求める．

$$\frac{T_\mathrm{m}}{1} = \frac{T}{s'}$$

滑り s'[%] を求めると

$$s' = \frac{T}{T_\mathrm{m}} = \boxed{3} [\%]$$

滑りを s'[%] から 2 % に変化させた場合，トルク T が一定になるためには比例推移より次式が成立する．

$$\frac{r_2}{s'} = \frac{xr_2}{2} \quad (x：倍数)$$

x を求めると

$$x = \frac{2}{s'} = \boxed{4}$$

となる．

〈 $\boxed{1}$ ～ $\boxed{4}$ の解答群〉

ア 同期角速度　　イ 同期速度　　ウ 定格速度　　エ $\dfrac{0.99}{0.98}$

オ $\dfrac{0.98}{0.99}$　　カ $\dfrac{0.02}{0.01}$　　キ $\dfrac{0.01}{0.02}$　　ク 1.02

ケ 2.02　　コ 3.02

解説

負荷トルクは，回転速度に比例するから，滑り $s = 1$ ％および 2 ％のときの速度を N_1，N_2 とすると次式の関係が成立する．

$$N_1 = N_0(1 - 0.01) = 0.99\,N_0 \quad (同期速度の99％)$$

$$N_2 = N_0(1 - 0.02) = 0.98\,N_0$$

速度 N_1，N_2 のときの負荷トルクを T_m，T とすると

$$T_m = kN_1 = kN_0 \times 0.99$$

$$T = kN_2 = kN_0 \times 0.98$$

よって，T は

$$T = \frac{0.98}{0.99}\,T_m$$

次に図の電動機トルク―回転速度特性より次式の関係式が成立する．

$$\frac{T_m}{1} = \frac{T}{s'}$$

滑り s' を求める．

$$s' = \frac{T}{T_m} = \frac{0.98}{0.99}\,\%$$

以上より，滑り $s = 2$ ％および $s' = \dfrac{0.98}{0.99}$ ％ のときについて，比例推移を考えると，$\dfrac{r_2}{s'} = \dfrac{xr_2}{s}$ より，次式が成り立つ．

$$\frac{r_2}{\dfrac{0.98}{0.99}} = \frac{xr_2}{2}$$

x 倍を求めると

$$x = \frac{2}{s'} = 2 \times \frac{0.99}{0.98} \fallingdotseq 2.020$$

(答)　1―イ，2―オ，3―オ，4―ケ

問題5

次の文章の　1　～　3　の中に入れるべき最も適切な数値を解答群から選び，その記号を答えよ．

定格出力 $15\,\mathrm{kW}$，定格電圧 $220\,\mathrm{V}$，定格周波数 $60\,\mathrm{Hz}$，6極の三相誘導電動機がある．この電動機を定格電圧，定格周波数の三相電源に接続して定格出力で運転すると，滑りが 5 ％であった．機械損および鉄損は無視できるものとする．

この場合の電動機の二次入力 P_2 および二次銅損 P_{c2} を求めると，$P_2 =$

423

$\boxed{1}$ [kW], $P_{c2} = \boxed{2}$ [kW] となる．このときの一次銅損を $P_{c1} = 0.5\,\mathrm{kW}$ とすると，電動機の効率 η は次式より求まる．

$$\eta = \frac{P_0}{P_2 + P_{c1}} = \boxed{3} \text{ [\%]}$$

〈$\boxed{1}$～$\boxed{3}$ の解答群〉

ア	88.0	イ	90.0	ウ	92.0	エ	94.0	オ	7.9
カ	15.8	キ	31.6	ク	0.79	ケ	0.4	コ	1.2

解説

定格出力時の二次入力 P_2 [kW] および二次銅損 P_{c2} [kW] は次式より求まる．ただし，定格出力は $P_0 = 15\,\mathrm{kW}$，滑り $s = 0.05$ とする．

$$P_2 = \frac{P_0}{1-s} = \frac{15}{1-0.05} = 15.789 \fallingdotseq 15.8\,\mathrm{kW}$$

$$P_{c2} = \frac{P_0}{1-s} \times s = \frac{15}{1-0.05} \times 0.05 = 0.78947 \fallingdotseq 0.79\,\mathrm{kW}$$

したがって，電動機の効率 η [\%] は

$$\eta = \frac{P_0}{P_2 + P_{c1}} = \frac{15}{15.8 + 0.5} \fallingdotseq 0.92024 \fallingdotseq 92.0\%$$

となる．

(答)　1－カ，2－ク，3－ウ

電気機器

3　同期機

これだけは覚えよう！
□同期機の概要
□同期発電機のベクトル図による出力式，無負荷誘導起電力および
　位相角を求める算出方法
□同期電動機の位相特性曲線（V曲線）
□同期機の電機子反作用
□同期機の短絡比を求める算出方法

■同期機の原理

　同期機は，界磁と電機子の配置により，回転界磁形と回転電機子形に分けられる．一般には小容量機を除いては，発電機，電動機とも回転界磁形が用いられる．理由は，次のとおりである．

- 電機子電流は高電圧，大電流となるので，回転子側からブラシとスリップリングを通じて電力を出し入れするよりも，固定子側から直接出し入れしたほうが機能的である．
- 界磁は低電圧で直流電力が少なくてよいので，回転子にしたほうが構造的に丈夫になる．

　第1図は，回転界磁形同期機の基本的な構造を示したものである．

　次に，同期機の主要部である界磁と電機子の概要について述べる．

◇界磁
　界磁は磁極を形成して磁束をつくる部分で，第1図で示すように，界磁極の形状により，突極形と円筒形（非突極形）の二つに分かれる．

▶同期機の種類
同期機は，回転界磁形がほとんどである．

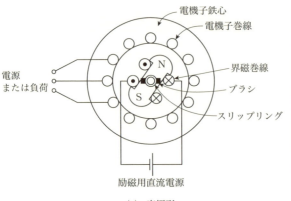

(a) 突極形

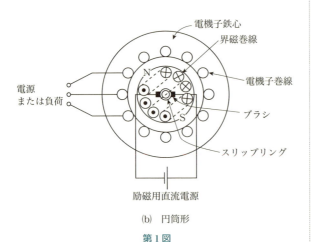

(b) 円筒形

第 1 図

　突極形は，第 1 図(a)のように磁極 N，S が突き出ていて，そこに集中的に界磁巻線が巻かれている．

　円筒形は，第 1 図(b)のように円筒形回転子のスロット中に界磁巻線が分布して巻かれている．

　界磁巻線に直流電流（この場合，界磁電流という）を供給するために，ブラシとスリップリングを介して行う．

　ブラシとスリップリングのない構造の**ブラシレス**が主流になってきている．

▶**突極形**
火力発電用の発電機として用いられる（高速回転）．

▶**非突極形**
水力発電用の発電機として用いられる（低速回転）．

◇電機子

電機子鉄心と電機子巻線からなり，起電力を誘導し，主電流を流す部分である．電機子鉄心は，薄いけい素鋼板を積層して固定子枠に固定されている．

■同期発電機のベクトル図と出力

◇非突極機の場合

第2図の1相の等価回路より，第3図のベクトル図が描ける．ただし，V：各相の端子電圧[V]，θ：負荷力率角[rad]，$\dot{I}$：電機子電流（負荷電流）[A]，δ：内部位相角[rad]，$\dot{E}_0$：各相の無負荷誘導起電力[V]，$\dot{Z}_s$：同期インピーダンス[Ω]，r_a, x_s：1相分の抵抗[Ω]，リアクタンス[Ω]とする．

第3図のベクトル図から，無負荷誘導起電力 E_0，内部位相角 δ を求めてみる．

▶内部位相角

δは，負荷角ともいう．負荷の大きさを表す角度である．

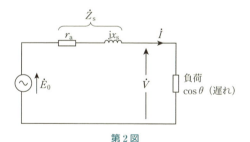

第2図

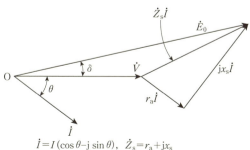

$\dot{I} = I(\cos\theta - j\sin\theta)$, $\dot{Z}_s = r_a + jx_s$

第3図

$$\dot{E}_0 = V + {}_s\dot{I} = V + (r_a + jx_s)(\cos\theta - j\sin\theta)I$$
$$= \{V + (r_a\cos\theta + x_s\sin\theta)I\}$$
$$+ j(x_s\cos\theta - r_a\sin\theta)I \quad (1)$$

(1)式より，E_0を求めると

$$E_0 = \sqrt{\{V+(r_a\cos\theta+x_s\sin\theta)I\}^2+\{(x_s\cos\theta-r_a\sin\theta)I\}^2}$$
$$= \sqrt{V^2+2VI(r_a\cos\theta+x_s\sin\theta)+I^2(r_a\cos\theta+x_s\sin\theta)^2 \text{*}}$$
$$\overline{\text{*}+I^2(x_s\cos\theta+r_a\sin\theta)^2}$$
$$= \sqrt{V^2+2VI(r_a\cos\theta+x_s\sin\theta)+I^2(r_a^2+x_s^2)}\,[\text{V}]$$

(1)式より，内部位相角δは次式で表される．

$$\delta = \tan^{-1}\frac{(x_s\cos\theta - r_a\sin\theta)I}{V+(r_a\cos\theta+x_s\sin\theta)I}\,[\text{rad}]$$

次に，第4図同期発電機の1相の出力P_2[W]について求めてみる．

発電機1相の出力P_2は，次式で表される．

$$P_2 = VI\cos\theta\,[\text{W}] \quad (2)$$

$E_0\cos\delta$，$E_0\sin\delta$について考えると次の関係式が成立する．

$$V + z_sI\cos(\alpha-\theta) = E_0\cos\delta \quad (3)$$
$$z_sI\sin(\alpha-\theta) = E_0\sin\delta \quad (4)$$

((3)式$\times\cos\alpha$)，((4)式$\times\sin\alpha$) より，

$$V\cos\alpha + z_sI\cos(\alpha-\theta)\cos\alpha = E_0\cos\alpha\cos\delta \quad (5)$$
$$z_sI\sin(\alpha-\theta)\sin\alpha = E_0\sin\alpha\sin\delta \quad (6)$$

第4図における各記号は，それぞれのベクトルの大きさを表す．

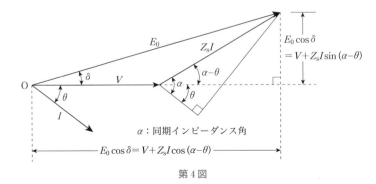

第4図

(5)式＋(6)式より，

$$V\cos\alpha + z_{\mathrm{s}}I\,(\cos^2\alpha\cos\theta + \cos\alpha\sin\alpha\sin\theta$$
$$+ \sin^2\alpha\cos\theta - \cos\alpha\sin\alpha\sin\theta)$$
$$= E_0(\cos\alpha\cos\delta + \sin\alpha\sin\delta)$$

よって，次式が成立する．

$$V\cos\alpha + z_{\mathrm{s}}I\cos\theta = E_0\cos(\alpha-\delta)$$

$I\cos\theta$ について求めると，

$$I\cos\theta = \frac{E_0\cos(\alpha-\delta) - V\cos\alpha}{z_{\mathrm{s}}} \qquad (7)$$

となる．(7)式を(2)式に代入すると，発電機1相の出力P_2は，次式で表される．

$$P_2 = VI\cos\theta = \frac{VE_0\cos(\alpha-\delta) - V^2\cos\alpha}{z_{\mathrm{s}}}\,[\mathrm{W}]$$

$$(8)$$

(8)式において，$r_{\mathrm{a}} \ll x_{\mathrm{s}}$ であるから，$\alpha = \tan^{-1}\dfrac{x_{\mathrm{s}}}{r_{\mathrm{a}}} \fallingdotseq \dfrac{\pi}{2}$ となる．

したがって，近似的に P_2 は次式のようになる．

$$P_2 = VI\cos\theta = \frac{VE_0\sin\delta}{z_{\mathrm{s}}}\,[\mathrm{W}]$$

よって，定電圧（V）および定励磁（E_0）の発電機の出力は内部位相角の正弦値に比例する．

◇**突極機の場合**

第2図の等価回路より，突極機の場合は，第5図のベクトル図が描ける．ただし，V：各相の端子電圧 [V]，θ：負荷力率角 [rad]，$\dot{I}$：電機子電流（負荷電流）[A]，δ：内部位相角 [rad]，$\dot{E}_0$：各相の無負荷誘導起電力 [V]，x_{d}：直軸同期リアクタンス [Ω]，x_{q}：横軸同期リアクタンス [Ω]，I_{d}：$I\sin\phi$（電流Iの縦軸分）[A]，I_{q}：$I\cos\phi$（電流Iの横軸分）[A]，φ：E_0とIの相差角 [rad]

第5図のベクトル図で電機子抵抗r_{a}を無視（$r_{\mathrm{a}} = 0\,\Omega$）すると，第6図の簡易ベクトル図となる．

第6図より，内部位相角δおよび無負荷誘導起電力E_0

• $\cos^2\alpha\cos\theta + \sin^2\alpha\cos\theta$
$= (\cos^2\alpha + \sin^2\alpha)\cos\theta$
$= \cos\theta$
$\qquad (\cos^2\alpha + \sin^2\alpha = 1)$
• $\cos\alpha\cos\delta + \sin\alpha\sin\delta$
$= \cos(\alpha-\delta)$

$\alpha = \dfrac{\pi}{2}$ のとき
$$\cos(\alpha-\delta) = \cos\left(\frac{\pi}{2}-\delta\right)$$
$$= \sin\delta$$
$$\cos\alpha = \cos\frac{\pi}{2} = 0$$

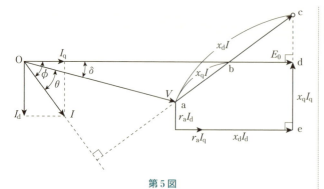

第5図

第5，6図における各記号は，それぞれのベクトルの大きさを表す．

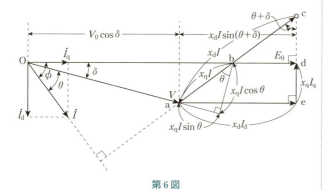

第6図

について求める．

$$\tan\delta = \frac{x_q I \cos\theta}{V + x_q I \sin\theta} \tag{9}$$

(9)式より，内部位相角 δ [rad] は

$$\delta = \tan^{-1} \frac{x_q I \cos\theta}{V + x_q I \sin\theta} \text{[rad]}$$

となる．次に無負荷誘導起電力 E_0 [V] は

$$\begin{aligned} E_0 &= V\cos\delta + x_d I \sin(\theta + \delta) \\ &= V\cos\delta + x_d I (\sin\theta\cos\delta + \cos\theta\sin\delta) \\ &= (V + x_d I \sin\theta)\cos\delta + x_d I \cos\theta \sin\delta \text{ [V]} \end{aligned} \tag{10}$$

となり，(9)式より，$\cos\delta$，$\sin\delta$ を求め，(10)式に代入する．

$$\cos \delta = \frac{V + x_{\mathrm{q}} I \sin \theta}{\sqrt{(V + x_{\mathrm{q}} I \sin \theta)^2 + (x_{\mathrm{q}} I \cos \theta)^2}}$$

$$\sin \delta = \frac{x_{\mathrm{q}} I \cos \theta}{\sqrt{(V + x_{\mathrm{q}} I \sin \theta)^2 + (x_{\mathrm{q}} I \cos \theta)^2}}$$

であるから，無負荷誘導起電力 E_0 は次式となる．

$$E_0 = (V + x_{\mathrm{d}} I \sin \theta)$$

$$\frac{(V + x_{\mathrm{q}} I \sin \theta)}{\sqrt{(V + x_{\mathrm{q}} I \sin \theta)^2 + (x_{\mathrm{q}} I \cos \theta)^2}}$$

$$+ x_{\mathrm{d}} I \cos \theta \frac{x_{\mathrm{q}} I \cos \theta}{\sqrt{(V + X_{\mathrm{q}} I \sin \theta)^2 + (x_{\mathrm{q}} I \cos \theta)^2}}$$

$$= \frac{V^2 + (x_{\mathrm{q}} + x_{\mathrm{d}}) V I \sin \theta + x_{\mathrm{q}} x_{\mathrm{d}} I^2}{\sqrt{(V + x_{\mathrm{q}} I \sin \theta)^2 + (x_{\mathrm{q}} I \cos \theta)^2}} \, [\mathrm{V}]$$

発電機 1 相の出力 $P_2 \, [\mathrm{W}]$ は，次式で表される．

$$\begin{aligned}
P_2 &= V I \cos \theta = V I \cos(\phi - \delta) \\
&= V I (\cos \phi \cos \delta + \sin \phi \sin \delta) \\
&= V (I \cos \phi) \cos \delta + V (I \sin \phi) \sin \delta \\
&= V I_{\mathrm{q}} \cos \delta + V I_{\mathrm{d}} \sin \delta \, [\mathrm{W}]
\end{aligned} \tag{11}$$

第 6 図より

$$E_0 - x_{\mathrm{d}} I_{\mathrm{d}} = V \cos \delta \, [\mathrm{V}]$$

$$x_{\mathrm{q}} I_{\mathrm{q}} = V \sin \delta \, [\mathrm{V}]$$

$I_{\mathrm{q}}, \ I_{\mathrm{d}}$ を求めると

$$I_{\mathrm{q}} = \frac{V \sin \delta}{x_{\mathrm{q}}} \, [\mathrm{A}]$$

$$I_{\mathrm{d}} = \frac{E_0 - V \cos \delta}{x_{\mathrm{d}}} \, [\mathrm{A}]$$

これらを(11)式に代入すると

$$\begin{aligned}
P_2 &= V \frac{V \sin \delta}{x_{\mathrm{q}}} \cos \delta + V \frac{(E_0 - V \cos \delta)}{x_{\mathrm{d}}} \sin \delta \\
&= \frac{V E_0 \sin \delta}{x_{\mathrm{d}}} + V^2 \left(\frac{1}{x_{\mathrm{q}}} - \frac{1}{x_{\mathrm{d}}} \right) \cos \delta \sin \delta \\
&= \frac{V E_0 \sin \delta}{x_{\mathrm{d}}} + \frac{V^2 (x_{\mathrm{d}} - x_{\mathrm{q}})}{2 x_{\mathrm{d}} x_{\mathrm{q}}} \sin 2\delta \, [\mathrm{W}]
\end{aligned}$$

となる．

▶ $\tan \delta$ から $\cos \delta$，$\sin \delta$ を求める方法

$$\cos^2 \delta + \sin^2 \delta = 1$$

($\cos^2 \delta$ で徐する．)

$$1 + \left(\frac{\sin^2 \delta}{\cos^2 \delta} \right) = \frac{1}{\cos^2 \delta}$$

$$\cos^2 \delta = \frac{1}{1 + \left(\frac{\sin^2 \delta}{\cos^2 \delta} \right)}$$

$$= \frac{1}{1 + \tan^2 \delta}$$

$$\therefore \quad \cos \delta = \frac{1}{\sqrt{1 + \tan^2 \delta}}$$

同様に

$$\cos^2 \delta + \sin^2 \delta = 1$$

($\sin^2 \delta$ で徐する．)

$$\frac{\cos^2 \delta}{\sin^2 \delta} + 1 = \frac{1}{\sin^2 \delta}$$

$$\sin^2 \delta = \frac{1}{1 + \frac{\cos^2 \delta}{\sin^2 \delta}}$$

$$= \frac{1}{1 + \frac{1}{\tan^2 \delta}}$$

$$\therefore \quad \sin \delta = \frac{1}{\sqrt{1 + \frac{1}{\tan^2 \delta}}}$$

$$= \frac{\tan^2 \delta}{\sqrt{1 + \tan^2 \delta}}$$

▶ 倍角の公式

$$\sin 2\delta = 2 \sin \delta \cos \delta$$
$$\downarrow$$
$$\cos \delta \sin \delta = \frac{1}{2} \sin 2\delta$$

■同期電動機の位相特性曲線（V曲線）

同期電動機の出力を一定として運転し，不足励磁から過励磁まで，変化させると，電機子電流はいったん減少し，再び増加する．この場合**界磁電流と電機子電流との関係を示す曲線**を**位相特性曲線**といい，その形がV形となるので，**V曲線**ともいう．

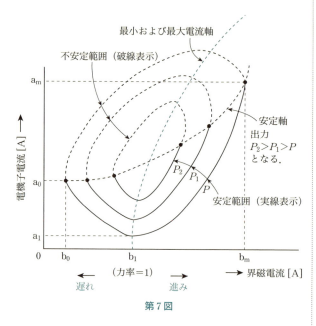

第 7 図

▶V曲線
Vカーブの中心（下側）を力率1とし，左側は遅れ力率，右側は進み力率となる．

第7図のV曲線より，横軸b_0点は，出力Pにおける最小の励磁である．このときの界磁電流の大きさは$\overline{Ob_0}$，電機子電流の大きさは$\overline{Oa_0}$となり，力率角θは大きく，最も低力率の遅れ電流（電機子電流）となる．励磁を増していくと界磁電流は右方向に進み，電機子電流は次第に小さくなり，力率角が小さくなっていく．横軸b_1点で界磁電流の大きさは$\overline{Ob_1}$となったとき，電機子電流の大きさは$\overline{Oa_1}$となり最小となり，力率角$\theta = 0°$になる．さらに励磁を増していくと，界磁電流が増加し電機子電流も増加していき，

力率角 θ も大きくなっていく.

横軸 b_m 点で最大の励磁となり，このときの界磁電流の大きさは $\overline{Ob_m}$ 電機子電流の大きさは $\overline{Oa_m}$ となり，力率角 θ は大きく，最も低力率の進み電流（電機子電流）となる.

電動機の出力が増加すると，Ｖ曲線は上方に移動し，かつループも小さくなっていく．これらＶ曲線を実線で表した安定範囲と，破線で表した不安定範囲の境界を表す曲線を，電動機の負荷運転に対する安定軸という．また各負荷に対するＶ曲線の最小電流（電機子電流）と最大電流（電機子電流）を結んだ曲線は，最小および最大電流軸という．この軸の左側は遅れ電流，右側は進み電流を表している.

このように，同期電動機の界磁電流を加減することにより，電機子電流の大きさと力率を変えることができる．このような特長を利用し，同期電動機を無負荷のままで電力系統に接続し，電圧調整や力率改善を行うものを<u>同期調相機</u>という.

▶**同期調相機**
力率改善を連続的に行うことができる.

■同期電動機の電機子反作用

三相同期機の電機子巻線に三相交流電流が流れると回転磁界が生じ，直接界磁をつくる磁束に影響を及ぼし，電機子巻線に誘導する起電力を変化させようとする．これが<u>電機子反作用</u>である.

▶**電機子反作用**
直流機の場合は電機子電流の大きさだけが電機子反作用に関係する.

電機子反作用は，電機子電流の大きさだけではなく，その力率（位相角）によっても現象が異なる.

電機子反作用の種類は，<u>交差磁化作用</u>，<u>磁化作用</u>，<u>減磁作用</u>がある．発電機と電動機の場合におけるそれぞれの電機子反作用について考えてみる.

▶**磁化作用**
増磁作用とも呼ばれる.

◇同期発電機の場合

① 交差磁化作用

誘導起電力 e の最大値と電機子電流 i の最大値が一致する力率１のとき，発生する電機子反作用である．このとき，界磁磁束と電機子電流による回転磁束が直交する．磁極の

433

片側の磁束が増加し，もう一方の片側の磁束が減少する．

② 減磁作用

力率が90°遅れのとき，発生する電機子反作用である．界磁磁束の方向に対し，逆方向に回転磁束が進むため，磁極の磁束は減少する．

③ 磁化作用

力率が90°進みのとき，発生する電機子反作用である．界磁磁束の方向に対し，同方向に回転磁束が進むため，磁極の磁束は増加する．

◇**同期電動機の場合**

発電機の場合は，電機子の誘導起電力eを基準として考えるが，電動機の場合は電源の供給電圧vを基準として考える．

電動機の供給電圧は，誘導起電力に対し180°位相差があることから，電動機の遅れ電流は発電機の**進み電流**となる．

① 交差磁化作用

供給電圧vの最大値と電機子電流iの最大値が一致する力率1のとき，発生する電機子反作用である．このとき，界磁磁束と電機子電流による回転磁束が直交する．磁極の片側の磁束が増加し，もう一方の片側の磁束が減少する．

② 磁化作用

力率が90°遅れのとき，発生する電機子反作用である．

界磁磁束の方向に対し，同方向に回転磁束が進むため，磁極の磁束は増加する．

③ 減磁作用

力率が90°進みのとき，発生する電機子反作用である．界磁磁束の方向に対し，逆方向に回転磁束が進むため，磁極の磁束は減少する．

同期発電機・電動機の電機子反作用をまとめると第1表で表される．

◇**電機子反作用によるリアクタンス**

電機子電流によって生じる磁束は，電機子反作用として

第1表

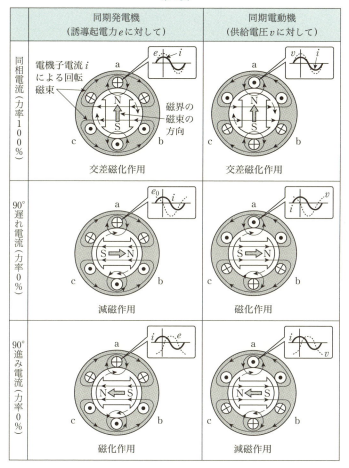

界磁がつくる磁束に影響を与えて、電機子巻線に誘導する起電力に影響を変化させる（誘導起電力が正弦波からひずみ波形になることを意味する）.

また、一部は電機子巻線とだけ鎖交する**漏れ磁束**となって**電圧降下**を生じる.

同期発電機の場合、電機子抵抗r_aを無視した場合における端子電圧に及ぼす影響を第8図で表す.

発電機内部のリアクタンスによって端子電圧が変化する

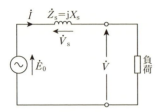

(a) 三相発電機の1相分の回路

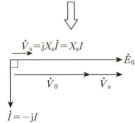

(b) 90°遅れ力率のとき（減磁作用）

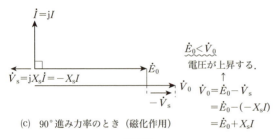

(c) 90°進み力率のとき（磁化作用）

第8図

と考えることができる．このリアクタンスを同期リアクタンス x_s といい，次式で表す．

$$x_s = x_a + x_l \ [\Omega]$$

ただし，x_a：電機子反作用リアクタンス[Ω]，x_l：電機子漏れリアクタンス[Ω]である．

また，電機子巻線の抵抗 r_a [Ω]を含めると，同期インピーダンス Z_s [Ω]は次式で表される．

$$\dot{Z}_s = r_a + jx_s \ [\Omega]$$

$$Z_s = \sqrt{r_a^2 + x_s^2} \ [\Omega]$$

■三相同期発電機の特性曲線

◇無負荷飽和曲線

無負荷飽和曲線とは，発電機を同期速度で無負荷運転を行い，**端子電圧（線間電圧）** V_t と**界磁電流** I_f との関係を表した曲線である．

端子電圧は定格値付近までは，**界磁電流に比例し増加**するが，それ以降は界磁極の**磁気飽和**により**界磁電流に比例しなくなる**．

◇三相短絡曲線

三相短絡曲線とは，発電機の端子を短絡し，同期速度運転で，界磁電流 I_f を０Ａから，徐々に増加したときの**電機子電流** I_a **と界磁電流** I_f **の関係を表した曲線**である．

電機子巻線の抵抗は小さいので，短絡電流（電機子電流 I_a）は90°遅れ電流となる．電機子反作用は，減磁作用となり界磁極の磁気飽和はない．

無負荷飽和曲線，三相短絡曲線をまとめると第９図で表される．

端子電圧＝線間電圧

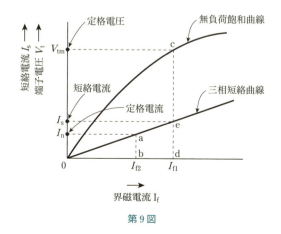

第９図

■同期インピーダンスと短絡比

◇同期インピーダンス

第9図より、**同期インピーダンスZ_s[Ω]**は、1相の定格電圧$V_{tm}/\sqrt{3}$[V]を短絡電流I_s[A]で除することで求められる.

$$Z_s = \frac{V_{tm}}{\sqrt{3}\,I_s} = \frac{\overline{cd}}{\sqrt{3}} \times \frac{1}{\overline{ed}}\,[\Omega]$$

◇百分率同期インピーダンス%Z_s[%]

同期インピーダンスZ_sをΩ単位で表さないで、%表示したものが**百分率インピーダンス%Z_s[%]**である. 定格電流I_n[A]に対する**インピーダンス降下$Z_s I_n$[V]と定格電圧$I_{tm}/\sqrt{3}$[V]との比**で表される.

$$\%Z_s = \frac{Z_s I_n}{V_{tm}/\sqrt{3}} \times 100 = \frac{\dfrac{\overline{cd}}{\sqrt{3}} \times \dfrac{1}{\overline{ed}} \times \overline{ab}}{\dfrac{\overline{cd}}{\sqrt{3}}} \times 100$$

$$= \frac{\overline{ab}}{\overline{ed}} \times 100\,[\%]$$

◇短絡比

短絡比K_sは、同期機の特性を表す重要な定数である. 次式のように定義される.

$$K_s = \frac{\text{無負荷で定格電圧を発生するのに必要な界磁電流}}{\text{定格電流に等しい短絡電流を流すのに必要な界磁電流}}$$

この定義に基づき、第9図より短絡比を求めてみる.

$$K_s = \frac{I_{f1}}{I_{f2}} = \frac{\overline{od}}{\overline{ob}} = \frac{\overline{ed}}{\overline{ab}} = \frac{I_s}{I_n} = \frac{1}{\%Z_s} \times 100 = \frac{1}{\dfrac{\%Z_s}{100}}$$

$$= \frac{1}{Z_s[\text{p.u.}]}$$

ただし、$Z_s[\text{p.u.}]$は、単位法で表したZ_sの値である.

短絡比K_sは、**単位法[p.u.]で表した同期インピーダンスZ_s[p.u.]の逆数**に等しい.

短絡比の大小による特徴をまとめると、次のようになる.

▶**短絡比K_s**

一般に短絡比K_sの値は、水車およびエンジン発電機では0.8〜1.2、タービン発電機では0.5〜0.8程度である.

$$I_s = I_n \times \frac{100}{\%Z_s}\,[\text{A}]$$

$$\downarrow$$

$$\frac{I_s}{I_n} = \frac{1}{\%Z_s} \times 100$$

① 短絡比が大きい場合

- 同期インピーダンスが小さい.
- 電機子巻線の巻数が少なく，界磁のアンペア回数が大きいことから銅に比べて鉄の使用量が多くなり，鉄機械となる.
- 鉄損と機械損が大きいため効率が低い.
- インピーダンスが小さいので電圧変動率が小さい.
- 安定度，過負荷耐量が大きくなる.

② 短絡比が小さい場合

- 同期インピーダンスが大きい.
- 電機子巻線の巻数が多く，界磁のアンペア回数が小さいことから鉄に比べて銅の使用量が多くなり，銅機械となる.
- 鉄損と機械損が小さいので効率が高い.
- インピーダンスが大きいので電圧変動率が大きい.
- 安定度，過負荷耐量が小さい.

問題1

次の文章の ① の中に入れるべき最も適切な式を解答群から選び,その記号を答えよ.

定格出力 5 000 kV・A, 定格電圧 6 600 V, 同期リアクタンス 7.26 Ω の非突極三相同期発電機がある.

遅れ力率 0.8 において,定格負荷の内部相差角(負荷角)は ① となる.ただし,電機子抵抗は無視するものとする.

〈 ① の解答群〉

ア $\tan^{-1} 0.42$ イ $\tan^{-1} 0.44$ ウ $\tan^{-1} 0.46$
エ $\tan^{-1} 0.48$ オ $\tan^{-1} 0.50$ カ $\tan^{-1} 0.52$

解説

定格電流 I_n は次式で表される.

$$I_n = \frac{5000 \times 10^3}{\sqrt{3} \times 6600} \fallingdotseq 437.39 \text{ A}$$

同期リアクタンスによる1相分の電圧降下 $x_s I_n$ [V] は

$$x_s I_n = 437.39 \times 7.26 \fallingdotseq 3175.45 \text{ V}$$

したがって,次のベクトル図を描くことができる.

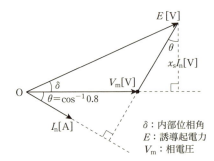

δ:内部位相角
E:誘導起電力
V_m:相電圧

図より,内部位相角 δ は,次式より求まる.

$$\tan \delta = \frac{x_s I_n \cos \theta}{V_n + x_s I_n \sin \theta} = \frac{3175.45 \times 0.8}{\frac{6600}{\sqrt{3}} + (3175.45 \times 0.6)} \fallingdotseq 0.444$$

∴ $\delta = \tan^{-1} 0.444$

(答) 1ーイ

問題2

次の文章の 1 の中に入れるべき最も適切な式を解答群から選び，その記号を答えよ．

ある円筒形三相同期発電機の無負荷誘導起電力は440 V，端子電圧が400 V，このときの最大出力が50 kWであった．

このとき同期リアクタンスは 1 Ωとなる．

〈 1 の解答群〉

ア	1.17	イ	2.34	ウ	3.52	エ	7.04	オ	10.6
カ	20.6	キ	22.6	ク	24.6	ケ	26.6	コ	28.6

解説

出力 P [W]は次式より求まる．

$$P = \frac{3VE_0}{x_s} \sin\delta \, [\text{W}]$$

ただし，V：1相の端子電圧 [V]，E_0：1相の誘導起電力 [V]，x_s：同期リアクタンス [Ω]，δ：内部位相角 [°]

最大出力となるのは，$\sin\delta = 1$ のときである．

$$P_m = \frac{3VE_0}{x_s} \, [\text{W}]$$

数値を代入して，同期リアクタンス x_s [Ω]を求める．

$$50 \times 10^3 = \frac{3 \times \dfrac{400}{\sqrt{3}} \times \dfrac{440}{\sqrt{3}}}{x_s} \, [\text{W}]$$

$$x_s = \frac{3 \times \dfrac{400}{\sqrt{3}} \times \dfrac{440}{\sqrt{3}}}{50 \times 10^3} = 3.52 \, \Omega$$

(答)　1―ウ

問題3

V曲線に関する記述として，誤っているものを次の(1)～(5)のうちから一つ選べ．

(1) ある界磁電流で電機子電流が最小値となった．このときの力率は100 %である．

(2) 電機子電流が最小値となる界磁電流より値が小さい界磁電流の範囲では遅れ電流が流れる．

(3) 電機子電流が最小値となる界磁電流より値が大きい界磁電流の範囲では進み電

流が流れる.

⑷ 界磁電流の増減によって，電機子電流の大きさと力率を調整することができる.

⑸ V曲線は，界磁電流を縦軸に，電機子電流を横軸にとって表した曲線である.

解説

V曲線は，縦軸に電機子電流，横軸に界磁電流をとって表した曲線である．したがって，(5)の記述は誤りである.

(答) (5)

問題4

次の文章の ｱ ～ ｴ の中に入れるべき最も適切な字句を組み合わせたものを次の(1)～(5)のうちから一つ選べ.

一般に，同期インピーダンスの大きい発電機では，短絡比は ｱ ，電機子反作用が ｲ ，また，電圧変動率は ｳ ，過負荷耐量は ｴ

	ア	イ	ウ	エ
⑴	大きく	小さい	大きく	小さい
⑵	小さく	大きい	小さく	大きい
⑶	小さく	大きい	大きく	小さい
⑷	大きく	小さい	小さく	大きい
⑸	小さく	小さい	大きく	大きい

解説

短絡比は単位法で表した同期インピーダンスの逆数である．短絡比が小さいと，磁束密度を高くとってあるため電機子反作用は大きい．インピーダンスが大きいから電圧変動率も大きくなる.

(答) (3)

問題5

次の文章の A.a.b に当てはまる数値を計算し，その結果を答えよ．ただし，解答は解答すべき数値の最小位の一つ下の位で四捨五入すること.

定格電圧6 600 V，定格電流500 Aの三相同期発電機がある．無負荷で定格電圧を発生させるのに必要な界磁電流は88 Aであり，三相短絡試験における界磁電流と電機子電流との関係は図のとおりである.

以上のことから，同期発電機の短絡比の値は，A.a.bとなる.

442

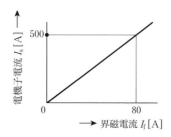

解説

同期発電機の短絡比 K_s は，無負荷端子電圧が定格電圧となる界磁電流を I_{f1}，三相短絡電流が定格電流となる界磁電流を I_{f2} とすると

$$K_s = \frac{I_{f1}}{I_{f2}}$$

$I_{f1} = 88$ A，$I_{f2} = 80$ A であるから，求める短絡比 K_s は

$$K_s = \frac{88}{80} = 1.1$$

(答)　A－1.1

電気機器

4 直流機

これだけは覚えよう！
□直流機（発電機・電動機）の動作原理
□基礎計算式
□直流電動機の回転速度・出力・発生トルクを求める算出方法
□直流電動機の速度制御

■直流機の動作原理

◇直流発電機の動作原理

第1図で，外部の力により電機子巻線を界磁極のつくる磁界中で回転させると，コイル（磁束の方向と垂直な部分）に起電力eが誘導される（フレミングの右手の法則）．

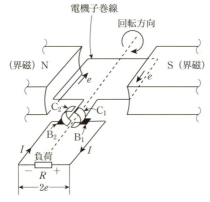

第1図

各起電力eは，負荷の両端では，整流子C_1，C_2，ブラシB_1，B_2を通じて同一方向となり，$2e$の直流電圧として取りだせる．これが，直流発電機の原理である．

◇**直流電動機の動作原理**

第2図で，直流電源により，電機子巻線に電流を流すと，電流 I_a は直流電源→ブラシB_1→整流子C_1→電機子巻線→整流子C_2→ブラシB_2の経路で流れる．このときに電機子巻線に電流が流れると，電機子巻線に電磁力 F が働き（フレミングの左手の法則），各電機子巻線が時計方向に回転する．これが直流電動機の原理である．

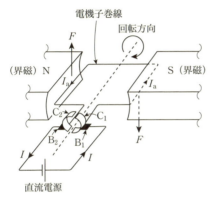

第2図

■直流機の基礎計算式

◇**電機子巻線の誘導起電力**

第3図のように電機子の直径を D [m]，回転速度 N [min^{-1}]，また角速度を ω とすると電機子巻線が磁束を切る（通過する）速さ v [m/s] は，次式で表される．

$$v = \frac{D}{2}\omega = \frac{D}{2}2\pi n = \pi\left(2 \times \frac{D}{2}\right)\frac{N}{60} = \pi D \frac{N}{60} \text{[m/s]}$$

電機子導体の有効長さを l [m]，毎極の磁束を ϕ [wb]，極数を p 極とすれば，ギャップ中の平均磁束密度 B [T] は次式となる．

$$B = \frac{界磁磁極からの全磁束}{電機子導体の表面積} = \frac{p\phi}{\pi D l}\text{[T]}$$

したがって，1本の電機子導線に誘導する起電力 e [V] は

▶**角速度**

$\omega = 2\pi n$ [rad/s]

$n = \dfrac{N}{60}$ [s^{-1}]

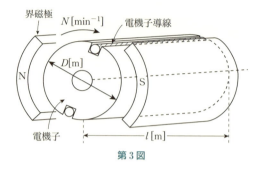

第3図

$$e = Blv = \left(\frac{p\phi}{\pi Dl}\right) \times l \times \left(\pi D \frac{N}{60}\right) = \frac{p}{60} \times \phi N \,[\text{V}]$$

となる．

次に第4図のように，電機子全導線数をZ本，並列回路数をaとすると，直列に接続されている電機子導線数はZ/a本となる．

したがって，正・負のブラシ間の電圧E [V] は，次式で表される．

$$\begin{aligned}E &= e \times \frac{Z}{a} = \frac{p}{60} \times \phi N \times \frac{Z}{a} = \left(\frac{pZ}{60a}\right) \times \phi N \\ &= k\phi N \,[\text{V}]\end{aligned} \quad (1)$$

ただし，$k = \dfrac{pZ}{60a}$（比例定数）とする．

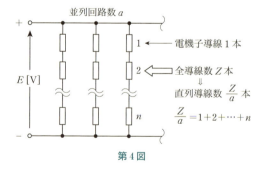

第4図

▶**直列導線数**
直列に接続されている電機子導線数の総和のことである．

よって，誘導起電力E [V] は，毎極の磁束と回転速度の積に比例することがわかる．

第1表

	回路図	関係式	等価回路
分巻発電機	Ⓐ：電機子誘導起電力，r_a：電機子抵抗，r_f：界磁抵抗	$I_a = I + I_f$ $I_f = \dfrac{V}{r_f}$ $V = E - I_a r_a$	
直巻発電機		$I_a = I_f = I$ $V = E - I_a(r_a + r_f)$	
複巻発電機（内分巻）		$I_a = I_f + I$ $I_f = \dfrac{E - I_a r_a}{r_{f1}}$ $V = E - I_a r_a - I r_{f2}$	

◇直流発電機の種類

　直流発電機は，界磁電流（磁束を発生させるために流す電流）の**取り出し方**によって，大きくは，**他励式**と**自励式**（分巻・直巻・複巻）に分けられる．自励式について回路図・関係式・等価回路をまとめると第1表のようになる．

■直流電動機の特性

◇直流電動機の回転速度，発生トルク，出力

　第5図で，界磁電流I_fを別の直流電源から取るようにした直流電動機は，**他励電動機**という．この電動機の回転速度，トルクおよび出力について考えてみる．

　回転数$N \, [\mathrm{min}^{-1}]$は，直流発電機の誘導起電力$E \, [\mathrm{V}]$の(1)式より求めると，次式で表される．

▶**誘導起電力と逆誘導起電力**

直流発電機の場合，$E \, [\mathrm{V}]$は誘導起電力という．直流電動機の場合は，$E \, [\mathrm{V}]$を逆誘導起電力という．いずれも算出式は同じである．

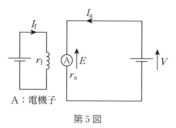

A：電機子

第 5 図

$$N = \frac{E}{k\phi} = k'\frac{E}{\phi}[\min^{-1}]$$

ただし，$k' = \dfrac{1}{k} = \dfrac{60a}{pZ}$ (k, k'：比例定数) とする．

回転速度 $N\,[\min^{-1}]$ は，逆誘導起電力 $E\,[\text{V}]$ に比例し，毎極の磁束 $\phi\,[\text{Wb}]$ に反比例する．

第6図より，電動機に発生するトルク $T\,[\text{N·m}]$ について考える．

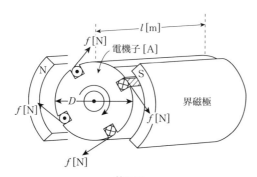

第 6 図

電機子の各導体に電流が流れると，導体に電磁力が発生する（フレミングの左手の法則）．磁極間の平均磁束密度 $B\,[\text{T}]$ は，次式で表される．

$$B = \frac{p\phi}{\pi D l}[\text{T}]$$

ただし，D：電機子の直径 [m]，ϕ：毎極の磁束 [Wb]，p：磁極数，l：電機子導体の長さ [m] とする．

電機子電流を $I_\text{a}\,[\text{A}]$，電機子巻線の並列回路数を a とす

ると，1本の導体に流れる電流は，I_a/a [A] となる．したがって，電機子導体の長さ l [m] の電機子導線の総数 Z に生じるトルク T [N·m] は，次式となる．

$$T = F \times \frac{D}{2} \times Z = \left(B\frac{I_a}{a}l\right) \times \frac{D}{2} \times Z$$

$$= \left(\frac{p\phi}{\pi Dl}\frac{I_a}{a}l\right) \times \frac{D}{2} \times Z$$

$$= \frac{pZ}{2\pi a} \times \phi I_a = k_1 \times \phi I_a [\text{N·m}] \qquad (2)$$

ただし，$k_1 = \dfrac{pZ}{2\pi a}$ （比例定数）とする．

よって，トルク T [N·m] は，毎極の磁束 ϕ [Wb] と電機子電流 I_a [A] の積に比例する．

電動機の出力 P [W] について考える．

第5図より，電動機の出力 P [W] は，次式で表される．

$$P = EI_a [\text{W}] \qquad (3)$$

(1)式より逆誘導起電力 E [V]，(2)式より I_a [A] を(3)式に代入すると

$$P = \left(\frac{pZ}{60a} \times \phi N\right)\frac{2\pi aT}{pZ\phi} = \frac{2\pi N}{60}T = \omega T [\text{W}]$$

ただし，$\omega = \dfrac{2\pi N}{60}$: 角速度 [rad/s] とする．

◇**直流電動機の種類**

直流電動機は，**界磁電流**（磁束を発生させるために流す電流）**の取りだし方**によって，大きくは，**他励式**と**自励式**（分巻・直巻・複巻）に分けられる．自励式について回路図・関係式・等価回路をまとめると第2表のようになる．

◇**直流電動機の速度制御**

① 始動電流

直流電動機の逆誘導起電力は，回転速度に比例するために回転速度が $0\ \text{min}^{-1}$ である始動時は，逆誘導起電力も $0\ \text{V}$ である．第7図より，分巻電動機で考えると，**始動電流 I_s [A]** は，次式で表される．

$$I_s = I_a + I_f = \frac{V}{r_a} + \frac{V}{r_f} [\text{A}]$$

▶**導体1本当たりの電磁力・トルク**

導体1本当たりの電磁力 f_1 およびトルク T_1 は，次のようになる．

$$f_1 = Bl \times \frac{I_a}{a} [\text{N}]$$

$$T_1 = f \times \frac{D}{2} [\text{N·m}]$$

▶**電機子電流**

(2)式より，I_a を求めると

$$I_a = \frac{2\pi a}{pZ\phi} \times T$$

となる．

449

第2表 直流自励電動機の種類

	回路図	関係式	等価回路
分巻電動機	Ⓐ：電機子逆誘導起電力, r_a：電機子抵抗, r_f：界磁抵抗	$I = I_a + I_f$ $I_f = \dfrac{V}{r_f}$ $I_a = \dfrac{V - E}{r_a}$	
直巻電動機		$I = I_f = I_a$ $I_a = \dfrac{V - E}{r_a + r_f}$	
複巻電動機（内分巻）		$I = I_a + I_f$ $I_f = \dfrac{V}{r_{f2}}$ $I_a = \dfrac{V - E}{r_a + r_{f1}}$	

始動時は非常に大きな電流が流れる．

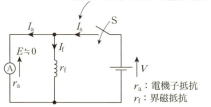

r_a：電機子抵抗
r_f：界磁抵抗

始動時（スイッチSを入れた瞬間）は逆起電力 $E \fallingdotseq 0$ である．

第7図

始動電流は，定格電流の10〜数十倍に達する．第8図のように始動時に電機子巻線と直列に始動抵抗$R_s(\Omega)$を挿入して始動電流を**定格電流の1〜2倍程度に抑える**のが一般的な方法である．

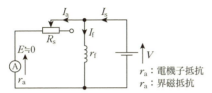

R_s：始動抵抗
R_sを電機子Ⓐと直列に挿入し，始動電流I_sを小さくする．

第8図

この場合の始動電流I_s'[A]は次式で表される．

$$I_s' = I_a' + I_f = \frac{V}{r_a + R_s} + \frac{V}{r_f} [A]$$

② 逆相制動

他励電動機で直流電動機の**逆相制動**について考えてみる．

第9図は，他励電動機における界磁電流I_fおよび電機子電流I_aの流れる方向と，電機子の回転方向との関係を表したものである．

回転方向（力Fの方向）は，フレミングの左手の法則に

▶**逆相制動**
他励電動機のみ制動効果がある．

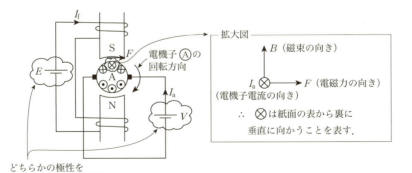

第9図

従っており，これを変えるには，I_f（主磁束ϕ）または，電機子電流I_aの方向を変えればよい．具体的には，界磁回路または電機子回路の電源極性（＋，－）を変える．ただし，他励電動機以外の，**分巻電動機，直巻電動機，複巻電動機**では，電源の極性を変えると回路の構成上，I_fとI_aの方向が同時に変わってしまうために，**電機子導体の回転方向は変わらない**．

③　速度制御

　　直流電動機の**回転速度**N[min^{-1}]は，次式で表される．

$$N = k'\frac{V - I_a r_a}{\phi}\,[\text{min}^{-1}]\ \ (k'：比例定数)$$

　　回転速度Nを変えるには，端子電圧V，電機子抵抗r_a，主磁束ϕのいずれかを変えればよい．

　　端子電圧Vを変える方法を電圧制御法といい，以下の種類がある．

- ワードレオナード方式：専用の直流発電機を電源に用いて，これを交流電動機で駆動し，発生する電圧を界磁制御で調整する．
- 静止レオナード方式：ワードレオナード方式の直流発電機に代わりサイリスタ＋インバータを用いたものであり，現在主流になっている．
- 直流チョッパ方式：オン・オフ制御の時間を変え直流平均電圧を変える．
- 電機子抵抗r_aを変える方法を**抵抗制御法**という．
- 主磁束ϕを変える方法を**界磁制御法**という．

問題1

次の文章の 1 の中に入れるべき最も適切な数値を解答群から選び，その記号を答えよ．

直流他励発電機がある．回転速度 $1\,500\,\text{min}^{-1}$ で運転したら，無負荷端子電圧が $220\,\text{V}$ であった．界磁電流を一定のままで，回転速度を $1\,200\,\text{min}^{-1}$ に変えた場合，無負荷端子電圧は 1 となる．

ただし，ブラシによる電圧降下は無視する．

〈 1 の解答群〉

ア 156 イ 166 ウ 176 エ 186 オ 206

解説

無負荷のときは，端子電圧 V は，誘導起電力 E と等しくなる．

誘導起電力 E は，界磁電流が一定の場合は回転速度に比例する．

したがって，回転速度を $1\,500\,\text{min}^{-1}$ から $1\,200\,\text{min}^{-1}$ に変えたときの端子電圧 V は，次式で表される．

$$V = \frac{1200}{1500} \times 220 = 176\,\text{V}$$

(答) 1—ウ

問題2

次の文章の 1 ～ 2 の中に入れるべき最も適切な数値を解答群から選び，その記号を答えよ．

毎極の磁束が $0.06\,\text{Wb}$，電機子導線数が200本，磁極が4極のときの重ね巻直流発電機がある．重ね巻であるから並列回路数は 1 となる．この発電機を毎分 $1\,400\,\text{min}^{-1}$ で回転させたとき，電機子に誘導する起電力 E は， 2 [V] となる．

〈 1 ～ 2 の解答群〉

ア 2 イ 4 ウ 8 エ 10 オ 12
カ 240 キ 260 ク 280 ケ 300 コ 320

解説

重ね巻のときは，電機子回路の並列回路数は，極数4と等しい．また，誘導起電力 E は次式より，求まる．

$$E = \frac{pz}{60a} \times \phi N\,[\text{V}]$$

453

ただし，p：極数，Z：電機子導線数，a：並列回路数，ϕ：毎極の磁束[Wb]，N：回転速度[min^{-1}]とする．

p極＝4極，$z=200$本，$a=4$回路，$\phi=0.06$ Wb，$N=1400$ min^{-1}であるから，

$$E=\frac{4\times200}{60\times4}\times0.06\times1400=280 \text{ V}$$

（答）　1－イ，2－ク

問題3

次の文章の　1　～　2　の中に入れるべき最も適切な数値を解答群から選び，その記号を答えよ．

6極，波巻の直流電動機を運転している．波巻であるから，電機子導線数の並列回路数は　1　となる．このときの電機子電流を60 A，毎極の有効磁束を0.01 Wb，電機子導線数を1440とすれば，発生する電動機トルクは　2　[N·m]となる．

〈　1　～　2　の解答群〉

ア	2	イ	4	ウ	8	エ	10	オ	12
カ	213	キ	313	ク	413	ケ	513	コ	613

解説

波巻のときは，電機子回路数は2である．

また，トルクTは次式より，求まる．

$$T=\frac{pz}{2\pi a}\times\phi I_{\mathrm{a}}\text{[N·m]}$$

ただし，p：極数，z：電機子導線数，a：並列回路数，ϕ：毎極の磁束[Wb]，I_{a}：電機子電流[A]とする．

$p=6$極，$z=1440$本，$a=2$回路，$\phi=0.01$ Wb，$I_{\mathrm{a}}=60$ Aであるから，

$$T=\frac{6\times1440}{2\pi\times2}\times0.01\times60\fallingdotseq413 \text{ N·m}$$

（答）　1－ア，2－ク

問題4

次の文章の　1　～　2　の中に入れるべき最も適切な数値を解答群から選び，その記号を答えよ．

端子電圧100 V，電機子電流30 A，回転速度1500 min^{-1}で運転中の分巻電動機がある．界磁電流と負荷電流はそのままにし，端子電圧を120 Vにあげたとき，回

転速度は $\boxed{1}$ [min^{-1}] となる.

次に，端子電圧120 Vで回転速度は $\boxed{1}$ [min^{-1}] を一定に保って界磁電流を初めの状態の0.8倍にしたときの電機子電流は $\boxed{2}$ [A] となる．ただし，電機子回路の抵抗は0.5 Ωとする．

〈$\boxed{1}$～$\boxed{2}$の解答群〉

| ア | 1 853 | イ | 1 953 | ウ | 2 053 | エ | 2 153 | オ | 2 253 |
| カ | 42 | キ | 52 | ク | 62 | ケ | 72 | コ | 82 |

解説

回転速度1 500 min^{-1}のときの逆起電力E_1 [V] は，次式より求まる．

$$E_1 = 100 - 30 \times 0.5 = 85 \text{ V}$$

次に界磁電流と負荷電流は一定とし，端子電圧を120 Vにすると，このときの逆起電力E_2 [V] は，次式より求まる（界磁電流と負荷電流が一定ということは，電機子電流が一定であることを表す．）．

$$E_2 = 120 - 30 \times 0.5 = 105 \text{ V}$$

したがって，$E_2 = 105$ Vのときの回転速度N [min^{-1}] は

$$N = \frac{105}{85} \times 1500 = 1853 \text{ min}^{-1}$$

次に，回転速度を一定のままで，界磁電流を初めの状態の0.8倍にすると，逆起電力E_3 [V] は，界磁電流に比例することから，

$$E_3 = 0.8 E_2 = 0.8 \times 105 = 84 \text{ V}$$

電機子電流I_a [A] は

$$I_a = \frac{120 - E_3}{0.5} = \frac{120 - 84}{0.5} = 72 \text{ A}$$

（答）　1―ア，2―ケ

問題5

直流電動機の速度制御法に関する次の記述のうち，誤っているのはどれか．

(1) 抵抗制御法は挿入抵抗による電力損失が大きい．一方，低速度を容易に得ることができる．

(2) 電圧制御法で，直流チョッパ方式が用いられる場合には，チョッパのON時間とOFF時間の比を変化させて電圧を制御する．

(3) 直流分巻電動機の電源の極性を逆にしても電動機の回転方向は変わらない．

⑷ 界磁電流を変える方法は界磁電流制御法と呼ばれ，逆起電流を一定にして界磁電流を増加すると速度を上昇させることができる．

⑸ 電機子端子電圧を変える方法は電圧制御法と呼ばれ，静止レオナード方式は代表的な方法で，広範囲に速度を制御できる．

解説

回転速度 N は次式で表される．

$$N = \frac{E}{k\phi}$$

ただし，k：比例定数とする．

上式より，界磁電流（界磁束）を増加させると，回転速度 N は低下する．

(答)　⑷

電気機器

5 静止器

これだけは覚えよう！
□電力半導体素子の種類および特徴
□各整流回路の直流平均出力電圧を求める算出方法
□直流チョッパ回路の直流平均出力電圧を求める算出方法

■電力の変換

パワーエレクトロニクスによる電力の変換・制御方法を分類すると，第1図で表される．

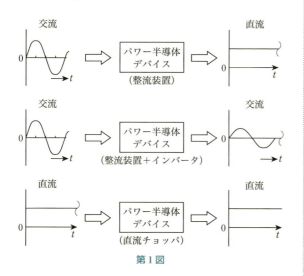

第1図

交流を直流に変換する装置を整流装置（コンバータ），**直流を交流に変換する装置をインバータ**という．直流を電圧の違う直流に直接変換する方法を**直流チョッパ**という．これらはいずれもパワー半導体デバイスのON，OFF動作

を利用し，電力の変換および制御を行っている．

■整流ダイオード

第2図のように**整流ダイオード**は，p形半導体とn形半導体で構成されたもので，**アノード（陽極）**と**カソード（陰極）**の二つの電極をもつ．

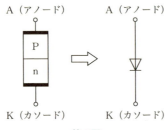

第2図

アノードAに正の電圧，カソードKに負の電圧を加えると，電流は流れるON状態になる（導体に電圧を加えている状態と同じ）．

逆に，カソードKに正の電圧，アノードAに負の電圧を加えると電流を流さないOFF状態となる（絶縁体に電圧を加えている状態と同じ）．

■サイリスタ

◇逆阻止三端子サイリスタ

第3図のようにアノードAからカソードKまで，pnpnの4層で構成されている．電流制御はゲートGで行う．大容量化が可能である．

このサイリスタのアノードAとカソードK間に順方向の電圧を加えても，**ゲートに電流I_Gを流さない限り主電流は流れない**．つまり**ターンオフ状態**である．ゲートに電流I_Gを流すとターンオン状態となり主電流が流れ，I_Gをゼロにしても主電流は流れ続ける．ターンオン状態を維持する．

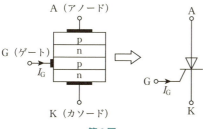

第3図

ターンオンから，ターンオフ状態にするには，主電流をゼロにするか，アノードAとカソードK間に逆電圧を加える必要がある．

ただし，順方向，逆方向に加える電圧を徐々に増加していくと，上記の記述に反して，次のような現象が発生する．

I_Gを流さない状態でアノードAとカソードK間に順方向電圧を増加していくと，ある電圧でターンオンする．このときの電圧をブレークオーバ電圧という．

同様に，I_Gを流さない状態でアノードAとカソードK間に逆方向電圧を増加していくと，ある電圧で急に流れ出す．このときの電圧を**逆降状電圧**という（この現象を**電子なだれ降伏**という．）．

これらを図で表すと第4図となる．

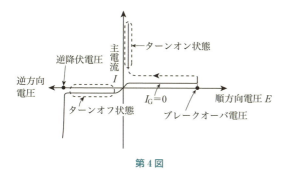

第4図

▶主電流
A→K方向に流れる電流のことである．

◇光トリガサイリスタ

ゲートGに電流I_Gを流す代わりに，**光の照射によってターンオンを行う**サイリスタである．ほかの特性は，逆阻止三端子サイリスタと同じである．

◇トライアック

トライアックは，三端子交流スイッチのことである．第5図のように二つのサイリスタを逆並列にし，一つのゲートで制御できるようにしたものである．したがって，電圧の極性がどちらの方向でもターンオンできるので交流電力を直接制御するのに適している．

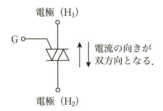

第5図

◇ゲートターンオフサイリスタ（GTO）

ゲートGに負の電流を流すことにより，ターンオフすることができる．

その他の特性は，逆阻止三端子サイリスタと同じである．図記号で表すと第6図のようになる．

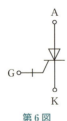

第6図

■パワートランジスタ

◇バイポーラトランジスタ

npnの3層構造で，**自己消弧形**の半導体素子である．自己消弧形であることから，ターンオン，オフ制御ができる．構造と図記号で表すと第7図のようになる．

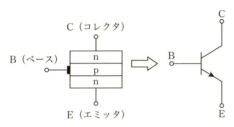

第7図

◇パワーMOSFET

バイポーラトランジスタとは異なり，主電流の流れがn形（自由電子），p形（正孔）のいずれかで動作する．図記号で表すと第8図のようになる．

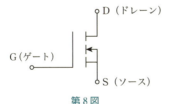

第8図

ゲートGは電圧信号で動作するために，スイッチング周波数を，サイリスタおよびほかのトランジスタと比較し，最も高い領域で用いることが可能である．

オン状態における電圧降下が大きい．

◇IGBT

IGBTは，**絶縁ゲートバイポーラトランジスタ**のことである．図記号で表すと第9図のようになる．

主回路はバイポーラトランジスタと同じ，ゲート回路は

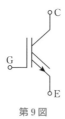

第9図

パワーMOSFETと同じである．

スイッチング周波数は，広範囲にわたり用いることが可能である．

以上をまとめると

- パワーエレクトロニクスでは，パワー半導体デバイスをスイッチとして用いて，電力の変換と制御を行う．
- パワー半導体デバイスには，オン・オフ制御ができない整流ダイオード，オン動作だけが制御できる逆阻止三端子サイリスタ，オン・オフ動作がともに制御できるGTO，パワートランジスタなどがある．

補足として，各パワー半導体デバイスの制御容量とスイッチング周波数の関係を表すと第10図のようになる．図より，大電力用には，逆阻止三端子サイリスタが適している．また高周波動作用には，パワーMOSFETが適している．

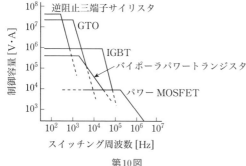

第10図

■整流装置

交流を直流に変換する整流装置は，整流回路で構成されている．

整流回路には，電源電圧の正の半サイクル部分だけが出力する半波整流回路と，電源電圧の正負の両方の半サイクルを正の電圧として出力する全波整流回路（ブリッジ回路）がある．

◇単相半波整流回路

第11図は，サイリスタを用いた単相半波整流回路を表している．

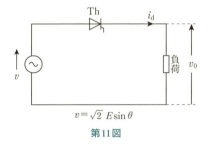

第11図

負荷が抵抗の場合，第12図の動作波形より電源電圧 $v = \sqrt{2}\,E\sin\theta\,[\mathrm{V}]$ に対し，$\alpha\,[\mathrm{rad}]$ でサイリスタ Th にゲート信号を与えると電流 $i_0\,[\mathrm{A}]$ が流れる．電源電圧 v が負の半サイクルの間は，サイリスタ Th に逆電圧が加わるために，ターンオフとなり，電流は $i_0 = 0\,\mathrm{A}$ となる．

これらのことから，直流平均出力電圧 $V_{\mathrm{R0}}\,[\mathrm{V}]$ は次式で表される．

$$\begin{aligned}
V_{\mathrm{R0}} &= \frac{1}{2\pi}\int_{\alpha}^{\pi}\sqrt{2}\,E\sin\theta\,\mathrm{d}\theta = \frac{\sqrt{2}\,E}{2\pi}[-\cos\theta]_{\alpha}^{\pi} \\
&= \frac{\sqrt{2}\,E}{2\pi}[-\cos\pi + \cos\alpha] = \frac{\sqrt{2}\,E}{\pi}\frac{1+\cos\alpha}{2} \\
&\fallingdotseq 0.45E \times \frac{1+\cos\alpha}{2}\,[\mathrm{V}]
\end{aligned} \quad (1)$$

上式の α は制御角と呼ばれ，α を制御することにより，

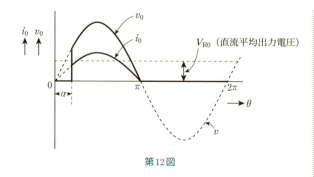

第12図

第12図において，v_0 は $\alpha \leq \theta \leq \pi$ の区間に負荷に加わる電圧波形（実線部）
v は電源の電圧波形（点線部＋実線部）

V_{R0} を制御する．

同様に，負荷が誘導インピーダンスの場合について考える．

負荷のインダクタンス L [H] によって，電流 i_d [A] の立上りが遅れ，v の位相が π rad を超えても i_0 [A] が流れ続ける．

$\theta = \pi + \beta$ [rad] で $i_0 = 0$ A となる．この結果，直流電圧 v は負の部分まで流れ，直流平均出力電圧 V_{L0} [V] は，抵抗負荷のときより小さくなる．

直流出力平均電圧 V_{L0} [V] は次式で表される．

$$V_{L0} = \frac{1}{2\pi} \int_{\alpha}^{\pi+\beta} \sqrt{2}\, E \sin\theta\, d\theta = \frac{\sqrt{2}\, E}{2\pi} [-\cos\theta]_{\alpha}^{\pi+\beta}$$

$$= \frac{\sqrt{2}\, E}{2\pi} \{-\cos(\pi+\beta) + \cos\alpha\}$$

$$= \frac{\sqrt{2}\, E}{\pi} \left(\frac{\cos\alpha + \cos\beta}{2} \right)$$

$$= 0.45 E \times \frac{\cos\alpha + \cos\beta}{2} \text{ [V]}$$

動作波形は，第13図のようになる．

◇**環流ダイオード付き半波整流回路**

一般に負荷が誘導性の場合，インダクタンス L の作用により直流電圧 v_0 に負の部分が生じて，直流平均出力電圧 V_{L0} は抵抗負荷の場合より低下する．第14図のように負荷と並列にダイオード D_F を接続した回路を考える．ダイ

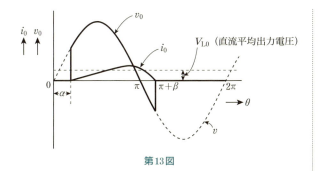

第13図

オード D_F は**環流ダイオード**または**フリーホイーリングダイオード**という．

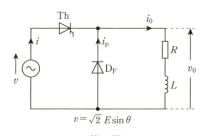

第14図

第14図で，電源電圧 v が正のとき電流は $i_0 = i$ となるが，v が負になると環流ダイオード D_F を通って負荷を環流する電流は $i_D = i_0$ となる．

このために，v が負になっても，直流電圧 v_0 に負の部分がなく，整流特性は改善できる．このときの直流平均出力電圧 V_0 は，負荷抵抗の平均電圧 V_{R0}（＝(1)式）と同じくなる．動作波形は，第15図で表される．

◇**単相全波整流回路**（**単相ブリッジ回路**）

第16図は，サイリスタを用いた**単相全波整流回路**を表している．

負荷が抵抗の場合，電源電圧 $v = \sqrt{2}\,E\sin\theta$ [V] に対し，制御角 α [rad] でサイリスタ Th_1，Th_4 にゲート信号を与えターンオンすると電流 i_0 [A] が $\alpha \sim \pi$ rad の区間で流れる．

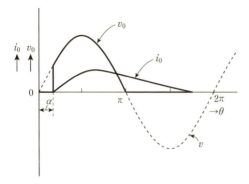

第15図

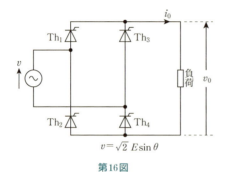

第16図

　電源電圧vが負になったとき，サイリスタTh_2，Th_3をターンオンさせると電流i_0[A]は$\pi+\alpha \sim 2\pi$[rad]の区間で流れる．

　したがって，直流平均出力電圧V_{Rd}'[V]は単相半波整流回路の**直流平均出力電圧**V_{R0}[V]の2倍となり，次式で表される．

$$V_{R0}' = 0.9E\frac{1+\cos\alpha}{2}\text{[V]}$$

　動作波形は，第17図で表される．

　同様にして，**負荷が誘導インピーダンス**の場合，負荷のインダクタンスL[H]が大きく，制御角αが小さい場合，電流i_d[A]は連続して流れる．$\alpha \sim \pi+\alpha$区間は，サイリスタTh_1，Th_4にゲート信号を与えターンオンさせる．$\pi+\alpha$

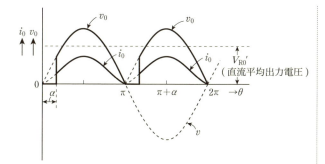

第17図

～$2\pi+\alpha$区間は,サイリスタTh_2,Th_4をターンオンさせる.このときの**直流平均出力電圧**V_{L0}'[V]は次式で表される.

$$V_{L0}' = \frac{1}{\pi}\int_{\alpha}^{\pi+\alpha}\sqrt{2}\,E\sin\theta\,\mathrm{d}\theta = \frac{\sqrt{2}\,E}{\pi}[-\cos\theta]_{\alpha}^{\pi+\alpha}$$

$$= \frac{\sqrt{2}\,E}{\pi}[-\cos(\pi+\alpha)+\cos\alpha] = \frac{\sqrt{2}\,E}{\pi}[2\cos\alpha]$$

$$= \frac{2\sqrt{2}\cos\alpha}{\pi} = 0.9E\cos\alpha\,[\mathrm{V}]$$

動作波形は,第18図で表される.

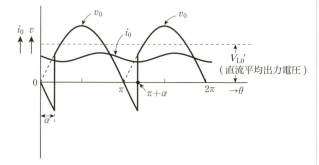

第18図

◇**三相全波整流回路(三相ブリッジ回路)**

第19図は,サイリスタを用いた**三相全波整流回路**である.**負荷を誘導性**としたときの動作波形について考える.

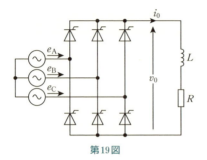

第19図

制御角 α が，$0 \leq \alpha \leq \pi/3$ のときの動作波形は，第20図で表され，$\pi/3 < \alpha \leq 2\pi/3$ のときの動作波形は，第21図で表される．

$\pi/3 < \alpha \leq 2\pi/3$ のときは直流電圧 v_d に負の部分が生じる．

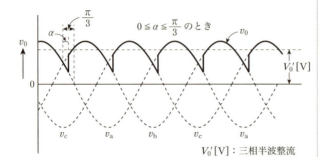

V_0' [V]：三相半波整流回路の直流平均出力電圧

第20図

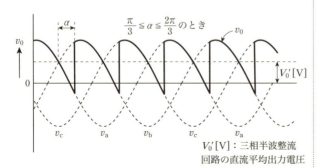

V_0' [V]：三相半波整流回路の直流平均出力電圧

第21図

ただし，第20図，第21図とも三相半波整流回路における動作波形である．

次に，制御角αが，$0 \leqq \alpha \leqq \pi/3$のときの三相全波整流回路の直流平均出力電圧$V_0$[V]について求めてみる．

三相全波整流回路の直流平均出力電圧V_0[V]は，三相半波整流回路の直流平均出力電圧$V_0{}'$[V]を上下二つ重ねたものである．第22図より，三相半波整流回路の直流平均出力電圧$V_0{}'$[V]を算出し2倍することで，三相全波整流回路の直流平均出力電圧V_0[V]を求めることができる．

$V_0 = 2 \times V_0{}'$[V]

$$V_0{}' = \frac{1}{\frac{2\pi}{3}} \int_{\frac{\pi}{6}+\alpha}^{\frac{5\pi}{6}+\alpha} e_A \, \mathrm{d}\theta = \frac{1}{\frac{2\pi}{3}} \int_{\frac{\pi}{6}+\alpha}^{\frac{5\pi}{6}+\alpha} \sqrt{2} \, E \sin\theta \, \mathrm{d}\theta$$

$$= \frac{3}{2\pi} \cdot \sqrt{2} \, E \int_{\frac{\pi}{6}+\alpha}^{\frac{5\pi}{6}+\alpha} \sin\theta \, \mathrm{d}\theta$$

$$= \frac{3\sqrt{2}\,E}{2\pi} \left[-\cos\theta \right]_{\frac{\pi}{6}+\alpha}^{\frac{5\pi}{6}+\alpha}$$

$$= \frac{3\sqrt{2}\,E}{2\pi} \left[-\cos\left(\frac{5\pi}{6}+\alpha\right) + \cos\left(\frac{\pi}{6}+\alpha\right) \right] \text{[V]}$$

$$\quad (2)$$

$$-\cos\left(\frac{5\pi}{6}+\alpha\right) = -\cos\frac{5\pi}{6}\cos\alpha + \sin\frac{5\pi}{6}\sin\alpha$$

$$= \frac{\sqrt{3}}{2}\cos\alpha + \frac{1}{2}\sin\alpha \quad (3)$$

$$\cos\left(\frac{\pi}{6}+\alpha\right) = \cos\frac{\pi}{6}\cos\alpha - \sin\frac{\pi}{6}\sin\alpha$$

$$= \frac{\sqrt{3}}{2}\cos\alpha - \frac{1}{2}\sin\alpha \quad (4)$$

(3)，(4)式を(2)式に代入すると

$$V_0{}' = \frac{3\sqrt{2}}{2\pi} E \times \sqrt{3}\cos\alpha = \frac{3\sqrt{6}}{2\pi} E \cos\alpha \quad (5)$$

(5)式より，三相全波整流回路の**直流平均出力電圧**V_0[V]は次式で表される．

$$V_0 = 2 \times V_0' = 2 \times \frac{3\sqrt{6}}{2\pi} E \cos\alpha$$
$$= \frac{3\sqrt{6}\,E}{\pi} \cos\alpha = \frac{3\sqrt{6}\,E}{\pi}\left(\frac{V}{\sqrt{3}}\right)\cos\alpha$$
$$= \frac{3\sqrt{2}}{\pi} V \cos\alpha$$
$$\fallingdotseq 1.35 V \cos\alpha$$

▶相電圧と線間電圧の関係

相電圧 E と線間電圧 V で表すと
$$E = \frac{V}{\sqrt{3}}$$

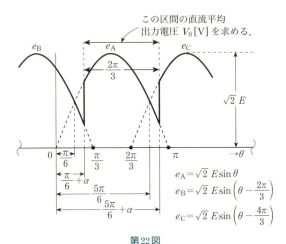

第22図

■直流チョッパ回路

◇直流チョッパ回路の原理

第23図のように，一定周期でスイッチSのオン・オフ動作を繰り返すと，負荷側には，方形パルス状の直流電圧が表れる．

スイッチSのオン時間 T_{on} [s]と，オン・オフの周期 T [s]の比 $d = T_{on}/T$ を**デューティファクタ**または，**通流率**という．

オン・オフ動作は，任意に制御できる必要があり，主として自己消弧形（GTO，パワートランジスタ）に用いられる．

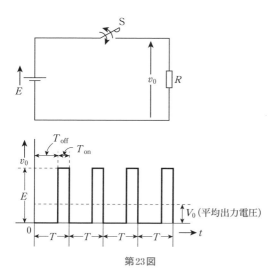

第23図

◇直流降圧チョッパ回路

第25図は,降圧チョッパ回路を表している.

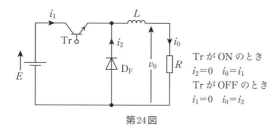

第24図

パワートランジスタTrをターンオンすると,負荷に電流i_1[A]が流れるので,コイルLのインダクタンスL[H]にエネルギーを蓄積する.

このときの電流i_1[A]の流れは,$E \to \text{Tr} \to L \to R \to E$となる.

ターンオン時間後に,ターンオフにすると,コイルLに蓄えられたエネルギーにより,電流i_2[A]が環流ダイオードD_Fを通り負荷に還流する.このときの電流i_2[A]の流れは$L \to R \to D_F \to L$となる.

したがって,このときのエネルギーの関係式は,次のよ

うになる．
$$E \times I \times T_{on} = V_0 \times I \times T \text{ [J]}$$
平均出力電圧 V_0[V] は，次式で表される．
$$V_0 = \frac{T_{on}}{T} \times E = dE \text{ [V]}$$
平均出力電圧 V_0[V]，電流 i_1[A]，i_2[A] の動作波形は，第25図で表される．

▶電流 I
$I ≒ i_1$[A] の平均値 $≒ i_2$[A] の平均値を表す．

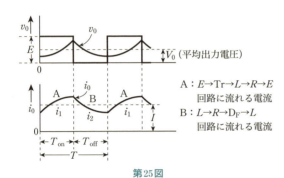

A：$E→Tr→L→R→E$ 回路に流れる電流
B：$L→R→D_F→L$ 回路に流れる電流

第25図

◇直流昇圧チョッパ回路

第26図は，昇圧チョッパ回路を表している．

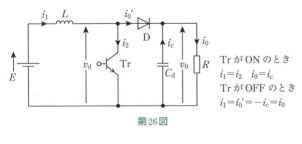

Tr が ON のとき
$i_1 = i_2$　$i_0 = i_c$
Tr が OFF のとき
$i_1 = i_0' = -i_c = i_0$

第26図

▶コンデンサ C_d
回路の C_d(F) は出力電圧 v_0(V) を平滑にするために，負荷に並列に接続してある．コンデンサ C_d に流れる電流は，Tr ON のとき放電（i_d は上向き），Tr OFF のとき充電（i_d は下向き）となり，i_d の方向は，上向きを正とすると，下向きは負つまり $-i_c$ で表すことになる．

パワートランジスタ Tr をオンすると，コイル L に $i_1 = i_2$[A] の電流が流れ，コイルにエネルギーを蓄積する．

このときの電流 $i_1 = i_2$[A] の流れは，$E→L→Tr→E$ となる．

一方コンデンサ C_d よりの放電電流により，$i_c = i_0$[A] が負荷 R に流れる．このときの電流 $i_c = i_0$[A] の流れは，$C_d→R→C_d$ となる．

ターンオン時間後，パワートランジスタをターンオフにすると，コイルLに逆起電力が生じて，蓄積されたエネルギーは電流$i_1 = i_0'$ [A]として，ダイオードDを通じて負荷側に流れることになる．

このときの電流$i_1 = i_0'$ [A]の流れは，$E \to L \to D \to C_d \to E$（$C_d$の充電）および$E \to L \to D \to R \to E$となる．

この結果，平均出力電圧V_0 [V]は，電源電圧E [V]にコイルLのL [H]による逆起電力e_Lが加算されるために，$V_0 > E$となり，出力電圧V_0 [V]は，電源電圧（入力電圧）E [V]より昇圧することになる．

したがって，このときのエネルギーの関係式は，次のようになる．

$I \fallingdotseq i_1$ [A]の平均値$= i_0'$ [A]の平均値

$$E \times I \times T_{on} + E \times I \times T_{off} = V_0 \times I \times T_{off} \text{ [J]}$$

よって，出力電圧V_0 [V]は，次式で表される．

$$V_0 = \frac{T_{on} + T_{off}}{T_{off}} \times E = \frac{T}{T - T_{on}} \times E$$
$$= \frac{1}{1 - \frac{T_{on}}{T}} \times E = \frac{1}{1 - d} \times E \text{ [V]}$$

上式のデューティファクタdを$0 \leqq d < 1$の範囲で制御すれば平均出力電圧V_0 [V]を昇圧できる．

平均出力電圧V_0 [V]，電流i_2, i_0' [A]の動作波形は，第27図で表される．

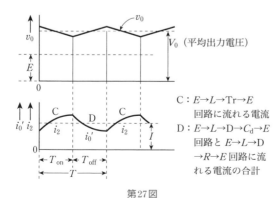

第27図

問題1

次の文章の ア ～ オ の中に入れるべき最も適切な字句の正しい組み合わせを解答群から選び，その記号を答えよ．

サイリスタとは，一般に逆阻止三端子サイリスタのことをいい，アノード，カソードのほかに制御信号を出すゲートがある．主電極間に ア を印加した状態でゲート信号を出すことにより， イ 状態から ウ 状態に移行する．また主電極間に エ を印加することにより オ 状態に移行する．

	ア	イ	ウ	エ	オ
(1)	逆電圧	オン	オフ	逆電圧	オン
(2)	順電圧	オフ	オン	逆電圧	オフ
(3)	逆電圧	オン	オフ	順電圧	オン
(4)	順電圧	オン	オフ	逆電圧	オン
(5)	逆電圧	オフ	オン	順電圧	オフ

解説

サイリスタは，アノード-カソード間に順方向電圧を印加した状態で，ゲート信号を出すとターンオフ状態からターンオン状態に移行する．アノード-カソード間に逆電圧を印加するとターンオフ状態に移行する．

（答） (2)

問題2

次の文章の 1 ～ 4 の中に入れるべき最も適切な字句を解答群から選び，その記号を答えよ．

パワーエレクトロニクスでは，パワー半導体を 1 として用いて電力の変換と制御を行っている．

パワー半導体デバイスには，オン・オフ動作が制御できない 2 ，自己でオン動作のみ制御できる 3 ，自己でオン・オフ動作が制御できる 4 ，パワートランジスタがある．

〈 1 ～ 4 の解答群〉

ア GTO 　　　イ スイッチ 　　ウ 順電圧 　　エ 逆電圧

エ 逆阻止三端子サイリスタ 　　オ 整流ダイオード

カ 位相変換装置 　　　　　　　キ 順阻止三端子サイリスタ

解説

オン・オフ動作の制御ができない：整流ダイオード

オン動作のみ制御ができる：逆阻止三端子サイリスタ

オン・オフ動作の制御ができる：GTO，パワートランジスタ

(答) 1 ―イ，2 ―オ，3 ―エ，4 ―ア

問題3

次の文章の ① ～ ③ の中に入れるべき最も適切な字句および数値を解答群から選び，その記号を答えよ．

図1は，整流素子としてサイリスタを用いた単相半波整流回路である．動作波形を表すと図2より負荷が ① の場合の電圧と電流の関係であることがわかる．電源電圧 $v = \sqrt{2}\,E\sin\omega t$ [V] のとき，ωt が $0 \sim \pi$ rad の間で，サイリスタ Th を制御角 α [rad] でターンオンさせると電流 i_d [A] が流れる．このとき，負荷の直流出力平均電圧 V_0 [V] は，$V_0 = 0.45 \times$ ② E [V] で表される．V_0 [V] が最大になるのは $\alpha =$ ③ [rad] のときである．

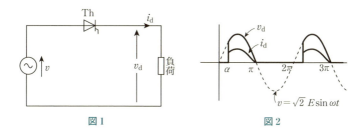

図1　　　　図2

〈 ① ～ ③ の解答群〉

ア　誘導性　　　　イ　インピーダンス　　　ウ　抵抗　　　エ　$\dfrac{1+\cos\alpha}{2}$

オ　$\dfrac{1-\cos\alpha}{2}$　　カ　$1+\cos\alpha$　　　　キ　$1-\cos\alpha$　　　ク　0

ケ　$\dfrac{\pi}{2}$　　　　コ　π

解説

単相半波整流回路の直流出力平均電圧 V_0 [V] は，次式で表される．

$$V_0 = 0.45 \times \frac{1+\cos\alpha}{2}E$$

V_0 が最大になるには $\cos\alpha = 1$ のときである．したがって，制御角 α [rad] は，$\alpha = \tan^{-1}1 = 0$ rad となる．

（答）　1—ウ，2—エ，3—ク

問題4

三相 400 V の交流電源で三相ブリッジ回路を用いたとき，直流出力平均電圧 V_0 [V] を求めよ．ただし，制御角 $\alpha = \pi/3$ rad とする．

解説

三相ブリッジ回路の直流出力平均電圧 V_0 [V] は，次式より求まる．

$$V_0 = 1.35\,V\cos\alpha = 1.35 \times 400 \times \cos\frac{\pi}{6}$$

$$\fallingdotseq 270 \text{ V}$$

（答）　270 V

問題5

直流電源電圧を E，直流チョッパのスイッチング周期を T，オン期間を T_{on} とした場合，チョッパの平均出力電圧 V_0 に関する記述として，誤っているのは，次のうちどれか．

(1)　降圧チョッパでは，$\dfrac{T_{\mathrm{on}}}{T} = \dfrac{1}{2}$ のとき，出力電圧 V_0 は $\dfrac{1}{4}E$ となる．

(2)　昇圧チョッパの出力電圧 V_0 は，直流電源電圧 E より低い値に制御することができない．

(3)　降圧チョッパの出力電圧は，$0 \sim E$ の範囲内で連続的に制御することができる．

(4)　昇降圧チョッパの出力電圧 V_0 は，$0 \sim \infty$ まで連続的に制御可能である．

(5)　昇圧チョッパの出力電圧 V_0 は，$\dfrac{T_{\mathrm{on}}}{T} = \dfrac{1}{2}$ のとき，出力電圧は $2E$ となる．

解説

降圧チョッパでは出力電圧 V_0 は，次式で表される．

$$V_0 = \frac{T_{\mathrm{on}}}{T}E = \frac{1}{2}E \quad \left(\frac{T_{\mathrm{on}}}{T} = \frac{1}{2}\right)$$

（答）　(1)

実力 Check! 問題

電気設備及び機器

| 問題7 | 工場配電 | *Check!* | 金 □ | さもう □ | 素暴 □ |

次の各問に答えよ.

(1) 次の各文章の ┌ 1 ┐ 〜 ┌ 9 ┐ の中に入れるべき最も適切な字句をそれぞれの解答群から選び,その記号を答えよ.

　1) 変圧器の短絡インピーダンスは,短絡電流を ┌ 1 ┐ するためには大きい方が望ましいが,電圧降下を小さくするためにはその逆がよい.

　2) 避雷器は,受電設備を落雷による過電圧から保護するため,受電設備の電源側や必要に応じて変圧器の高圧側および特別高圧側に施設される.また,避雷器の ┌ 2 ┐ と被保護機器の絶縁強度との間では ┌ 3 ┐ を図る必要があり,一般に20％以上の裕度をもたせている.

　3) 開閉装置のうち,遮断器は,負荷電流あるいは故障電流を迅速に遮断することができ,電路の投入,通電,遮断に用いられる.また, ┌ 4 ┐ は,点検,修理などのための回路の切り離しや接続変更に用いられ,主として ┌ 5 ┐ で開閉する装置である.

〈 ┌ 1 ┐ 〜 ┌ 5 ┐ の解答群〉

ア 負荷状態	イ 無負荷状態	ウ 停電状態	
エ 電力ヒューズ	オ リレー	カ 負荷開閉器	キ 断路器
ク 絶縁協調	ケ 過電流協調	コ 地絡電流協調	サ 放電開始電圧
シ 定格電圧	ス 最大電圧	セ 制限電圧	ソ 小さく
タ 大きく	チ 一定に	ツ 吸収	

　4) 調相設備には,進相用の ┌ 6 ┐ ,遅相用の分路リアクトルおよび進相,遅相の両方に使用できる ┌ 7 ┐ がある.

477

5) 計器用変圧器は，計器を高圧回路から絶縁し，レベル変換を行い，計器と組み合わせて電気の諸計量を行うもので，計器用変圧器と 8 とがある．なお， 8 の二次側を使用中に開放すると，鉄心の磁束が急増し，二次側に異常電圧が発生し，機器の焼損など，危険な状態になる．

〈 6 ～ 8 の解答群〉

ア 直列コンデンサ　　　イ 直列リアクトル　　　ウ 電力用コンデンサ

エ 誘導調相機　　　　　オ 負荷時タップ切換変圧器　カ 変成器

キ 変流器　　　　　　　ク 変圧器　　　　　　　コ 一次側

サ 二次側　　　　　　　シ アース側　　　　　　ス 同期調相機

(2) 次の各文章の 9 ～ 14 の中に入れるべき最も適切な字句を解答群から選び，その記号を答えよ．

分散型電源とは，分散して配置される小規模電源のことである．太陽光発電や風力発電のような自然エネルギーを積極的に利用するもの，燃料電池や内燃機関などを用いたコージェネレーションのような 9 による総合エネルギー効率の向上を図るもの，および廃棄物発電などのような未利用エネルギーを積極的に活用していくものなどがある．

分散型電源のうちでも，特に近年普及が著しい太陽光発電は，太陽光エネルギーを直接電気エネルギーに変換する発電方式で，この変換のために太陽電池が利用される．太陽電池には，使用する原料，製造方法などにより，各種のものがあるが，主として 10 を原料としたものには，単結晶太陽電池，多結晶太陽電池，アモルファス太陽電池の3種類に分類される．太陽光発電は，太陽電池，その電源から発生する直流を交流に変換するインバータ部，および系統事故時などにインバータ部を速やかに停止させる 11 部の三つの主要部分から構成される．このうちインバータ部と 11 部を組み合わせて 12 と呼ぶ．また，太陽光発電などの分散型電源を一般電気事業者の系統に連系するに当たっては，系統連系の技術要件を定めたガイドラインで基本的な考え方が，次のように定められている．

① 連系によって配電系統の 13 および電力品質（電圧，周波数，力率など）の面で悪影響を及ぼさないこと．

② 連系によって公衆や作業者の 14 ，配電系統の供給設備，連系されたほかの需要設備の保全に悪影響を及ぼさないようにすること．

〈 9 〜 14 の解答群〉

ア	安全確保	イ	作業性向上	ウ	業務効率向上	エ 電圧変動
オ	落雷対策	カ	供給信頼度	キ	高調波対策	
ク	パワーコンディショナ			サ	整流	シ 交直変換
ス	連系保護装置	セ	過電流保護装置	ソ	地絡保護装置	タ シリコン
チ	有機化合物	ツ	無機化合物	テ	熱電供給	ト 熱供給
ナ	熱電併給					

問題8 工場配電 ~~Check!~~ □ □ □

次の各問いに答えよ.

(1) 次の各文章の 1 〜 6 の中に入れるべき最も適切な字句を解答群から選び,その記号を答えよ.

力率の改善は,電気料金の低減,系統容量の 1 ,電圧の安定化および電力損失の低減に繋がる.力率管理を的確に行うためには,主にコンデンサが利用され,その調整方法としては,時間制御, 2 制御,力率制御などがあるが, 2 制御や力率制御を採用する場合には,コンデンサの投入と遮断が繰り返される 3 現象に対する配慮が必要となる.

負荷管理は,デマンド制御と電力量管理に分類される.デマンド制御とは,電気使用者の便宜を損なうことなく 4 を一定値以下に抑制し,電力設備の効率運用と省エネルギー化を推進する手法である.デマンド制御を行うことにより, 5 が高くなるので,受電設備や配電設備の効率的運用が可能となる.一方,電力管理の目標は,工場や事業場の生産活動や業務活動を円滑に遂行し,経済的かつ合理的に電力を使用することで電力量の低減を図り,製品の 6 を下げることである.

〈 1 〜 6 の解答群〉

ア	在庫	イ	増加	ウ	減少	エ 電力原単位
オ	負荷率	カ	不等率	キ	有効電力	ク 無効電力
ケ	皮相電力	コ	ハンチング	サ	フリッカ	シ 共振
ス	最大需要電力	セ	平均需要電力	ソ	価格	

(2) 次の文章の A.abc 〜 D.a.bc に当てはまる数値を計算し,その結果を答えよ.

ただし,解答は解答すべき数値の最小位の一つ下の位で四捨五入すること.

図に示すように，1台の変圧器から，負荷抵抗R_1，R_2およびR_3に電力を供給する単相3線式配電線がある．R_1，R_2およびR_3はいずれも抵抗負荷であり，R_1を流れる電流は40 A，R_2を流れる電流は20 A，R_3を流れる電流は30 Aである．変圧器は一次電圧6 600 V，二次電圧210 Vおよび105 Vとする．

配電線の1線当たりの抵抗をU線，n線およびv線は，それぞれ，0.05 Ω，0.03 Ω，0.05 Ωとすると，負荷R_1に加わる電圧V_1は A abc [V]となり，負荷R_2に加わる電圧V_2は B abc [V]となる．また，配電線の損失は C abc [W]となり，変圧器一次側に流れる電流は D a,b,c [A]となる．

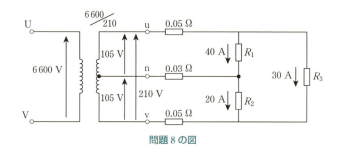

問題8の図

問題9　電気機器　Check!

次の各問に答えよ．

(1) 次の各文章の 1 ～ 12 の中に入れるべき最も適切な字句，数値または式をそれぞれの解答群から選び，その記号を答えよ．

1) 三相電源に2台の単相変圧器を接続して，三相電力を供給する結線をV-V結線という．

この結線方法と単相変圧器3台をΔ-Δ結線に接続して三相電力を供給する場合の違いは次のようになる．

Δ-Δ結線では，各相とも漏れインピーダンスによる 1 が発生するのに対し，V-V結線では，一相分についてそれが発生しないので， 2 側に平衡した三相負荷電流が流れた場合でも， 2 側の端子の電位に不平衡が発生する．ただし，各端子間の線間電圧は平衡している．

1台の単相変圧器の二次側電圧をV，二次側巻線を流れる電流をI，容量をVIとして，力率1の平衡三相負荷に電力を供給する場合について考える．V-

V結線では，変圧器から負荷への電流と巻線の電流とが等しい．したがって，変圧器バンクの三相出力は $\boxed{3}$ となる．これに対し，△-△結線の変圧器バンクの三相出力は $3VI$ となるので，V-V結線の出力 P_v，△-△結線の出力 $P_△$ の比 $P_v/P_△ = \boxed{4}$ となる．V-V結線の利用率は $\boxed{5}$ となる．

〈$\boxed{1}$～$\boxed{5}$ の解答群〉

ア 不足電圧　　イ 電圧降下　　ウ 短絡インピーダンス　　　　エ 三次

オ 二次　　　　カ 一次　　　　キ $3VI$　　　　　ク $2VI$

ケ $\sqrt{3}\,VI$　　コ $\sqrt{2}\,VI$　　サ VI

シ $\dfrac{VI}{\sqrt{3}}$　　ス $\dfrac{3I}{2}$　　セ $\dfrac{2}{\sqrt{3}}$　　ソ $\dfrac{\sqrt{3}}{2}$　　タ $\dfrac{2}{3}$

チ $\dfrac{1}{\sqrt{3}}$　　ツ $\dfrac{1}{2}$

2) かご形誘導電動機の速度制御には，現在，汎用インバータによる一次周波数制御が広く用いられている．これは一次周波数に比例して電動機の同期速度が変化することを応用したものであり，通常，周波数に比例して電圧を変えて，電動機の $\boxed{6}$ の磁束密度をほぼ一定に保つようにしている．

汎用インバータの基本回路は，商用周波数の交流入力を一度，直流に変換した後，設定周波数の交流に再変換して出力する構成である．この回路において，順変換回路はダイオードを用いた三相ブリッジ結線の整流回路，逆変換回路は，$\boxed{7}$ などのオン機能およびオフ機能を有するバルブデバイスを用いた $\boxed{8}$ 形インバータ回路が一般的である．出力制御（電圧および周波数）はいずれも逆変換回路で行われ，この出力を制御するための変調方式は $\boxed{9}$ が一般的である．

かご形誘導電動機は，全電圧で開閉器を投入すると，$\boxed{10}$ 電流が定格電流の数倍となるが，汎用インバータを用いれば，その電流を定格電流に近い値以下にまで抑えることができ，また，多頻度の $\boxed{11}$ ができる．間欠運転に対しても，電動機の $\boxed{12}$ 運転をやめ，回転速度制御を適用し負荷に応じて $\boxed{11}$ を行うことが省エネルギーに繋がる．ただし，負荷の要求する始動特性は，配慮する必要がある．

〈$\boxed{6}$～$\boxed{12}$ の解答群〉

ア 無負荷　　　イ 負荷　　　ウ 過負荷　　エ 過熱　　　オ 転流

カ 制動　　　　キ 始動停止　　ク 始動　　　ケ 同期速度　　コ 滑り

サ	パルス幅変調			シ	周波数変調		
ス	振幅変調	セ	エアギャップ			ソ	起磁力
タ	磁気抵抗	チ	電流	ツ	電圧	テ	IGBT
ト	サイリスタ	ナ	整流器	ニ	磁性体		

(2) 次の文章の $\boxed{\text{A a.b}}$ ～ $\boxed{\text{D ab.c}}$ に当てはまる数値を計算し，その結果を答えよ．ただし，解答は解答すべき数値の最小位の一つ下の位で四捨五入すること．

　　定格一次電圧6 600 V，定格二次電圧210 V，定格容量500 kV・A，定格周波数50 Hzの単相変圧器があり，一次巻線抵抗が0.4 Ω，二次巻線抵抗が0.001 Ωである．この変圧器の二次側を開放して無負荷試験を行ったところ，一次側に1.0 A，力率0.05（遅れ）の電流が流れた．この無負荷試験結果から，変圧器の無負荷損は，$\boxed{\text{A a.b}} \times 10^2\,[\text{W}]$ となる．この無負荷損のうち，一次巻線による損失は0.4 Wと計算されるので，計測された損失のほとんどが鉄損である．

　　この変圧器に定格容量の負荷を接続したときの負荷損は，$\boxed{\text{B a.bc}} \times 10^3\,[\text{W}]$ となる．また，力率1.0で定格容量の負荷を接続したときの効率は，$\boxed{\text{C ab.c}}\,[\%]$ となる．さらに，この変圧器が最大効率となるのは，$\boxed{\text{D ab.c}}\,[\%]$ の負荷のときである．ただし，定格容量の負荷を接続したとき，二次側の負荷の電圧を210 Vとし，一次側の励磁電流は無視する．

問題10	電気機器	*Check!*	🔔 ☐	🤔 ☐	📚 ☐

次の問に答えよ．

(1) 次の文章の $\boxed{1}$ ～ $\boxed{10}$ の中に入れるべき最も適切な字句を解答群から選び，その記号を答えよ．

　　誘導電動機は，回転子側の電流を固定子巻線からの $\boxed{1}$ によって発生させており，等価回路は変圧器と類似しているが，固定子と回転子の間に $\boxed{2}$ があるために磁路の磁気抵抗が大きく，変圧器に比べ励磁電流が大きい．また電磁気的損失のほかに回転子の運動による摩擦損もあって，効率は変圧器よりも低い．

　　近年，同期電動機の界磁巻線の代わりに $\boxed{3}$ を用いた $\boxed{3}$ 形同期電動機が注目され，三相誘導電動機に比較しても高効率，高力率，低騒音，省スペース，保守の容易さなどの特長から，適用分野が拡大している．$\boxed{3}$ 形同期電動機の発生トルクは，永久磁石の磁束とこれに直交する q 軸電流との積で表されるマグネットトルクと，磁気的な $\boxed{4}$ 性によって発生するリラクタンストルクから

482

なる．　3　形同期電動機では，回転速度に比例し誘導起電力が増減する．このため，高速領域で電動機に加える電圧が誘導起電力より低いトルクを発生することができなくなるので，電機子電流の誘導起電力に対する位相を　5　側に制御し，電機子反作用により合成磁束を　6　運転範囲の拡大を図っている．

半導体電力変換装置はバルブデバイスのオン-オフにより動作するため，電流または電圧の波系が方形波状の組み合わせとなり，　7　と無効電力が発生する．また，使用されるバルブデバイスは理想的なスイッチング素子ではなく，オン状態での　8　方向に電圧降下が発生し，オフ状態では，わずかな　9　による損失が発生する．オフ状態からオン状態へ，あるいはその逆の切り換えに有限の時間を必要とすることによって発生する損失を　10　損失といい，切換え動作の繰り返し周期を短くすると損失が増加する．

〈　1　〜　10　の解答群〉

ア	スイッチング	イ	高周波	ウ	誘導	エ	誘電
オ	順	カ	逆	キ	同	ク	漏れ磁束
ケ	漏れ電流	コ	高調波	サ	強めて	シ	弱めて
ス	進み	セ	遅れ	ソ	突極	タ	非突極
チ	永久磁石	ツ	磁性体	ト	静電誘導作用	ナ	電磁誘導作用
ニ	漏れ磁束	ヌ	エアギャップ	ネ	磁気作用	ノ	絶縁体

(2) 次の文章の　11　〜　13　の中に入れるべき最も適切な字句を解答群から選び，その記号を答えよ．また，A a.b 〜 C abc に当てはまる数値を計算し，その結果を答えよ．ただし，解答は解答すべき数値の最小位の一つ下の位で四捨五入すること．

図は三相誘導電動機が滑りsで運転しているときの，星形1相分の二次側（回転子側）の等価回路を示している．

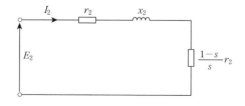

図においてE_2[V]は二次側誘導起電力，I_2[A]は二次電流，r_2[Ω]は二次抵抗，

$x_2\,[\Omega]$ は一次周波数における二次リアクタンスとし，いずれも星形の一次換算値とする．なお，二次抵抗分は二次損失分と発生動力分に分けて表示している．この等価回路で，一次側からの二次入力 P_2，二次回路の抵抗損 P_{C2} はそれぞれ次式で表される．

$$P_2 = \boxed{11}\,[\mathrm{W}]$$

$$P_{C2} = I_2^2 \times r_2$$

また，発生動力（機械的出力）P_0 は，次式となる．

$$P_0 = \boxed{12}\,[\mathrm{W}]$$

これらの関係から

$$P_2 : P_{C2} : P_0 = 1 : \boxed{13} : (1-s)$$

これらの式を用いると，滑り s が 0.03 で運転している三相誘導電動機の二次抵抗損 P_{c2} が 120 W であるときの電動機の発生動力 P_0 は $\boxed{\mathrm{A}\ \text{a.b}}\,[\mathrm{kW}]$ になる．

また，定格出力 300 kW，定格電圧 3 300 V，周波数 50 Hz，8 極のかご形三相誘導電動機が，全負荷時の二次抵抗損 10 kW，機械損 5 kW である場合，全負荷時の滑り s は $\boxed{\mathrm{B}\ \text{a.bc}} \times 10^{-2}$ となり，回転速度は，$\boxed{\mathrm{C}\ \text{abc}}\,[\mathrm{min}^{-1}]$ となる．ただし，定格出力は定格負荷時の発生動力から機械損を差し引いたものに等しい．

〈$\boxed{11} \sim \boxed{13}$ の解答群〉

ア $\ I_2^2 \times (1-s) \times r_2$ イ $\ I_2^2 \times \dfrac{1-s}{s} \times r_2$ ウ $\ I_2^2 \times \dfrac{r_2}{s}$

エ $\ I_2^2 \times \sqrt{r_2^2 + x_2^2}$ オ $\ E_2^2 \times \dfrac{1-s}{s} \times r_2$ カ $\ E_2 \times I_2$

キ $\ s^2$ ク $\ s$ ケ $\ \dfrac{1}{s}$

解答・解説

電気設備及び機器

問題7 (1) 1―ソ，2―セ，3―ク，4―キ，5―イ，6―ウ，7―ス，8
―キ

(2) 9―ナ，10―タ，11―ス，12―ク，13―カ，14―ア

(1) 1) 変圧器の短絡電流を小さくするには，短絡インピーダンスは大きい方が
よい．

一方，電圧降下を小さくするには，短絡インピーダンスは**小さい**方が有利である．

2) 避雷器は，受電設備を落雷・サージなどから保護するための保護装置である．
避雷器の**制限電圧**と被保護機器の絶縁強度間には，**絶縁協調**を図る必要がある．制
限電圧とは，避雷器が雷電流などにより作動中に避雷器の端子に現れる電圧の波高
値のことである．

3) 遮断器は，負荷電流や故障電流を遮断できる性能を有し，**断路器**は，**無負荷
状態**での開閉可能な装置で，電気設備の点検，修理時に開閉する．

4) 調相設備には，**電力用コンデンサ**（進相用）や分路リアクトル（遅相用），**同
期調相機**（進相・遅相）がある．同期調相機は，同期電動機を無負荷で運転をし，
その励磁を加減することで，進相〜遅相無効電力を連続的に供給できる調相設備で
ある．

5) 計器用**変流器**の二次側を開放すると，一次巻線に流れる電流がすべて励磁電
流となり，鉄心が磁器飽和を生じ，二次側端子間に異常に高い電圧を誘起する．保
護装置や計器の焼損のおそれがある．

計器用変流器の二次側は，電流計などの低インピーダンス計器を接続する．また，
修理を行うときは，事前に二次側端子間を短絡することが重要である．

(2) **電力と熱を併給**して総合エネルギー効率向上を図るシステムとしては，コー
ジェネレーションシステムが採用されている．

シリコンを原料とした太陽電池は，単結晶太陽電池，多結晶太陽電池，アモルフ
ァス太陽電池に分類できる．

太陽光発電システムは，太陽電池・インバータ部・**連系保護装置**部から構成され，インバータ部と連系保護装置部を合わせて，**パワーコンディショナ**という．

系統連系上配慮しなければならない事項は，商用電源と並列運転することから，配電系統の**供給信頼度**の面での悪影響を及ぼさないこと，および，公衆や作業者の**安全確保**が必須となる．

問題8 (1) 1―イ, 2―ク, 3―コ, 4―ス, 5―オ, 6―エ
(2) A―101, B―103, C―382, D―1.91

(1) 第1図より，力率の改善について考える．$\dot{V}_s$は送電端の線間電圧，$\dot{V}_r$は受電端の線間電圧，$\dot{I}$は負荷電流，r, xは配電線の抵抗およびリアクタンスとする．

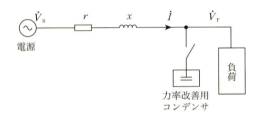

第1図

受電側で，電力コンデンサを投入する前の遅れ力率$\cos\theta$のときのベクトル図が，第2図のようになる．一方，電力コンデンサを投入し，無効電力を0とした，つまり，力率1のときのベクトル図が第3図のようになる．

第2図および第3図を比較すると，送電電圧の大きさが異なり，無効電力を小さくする，つまり力率改善を行うことで，同一の大きさの受電電圧に対し送電電圧の上昇する程度が小さくなる．

また，力率改善により電力料金の低減，無効電力分の電流が減少したことによる系統容量の**増加**，および電圧の安定化を図ることができる．

力率改善用コンデンサの調整方法は，時間制御，**無効電力**制御，および力率制御などが代表的なものである．一般に工場の負荷は一定ではなく，無効電力も同様に変化する．これに対し力率改善用コンデンサは，段階制御（50, 100, 150 kvar）となり，変化する無効電力の大きさに対し，投入するコンデンサの容量が合わない．そのために投入と遮断が繰り返される**ハンチング**現象が発生するときがあるので配慮が必要である．

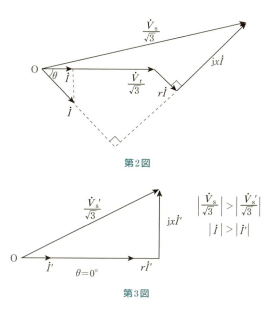

第2図

第3図

デマンド制御は最大需要電力を一定値以下に下げることをいう．デマンド制御により，**最大需要電力**が一定値以下になると，次式より**負荷率**が高くなる．

$$負荷率 = \frac{平均需要電力}{最大需要電力}$$

電力原単位とは，工場などの生産量を分母に，その生産にかかった電力量[kW・h]を分子として表される．

$$電力原単位 = \frac{生産にかかった電力量}{生産量(台数など)} \left[\frac{kW \cdot h}{台}\right]$$

したがって，電力量管理により，電力量の低減を図ることで，製品の**電力原単位**を下げることができる．

(2) 各線路に流れる電流 I_u[A]，I_n[A]，I_v[A]は，負荷力率が1.0であることから，

$I_u = 40 + 30 = 70$ A　右方向

$I_n = 40 - 20 = 20$ A　左方向

$I_v = 20 + 30 = 50$ A　左方向

となり，第4図が描ける．

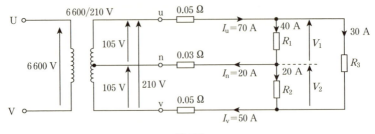

第4図

第4図より，負荷 R_1，R_2 の電圧 V_1，V_2 について，関係式を考える．

$105 = (70 \times 0.05) + V_1 + (20 \times 0.03)$ [V]

V_1 について求める．

$V_1 = 105 - (70 \times 0.05) - (20 \times 0.03) = 100.9 \fallingdotseq 101$ V

$105 = (-20 \times 0.03) + V_2 + (50 \times 0.05)$ [V]

V_2 について求める．

$V_2 = 105 + (20 \times 0.03) - (50 \times 0.05) = 103.1 \fallingdotseq 103$ V

また，配電線の損失 P_l [W] は，第4図より次式で表される．

$P_l = (70^2 \times 0.05) + (20^2 \times 0.03) + (50^2 \times 0.05) = 245 + 12 + 125 = 382$ W

変圧器一次側に流れる電流 I_1 [A] は，次式の関係式より求まる．

$6600 \times I_1 = (105 \times 70) + (105 \times 50)$ W

（変圧器の損失を無視し，一次側の有効電力（出力）＝二次側の有効電力（入力）と考える．）

変圧器一次側に流れる電流 I_1 [A] を求める．

$I_1 = \dfrac{(105 \times 70) + (105 \times 50)}{6600} = \dfrac{12600}{6600} = 1.909 \fallingdotseq 1.91$ A

問題9 (1) 1―イ，2―オ，3―ケ，4―チ，5―ソ，6―セ，7―テ，8―ツ，9―サ，10―ク，11―キ，12―ア

(2) A―3.3，B―7.96，C―98.4，D―20.4

(1) 1) 三相電源に2台の単相変圧器を接続して，電力を供給する結線をV-V結線という．V-V結線は，△-△結線の1相分を取り除いた結線で，将来の負荷増加が見込まれる際に適用されることがある．変圧器では，一部の磁束が鉄心から漏れ，コイルに抵抗分が存在する．この漏れた磁束によるリアクタンス分を漏れリア

クタンスと呼び，コイルの抵抗分と漏れリアクタンス分を合わせて，漏れインピーダンスという．△-△結線では，各相とも漏れインピーダンスによる電圧降下が発生するが，二次側に平衡負荷電流が流れた場合に3相分の漏れインピーダンスによる電圧降下のベクトル和は，0になり，二次側端子電位（対地電位）は平衡となる．

一方，V-V結線では，二次側に平衡した負荷電流が流れた場合でも1相分について漏れインピーダンスによる電圧降下が発生しないために，二次側端子電位（対地電位）は平衡にならない．

V-V結線では変圧器巻線電流と負荷電流が等しいので，変圧器バンク（2台分）の三相出力P_Vは次式で表される．

$$P_V = \sqrt{3}\, VI$$

また，△-△結線の変圧器バンク（3台分）の三相出力$P_\triangle$は，次式で表される．

$$P_\triangle = 3VI$$

よって，△-△結線からV-V結線による容量低減率は，

$$\frac{\text{V-V結線の出力}}{\text{△-△結線の出力}} = \frac{\sqrt{3}\, VI}{3VI} = \frac{\sqrt{3}}{3} = \frac{1}{\sqrt{3}} = 0.577 = 57.7\,\%$$

V-V結線における変圧器利用率は

$$\frac{\sqrt{3}\, VI}{2VI} = \frac{\sqrt{3}}{2}$$

となる．

2) かご形誘導電動機の速度制御には，インバータを用いた一次周波数制御がある．この制御法は，一次周波数に比例して電動機の同期速度が変化することを利用したものである．一般に，一次周波数に比例して一次電圧も変化させるV/f一定制御法が用いられている．これにより，電動機のエアギャップの磁束密度をほぼ一定に保つことができる．

汎用インバータの構成は，商用周波数（50/60 Hz）の交流を一度，直流に変換をしたのち，設定した周波数の交流に再変換して出力するものである．

汎用インバータの順変換回路はダイオードを用いた三相ブリッジ結線の整流回路が採用される．一方，IGBTなど逆変換回路は電圧形インバータが一般的であり，周波数および電圧の制御は，逆変換回路で構成されている（**第1図**参照）．この制御にはパルス幅変調（PWM）方式が採用される．

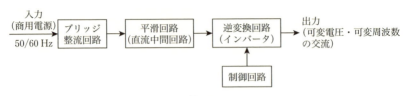

第1図

かご形誘導電動機を全電圧で始動させると**始動**電流が定格電流の数倍となる．始動電流を低減させるため，従来はスターデルタ始動法や始動補償器法などを用いた始動が行われてきた．最近では，汎用インバータを用いた始動法が広く採用されている．

電動機の多頻度の**始動停止**が可能となり，間欠運転に対し電動機の**無負荷**運転を止め，回転制御を用いて負荷に応じた**始動停止**ができるようになった．

汎用インバータには負荷の加減速パターンや時間を設定できる機能が標準装備されているのが一般的である．

(2) 問題文の試験回路は，第2図のようになる．

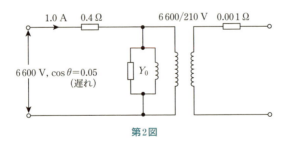

第2図

第2図より，無負荷損 P_i [W] を求めると

$P_i = 6\,600 \times 1.0 \times 0.05 = 330 = 3.3 \times 10^2$ W

となり，無負荷損 P_i [W] のほとんどが，鉄損 P_e [W] であることから

$P_e \fallingdotseq P_i = 330$ W

となる．

次に，この変圧器に定格負荷を接続したときの回路は，第3図のようになる．

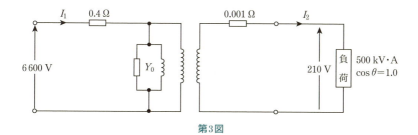

第3図

一次,二次電流 I_1, I_2 [A] を求めると

$$I_1 = \frac{500 \times 10^3}{6600} = 75.757 ≒ 75.76 \text{ A}$$

$$I_2 = \frac{500 \times 10^3}{210} = 2380.952 ≒ 2380.95 \text{ A}$$

となり,負荷損 P_c [W] は,

$$P_c = (0.4 \times I_1{}^2) + (0.001 \times I_2{}^2) = (0.4 \times 75.76^2) + (0.001 \times 2380.95^2)$$
$$= (2295.83) + (5668.92) = 7964.75 ≒ 7.96 \times 10^3 \text{ W}$$

このときの効率 η [%] は,次式より,求めることができる.

$$\eta = \frac{出力}{出力 + (無負荷損 + 負荷損)} = \frac{500 \times 10^3}{500 \times 10^3 + (330 + 7.96 \times 10^3)}$$
$$= 0.98369 ≒ 98.4 \%$$

次に,変圧器が最大効率となるのは,無負荷損=負荷損のときである.このときの変圧器の利用率を K とすると,次式が成立する.

$$P_i = K^2 P_c$$

よって,利用率 K は次のように求まる.

$$K = \sqrt{\frac{P_i}{P_c}} = \sqrt{\frac{330}{7960}} = 0.2036 ≒ 20.4 \%$$

問題10 (1) 1―ナ,2―ヌ,3―チ,4―ソ,5―ス,6―シ,7―コ,8―オ,9―ケ,10―ア

(2) 11―ウ,12―イ,13―ク,A―3.9,B―3.17,C―726

誘導電動機の回転子電流は,一次巻線からの**電磁誘導作用**によって発生させている.変圧器の等価回路と似ているが,誘導電動機の場合,固定子と回転子の間には**エアギャップ**があるため,磁路の磁気抵抗が大きく,励磁電流が大きい.効率の点でも,回転機であるため,摩擦による損失もあり,変圧器より低い.

永久磁石形同期電動機は，同期電動機の界磁巻線を永久磁石に置き換えたもので，小形，高効率が実現できる特長をもっている．

永久磁石形同期電動機の発生するトルクには，マグネットトルクとリラクタンストルクがある．マグネットトルクは永久磁石の磁束と電流によって発生するトルクである．一方，リラクタンストルクは回転子の磁気回路構造の突極性によって発生するトルクである．永久磁石形同期電動機をベクトル制御する場合，固定子側の座標と回転子側の座標の二つの座標系を考え，電圧・電流をそれぞれの座標で変換しながら制御する．回転子座標はd-q座標と呼ばれ，d軸は永久磁石による磁束と同位相にとり，q軸はd軸と磁気的に直交方向にとる．

半導体電力変換装置はバルブデバイスのオン-オフにより動作するため，変換装置の入力電流出力電圧・電流は必要とする周波数（設定周波数）以外の多くの高調波成分を含んだひずみ波となり，無効電力を発生している．

バルブデバイスは理想的なスイッチング素子ではなく，オン状態では順方向の電圧降下が発生し，オフ状態ではわずかであるが漏れ電流による損失が発生する．また，オンからオフ状態あるいはオフからオン状態には有限の時間が必要となるので，スイッチング損失が発生する．スイッチング損失は，スイッチング周波数を上げるほど，増加する．

(2) 問題文の等価回路から，二次入力P_2は抵抗r_2と出力抵抗$\dfrac{1-s}{s}r_2$における電力の和となる．

$$P_2 = I_2{}^2 \times \left(r_2 + \frac{1-s}{s}r_2\right) = I_2{}^2 \times \frac{r_2}{s}\,[\mathrm{W}]$$

発生動力（機械的出力）P_0は，二次入力P_2から二次抵抗損P_{C2}を差し引いたものであるから，次式で表される．

$$P_0 = P_2 - P_{C2} = \left(I_2{}^2 \times \frac{r_2}{s}\right) - I_2{}^2 r_2 = I_2{}^2 \times \frac{1-s}{s} \times r_2\,[\mathrm{W}]$$

よって，次式が成立する．

$$P_2 : P_{C2} : P_0 = \left(I_2{}^2 \times \frac{r_2}{s}\right) : \left(I_2{}^2 \times r_2\right) : \left(I_2{}^2 \times \frac{1-s}{s}\right) = \frac{1}{s} : 1 : \frac{1-s}{s}$$

$$= 1 : s : (1-s)$$

このことから，二次側に伝達された電力のうち$1-s$は機械的出力，sは二次銅損に比例することがわかる．sの大きいところでは，二次銅損が大きくなり，機械的出力が減少する．

次に，滑り$s = 0.03$で運転しているとき，三相誘導電動機の二次抵抗損が$P_{C2} =$

120 W であるときの電動機の発生動力 P_0 [kW] は,

$$P_0 = \frac{1-s}{s} \times P_{C2} = \frac{1-0.03}{0.03} \times 120 = 3\,880\,\text{W} \fallingdotseq 3.9\,\text{kW}$$

また,定格出力 $P_n = 300$ kW,周波数 $f = 50$ Hz,$P = 8$ 極のかご形誘導電動機において全負荷時の二次抵抗損 $P_C = 10$ kW,機械損 $P_L = 5$ kW である場合,発生動力 P_0 [kW] は,次式より求まる.

$$P_n = P_0 - P_L$$

発生動力 P_0 [kW] は

$$P_0 = P_n + P_L = 300 + 5 = 305\,\text{kW}$$

したがって,このときの滑り s は,次式より求まる.

$$P_0 = \frac{1-s}{s} \times P_{C2}$$

$$305 = \frac{1-s}{s} \times 10$$

滑り s について求めると

$$305s = (1-s) \times 10 = 10 - 10s$$

$$s = \frac{10}{315} = 0.031\,746 \fallingdotseq 3.17 \times 10^{-2}$$

よって,回転速度 N_s [min^{-1}] は

$$N_s = \frac{120\,f}{p}(1-s) = \frac{120 \times 50}{8} \times (1-0.031\,7) = 726.225 \fallingdotseq 726\,\text{min}^{-1}$$

となる.

494

課目 IV

電力応用

電動力応用
電気加熱
電気化学
照明
空気調和

電動力応用の基礎事項

1　電動力応用の特徴と基本式

これだけは覚えよう！

□電動力応用の特徴
□電動機応用の基本式（入出力，効率，速度変動率等）を求める算出方法

■電動力応用の特徴

　一般に動力源は，効率の低い内燃機関などを採用するよりも電動機運転によって得る方が経済的である．電動機応用の本質的な特徴をあげると次のようになる．

◇長所

① 電動力の集中，配分が容易である．

② 電動機は種類，容量が豊富なため，負荷に適した特性，構造のものを自由に選択ができる．

③ 電動機は，内燃機関等と比較して効率が良く，軽負荷時の効率低下が少ない．

④ さまざまな生業が容易で確実性があり，自動制御・集中制御などが容易にできる．

⑤ 電動機は内燃機関と比較して，作業性が良く，信頼性・安全性が高い．

⑥ 電動機は内燃機関と比較して，騒音が低く・排ガスの発生もないので据付場所の制約が少ない．

⑦ 電動機は内燃機関と比較して，燃料の運搬，貯蔵のような施設を必要としない．

◇短所

① 停電時に自家用発電機などがないと，運転を休止しなければならない．

▶内燃機関

内然による燃焼で得た熱エネルギーを機械的仕事に変換させる装置のことである．ガソリン機関，ディーゼル機関，ガスタービンなどがある．

② 電源電圧および周波数等の変動により，トルク・回転数が影響を受ける．

③ 可変動力源として使用する場合，電線が付随するために作業性が悪い．

④ 電動機の絶縁劣化や断線などの内部事故は，外見だけでは発見しにくい．定期的に絶縁診断等を行う必要がある．

⑤ 電動機等を高度な制御運転を行う場合は，専門知識を有した技術者が必要となる．

■電動力応用の基本式

交流電動機の入出力・効率・速度変動率および温度上昇について考える．

◇電動機の入出力

入力：$P_i = \sqrt{3}\, VI \cos\theta\,[\text{W}]$

ただし，V：交流入力線間電圧 $[\text{V}]$，I：交流入力線電流 $[\text{A}]$，$\cos\theta$：力率とする．

出力：$P_m = \omega T = 2\pi n T\,[\text{W}]$

ただし，ω：角速度 $[\text{rad/s}]$，T：電動機の発生トルク $[\text{N·m}]$，n：回転速度 $[\text{s}^{-1}]$ とする．

◇電動機の効率

電動機の効率 η は，出力と入力の比で表される．

$$\eta = \frac{P_m}{P_i} = \frac{P_i - P_L}{P_i}\,[\%]$$

ただし，P_L：電動機の損失 $[\text{W}]$ とする．

◇電動機の速度変動率

定速度電動機では，負荷の変動による速度変動の程度を表すものを速度変動率 $\delta\,[\%]$ という．

$$\delta = \frac{N_0 - N_1}{N_0}\,[\%]$$

誘導電動機の場合の速度変動率は滑り $s\,[\%]$ で表すことができる．

N_0：無負荷における回転速度 $[\text{min}^{-1}]$
N_1：定格負荷における回転速度 $[\text{min}^{-1}]$

$$\delta = \frac{N_0 - N_1}{N_0} [\%] \fallingdotseq s [\%]$$

ただし，同期速度≒無負荷回転速度 N_0 とする．

問題1

次の文章の ［ 1 ］～［ 8 ］の中に入れるべき，最も適切な字句を解答群から選び，その記号を答えよ．

一般に動力源は，効率の低い内燃機関などを採用するよりも電動機運転によって得る方が経済的である．電動機応用の本質的な特徴を挙げると次のようになる．

①　電動機は種類，容量が［ 1 ］なため，負荷に適した特性，構造のものを自由に選択ができる．

②　電動機は，内燃機関等と比較して効率が良く軽負荷時の［ 2 ］が少ない．

③　さまざまな制御が容易で確実性があり，自動制御・［ 3 ］などが容易にできる．

④　電動機は，内燃機関と比較して，騒音が低く・［ 4 ］の発生もないので据付場所の制約が少ない．

⑤　電動機は，内燃機関と比較して，燃料の運搬，［ 5 ］のような施設を必要としない．

⑥　停電時に自家用発電機などがないと，運転を［ 6 ］しなければならない．

⑦　電源電圧および周波数等の変動により，［ 7 ］・回転数が影響を受ける．

⑧　電動機の絶縁劣化や断線などの内部事故は，外見だけでは発見しにくい．定期的に［ 8 ］等を行う必要がある．

〈［ 1 ］～［ 8 ］の解答群〉

ア	絶縁診断	イ	リレー試験	ウ	清掃	エ	トルク
カ	損失分	キ	休止	ク	貯蔵	ケ	精製	コ	臭い
サ	排ガス	シ	集中制御	ス	無人化	セ	大きい
ソ	豊富	タ	均一	チ	効率低下	ツ	力率低下

　　（答）　1—ソ，2—チ，3—シ，4—サ，5—ク，6—キ，7—エ，8—ア

問題2

次の文章中の Ａ.abc ～ Ｂ.abc に当てはまる数値を計算し，その結果を答えよ．ただし，解答は解答すべき数値の最小位の一つ下の位で四捨五入すること．

1)　定格電圧が200 Vで，定格出力が30 kW，定格出力時の効率が90 %，力率が85 %の三相誘導電動機がある．この電動機が定格電圧，定格出力で運転しているとき，定格入力電流は Ａ.abc [A]である．

2)　6極，波巻の直流電動機を運転している．電機子電流50 A，毎極の有効磁束0.01 Wb，電機子導体数1440本とすれば，このときの発生トルクは Ｂ.abc [N·m]

である.

解説

1) 電動機の定格入力電流 I [A]は，次式で表される.

$$I = \frac{P}{\sqrt{3}\, V \cdot \cos\theta \cdot \eta} \qquad \text{①}$$

ただし，P：定格出力[W]，V：定格電圧[V]，$\cos\theta$：定格出力時の力率，η：定格出力時の効率とする.

問題文より，$P = 30 \times 10^3$ W，$V = 200$ V，$\cos\theta = 0.85$，$\eta = 0.9$ を①式に代入すると，

$$I = \frac{30 \times 10^3}{\sqrt{3} \times 200 \times 0.85 \times 0.9} = 113.2 \fallingdotseq 113\,\text{A}$$

2) 一巻の電圧 e [V]は，次式で表される.

$$e = p \cdot \phi \cdot n \ [\text{V}] \qquad \text{②}$$

ただし，p：極数，ϕ：電機子毎極の有効磁束[Wb]，n：回転速度[s^{-1}]とする.
電機子導体数 Z 本，波巻の並列回路数 2 回路であるから，巻数 N 回は，

$$N = \frac{Z}{2}\,\text{回} \qquad \text{③}$$

②式，③式より，直流電動機の出力電圧 E [V]は

$$E = N \cdot e = \frac{Z \cdot p \cdot \phi \cdot n}{2}\,[\text{V}]$$

上式より，電動機出力 P [W]は，次式で表される.

$$P = E \cdot I_\text{a} = \frac{Z \cdot p \cdot \phi \cdot n}{2} \times I_\text{a}\,[\text{W}] \qquad \text{④}$$

電動機出力 P [W]を，発生トルク T [N・m]で表すと

$$P = \omega \cdot T = 2\pi n \cdot T \ [\text{W}] \qquad \text{⑤}$$

④式＝⑤式より，

$$\frac{Z \cdot p \cdot \phi \cdot n}{2} \times I_\text{a} = 2\pi n \cdot T$$

$$T = \frac{Z \cdot p \cdot \phi}{4\pi} \times I_\text{a}[\text{N・m}] \qquad \text{⑥}$$

⑥式に，$Z = 1\,440$ 本，$p = 6$ 極，$\phi = 0.01$ Wb，$I_\text{a} = 50$ A を代入すると

$$T = \frac{1\,440 \times 6 \times 0.01}{4\pi} \times 50 = 343.9 \fallingdotseq 344\,\text{N・m}$$

（答）　A　113，B　344

500

電動力応用の基礎事項

2　電動機による負荷駆動と運動方程式

これだけは覚えよう！

□電動機の始動・制動方式
□回転体の発生動力と発生トルクを求める算出方法
□慣性体の運動エネルギーと慣性モーメントを求める算出方法
□はずみ車効果およびはずみ車の合成を求める算出方法
□慣性体の運動方程式
□負荷の特性と安定条件
□始動・停止時に生じる損失を求める算出方法
□直流電動機・誘導電動機の速度制御方法
□電動機の熱特性と使用および定格
□電動機の等価容量算出方法（2乗平均）

■電動機の始動・制動方式

　電動機の始動条件は，始動電流が小さいこと，始動トルクが大きいことである．直流電動機，誘導電動機の代表的な始動方式は以下となる．

◇直流電動機の始動方式

　直流電動機では，始動時に逆電力 e が0であるため，電機子電流 I_a が非常に大きな値（定格電流の10～数十倍）となる．始動電流 I_s を定格値の1～1.5倍に抑え込むために，電機子回路に直列に始動抵抗 R_s を挿入する．分巻電動機の始動時の結線図を描くと，第1図のようになる．

◇誘導電動機の始動方式

　交流電動機では，最も多く使用されている誘導電動機について取りあげる．

　誘導電動機は，かご形・巻線形があり，始動電流を抑制するために次のような始動方式を用いている．

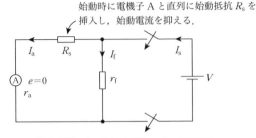

I_s：始動電流，I_a：電機子電流，I_f：界磁電流
V：電源電圧，e：電機子逆起電力，
r_a：電機子内部抵抗，r_f：界磁抵抗

第1図

① かご形誘導電動機
- 全電圧始動（直入れ始動）方式

　最も簡単な方法で，電動機端子に直接，定格電圧を加えて始動する方式である．5.5 kW未満の容量の電動機に採用される．

- Y—△（スター・デルタ）始動方式

　固定子巻線を始動時にY結線とし，定格速度付近まで加速した後に，△結線に変える方式である．この始動方式の場合，始動電流・始動トルクは△結線で全電圧始動したときと比べて，1/3倍となる．

- 始動補償方式

　三相単巻変圧器を用いて，始動時に電圧を下げて始動させる方式である．この始動方式の場合，電動機が，定格速度付近に達したときに全電圧を加える．

- リアクトル始動方式

　電源と電動機端子との間に始動時だけリアクトルを挿入して始動させる方式である．定格速度付近に達した後に，このリアクトルを開閉器により短絡する．

　これら始動方法を結線図で表すと，第2図となる．

② 巻線形誘導電動機

　比例推移を用いて始動させる方式である．スリップとブ

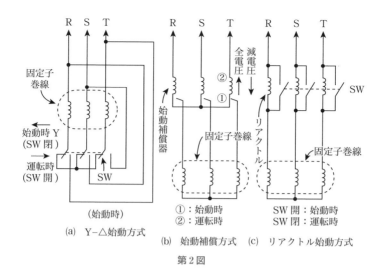

第2図

ラシを介して二次側に外部抵抗を接続すれば，始動時に始動電流を抑え，大きな始動トルクを得ることができる．

◇**電動機の制動方式**

電動機の停止，速度増加抑制のために制動を加える．これら制動方式は，次のように分類される．

① 摩擦制動

摩擦制動は，機械的な制動方法として用いられる方法である．制動片を制動輪に押し付け摩擦力により制動を加える方式である．制動片を押し付ける動力は，ばね，圧縮空気，空気圧油等がある．摩擦により，摩耗と摩擦熱が発生するために，主に低速用に用いられる．

② 発電制動

電動機の電機子を電源から切り離し，発電機として動作させ回転部分の運動エネルギーを抵抗などで消費させる方法である．

③ 逆転制動

逆転制動とは，電動機を逆転接続に切り換え逆トルクを発生させ急停止させる方法である．ブラッキング制動ともいう．

直流他励式電動機の場合は，電機子の極性だけを切り換える．誘導電動機の場合は，固定子側の3相の2端子を入れ替えて相回転を逆にする．誘導形電動機では，かご形，巻線形のどちらにも適用される．

かご形の場合は，逆転制動時の損失がすべて回転子内で熱となる．

したがって，慣性力の大きい負荷の制動を行うときは，回転子が焼損するおそれがあるため，短時間における制動回数は検討が必要である．

巻線形の場合は，相回転切り換えの瞬間に回転子回路に外部抵抗に接続すると，制動時の固定子電流を制限できると同時に制動トルクを最大にすることができる．

④ 回生制動

電動機を電源に接続したまま，電動機の誘導起電力を電源電圧より高くすると，電動機は発電機となり発生電力を電源に送ることになる．具体的には，電動機の運動エネルギーが電気エネルギーに変化されて電源に送り返すことで，電動機に制動力が働く．これを回生制動という．

他励式直流電動機のレオナード方式では，電源電圧を低くすると電動機の誘導起電力が電源電圧より高くなり，回生制動が行われる．

誘導電動機では，同期速度以上に加速すれば誘導発電機となり，回生制動が働く．極数変換が可能な多速度誘導電動機では，高速運転から低速運転に切り換えるだけで，低速側に対し同期速度以上で回転しているために回生制動が働く．

■回転体の動力および発生トルク

第3図のように，回転体の半径 r [m] 地点に力 F [N] を加えると，発生するトルク T [N·m] は次式で表される．

$$T = Fr \text{ [N·m]} \tag{1}$$

回転体が，毎秒 n [s^{-1}] の回転速度で回転するときの回

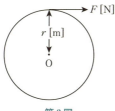

第3図

転体の表面における周辺速度 v [m/s] は,

$$v = r\omega = 2\pi nr \text{ [m/s]} \tag{2}$$

となる．(1)式，(2)式より，回転体の動力 P [W] は次式で表される．

$$P = Fv = 2\pi nrF = \omega T \text{ [(N·m)/s]} = \omega T \text{ [W]}$$

回転体の加速度 α [m/s²] は

$$\alpha = \frac{\alpha v}{\alpha t} \text{ [m/s}^2\text{]}$$

となる．よって，回転体に与えられる力 F [N] は

$$F = m\alpha = m\frac{\alpha v}{\alpha t} = m\frac{\alpha(r\omega)}{\alpha t} = mr\frac{\alpha\omega}{\alpha t} \text{ [N]} \tag{4}$$

となる．(4)式より，回転体に発生するトルク T [N·m] は

$$T = Fr = mr^2 \frac{\alpha\omega}{\alpha t} = J\frac{\alpha\omega}{\alpha t} \text{ [N·m]}$$

となる．ただし，mr^2 を回転軸の慣性モーメント J [kg·m²] という．

■運動エネルギーと慣性モーメントおよびはずみ車効果

第4図のように，質量 m [kg] の質点が回転軸から，r [m] 離れた円周軌道上を角速度 ω [rad/s] で回転したとき，周辺速度 v [m/s] は

$$v = r\omega \text{ [m/s]}$$

上式より，質点のもつ運動エネルギー W は次式で表される．

$$W = \frac{1}{2}mv^2 = \frac{1}{2}mr^2\omega^2 = \frac{1}{2}J\omega^2 \text{ [J]}$$

▶角速度 ω
$\omega = 2\pi n$ [rad/s]

▶動力 P の単位
(N·m)/s = W

$mr^2 = J$ [kg·m²]

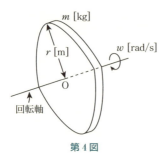

第4図

回転子部分の慣性モーメント J [kg·m²] を増加するために，はずみ車と呼ぶ鉄輪を軸に取り付けることがある．このはずみ車の直径を D [m]，全重量を G [kg] とすれば，はずみ車効果は GD^2 [kg·m²] と慣性モーメント J [kg·m²] との関係は次式で表される．

$$J = Gr^2 = G\left(\frac{D}{2}\right)^2 = \frac{1}{4}GD^2 \text{[kg·m}^2\text{]}$$

上式より，運動エネルギー W [J] を，はずみ車効果 GD^2 [kg·m²] を用いて表すと次式のようになる．

$$W = \frac{1}{2}J\omega^2 = \frac{1}{2}\frac{GD^2}{4}\omega^2 = \frac{1}{8}GD^2 \cdot \omega^2 \text{[J]}$$

■はずみ車効果の合成

◇電動機軸側に換算した合成はずみ車効果

第5図のように電動機軸の周りに換算した合成はずみ車効果について考える．

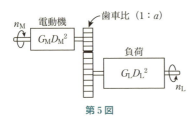

第5図

電動機，負荷のはずみ車効果を $G_M D_M^2$ [kg·m²] および，$G_L D_L^2$ [kg·m²]，回転数を n_M [s⁻¹] および n_L [s⁻¹] とすると，

この運動系全体の運動エネルギー$\sum W$ [J] は次式で表される.

$$
\begin{aligned}
\sum W &= \frac{1}{2}\frac{G_M D_M{}^2}{4}\omega_M{}^2 + \frac{1}{2}\frac{G_L D_L{}^2}{4}\omega_L{}^2 \\
&= \frac{1}{8}G_M D_M{}^2 (2\pi n_M)^2 + \frac{1}{8}G_L D_L{}^2 (2\pi n_L)^2 \\
&= \frac{1}{8}\left\{G_M D_M{}^2 + G_L D_L{}^2\left(\frac{n_L}{n_M}\right)^2\right\}(2\pi n_M)^2 \\
&= \frac{1}{8}(GD^2)_M \omega_M{}^2 \,[\mathrm{J}] \qquad\qquad (5)
\end{aligned}
$$

$(GD^2)_M$：電動機軸側に換算したはずみ車効果 [kg・m^2]

(5)式で，電動機と負荷の歯車比を $1:a$ とすると，n_L/n_M $= 1/a$ であるから，$(GD^2)_M$ は次式で表される.

$$
\begin{aligned}
(GD^2)_M &= \left\{G_M D_M{}^2 + G_L D_L{}^2\left(\frac{n_L}{n_M}\right)^2\right\} \\
&= \left\{G_M D_M{}^2 + G_L D_L{}^2\left(\frac{1}{a}\right)^2\right\}[\mathrm{kg\cdot m^2}]
\end{aligned}
$$

◇**負荷軸側に換算した合成はずみ車効果**

$$
\begin{aligned}
\sum W &= \frac{1}{2}\frac{G_M D_M{}^2}{4}\omega_M{}^2 + \frac{1}{2}\frac{G_L D_L{}^2}{4}\omega_L{}^2 \\
&= \frac{1}{8}\left\{G_M D_M{}^2\left(\frac{n_M}{n_L}\right)^2 + G_L D_L{}^2\right\}(2\pi n_L)^2 \qquad (6) \\
&= \frac{1}{8}(GD^2)_L \omega_L{}^2 \,[\mathrm{J}]
\end{aligned}
$$

$(GD^2)_L$：負荷軸側に換算したはずみ車効果 [kg・m^2]

(6)式で，電動機と負荷の歯車比を $1:a$ とすると，n_M/n_L $= a$ であるから，$(GD^2)_L$ は次式で表される.

$$
\begin{aligned}
(GD^2)_L &= \left\{G_M D_M{}^2\left(\frac{n_M}{n_L}\right)^2 + G_L D_L{}^2\right\} \\
&= (G_M D_M{}^2\cdot a^2 + G_L D_L{}^2)[\mathrm{kg\cdot m^2}]
\end{aligned}
$$

■慣性体の運動方程式

◇回転体の加速中の運動方程式

電動機軸の周りに換算した合成慣性モーメントを J [kg・m^2]，角速度を ω[rad/s]，電動機の加速トルク T [N・m] と

$\omega_L = 2\pi n_L$ [rad/s]
$\omega_M = 2\pi n_M$ [rad/s]

▶**歯車比と回転数**
$\dfrac{a}{1} = \dfrac{n_M}{n_L}$
歯車比と回転数は逆比例する.

$\omega_L = 2\pi n_L$ [rad/s]
$\omega_M = 2\pi n_M$ [rad/s]

$\dfrac{n_M}{n_L} = a$

507

すると，運動方程式は次式で表される．

$$J\frac{\mathrm{d}\omega}{\mathrm{d}t} = T\,[\mathrm{N\cdot m}] \qquad\qquad (7)$$

電動機が負荷をもったとき，電動機の加速トルクを T_m [N·m]，負荷トルクを T_L [N·m]，制動トルクを T_b [N·m] とすると，運動方程式は，次式で表される．

$$J\frac{\mathrm{d}\omega}{\mathrm{d}t} = T_\mathrm{m} - (T_\mathrm{L} + T_\mathrm{b})\,[\mathrm{N\cdot m}]$$

◇回転体の加速・減速時間

慣性モーメント J [kg·m²] の回転体を角速度 $\omega_1 \to \omega_2$ [rad/s] までに加速するに要する時間 t_a [s] は，(7)式より求めることができる．

$$\mathrm{d}t = \frac{J}{T}\,\mathrm{d}\omega\,[\mathrm{s}]$$

$$\therefore\ \ t_\mathrm{a} = \int_{\omega_1}^{\omega_2}\mathrm{d}t = J\int_{\omega_1}^{\omega_2}\frac{1}{T}\,\mathrm{d}\omega\,[\mathrm{s}]$$

同様に回転体を角速度 $\omega_2 \to \omega_1$ [rad/s] までに減速するのに要する時間 t_b [s] は次式で表される．

$$t_\mathrm{b} = -\int_{\omega_1}^{\omega_2}\mathrm{d}t = -J\int_{\omega_1}^{\omega_2}\frac{1}{T}\,\mathrm{d}\omega\,[\mathrm{s}]$$

■負荷の特性と安定条件

◇負荷特性

負荷の特性は，負荷が要求するトルクによって決まる．この負荷トルクは速度の関数となり，次の三つに分類できる．

① 定トルク特性の負荷

回転速度に関係なくほぼ一定のトルクとなる負荷で，所要負荷は**速度にほぼ比例**したものになる．巻上機，コンベヤ，印刷機等が該当する．

② 定出力特性の負荷

回転速度に反比例してトルクが減少する負荷で所要負荷は回転速度に関係なく**ほぼ一定**となり，一定の出力を必要

とする負荷である．

　低トルク・高速度および高トルク・低速度となる巻取機，工作機械，ウインチ等が該当する．
③　トルクが回転速度の2乗に比例する流体負荷

　回転速度の2乗に比例したトルクとなる流体負荷で，所要負荷は，**回転速度の3乗**に比例し変化する．流体負荷を運ぶ遠心ポンプ，軸流ポンプ，送風機等が該当する．

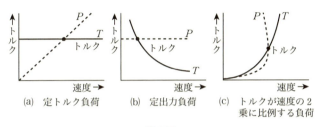

(a) 定トルク負荷　(b) 定出力負荷　(c) トルクが速度の2乗に比例する負荷

第6図

第6図にて点線は所要負荷容量 P の推移，実線は負荷トルク T を表す．

◇**安定運転の条件**

　電動機は，負荷トルク T_l と等しいトルク T_m を発生し，平衡速度に落ち着き安定した運転を継続する．つまり，定常状態の定速運転では，電動機のトルク—速度曲線と負荷のトルク—速度曲線の交点が平衡速度（横軸）を表す．

　次に負荷変動等により，平衡速度からいったんずれて速度が増加したときについて考える．負荷トルク T_l が電動機トルク T_m より大きくなる傾向があれば，新しい平衡点に達して安定運転ができる．一方，負荷トルク T_l が電動機トルク T_m より小さくなる傾向であれば，安定運転ができなくなる．

　第7図において，具体的に述べる．
①　第7図(a)の場合（安定運転となる場合）

　速度が平衡速度 N_b より大きくなれば T_m は減少，T_l は増加し，$T_l > T_m$ となり，電動機トルク T_m は不足し減速し，任意の新しい平衡点に達する．速度が平衡速度 N_b より小さくなれば T_m は増加，T_l は減少し，$T_l < T_m$ となり，

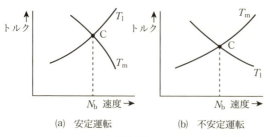

C：平衡速度の交点
N_b：平衡速度

第7図

電動機トルク T_m は加速し，任意の新しい平衡点に達する．

② 第7図(b)の場合（不安定運転となる場合）

速度が平衡速度 N_b より大きくなれば T_m は増加，T_l は減少し，$T_l < T_m$ となり，電動機トルク T_m はさらに加速し，焼損等の危険な状態になる．速度が平衡速度 N_b より小さくなれば T_m は減少，T_l は増加し，$T_l > T_m$ となり，電動機トルク T_m はさらに減速し，停止して焼損等の危険な状態になる．

以上より，安定運転と不安定運転の要件を纏めると以下となる．

- 平衡速度の交点より速度が大きくなると，$T_l > T_m$ であれば安定運転，$T_l < T_m$ であれば不安定運転となる．
- 平衡速度の交点より速度が小さくなると，$T_l < T_m$ であれば安定運転，$T_l > T_m$ であれば不安定運転となる．

一般に安定運転の条件式は，次式で表される．

$$\frac{dT_m}{dN} < \frac{dT_l}{dN}$$

■始動・停止時に生じる損失

◇直流他励式電動機の始動時・停止時に生じる損失

電機子逆起電力 e [V] は，

$$e = K\phi\omega \text{ [V]} \tag{8}$$

電源スイッチを投入した瞬間は，電機子逆起電力は $e = V$ となり，無負荷回転角速度を ω_0 [rad/s] とすると

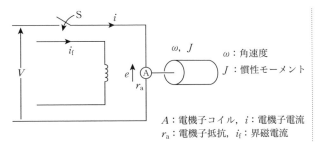

第8図

$$V = K\phi\omega_0 \, [\text{V}] \tag{9}$$

(8)式,(9)式より,電機子逆起電力 e [V] は次式で表される.

$$e = \frac{\omega}{\omega_0} V \, [\text{V}]$$

上式より,始動中の電機子電流 i [A] は

$$i = \frac{V-e}{r_a} = \frac{V - \frac{\omega}{\omega_0}V}{r_a} = \frac{V}{r_a}\left(\frac{\omega_0 - \omega}{\omega_0}\right) [\text{A}] \tag{10}$$

となる.出力 P [W] は,次式で表される.

$$P = \omega T = ei \, [\text{W}] \tag{11}$$

(10)式,(11)式より,電動機のトルク T [N·m] は

$$T = \frac{ei}{\omega} = \frac{\left(\frac{\omega}{\omega_0}V\right)\frac{V}{r_a}\left(\frac{\omega_0-\omega}{\omega_0}\right)}{\omega}$$

$$= \frac{V^2}{r_a\omega_0^2}(\omega_0 - \omega) [\text{N·m}] \tag{12}$$

(10)式より,始動期間中のエネルギー損失 W [J] は,次式で表される.

$$W = \int_0^{t_0} i^2 r_a \, dt = \int_0^{t_0}\left(\frac{V}{r_a\omega_0}\right)^2 (\omega_0-\omega)^2 r_a \, dt$$

$$= \frac{V^2}{r_a\omega_0^2}\int_0^{t_0}(\omega_0-\omega)^2 \, dt \, [\text{J}] \tag{13}$$

t_0:始動完了時間

(12)式を(13)式に代入すると

$$W = T \int_0^{t_0} (\omega_0 - \omega) \mathrm{d}t \, [\mathrm{J}] \tag{14}$$

次に，電動機が無負荷の状態で始動したときの運動方程式は，次式で表される．

$$J \frac{\mathrm{d}\omega}{\mathrm{d}t} = T \, [\mathrm{N \cdot m}]$$

上式より，$J \mathrm{d}\omega = T \mathrm{d}t$ とし，(14)式に代入すると，次式で表される．

$$W = T \int_0^{t_0} (\omega_0 - \omega) \, \mathrm{d}t = J \int_0^{\omega_0} (\omega_0 - \omega) \, \mathrm{d}\omega$$

$$= J \left| \omega_0 \omega - \frac{\omega^2}{2} \right|_0^{\omega_0} = J \left(\omega_0^2 - \frac{\omega_0^2}{2} \right)$$

$$= \frac{1}{2} J \omega_0^2 \, [\mathrm{J}] \tag{15}$$

ただし，$t = 0\,\mathrm{s}$ のとき $\omega = 0\,\mathrm{rad/s}$，$t = t_0\,[\mathrm{s}]$ のとき $\omega = \omega_0\,[\mathrm{rad/s}]$ である．

すなわち，電機子回路に消費されるエネルギーは，回転に蓄えられるエネルギーに等しい．

(15)式より，停止時における損失 $W'[\mathrm{J}]$ は，次式で表される．

$$W' = -J \int_{\omega_0}^0 (\omega_0 - \omega) \, \mathrm{d}\omega = -J \left| \omega_0 \omega - \frac{\omega^2}{2} \right|_{\omega_0}^0$$

$$= J \left(\omega_0^2 - \frac{\omega_0^2}{2} \right) = \frac{1}{2} J \omega_0^2 \, [\mathrm{J}]$$

◇**誘導電動機の始動時・停止時に生じる損失**

三相誘導電動機が始動して定格回転速度になるまでの回転子エネルギー損失 $W\,[\mathrm{J}]$ は次式で表される．

$$W = \int_0^{t_0} 3i^2 r_2' \mathrm{d}t \, [\mathrm{J}] \tag{16}$$

ただし，i：誘導電動機の一次電流 $[\mathrm{A}]$，r_2'：一次側換算二次抵抗 $[\Omega]$，t_0：定格回転速度に達するまでの時間 $[\mathrm{s}]$ とする．

一方，誘導電動機の発生トルク $T\,[\mathrm{N \cdot m}]$ は，次式で表される．

▶**始動（加速）期間中のエネルギー損失**

$$w = J \int_0^{\omega_0} (\omega_0 - \omega) \mathrm{d}\omega$$

▶**停止（減速）期間中のエネルギー損失**

$$w' = -J \int_{\omega_0}^0 (\omega_0 - \omega) \mathrm{d}\omega$$

$$T = J\frac{d\omega}{dt} = J\frac{d\omega_0(1-s)}{dt} = -J\omega_0\frac{ds}{dt}\,[\text{N·m}] \qquad (17)$$

ただし，J：電動機軸周りに換算した慣性モーメント [kg·m^2]，ω：回転角速度 [rad/s]，ω_0：定格回転角速度 [rad/s]，s：滑りとする.

この誘導電動機の二次入力 P_2 [W] は，

$$P_2 = \frac{3i^2 r_2'}{s}\,[\text{W}]$$

となる．電動機の発生トルク T [N·m] は，$P_2 = \omega_0 T$ より，次式で表される.

$$T = \frac{P_2}{\omega_0} = \frac{1}{\omega_0}\left(\frac{3i^2 r_2'}{s}\right)[\text{N·m}] \qquad (18)$$

(17)式＝(18)式より，次式となる.

$$-J\omega_0\frac{ds}{dt} = \frac{1}{\omega_0}\left(\frac{3i^2 r_2'}{s}\right)$$

$$3i^2 r_2' dt = -J\omega_0^2 s\,ds$$

上式を(16)式に代入すると，回転子エネルギー損失 W [J] は，次式で表される.

$$W = \int_0^{t_0} 3i^2 r_2'\,dt = \int_1^0 -J\omega_0^2 s\,ds = -J\omega_0^2\int_1^0 s\,ds$$

$$= -J\omega_0^2\left|\frac{s^2}{2}\right|_1^0 = \frac{1}{2}J\omega_0^2\,[\text{J}]$$

ただし，$t = 0$ s のとき $s = 1$，$t = t_0$ [s] のとき $s \fallingdotseq 0$ である.

三相誘導電動機が定格回転速度から停止になるまでの回転子エネルギー損失 W'[J] は次式で表される.

$$W' = -\int_0^{t_0} 3i^2 r_2'\,dt = -\int_0^1 -(J\omega_0^2 s)\,ds = J\omega_0^2\int_0^1 s\,ds$$

$$= \frac{1}{2}J\omega_0^2\,[\text{J}]$$

ただし，$t = 0$ s のとき $s \fallingdotseq 0$，$t = t_0$ [s] のとき $s = 1$ である.

停止から定格回転速度に達するまでの回転子エネルギー損失 w は

$$w = \int_0^{t_0} 3i^2 r_2'\,dt$$

定格回転速度から停止に達するまでの回転子エネルギー損失 w' は

$$w' = \int_0^{t_0} 3i^2 r_2^2\,dt$$

で表される.

■速度制御

◇直流電動機の速度制御

直流電動機の回転数 N [min^{-1}] は，次式で表される．

$$N = \frac{V - I_a R_a}{k\phi} [\text{min}^{-1}]$$

ただし，V：端子電圧 [V]，I_a：電機子電流 [A]，R_a：電機子抵抗 [Ω]，ϕ：界磁磁束 [Wb]，K：比例定数とする．

上式より，直流電動機の速度を制御する因子としては，端子電圧 V，電機子抵抗 R_a，界磁磁束 ϕ があり，そのいずれかを変化させることにより速度制御を行うことができる．

① 電圧制御

端子電圧を変化させて速度制御を行う方式である．可変直流電圧電源として，サイリスタを用いた静止レオナード方式などがある．

② 抵抗制御

電機子回路に直列に抵抗 R_s を挿入し，その値を変化させて速度制御を行う方法である．

③ 界磁制御

界磁電流を調整することにより，界磁磁束 ϕ を変化させて速度制御を行う方法である．

◇誘導電動機の速度制御

誘導電動機の回転数 N [min^{-1}] は，次式で表される．

$$N = \frac{120f}{p}(1-s)[\text{min}^{-1}]$$

ただし，f：周波数 [Hz]，p：極数，s：滑り

上式より，周波数 f，極数 p，滑り s のいずれかを変化させれば速度制御を行うことができる．

① 一次周波数を変化させる

可変周波数電源を用いて速度制御を行う方法である．代表的なものとして V/f 制御，ベクトル制御がある．主にかご形に用いられる．

▶電圧制御
広範囲の速度制御ができる．効率・応答性が良い．定トルク特性である．

▶抵抗制御
速度変動が大きい．効率が悪い．

▶界磁制御
速度制御範囲に制限がある．定出力特性となる．

▶一次周波数による制御
広範囲の速度制御が可能である．速度制御は全領域にわたり，高効率で運転が可能である．

② 極数を変化させる

一次巻線の接続変更によって極数を変える方法である．主にかご形に用いられる．

③ 滑りsを変化させる（滑りsによる制御）

• 一次電圧制御方式

誘導電動機の発生トルクは，一次電圧の2乗に比例する．サイリスタ回路を用いて一次電圧を増減させればトルクが変化する．結果として滑りが変化し，速度を制御する方法である．かご形，巻線形の両方に適用される．

特徴：低速時の効率が悪い．速度変動率が大きい．

• 二次抵抗制御方式

比例推移の原理を利用し，巻線形誘導電動機の二次側巻線に接続した外部抵抗の値を調整することにより滑りを変化させ，速度を制御する方法である．巻線形のみに適用される．

特徴：低速時の効率が悪い．装置が簡単である．

• 二次励磁電圧制御

巻線形誘導電動機において，二次抵抗制御方式で外部抵抗値を調整する代わりに，滑り周波数の二次励磁電圧を制御し，速度制御を行う方式である．代表的な方法としては，クレーマ方式とセルビウス方式がある．巻線形のみに適用される．

特徴：効率が良い．速度制御範囲が狭い．

■電動機の熱特性と使用および出力増加率

◇電動機の熱特性

電動機を運転すると鉄損，抵抗損等によって熱を発生し各部に温度上昇を生じる．この熱の大部分は，電動機本体の表面から熱放散（自然冷却または強制冷却に放射ならびに対流）によって大気中に持ち去られる．

電動機からの発生熱量が放散熱量より上回る場合に温度上昇が起こり，放散熱量も次第に増加する．最終的には発

▶**極数による制御**
段階的な速度制御になる．多段機は大形になる．

515

第1表　絶縁物の耐熱クラス

耐熱クラス	許容最高温度[°C]
Y	90
A	105
E	120
B	130
F	155
H	180

生熱量＝放散熱量となり，温度は，ほぼ一定値となる．温度上昇は，周囲の冷却媒体（一般には大気）の温度との差をもって表している．

電動機に使用されている絶縁材料には，種別に応じた耐熱度があり，それぞれの絶縁物の耐熱クラスに応じた許容最高温度が規定されている．

電動機を運転したときの電動機本体の温度上昇値について考えてみる．

電動機の毎秒の発熱量を Q [kJ/s]，電動機の熱放散面積を S [m²]，電動機の温度を T [°C]，周囲温度を T_a [°C]，温度上昇値を $\theta = T - T_a$ [K]，単位放散面積当たりの放散熱量を毎秒 h [kJ/(m²·s·K)]，電動機の質量を M [kg]，平均比熱を c [kJ/(kg·K)] とすると微小時間 dt に対する温度上昇変化 $d\theta$ について，次式で表される．

$$Mc \cdot d\theta + Sh\theta dt = Qdt$$

上式の両辺を dt で除すると，次式が成立する．

$$Mc\frac{d\theta}{dt} + Sh\theta = Q$$

上式において，熱容量 $H = Mc$ [kJ/K]，運転期間中の熱放散係数 $A = Sh$ [kJ/(s·k)] とすると

$$H\frac{d\theta}{dt} + A\theta = Q$$

となる．温度上昇値 θ [K] について $t = 0$ s のとき，$\theta = 0$ K の初期条件を適用すると

$$\theta = \frac{Q}{A}\left(1 - e^{-\frac{A}{H}t}\right) = \frac{Q}{A}\left(1 - e^{-\frac{t}{T_C}}\right)$$
$$= \theta_\infty\left(1 - e^{-\frac{t}{T_C}}\right)[\mathrm{K}] \tag{19}$$

ただし，θ_∞ は最終温度上昇値，$T_C = \dfrac{H}{A} = \dfrac{Mc}{Sh}$ [s] は，運転期間中（加熱時）の熱時定数とする．

(19)式に対応したグラフは，第9図のようになる．

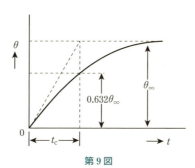

第9図

熱時定数 T_C に相当する時間に最終温度上昇値 θ_∞ の 0.632 倍まで上昇する．

次に，運転中の電動機を停止させる場合，(19)式において $Q = 0\,\mathrm{kJ/s}$ のときを考えればよい．温度下降値 $\theta\,[\mathrm{K}]$ について $t = 0\,\mathrm{s}$ のとき，$\theta = \theta_0\,[\mathrm{K}]$ の初期条件を適用すると

$$H\frac{\mathrm{d}\theta}{\mathrm{d}t} + A\theta = 0$$

$$\therefore\ \theta = \theta_0 e^{-\frac{A}{H}t} = \theta_0 e^{-\frac{t}{T_C'}}[\mathrm{K}] \tag{20}$$

θ_0：最終温度降下値

$A'[\mathrm{kJ/(s\cdot K)}]$ は，停止期間中の放散係数，$T_C'[\mathrm{s}]$ は停止期間中（冷却時）の熱時定数とする．(20)式に対応したグラフは，第10図のようになる．

熱時定数 T_C に相当する時間に最終温度降下値 θ_0 の 0.368 倍まで降下する．

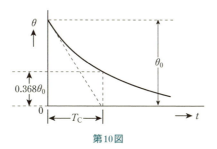

第10図

◇電動機の使用

電動機の使用とは,時間的な使用状態を表している.JEC 2100,JIS C 4030では使用の形式をS1～S10まで10種類を定めている.

ここでは,S1,S2,S3,S6について取りあげ概要について述べる.

① 連続使用(S1)

指定条件で,一定の負荷をもち,一定な温度上昇値に達する時間以上連続運転する使用状態のことをいう.

▶JEC,JISの使用区分
連続使用(S1)
短時間使用(S2)
反復使用(S3)
始動の影響のある反復使用(S4)
電気的制動を含む反復使用(S5)
反復負荷連続使用(S6)
電気的制動を含む反復負荷連続使用(S7)
変速度反復負荷連続使用(S8)
不規則な負荷および速度変化を伴う使用(S9)
多段階一定負荷速度使用(S10)

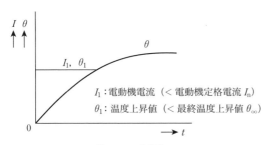

第11図 連続使用

② 短時間使用(S2)

回転機の温度上昇が最終値に達しない範囲で,一定負荷で指定時間連続運転した後,回転機を一度停止し,次回の起動時までに回転機の温度を周囲温度まで降下させるような使用状態をいう.

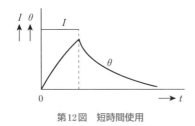

第12図 短時間使用

③ 反復使用(S3)

負荷運転期間後に停止期間が続く同じようなサイクルが

熱的平衡に達するよりも短い一定の周期で反復する使用形態をいう．

▶熱的平衡
発生熱量＝放散熱量のことである．

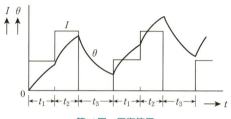

第13図　反復使用

④　反復負荷連続使用（S6）
　負荷運転期間後に無負荷運転期間が続く同じようなサイクルが熱的平衡に達するよりも短い一定の周期で反復する使用形態をいう．

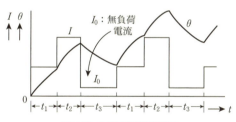

第14図　反復負荷連続使用

◇**電動機の定格**

　電動機の定格とは，その機器に対して指定されたさまざまな条件下で，機器の使用できる限度を示すものである．通常，この使用限度は機器の出力で表しており，これを定格出力という．

① 　連続定格（S1に対応）
　指定条件のもとで連続使用したときに，規格で定められた温度上昇その他の制限を超えない定格のことをいう．
② 　短時間定格（S2に対応）
　指定された一定の短時間使用条件のもとで運転したとき，規格で定められた温度上昇（機器はコールドスタートす

▶指定条件
定格出力を発生させるための電圧，電流，回転速度，周波数などで，これらを定格電圧，定格電流，定格回転速度，定格周波数という．JEC 2100により四つに分類される．

▶コールドスタート
冷態始動で，機器を周囲温度もしくはそれ以下の温度で始動する．

る）その他制限を超えない定格のことをいう．

③　反復定格（S3～S8に対応）

指定条件のもとで反復使用した場合，規格で定められた温度上昇その他の制限を超えない定格のことをいう．

④　その他

◇電動機の出力増加率

電動機の定格は，常に使用状態に合致したものを選定することが原則であるが，実際上の問題として，使用と定格の一致は困難な場合が多い．

このような場合，連続定格の一般用電動機を連続使用以外で使用したときの出力増加率を，計算によって求めることができる．

①　損失比と出力比

定格出力比P_o[kW]，銅損P_{co}[kW]，鉄損P_i[kW]である定速度電動機を定格出力以外の任意の使用状態で運転したとする．

負荷期間の損失が温度上昇の点から定格出力のw倍まで許容できるとした場合，このときの出力をP[kW]とすれば，次式が成立する．

$$\left(\frac{P}{P_o}\right)^2 P_{co} + P_i = w(P_{co} + P_i)\,[\text{kW}]$$

ただし，銅損は出力の2乗に比例し，機械損は無視するものとする．

上式で，$P/P_o = x$とすれば，

$$x^2 P_{co} + P_i = w(P_{co} + P_i)\,[\text{kW}]$$

xを出力比，wを損失比と呼ぶ．

出力比xを求めると

$$x^2 = w\left(1 + \frac{P_i}{P_{co}}\right) - \frac{P_i}{P_{co}} = w + (w-1)\frac{P_i}{P_{co}}$$

$$x = \sqrt{w + (w-1)\frac{P_i}{P_{co}}}$$

となる．

② 短時間使用と損失比

連続定格の電動機を任意の短時間で使用する場合について出力比を求めてみる．(19)式において，$t = t_s$ [s]後の温度上昇値θ_s [K]は

$$\theta_s = \theta_\infty\left(1 - e^{-\frac{t_s}{T_C}}\right)[\text{K}]$$

上式より，t_s [s]を任意の短時間使用時間と考えれば，その場合の温度上昇値θ_s [K]は，連続使用の場合の最終温度上昇値θ_∞ [K]に等しいとおける．このときの損失比をwとすると次式が成立する．

$$\theta_s = w\theta_\infty\left(1 - e^{-\frac{t_s}{T_C}}\right) = \theta_\infty [\text{K}]$$

上式より，損失比wを求めると

$$w = \frac{1}{1 - e^{-\frac{t_s}{T_C}}}$$

よって，t_s [s]を小さくとるほど，損失比wは大きくなることがわかる．

出力比xを求めると

$$x = \sqrt{\frac{1}{1 - e^{-\frac{t_s}{T_C}}} + \left(\frac{1}{1 - e^{-\frac{t_s}{T_C}}} - 1\right)\frac{P_i}{P_{co}}}$$

$$= \sqrt{\frac{1}{1 - e^{-\frac{t_s}{T_C}}}\left(1 + \frac{p_i}{p_{co}}\right) - \frac{p_i}{p_{co}}}$$

よって，t_s [s]を小さくとるほど，出力比xが大きくなることがわかる．

次に使用時間t_1 [s]の短時間定格の電動機を，使用時間t_2 [s]の短時間使用で運転する場合を考える．

定格出力で使用時間t_1 [s]で運転したときの温度上昇値が，使用時間t_2 [s]で運転したときの温度上昇値のw倍（損失比）に等しいとすると，次式の関係式が成立する．

$$\theta_\infty\left(1 - e^{-\frac{t_1}{T_C}}\right) = w\theta_\infty\left(1 - e^{-\frac{t_2}{T_C}}\right)$$

損失比wは次式で表される．

▶出力比x

$x = \sqrt{w + (w - 1)\dfrac{p_i}{p_{co}}}$ に $w = \dfrac{1}{1 - e^{-\frac{s}{t_0}}}$ を代入して求める．
損失比が大きくなると出力比が大きくなる．

$$w = \frac{1 - e^{-\frac{t_1}{T_c}}}{1 - e^{-\frac{t_2}{T_c}}}$$

上式に，$t_1 \to \infty\,[\mathrm{s}]$　$t_2 = t_s\,[\mathrm{s}]$ として代入すると，連続定格の電動機を短時間使用で運転する場合に相当する．

$$w = \frac{1}{1 - e^{-\frac{t_s}{T_c}}}$$

となり，$w \geqq 1$ となる．

- 連続定格を短時間定格で使用すると出力増加となる．

$t_1 = t_s\,[\mathrm{s}]$　$t_2 \to \infty\,[\mathrm{s}]$ として代入すると，短時間使用で運転する電動機を連続使用で運転する場合に相当する．

$$w = 1 - e^{-\frac{t_s}{T_c}}$$

となり，$w \leqq 1$ となる．

- 短時間定格を連続定格で使用すると出力低下となる．

■電動機の等価容量算出方法（２乗平均法）

　負荷が規則的に変化をする場合の使用電動機の定格出力を求める簡便法として２乗平均法と平均損失法がある．これらの考え方は，負荷変化の１周期中における平均発熱と等しい発熱を生じる一定連続負荷を求め，電動機の平均温度上昇値が規格値内に収まるように定格出力を決定する方法である．ここでは２乗平均法について考える．

　誘導電動機や直流分巻電動機では，磁束と回転速度がほぼ一定であるから反復負荷の１周期 τ における出力 $P(t)$ とトルク $T(t)$ は，電流 $I(t)$ に比例するため，次式が成立する．

$$I(t) = k_1 T(t) = k_2 P(t)$$

ただし，k_1，k_2 は比例定数，t は時間とする．

　一方，全損失の大部分を占める銅損は負荷電流の２乗に比例するから，近似的には全銅損が出力の２乗に比例すると考えると，次式で表される．

$$I(t)^2 R = k_3 P(t)^2$$

ただし，R は巻線抵抗，k_3 は比例定数とする．

上式を1周期 τ について積分し，一定出力 P_a のときの全損失に等しいとおくと，

$$\int_0^\tau k_3 P(t)^2 \, dt = k_4 P_a^2 \cdot \tau$$

となる．一定出力 P_a を求めると

$$P_a = \sqrt{\frac{\int_0^\tau k_3 P(t)^2 \, dt}{k_4 \cdot \tau}}$$

ただし，k_4 は比例定数とする．

この P_a は，規則的変動負荷 $P(t)$ の平均損失と同一損失を生じる一定の連続負荷電力に相当する．

第12図のような負荷に対して，P_a を求めると，次式で表される．

$$P_a = \sqrt{\frac{P_1^2 t_1 + P_2^2 t_2 + P_4^2 t_4 + P_5^2 t_2}{\tau}}$$

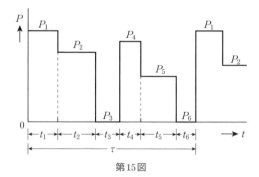

第15図

加速時間（t_1, t_4）や減速・停止時間（t_3, t_6）においては，全速時間（t_2, t_5）より冷却効果が小さいことから，周期 τ に代わり，等価周期 τ_0 を用いる．

$$\tau_0 = \alpha t_1 + t_2 + \beta t_3 + \alpha t_4 + t_5 + \beta t_6$$

α：加速時，β：減速時，停止に対応する係数である．

$$P_a = \sqrt{\frac{P_1^2 t_1 + P_2^2 t_2 + P_4^2 t_4 + P_5^2 t_2}{\tau_0}}$$

問題1

次の文章の ① ～ ④ の中に入れるべき，最も適切な記号を解答群から選び，その記号を答えよ．

慣性モーメント J [kg·m²] の回転体にトルク T [N·m] を加えた場合の運動方程式は，回転角速度 ω [rad/s] とすれば，

$$T = J \times \boxed{\text{①}}$$

である．このとき，回転体に加えられている動力 P [W] は，

$$P = T \times \boxed{\text{②}}$$

である．この回転体に保存される運動エネルギー A [J] は，

$$A = \frac{1}{2} \times J \times \boxed{\text{③}}$$

である．

次に，慣性モーメント J_1 [kg·m²] の電動機に，慣性モーメント J_2 [kg·m²] の負荷が歯数比 α の歯車を介して接続されている．負荷の回転速度は電動機の回転速度の $1/\alpha$ となる．電動機軸側に換算された全慣性モーメント J_{TL} [kg·m²] は次式となる．

$$J_{\text{TL}} = J_1 + \boxed{\text{④}} \times J_2$$

〈① ～ ④ の解答群〉

ア α　　イ $\dfrac{1}{\alpha}$　　ウ α^2　　エ $\dfrac{1}{\alpha^2}$　　オ ω

カ $\dfrac{1}{\omega}$　　キ ω^2　　ク $\dfrac{1}{\omega^2}$　　ケ $\dfrac{\mathrm{d}\omega}{\mathrm{d}t}$　　コ $\dfrac{\mathrm{d}^2\omega}{\mathrm{d}t^2}$

解説

質量 G [kg] の質点に力 F [N] を加えると，$F = Ga$ [N] なる式にしたがって，加速される．a は加速度である．

この式の両辺に回転半径 R を乗じると，トルク T [N·m] が得られる．

$$T = F \times R = GRa = GR\frac{\mathrm{d}v}{\mathrm{d}t} = GR\frac{\mathrm{d}(R\omega)}{\mathrm{d}t} = GR^2\frac{\mathrm{d}\omega}{\mathrm{d}t} = J\frac{\mathrm{d}\omega}{\mathrm{d}t} \text{ [N·m]}$$

ここで，$J = GR^2$ は慣性モーメントといい，単位は kg·m² である．また，回転体に加えられる動力 P [W] は，次式で表される．

$$P = F \cdot v = F \cdot R\omega = (F \times R) \cdot \omega = \omega \cdot T \text{ [W]}$$

この回転体に蓄えられている運動エネルギー A [J] は，

$$A = \frac{1}{2}Gv^2 = \frac{1}{2}G(\omega R)^2 = \frac{1}{2}GR^2\omega^2 = \frac{1}{2}J\omega^2 \text{ [J]}$$

次に，慣性モーメント J_1 の電動機に，慣性モーメント J_2 の負荷が歯数比 α の歯車を介して接続されているとき，この系全体の運動エネルギー W [J] は次式で表される．ただし，ω_m：電動機の回転角速度 [rad/s]，ω_l：負荷の回転角速度 [rad/s] とする．

$$W = \frac{1}{2}J_1\omega_m{}^2 + \frac{1}{2}J_2\omega_l{}^2 = \frac{1}{2}\left\{J_1 + \left(\frac{\omega_l}{\omega_m}\right)^2 J_2\right\}\omega_m{}^2 \text{[J]}$$

ω_m，ω_l の関係を，歯数比 α で表すと

$$\frac{1}{\alpha} = \frac{\omega_l}{\omega_m}$$

よって，運動エネルギー W [J] は

$$W = \frac{1}{2}\left\{J_1 + \left(\frac{1}{\alpha}\right)^2 J_2\right\}\omega_m{}^2 \text{[J]}$$

よって，電動機軸側に換算された全慣性モーメント J_{Tm} [kg·m²] は，次式で表される．

$$J_{Tm} = J_1 + \left(\frac{1}{\alpha}\right)^2 J_2 \text{[kg·m}^2\text{]}$$

(答)　　1—ケ，2—オ，3—キ，4—エ

問題2

次の文章の　1　〜　5　の中に入れるべき，最も適切な数値を解答群から選び，その記号を答えよ．

電動機自身の慣性モーメント 0.2 kg·m² の電動機を無負荷で運転する．

電動機の発生トルクを 20 N·m と一定となるように制御する場合，停止状態から加速して 1 秒後に電動機の回転角速度は　1　[rad/s] となる．このとき，電動機の加速のために使われる動力は　2　[W]，運動エネルギーは　3　[J] となる．なお，電動機の機械損は無視できるものとする．

次に，慣性モーメント 0.8 kg·m² の慣性負荷を歯数比 $\alpha = 2$ の歯車を介して電動機と接続する．負荷の回転速度は電動機の回転速度の $1/\alpha = 1/2$ となる．電動機を角速度 1.0 rad/s で運転した場合，全運動エネルギーは　4　[J] であるから，電動機軸に換算した全慣性モーメントは　5　[kg·m²] である．なお，電動機と負荷以外の慣性モーメントは無視できるものとする．

525

〈 1 〜 5 の解答群〉

ア	0.05	イ	0.1	ウ	0.2	エ	0.4	オ	1.0
カ	2.0	キ	5.0	ク	10	ケ	20	コ	50
サ	100	シ	200	ス	500	セ	1 000	ソ	2 000
タ	5 000								

解説

電動機の慣性モーメント J [kg·m^2]，発生トルク T [N·m]，角速度 ω[rad/s] とすると，次式の運動方程式が成立する．

$$J \frac{\mathrm{d}\omega}{\mathrm{d}t} = T\,[\text{N·m}]$$

$$\therefore \ \mathrm{d}\omega = \frac{T}{J}\mathrm{d}t$$

停止状態から加速して1秒後の電動機の角速度 ω[rad/s] は次式で表される．

$$\omega = \int_0^1 \mathrm{d}\omega = \frac{T}{J}\int_0^1 \mathrm{d}t = \frac{T}{J}(1-0) = \frac{T}{J}\,[\text{rad/s}]$$

$T = 20\,\text{N·m}$，$J = 0.2\,\text{kg·m}^2$ であるから，

$$\omega = \frac{20}{0.2} = 100\,\text{rad/s}$$

よって，このときの動力 P [W] は，次式で表される．

$$P = \omega T = 100 \times 20 = 2\,000\,\text{W}$$

同様に，運動エネルギー E [J] は，次式で表される．

$$E = \frac{1}{2}J\omega^2 = \frac{1}{2} \times 0.2 \times 100^2 = 1000\,\text{J}$$

次に，電動機を角速度1.0 rad/sで運転した場合の，全運動エネルギー $\sum E$[J] は

$$\sum E = \frac{1}{2}J\omega^2 + \frac{1}{2}J_1 \times \left(\frac{\omega}{\alpha}\right)^2 = \left(\frac{1}{2} \times 0.2 \times 1.0^2\right) + \left\{\frac{1}{2} \times 0.8 \times \left(\frac{1.0}{2}\right)^2\right\}$$

$$= 0.1 + 0.1 = 0.2\,\text{J}$$

よって，電動機軸側に換算した全慣性モーメント J_0 [kg·m^2] は，次式より求まる．

$$J_0 = \frac{1}{2}J_0\omega^2\,[\text{kg·m}^2]$$

$$\therefore \ J_0 = \frac{2 \times \sum E}{\omega^2} = \frac{2 \times 0.2}{1.0^2} = 0.4\,\text{kg·m}^2$$

（答）　1—サ，2—ソ，3—セ，4—ウ，5—エ

問題3

次の文章の $\boxed{\text{A ab}}$ ～ $\boxed{\text{C abc}}$ に当てはまる数値を計算し，その結果を答えよ．ただし，解答は解答すべき数値の最小位の一つ下の位で四捨五入すること．

負荷トルク $T_\mathrm{L}\,[\text{N·m}]$ が，次式のように $\omega\,[\text{rad/s}]$ の2乗の $1/1000$ 倍となる特性の負荷を電動機に直結する．電動機軸に換算した全慣性モーメントは $0.5\,\text{kg·m}^2$ である．

$$T_\mathrm{L} = \frac{\omega^2}{1000}\,[\text{N·m}]$$

電動機の発生トルクを $40\,\text{N·m}$ 一定となるように制御する場合，角速度 $0\,\text{rad/s}$ の角加速度 $\boxed{\text{A ab}}\,[\text{rad/s}^2]$ であり，また，角速度が $100\,\text{rad/s}$ のときの角加速度は $\boxed{\text{B ab}}\,[\text{rad/s}^2]$ である．定常状態での角速度は $\boxed{\text{C abc}}\,[\text{rad/s}]$ となる．なお，機械損は無視できるものとする．

解説

電動機の発生トルクを $T\,[\text{N·m}]$，負荷トルクを $T_\mathrm{L}\,[\text{N·m}]$ とすると次式が成り立つ．

$$J\frac{\mathrm{d}\omega}{\mathrm{d}t} = T - T_\mathrm{L}$$

題意より，$J = 0.5\,\text{kg·m}^2$，$T = 40\,\text{N·m}$，$T_\mathrm{L} = \omega^2/1000$ を代入すると

$$0.5 \times \frac{\mathrm{d}\omega}{\mathrm{d}t} = 40 - \frac{\omega^2}{1000}$$

角速度 $\omega = 0$ を上式に代入し，$\mathrm{d}\omega/\mathrm{d}t$ を求める．

$$0.5 \times \frac{\mathrm{d}\omega}{\mathrm{d}t} = 40 - \frac{0^2}{1000}$$

$$\frac{\mathrm{d}\omega}{\mathrm{d}t} = \frac{40}{0.5} = 80\,\text{rad/s}^2$$

同様に，角速度 $\omega = 100\,\text{rad/s}$ を代入し，$\mathrm{d}\omega/\mathrm{d}t$ を求める．

$$0.5 \times \frac{\mathrm{d}\omega}{\mathrm{d}t} = 40 - \frac{100^2}{1000}$$

$$\frac{\mathrm{d}\omega}{\mathrm{d}t} = \frac{40 - 10}{0.5} = 60\,\text{rad/s}^2$$

定常状態のとき，$\mathrm{d}\omega/\mathrm{d}t = 0$ となるから，$\omega\,[\text{rad/s}]$ を求める．

$$0.5 \times 0 = 40 - \frac{\omega^2}{1000}$$

$$\therefore\quad \omega = \sqrt{40 \times 1000} = 200\,\text{rad/s}$$

（答）　A　80，B　60，C　200

―― **問題4** ――

次の文章の の中に入れるべき，最も適切な数値を解答群から選び，その記号を答えよ．

ある回転機械で機械全体の慣性モーメント（電動機軸に換算）が $0.02\,\mathrm{kg \cdot m^2}$，負荷トルク（電動機軸に換算）が $4\,\mathrm{N \cdot m}$ 一定であった．この機械を電動機トルクを $6\,\mathrm{N \cdot m}$ 一定に保って静止状態から加速する場合，$1\,200\,\mathrm{rad/s}$ の角速度まで加速するのに必要な時間は [s] である．

〈解答群〉

ア 1 イ 2 ウ 8 エ 10 オ 12

解説

機械系全体の慣性モーメントを $J\,[\mathrm{kg \cdot m^2}]$，負荷トルクを $T_\mathrm{L}\,[\mathrm{N \cdot m}]$，電動機トルクを $T_\mathrm{m}\,[\mathrm{N \cdot m}]$，角速度を $\omega[\mathrm{rad/s}]$ とすると次式が成立する．

$$J \frac{\mathrm{d}\omega}{\mathrm{d}t} = T_\mathrm{m} - T_\mathrm{L}$$

上式より，$\mathrm{d}t$ について求めると

$$\mathrm{d}t = \frac{J}{T_\mathrm{m} - T_\mathrm{L}} \mathrm{d}\omega$$

となる．よって，静止状態から角速度 $\omega[\mathrm{rad/s}]$ まで加速するのに要する時間 $t\,[\mathrm{s}]$ は，次式で表される．

$$t = \int_0^\omega \mathrm{d}t = \frac{J}{T_\mathrm{m} - T_\mathrm{L}} \int_0^\omega \mathrm{d}\omega = \frac{J\omega}{T_\mathrm{m} - T_\mathrm{L}} [\mathrm{s}]$$

$J = 0.02\,\mathrm{kg \cdot m^2}$，$\omega = 1\,200\,\mathrm{rad/s}$，$T_\mathrm{m} = 6\,\mathrm{N \cdot m}$，$T_\mathrm{L} = 4\,\mathrm{N \cdot m}$ を代入すると

$$t = \frac{0.02 \times 1200}{6 - 4} = \frac{24}{2} = 12\,\mathrm{s}$$

（答）オ

―― **問題5** ――

次の文章の 1 ～ 5 の中に入れるべき，最も適切な字句または数値を解答群から選び，その記号を答えよ．

三相誘導電動機の回転速度 $N\,[\mathrm{min^{-1}}]$ は，極数を P，滑りを s，電源周波数を $f\,[\mathrm{Hz}]$ とすると，$N = $ 1 となる．この特性を直接または間接的に速度制御し得る手段として，次の①～④の方法が考えられる．

① 可変周波数制：同期速度が電源周波数に比例して変わる性質を利用する．可変

周波数制御には，$\boxed{2}$と$\boxed{3}$があり，このうち$\boxed{3}$は，励磁電流成分とトルク成分電流を独立に制御する方式である．

② 極数変換：同期速度が極数に応じて変わる性質を利用する．この方法では，連続的な速度制御ができない．

③ 滑り制御：巻線形誘導電動機の$\boxed{4}$を変える方法であり，具体的には比例推移の性質を利用した二次抵抗制御などがある．

④ 一次電圧制御：トルクの大きさが一次電圧の$\boxed{5}$乗に比例する性質を利用している．

〈$\boxed{1}$～$\boxed{5}$の解答群〉

ア	0.5	イ	1	ウ	2
エ	3	オ	$120\,Pfs$	カ	$120\,f(1-s)$
キ	$\dfrac{120\,f}{p}$	ク	$\dfrac{120\,f(1-s)}{p}$	ケ	V/f 制御
コ	レオナード制御	サ	滑り s	シ	ベクトル制御
ス	比例推移	セ	飽和特性	ソ	電磁継手

解説

三相誘導電動機の回転速度 $N\,[\text{min}^{-1}]$ は，次式で表される．

$$N = \frac{120\,f(1-s)}{p}\,[\text{min}^{-1}]$$

ここで，pは極数，fは電源周波数[Hz]，sは滑りとする．

速度制御の方法として，電源周波数を変える可変周波数制御がある．これはインバータを用いるもので，V/f制御とベクトル制御がある．

滑りsを変える方法として，巻線形誘導電動機で比例推移の性質を利用した二次抵抗制御がある．また，トルクの大きさが一次電圧の2乗に比例した性質を利用した一次電圧制御がある．

（答） 1―ク，2―ケ，3―シ，4―サ，5―ウ

問題6

次の文章の$\boxed{1}$～$\boxed{4}$の中に入れるべき，最も適切な字句を解答群から選び，その記号を答えよ．

ポンプを選択する際には，一般には次式で与えられるn_sが形式選定の基礎とされ，このn_sを$\boxed{1}$という．羽根車が$\boxed{2}$であるとき，n_sはポンプの大きさおよび

回転速度に ③ .

$$n_s = n \frac{\sqrt{Q}}{H^{\frac{3}{4}}}$$

ただし，n は毎分の回転速度 [min^{-1}]，Q は最高効率点における吐出し量 [m^3/min]，H は最高効率点における全揚程 [m] とする．n_s が大きいと一般に ④ 揚程のポンプを意味する．

図は，ポンプおよび管路の特性を表している．ポンプの運転点は，ポンプの特性に無関係で，管路自身の圧力損失や弁や管路中の絞りなどに影響を受ける．

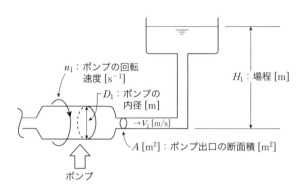

〈①〜④の解答群〉

ア	性能係数	イ	比速度	ウ	比例する	エ	反比例する
オ	関わらず一定である	カ	低	キ	高	ク	相似型
ケ	比例型	コ	同一型				

解説

問題文の図は，問題のポンプに対して相似形で比速度 n_s が同じものとする．

ポンプ流量 Q_1 [m^3/s] は，ポンプ出口速度 v_1 [m/s]，ポンプ出口断面積 A [m^2] より，次式が成立する．

$$Q_1 = v_1 A_1 \text{ [m}^3\text{/s]} \qquad ①$$

$$v_1 = \pi D_1 \times \frac{n_1}{60} \text{ [m/s]} \qquad ②$$

$$A_1 = K_A \times \frac{\pi D_1^2}{4} \text{ [m}^2\text{]} \qquad ③$$

ただし，K_A は定数とする．

②，③式を①式に代入すると

$$Q_1 = \left(\pi D_1 \times \frac{n_1}{60}\right) \times \left(K_A \times \frac{\pi D_1{}^2}{4}\right) = \left(\frac{\pi^2 K_A}{240}\right) D_1{}^3 n_1 = C_1 \times D_1{}^3 n_1 \, [\mathrm{m^3/s}]$$

ただし，C_1 は定数である．

$H_1\,[\mathrm{m}]$ は，配管損失を無視すれば，ポンプ出口速度 $v_1\,[\mathrm{m/s}]$ と次の関係が成り立つ．

$$\frac{1}{2}mv_1{}^2 = mgH_1\,[\mathrm{J}]$$

上式より $H_1\,[\mathrm{m}]$ を求めて，②式を代入すると

$$H_1 = \frac{v_1{}^2}{2g} = \frac{\left(\pi D_1 \times \frac{n_1}{60}\right)^2}{2g} = \left(\frac{\pi^2}{7200\,g}\right) \times D_1{}^2 n_1{}^2 = C_2 \times D_1{}^2 n_1{}^2\,[\mathrm{m}]$$

ただし，C_2 は定数である．

求めた式を問題文の比速度の式に代入すると

$$n_s = n_1 \frac{\sqrt{Q_1}}{H^{\frac{3}{4}}} = n_1 \frac{\sqrt{C_1 \times D_1{}^3 n_1}}{\left(C_2 \times D_1{}^2 n_1{}^2\right)^{\frac{3}{4}}} = \frac{\sqrt{C_1}}{C_2{}^{\frac{3}{4}}} \times \frac{D_1{}^{\frac{3}{2}} \cdot n_1{}^{\frac{3}{2}}}{D_1{}^{\frac{3}{2}} \cdot n_1{}^{\frac{3}{2}}} = \frac{\sqrt{C_1}}{C_2{}^{\frac{3}{4}}} \quad (\text{一定})$$

上式より，羽根車が相似であるとき，比速度 n_s は，ポンプの大きさ D や回転速度 n に関わらず一定となる．

(答)　1—イ，2—ク，3—オ，4—カ

問題7

次の文章の ﹇ 1 ﹈〜﹇ 6 ﹈の中に入れるべき，最も適切な字句を解答群から選び，その記号を答えよ．

汎用インバータは，交流をいったん直流に変換した後，可変電圧・﹇ 1 ﹈の交流を発生させる．その主回路は﹇ 2 ﹈，直流中間回路，逆変換回路から成る．汎用インバータと﹇ 3 ﹈電動機の組み合わせは送風機の可変速運転に多く用いられている．送風機は負荷トルクの変動が少ないため，﹇ 3 ﹈電動機の制御方法としては周波数変化に応じた﹇ 4 ﹈を調整する V/f 制御が良い．巻線形誘導電動機では滑りのため﹇ 5 ﹈が発生する問題がある．最近の空調設備では，コンプレッサの駆動だけではなく送風機の駆動にも﹇ 6 ﹈形同期電動機を用いて COP（成績係数）を大幅に改善している．

531

〈　1　〉～〈　6　〉の解答群〉

ア　ユニバーサル　　イ　ヒステリシス損　　ウ　二次銅損

エ　渦電流損　　　　オ　インバータ回路　　カ　整流回路

キ　同期回路　　　　ク　かご形誘導　　　　ケ　直流

コ　固定パルス　　　サ　可変周波数　　　　シ　固定周波数

ス　端子電圧　　　　セ　端子電流　　　　　ソ　巻線

タ　円筒　　　　　　チ　永久磁石

解説

　インバータの構成は，交流をいったん直流に変換した後に，可変電圧，可変周波数の交流電圧を発生させるものである．

　その主回路は，整流回路（順変換回路），直流中間回路，逆変換回路で構成されている．

　インバータの端子電圧 V と周波数 f の関係は，電動機のギャップ磁束を一定（励磁電流を一定）に保つように，電圧 V と周波数 f を変える V/f 制御を行っている．

（答）　1―サ，2―カ，3―ク，4―ス，5―ウ，6―チ

問題8

　次の文章の〈　1　〉～〈　3　〉の中に入れるべき，最も適切な字句を解答群から選び，その記号を答えよ．

　送風機を一定回転速度で運転した場合の風量―圧力特性は，単調な右下がりのポンプ特性と異なり，中間領域に〈　1　〉限界という圧力のピーク点が存在する．このため〈　1　〉限界以下に風量を落とせない問題がある．汎用インバータを用いて送風機の回転速度 n を制御すると，風量は n に比例し，圧力は〈　2　〉に比例して風量―圧力特性が変化するため，〈　3　〉風量でも安定した運転が可能となる．

〈　1　〉～〈　3　〉の解答群〉

ア　n　　　　　　　イ　n^2　　　　　　ウ　n^3　　　　エ　サージング

オ　シーリング　　カ　ローリング　　キ　多い　　ク　少ない

ケ　普通

解説

　送風機の一定回転速度における風量―圧力特性は，図のようになる．

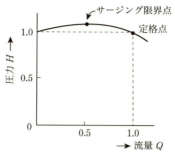

送風機の風量—圧力特性

運転特性は単調な右下がりの特徴を示すポンプと異なり，中間風量域にサージング限界と呼ばれる圧力のピーク点が存在する．

送風機の回転速度を変化させると，風量—圧力特性も変化する．回転速度を n，風量を Q，風圧を H，動力 P の間には，次の関係式が成立する．

$Q \propto n, \ H \propto n^2, \ P \propto n^3$

回転数を下げると，サージ限界点は左側に移動するため，少ない風量でも安定した運転が可能となる．

（答）　1—エ，2—イ，3—ク

電動力応用の基礎事項

3 電動力の応用例

> **これだけは覚えよう！**
> □巻上機の電動機出力を求める算出方法
> □エレベータの上昇・下降距離および巻上機の発生トルクを求める算出方法
> □ポンプの流量制御を弁およびインバータを用いたときの電動機入力の算出方法
> □送風機の風量制御をダンパおよびインバータを用いたときの電動機入力の算出方法

■巻上機の運転

p 極の三相かご形誘導電動機が，減速比 k の減速機を介して第1図のように巻胴に結合し，商用電源 V [V]，f [Hz] に接続されて一定速度で負荷を巻上げているときの**電動機の出力**について考えてみる．

▶**減速比 k**
減速比＝（電動機の回転速度／負荷の回転速度）

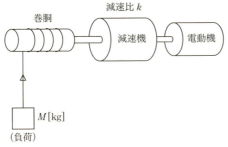

第1図

この巻上げ負荷の質量を M [kg]，誘導電動機の滑りを s とすると，この誘導電動機の回転数 N [min^{-1}] は，次式で表される．

$$N = \frac{120f}{p}(1-s) \, [\text{min}^{-1}]$$

誘導電動機の毎秒の回転角速度 ω [rad/s] は

$$\omega = \frac{2\pi N}{60} = \frac{2\pi}{60} \cdot \frac{120f}{p}(1-s) = \frac{4\pi f}{p}(1-s) \, [\text{rad/s}]$$

となる.

負荷の質量が M [kg] であるから，これに作用する重力 f [N] は

▶ **重力加速度 g**

$g = 9.80 \, \text{m/s}^2$

$$f = Mg \, [\text{kg(m/s}^2)] = Mg \, [\text{N}]$$

巻胴における必要トルク T [N·m] は，巻胴の半径を r [m] とすると

$$T = f \cdot r = Mgr \, [\text{N·m}]$$

誘導電動機の回転子トルク T_M [N·m] は，減速比が k であるから，次式で表される.

$$T_\text{M} = \frac{T}{k} = \frac{Mgr}{k} \, [\text{N·m}]$$

電動機の出力 P_M [W] は，

$$P_\text{M} = \omega T_\text{M} = \omega \frac{Mgr}{k} = \frac{4\pi f}{p}(1-s)\frac{Mgr}{k}$$

$$= \frac{Mgr}{k}\left(\frac{4\pi f}{p}\right)(1-s) \, [\text{W}]$$

となる.

■エレベータの運転

◇エレベータの駆動方式の原理

エレベータの駆動方式は，ロープ式と油圧式に大別され，ロープ式が最も普及している．ロープ式にはトラクション式，ドラムにロープを巻き取る巻胴式，釣合いおもりに取り付けたリニアモータでかごを駆動するリニアモータ式などがある．このなかで最も多いのがロープトラクション式である．

ロープトラクション式は第2図のように昇降路の真上に巻上機を設置し，巻上機の駆動綱車にワイヤーロープを巻

535

き掛け，壁面に設けたガイドレールに沿って昇降する「かご」と「釣合いおもり」を両側に垂下したものである．電動機と綱車の歯車を用いた減速機をいれ，電動機回転速度の数十分の1に減速して，綱車を駆動する歯車付き（ギヤード）方式と，電動機軸に歯車を直結する歯車なし（ギアレス）方式がある．

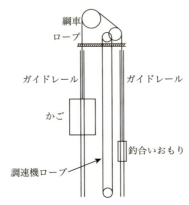

第2図　ロープトラクション式エレベータ

エレベータの電動機の出力 P は，一般に次式で表される．
$$P = (1-C)Lg \times \frac{v_\mathrm{m}}{60} \times \frac{100}{\eta} \times 10^{-3} \,[\mathrm{kW}]$$

ただし，L：最大積載重量 [kg]，v_m：昇降速度 [m/min]，η：エレベータ総合効率 [%]，C：釣合い率（0.5）

エレベータは加減速を繰り返すため，電動機には高頻度の起動・停止に耐えるものを使用する．また，電動機の可変速駆動を行うインバータ駆動方式があり，定格速度により，速度センサレスベクトル制御（10〜45 m/min），速度センサ付きベクトル制御（30〜120 m/min），電源回生機能をもつPWM整流装置を組み合わせた速度センサ付きベクトル制御（90 m/min）などがある．

◇エレベータの加減速制御の事例

可変速エレベータの上昇・下降距離および巻上機の発生トルクについて具体的に考えてみる．第3図に示すロープ

▶効率
効率 η はギアレスで70〜75％，歯車付きで50〜70％程度である．

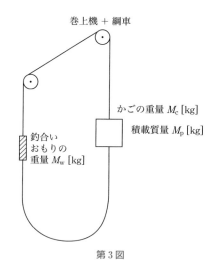

第3図

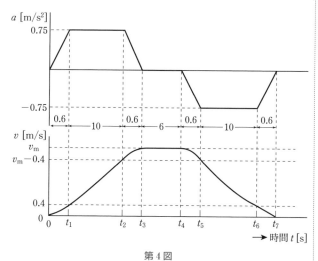

第4図

トラクション式のエレベータを加速度および速度が第4図に示すパターンで運転したとする．

時刻 $t = 0\,\mathrm{s}$ で，かごの停止位置を基準とし，かごの上昇距離を $x\,[\mathrm{m}]$，速度を $v = \mathrm{d}x/\mathrm{d}t\,[\mathrm{m/s}]$，加速度を $a = \mathrm{d}v/\mathrm{d}t\,[\mathrm{m/s^2}]$ および，重力加速度を $g\,[\mathrm{m/s^2}]$ とする．

第4図より，$0 \leqq t \leqq t_3$ の各期間の加速度 a の時間的推移

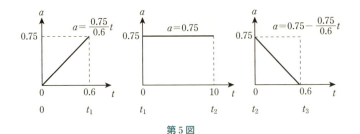

第 5 図

を示すと第5図で表される．

第5図における最高速度 v_m [m/s] を求めると，次式で表される．

x：かごの上昇した距離 [m]

$$v_\mathrm{m} = \int_0^{0.6} \left(\frac{0.75t}{0.6}\right) \mathrm{d}t + \int_0^{10} 0.75 \mathrm{d}t + \int_0^{0.6} \left(0.75 - \frac{0.75t}{0.6}\right) \mathrm{d}t$$

$$= \frac{0.75}{0.6} \left|\frac{t^2}{2}\right|_0^{0.6} + 0.75[t]_0^{10} + \left[0.75t - \frac{0.75}{0.6} \times \frac{t^2}{2}\right]_0^{0.6}$$

$$= \left(\frac{0.75}{0.6} \times \frac{0.6^2}{2}\right) + (0.75 \times 10)$$

$$\quad + \left(0.75 \times 0.6 - \frac{0.75}{0.6} \times \frac{0.6^2}{2}\right)$$

$$= 0.225 + 7.5 + 0.225 = 7.95 \,\mathrm{m/s}$$

また，エレベータが最高速度 v_m [m/s] で上昇する距離 x_m [m] は，第4図より，加速度 a を積分すると速度は，次式で表される．

$$x_\mathrm{m} = 6 \times v_\mathrm{m} = 6 \times 7.95 = 47.7 \,\mathrm{m}$$

となる．

次にエレベータの巻上機の瞬時動力および発生トルクについて考えてみる．エレベータの最大積載質量を M_pm [kg]，実際の積載質量を M_p [kg]，かごの質量を M_c [kg]，釣合いおもりの質量を M_m [kg] とする．その他の質量や慣性モーメント，走行に伴う機械的な損失は無視する．

このとき，巻上機の瞬時動力 P [W] は，**エネルギーの時間的変化に等しい**．また，このシステムのエネルギーは，運動エネルギーと重力による位置エネルギーの和として表されることから，次式が成立する．

$$P = \frac{\mathrm{d}}{\mathrm{d}t}\left\{\frac{1}{2}(M_\mathrm{p} + M_\mathrm{c} + M_\mathrm{w})v^2 + (M_\mathrm{p} + M_\mathrm{c} + M_\mathrm{w})gx\right\}[\mathrm{W}]$$

上式で，$M_1 = M_\mathrm{p} + M_\mathrm{c} + M_\mathrm{w}\,[\mathrm{kg}]$，$M_2 = M_\mathrm{p} + M_\mathrm{c} - M_\mathrm{w}\,[\mathrm{kg}]$とすると

$$P = \frac{\mathrm{d}}{\mathrm{d}t}\left\{\frac{1}{2}M_1 v^2 + M_2 gx\right\} = \frac{M_1}{2}\frac{\mathrm{d}}{\mathrm{d}t}v^2 + M_2 g\frac{\mathrm{d}x}{\mathrm{d}t}$$

$$= M_1 v\frac{\mathrm{d}v}{\mathrm{d}t} + M_2 gv = (M_1 a + M_2 g)v\,[\mathrm{W}]$$

$$\frac{\mathrm{d}}{\mathrm{d}t}v^2 = \frac{\mathrm{d}v}{\mathrm{d}t}\cdot\frac{\mathrm{d}v^2}{\mathrm{d}v}$$
$$= \mathrm{d}\cdot 2v$$

したがって，巻上機が綱車を介して供給する力$F\,[\mathrm{N}]$は，次式で表される．

$$F = \frac{P}{v} = M_1 a + M_2 g\,[\mathrm{N}]$$

$$\frac{P[\mathrm{W}]}{v[\mathrm{m/s}]} = \frac{P}{v}\,[(\mathrm{W\cdot s/m})]$$
$$= \frac{P}{v}\,[\mathrm{N}]$$

また，綱車の半径を$r\,[\mathrm{m}]$とすると，巻上機のトルク$T\,[\mathrm{N\cdot m}]$は

$$T = F\cdot r = (M_1 a + M_2 g)\cdot r\,[\mathrm{N\cdot m}]$$

となる．

■ポンプの可変速運転

◇ポンプの可変速運転の原理

　流量を連続的に制御する方法として，吐出し弁の開度調整，速度制御がある．第6図はポンプ末端圧力一定制御を弁の開度調整で行う場合と，速度制御で行う場合の原理を示したものである．

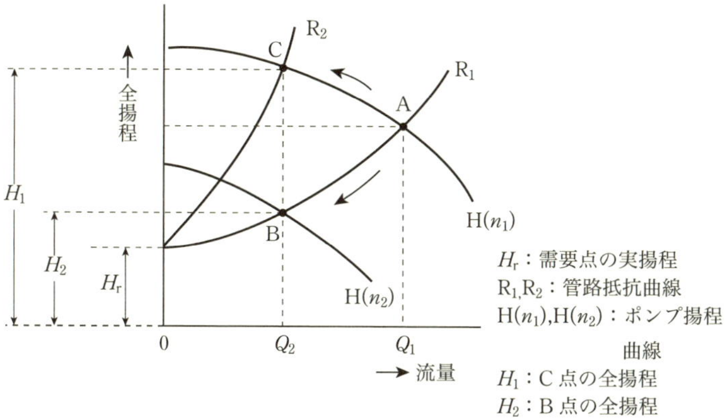

H_r：需要点の実揚程
R_1, R_2：管路抵抗曲線
$H(n_1), H(n_2)$：ポンプ揚程曲線
H_1：C点の全揚程
H_2：B点の全揚程

第6図

揚程曲線$H(n_1)$は回転速度n_1のポンプ全揚程，管路抵抗曲線R_1は需要点水圧を含んだ抵抗（水頭圧）を表す．流量Q_1でポンプを運転している場合は，流量Q_1に対応した$H(n_1)$とR_1の平衡点Aで運転していることになる．この平衡点Aの縦軸の値が流量Q_1のときの全揚程（＝水頭圧）を表している．

第6図において，弁の開度調整と速度制御により，流量を$Q_1 \rightarrow Q_2$に減少した場合の動きについて考えると次のようになる．

① 弁の開度調整の場合

開度を絞っていくと，平衡点はポンプ揚程曲線$H(n_1)$上に沿って左側に移動し，流量Q_2に対応するC点で管路抵抗曲線R_2と交わることになる．

② 速度制御の場合

回転速度を減少させていくと，平衡点は管路抵抗曲線(R_1)に沿って左側に移動し，流量Q_2に対応するB点でポンプ揚程曲線$H(n_2)$と交わることになる．

ポンプ駆動用の電動機入力は，流量と揚程の積に比例する．弁の開度調整，速度制御の場合の電動機入力をP_1，P_2とすると

$$P_1 = k \times Q_2 \times H_1$$
$$P_2 = k \times Q_2 \times H_2$$

k：比例定数

$P_1 > P_2$であることから，同じ流量Q_2であっても速度制御の方が$P_1 - P_2$分だけ省エネルギー効果があることがわかる．

◇ポンプの可変速運転の事例

ポンプ駆動用電動機の流量制御を弁の開度調整およびインバータによる速度制御で行ったときの入力電力の比較について具体的に考えてみる．

ポンプ駆動用電動機の入力P [p.u.]は，流量Q [p.u.]，実揚程H [p.u.]とすると，次式で表される．

▶水頭圧
水頭圧＝需要点の実揚程＋管路抵抗分による損失分

$H_1 > H_2$

$$P = QH \text{ [p.u.]}$$

ポンプ揚程曲線 H_r [p.u.] および管路抵抗曲線 H_1(p.u.)（実揚程を含む水頭圧）は次式で表されるとする.

$$\left.\begin{array}{l} H_r = 1.3n^3 - 0.3Q^2 \text{ [p.u.]} \\ H_1 = 0.5 + 0.5Q^2 \text{ [p.u.]} \end{array}\right\} \tag{1}$$

ただし，ポンプの揚程曲線は，定格速度（$n = 1$ p.u.）の運転とする.

以上より，$Q = 0.5$ p.u. を制御する場合について，『弁による流量制御』と『インバータによる流量制御』のそれぞれの入力電力 P [p.u.] について求めてみる.

① 弁による流量制御

弁による流量制御の場合は，**流量×全揚程より，入力電力 P [p.u.] を求める**.

(1)式に，$Q = 0.5$ p.u. を代入し，このときの全揚程 H_r [p.u.] を求めると

$$H_r = 1.3 \times 1^2 - 0.3 \times 0.5^2 = 1.225 \text{ p.u.}$$

となる. ポンプ駆動用電動機の入力 P [p.u.] は，

$$P = QH_r = 0.5 \times 1.225 = 0.612\,5 \fallingdotseq 0.613 \text{ p.u.}$$

となる. ポンプ用電動機の定格入力の約 0.613 倍であることがわかる.

② インバータによる流量制御

インバータによる流量制御の場合は，流量×管路抵抗より，ポンプ駆動用電動機の入力 P [p.u.] を求める.

(1)式に，$Q = 0.5$ p.u. を代入し，このときの管路抵抗 H_1 [p.u.] を求めると

$$H_1 = 0.5 + 0.5 \times 0.5^2 = 0.625 \text{ p.u.}$$

となる. ポンプ駆動用電動機の入力 P [p.u.] は

$$P = QH_1 = 0.5 \times 0.625 = 0.312\,5 \fallingdotseq 0.313 \text{ p.u.}$$

となる. ポンプ用電動機の定格入力の約 0.313 倍であることがわかる.

よって，インバータによる流量制御の方が，弁による流量制御に比較して，$0.613 - 0.313 = 0.3$ p.u. だけ，省エネ

▶**ポンプの実揚程**

ポンプの実揚程 [m] ＝管路抵抗（需要点の実揚程＋管路抵抗分）[m]

▶**単位の変換**

ポンプの駆動用電動機の入力の単位 [p.u.] を [kW] 表示に変換するには，次のように考える. ポンプの流量を Q [p.u.]，実揚程 H [p.u.]，ポンプの定格容量を Q_0 [m³/s]，定格揚程を H_0 [m]，水の密度を 1，ポンプ効率を η_p，電動機効率を η_m とするとポンプ駆動用電動機の入力 P [kW] は，次式で表される.

$$P = QH \times \left(\frac{Q_0 H_0}{6.12\eta_p \eta_m}\right) \text{ [kW]}$$

ルギー効果があることがわかる．

■送風機の可変速運転

◇送風機の可変速運転の原理

　風量を連続的に制御する方法として，ダンパの開度調整，速度制御がある．第7図はダンパの開度調整で行う場合と，速度制御で行う場合の原理を示したものである．風圧曲線 $P(n_1)$ は回転速度 n_1 の全圧，送風抵抗曲線 R_1' は送風抵抗を表す．風量 Q_N で送風機を運転している場合は，風量 Q_N に対応した $P(n_1)$ と R_1' の動作点Aで運転していることになる．

　この動作点Aの縦軸の値が風量 Q_N のときの全圧（＝送風抵抗）を表している．

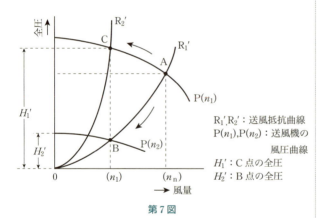

　R_1', R_2'：送風抵抗曲線
　$P(n_1), P(n_2)$：送風機の風圧曲線
　H_1'：C点の全圧
　H_2'：B点の全圧

第7図

　第7図において，弁の開度調整と速度制御により，風量を $Q_N \to Q_1$ に減少した場合の動きについて考えると，次のようになる．

① ダンパの開度調整の場合

　開度を絞っていくと，動作点は風圧曲線 $P(n_1)$ 上に沿って左側に移動し，流量 Q_1 に対応するC点で送風抵抗曲線 R_2' と交わることになる．ここがダンパ制御の場合の新たな動作点Cとなる．

送風機の駆動用電動機の入力の単位 [p.u.] を [kW] 表示に変換するには，次のように考える．
送風機の流量を Q [p.u.]，風圧を H [p.u.]，送風機の定格風量を Q_0 [m³/min]，定格風圧 H_0 [Pa] を，気体の密度を ρ [kg/m³]，風速を v [m/s]，送風機効率を η_a，電動機効率を η_m，α を裕度とすると送風機の駆動用電動機の入力 P [kW] は次式で表される．

$$P = QH[\text{p.u.}] \\ \times \left(\frac{Q_0 H_0}{60} \times \frac{1+\alpha}{\eta_a \cdot \eta_m} \right) \\ \times 10^{-3} [\text{kW}]$$

② 速度制御の場合

回転速度を $n_n \to n_1$ に減少させていくと，確認点は送風抵抗曲線 R_1' に沿って左側に移動し，風量 Q_1 に対応するB点で風圧曲線 $P(n_2)$ と交わることになる．ここが速度制御の場合の新たな動作点Bとなる．

送風機駆動用の電動機入力は，風量と風圧の積に比例する．弁の開度調整，速度制御の場合の電動機入力を P_1，P_2 とすると

$$P_1 = k_2 \times Q_2 \times H_1'$$
$$P_2 = k_2 \times Q_2 \times H_2'$$

$H_1' > H_2'$

k_2：比例定数

$P_1 > P_2$ であることから，同じ風量 Q_1 であっても速度制御の方が $(P_1 - P_2)$ だけ省エネルギー効果があることがわかる．

送風機は，前述したポンプの場合では需要地点に実揚程が存在するために速度に下限値があったのに対し，送風機では速度の下限がなく省エネルギー効果がより高くなる．

◇**送風機の可変速運転の事例**

風量制御をダンパおよびインバータを用いたときの駆動用電動機入力（消費電力）と消費電力量について，具体的に検討してみる．

定格風圧 $H_0 = 1\,\mathrm{kPa}$，定格容量 $Q_0 = 100\,\mathrm{m^3/min}$，定格動作点での効率 η_0 が65 %の送風機で空気を供給しているシステムがある．このシステムの諸量を送風機の定格動作点での値を基準とすると，風圧 h [p.u.] は風量 q [p.u.]，回転速度 n [p.u.] で表される．同様に送風抵抗 r [p.u.] は風量 q [p.u.] で表される．

$$h = 1.05n^2 + 0.56nq - 0.61q^2\ [\text{p.u.}] \qquad (2)$$
$$r = 0.861q^2\ [\text{p.u.}]$$

第8図は，これらの関係を定格回転速度（$n = 1$）の場合について示したものである．また，1日における運転パターンを第9図に示す．

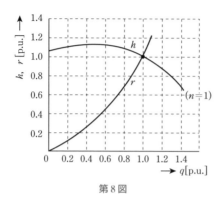

第 8 図

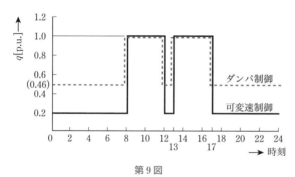

第 9 図

必要な風量は実線のように 8 時〜12 時,および 13 時〜17 時は 1 p.u. でありそのほかは 0.2 p.u. である.

ダンパ制御は,回転速度が一定制御であるため,サージング限界のため風量を 0.46 p.u. 以下に絞ることができないので,第 9 図の破線のような運転パターンとする.以上をふまえて,ダンパ制御では,$n = 1$ p.u. として $q = 1$ p.u. および 0.46 p.u. での消費電力 P [kW] と 1 日の消費電力量 W [kW·h] を求めてみる.

インバータ制御では,ダンパを全開とし,n を変化させ,$q = 0.2$ p.u. および 1 p.u. の消費電力 P [kW] と 1 日の消費電力量 W [kW·h] を求めてみる.

なお,送風機効率 η_f [p.u.] は次式で表されるとする.

▶サージング
送風機の風量を絞っていくと,任意の風量値に達すると振動や騒音が発生する現象のことである.

$$\eta_{\mathrm{f}} = 1.9 \times \left(\frac{q}{n}\right) - 0.9 \times \left(\frac{q}{n}\right)^2 [\text{p.u.}] \qquad (3)$$

① ダンパ制御の場合

$q = 0.46$ p.u. のときの電動機の効率 $\eta_{\mathrm{m}1} = 0.85$ p.u.，定格動作点 $k = 0.65$ p.u. とし，$q = 1.0$ p.u. のとき電動機の効率 $\eta_{\mathrm{m}2} = 0.90$ p.u.，定格動作点 $k = 0.65$ p.u. とする.

• 風量 $q_1 = 0.46$ p.u. のとき

風量 $q_1 = 0.46$ p.u. のときの風量を $Q_1[\text{m}^3/\text{s}]$ 単位に変換すると

（右段）定格容量 $Q_0 : 100\,\text{m}^3/\text{min}$

$$Q_1 = \frac{Q_0}{60} \times q_1 = \frac{100}{60} \times 0.46 = 0.7667 \fallingdotseq 0.767\,\text{m}^3/\text{s}$$

風圧 $h_1[\text{p.u.}]$ を(2)式より求める.

$$h_1 = 1.05 \times 1^2 + 0.56 \times 1 \times 0.46 - 0.61 \times 0.46^2$$
$$= 1.178\,5 \fallingdotseq 1.179\,\text{p.u.}$$

風圧の単位を $[\text{p.u.}]$ から $[\text{Pa}]$ に変換すると

$$H_1 = H_0 \times h_1 = 1 \times 1.179 = 1.179\,\text{kPa}$$

このときの送風機効率 $\eta_{\mathrm{f}1}[\text{p.u.}]$ は，$q = 0.46$ p.u.，$n = 1$ p.u. を(3)式に代入して求める.

（右段）定格風圧 $H_0 : 1\,\text{kPa}$

$$\eta_{\mathrm{f}1} = 1.9 \times \left(\frac{0.46}{1}\right) - 0.9 \times \left(\frac{0.46}{1}\right)^2 = 0.6836$$
$$\fallingdotseq 0.684\,\text{p.u.}$$

以上より，電動機の入力電力 $P_1[\text{kW}]$ は，次式の関係より求まる.

$$P_1 \times \eta_{\mathrm{m}1} \times \eta_{\mathrm{f}1} \times k = Q_1 \times H_1 \,[\text{kW}]$$

求めた数値および電動機の効率 $\eta_{\mathrm{m}1} = 0.85$ p.u.，定格動作点 $k = 0.65$ p.u. を次式に代入して $P_1[\text{kW}]$ を求める.

（右段）
$Q_1[\text{m}^3/\text{s}] \times H_1[\text{kPa}]$ の単位変換
$[\text{kPa}\cdot(\text{m}^3/\text{s})]$
$$= \left[\frac{\text{kN}}{\text{m}^2}\,\frac{\text{m}^3}{\text{s}}\right] = \left[\frac{\text{kN}\cdot\text{m}}{\text{s}}\right]$$
$$= \left[\frac{\text{kJ}}{\text{s}}\right] = [\text{kW}]$$

$$P_1 = \frac{Q_1 \times H_1}{\eta_{\mathrm{m}1} \times \eta_{\mathrm{f}1} \times k} = \frac{0.767 \times 1.179}{0.85 \times 0.684 \times 0.65} = 2.393$$
$$\fallingdotseq 2.39\,\text{kW}$$

• 風量 $q_2 = 1$ p.u. のとき

風量 $q_2 = 1$ p.u. のときの風量を $Q_2[\text{m}^3/\text{s}]$ 単位に変換すると

545

$$Q_2 = \frac{Q_0}{60} \times q_2 = \frac{100}{60} \times 1 = 1.6667 \fallingdotseq 1.667 \, \mathrm{m^3/s}$$

風圧 h_2 [p.u.] を(2)式より求める.

$$h_2 = 1.05 \times 1^2 + 0.56 \times 1 \times 1 - 0.61 \times 1^2 = 1 \, \mathrm{p.u.}$$

風圧を Pa 単位に変換すると

$$H_2 = H_0 \times h_2 = 1 \times 1 = 1 \, \mathrm{kPa}$$

このときの送風機効率 η_{f2} [p.u.] は, $q_1 = 1$ p.u., $n = 1$ p.u. を次式に代入して求める.

$$\eta_{f2} = 1.9 \times \left(\frac{1}{1}\right) - 0.9 \times \left(\frac{1}{1}\right)^2 = 1 \, \mathrm{p.u.}$$

以上より, 電動機の入力電力 P_2 [kW] は, 次式の関係より求まる.

$$P_2 \times \eta_{m2} \times \eta_{f2} \times k = Q_2 \times H_2 \, \mathrm{[kW]}$$

求めた数値および電動機の効率 $\eta_{m2} = 0.90$ p.u., 定格動作点 $k = 0.65$ p.u. を次式に代入して P_2 [kW] を求める.

$$P_2 = \frac{Q_2 \times H_2}{\eta_{m2} \times \eta_{f2} \times k} = \frac{1.667 \times 1}{0.9 \times 1 \times 0.65} = 2.8495$$

$$\fallingdotseq 2.85 \, \mathrm{kW}$$

1 日における消費電力量 w_{12} [kW·h] は

$$\begin{aligned} w_{12} &= (8 \times P_1) + (4 \times P_2) + (1 \times P_1) + (4 \times P_2) \\ &\quad + (7 \times P_1) \\ &= (16 \times P_1) + (8 \times P_2) = (16 \times 2.39) + (8 \times 2.85) \\ &= 61.04 \fallingdotseq 61.0 \, \mathrm{kW \cdot h} \end{aligned}$$

◇**インバータ制御の場合**

$q_3 = 0.2$ p.u. のときの電動機の効率 $\eta_{m3} = 0.60$ p.u. および, インバータの効率 $\eta_{i3} = 0.9$ p.u., 定格動作点 $k = 0.65$ p.u. とし, $q = 1.0$ p.u. のとき電動機の効率 $\eta_{m4} = 0.88$ p.u. および, インバータの効率 $\eta_{i4} = 0.95$ p.u., 定格動作点 $k = 0.65$ p.u. とする.

・風量 $q_3 = 0.2$ p.u. のとき

風量 $q_3 = 0.2$ p.u. のときの送風抵抗 r_3 [p.u.] および風圧抵抗 h_3 [p.u.] は次式で表される.

$$r_3 = 0.861 \times q_3^2 = 0.861 \times 0.2^2 \fallingdotseq 0.0344 \, \mathrm{p.u.}$$

定格容量 Q_0 : 100 m^3/min
定格風圧 H_0 : 1 kPa

$$h_3 = 1.05n_3^2 + 0.56n_3q_3 - 0.61q_3^2 = 1.05n_3^2 + 0.56 \times$$

$$0.2n_3 - 0.61 \times 0.2^2 = 1.05n_3^2 + 0.112n_3 - 0.0244 \text{ p.u.}$$

$r_3 = h_3$ [p.u.] であることから，次式が成立する．

$$0.0344 = 1.05n_3^2 + 0.112n_3 - 0.0244$$

$$1.05n_3^2 + 0.112n_3 - 0.0588 = 0$$

よって，このときの回転速度 n_3 [p.u.] について求めると ($n_3 \geqq 0$)

$$n_3 = \frac{-0.112 \pm \sqrt{0.112^2 - 4 \times 1.05 \times (-0.0588)}}{2 \times 1.05}$$

$$= 0.189 \text{ p.u.}$$

このときの送風機効率 η_{f3} [p.u.] は，$q = 0.2$ p.u. $n = 0.189$ p.u. を次式に代入して求める．

$$\eta_{f3} = 1.9\left(\frac{0.2}{0.189}\right) - 0.9\left(\frac{0.2}{0.189}\right)^2 = 1.003 \doteqdot 1.0 \text{ p.u.}$$

q_3 [p.u.]，r_3 [p.u.] を R_3 [kPa] に単位変換すると次式のようになる．

$$Q_3 = \frac{Q_{10}}{60} \times q_3 = \frac{100}{60} \times 0.2 = 0.3333 \doteqdot 0.334 \text{ m}^3/\text{s}$$

$$R_3 = H_0 \times r_3 = 1 \times 0.0344 = 0.0344 \text{ kPa}$$

以上より，電動機の入力電力 P_3 [kW] は，次式の関係より求まる．

$$P_3 \times \eta_{m3} \times \eta_{i3} \times \eta_{f3} \times k = Q_3 \times R_3 \text{ [kW]}$$

求めた数値および，電動機の効率 $\eta_{m3} = 0.6$ p.u.，インバータの効率 $\eta_{i3} = 0.9$ p.u.，定格動作点 $k = 0.65$ p.u. を次式に代入して P_3 [kW] を求める．

$$P_3 = \frac{Q_3 \times R_3}{\eta_{m3} \times \eta_{i3} \times \eta_{f3} \times k} = \frac{0.334 \times 0.0344}{0.6 \times 0.9 \times 1.0 \times 0.65}$$

$$= 0.03273 \doteqdot 0.0327 \text{ kW}$$

- 風量 $q_4 = 1.0$ p.u. のとき

同様に，風量 $q_4 = 1.0$ p.u. のときの送風抵抗および風圧 r_4，h_4 [p.u.] は次式で表される．

$$r_4 = 0.861 \times q_4^2 = 0.861 \times 1^2 = 0.861 \text{ p.u.}$$

▶**$q_3 = 0.2$ p.u. のとき**

送風抵抗 $r_3 =$ 風圧抵抗 h_3 の関係から n_3 [p.u.] を求める．

$\eta_{f3} = 1.0$ p.u.

547

$$h_4 = 1.05n_4{}^2 + 0.56n_4q_4 - 0.61q_4{}^2$$
$$= 1.05n_4{}^2 + 0.56 \times 1 \times n_4 - 0.61 \times 1^2$$
$$= 1.05n_4{}^2 + 0.56n_4 - 0.61 \ \text{p.u.}$$

$r_4 = h_4 [\text{p.u.}]$ であることから，次式が成立する．

$$0.861 = 1.05n_3{}^2 + 0.56n_3 - 0.61$$
$$1.05n_3{}^2 + 0.56n_3 - 1.471 = 0$$

このときの回転速度 $n_4 [\text{p.u.}]$ について求めると（$n_4 \geqq 0$）

$$n_4 = \frac{-0.56 \pm \sqrt{0.56^2 - 4 \times 1.05 \times (-1.471)}}{2 \times 1.05}$$

$$\fallingdotseq 0.946 \ \text{p.u.}$$

このときの送風機効率 $\eta_{f4} [\text{p.u.}]$ は，$q_4 = 1.0 \ \text{p.u.}$，$n_4 = 0.946 \ \text{p.u.}$ を(3)式に代入して求める．

$$\eta_{f4} = 1.9 \times \left(\frac{1.0}{0.946}\right) - 0.9 \times \left(\frac{1.0}{0.946}\right)^2 = 1.003$$

$$\fallingdotseq 1.0 \ \text{p.u.}$$

$q_4 [\text{p.u.}]$，$r_4 [\text{p.u.}]$ を $Q_4 [\text{m}^3/\text{s}]$，$R_4 [\text{kPa}]$ に単位変換すると次式のようになる．

定格容量 $Q_0 : 100 \ \text{m}^3/\text{min}$
定格風圧 $H_0 : 1 \ \text{kPa}$

$$Q_4 = \frac{Q_0}{60} \times q_4 = \frac{100}{60} \times 1.0 = 1.6667 \fallingdotseq 1.667 \ \text{m}^3/\text{s}$$

$$R_4 = H_0 \times r_4 = 1 \times 0.861 = 0.861 \ \text{kPa}$$

電動機の入力電力 $P_4 [\text{kW}]$ は，次式の関係より求まる．

$$P_4 \times \eta_{m4} \times \eta_{i4} \times \eta_{f4} \times k = Q_4 \times R_4 [\text{kW}]$$

求めた数値および電動機の効率 $\eta_{m4} = 0.88 \ \text{p.u.}$，インバータの効率 $\eta_{i4} = 0.95 \ \text{p.u.}$，定格動作点 $k = 0.65 \ \text{p.u.}$ を次式に代入して，$P_4 [\text{kW}]$ を求める．

$\eta_{f4} = 1.0 \ \text{p.u.}$

$$P_4 = \frac{Q_4 \times R_4}{\eta_{m4} \times \eta_{i4} \times \eta_{f4} \times k} = \frac{1.667 \times 0.861}{0.88 \times 0.95 \times 1.0 \times 0.65}$$

$$= 2.6413 \fallingdotseq 2.641 \ \text{kW}$$

1日における消費電力量 $w_{34} [\text{kW}\cdot\text{h}]$ は

$$w_{34} = (8 \times P_3) + (4 \times P_4) + (1 \times P_3) + (4 \times P_4)$$
$$+ (7 \times P_3)$$
$$= (16 \times P_3) + (8 \times P_4)$$
$$= (16 \times 0.0327) + (8 \times 2.641) = 21.65 \fallingdotseq 21.7 \ \text{kW}\cdot\text{h}$$

問題1

次の文章の ① ～ ⑤ の中に入れるべき最も適切な値または式を解答群から選び，その記号を答えよ．

図はあるポンプの流量－揚程特性の概念図である．揚程 H [p.u.] は流量 Q [p.u.] およびポンプの回転速度 n [p.u.] の関数として次の近似式で表される．

$$H = 1.4\,n^2 - 0.4\,Q^2$$

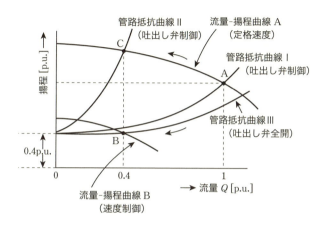

一方，実揚程を含めた管路抵抗 R [p.u.]（揚程に換算）は吐出し弁全開の状態で次の近似式で表される．

① $R = 0.4 + 0.5\,Q^2$（管路抵抗曲線Ⅲ）

② $R = 0.4 + XQ^2$ （X は未知数，管路抵抗曲線Ⅰおよび Ⅱ）

定格速度（$n=1$ p.u.）で吐出し弁の制御により流量 Q を制御する場合，動作点は流量－揚程特性曲線（定格速度）上を移動する．この状態で，吐出し弁を流量 Q が 1 p.u. になる開度にしたときの管路抵抗曲線Ⅰの式は ① となる．

また，吐出し弁側制御により，流量を 0.4 p.u. にする場合，揚程 H は ② と計算され，このときの管路抵抗曲線Ⅱの式は ③ となる．

一方，吐出し弁全開でポンプの可変速運転により流量制御を行う場合の動作点は，管路抵抗曲線Ⅲ（吐出し弁全開）上を移動し，流量を 0.4 p.u. にする場合の揚程は ④ [p.u.] と計算される．この動作点に相当する速度を計算すると n は ⑤ [p.u.] と算出できる．

〈 1 から 5 の解答群〉

ア	0.480	イ	0.512	ウ	0.530
エ	0.623	オ	0.653	カ	0.697
キ	1.336	ク	1.436	ケ	1.836
コ	1.980	サ	2.210	シ	3.108
ス	$R = 0.4 + 0.4Q^2$	セ	$R = 0.4 + 0.5Q^2$	ソ	$R = 0.4 + 0.6Q^2$
タ	$R = 0.4 + 4.85Q^2$	チ	$R = 0.4 + 5.85Q^2$	ツ	$R = 0.4 + 6.85Q^2$

解説

$n = 1$ のときの管路抵抗曲線 I の式を求める.

問題の式より

$$H = 1.4n^2 - 0.4Q^2 = 1.4 - 0.4 = 1.0$$

このときの管路抵抗曲線 I 式は損失係数を X とすると次式で表される.

$$R = 0.4 + XQ^2 \qquad\qquad ①$$

①式に, $H = R = 1.0$, $Q = 1$ を代入すると,

$$1.0 = 0.4 + X$$

よって, $X = 0.6$ となり, ①式に代入すると管路抵抗曲線 I は次式となる.

$$R = 0.4 + 0.6Q^2$$

となる.

吐出し弁制御のときの揚程 H を求める.

問題の式に $Q = 0.4$, $n = 1$ を代入すると,

$$H = 1.4n^2 - 0.4Q^2 = 1.4 - 0.4^3 = 1.336$$

吐出し弁制御のときの管路抵抗曲線 II の式を求める.

①式の管路抵抗曲線 R に $Q = 0.4$, $H = R = 1.336$ を代入すると

$$1.336 = 0.4 + 0.4^2X$$

よって, $X = 5.85$ となり, 管路抵抗曲線 II は次式となる.

$$R_2 = 0.4 + 5.85Q^2$$

可変速運転時の揚程を求める.

問題の式に $Q = 0.4$ を代入すると

$$R = 0.4 + 0.5Q^2 = 0.4 + 0.5 \times 0.4^2 = 0.480$$

管路抵抗 R ＝揚程 H であるから, 上式より

$$R = H = 0.480$$

可変速運転時の回転速度 n を求める.

問題の式に，$H = 0.48$，$Q = 0.4$を代入して動作点における回転速度nを求める．

$$H = 1.4n^2 - 0.4Q^2$$

$$0.48 = 1.4n^2 - 0.4^3$$

よって，$n \fallingdotseq 0.623$となる．

　　　　　　　　　　　（答）　1−ソ，2−キ，3−チ，4−ア，5−エ

電気加熱

1 熱計算

これだけは覚えよう！
□伝熱計算の基礎では，熱回路と電気回路の等価関係
□熱伝導の特徴および，熱量を求める公式
□放射伝熱の特徴および，熱流を求める公式
□対流伝熱の特徴および，熱流・熱抵抗を求める公式

■伝熱計算の基礎

熱回路は電気回路との等価性から，次の第1表のように表される．

第1表

熱回路			電気回路	
温度差 θ	K	⇔	電位差 V	V
熱流 q	W	⇔	電流 I	A
熱伝導率 λ	W/(m·K)	⇔	電気伝導率 σ	s/m
熱抵抗 R_h	K/W	⇔	電気抵抗 R	Ω

基本式は，次のようなものがある．

$$R_h = \frac{l}{\lambda C} \ [\text{K/W}] \quad (l：長さ [\text{m}], \ C：断面積 [\text{m}^2])$$

$$\theta = IR \ [\text{K}]$$

■熱の移動形態

一般に，熱は温度の高いほうから低い方へ移動する．このような熱の移動は伝熱と呼ばれ，**熱伝導**，**放射伝熱**，**対流伝熱**（熱伝達）の三つの形態がある．

◇熱伝導

熱伝導は，**物質の移動を伴わずに，物体の高温部から低**

温部へ熱が移動する現象**である．物体の内部で起こる熱移動は通常，熱伝導によるものであり，特に固体内では熱伝導のみが存在する．

第1図のように，厚さ d [m] の並行壁の両側の温度が θ_1，θ_2 ($\theta_1 > \theta_2$) に保たれている場合，両壁間の面積 S [m²] とすれば，単位時間当たりの伝導による移動する熱量 Q [W] は次式で表される．

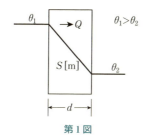

第1図

$$Q = \lambda S \frac{\theta_1 - \theta_2}{d} \text{[W]}$$

ただし，λ は熱伝導率と呼ばれ，その単位は [W/(m·K)] である．

◇**放射伝熱**

すべての物質は，熱をもっている限り，その表面から電磁波（主に赤外線）の形で熱エネルギーを放射する．これを放射伝熱という．この熱エネルギーをほかの物質Aが吸収すると，物質Aが熱エネルギーを吸収し温度が上昇する．このように熱を電磁波に形を変えて伝えるため，熱の伝わる媒質を必要としない．真空中でも伝熱が可能であり，ここがほかの二つの伝熱機構と異なる点である．

電磁波（赤外線）の放射によって移動する熱流 q [W] は次式で表される．

$$q = \sigma A \phi (T_1^4 - T_2^4) \text{[W]}$$

ただし，σ：ステファン・ボルツマン定数 [W/(m²·K⁴)]，ϕ：放射交換係数，A：放射表面積 [m²]，T_1 [K]：物体の温度，T_2 [K]：周囲の温度とする．

◇対流伝熱

熱伝導と放射伝熱は物理的な法則に基づいて起こる単一の現象であるが，対流伝熱は，複数の物理現象が同時に起きているのが特徴である．

流体内で熱伝導に温度の不均一ができると流体は温度が高いほど比重が小さくなり，浮力を生じて上昇する．その部分へ低温の比重の大きい流体が入り込み，全体の温度が一様になるまで流動が行われる．この流動現象を対流という．熱は対流による物質の移動，すなわち流れとともに移動するため，熱伝導よりもはるかに熱の移動量が大きい．この対流伝熱のことを**熱伝達**と呼ぶことがある．

対流伝達によって移動する熱量 Q [W] は次式で表される．

$$Q = \alpha A \theta = \frac{\theta}{R} \, [\text{W}]$$

$$R = \frac{1}{\alpha A} \, [\text{K/W}]$$

ただし，α：熱伝達係数 $[\text{W/(m}^2 \cdot \text{K)}]$，$A$：表面積 $[\text{m}^2]$，θ：高温の被熱物の表面温度と周囲温度の差 $[\text{K}]$，R：熱抵抗 $[\text{K/W}]$ とする．

▶**熱量 Q の単位**

$$\frac{\text{W}}{\text{m}^2 \cdot \text{K}} \cdot \text{m}^2 \cdot \text{K} = \text{W}$$

問題1

次の文章の ① ～ ④ の中に入れるべき最も適切な数値を解答群から選び，その記号を答えよ．

(1) 図のような耐火れんがと断熱材で構成される炉壁があり，内壁面温度は950 ℃，外壁面温度は50 ℃に保たれている．炉壁は熱的定常状態にあり，耐火れんがの厚さは0.2 m，熱伝導率は0.2 W/(m·K)，断熱材の厚さは0.08 m，熱伝導率は0.04 W/(m·K)とする．このときの炉壁内の熱流速は ① [W/m²]で耐火れんがと断熱材の境界面の温度は ② [℃]である．

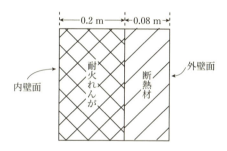

(2) 全放射率0.8，表面温度1000 ℃の物体からの全放射エネルギー密度は120 kW/m²であった．この物体の表面温度1000 ℃は不変で，全放射率が0.5に変化したときの全放射エネルギー密度は ③ [kW/m²]となる．また，全放射率0.8は不変で，表面温度が1200 ℃に変化したときの全放射エネルギー密度は ④ [kW/m²]となる．

〈 ① ～ ④ の解答群〉

ア	50	イ	60	ウ	75	エ	100	オ	120
カ	150	キ	180	ク	200	ケ	215	コ	240
サ	270	シ	300	ス	350	セ	450	ソ	480
タ	540	チ	600	ツ	650	テ	725	ト	775

解説

(1) 断面積が C [m²]，厚さが d [m]，熱伝導率が k [W/(m·K)]である熱抵抗 R [K/W]は次式で表される．

$$R = \frac{1}{k} \cdot \frac{d}{C} \text{ [K/W]}$$

問題文では，耐火れんがと断熱材は直列になっていることから，単位面積当たり

の熱抵抗 R_1, R_2 [K/W] は，次式より求まる．
$$R = R_1 + R_2 = \left(\frac{1}{0.2} \times \frac{0.2}{1}\right) + \left(\frac{1}{0.04} \times \frac{0.08}{1}\right) = 1 + 2 = 3 \,\text{K/W}$$

熱流 q [W] は，温度差 θ [K] とすると
$$q = \frac{\theta}{R} = \frac{950 - 50}{3} = 300 \,\text{W}$$

熱流速 Q [W/m^2] は，単位面積当たりの熱流 q [W] であるから，次式で表される．
$$Q = \frac{q}{S} = \frac{300}{1} = 300 \,\text{W/m}^2$$

この熱回路を電気的な等価回路に置き換えると図のようになる．

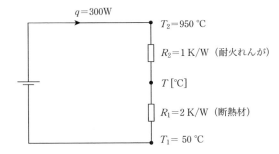

問題の図より，耐火れんがと断熱材の境界面の温度 T [℃] は
$$T = T_2 - qR_1 = 950 - (300 \times 1) = 650 \,\text{℃}$$

(2) ステファン・ボルツマンの法則によれば，全放射エネルギー密度 W [W/m^2] は，絶対温度 T [K] の4乗に比例する．
$$W = \varepsilon \sigma T^4 \,[\text{W/m}^2]$$

σ：ステファン・ボルツマン定数 [W/(m^2・K^4)]，ε：全放射率

上式より，温度不変で，全放射率が0.8から0.5に変化したときの放射率 W' は次式で求まる．
$$W' = 120 \times \frac{0.5}{0.8} = 75 \,\text{kW/m}^2$$

また，全放射率0.8は不変で，温度が1200℃に変化したときの全放射エネルギー W'' は次式で求まる．
$$W'' = 120 \times \left(\frac{273 + 1200}{273 + 1000}\right)^4 \fallingdotseq 215 \,\text{kW/m}^2$$

(答) 1―シ，2―ツ，3―ウ，4―ケ

問題2

次の文章の □1□ ～ □5□ の中に入れるべき最も適切な数値を解答群から選び，その記号を答えよ．

一般に，熱は温度の高いほうから低いほうへ移動する．このような熱の移動は伝熱と呼ばれ，熱伝導，□1□，対流伝熱（熱伝達）の三つの形態がある．

熱伝導は，物質の□2□を伴わずに，物体の高温部から低温部へ熱が移動する現象である．物体の内部で起こる熱移動は通常，熱伝導によるものであり，特に固体内では□3□のみが存在する．

すべての物質は，熱をもっている限り，その表面から電磁波（主に赤外線）の形で熱エネルギーを放射する．これを□1□という．

電磁波（赤外線）の放射によって移動する熱流 q [W] は次式で表される．

$$q = \sigma A\phi(T_1{}^4 - T_2{}^4)\,[\text{W}]$$

ただし，σ：□4□[W/(m^2·K^4)]，ϕ：□5□，A：放射表面積[m^2]，T_1[K]：物体の温度，T_2[K]：周囲の温度とする．

〈□1□ ～ □5□ の解答群〉

ア　ステファン・ボルツマン定数	イ　対流伝熱	ウ　移動
エ　熱流	オ　放射伝熱	カ　放射交換係数	キ　変化
ク　温度	ケ　熱	コ　温度差	タ　熱伝導

解説

熱は温度の高いほうから低いほうへ移動する．このような熱の移動は伝熱と呼ばれ，熱伝導，放射伝熱，対流伝熱（熱伝達）の三つの形態がある．熱伝導は，物質の移動を伴わずに，物体の高温部から低温部へ熱が移動する現象である．物体の内部で起こる熱移動は通常，熱伝導によるものであり，特に固体内では熱伝導のみが存在する．

すべての物質は，熱をもっている限り，その表面から電磁波（主に赤外線）の形で熱エネルギーを放射する．これを放射伝熱という．電磁波（赤外線）の放射によって移動する熱流 q [W] は次式で表される．

$$q = \sigma A\phi(T_1{}^4 - T_2{}^4)\,[\text{W}]$$

ただし，σ：ステファン・ボルツマン定数[W/(m^2·K^4)]，ϕ：放射交換係数，A：放射表面積[m^2]，T_1[K]：物体の温度，T_2[K]：周囲の温度とする．

　　　　　　　（答）　1—オ，2—ウ，3—タ，4—ア，5—カ

557

電気加熱

2　電気加熱原理と応用

これだけは覚えよう！

□抵抗加熱方式の原理および特徴・用途
□誘導加熱と原理および特徴・用途（電流浸透深さを求める算出方法）
□誘電加熱と原理および特徴・用途（誘電損を求める算出方法）
□アーク加熱方式の原理および特徴・用途（エアトンの実験式）
□プラズマ加熱の原理および特徴・用途
□マイクロ波加熱の原理および特徴・用途（電力半減深度の式）
□赤外加熱の原理および特徴・用途（赤外加熱による熱量を求める式）
□電子ビーム加熱・レーザ加熱の原理および特徴・用途

■抵抗加熱方式

抵抗 R に電流 I を流すと，抵抗 R に I^2R の熱を生じることになる．この熱は**ジュール熱**と呼ばれる．抵抗加熱は，抵抗に電流を流したときに生じるジュール熱を利用した加熱方式である．

抵抗加熱は，直接加熱物に電流を流して加熱する**直接抵抗加熱方式**と発熱体を周囲に配置し加熱する**間接抵抗加熱方式**がある．

◇直接抵抗加熱方式

直接抵抗加熱は，第1図のように導電性の非加熱物に電極を配置し，被加熱物に電極を取り付け，非加熱物に直接通電し，そのジュール熱で加熱する方式である．

主な特徴・用途は，次のとおりである．

▶**用途**
金属の抵抗加熱炉，黒鉛化炉，ガラス溶融炉，アルミニウム電解炉などに用いる．

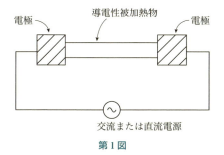

第1図

特徴
- 内部加熱であるため，急速加熱ができる．
- 加熱効率が高い．
- 直流電源を使用すると表皮効果がないため均一加熱ができる．
- 複雑な形状のものは，加熱が困難である．
- 導電性以外は加熱ができない．

◇間接抵抗加熱方式

　間接抵抗加熱方式は，第2図のように発熱体を備えた抵抗炉で，被加熱物を熱伝導，放射伝熱，対流伝熱に間接的に加熱する方式である．

▶用途
熱風乾燥炉，塩谷炉，焼成炉，熱風乾燥炉，流動床加熱炉などに用いる．

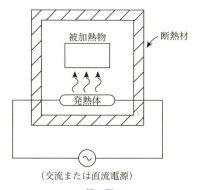

第2図

主な特徴・用途は，次のとおりである．

特徴
- 導電性以外でも加熱ができる．
- 複雑な形状のものでも加熱できる．
- 精度の高い温度管理が可能である．
- 急速加熱はできない．
- 発熱体に寿命がある．

■誘導加熱

第3図のように，被加熱物の周囲にコイルを巻き，これに交流電流を通すと被加熱物の内部に交番磁束を生じ，電磁誘導作用により渦電流が流れる．誘導加熱は，この渦電流によるジュール熱を利用した加熱である．

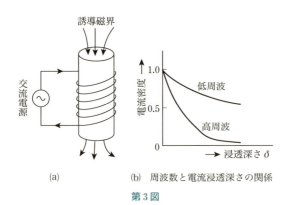

(a)　　　　(b) 周波数と電流浸透深さの関係
第3図

誘導加熱は，表皮効果のために誘導される渦電流の密度は，一様ではなく表面に集中して流れ，内部に入るに従い指数関数的に減少する．

動体表面の電流を I_0 [A] とすると，導体表面から深さ x [m] の点の電流 I_x [A] は次式で表される．

$$I_x = I_0 e^{-\frac{x}{\delta}} \text{ [A]}$$

ここで，δ [m] は導体表面の電流 I_0 [A] の $1/e$（＝36.8％）となる位置の深さで，電流浸透深さと呼ぶ．電流浸透深さ δ [m] は，導体の抵抗率 ρ [Ω·m]，周波数を f [Hz]，導体の

▶表皮効果
交流電流が導体を流れるとき，電流密度が導体表面付近では高く，表面から離れた導体内部にいくほど電流密度が低くなる現象のことである．

非透磁率を μ_r とすれば次式で表される．

$$\delta = 503 \times \sqrt{\frac{\rho}{\mu_r f}} \, [\text{m}]$$

電流浸透深さ $\delta\,[\text{m}]$ は周波数が高くなるほど小さくなる（過電流は導体表面に集中する．）．

誘導炉は構造から，るつぼ形と溝形に分類される．

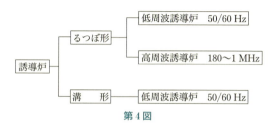

第4図

◇るつぼ形炉

るつぼ形炉は，第5図のように，鉄心がなく使用周波数により，**低周波炉**と**高周波炉**にわけることができる．るつぼ形の炉に被加熱物を入れ，耐火物の周囲にコイルを配置し，漏れ磁束を少なくするために継鉄が設けられている．

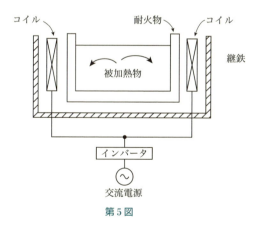

第5図

◇溝形炉

50/60 Hz の商用周波数を用いるもので，加熱部分はU字形の薄形とし，これに一次巻線を設け，溶解される金属を二次巻線とするものである．この炉は，るつぼ形に比べ電気効率が高い．一方，耐火物の構造が複雑で常に残湯を必

▶加熱対象
誘導加熱の加熱対象は導電性のものである．
誘電加熱の加熱対象は絶縁性のものである．

要とするため，断続運転は不向きである．

特徴

- 周波数を高くすると，電流浸透の深さは浅くなるため被加熱材の表面加熱ができる．
- 周波数を低くすると，被加熱物全体を均一に加熱できることになる．
- 加熱対象は導電性の金属であり，絶縁性の物質は対象外である．

▶ 用途

- るつぼ形炉

 低周波炉では，銅合金の溶解，鋳鉄の溶解・保温などに用いる．

 高周波炉では，鉄鋼や高級金属の溶解，高周波金属表面焼入れなどに用いる．

- 溝形炉

 銅，亜鉛，黄銅の溶解などに用いる．

■誘電加熱

誘電加熱の加熱対象が誘電体（絶縁体）のものであり，1〜300 MHzの高周波電解中に置かれた誘電体（絶縁体）に発生する**誘電損によって生じる熱を利用した加熱**である．

第6図のように，電極間隔 d [m] の並行電極間に比誘電率 ε_s，誘電損角 δ の誘電体を置き，周波数 f [Hz]，電圧 V [V] を加えた場合の誘電体の単位体積当たりの誘電損は，次式で表される．

$$P = \frac{5}{9} f E^2 \varepsilon_s \tan \delta \times 10^{-10} \, [\text{W/m}^3]$$

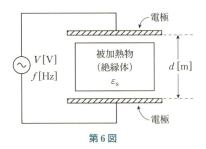

第6図

ただし，E [V/m] は高周波電源 V によって生じた電界の強さであり，次式で表される．

$$E = \frac{V}{d} \, [\text{V/m}]$$

第6図を回路図およびベクトル図で表すと，第7図のよ

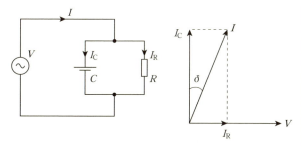

第7図

うになる．

　誘電損は，電界の強さEの2乗，周波数f，誘電正接$\tan\delta$，比誘電率ε_sに比例することがわかる．また，$\varepsilon_s \tan\delta$は誘電損率と呼ばれ，誘電加熱の加熱効果の目安となる値である．

特徴
- 急速加熱ができる．
- 均一加熱ができる．
- 温度制御が容易である．
- 性質の異なる被加熱物を誘電率の値の違いを利用して選択加熱ができる．
- 電波の漏えい対策（シールド）が必要である．

▶用途
プラスチックの溶着・加工，食品の解凍，木材の溶着・乾燥などに用いる．

■アーク加熱

　アーク加熱は電極間または電極と被加熱物との間に発生する**アーク熱**により，被加熱物を加熱・溶解を行うものである．アークは大気中の放電に電離したガス中での放電現象で4 000～6 000 Kの高温を得ることができる．

　アーク電圧—電流特性は，次のエアトンの実験式で表される．

$$E_a = a + bL + \frac{c + dL}{I} \text{ [V]} \qquad (1)$$

ただし，E_a：アーク電圧[V]，I：アーク電流[A]，L：

アーク長[m], a, b, c, d：電極の材料，周囲ガスで決まる定数である．

(1)式より，アーク電圧―電流特性は，電流が増加すれば電圧が低下する負性特性を示すためアークは不安定となる．このために電源回路に直列にリアクトルを挿入することにより，発生するアークを安定させている．

アーク加熱には，アーク電流が被加熱物に流れる**直接アーク炉**とアーク熱の放射，対流を利用する**間接アーク炉**などがある．

◇直接アーク炉

第8図のように，被加熱物自体が電極の一部となり加熱する方式である．代表的なものでは，製鋼用エルー炉がある．この炉は黒鉛電極を三相交流電源に接続し，黒鉛電極と被加熱物（スクラップ）間でアークを発生させ鉄を溶解する．

▶用途
製鉄用アーク炉，鉱石の精錬，アーク溶接などに用いる．

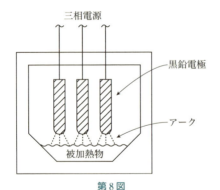

第8図

◇間接アーク炉

第9図のように電極間に発生したアーク熱を放射，対流，伝導により被加熱物に加えて加熱する方式である．直接方式に比べて加熱効率は悪い．間接アーク加熱の代表的な例として揺動式アーク炉がある．

▶用途
銅，アルミなどの非鉄金属およびその合金の溶解などに用いる．

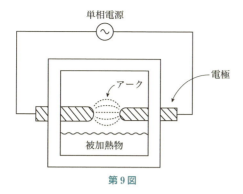

第9図

特徴
- 高温が得られる．
- 急速加熱が可能である．
- 騒音が大きい．
- 同一配電線のフリッカ対策が必要である．

■プラズマ加熱

プラズマとは，ガスがエネルギーを得て電子とイオンに電離された状態をいい，このエネルギーを利用して加熱を行う方式である．

アーク放電のアークは，**ピンチ効果**（収縮作用）により収束する性質がある．このアークの軸方向に冷風ガスを吹き付けると，ピンチ効果によりさらに収束する．このときのプラズマは10 000 K以上の高温に達する．

プラズマ加熱は，プラズマトーチを使い，プラズマガスとして，アルゴンヘリウム等の高温気体を発生させる．熱プラズマともいう．

特徴
- アーク加熱よりさらに高温が得られる．
- 高温不活性雰囲気をつくることができる．
- 高融点材料の溶解，溶接，切断等に用いられる．

▶ピンチ効果
プラズマ中に流れる電流により周囲に発生した磁場の磁気力がプラズマを急速にしめつけ，ひも状になる現象のことである．

▶用途
プラズマ溶射による表面改質，金属の溶解・加熱・精錬などに用いる．

■マイクロ波加熱

マイクロ波加熱の原理は誘電加熱と同じである．使用する**電磁波の周波数が 300 MHz～30 GHz**の誘電加熱は，特に**マイクロ波加熱**と呼ばれている．マイクロ波加熱を用いた代表的なものとして電子レンジ（使用周波数 2 450 MHz）がある．第10図のように，マグネトロンまたはクライストロン等の電子管で発生した高周波エネルギーは，導波管（WG）を通してアプリケータ（炉）に導かれ，炉壁で乱反射を繰り返し，被加熱物へエネルギーが吸収されていく．アイソレータは，炉で一部反射され戻ってくる反射波エネルギーを吸収する装置である．電子管，マグネトロンなどの発信機などを保護する役目もある．整合器は炉と導波管の整合（マッチング）をとるものである．

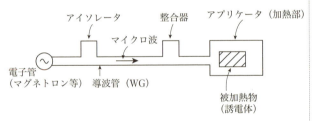

第10図

誘電体にマイクロ波が吸収され，表面の電力密度の半分の値まで減衰する深さは，電力半減深度 D と呼ばれ，次式で表される．

$$D = \frac{3.32 \times 10^7}{f \cdot \sqrt{\varepsilon_s} \cdot \tan\delta} [\mathrm{m}]$$

特徴
- 内部から加熱できるため加熱時間が短い（急速加熱ができる）．
- 加熱効率が良い．
- 形状が複雑な物でも均一に加熱できる．

▶用途

電子レンジ，食品類の乾燥，殺菌，セラミックの乾燥などに用いる．

- 電磁波が漏えいしないようにシールド対策が必要である．

■赤外加熱

　赤外加熱は，赤外電球や遠赤外ヒータから放出（赤外放射）される**波長0.76 μm〜1 mm**の赤外領域の電磁波エネルギーを被加熱物が吸収すると，その原子・分子が振動励起することを利用して加熱するものである．

　第11図のように，赤外線はその波長によって0.76 μm〜1 μmまでのものをいう．この波長領域は，物質に吸収されても化学作用を及ぼすことがなく熱エネルギーに変換することができる．物質を加熱，加熱による乾燥・加工などに利用されている．

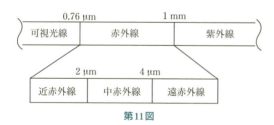

第11図

　赤外放射による熱量 Q [W] は，次式で表される．

$$Q = \sigma \varepsilon S T^4 \text{ [W]}$$

　ただし，σ：ステファン・ボルツマン定数（$\fallingdotseq 5.67 \times 10^{-8}$ W/m^{2}T^4），ε：放射率，S：放射面積 [m^2]，T：赤外放射する物体の温度 [K]

特徴
- 電磁波の形態でエネルギーを伝達するため，伝達のための媒体は必要としない．
- 赤外放射が物質に吸収されるとすぐに熱エネルギーに変換される．
- 赤外放射とほぼ同時に加熱が始まる．
- 赤外放射が照射された箇所のみ加熱する．

▶用途
塗装面の焼き付け，乾燥，プラスチックの成型加工，殺菌などに用いる．

- 赤外放射が照射される箇所は，被加熱物の表面にごく近い部分で吸収される．したがって，内部まで達しない．

■電子ビーム加熱

第12図のように，真空中で高電界により高速に加速した電子ビームを電磁界により，収束すると 10^6 W/cm^2 以上の極めて高いパワー密度を得ることができる．電子ビーム加熱は，このビームを被加熱材に照射させると，その運動エネルギーの大部分が熱に変換する．

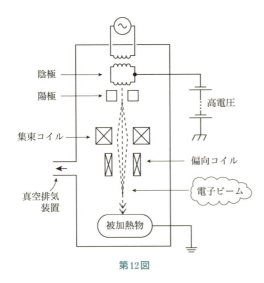

第12図

特徴
- ビームを絞ることで微小部分の加熱が可能である．
- 高温での加熱となるので高融点材料の溶解ができる．
- 真空中での加熱のため，活性材料をクリーン環境下で処理ができる．
- X線を発生するため，防護対策が必要である．
- 装置が高価である．
- 広い範囲を加熱するには不適である．

▶用途
高融点金属の溶解・蒸着，金属材料の表面焼入れ，金属やセラミックの微細加工などに用いる．

■レーザ加熱

レーザは，波長および位相がそろった単光色を高密度にした光である．レーザ光は，向かい合った反射鏡の間で往復反射を繰り返すことにより，エネルギーが増幅されていく．その一部を取り出したものがレーザ光線となる．

代表的なレーザとして，YMGレーザおよび炭酸ガス，エキシマレーザがあげられる．YMGレーザはY（イットリウム），A（アルミニウム），G（ガーネット）の結晶体で$1.06\,\mu m$の波長を発生させる．

炭酸ガスレーザは，CO_2，N_2，HeおよびCOの混合ガスからなるレーザ媒質を用いて$10.6\,\mu m$の波長を発生させる．

特徴

- 単光色であり，レンズにより微小な面積にパワーを集中できる．
- 並行性が良いため，遠方までエネルギーを伝搬できる．
- 光の反射率の大きい物質は加熱が困難である．

▶**用途**

金属，非金属の加工（穴あけ，切断，溶接）などに用いる．

問題1

次の文章の 1 ～ 5 の中に入れるべき最も適切な数値を解答群から選び，その記号を答えよ．

アーク加熱，誘導加熱，直接抵抗加熱など大電流を必要とする負荷では，できるだけ炉と電源の距離を 1 し，配電損失を低減する必要がある．また抵抗加熱，誘導加熱など構造によりある程度負荷インピーダンスを変えられるものでは，電圧を 2 ，炉に流れる電流を少なくすることが望ましい．

電気加熱は，燃焼加熱にはない，次の四つの特徴をもっている．

① 被加熱材に直接熱を発生させる 3 ができる．

② 高エネルギー密度の熱源である．

③ 加熱に 4 を必要としない．

④ 供給エネルギー量の調整が容易で 5 に適している．

〈 1 ～ 5 の解答群〉

ア 長く	イ 短く	ウ 高く	エ 低く	オ 連続
カ 間欠	キ レベル制御	ク 流量制御	ケ 自動制御	
コ 内部加熱	サ 外部加熱	シ 熱電	ス 抵抗	セ 放射
タ 酸素	チ 窒素			

解説

アーク加熱，誘導加熱，直接抵抗加熱などの大電流負荷は電力損失，電圧降下を少なくする必要がある．このために配電線のインピーダンスを小さくするか，電圧を高めて電流を少なくすることが望ましい．

アーク加熱，誘導加熱，誘電加熱などでは，環境面から燃焼加熱と比べると以下の特徴がある．

- 被加熱物の内部加熱が可能であり，製品の温度の均一化ができるため品質の高い製品ができる．

- 被加熱物に直接電流を流すことができ，高温が得られる．

- ばい煙の発生がなく，熱効率が高い．

- 温度制御が容易で遠隔操作，自動制御操作などに適している．

(答)　1―イ，2―ウ，3―コ，4―タ，5―ケ

問題2

次の文章の 1 ～ 5 の中に入れるべき最も適切な数値を解答群から選び，

その記号を答えよ.

　　1　加熱は，高温の熱源が放射する電磁波のエネルギーを被加熱材に吸収させて加熱する方式である.　被加熱材の分光吸収特性に合った波長の電磁波を放射する熱源を使用すると，効率の高い加熱ができる.　　2　はその熱源の一つである.

　　3　加熱は，電極を介して導電体の被加熱物に通電し，発生する　　4　熱を利用して加熱する方式である.　　5　はその代表的な応用例である.

〈　1　～　5　の解答群〉

ア	YAG	イ	アーク	ウ	ジュール	エ	セラミックヒータ
オ	マイクロ	カ	電子ビーム	キ	電子レンジ	ク	るつぼ形炉
ケ	黒鉛化炉	コ	放射	サ	間接抵抗	シ	直接抵抗
ス	赤外	セ	誘導	ソ	誘電体	タ	渦電流

解説

　赤外放射は，可視光より波長の長い電磁波で波長が $0.76 \sim 1\,000\,\mu\text{m}$ の範囲とされている.　赤外放射は，物質に吸収されると光化学反応を示さず，そのエネルギーはほとんどが熱に変換される.

　赤外放射源には，一般の白熱電球と同様の構成を赤外電球や，遠赤外線で用いられるセラミックヒータ等がある.

　直接抵抗加熱は，被熱物に直接通電して被加熱物内のジュール熱によって加熱するものである.　直接抵抗加熱を用いている炉には黒鉛化炉，ガラス溶融炉などがある.

　　　　　　　　　　（答）　　1－ス，　2－エ，　3－シ，　4－ウ，　5－ケ

問題3

　次の文章の　1　～　5　の中に入れるべき最も適切な数値を解答群から選び，その記号を答えよ.

　　1　加熱の熱源は，一般に低インピーダンスで負荷特性を有する.

　代表的な応用例は，　2　であるが，操業中の負荷電流の変動が大きく電力系統との結合点における電圧が動揺しやすい.　これを抑制するためにフリッカ補償装置を設ける場合がある.

　　3　加熱は，　4　損による熱を利用して加熱する方式である.　電源にマグネトロン発振器が使用される.　　5　はその代表的な応用例である.

571

〈 1 〜 5 の解答群〉

ア　製鋼炉　　イ　アーク　　ウ　拡散炉　　エ　セラミックヒータ

オ　マイクロ　カ　電子ビーム　キ　電子レンジ　ク　るつぼ形炉

ケ　伝導　　　コ　放射　　　サ　間接抵抗　シ　直接抵抗

ス　赤外　　　セ　誘導　　　ソ　誘電体　　タ　渦電流

解説

アーク加熱は，電極間と被加熱材との間に発生するアーク熱を利用して加熱・溶解を行う．アーク電圧・電流・アーク長の特性は，エアトンの実験式で示される．

$$E_a = a + bL + \frac{c + dL}{I} [V]$$

ただし，E_a：アーク電圧[V]，L：アーク長[m]，a, b, c, d：電極材料で決まる定数，I：アーク電流（A）

この式からアーク電圧の増加によって，アーク電流が低下する負性抵抗特性があることがわかる．このためにアークは不安定になるが，対策として，電路にリアクトルを挿入し安定化を図っている．

マイクロ波加熱の原理は，誘電加熱と同じである．誘電体に交番電界を作用させると，誘電体を構成する分子，原子などによる分極方向の反転が繰り返され，分極の時間遅れによるエネルギーの吸収が起こって誘電体内部に熱を発生させる．これが誘電損である．

マイクロ波（2 450 MHz）の発振にはマグネトロンが使用され，導波管を介して加熱物へ高周波のエネルギーを伝送する．

　　　　　　　　　　　　　（答）　1－イ，2－ア，3－オ，4－ソ，5－キ

電気化学

1 電気化学の基礎

これだけは覚えよう！
□電気分解のプロセス
□ファラデーの法則を用いた各諸量を求める算出方法
□電流効率，エネルギー効率を求める算出方法

■電気分解と電池

　金属を電極として電解質溶液中に浸すと，電極と溶液との間に電位差が生じる．例えば，電解質溶液中に浸した2枚の電極板に電線を繋ぐと電流が流れて，電解質溶液と接触している各電極板には，所要の物質を析出することになる．この電流を合理的に流すように工夫されたものが電池である．一方，この2枚の電極板に外部電源から電位差を与え電流を流して，化学変化を起こすようにしたものを電気分解（電解）という．

　電解のプロセスは次のようになる．2枚の電極間の電圧（電池電圧）極性と逆方向に電圧を加えて，徐々に増加していくと電池としての電流が減少していく．そして，電池電圧と同じになったときに電流は0になる．さらに逆方向の電圧を上げていくと，2枚の電極板に析出物質が変化し，電池電圧の極性と逆方向に電流が流れ始める．この電流値は，最初は小さいが，逆方向の電圧がある値になったときに急に増加するようになる．このときの電圧を分解電圧という．

　電池作用時に発生する2枚の電極板の析出物質により，電池電圧を下げる方向に電圧が発生する現象を分極現象という．分極によって生じた電圧を分極電圧という．

573

■ファラデーの法則

　純粋な水は電流が流れないが，食塩や塩酸を水に溶かした電解質溶液に2枚の金属の極板を入れ，これに直流電圧を加えると電気分解が生じて電流が流れるようになる．この電解時における電気量と分解生成する物質の量との間には次の法則がある．

① 電気分解によって，電極上に析出・消費される物質の量は電極表面を通過する電気量に比例する．

② 同一電気量で電気分解するとき，電極上で析出・消費される**物質の量は物質の量によらず同一の化学当量（原子量/原子価）**となる．

　これらを**ファラデーの法則**という．式で表すと次のようになる．

$$m = \frac{1}{F} Q \frac{M}{Z} \,[\mathrm{W}]$$

　m：物質の質量[g]，F：ファラデー定数[C/mol]，Q：電気量[A·s]，M：物質の原子量，Z：物質の原子価

　代表的な元素の原子量および原子価（概略値）等を表すと第1表のようになる．

　ファラデー定数Fは，電子1molに相当する量で，電子の電荷eを1.603×10^{-19} C，アボガドロ数N_Aを6.023×10^{23} mol^{-1}とすると，次式より求められる．

$$F = eN_A = 1.602 \times 10^{-19} \times 6.023 \times 10^{23}$$
$$\fallingdotseq 96\,500 \,\mathrm{C/mol}$$

ファラデー定数Fの単位を[(A·h)/mol]で表すと次式のようになる．

$$F = \frac{eN_A [\mathrm{c/mol}]}{3600 \,\mathrm{s/h}} = \frac{eN_A}{3600} \left[\frac{\mathrm{C}}{\mathrm{s}}\right]\left[\frac{\mathrm{h}}{\mathrm{mol}}\right]$$

$$= \frac{1.602 \times 10^{-19} \times 6.023 \times 10^{23}}{3600} \,(\mathrm{A·h})/\mathrm{mol}$$

$$= 26.80 \,(\mathrm{A·h})/\mathrm{mol}$$

▶アボガドロ数
物質量1 molを構成する粒子（分子，原子など）の個数を示す定数．

$$\left[\frac{\mathrm{C}}{\mathrm{s}}\right] = [\mathrm{A}]$$

第1表

原子番号	元素	元素記号	原子量	原子価	化学当量
1	水素	H	1	1	1
8	酸素	O	16	2	8
11	ナトリウム	Na	23	1	23
13	アルミニウム	Al	27	3	9
17	塩素	Cl	35.5	1	35.5
26	鉄	Fe	55.9	2 3	28 18.6
28	ニッケル	Ni	58.7	2 3	29.4 19.6
29	銅	Cu	63.5	2	31.8
30	亜鉛	Zn	65.4	2	32.7
47	銀	Ag	107.9	1	107.9
79	金	Au	197	1	197
80	水銀	Hg	200.6	1	200.6
82	鉛	Pb	2 007.2	2	103.6

■効　率

◇電流効率

　電気分解によって，電気量に比例した電解生成物は，ファラデーの法則によって求められるが，実際には，初期の反応以外の副反応やその他の原因によって，1g当量の電解生成物を得るには1ファラデー以上の電気量を必要とする.

　このことより，電流効率η_Iは，次式で表される.

$$\eta_I = \frac{\left(\begin{array}{l}\text{ある一定の電解生成物を得るために}\\\text{必要な電気量の理論値}\end{array}\right)}{\left(\begin{array}{l}\text{同量の電解生成物を得るために}\\\text{要する実際の電気量}\end{array}\right)}$$

　したがって，電流効率は1より小さい. 電解質溶液の温度，電流密度，電極材料などによって異なる.

◇エネルギー効率

電気分解のときのエネルギー[J]は，電気量[A・h]に電圧を乗じたものである．電解槽の平均電圧 E_a[V]は，理論分解電圧 E_t[V]より大きい．

このことより，エネルギー効率 η_P は次式で表される．

$$\eta_P = \frac{\begin{bmatrix} (ある一定の電解生成物を得るために \\ 必要な電気量の理論値) \times E_t\,[V] \end{bmatrix}}{\begin{bmatrix} (同量の電解生成物を得るために \\ 要する実際の電気量) \times E_a\,[V] \end{bmatrix}}$$

$$= \eta_I \times \frac{E_t}{E_a}$$

同様に，エネルギー効率も 1 より小さい．

問題 1

次の文章の ① ～ ④ の中に入れるべき最も適切な字句を解答群から選び，その記号を答えよ．

電気化学システムを用いると電気エネルギーと化学エネルギーの相互変換を行うことができる．電気化学システムは，基本要素として二つの電極とイオン伝導体である ① で構成される．二つの電極のうち，酸化反応が起こる電極は ② と呼ばれる．酸化反応で生じた電子は電解質中をを移動できず，電極から ③ を通じて対極に移動することになる．

このように自発的な反応を利用して化学エネルギーを電気エネルギーに変換するシステムを ④ という．

〈① ～ ④ の解答群〉

ア	アノード	イ	電解質	ウ	カソード	エ	外部回路
オ	活物質	カ	酸化極	キ	自動変換	ク	超伝導体
ケ	電解	コ	隔膜	サ	電池	シ	溶液

解説

電気化学システムでは，電気エネルギーと化学エネルギーの相互変換が行われる．電気化学システムは自発的な反応を利用して電気を得る電池と外部から電気エネルギーを供給して強制的に反応させる電解（電気分解）に分けられる．

電気化学システムでは，図のように二つの電極とイオン伝導体である電解質および隔膜から構成されている．電極のうち酸化反応（脱電子反応）が起こる電極をアノード電極といい，還元反応（受電子反応）が起こる電極をカソード電極という．

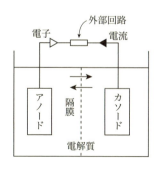

(答) 1—イ，2—ア，3—エ，4—サ

━━ **問題2** ━━

次の文章の □1□ ～ □6□ の中に入れるべき最も適切な字句を解答群から選び，その記号を答えよ．なお，同じ記号を使用してもよい．

一次電池を放電すると，正極活物質は □1□ され，負極活物質は □2□ され，電解液中の □3□ イオンは正極側から負極側に移動する．

二次電池を放電すると，正極活物質は □4□ され，負極活物質は □5□ され，電解液中の □6□ イオンは正極側から負極側に移動する．

〈 □1□ ～ □6□ の解答群〉

ア　酸化　　　イ　中和　　　ウ　還元　　　エ　正電荷　　　オ　正電荷と負電荷

カ　負電荷　　キ　増加　　　ク　減少

【解説】

一次電池，二次電池に関わらず電池が放電すると，正極物質は還元（受電子反応）され，負極活物質は酸化（脱電子反応）される．この酸化と還元は必ず同時に起こる．また電解液中の負イオンは正極から負極側に移動する．

（答）　1―ウ，2―ア，3―カ，4―ウ，5―ア，6―カ

━━ **問題3** ━━

次の文章の □□ の中に入れるべき最も適切な字句または数値を 〈 □1□ ～ □5□ の解答群〉 から選び，その記号を答えよ．

電気化学システムでは電極と電解質の界面で電荷移動に伴う電気化学反応が起こる．ここで反応に寄与する □1□ の量は外部回路に流れる電気量で表され，□2□ の量は反応で生成あるいは消費される物質の量に対応することになる．一般に z 個の電子の数が関与する反応で，n モルの物質が生成あるいは消費される場合に流れる電気量は，電子の単位電荷を e，1モル当たりの粒子数を表す □3□ を N_A とすると，理論式は次式で表される．

$$Q = z \times N_A \times e \times n$$

ここで，$N_A \times e$ は，反応によらない固有の定数であり，□4□ と呼ばれる．この定数は 96 500 C/mol であるが，単位を変換すると □5□ [(A·h)/mol] となる．

〈 □1□ ～ □5□ の解答群〉

ア　1　　　イ　2　　　ウ　3　　　　　エ　4　　　　　　　　オ　5

カ　アボガドロ数　　キ　アノード　　　ク　カソード

ケ　イオン　　　　　コ　イオン当量　　サ　イオン定数

シ	894	ス	447	セ	ファラデー定数	ソ	0.844
タ	0.422	チ	電子	ツ	単位正電荷	テ	26.8
ト	53.6

解説

　一般にはz個の電子が関与する反応においてnモルの物質が生成あるいは消費される場合に流れる電気量Q [C] は，電子の電荷を$e(1.602 \times 10^{-19}\,\text{C})$，1モル当たりの粒子数を表すアボガドロ数を$N_A(6.023 \times 10^{23})$とすると，次式で表される．

$$Q = z \times N_A \times e \times n \,[\text{C}]$$

　ここで，$N_A \times e$は，反応によらない固有の定数であり，ファラデー定数と呼ばれる．この定数をFとすると，Fの値は，以下となる．

$$F = N_A \times e = (6.023 \times 10^{23}) \times (1.602 \times 10^{-19}) = 96\,488.46 \fallingdotseq 96\,500 \,\text{C/mol}$$

　単位を$[(\text{A·h})/\text{mol}]$に変換すると

$$F = \frac{96\,500}{3\,600} \fallingdotseq 26.8\,(\text{A·h})/\text{mol}$$

　　　　　　　　　　（答）　　1—チ，2—ケ，3—カ，4—セ，5—テ

電気化学

2 電解工業の実例

これだけは覚えよう！
□水電解の反応式より，電解に要した電気量，電解で得た酸素の質量などを求める算出方法
□塩素・アルカリ電解の反応式より，水酸化ナトリウムを製造するための理論電気量，電流効率などを求める算出方法
□アルミニウムの電解精錬の反応式より，アルミニウムを製造するための理論電気量および実際に要した電気量を求める算出方法

■水素を製造する水電解

水電解は，水（H_2O）を電気分解し，水素（H_2）や酸素（O_2）を取り出すシステムである．水素は石油精製，アンモニア合成などに広く利用されている．電解装置の構成は，第1図に示すように，アノード（電解のときは陽極）にニッケル，カソード（電解のときは陰極）に軟鉄，またはニッケルめっきを施したものを用いる．電解質溶液は，導電率を高めるために水酸化ナトリウム（NaOH）や水酸化カリウム（KOH）の20〜30％水溶液を採用している．

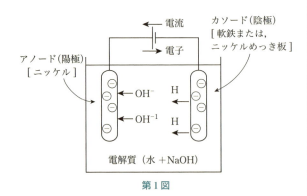

第1図

水電解における両電極の反応は，次のようになる．

アノード反応：$4OH^{-1} \rightarrow 2H_2O + O_2 + 4e^{-1}$

カソード反応：$2H_2O + 2e- \rightarrow H_2 + 2OH^{-1}$

全反応：$2H_2O \rightarrow 2H_2 + O_2$

電極板面積 $6\,m^2$ の電解槽を用いて電流密度 $45\,kA/m^2$ で 2 時間にわたり，電解を行った場合の各諸量について考えてみる．

水素の原子量は 1，酸素の原子量は 16，ファラデー定数は $26.8\,(A\cdot h)/mol$ とし，電流効率は 100 ％とする．

◇酸素 1 分子（O_2）生成に必要な電子の数

アノード反応式より，酸素 1 分子（O_2）の生成に必要な電子の数は $4e^{-1}$ であるので，4 となる．

◇1 mol の酸素と 1 mol の水素の質量比

1 mol の酸素と 1 mol の水素の質量比（酸素/水素）は，それぞれの原子量が，O→16，H→1 であるから，各分子量は $O_2 \rightarrow 16 \times 2 = 32$，$H_2 \rightarrow 1 \times 2 = 2$ であり，質量比は，次式で求まる．

$$質量比 = \frac{O_2}{H_2} = \frac{32}{2} = 16$$

となる．

◇1 mol の酸素と 1 mol の水素を生成するのに要する電気量比

1 mol の酸素と 1 mol の水素を生成するのに要する電気量比（酸素/水素）は，アノード反応式より，酸素分子生成には，四つの電子が反応している．カソード反応式より，水素分子生成には，二つの電子が反応している．したがって，電気量比は，次式で求まる．

$$電気量比 = \frac{4 \times F}{2 \times F} = 2$$

ただし，F はファラデー定数である．

◇酸素と水素の体積比

酸素と水素の生成モル数は，投入電気量を Q とすると次

式で表される.

$$酸素の生成モル数 = \frac{Q}{酸素の電気量}$$

$$水素の生成モル数 = \frac{Q}{水素の電気量}$$

1 mol 当たりの体積は 22.4 L であるから体積比は，次式で表される.

$$体積比 = \frac{酸素の生成モル \times 22.4}{水素の生成モル \times 22.4} = \frac{\dfrac{Q}{酸素の電気量}}{\dfrac{Q}{水素の電気量}}$$

$$= \frac{水素の電気量}{酸素の電気量} = \frac{1}{電気量比} = \frac{1}{2} = 0.5$$

◇酸素と水素の質量比

この電解で生成した酸素と水素の質量比は，全反応式より次式で表される.

$$質量比 = \frac{O_2 の分子量}{2 \times H_2 の分子量} = \frac{16 \times 2}{2 \times 1 \times 2} = 8$$

◇電解に要した電気量

電気量 Q は，次式で表される.

$Q = 電流密度 \times 電極板面積 \times 時間$

$\quad = 45 \, kA/m^2 \times 6 \, m^2 \times 2 \, h = 540 \, kA \cdot h$

◇電解で得た水素のモル数 M

電解で得た水素のモル数 $M \, [mol]$ は，2 電子反応であるから次式で表される.

$$M = \frac{Q \, [kA \cdot h]}{2 \times F \, [(A \cdot h)/mol]} = \frac{540 \times 10^3}{2 \times 26.8}$$

$$\quad = 10.07 \times 10^3 \, mol$$

◇電解で得た酸素の質量 M_O

電解で得た酸素のモル数は次式で表される.

$$M_O = \frac{Q \, [kA \cdot h]}{4 \times F \, [(A \cdot h)/mol]} = \frac{540 \times 10^3}{4 \times 26.8}$$

$$\quad = 5.03 \times 10^3 \, mol$$

◇酸素の質量 m [kg]

$$m = M_o \text{ [mol]} \times O_2 \text{の分子量 [g/mol]}$$
$$= 5.03 \times 10^3 \times 32 = 161 \times 10^3 \text{ g} = 161 \text{ kg}$$

■塩素ガス，水酸化ナトリウム，水素を製造する食塩電解

食塩水を電気分解して塩素ガス，水酸化ナトリウム，水素を得る方法を食塩分解，塩素・アルカリ電解またはソーダ電解という．塩素・水素は工業的に重要なものであり，食塩電解法として，隔膜法，水銀法，イオン交換膜法の三つがあった．現在では，屋内において技術改良を加えた**イオン交換膜法**のみになっている．

イオン交換膜法は，第2図に示すようにアノード（陽極）はチタンの上に酸化ルテニウム（RuO_2）を被覆した金属電極である．また，カソード（陰極）は高濃度アルカリに耐えるため，ニッケルに活性化処理を施した金属電極である．電解質溶液は食塩水（NaCl）であり，液の浸透がなく Na^+ の選択透過性の良いイオン交換膜を用いている．

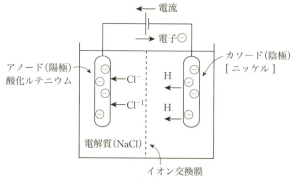

第2図

食塩分解における両電極の反応は，次のようになる．

　　アノード反応：$2Cl^- \rightarrow Cl_2 + 2e^-$

　　カソード反応：$2H_2O + 2e^- \rightarrow H_2 + 2OH^-$

　　全反応：$2NaCl + 2H_2O \rightarrow 2NaOH + H_2 + Cl_2$

電極板面積 $4\,\mathrm{m}^2$ の電解槽を用いて電流密度 $7.5\,\mathrm{kA/m}^2$ で24時間にわたり，電解を行い，$1\,\mathrm{t}$ の水酸化ナトリウム（NaOH）を製造した場合について考えてみる．ファラデー定数は $26.8\,(\mathrm{A\cdot h})/\mathrm{mol}$ とする．

◇水素1分子（H_2）生成に必要な電子の数

カソード反応式より，水素1分子（H_2）の生成に必要な電子の数は $2\mathrm{e}^{-1}$ であるので，**2** となる．

◇水酸化ナトリウム（NaOH）の質量

水酸化ナトリウムの質量 [kg] は，次式で表される．

$$M = 23 + 16 + 1 = 40\,\mathrm{g}$$

$$(\mathrm{Na} = 23\,\mathrm{g},\ \mathrm{O} = 16\,\mathrm{g},\ \mathrm{H} = 1\,\mathrm{g})$$

◇製造される水酸化ナトリウムのモル数

水酸化ナトリウム $1\,\mathrm{t}$ のモル数 M は，次式で表される．

$$M = \frac{1\,\mathrm{t}}{40\,\mathrm{g}} = \frac{1 \times 10^6\,\mathrm{g}}{40\,\mathrm{g}} = 25 \times 10^3\,\mathrm{mol} = 25\,\mathrm{kmol}$$

◇水酸化ナトリウム1tを製造するための理論電気量

水酸化ナトリウム $1\,\mathrm{t}$ を製造するために必要な理論電気量 $Q_\mathrm{O}\,[\mathrm{kA\cdot h}]$ は，次式で表される．

$$Q_\mathrm{O} = F \times M = 26.8(\mathrm{A\cdot h})/\mathrm{mol} \times 25\,\mathrm{kmol} = 670\,\mathrm{kA\cdot h}$$

◇水酸化ナトリウム（NaOH）製造の電流効率

水酸化ナトリウム製造に要した電気量 $Q\,[\mathrm{kA\cdot h}]$ は，次式で表される．

$$Q = 電流密度\,[\mathrm{kA/m}^2] \times 電極板面積\,[\mathrm{m}^2] \times 時間\,[\mathrm{h}]$$
$$= 7.5 \times 4 \times 24 = 720\,\mathrm{kA\cdot h}$$

したがって，電流効率 η は，次式で表される．

$$\eta = \frac{Q_\mathrm{O}}{Q} = \frac{670}{720} \fallingdotseq 0.931 = 93.1\,\%$$

■アルミニウムの電解精錬

アルミニウムは，軽金属の代表としてアルミサッシなどの構造材をはじめ幅広い用途で利用されている．アノードに炭素，カソードに生成したアルミニウム，電解質溶液は

溶融塩である.

電気分解における両電極の反応は，次のようになる.

アノード反応：$3C + 6O^{2-} \rightarrow 3CO_2 + 12e^-$

カソード反応：$4Al^{3+} + 12e^- \rightarrow 4Al$

全反応：$2Al_2O_3 + 3C \rightarrow 4Al + 3O_2$

アルミニウム1kgを製造した場合について考えてみる.

ただし，ファラデー定数は26.8 (A·h)/mol，電解効率η = 0.85とする.

◇アルミニウム1原子（Al）生成に必要な電子の数

カソード反応式より，アルミニウム1原子（Al）の生成に必要な電子の数は，3となる.

◇製造されるアルミニウム1kgのモル数

アルミニウム（Al）の1モルは27gであるから，アルミニウム1kgのモル数M [mol] は，次式で求まる.

$$M = \frac{1000}{27} \fallingdotseq 37.0\,\text{mol}$$

◇アルミニウム1kgを製造するための理論電気量Q_0

アルミニウム（Al）27g（1モル）に反応する電子の数は三つである.

このときの電気量Q_1は，電子の数×ファラデー定数となる.

$$Q_1 = 3 \times 26.8\,\text{(A·h)/mol} = 80.4\,\text{(A·h)/mol}$$

次に，アルミニウム1kg=1000gは，37.0 molであるから，このときの理論電気量Q_0 [A·h] は，次式で表される.

$$Q_0 = 37.0 \times 80.4 = 2\,974.8 \fallingdotseq 2.97 \times 10^3\,\text{A·h}$$

◇アルミニウム1kgを製造するのに要する実際の電気量Q

実際の電気量Q [A·h] は，電解効率η = 0.85より，次式で表される.

$$Q = \frac{Q_0}{\eta} = \frac{2.97 \times 10^3}{0.85} \fallingdotseq 3.50 \times 10^3\,\text{A·h}$$

問題1

次の文章の 1 〜 4 の中に入れるべき最も適切な字句または式を解答群から選び，その記号を答えよ．

一般に，電気分解を利用して金属を高純度化する方法を 1 と呼ぶ．この方法の一つに，銅鉱石を熱的に還元して得られる粗銅を原料にした電気銅の製造がある．粗銅は純度が低く，2 が大きく，そのままでは電線などの導電材料に利用できないので，電気分解を利用して粗銅を高純度化して電気銅とする．この電解において，原料の粗銅は 3 として作用する．この電気銅を製造する際に銅1原子当たりの反応に関与する電子数をz，反応モル数をn，ファラデー定数をFとすると，この反応で必要とする理論電気量Qは，式 4 で表される．

〈 1 〜 4 の解答群〉

ア $\dfrac{nF}{z}$　　　イ $\dfrac{zF}{n}$　　　ウ znF　　　エ アノード

オ カソード　　カ 延性　　　キ 酸化剤　　　ク 陽極処理

ケ 電解採取　　コ 電解精製　　サ 電気抵抗　　シ 電気伝導度

解説

化学反応において，通じた電気量と反応生成物の量の関係を示すものがファラデーの法則である．反応に関する電子の量は，外部回路を流れる電気量で表され，イオンの量は反応で生成あるいは消費される物質の量となる．一般にはz個の電子が関与する反応において，nモルの物質が生成あるいは消費される場合に流れる電気量Q [C]は，電子の電荷をe(1.602×10^{-19} C)，1モル当たりの粒子数を表すアボガドロ数をN_A(6.023×10^{23})とすると，次式で表される．

$$Q = z \times N_A \times e \times n \text{ [C]}$$

ここで，$N_A \times e$は，反応によらない固有の定数であり，ファラデー定数と呼ばれる．この定数をFとすると

$$F = N_A \times e = (6.023 \times 10^{23}) \times (1.602 \times 10^{-19}) = 96\,488.46 \fallingdotseq 96\,500 \text{ C/mol}$$

単位を [(A·h)/mol] に変換すると

$$F = \frac{96\,500}{3\,600} \fallingdotseq 26.8 \text{ (A·h)/mol}$$

となる．したがって，次式が成立する．

$$Q = z \times n \times F$$

よって，電気化学反応において，流れる電気量は反応に関与する電子数と物質の

モル数に比例する．これをファラデーの法則という．

(答)　1—コ，2—サ，3—エ，4—ウ

問題2

次の文章の $\boxed{1}$ ～ $\boxed{3}$ の中に入れるべき最も適切な字句または数値を解答群から選び，その記号を答えよ．

単位質量 1 g の物質を電気分解で製造するための理論電気量 Q_O は $\boxed{1}$ を M とすると次式で表される．

$$Q_O = \left(\frac{z}{M}\right) \times N_A \times e$$

ここで，硝酸銀（$AgNO_3$）水溶液から銀を析出する反応の場合，反応に寄与する電子数 z は，銀 1 原子に対し 1 個である．銀の M が 107.9 であるから，銀 1 g を析出するのに必要な電気量は $\boxed{2}$ [C] となる．

また硫酸銅（$CuSO_4$）水溶液から銅が析出する場合，反応に寄与する電子数は銅 1 原子に対し 2 個である．銅の M が 63.5 であるから，銅 1 g を析出するのに必要な電気量は $\boxed{3}$ [A·h] となる．

〈$\boxed{1}$ ～ $\boxed{3}$ の解答群〉

ア 0.422	イ 2	ウ 3	エ 4	オ 5
カ 894	キ 447	ク 0.884	ケ 26.8	コ 53.6
サ 原子量	シ 分子量	ス 原子価		

解説

硝酸銀（$AgNO_3$）の反応に関与する電子は，銀 1 原子に対し 1 個である．銀の原子量は 107.9 であるので，銀 1 g を析出するのに必要な電気量 q_1 [C] は

$$q_1 = \frac{96\,500}{107.9} \fallingdotseq 894\,\text{C}$$

となる．また，硫酸銅（$CuSO_4$）から銅を析出する場合，反応に関与する電子は銅 1 原子に対し 2 個である．銅の原子量が 63.5 であるので銅 1 g を析出するのに必要な電気量 q_2 [A·h] は

$$q_2 = \frac{26.8}{63.5} \times 2 \fallingdotseq 0.844\,\text{A·h}$$

(答)　1—サ，2—カ，3—ク

照 明

1 照明の基礎

これだけは覚えよう！

□照明に関わる用語の定義（放射束，光束，光度，照度，光束発散
　度，輝度，始動・動程，ランプ効率，照明率，光色，寿命，色温
　度，完全拡散面）
□光源の性能評価をする四つの項目（光源の寿命，配光特性，分光
　特性，始動特性）
□各光源の発光原理，特徴
□照度，輝度を求める五つの算出方法（距離の逆2乗の法則，入射
　角余弦の法則，点光源による照度計算，完全拡散面による照明計
　算（輝度），光束法による照明計算）

■照明に関わる用語の定義

◇放射束

　単位時間にある面を通過する放射エネルギーの量のこと
である．

　ある面をdt [s]時間に通過する放射エネルギーがdQ_e [J]
である場合，放射束$d\phi_e$ [W]は次式で表される．

$$\phi_e = \frac{dQ_e}{dt} [\text{W}]$$

◇光束

　放射束を人間の目の感度のフィルタを通して見た量をい
い，その単位は「lm」（ルーメン）で表される．ある物体
から分光放射束がϕ_e [W/mm]の場合，光束ϕ [lm]は次式
で表される．

$$\phi = K_m \int_{380}^{780} V(\lambda) \phi_e \, d\lambda [\text{lm}]$$

ただし，λ：波長 [nm]，K_m：最大視感効果度で555 nm

▶**nm**
ナノメートルと呼ぶ．
$\text{nm} = 1 \times 10^{-9}$ m

において 683 lm/W である．

◇光度

ある方向への単位立体角当たりの光束で与えられ，その単位は [cd]（カンデラ）である．第1図のように，微小立体角 $d\omega$ [sr]（ステラジアン）内の光束が $d\phi$ [lm] の場合，光度 I [cd] は次式で表される．

$$I = \frac{d\phi}{d\omega} \text{[cd]}$$

$[\text{cd}] = \left[\frac{\text{lm}}{\text{sr}}\right]$

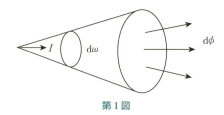

第1図

◇照度

単位面積当たりに入射する光束で与えられる．その単位は [lx]（ルクス）である．第2図のように，微小面積 dS [m²] 内に入射する光束が $d\phi$ [lm] の場合，照度 E [lx] は，次式で表される．

$$E = \frac{d\phi}{dS} \text{[lx]}$$

$[\text{lx}] = \left[\frac{\text{lm}}{\text{m}^2}\right]$

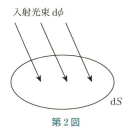

第2図

◇光束発散度

単位面積から発散する光束で与えられ，その単位は [lm/m²] である．第3図のように，微小面積 dS [m²] から発散する光束が $d\phi$ の場合の光束発散度 M は，次式で表さ

れる．

$$M = \frac{\mathrm{d}\phi}{\mathrm{d}S}\,[\mathrm{lm/m^2}]$$

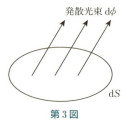

第 3 図

◇輝度

　光源の輝きの程度を表すもので，光源面からある方向への光度をその方向への見かけの面積で除した値で，単位は$[\mathrm{cd/m^2}]$である．第 4 図のように，光源の微小面積$\mathrm{d}S\,[\mathrm{m^2}]$において，$\theta$方向の光度$\mathrm{d}I_\theta$とする．光源の見かけの面積$\mathrm{d}S'\,[\mathrm{m^2}]$は次式で表される．

$$\mathrm{d}S' = \mathrm{d}S\cos\theta\,[\mathrm{m^2}]$$

上式より，θ方向の輝度$L_\theta\,[\mathrm{cd/m^2}]$は次式で表される．

$$L_\theta = \frac{\mathrm{d}I_\theta}{\mathrm{d}S'} = \frac{\mathrm{d}I_\theta}{\mathrm{d}S\cos\theta}\,[\mathrm{cd/m^2}]$$

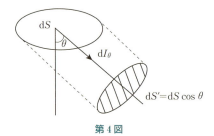

第 4 図

◇始動および動程

　ランプを点灯させることを始動という．またその寿命までの特性の変化を動程という．

◇ランプ効率

　光源の全光束をその光源の入力電力で割った値で，単位

は [lm/W] である.

◇**照明率**

　ランプから出る全束に対して作業面に入射する光束との比で表され，器具の配光，器具効率，部屋指数で決まる.

◇**光色**

　色温度[K]で表し，温冷感に影響する.

◇**寿命**

　光源が点灯しなくなるか，または全光束が規定した値に減少するまでの時間の累積値をいう.

◇**色温度**

　光源の光色を表す数値で，赤みがかった光色では数値が低く，青みが増すと高い数値となる. 電球では3 000 K前後，蛍光ランプ（昼光色）では5 000 K程度である.

◇**完全拡散面**

　あらゆる方向の輝度が等しい面のことである.

■光　源

◇**光源の性能要素**

　光源の性能を評価するものとして，以下の項目がある.

- 光源の寿命：光源が点灯しなくなるか，または全光束が規定した値（初期点灯の値に対するパーセントで決まる）に減少するまでの時間をいう.

- 配光特性：光源から発散する光の方向による強度状態を示したもの（指向性）をいう.

- 分光分布：光源の放射の強さの分布を表したものをいう. これにより，色温度や平均演色評価数が決まる.

- 始動特性：光源のスイッチをオンにしてから，光源の発光が定常的に安定するまでの時間をいう. 電球では，ほぼ瞬間的に安定するが，HIDランプでは数分の時間を要する.

◇**光源の原理**

　光源を分類すると次のようになる.

▶**平均演色評価数 *Ra***
光源の質を示す指標の一つである.
ランプなど人工照明から発せられる光が，自然光を基準として，どれだけ色を忠実に再現できるかを判断するための指標となる.
定量的な*R*度として*Ra* = 0〜100で示される.
白熱電球：*Ra* = 100
蛍光灯：*Ra* = 70〜90
高圧ナトリウムランプ：*Ra* = 25

① 白熱電球

第5図のように白熱電球は，タングステンフィラメントに電流を流し，高温にすることで，その温度放射によって発光する光源である．

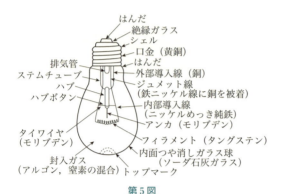

第5図

タングステンは空気中で高温にすると酸素と化合して燃えて蒸発するために，電球内部ではフィラメントの蒸発を抑えるために窒素とアルゴンの混合ガスを封入している．

② ハロゲン電球

ハロゲン電球は，石英ガラスの電球内に封入した不活性ガスの圧力を高くして，さらに微量のよう素，臭素，ふっ素等のハロゲン物質を添加している．このハロゲン物質は温度の低い管壁で蒸発したタングステンと化合して，ハロゲン化タングステンとなり，対流により，再びフィラメントに戻る循環作用を行う．

これをハロゲンサイクルという．このことにより，タングステンの蒸発金属が管壁に付着するのを防止する．

③ 蛍光ランプ

約1 Paの低圧水銀蒸気中の放電から発生する254 nmまたは185 nmの紫外線を，ランプ管壁内に塗布した蛍光物質に当て可視光に変換するランプである．蛍光物質の選択によってかなり自由に光色や演色性の異なるランプを制作することができる．

▶白熱電球の特徴

演色性に優れている．
特別な点灯回路は不要である．
調光が可能である．
色温度は2 800 K前後である．
発光効率が低い（12〜15 lm/W）．
寿命が短い（〜1 000時間ほど）．

▶ハロゲン電球の特徴

特別な点灯回路は不要である．
ランプが小形になる．
色温度は2 900〜3 000 K前後である．
発光効率が白熱電球より高い（15〜30 lm/W）．
寿命が白熱電球より長い（1 500〜3 000時間ほど）．

第6図のようにガラス管の内壁に蛍光物質が塗布されており，両極には電極がある．電極には一般にタングステンのコイルフィラメントが用いられ，熱電子の放出を容易にするためアルカリ土類金属の酸化物（Ba，Sr，Ca）が塗布されている．アルゴンガスを封入する理由は放電を発生しやすくするためと，点灯中の電極（フィラメント）の金属蒸発を抑えるためである．

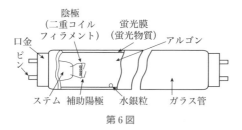

第6図

分光分布は使用する蛍光体によって決まり，最も多く用いる蛍光体はハロリン酸カルシウムでFとCl，SbとMnのそれぞれの量を調整して種々の色温度の発光色を得ることができる．これらの蛍光体を用いた蛍光ランプから得られる分光分布は，可視光全体にわたってほぼ一様であった．最近では，人の色感覚が強い反応を示す色彩を表す，三つの波長付近で発光する3波長形蛍光形ランプがある．

蛍光ランプの放電ランプは，電流が増加すると端子電圧が減少する．電圧－電流特性は負特性となるランプを安定的に点灯するためにはランプと直列に放電電流を制御するチョークコイルなどの安定器を接続する必要がある．

種類としては，回路の開閉に伴い発生するサージ電圧によって始動するスタータ形（グロースタータ形）と，直接高い電圧を管の電極に印加して始動するラピットスタータ形および高周波点灯方式などがある．

• スタータ方式

スタータ形で最も普及しているのはグロースタータ（点灯管）により点灯回路を自動的に開閉する方式である．第

▶水銀の規制

蛍光管ランプのうち，以下に該当するものは「水銀汚染防止法」により，製造・輸出入がすでに禁止となっている．

① 一般照明用のコンパクト形蛍光ランプ（電球形も含む）で発光管1本当たりの水銀含有量が5 mgを超えるもので，定格消費電力が30 W以下のもの

規制開始日：2018年1月1日

② 一般照明用の直管形蛍光ランプのうち，以下のもの

• 1本当たりの水銀の含有量が5 mgを超えるもので，定格消費電力が60 W未満のもののうち，3波長形の発光体を用いたもの

• 1本当たりの水銀の含有量が10 mgを超えるもので，定格消費電力が40 W以下のもののうち，ハロりん酸塩を主成分とする発光体を用いたもの

規制開始日：2018年1月1日

7図のように，点灯管により，電極を予熱後，電極間に高電圧を印加して放電させるので，点灯に数秒の時間を要する．

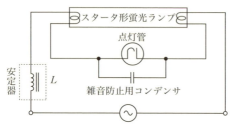

第7図　スタータ形点灯回路

ラピットスタート形は，電圧を印加すると電極の予熱と同時に両電極間に高電圧が印加される．第8図のように，補助始動体に（近接導体）と電極間に微小電流が流れて微放電が発生し，1秒後に両電極間の放電に移行する．この回路に用いるランプは，電極近くの電界を局部的に強めて放電開始を容易にするためにガラス管内面に酸化すずなどの導電性透明薄膜が施されている．

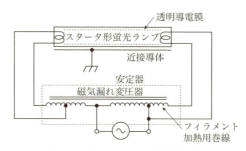

第8図　ラピットスタート形点灯回路

- インバータ方式

蛍光灯ランプをインバータにより高周波点灯（20～50 kHz）で点灯させる方式で，ほかの方式と比較すると回路損失が少なく，効率（100 lm/w）が高く，安定器が小形軽量になる．

▶蛍光ランプ

演色性に優れている．
色温度は2900～3000 K前後である．
発光効率が高い（50～100 lm/W）．
寿命が長い（5000～12000時間ほど）．
点灯回路が必要となる．
周囲温度の影響を受けやすい（周囲温度が低いと放電が始動しにくくなる）．

インバータ方式に用いる蛍光管はHf管を用いる．
Hf管：高周波点灯専用管

④　水銀ランプ

　水銀ランプは，百～数百kPaの水銀蒸気圧中の放電を利用した光源である．第9図のように，内管である発光管とこれを包む外管からなる．

　内管は石英でつくられ，水銀のほか，発光を容易にするためアルゴンガスが，ごく微量に封入されている．外管と内管との間には窒素が封入されている．外管は発光管の保護，保温，金属部分の酸化防止の役割をもっている．

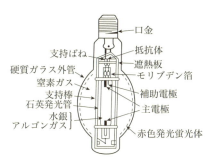

第9図　高圧水銀ランプの構造

　水銀ランプは点灯に数分の時間を要し，消灯後の再点灯にも数分程度，時間を要する．また青色成分が多く赤色成分が少ないため演色性に欠ける．

⑤　メタルハライドランプ（HIDランプ）

　メタルハライドランプの構造は，水銀ランプとほぼ同じであるが，異なる点は，次のとおりである．

- 発光管内に水銀，アルゴンのほか，ナトリウムやスカンジウム等のハロゲン化合物を添加して，水銀の発光スペクトル以外の金属スペクトルを利用して演色性を高めている．
- 発光管（内管）の材質はセラミックス等が用いられ，外管は保温のため真空としている．

⑥　高圧ナトリウムランプ

　高圧ナトリウムランプの構造は，水銀ランプと同じであるが異なる点は次のとおりである．

▶水銀ランプ

大光束が得られる．
発光効率が低い（～50 lm/W）．
寿命が長い（6 000～12 000時間ほど）．
点灯回路が必要となる．
始動時間を要する（電圧印加から管が安定するまでは，約4～8分程度，時間を要する．また，点灯中にいったん消灯すると管内の蒸気圧が高いために，再点灯に5～10分程度，時間を要する）．
演色性に欠けている（青色成分が多く赤色成分が少ない）．
街路灯，道路灯，体育館の照明施設などに使用されている．
※一般照明用の高圧水銀ランプは「水銀汚染防止法」により，2020年12月31日以降製造・輸出入が禁止となる．
ただし，既存の高圧水銀ランプの継続使用，修理，交換および販売について禁止するものではない．
なお，メタルハライドランプ，高圧ナトリウムランプは規制対象ではない．

▶HIDランプ

色温度は5 000～6 000 K前後である．
発光効率が高い（80～85 lm/W）．
演色性に優れている．
高演色性が要求される店舗照明施設などに使用されている．

- 発光管には透光性のアルミナセラミックスを用い，ナトリウムと水銀のアマルガム，始動用のキセノン，アルゴン等の不活性ガスが封入されている．外管と内管との間は保温のために真空としている．

▶**高圧ナトリウムランプ**
色温度は5 000～6 000 K前後である．
発光効率が高い（100～150 lm/W）．
演色性に優れている．
高演色性が要求される店舗照明施設などに使用される．
寿命が長い（10 000時間以上）．

■照明計算

◇距離の逆2乗の法則

第10図のように，点光源Lのある方向の光度が I [cd] であるとき，距離 r [m] におけるP点の法線照度 E [lx] は，次式で表される．

$$E = \frac{I}{r^2} \text{ [lx]}$$

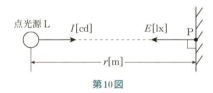

第10図

すなわち，**照度 E [lx] は光源の光度 I [cd] に比例，距離 r [m] の2乗に反比例する**．これを**距離の逆2乗の法則**という．

◇入射角余弦の法則

第11図のように，受光面積が S [m²] である平面に ϕ [lm] が入射している場合，その面の法線照度 E_n [lx] は，次式で表される．

$$E_n = \frac{\phi}{S} \text{ [lx]}$$

第11図で，受光面を角度 θ だけ傾けた場合，この面に入射する光束は，$\phi \cos\theta$ となる．傾いた方向の面上の照度 E_θ [lx] は，次式で表される．

$$E_\theta = \frac{\phi \cos\theta}{S} = E_n \cos\theta \text{ [lx]}$$

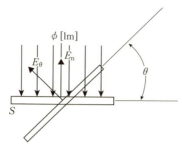

第11図

◇点光源による照度計算

第12図のように，光度 I_θ [cd] である点光源 L が高さ h [m] のところにあり，この光源直下の点 O から距離 d [m] だけ離れた点 P の照度のうち，光の方向に垂直な面の照度である法線照度 E_n [lx] は，次式で表される．

$$E_n = \frac{I_\theta}{r^2} = \frac{I_\theta}{h^2 + d^2} \text{ [lx]}$$

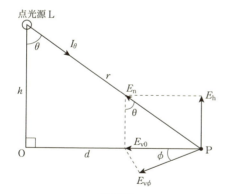

第12図

また，水平面照度 E_h [lx]，鉛直面照度 E_{vo} [lx] は，

$E_h = E_n \cos\theta$ [lx]

$E_{vo} = E_n \sin\theta$ [lx]

点 P における $\overline{\text{PO}}$ と角度 ϕ をなす方向の鉛直面照度 $E_{v\phi}$ [lx] は次式で表される．

$$E_{v\phi} = E_{vo}\cos\theta = E_n\sin\theta\cdot\cos\phi \ [\text{lx}]$$

◇ **完全拡散面による照明（輝度）計算**

どの方向から見ても輝度の等しい面を**完全拡散面**という．完全拡散面とみなすことができるものとして，雲が一つもない青空，乳白ガラスなどが挙げられる．第13図のように円板光源において，光源の法線光度を ΔI_n [cd]，法線と角 θ をなす方向の光度を $\Delta I\theta$ [cd] とすれば

$$\Delta I_\theta = \Delta I_n \cos\theta \ [\text{cd}]$$

の関係が成立し，光度は円の軌跡となる．これを**ランベルトの余弦則**と呼ぶ．完全拡散面は，ランベルトの余弦則に従うことになる．

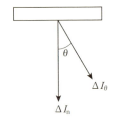

第13図

完全拡散面においては，輝度 L [cd/m²] と光束発散度 M [lm/m²] との間には，次式が成立する．

$$M = \pi L \ [\text{lm/m}^2]$$

◇ **光束法による照明計算**

光束法は，室内・道路照明計算などに用いられ，光源全体の全光束のうち，何%が作業面に到達するか予測し，平均照度を求めるのに使用する．ここでは，室内の照明計算について行う．

室内の作業面上の平均照度を E [lx]，光源1個からの光束 F [lm]，光源の数を N 個，作業面積を A [m²]，照明率を U，減光補償率を D とすると，次式の関係式が成立する．

$$F\cdot U\cdot N = A\cdot E\cdot D \ \text{または} \ F\cdot U\cdot N\cdot M = A\cdot E$$

ただし，M：保守率（$=1/D$）

問題1

次の文章の ① 〜 ⑩ の中に入れるべき最も適切な字句を解答群から選び，その記号を答えよ．

放射束とは単位時間にある面を通過する ① の量のことである．光束は，放射束を人間の目の感度のフィルタを通して見た量をいい，その単位は ② で表される．

③ とは，ある方向への単位立体角当たりの光束で与えられ，その単位は [cd]（カンデラ）である．微小立体角 dω[sr] 内の光束が dφ の場合，③ I [cd] は次式で表される．

$$I = \frac{\mathrm{d}\phi}{\mathrm{d}\omega} \, [\mathrm{cd}]$$

④ とは，単位面積当たりに入射する光束で与えられる．その単位は [lx]（ルクス）である．微小面積 dA [m²] 内に入射する光束が dφ [lm] の場合，④ E [lx] は，次式で表される．

$$E = \frac{\mathrm{d}\phi}{\mathrm{d}S} \, [\mathrm{lx}]$$

⑤ とは，光源の輝きの程度を表すもので，光源面からある方向への光度をその方向への見かけの面積で除した値で，単位は [cd/m²] である．

ランプを点灯させることを ⑥ といい，またその寿命までの特性変化を ⑦ という．

⑧ とは，光源の全光束をその光源の入力電力で割った値で，単位は [lm/W] である．

照明率とはランプから出る全光束に対して，作業面に入射する光束との比で表され，器具の配光，器具効率，⑨ で決まる．

完全拡散面とは，あらゆる方向の ⑩ が等しい面のことである．

〈 ① 〜 ⑩ の解答群〉

ア	照度	イ	輝度	ウ	光量	エ	始動
オ	lx	カ	lm	キ	過程	ク	経過
ケ	動程	コ	光度	サ	器具効率	シ	入射効率
ス	透過効率	セ	ランプ効率	ソ	部屋指数	タ	空間指数
チ	汚れ指数	ツ	明るさ	テ	電磁波	ト	放射エネルギー

解説

照明に関わる用語の定義を参照すること．

（答）　1—ト，　2—カ，　3—コ，　4—ア，　5—イ，
　　　　6—エ，　7—ケ，　8—セ，　9—ソ，　10—イ

問題2

次の文章の　1　～　10　の中に入れるべき最も適切な字句または数値を解答
群から選び，その記号を答えよ．

水銀ランプは，　1　[kPa] の水銀蒸気圧中の放電を利用した光源である．構造
的には内管である発光管とこれを包む外管からなる．内管は石英でつくられ，水銀
のほか，発光を容易にするためアルゴンガスが，ごく微量に封入されている．外管
と内管との間には窒素が封入されている．外管は発光管の保護，保温，金属部分の
酸化防止の役割をもっている．

水銀ランプは点灯に　2　の時間を要し，消灯後の再点灯にも数分程度，時間を
要する．また　3　成分が多く　4　成分が少ないため　5　に欠ける．発光効
率は，　6　[lm/W] 程度である．

メタルハライドランプの構造は，水銀ランプとほぼ同じであるが，次の点が異な
る．

①　発光管内に水銀，アルゴンのほか，　7　やスカンジウム等のハロゲン化合
　　物を添加して，水銀の発光スペクトル以外の金属スペクトルを利用して　5
　　を高めている．

②　発光管（内管）の材質は　8　等が用いられ，外管は保温のため真空として
　　いる．

③　発光効率は，　9　[lm/W] 程度で，　5　に優れている．

高圧ナトリウムランプの構造は，水銀ランプと同じであるが，次の点が異なる．

①　発光管には透光性のアルミナセラミックスを用い，ナトリウムと水銀のアマ
　　ルガム，始動用のキセノン，アルゴン等の不活性ガスが封入されている．外管
　　と内管との間は保温のために真空としている．

②　発光効率は，　10　[lm/W] 程度で，　5　に優れている．

600

〈 1 〜 10 の解答群〉

ア 10　　イ 50　　ウ 80〜85　　エ 100〜150　　オ 200〜300

カ セラミックス　　キ 強化ガラス　　ク 強化プラスチック

ケ 0〜100　　コ 100〜数百　　サ 数百〜1 000

シ 数分間　　ス 数秒間　　セ 瞬時　　ソ 青色

タ 赤色　　チ 白色　　ツ 黒色　　テ カリウム

ト ナトリウム　　ナ 演色性　　ニ 白色性　　ヌ 昼光色性

解説

　水銀ランプは，100〜数百kPaの水銀蒸気圧中の放電を利用した光源である．水銀ランプの点灯には数分間の時間を要し，消灯後の再点灯にも数分程度，時間を要する．水銀ランプは，青色成分が多く赤色成分が少ないため演色性に欠ける．

　メタルハライドランプの構造は，水銀ランプとほぼ同じであるが，異なる点は，次のとおりである．

・発光管内に水銀，アルゴンのほか，ナトリウムやスカンジウム等のハロゲン化合物を添加して，水銀の発光スペクトル以外の金属スペクトルを利用して演色性を高めている．

・発光管（内管）の材質はセラミックス等が用いられ，外管は保温のため真空としている．

　水銀ランプ，メタルハライドランプ，高圧ナトリウムランプの発光効率は，それぞれ50 lm/W，80〜85 lm/W，100〜150 lm/Wである．

（答）　1—コ，2—シ，3—ソ，4—タ，5—ナ，

6—イ，7—ト，8—カ，9—ウ，10—エ

問題3

　次の文章の 1 〜 5 の中に入れるべき最も適切な字句または数値を解答群から選び，その記号を答えよ．

　蛍光ランプは，低圧水銀放電で発生した 1 で蛍光体を励起して可視光を得るもので，省エネルギー性の優れた光源である．その中でも型式が 2 で表される高周波点灯専用の蛍光ランプは特に省エネルギー性が良く，定格ランプ電力32 Wの昼光色ランプでは，ランプ効率が約 3 である．このランプは 4 により点灯する方式で50 Hzまたは60 Hzの商用電源をいったん直流にした後，これを 5 程度の高周波交流に変換して点灯することにより効率を高めている．

〈 1 ～ 5 の解答群〉

ア　20～50 kHz　　イ　100～200 kHz　　ウ　1～2 kHz

エ　80 lm/W　　　オ　100 lm/W　　　　カ　120 lm/W　　　キ　Hf

ク　RF　　　　　　ケ　SF　　　　　　　コ　グレア　　　　サ　コンバータ

シ　インバータ　　ス　赤外線放射　　　セ　紫外線放射　　　ソ　磁界

解説

　蛍光ランプは，低圧水銀蒸気中の放電で発生した紫外線を放電管内に塗られた蛍光体で発光させ，可視光線を得る方式である．

　インバータ方式の蛍光ランプは，商用電源をいったん直流電源に変換した後，20～50 kHz の高周波電力に変換して点灯させる方式で，ちらつきがなく，ランプ効率が高い，連続的な調光が可能，安定器が軽量・小形などの特長がある．

　　　　　　（答）　1―セ，2―キ，3―オ，4―シ，5―ア

問題4

　次の各文章の 1 ～ 5 の中に入れるべき最も適切な数値を解答群から選び，その記号を答えよ．

　電球を机上 2 m の高さで点灯したとき，直下の机面の照度は 24 lx であった．この電球を 0.2 m 下げ机面へ近づけると，その照度は 1 ［lx］となる．なお，電球を点光源とみなすものとする．

　作業面から 3 m の高さに点光源があり，あらゆる方向への光度が 7 500 cd である．この光源直下 O 点から水平方向に 4 m，作業面上の P 点における光源方向への鉛直面照度は 2 ［lx］である．

　半径 0.3 m の均等拡散性平円板光源の輝度が $25\,000/\pi$ cd/m^2 であるとき，光源中心で鉛直角 60° の方向の光度は 3 ［cd］である．

　すべての方向を $360/\pi$ cd の光度で照らしている点光源の全光束は 4 ［lm］である．

　幅 2 m，長さ 4 m で反射率 40 ％の灰色の布に 1 000 lm の光束が均一に入射している場合，反射光の光束発散度は 5 ［lm/m^2］である．

〈 1 から 5 の解答群〉

ア　48　　イ　96　　　ウ　138　　エ　120　　オ　240　　カ　360

キ　900　　ク　1 000　　ケ　1 125　　コ　1 250　　サ　1 420　　シ　1 440

ス　1 450　　セ　30　　ソ　50　　タ　70

解説

点光源から r [m] 離れた点の照度 E [lx] は，距離の逆 2 乗の法則より次式で表される．

$$E = \frac{I}{r^2} \text{ [lx]}$$

$r = 2$ m，$E = 24$ lx により，光源の光度 I [cd] は

$$I = r^2 E = 2^2 \times 24 = 96 \text{ cd}$$

光源を 0.2 m 近づけたときの距離 r' [m] は

$$r' = r - 0.2 = 2 - 0.2 = 1.8 \text{ m}$$

よって，このときの照度 E' [lx] は，次式で表される．

$$E = \frac{I}{r'^2} = \frac{96}{1.8^2} = 29.63 \fallingdotseq 30 \text{ lx}$$

光源と作業面上の関係は，図のようになる．

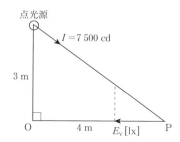

図より，鉛直面照度 E_v [lx] は，

$$E_v = \frac{I}{r^2} \times \sin\theta = \frac{7500}{5^2} \times 0.8 = 240 \text{ lx}$$

光源の輝度を B_0 [cd/m²]，見かけ上の面積を S [m²] とすると，法線の光度 I_0 [cd] は，次式で表される．

$$I_0 = B_0 S = \frac{25000}{\pi} \times \pi \times 0.3^2 = 2250 \text{ cd}$$

均等拡散性平円板光源の光度分布は，図のようになるので，θ 方向の光度 I_θ [cd] は，次式で表される．

$$I_\theta = I_0 \cos\theta = 2250 \times \cos 60° = 1125 \text{ cd}$$

全光束 F [lm] は次式で表される．

$$F = 4\pi I = 4\pi \times \frac{360}{\pi} = 1440 \text{ lm}$$

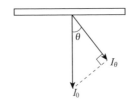

反射率を ρ,光束を F,面積を S とすると,光束発散度 M は次式で表される.

$$M = \sigma \times \frac{F}{S} = 0.4 \times \frac{1000}{2 \times 4} = 50\,\mathrm{lm/m^2}$$

(答)　1—セ,　2—オ,　3—ケ,　4—シ,　5—ソ

照　明

2　照明設計と保守管理

これだけは覚えよう！
□適正な照明の条件，照明方式，器具と光源の選定など，照明設計を行うときに必要な事項
□照明の保守・点検の基本的事項
□照明のエネルギー管理を行ううえで，検討すべき事項

■照明設計

◇適正な照明の条件

適正な照明の条件とは，次の要求事項を満たしていることをいう．

・十分な明るさ（照度）があること．

・明るさにむらがないこと．

・まぶしくないこと（グレアの除去）．

・演色性に優れていること．

・省エネルギー性に優れていること．

◇照明方式

照明方式には，大きく分けて4とおりがある．

①　全般照明

照明領域全体をほぼ均一な照度で照明することをいう．事務所・工場などにおいて，天井に均一に配置した同一の照明器具で作業場所を均等に照明しているのが全般照明である．

②　局部照明

視対象エリアを集中的に照明する方式で，精密作業などで高い照度を必要とする場合に，全般照明で実現しようとする場合は不経済であるときなどに採用される照明方式で

605

ある.

③　局部的全般照明

　照明が必要な広い領域の中にいくつかの視作業が部分的にある場合に採用される場合の照明方式である．工場などでの全般照明のほかに，精密作業場所用として別途照明器具を設置している場合がある.

　これが，局部的全般照明の一例である.

④　タスク・アンビエント照明（TALシステム）

　タスクとは「作業」，アンビエントは「周囲の」という意味がある.

　タスク・アンビエント照明とは，室内を低照度の全般照明を行い，**視作業場所に対してのみ，局部照明を追加**して必要照度を確保する方法である.

◇照明器具と光源の選定

　光源の選定は照明効果や経済性に影響が大きい．器具取付け高さと適用光源を第1表に表す．一般には高天井では高ワット・高効率HIDランプ，低天井には蛍光ランプが採用されている.

　実用化されている光源として，白熱電球，蛍光ランプ，水銀ランプ，メタルハライドランプ，高圧ランプなどがある．それぞれの発光原理が異なり特徴がある．色の見え方や快適性が重視されるところでの光源の選定には，効率の

> ▶タスク・アンビエント照明
> 事務所照明の局部的全般照明の一種類として省エネルギーを目的として米国で提唱された照明方式で，TALシステムと呼ばれている.

第1表　器具の取付け高さと適用光源の目安

作業場所の例	器具の取付け高さ [m]	光源の種類
製鋼，重機械，格納庫	20 〜 15	700〜400 W　高圧ナトリウムランプ 1 000〜700 W　メタルハライドランプ 1 000〜700 W　蛍光水銀ランプ
造船，機械組立，鋳造，機械加工，自動車組立，発電所，電車車庫，倉庫	10	500〜250 W　高圧ナトリウムランプ 400 W　メタルハライドランプ 400 W　蛍光水銀ランプ 110 W　高出力蛍光ランプ
精密機械組立，たばこ加工，食品加工，印刷，製版，製本	5	110 W　高出力蛍光ランプ 40 W　蛍光ランプ

ほか光色（色温度）や演色性などの質も考慮する必要がある.

■照明の保守管理

照明の保守管理の目的は，その照明設備に要求されていた当初の効果を保つ，使用中の不具合の発生を防ぎ，エネルギーの使用の合理化を図ることである．保守管理の具体的手段は，定期的な光源の交換・清掃，点検である.

◇照明の保守

① ランプの交換

良い照明を維持することは，経済性，安全性にも大きな効果がある．照度が低下したランプは適当な時期に交換すべきであるが，交換方式には次の3とおりが挙げられる.

- 個別交換方式：ランプの光束が，ある基準より低下または不点灯になったらその都度交換する方式で，天井が低い場合やランプの数が少ない場合は経済的である.
- 集団交換方式：不点灯がある程度発生して，目的の照明効果が得られなくなったときにいっせいに全数交換する方式で，ランプの数が多い場合や高天井などの個別交換が経済的に困難な場合に採用される.
- 個別式集団交換方式：ある一定の期間までは個別交換し，ある数以上個別交換したときいっせいに交換する方法である．照明のレベルが維持でき，交換人件費や設備規模が大きい場合に経済的に有利である.

② 照明器具などの清掃

照度の低下はランプ自体の光束低下（光束維持率の低下）以外の要因として，ランプや照明器具の光の反射面及び透過面の汚れ，ほこりによる光束低下および室内面の汚れなどがある．汚れなどによる照度低下の対策は，清掃による効果が大きい．第14図は，汚れがランプや照明器具に累積した場合の光出力（光束）の減少度合いを示したものである.

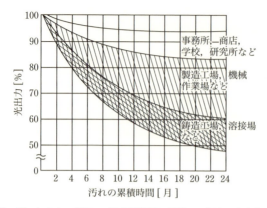

第14図　じんあいがランプや照明器具に累積した場合の光出力の減少（CIS国際照明委員会）

◇**照明の点検**

① 定期的な点検

照明器具を定期的に点検して，効率の良い運用と安全の確保を維持することが大切である．

- 照明器具の点検，測定項目：ランプや部品の異常の有無，端子電圧の測定，口金部の温度上昇の有無，絶縁抵抗の測定
- 安定器の検・測定項目：絶縁抵抗の測定，温度上昇の有無

② 照度測定

定期的な照度測定は，照明の状況を把握するための重要な作業である．測定方法や平均照度の算出方法は，JIS C 7612（照度測定方法）を参考にしてほしい．

■照明のエネルギー管理

◇**効率の高い光源の採用**

光源には多くの種類があり，それぞれ効率が異なっている．高効率の光源を使用することは省エネルギー的に極めて有力な方法であるが，次の点を考慮する必要がある．

- 放電ランプでは安定器の損失分も含めた総合効率で比較

▶**安定器の寿命**
安定器の寿命は8〜10年である．

する必要がある．

- 効率の良い光源は，演色性などの光質の面で劣るものが多い．したがって，照明効果を考慮して選定する必要がある．異種光源の組み合わせにより混光照明により改善できる．
- 効率の高い照明器具の使用：器具効率の高いものや照明率の高い照明器具を使用すると，照明器具台数を少なくすることができ電力が節約できる．一方，拡散透過カバーやルーバのない照明器具はまぶしさや，端末機の画面への光源の映り込みなどがあるので注意を要する．

◇効率高い照明手法の採用

一つの室内であっても明るさが必要な場所と，それほど必要としない場所とを区分し，それに合わせた照明を行う．

例えば，室内のある特定の場所で高い照度の必要な視作業場所があり，それ以外の場所はそれほど高い照度を必要としない場合，タスク・アンビエント照明方法が適している．

◇点滅容易な配線方式の採用

状況に応じて不必要な照明は消灯する．容易に点滅ができるような各種のスイッチや自動点滅器，タイマーなど利用する．広範囲の照明エリアなどをより細かく点滅するには，照明制御システムが有効である．

◇昼光の活用

昼間，昼光を利用し，照明器具の点滅，調光制御を行う．このとき注意すべきは，机上面などを対象としている場所の照度だけではなく，室内全体の快適性を損なわないように配慮する必要がある．

◇照明効率の良い部屋の仕上げ

建物の新築・改修時に天井・壁面・床面などの反射率を高くするように施工を行う．これにより相互反射による間接照度が増加して照度が上がり，照明器具の数量を減らすことができる．配光の広い照明器具の場合は，特に効果が

大きい.

◇空調との協調

　照明に使用される電力の一部は熱となる．この熱を冬期には暖房の熱源とし，夏期は屋外に放出し冷房負荷を軽減する．このような考え方を取り入れたものが空調照明器具である．

問題1

次の各文章の 1 ～ 10 の中に入れるべき最も適切な字句を解答群から選び，その記号を答えよ．

(1) 適正な照明の条件とは，十分な明るさがあること，明るさにむらがないこと，まぶしくないこと， 1 に優れていること，省エネルギー性に優れているなどの条件を満足する必要がある．

(2) 光源の交換方式の中で， 2 方式は交換人件費や設備の規模が大きいが，照明のレベルを維持したい場合に経済的に有利であり， 3 方式は天井が低く光源数が少ない場合に有効である．

(3) 光源の効率は個々に異なり，同じ種類の光源では，一般的に入力電力が大きいほど効率が 4 なる．高効率の光源を使用することは省電力に極めて有効な手段であるが，放電ランプでは 5 の損失分も含めた 6 で評価する必要がある．効率の良い光源は， 1 などの光質の面で劣るものが多い．したがって，照明効果を考慮して選定する必要がある．場合によっては，異種光源による 7 照明によって改善できる．

(4) 器具効率の高いものや被照面への 8 の良い照明器具を使用すると設備器具灯数を少なくすることができ，電力の節約ができる．一方，透光カバーや 9 のない器具では，まぶしかったりすることがあるなどを考慮しておく必要がある．

(5) 一般に視作業を行う場所は高い照度が必要であるが，その周囲はそれより暗くしてよい場合，屋内では室全体に対して低照度の全般照明を行い，視作業場所に対して局部照明を追加して，必要照度を与える方法が省エネルギーになる．このような考えによる事務所照明手法の一つとして 10 照明がある．

〈 1 ～ 10 の解答群〉

ア 光	イ 熱	ウ 演色性	エ 個別式集団交換
オ 集団交換	カ 個別交換	キ 高く	ク 低く
ケ 線路	コ 安定器	サ インバータ	シ ランプ効率
ス 器具効率	セ 総合効率	ソ 混合	タ 混光
チ 混色	ツ 照明率	テ 保守率	ト 透過率
ナ ルーバ	ニ 反射板	ヌ タスク・アンビエント	
ネ 単体式	ノ 複合式		

解説

(1) 適正な照明条件とは，次のとおりである．

- 十分な明るさ（照度）があること．
- 明るさにむらがないこと．
- まぶしくないこと（グレアの除去）．
- 演色性に優れていること．
- 省エネルギー性に優れていること．

(2) ランプは適当な時期に交換すべきであるが，交換方式には個別交換方式，集団交換方式，個別式集団交換方式の3とおりが挙げられる．それぞれの交換方式の特徴は照明の保守を参照．

(3) 光源には多くの種類があり，それぞれ効率が異なっている．

高効率の光源を使用することは省エネルギー的に極めて有力な方法である．放電ランプでは安定器の損失分も含めた総合効率で比較する必要がある．効率の良い光源は，演色性などの光質の面で劣るものが多いが，異種光源の組み合わせにより混光照明により改善できる．

(4) 器具効率の高いものや照明率の高い照明器具を使用すると，照明器具台数を少なくすることができ電力が節約できる．一方，拡散透過カバーやルーバのない照明器具はまぶしさや，端末機の画面への光源の映り込みなどがあるので注意を要する．

(5) タスク・アンビエント照明とは，室内を低照度で全般照明を行い，視作業場所に対してのみ，局部照明を追加して必要照度を確保する方法である．

（答）　1―ウ，2―エ，3―カ，4―キ，5―コ，
6―セ，7―タ，8―ツ，9―ナ，10―ヌ

空気調和

1　空気調和の基礎

これだけは覚えよう！
- □保健用空調・産業用空調の目的
- □室内環境基準の七つの項目と基準値
- □空気調和システムの構成される各設備名
- □空気調和設備の設置方式による分類

■空気調和の目的

　空気調和（以降，空調と略す）とは室内または特定の場所の空気の温度，湿度および清浄度などを，その場所の使用目的に沿った最適な状態に保つことである．空気は人間の快適環境を対象とした保健用空調と，物品の生産や貯蔵のための産業用空調に分けられる．

◇保健用空調

① 熱環境と空気環境の要素

　保険用空調の室内環境の主なものは，快適な冷温感を保つ熱環境と清浄な空気環境が挙げられる．冷温感に影響する主な要素には，気温，湿度，気流速度，放射熱の環境側の4要素と，活動量（代謝量），着衣の人体側の2要素がある．これらの各要素を組み合わせたET（有効温度）やPMV（予測平均申告）などの温感指標も作られている．

　空気清浄度で一般に問題になるものは，じんあい，細菌，一酸化炭素，二酸化炭素，揮発性有機化合物，臭気などがある．

　空気調和の役割は，室内の空気の温度，湿度，清浄度（クリーン度）を，その部屋の使用目的に適した状態に保つことである．

▶ET（effective temperatur）有効温度
気温・湿度・気流で快適さを示す指標

▶PMV（Predicted mean vote）予測平均申告
温度・湿度・放射・気流・活動量・着衣量で快適さを示す指標

② 室内環境基準

　事務所ビルなどは，第1表のように室内環境基準が，「建築物における衛生的環境の確保に関する法律」（略称：「建築物衛生法」または「ビル管法」）によって決められている．この中で二酸化炭素濃度の許容値は直接人体に有害となる値ではなく，換気良否を示す値である．最近，「クールビズ」や「ウォームビズ」などの地球温暖化防止活動が中央省庁で採用され，広く民間団体にも普及している．着衣の工夫により冷房温度が28℃を下回らないよう，また，暖房温度が20℃を上回らないように目標を定めた活動である．

第1表

項目	基準
浮遊粉じんの量	$0.15\ \mathrm{mg/m^3}$　以下
一酸化炭素の含有量	10 ppm 以下
二酸化炭素の含有量	1 000 ppm 以下
温度	$17\sim28℃$
相対湿度	$40\sim70\ \%$
気流	0.5 m/s 以下
ホルムアルデヒドの量	$0.1\ \mathrm{mg/m^3}$

◇産業用空調

　産業用空調では，製品の加工精度や品質の確保のために適当な温湿度や清浄度を必要とするものが多い．また，倉庫などは製品の腐食や変質劣化を防止するために一定の温湿度が必要である．これらの温湿度は製品や製法によって異なるが，許容される温湿度範囲が広い場合は，作業者の快適条件や省エネルギーを考慮して選定することが望ましい．半導体工場などにあるクリーンルームは，清浄度を確保するために高性能のエアフィルタの使用や，大きな室内循環量が要求されるため送風用動力が大きくなる．

■空気調和システム

◇空調調和システムの構成

空調調和システムは，空気調和設備，熱源装置，熱搬送装置および自動制御装置から構成される．

① 空気調和設備

空気調和設備は空気の温度・湿度を調整し，浄化を行う設備であり，空気加熱器，空気冷却器，加湿器，電気集じん装置，フィルタなどがある．

② 熱源装置

熱源装置は電気，燃料から得たエネルギーを用いて，冷水，温水，蒸気などを製造する装置で，ボイラ，ヒートポンプ，冷凍機などがある．

③ 熱搬送装置

熱搬送装置には，冷水，温水，蒸気を搬送するためのポンプ，配管などがある．

④ 自動制御装置

室内の温湿度の制御，熱源機器などの監視・制御を行い，システム全体において経済的な運転を行うための装置である．

◇空気調和システムの分類

空気調和システムは，空気調和設備の設置方式から分類すると，建物全体を１台の空調機で賄う**中央（セントラル）方式**と各階ごとにまたは用途別に空調機を分散して設置する**分散（パッケージ）方式**に大別できる．

また，搬送する熱媒体から分類すると，空気のみ媒体として使用する全空気方式，媒体として水（冷温水）と空気を用いる空気－水方式，熱媒として水を用いる水方式，パッケージ空調機を設置した冷媒方式などがある．

615

① 中央方式（セントラル方式）

• 単一ダクト方式

　最も基本的な方法であり，メインの空調機から単一のダクトで各部屋へ送風する方式である．単一ダクト方式には，常に一定の風量を送る**定風量方式（CAV）**と熱負荷に応じて送風量を変化させる**変風量方式（VAV）**がある．

　各室に空調機を設置する必要がなく，部屋ごとの細かな空調（制御）ができない．

• 二重ダクト方式

　中央機器室に設置された空調機から温風ダクトと冷風ダクトを別々に設けて送風し，負荷の種類に応じて温風と冷風を混合し，室温を制御する方式である．

　室ごとの個別制御が可能であり，冷暖房を同時に行える．また，ダクトスペースが大きくなり，設備費が高価となる．冷暖房のため，運転費が高くなる．

• ファンコイルユニット

　各室にファンと冷温水コイルユニットを設置し，中央熱源から冷温水を供給し，冷暖房を行う方式である．

　室ごとにきめ細かな空調が可能であるが，ユニット数が多くなり保守に手間を要する．

② 分散方式（パッケージ方式）

　ヒートポンプにより室内機で冷暖房を行う．

　必要な場所のみを効率良く空調できる．また，大量生産されているため，低価格である．

◇**熱源装置**

　熱源は，目的が温熱であるか冷熱であるかにより，温熱源と冷熱源に分けられる．

① 温熱源の機器

　電気ボイラ，電熱器，温水器，自然熱源・ヒートポンプ

② 冷熱源の機器

　ターボ式冷凍機，吸収式冷凍機，ヒートポンプ

▶**単一ダクト方式の導入例**
工場，集会場，劇場，デパートなど

▶**二重ダクト方式の導入例**
大規模工場，実験室など

▶**ファンコイルユニットの導入例**
ホテルの客室，病院の病室など

▶**分散方式の導入例**
小規模な事務所，商店，住宅など

問題1

次の文章の　1　～　5　の中に入れるべき最も適切な字句または数値を解答群から選び，その記号を答えよ.

事務所ビルなどは，下表のように室内環境基準が，「建築物における衛生的環境の確保に関する法律」によって決められている．この中で二酸化炭素濃度の許容値は直接人体に有害となる値ではなく，換気良否を示す値である.

最近，「クールビズ」や「ウォームビズ」などの　1　活動が中央省庁で採用され，広く民間団体にも普及している．着衣の工夫により冷房温度が28℃を下回らないよう，また，暖房温度が20℃を上回らないように目標を定めた活動である.

項目	基準
浮遊粉じんの量	2　[mg/m³] 以下
一酸化炭素の含有量	3　[ppm] 以下
二酸化炭素の含有量	4　[ppm] 以下
温度	17～28 ℃
相対湿度	40～70 %
気流	5　[m/s] 以下
ホルムアルデヒドの量	0.1 mg/m³

〈　1　～　5　の解答群〉

ア　0.05　　　　イ　0.1　　　　　　ウ　0.15　　　　エ　0.5

オ　5.0　　　　カ　10　　　　　　　キ　100　　　　ク　500

ケ　1000　　　コ　省エネルギー　　サ　地球温暖化防止

シ　CO₂削減　　ス　オゾン層破壊防止

解説

空気調和の目的を参照.

（答）　1―サ，2―ウ，3―カ，4―ケ，5―エ

問題2

次の各文章の　1　～　10　の中に入れるべき最も適切な字句または数値を解答群から選び，その記号を答えよ.

(1) 夏季冷房時には，外気の　1　が室内のそれより　2　と，外気は冷房負荷の要因となるので，外気の取入れを必要　3　量とし，さらに　4　を用いて

617

負荷となる割合をできるだけ減らすようにする．一方，冬季暖房時には，　5　の大小関係を上述の夏季の場合と逆に考えれば，いかなるときに外気が暖房負荷の要因になるか否かわかる．

(2) 空調における外気取入れの目的は，汚染した室内空気の　6　である．

室内空気汚染の主役が人体活動である場合，　7　が空気汚染の指標とされその濃度を計測して取入れが外気量を調節すると，省エネルギー効果を高めつつ室内環境を維持することができる．

したがって，業務開始前の朝の　8　空調運転などでは，外気取入れを遮断すればさらに省エネルギー効果が上がる．取入れ外気量調整の上限設定は，「建築物における衛生的環境の確保に関する法律施工例」によれば　9　[ppm]である．しかし，空気汚染の原因が建材からの　10　発生である場合は，単純にこれらの手法を採用することができない．

〈　1　〜　10　の解答群〉

ア	1 000	イ	3 000	ウ	エンタルピー	エ	エントロピー
オ	有機ガス	カ	一酸化炭素	キ	二酸化炭素	ク	大きい
ケ	小さい	コ	最小	サ	最大	シ	希釈
ス	温度	セ	湿度	ソ	予熱予冷	タ	深夜
チ	人体活動	ツ	喫煙	テ	全熱交換器	ト	顕熱交換器

解説

(1) 夏期の外気は高温多湿のため，外気のエンタルピーは室内空気のエンタルピーより大きい．そのために外気取入れ量に応じて，外気負荷となる．外気負荷を軽減するためには，外気取入れ量を必要最小限とする．全熱交換器を用いて，排気から冷熱回収するという省エネルギー手法は，とても有効である．冬期は，外気が低温低湿になるので，外気のエンタルピーは室内のエンタルピーより小さくなる．

(2) 居室の換気の目的は，外気を取り入れて，室内汚染物質濃度を希釈することである．居室における主たる汚染源は，人体から発生する二酸化炭素であり，「建築物における衛生的環境の確保に関する法律施行令」では，室内の二酸化炭素濃度の上限を 1 000 ppm としている．朝の空調運転の立上り時に在室者がいないとき，外気量を零にして外気負荷を軽減する手法も可能である．

（答）　1—ウ，2—ク，3—コ，4—テ，5—ウ，
6—シ，7—キ，8—ソ，9—ア，10—オ

問題3

次の文章の ⬜1⬜ ～ ⬜5⬜ の中に入れるべき最も適切な字句または数値を解答群から選び，その記号を答えよ．

空調調和システムは，空気調和設備，⬜1⬜，熱搬送装置および自動制御装置から構成される．

空気調和設備は，空気の温度・湿度を調整し，浄化を行う設備であり，空気加熱器，空気冷却器，加湿器，⬜2⬜，フィルタなどがある．⬜1⬜は電気，燃料から得たエネルギーを用いて，冷水，温水，蒸気などを製造する装置で，ボイラ，ヒートポンプ，冷凍機などがある．熱搬送装置には，冷水・温水・蒸気を搬送するためのポンプ，配管などがある．

自動制御装置は，室内の温湿度の制御，熱源機器などの ⬜3⬜・制御を行い，システム全体において経済的な運転を行うための装置である．空気調和システムは，空気調和設備の設置方式から分類すると，建物全体を1台の空調機で賄う ⬜4⬜ 方式と各階ごとにまたは用途別に空調機を分散して設置する ⬜5⬜ 方式に大別できる．

また，搬送する熱媒体から分類すると，空気のみを媒体として使用する全空気方式，媒体として水（冷温水）と空気を用いる空気—水方式，熱媒として水を用いる水方式，パッケージ空調機を設置した冷媒方式などがある．

〈 ⬜1⬜ ～ ⬜5⬜ の解答群〉

ア　パッケージ	イ　移動	ウ　固定	エ　セントラル
オ　冷水発生設備	カ　蒸気発生設備	キ　熱源設備	ク　計測
ケ　計量	コ　監視	サ　ファン	
シ　温湿度記録装置	ス　電気集じん機	セ　機械集じん機	

解説

空気調和システムを参照のこと．

(答)　1—キ　2—ス　3—コ　4—エ　5—ア

619

空気調和

2 熱源システム

これだけは覚えよう！
□モリエ線図の見かた
□冷房と暖房の成績係数を求める算出方法
□空気線図で用いる用語
□空気線図より，顕熱比を求める算出方法

■モリエ線図

◇モリエ線図

ヒートポンプを理解するためには，モリエ線図の主な事項について理解しておく必要がある．

第1図のように，横軸をエンタルピー（kJ/kg），縦軸を絶対圧力（MPa）とする．

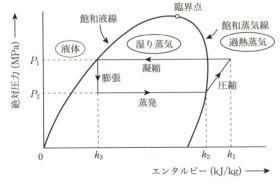

第1図

モリエ線図より，冷凍サイクルについて考える．蒸発器により，外部の熱を奪うことで液体の冷媒がガス状（冷媒の沸点を超えるため）になる．このことにより，冷媒のエ

ンタルピーが$h_3 \to h_2$へ増加する．このエンタルピー差$h_2 - h_3$が，蒸発器により冷却するエネルギー量となる．

次に圧縮機によって，ガス状の冷媒がエンタルピーh_2，圧力P_2からh_1，P_1に移動する（圧縮機が$h_1 - h_2$の仕事をしたことになる．）．凝縮器により，熱を外部に逃がすため冷媒は，h_1，P_1からh_3，P_1に移動する．

最後に膨張弁により，圧力が減圧されるため，冷媒はh_3，P_1からh_3，P_2と移動し，一巡することになる．

◇**冷凍サイクル**

冷凍サイクルの冷媒の流れは，第2図のようになる．蒸発器により，室内の熱を奪い（冷却する），凝縮器により外部に奪った熱を吐き出すことになる．

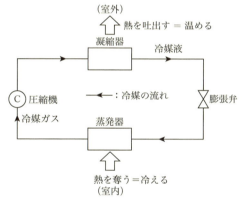

第2図

◇**ヒートポンプ**

暖房のときのヒートポンプの冷媒の流れは，第3図のようになる．

凝縮器により，外部から熱を奪い，蒸発器により外部から奪った熱を部屋に吐き出す（温める）．

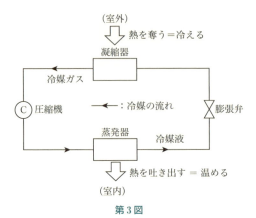

第3図

■成績係数（COP）

　縦軸を温度 T，横軸をエントロピー S として書いたのが $T-S$ 線図である．第4図より，入熱（abS_1S_2 の面積）とヒートポンプでの仕事分 Q_w（abcd の面積）が加わり出熱 Q_1 となるから

$$Q_1 = Q_2 + Q_w$$

となる．

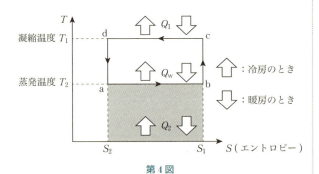

$Q_1 = (S_1 - S_2)T_1$
$Q_2 = (S_1 - S_2)T_2$
$Q_1 - Q_2$
$= (S_1 - S_2)(T_1 - T_2)$

第4図

　成績係数 COP は，次式で表される．

$$\mathrm{COP} = \frac{\text{プロセスの目的効果}}{\text{入力エネルギー}}$$

　上式より，冷房および暖房の場合の COP について求め

てみる．

◇**冷房のCOP_C**

プロセスの目的効果は周囲から吸収した熱量＝Q_2，入力エネルギー＝Q_wであるから，

$$COP_C = \frac{Q_2}{Q_w} = \frac{Q_2}{Q_1 - Q_2} = \frac{(S_1 - S_2) \times T_2}{(S_1 - S_2) \times (T_1 - T_2)}$$

$$= \frac{T_2}{T_1 - T_2}$$

◇**暖房のCOP_H**

プロセスの目的効果は，周囲から放出した熱量＝Q_1，入力エネルギー＝Q_wであるから，

$$COP_H = \frac{Q_1}{Q_W} = \frac{Q_1}{Q_1 - Q_2} = \frac{(S_1 - S_2) \times T_1}{(S_1 - S_2) \times (T_1 - T_2)}$$

$$= \frac{T_1}{T_1 - T_2} = \frac{(T_1 - T_2) - (T_1 - T_2) + T_1}{T_1 - T_2}$$

$$= \frac{T_1 - T_2}{T_1 - T_2} + \frac{T_2}{T_1 - T_2} = 1 + COP_C$$

■空気線図

◇**空気線図で用いる用語**

空気中には，水分が含まれており，水分の量や温度の変化に伴い空気の状態変化をつかむ目的で，空気線図が活用される．空気線図で用いる主な用語を示すと，第5図のようになる．

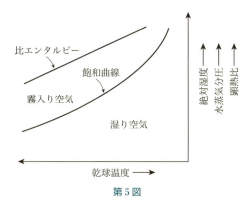

第5図

次に，それぞれの用語の意味について説明する．

第5図より，横軸は，乾球温度を示す，縦軸は絶対湿度および水蒸気分圧，顕熱比（SHF）を示す．

- 乾球温度：一般の温度計で測った温度℃である．
- 絶対湿度：乾燥空気1kgと共存している水分量を重量kgで表したもので，単位は [kg/kg(DA)] で表す．
- 水蒸気分圧：湿り空気中の水蒸気の分圧 [pa] を表す．
- 比エンタルピー：湿り空気1kg当たりの状態量 [kJ/kg] を表す．
- 顕熱比（SHF）：顕熱比は次式で，表される．

$$SHF = \frac{顕熱}{顕熱 + 潜熱} = \frac{顕熱}{全熱}$$

▶ [kg/kg(DA)]
この単位の分子は水蒸気の量，分母は乾き空気の量を表す．(DA) は Dry Air（乾き空気）のことである．

顕熱とは，温度計で見ることのできる温度差によって生じる熱量のことをいう．潜熱は，水を蒸発させるのに必要な熱量，または蒸気を水に戻すために必要な熱量のことである．これを空気線図に描くときは，縦軸に，絶対湿度と併記し，乾式温度26℃，相対湿度50％を1とした換算目盛りで描かれている．

- 飽和曲線（飽和空気線）：飽和空気線より下側方向では，湿り空気となり，上側方向は霧入空気を示す．通常は，湿り空気領域を活用することになる．飽和曲線は空気中の水分量が含有して存在でき，水分の状態で表れ始める限界曲線である．これを凝縮現象という．

◇顕熱比の求め方

次に凝縮が発生する温度（露点温度）を求めるときについて考えてみる．

第6図より，現在の点をPとして

- D方向の移動は，エンタルピーが変化しない方向（第7図）となり，全熱が変化しない方向なので，断熱加湿過程となる．
- G方向の移動は，乾球温度が一定で，絶対湿度が増す方向となる．

- I方向の移動は，絶対湿度が一定で，乾球温度が増す方向となる．
- B方向の移動は，絶対湿度が一定で，乾球温度が減る方向となる．
- A方向の移動は，乾球温度が下り，湿度も同時に減る方向になる．
  つまり，冷却・除湿になる．

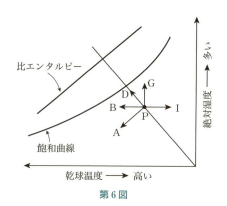

第6図

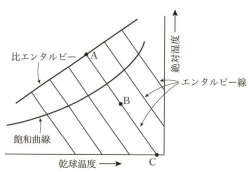

※$\overline{ABC}$ の線上では，比エンタルピーの大きさは，すべて同じである．つまり，エンタルピーが変化しない方向である．

第7図

第8図より，A方向の移動について，点Aから点Bに状態変化したとして，詳細に考えてみる．

A点 $(t_a,\ x_1)$，B点 $(t_b,\ x_2)$ とすれば，温度変化 $t_a \to t_b$

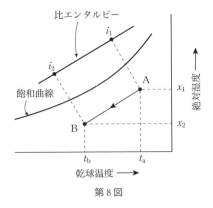

第8図

(冷却),絶対湿度変化 $x_1 \to x_2$(除湿)とすると,A点でのエンタルピー i_1 からB点のエンタルピー i_2 との差 $i_1 - i_2$ のエネルギー変化の結果,冷却され湿度の少ないB点に遷移したことになる.

　エンタルピー線は左上方向に描かれている.A点からB点への変化を分解するためにC点を設けると,第9図のように,エンタルピーの潜熱分と顕熱分に分解して考えることができる.

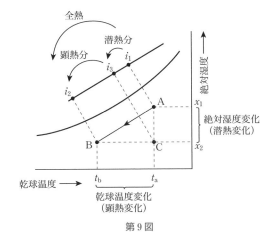

第9図

　B⇔C方向の場合,絶対湿度が変化しないため,エンタルピーの潜熱分＝0なので,このときの顕熱比(SHF)は

次式となる.

$$\text{SHF} = \frac{顕熱}{顕熱 + 潜熱} = \frac{顕熱}{顕熱 + 0} = 1$$

A⇔C方向の場合,乾球温度が変化しないため,エンタルピーの顕熱分＝0なので,このときの顕熱比（SHF）は次式となる.

$$\text{SHF} = \frac{顕熱}{顕熱 + 潜熱} = \frac{0}{0 + 潜熱} = 0$$

◇**空気との混合**

第10図のように,空調では,空気との混合を行うため,室内の空気状態をB,外気の空気状態をAとしたとき,混合状態Cについて考える.

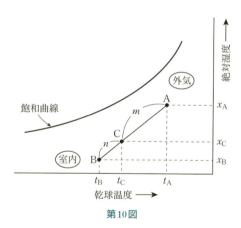

第10図

空気の取入れ量によってC点はAB上の点のいずれかにとることになる.第10図より,外気A点および,室内B点の潜熱,顕熱の合計の保有エネルギーがC点に保存された形になる.外気A点の取入れ量をm,室内B点の取入れ量をnとすると,次式の関係式が成立する.

$$m:n = (t_A - t_C):(t_C - t_B) \tag{1}$$

$$m:n = (x_A - x_C):(x_C - x_B) \tag{2}$$

(1)式,(2)式より

$$n(t_A - t_C) = m(t_C - t_B) \tag{3}$$

$$n(x_A - x_C) = m(x_C - x_B) \qquad\qquad (4)$$

(3)式, (4)式より, 混合点Cの乾球温度t_C, 絶対湿度x_Cは次のように求まる.

$$t_C = \frac{(n \times t_A) + (m \times t_B)}{m + n}$$

$$x_C = \frac{(n \times x_A) + (m \times x_B)}{m + n}$$

【補足】 (3)式より,

$$nt_A - nt_C = mt_C - mt_B$$

$$(m + n)t_C = nt_A + mt_B$$

$$\therefore \quad t_C = \frac{nt_A + mt_B}{m + n}$$

(4)式より,

$$nx_A - nx_C = mx_C - mx_B$$

$$(m + n)x_C = nx_A + mx_B$$

$$\therefore \quad x_C = \frac{nx_A + mx_B}{m + n}$$

問題1

次の文章の ① ～ ⑥ の中に入れるべき最も適切な字句または式を解答群から選び，その記号を答えよ．なお，同じ記号を使用してもよい．

空調の室内負荷は顕熱負荷 q_{SH} と潜熱負荷 q_{LH} に分類できる．これらを用いると，顕熱比 SHF は次式で表すことができる．

$$\text{SHF} = \frac{\boxed{1}}{\boxed{2} + \boxed{3}}$$

また，水の蒸発潜熱を r とし，潜熱負荷を生じる原因である ④ などを W とすると，潜熱負荷 q_{LH} は，次式で表される．

$$q_{LH} = \boxed{5}$$

空調機で室内負荷を処理するときは，顕熱負荷と潜熱負荷の両方を処理する必要があるが，そのときの空気の定圧被熱を C_p，空気の密度を ρ，室内温度 t_R，吹出し空気温度を t_D とすると，吹出し空気量（体積）は次式で表される．

$$V = \boxed{6}$$

〈 ① ～ ⑥ の解答群〉

ア 外気導入量	イ q_{LH}	ウ $\dfrac{r}{W}$	エ $r+W$	オ rW
カ $\dfrac{C_p \rho q_{SH}}{t_R - T_D}$	キ $\dfrac{q_{SH}}{C_P \rho (t_R - t_D)}$	ク $\dfrac{(t_R - t_D)q_{SH}}{C_P \rho}$	ケ 大きい方	
コ 小さい方	サ 冷却水量	シ 発生水分量	ス q_{SH}	

解説

空調熱負荷のうち，室内の冷房負荷では，顕熱負荷 q_{SH} と潜熱負荷 q_{LH} に分けられ，顕熱比 SHF を全熱に対する顕熱の比率で定義する．

$$\text{顕熱比 SHF} = \frac{q_{SH}}{q_{SH} + q_{LH}}$$

次に，水の蒸発潜熱を r とし，人体や水平面からの室内発生水分量を W とすると，潜熱負荷は両者の積（$= rW$）で表される．

空調機で室内負荷を処理するときの風量 V は，空気の定圧被熱を C_P，空気の密度を ρ，設計室内温度を t_R，吹出し空気温度を t_D，顕熱負荷を q_{SH} とすると次式で表される．

$$V = \frac{q_{SH}}{C_P \rho (t_R - t_D)}$$

（答）　1—ス，2—ス，3—イ，4—ア，5—オ，6—キ

629

問題2

次の文章の ① ～ ④ の中に入れるべき最も適切な字句または式を解答群から選び，その記号を答えよ．なお，同じ記号を使用してもよい．

図1に示すように，室内からの還気と新鮮外気を混合して，空気調和機や給気ダクトを経て室内に供給し，室内負荷を処理する空気調和設備を考える．この空気調和設備における冷房運転時における冷房運転時の空気の状態変化を，湿り空気線図（$h-x$ 線図）上に表すと図2となる．

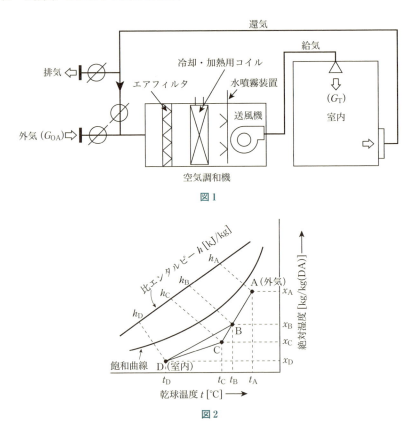

図1

図2

室内からの還気と外気を混合した空気の状態点は，図2の ① 点で示される．その空気が空気調和機の冷却・加熱兼用コイルで冷却・除湿された後に室内に供給され，室内に直接出入りする熱負荷および室内で発生する熱負荷を処理することによって，室内を所定の温度および湿度に安定させることになる．

このときの冷却・加熱兼用コイルの通過前後の空気の状態変化は，図2の状態点の　2　点から　3　点への変化となる．室内空気を目標とする温度および湿度に維持するためには，空気調和機の出入口空気の状態点は，求める室内空気の状態点から　4　一定で引かれた直線の延長上にあることが条件となる．

〈　1　〜　4　の解答群〉

ア　A　　　イ　B　　　ウ　C　　　エ　D　　　オ　熱水分比

カ　顕熱比　キ　空気比　ク　成績係数　ケ　飽和温度

コ　絶対温度

(解説)

　還気と外気を混合した空気の状態点は，絶対湿度および乾球温度において，それぞれ両者の間に存在する．

(答)　1—イ，2—イ，3—エ，4—カ

■ 問題3

　次の文章の　1　〜　3　の中に入れるべき最も適切な字句または式を解答群から選び，その記号を答えよ．

　問題2の図2の状態変化で冷房運転を行っているとき，室内吹出し風量 G_T [kg(DA)/h]，取入れ外気量を G_{OA} [kg(DA)/h] とした場合，室に対する外気のもつ全熱負荷は　1　で示され，外気熱負荷を除いて室内に直接出入りする熱と室内で発生する熱を合計した全熱負荷（室内負荷）は　2　で示すことができる．

　また，図2の状態変化で示すような一般な空調の場合において，室内負荷および吹出し温度差が一定のとき，室内を所定の温度差に維持するために必要な空気調和機の吹出し風量と，取り入れた外気量との関係については，　3　ということができる．

〈　1　〜　3　の解答群〉

ア　$G_{OA}(t_A - t_C)$　　　イ　$G_T(t_C - t_D)$　　　ウ　$G_{OA}(h_A - h_B)$

エ　$G_{OA}(h_A - h_D)$　　　オ　$G_T(h_B - h_D)$　　　カ　$G_T(h_C - h_D)$

キ　$G_{OA}(x_A - x_C)$　　　ク　$G_T(x_B - x_C)$

ケ　外気量が増加すると，室内への必要な吹出し量も増加する．

コ　外気量の増減には，室内への必要な吹出し量は左右されない．

サ　外気量が増加すると，室内への必要な吹出し量は減少する．

解説

　外気負荷を除いて，室内に直接出入りする負荷と室内で発生する熱を合計した全熱負荷（室内負荷）は，

　　室内吹出し量 V ×（還気のエンタルピー h_C −室内のエンタルピー h_D）

で表される．

（答）　1−エ，　2−カ，　3−コ

空気調和

3　空調エネルギーの管理手法

これだけは覚えよう！
- □空気調和システムのエネルギー評価
- □空気調和システムの関連用語
- □空気調和設備の各省エネルギー対策

■空気調和システムのエネルギー評価と用語の説明

◇空気調和システムのエネルギー評価

　空気調和システムのエネルギー評価方法として，原単位評価と相対的評価がある．

① 原単位評価

　一般的なものは，単位床面積当たりの一次エネルギー消費量で評価する方法である．一般のビルでは，$1\,000 \sim 2\,000\,\text{MJ/m}^2 \cdot$ 年程度であり，熱源用と搬送動力用を含む空調用エネルギー消費量は，ビル全体の半分弱を占める．

② 相対的評価

　熱源機器の出力（冷暖房能力）と入力（エネルギー消費量）との比である成績係数がある．また，「建築物に係るエネルギーの使用の合理化に関する建築主等及び特定建築物の所有者の判断の基準」において，空調エネルギー消費係数CEC/ACという評価指標が定められていて，年間の一次エネルギー消費量を仮想空気調和負荷で除したものである．

◇用語の説明

　空気調和に関する主要な用語について取り上げると次のようになる．

- COP（成績係数）：$\dfrac{\text{機器からの出力エネルギー}}{\text{機器への入力エネルギー}}$ を表す．

▶空調エネルギー消費係数CEC/AC
CEC/AC は，建物ごとに基準値が示されていて，事務所ビルでは1.5以下となっている．

- APF（通年エネルギー消費効率）：JIS C 9612に基づき
  ある一定の条件でエアコンを運転したときの消費電力
  1 kW当たりの冷房・暖房の能力を表したものである．

$$APF = \frac{冷暖房期間で発揮した能力 [kW \cdot h]}{冷暖房期間の消費電力量 [kW \cdot h]}$$

  この値が大きいほど省エネ性能が高いということになる．
- MRT（平均放射温度）：グローブ温度計で測定したグロ
  ーブ温度と気流速度から算出する値である．
- PAL（年間熱負荷係数）：
  $\dfrac{屋内周囲空間の年間冷暖房負荷}{屋内空間の床面積}$ を表す．
- PMV（温冷感の予告申告）：空気温度，相対湿度，平均
  放射温度，気流速度，活動量，着衣量の温熱環境の6要
  素から計算される熱的中立の度合いを示す指標である．
  0に近い値のほうが熱的快適とされている（ISO 7730：
  2005に規定）．
- VAN（可変風量方式）：室温を検出して送風量を変化さ
  せることによって，空調負荷の変化に対応する空調方式
  である．
- VOC（揮発性有機化合物）：建築の内装材料に使用され
  ているホルムアルデヒドなどのVOCが室内に放散され
  て高濃度になることでシックハウス症候群の原因となる．
  防止するために，内装材料の規制，換気の規定が設けら
  れている．
- SHF（顕熱比）：冷房負荷の全熱負荷に占める顕熱負荷
  の割合であり，この値が小さい場合冷房負荷に占める潜
  熱負荷の比率が高いことになり，除湿負荷が大きいこと
  を示す．
- CEC/AC（空調エネルギー消費係数）：空調設備の1年
  間に消費するエネルギー量と正味の空調負荷の年積値
  （仮想空気調和負荷）との比である．一般に空調設備の
  性能評価に用いられ，次式で表す．

$$\frac{CEC}{AC} = \frac{年間空調エネルギー消費量}{年間仮想空気調和負荷}$$

■空気調和設備の省エネルギー対策

◇冷凍機の高効率運転

- 蓄熱方式の採用：蓄熱方式の導入により，空調負荷のピークシフト運転と冷凍設備の高効率運転を行う．
- エコノマイザサイクルの採用

　冷媒の膨張・圧縮を多段で行い，エコノマイザサイクルを用いて各段の膨張過程で発生した冷媒ガスを圧縮機で吸入すると，冷媒の蒸発器のエンタルピーを下げることができ，成績係数を高めることになる．

◇搬送設備の動力低減

- 変流量方式（VAV）の採用
- 動力回収ポンプの採用

◇外気量制御による省エネルギー

- 外気取入れの削減
- 全熱交換器の採用
- CO_2濃度制御による外気取入れ量の抑制

◇BEMS（ビル・エネルギー管理システム）の導入

　BEMSを導入して，建物内の各種設備のエネルギー状況，空気環境状況を監視し，システム全体の運転効率を把握することにより，省エネ改善点を発掘していく．

問題1

次の文章の 1 ～ 5 の中に入れるべき最も適切な字句を解答群から選び，その記号を答えよ．

空気調和システムのエネルギー評価方法として，原単位評価と相対的評価がある．

原単位評価は，　1 当たりの一次エネルギー消費量で評価する方法である．一般のビルでは，$1\,000 \sim 2\,000\,\mathrm{MJ/m^2 \cdot 年}$程度であり，熱源用と　2 用を含む空調用エネルギー消費量は，ビル全体の半分弱を占める．

相対的評価は，熱源機器の　3 とエネルギー消費量との比である　4 がある．また，「建築物に係るエネルギーの使用の合理化に関する建築主等及び特定建築物の所有者の判断の基準」において，空調エネルギー消費係数CEC/ACという評価指標が定められており，年間の一次エネルギー消費量を　5 で除したものである．

CEC/ACは，建物ごとに基準値が示され，事務所ビルでは1.5以下となっている．

〈 1 ～ 5 の解答群〉

ア	空調設備容量	イ	熱源設備容量	ウ	仮想空気調和負荷
エ	空調効率	オ	機器効率	カ	成績係数
キ	冷房能力	ク	冷暖房能力	ケ	暖房能力
コ	単位空間体積	サ	単位床面積	シ	単位空調面積
ス	搬送動力	セ	空調動力	ソ	ファン動力

解説

空気調和システムのエネルギー評価参照．

(答)　1―サ，　2―ス，　3―ク，　4―カ，　5―ウ

問題2

次の文章の 1 ～ 5 の中に入れるべき最も適切な字句を解答群から選び，その記号を答えよ．

空気調和設備の省エネルギー対策として，蓄熱方式の採用がある．

蓄熱方式の導入により，空調負荷の　1 と冷凍設備の高効率運転を行うものである．空調設備の消費エネルギーで大きな割合を占めている搬送設備がある．これらは　2 や動力回収ポンプを採用し，動力低減を図っている．

外気取入れによる空調負荷増加の低減対策として，　3 の採用，　4 制御などがある．ビルなどでは　5 を導入して，建物内の各種設備のエネルギー状況，

空気環境状況を監視し，システム全体の運転効率を把握している．

〈 1 〜 5 の解答群〉

ア　間欠運転　　　　　イ　ピークシフト運転　　ウ　連続運転

エ　CO_2濃度　　　　　オ　室内温度　　　　　　カ　室内湿度

キ　全熱交換器　　　　ク　変流量方式　　　　　ケ　一定流量方式

コ　動力回収ポンプ　　サ　BEMS　　　　　　　シ　中央監視制御

解説

　空気調和設備の省エネルギー対策を参照．

（答）　1－イ，　2－ク，　3－キ，　4－エ，　5－サ

637

実力Check!問題

電力応用

| 問11 | 電動力応用 | Check! | 会☑ | きょう☑ | 詳しい☑ |

次の問に答えよ.

(1) 次の文章の ☐1 ～ ☐7 の中にいれるべき最も適切な字句を解答群から選び, その記号を答えよ.

　　ポンプやファンの高効率な流量制御法として, 可変速運転が有効である. また, クレーンやエレベータなどは電動機の可変速運転が不可欠であり, インバータを用いたかご形誘導電動機の ☐1 がよく用いられている. このインバータによる電動機の速度制御には主として2種類の制御方法がある. 一つは ☐2 であり, ☐3 成分および ☐4 成分を独立に調整して電動機の発生する瞬時トルクを制御する方法である. ☐3 成分は一定に制御されるが, 効率を重視するときは, 負荷に応じて可変とする場合がある. もう一つは ☐5 制御であり, ☐6 を調整し, ☐7 を変えることで速度制御を行う. この場合, 端子電圧が過励磁にならないように ☐6 に応じて調整を行う.

〈 ☐1 ～ ☐7 の解答群〉

ア	最適	イ	滑り	ウ	周波数	エ	二次抵抗
オ	界磁電流	カ	トルク電流	キ	一次電流	ク	一次電圧
ケ	ベクトル	コ	PWM	サ	PAM	シ	V/f
ス	回転制御	セ	トルク制御	ソ	滑り制御	タ	同期速度
ツ	無負荷速度	チ	負荷速度				

(2) 次の各文章の ☐8 ～ ☐12 の中に入れるべき最も適切な数値を解答群から, 選び, その記号を答えよ.

　　ポンプシステムの流量制御方式として, 吐出し弁制御, 台数制御併用吐出し弁, 回転速度制御などがある. 図において, Hはポンプシステムの流量-揚程曲線, R

638

は吐出し弁全開時の管路抵抗曲線を示している．

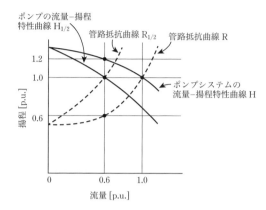

① このポンプシステムが，特性曲線Hのポンプ1台を用いた吐出し弁制御方式のとき，吐き出し弁の開度によって，流量を1 p.uから0.6 p.uに調整したとき，ポンプ効率は0.8 p.uであった．このとき，全揚程は[8][p.u]，軸動力は[9][p.u]である．

② このポンプシステムが，①と同じ特性のポンプ1台を用いた回転速度制御方式であったとする．吐出し弁全開で速度制御により流量を1 p.uから0.6 p.uに調整したとき，ポンプ効率は0.9 p.uであった．このとき，全揚程は[10][p.u]，軸動力は[11][p.u]である．

③ このポンプシステムが，特性曲線$H_{1/2}$のポンプ2台を用いた台数制御併用吐出し弁制御方式であったとする．流量を1 p.uから0.6 p.uに調整するため，2台のうち1台のみで運転を行った．このとき，ポンプ効率は0.80 p.uであった．この場合，ポンプシステムとしての軸動力は[12][p.u]である．

なお，図の$R_{1/2}$はポンプ1台のみを運転した場合の管路抵抗曲線である．

〈[8]～[12]の解答群〉
ア 1.4　イ 1.2　ウ 1.1　エ 1.0　オ 0.9　カ 0.85　キ 0.75
ク 0.6　ケ 0.5　コ 0.4　サ 0.3　シ 0.2

問題12　電動力応用

次の各文章の ☐1 ～ ☐8 の中にいれるべき最も適切な字句をそれぞれの解答群から選び，その記号を答えよ．

図1に示すように，傾斜が一定のつるべ式ケーブルカーがある．ケーブルカー1台の質量を M [kg]，乗客1人当たりの質量を m [kg]，線路の全長を L [m]，高低落差を h [m]，線路の水平距離 S [m]，走行係数を K（定数），巻上機の効率を η [%]，滑車の半径を r [m]，滑車の慣性モーメントを J [kg·m²]，重力の加速度を g [m/s²]とする．なお，ケーブルの質量および車体の空気抵抗は無視する．

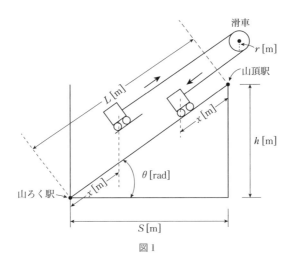

図1

(1) 図1は山ろく駅および山頂駅から出発したケーブルカーが x [m]だけ移動した状況を表している．2台のケーブルカーとも乗客が零で，一定速度 v_0 [m/s]で運行している場合について考える．この場合，巻上機からみると平衡荷重となるため，走行抵抗による抗力のみを考えればよい．1台のケーブルカーに働く抗力は，走行抵抗係数と路面に垂直に加わる力から求めることができる．

ここで，$K = \dfrac{抗力[N]}{路面に水力に加わる力[N]}$，斜面の傾斜角 θ [rad] とすると，$\sin\theta = h/L$，$\cos\theta = s/L$ なので，2台のケーブルカーの合計の抗力 F [N]は，

$$F = K \times \frac{S}{L} \times \boxed{1}\ [\text{N}]$$

したがって，巻上機が供給すべきトルク H_0 [N·m] は次式で表される．

$$H_0 = \boxed{2} \text{ [N·m]}$$

また，巻上機を駆動する電動機の軸出力 P [W] は，巻上機の効率が η [%] であるから

$$P = \frac{\omega_0 H_0}{\eta} = \boxed{3} \text{ [W]}$$

ω_0：滑車の角速度 [rad/s]（$\omega_0 = rv_0$ [rad/s]）

となる．ただし，ω_0 [rad/s] は，このときの巻上機の角速度とする．

〈 $\boxed{1}$ 〜 $\boxed{3}$ の解答群〉

ア $\dfrac{KSr}{L} \cdot 2Mg$ イ $\dfrac{KSr}{L} \cdot Mg$ ウ $\dfrac{Khr}{L} \times Mg$ エ $\dfrac{Khr}{L} \times 2Mg$

オ Mg カ $2Mg$ キ $\dfrac{Mg}{2}$ ク $\dfrac{0.1v_0 KS}{L\eta} \times 2Mg$

ケ $\dfrac{v_0 KS}{L\eta} \times 2Mg$ コ $\dfrac{10v_0 KS}{L\eta} \times 2Mg$

(2) 山ろく駅から山頂駅に向かう乗客を n_1 人，山頂駅から山ろく駅に向かう乗客を n_2 人とすると，乗客の質量のために走行抵抗による抗力が増加する．この場合の抗力 F_1(N) は，次式で表される．

$$F_1 = \frac{KS}{L}(2M + \boxed{4})g \text{ [N]}$$

次に，山ろく駅から山頂駅までの移動時間を T [s] とし，速度を図2のパターンで変化させるものとする．静止状態（$t = 0$ および T）では，ケーブルカーは山ろく駅および山頂に停車している．定走行時の速度を v_0 [m/s] とし，加速時間と減速時間は同じ t_0 [s] とする．加減速時の加速度の大きさ a [m/s²] を一定とすると，$v_0 = at_0$ となる．また，$t = 0 \sim T$ の速度の時間積分（面積）が線路の全長 L に等しいことから，移動時間 T [s] を v_0 の関数として表すと，次式で表される．

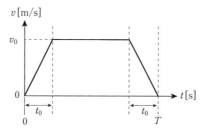

図2

$$T = \boxed{5} \text{[s]}$$

定速走行時には，巻き上げトルクは一定であるが，加減速時には変化する．乗客なしでの条件で加速時を考えると，加速トルク H_1 [N·m] は次式で表される．

$$H_1 = \boxed{6} \text{[N·m]}$$

〈 $\boxed{4}$ ～ $\boxed{6}$ の解答群〉

ア $\left(2M + \dfrac{J}{r^2}\right)r\alpha$ 　　イ $\left(2M + \dfrac{J}{r^2}\right)r$ 　　ウ $\left(2M + \dfrac{J}{r^2}\right)$

エ $\left(2M + \dfrac{J}{r^2}\right)\alpha$ 　　オ $\dfrac{L}{v_0} + \dfrac{v_0}{\alpha}$ 　　カ $L + \dfrac{v_0}{\alpha}$

キ $\dfrac{L}{v_0} + v_0$ 　　ク $\dfrac{L}{v_0} + \dfrac{1}{\alpha}$ 　　ケ $(n_1 + n_2)m$

コ $(n_1 - n_2)m$ 　　サ $\left(\dfrac{n_1}{n_2} + 1\right)m$ 　　シ $\left(\dfrac{n_2}{n_1} + 1\right)m$

(3) エネルギーの収支について考える．$t = 0$，$t = T$ の静止状態を比較すると，ともに運動エネルギーは 0 であり，山頂駅の位置エネルギーの増加分 ΔE_p [J] は，乗客配置の変化より，次式で表される．ただし，乗客数 n_1，n_2 は，$n_1 > n_2$ とする．

$$\Delta E_\mathrm{p} = \boxed{7} mgh \text{ [J]}$$

また，抗力は速度によらず一定であるから，抗力×移動距離から仕事 E_F [J] を求める．

$$E_\mathrm{p} = \boxed{8} \times (2M + (n_1 + n_2)m)g \text{ [J]}$$

これらの結果より，巻上機が走行中に行う仕事は，ΔE_p と E_F との和で表される．

〈 $\boxed{7}$ および $\boxed{8}$ の解答群〉

ア K 　　イ S 　　ウ KS 　　エ $\dfrac{S}{K}$ 　　オ $\dfrac{K}{S}$ 　　カ $n_1 + n_2$

キ n_1 　　ク n_2 　　ケ $n_1 - n_2$

問題13　電気加熱　　Check! 金森 □　もう □　確認 □

次の各問に答えよ．

(1) 次の文章の $\boxed{1}$ ～ $\boxed{3}$ の中に入れるべき最も適切な字句を解答群から選び，その記号を答えよ．

一般に，電気加熱は燃焼加熱と比較して，次のような特徴をもっている．

① 被加熱物に熱を直接発生させることができる.

② ☐1☐ の熱源である.

③ 加熱に ☐2☐ を必要としない.

④ 投入するエネルギー量の ☐3☐ が容易に可能である.

〈☐1☐ ～ ☐3☐ の解答群〉

ア 制御　　イ 高融点　　ウ 高圧力　　エ 高エネルギー密度　　オ 窒素

カ 水素　　キ 酸素　　ク 熱量　　ケ 分離　　コ 伝熱

(2) 次の文章の ☐4☐ ～ ☐6☐ の中に入れるべき最も適切な字句を解答群から選び, その記号を答えよ.

　金属の溶接には, アーク溶接や直接抵抗加熱が一般に利用されている. 溶接部の表面に盛り上げた微細な粒状フラックスの中に, 裸の溶接用電極ワイヤを押し込みながら溶接を行う方法を ☐4☐ アーク溶接といい, 主に厚板の溶接に利用される. また, フラックスの代わりに ☐5☐ でアークをシールドする方法を ☐5☐ アーク溶接といい, 主に薄板の溶接に広く採用されている.

　直接抵抗加熱を利用し, 重ね合わせた板を点状に溶接する方法として, ☐6☐ 溶接やプロジェクション溶接などがある.

〈☐4☐ ～ ☐6☐ の解答群〉

ア 酸素ガス　　イ 炭酸ガス　　ウ モリブデン　　エ スポット

オ シーム　　カ サブマージド　　キ オーブン　　ク エレクトロスラグ

ケ アプセット

(3) 次の文章の ☐7☐ および ☐8☐ の中に入れるべき最も適切な字句を解答群から選び, その記号を答えよ.

　赤外加熱では, 被加熱材の分光吸収率が高い値を示す波長で加熱することが省エネルギーに繋がる. 放射源として, 赤外電球は ☐7☐ 域に高い分光吸収率を有する物体の加熱に適し, 一方, ☐8☐ は遠赤外域に高い分光吸収率を有する物体の加熱に適している.

〈☐7☐ および ☐8☐ の解答群〉

ア 可視光　　イ セラミックヒータ　　ウ 近赤外　　エ ミリ波

オ マイクロ波　　カ 電磁ヒータ

(4) 次の文章の ☐9☐ および ☐10☐ の中に入れるべき最も適切な字句を解答群から選び, その記号を答えよ.

　誘導加熱では, コイルの中に導電性の被加熱材が置かれ, コイルに交流を通じ

643

ると被加熱材に交番磁界が生じ，□9□により□10□が発生する．被加熱材は，その固有抵抗と□10□により発生するジュール熱で直接加熱される．

〈□9□および□10□の解答群〉

ア　直流起電力　　　　イ　磁化　　　　　ウ　電磁誘導作用　　　エ　渦電流
オ　ヒステリシス　　　カ　レンツの法則　キ　ファラデーの法則

(5) 次の文章の□11□〜□20□の中に入れるべき最も適切な数値を解答群から選び，その記号を答えよ．

　図のような電気加熱装置によって，0.2 m/sの速度で，一様な断面積2.0×10^{-5} m²の十分に長い金属材を連続加熱している．金属線材の加熱前後の温度差は一定とする．この金属線材の密度は8 000 kg/m³であり，各部の電力，電源装置の出力電圧および加熱装置内部の熱損失の値は表のとおりとする．また，各部のリアクタンスは無視できるものとし，加熱装置には表の熱損失以外の損失はないものとする．

　この加熱装置による金属線材の単位時間当たりの加熱処理量は□11□[kg/h]となる．したがって，電源装置入力端における電力原単位は□12□[(kW・h)/kg]となる．

　電源装置出力端電流は□13□[A]であるので，加熱装置の抵抗は□14□[Ω]，ケーブルの抵抗は□15□[Ω]となる．

　次に，電源装置出力端電圧は600 V一定で，ケーブルを変更して，その抵抗値を従来の60 %にすると，電源装置出力端電流は□16□[A]となり，加熱装置入力端電力は□17□[kW]，金属線材の加熱に寄与する電力は□18□[kW]に増加し，金属線材の加熱時間が速くなる．

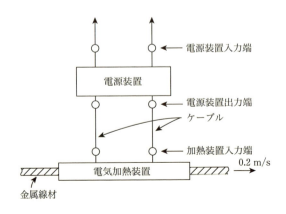

この結果，金属線材の加熱処理量は $\boxed{19}$ [kg/h] となり，電源装置の効率を一定とすれば，電源装置入力端における電力原単位は $\boxed{20}$ [(kW·h)/kg] に改善される．なお，ケーブル変更前後で加熱装置の熱損失は変化しないものとする．

	電源装置入力端	電源装置出力端	加熱装置入力端	加熱装置内部
電力 [kW]	43	40	36	—
電圧 [V]	—	600	—	—
熱損失 [kW]	—	—	—	6

〈$\boxed{11}$〜$\boxed{20}$の解答群〉

ア	0.353	イ	0.453	ウ	0.553	エ	97	オ	107	カ	115.2
キ	127	ク	23.1	ケ	33.1	コ	43.1	サ	39.1	シ	49.1
ス	59.5	セ	60.5	ソ	69.5	タ	7.09	チ	8.09	ツ	9.09
テ	0.1	ト	0.91	ナ	1.91	ニ	66.7	ヌ	76.7	ネ	86.7
ノ	0.373

問題14　電気化学　　Check! □ □ □

次の(1)および(2)の各問いに答えよ．

(1) 次の文章の $\boxed{1}$ 〜 $\boxed{5}$ の中に入れるべき最も適切な数値を解答群から選び，その記号を答えよ．また，$\boxed{A\ a.b}$ 〜 $\boxed{C\ abc}$ に当てはまる数値を計算し，その結果を答えよ．ただし，解答は解答すべき数値の最小位の一つ下の位で四捨五入すること．

水素を製造する水電解では，次の反応が起こる．

$H_2O \rightarrow 2H_2 + O_2$

アノード，カソードの反応式は，以下となる．

$4OH^{-1} \rightarrow O_2 + 2H_2O + 4e^{-1}$ （アノード側）

$2H_2O + 2e^{-1} \leftarrow H_2 + 2OH^{-1}$ （カソード側）

いま，電極面積 $8\,m^2$ の電解槽を用いて，電流密度 $40\,kA/m^2$ で2時間電解を行った．

ここで，水素の原子量は1，酸素の原子量は16，ファラデー定数は26.8（A·h）/molとし，電解における電流効率は100％とする．

645

1) 酸素1分子が生成するのに必要な電子数は $\boxed{1}$ である．

2) 1 mol の酸素と1 mol の水素との質量比（酸素/水素）は $\boxed{2}$ である．

3) 1 mol の酸素と1 mol の水素を生成するのに要する電気量比（酸素/水素）は $\boxed{3}$ である．

4) この電解（2時間）で生成した酸素と水素の体積比（酸素/水素）は $\boxed{4}$ である．

5) この電解で生成した酸素と水素との質量比（酸素/水素）は $\boxed{5}$ である．

6) この電解で要した電気量は $\boxed{\text{A } \text{a.b}} \times 10^2 \,[\text{kA·h}]$ である．

7) この電解で得られた水素のモル数は $\boxed{\text{B } \text{ab.c}} \,[\text{kmol}]$ である．

8) この電解で得られた酸素の質量は $\boxed{\text{C } \text{abc}} \,[\text{kg}]$ である．

〈$\boxed{1}$〜$\boxed{5}$ の解答群〉

ア 32　イ 16　ウ 8　エ 6　オ 4　カ 3　キ 2　ク 1

ケ 0.5　コ 0.25　サ 0.125

(2) 鉛電池について，$\boxed{\text{D } \text{ab.c}}$ および，$\boxed{\text{E } \text{ab.c}}$ に当てはまる数値を計算し，その結果を答えよ．ただし，解答は解答すべき数値の最小位の一つ下の位で四捨五入すること．

公称電圧 12 V，推奨充電電流 8 A，容量 72 A·h の鉛蓄電池があり，質量は 20 kg 横幅 25 cm，奥行き 20 cm，高さ 20 cm である．この電池の質量エネルギー密度は $\boxed{\text{D } \text{ab.c}} \,[(\text{W·h})/\text{kg}]$，体積エネルギー密度は $\boxed{\text{E } \text{ab.c}} \,[(\text{W·h})/\text{L}]$ となる．

問題15　照明 Check! 金縛 きょう きょう

次の各問に答えよ．

(1) 次の文章の $\boxed{1}$〜$\boxed{5}$ の中にいれるべき最も適切な字句を解答群から選び，その記号を答えよ．

照明器具の備えるべき主な機能は光制御機能，保護機能，回路的機能などである．

光制御機能は，照明器具に光源をセットして光源の $\boxed{1}$ を使用者の目的に応じて制御し，高い $\boxed{2}$ を保って最も適した $\boxed{1}$ の状態を得ることである．

保護機能は $\boxed{3}$ の遮へいや，ランプ破損の場合の保護などである．

蛍光ランプの照明器具の多くの場合 $\boxed{4}$ を内蔵しており，ときには器具・回路一体形のこともあるので，回路装置として適正な機能が必要とされる．また，

家屋の天井内壁への取付けに際しては　5　との接続方法や整合性に対する配慮が必要である．

〈　1　〜　5　の解答群〉

ア	部屋指数	イ	照度計	ウ	器具効率	エ	自然光
オ	非常用回路	カ	点灯回路	キ	熱源機器	ク	制御機器
ケ	通電部分	コ	屋内配線	サ	干渉	シ	配光
ス	演色性	セ	照度	ソ	輝度	タ	光束

(2) 次の各文章の　6　および　7　の中に入れるべき最も適切な式を解答群から選び，その記号を答えよ．また，A a.b.c 〜 E a.b に当てはまる数値を計算し，その結果を答えよ．ただし，解答は解答すべき数値の最小位の一つ下の位で四捨五入すること．

図1に示すような xyz 直角座標系において，原点O上方（z 軸上），$z=4$ のところに光源Lを設置したとき，xy 平面上の原点Oならびに点P$(\sqrt{5}, 2, 0)$ における照度について考える．ただし，光源Lは，図2に示すように z 軸を中心軸としてあらゆる方向に均等拡散配光をもつものとし，鉛直角 θ 方向の光度は $I_\theta = 600\cos\theta$ [cd] とする．また，座標の単位は [m] とする．

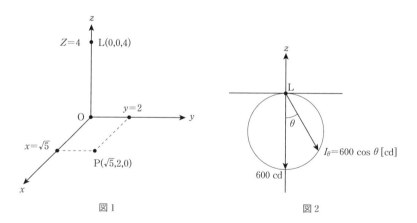

図1　　　　　　　図2

1) 原点Oにおける水平面照度 E_v は A a.b.c [lx] である．
2) 点Pにおける光源Lに向かう方向の照度（法線照度）E_n は B a.b.c [lx] である．
3) 点Pにおける水平面照度 E_h は　6　で求められ，C a.b.c [lx] である．

4) 点Pにおいて原点Oに向かう方向の照度（鉛直面照度）E_vは □7□ で求められ □D□.□a.b□ [lx] である.

5) 点Pにおいてx軸に垂直な方向の照度（鉛直面照度）E_{vx}は □E□.□a.b□ [lx] である.

〈□6□ および □7□ の解答群〉

ア $E_n \sin^2\theta$　　イ $E_n \sin\theta$　　ウ $E_n \cos\theta \sin\theta$　　エ $E_n \cos^2\theta$

オ $E_n \cos\theta$

問題16　空気調和　　　　　　　　　　　　Check! □ □ □

次の各問いに答えよ.

(1) 次の文章の □1□ ～ □6□ の中に入れるべき最も適切な字句を解答群から選び, その記号を答えよ.

建築の省エネルギーにおいて, 近年, ヒートポンプによる自然エネルギーの利用や □1□ の有効活用が重要性を増している. 自然エネルギーのうち, 大気や太陽熱利用のエネルギーは, 両者とも, 時間による変動が大きいことや, 広く希薄に分布することなどが挙げられる. 一方, 地下水はこれらが比較的変動が少なく安定した □2□ として利用されている. ただし, 地盤沈下の防止や地下水の保全のために, 利用後の排水を放流する方式ではなく □3□ 方式が望ましい.

大気は無尽蔵にある熱源であり, 放熱源としては大半の冷房に利用されているが, 暖房用熱源としての利用は, 冬季の低温期に能力低下が生じるので □4□ が必要となる場合もあり, 総合的な □5□ が低下する点に注意が必要となる. 太陽熱を15～25℃の低温で集熱し, これをヒートポンプで適切な温度に □6□ すれば太陽熱の利用効率が高くなる.

〈□1□ ～ □6□ の解答群〉

ア　混合損失　　イ　降温　　ウ　昇温　　エ　ATF　　オ　CEC

カ　COP　　キ　補助電源　　ク　蒸気　　ケ　温水　　コ　冷水

サ　温熱　　シ　熱源　　ス　還元井戸　　セ　くみ上げ井戸

ソ　滞水層　　タ　廃棄物　　チ　排熱　　ツ　排気

(2) 次の文章の □7□ ～ □12□ の中に入れるべき最も適切な字句を解答群から選び, その記号を答えよ.

既存の全空気セントラル方式の空調システムを, 省エネルギーを目的に改修す

ることを考える．1台の空調機で，類似した負荷をもつ複数の部屋の空調を行う
場合には，代表室の温度または気流の温度を用いて温度制御を行うのが一般的で
ある．しかし，部屋の負荷が異なる場合，この方式では，部屋による温度のばら
つき，過冷や　7　が生じやすい．これは環境衛生的にも不都合であり，エネル
ギー消費の無駄に繋がる．これを改善するには，次のような方法でゾーニングを
行うのがよい．

① 部屋あるいは小ゾーンごとに　8　方式とする．部屋の　9　が上昇す
る場合など換気上の制約がある場合はそのゾーンの下限風量を設定する．

② 著しく負荷変動が異なる部屋にはファンコイルユニットを設けて　10
を行い，ほかは，セントラル方式，あるいは，適当なゾーンに分け，①の方
式を採用する．

③ ダクト系統がほぼ負荷ゾーンごとに分けられている場合，ゾーンごとに
　8　方式とするか，または　11　を用いてゾーン制御を行い，空調機の
主コイルは　12　温度で制御し，さらにこれに外気温度に連動させて簡易
に最適化設定を行う方法がよい．

〈　7　〜　12　の解答群〉

ア	湿度制御	イ	個室制御	ウ	外気流量制御	エ 負荷変動
オ	容積	カ	面積	キ	空調対象室	ク 上限風量
ケ	下限風量	コ	変風量	サ	給気	シ 換気
ス	過熱	セ	冷熱	ソ	ブースタコイル	タ 逆止ダンパ
チ	加熱コイル	テ	一酸化炭素濃度	ト	二酸化炭素濃度	ナ 粉塵濃度

解答・解説

電力応用

問題11 (1) 1―ス，2―ケ，3―オ，4―カ，5―シ，6―ウ，7―タ
(2) 8―イ，9―オ，10―ク，11―コ，12―キ

(1) ポンプやファンの高効率的な流量制御法は，インバータを用いたかご形誘導電動機の**回転速度**制御による可変速運転である．インバータによるかご形誘導電動機の可変速運転には，ベクトル制御法と V/f 制御法が挙げられる．

ベクトル制御法は，電動機入力電流を**界磁電流**成分と**トルク電流**成分に分けてそれぞれ独立に制御するものである．界磁電流成分は一定制御されるが，効率を重視する場合には負荷状況に応じて変化させるときもある．

V/f 制御法は，電動機の速度を変えるため f（**周波数**）を変化させて，**同期速度**を変化させる制御法である．ただし，周波数のみを変化させるとギャップ磁束が変化してしまうため，これを一定にするために f の変化に比例して V（電圧）を変化させる．

(2) ① 吐出し弁の開度によって，流量を 1 p.u から 0.6 p.u に調整したとき第1図より，全揚程 $H_1 = 1.2$ p.u，流量 $q = 0.6$ p.u，ポンプ効率 $\eta_1 = 0.8$ p.u であるから，このときの軸動力 P_1 [p.u] は，次式より求まる．

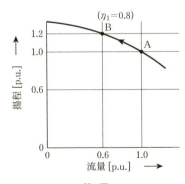

第1図

$$P_1 = \frac{H_1 \times q}{\eta_1} = \frac{1.2 \times 0.6}{0.8} = 0.9 \, \text{p.u}$$

② 吐出し弁全開で速度制御により，流量を1 p.uから0.6 p.uに調整したとき第2図より，全揚程$H_2 = \mathbf{0.6}$ p.u，流量$q = 0.6$ p.u，ポンプ効率$\eta_2 = 0.9$ p.uであるから，このときの軸動力P_2 [p.u]は，次式より求まる．

$$P_2 = \frac{H_2 \times q}{\eta_2} = \frac{0.6 \times 0.6}{0.9} = 0.4 \, \text{p.u}$$

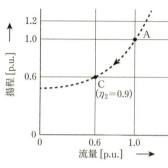

第2図

③ 台数制御併用吐出し弁制御により，流量を1 p.uから0.6 p.uに調整したとき第3図より，全揚程$H_3 = 1.0$ p.u，流量$q = 0.6$ p.u，ポンプ効率$\eta_3 = 0.8$ p.uであるから，このときの軸動力P_3 [p.u]は，次式より求まる．

$$P_3 = \frac{H_3 \times q}{\eta_3} = \frac{1.0 \times 0.6}{0.8} = 0.75 \, \text{p.u}$$

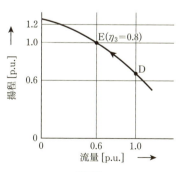

第3図

問題12 (1) 1—カ, 2—ア, 3—ケ
(2) 4—ケ, 5—オ, 6—ア
(3) 7—ケ, 8—ウ

(1) 2台のケーブルカーの合計の抗力 F(N) は，

$$F = K \times (路面に垂直に加わる力) = K \times (2Mg \times \cos\theta) = K \times \frac{S}{L} \times 2Mg \,[\text{N}] \quad ①$$

となる．なお，路面に垂直に加わる力については，次の図を参照すること．

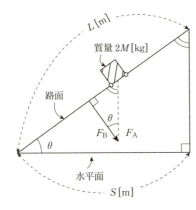

巻上機が供給すべきトルク H_0 [N·m] は

$$H_0 = F \times r = K \times \frac{S}{L} \times 2Mg \times r = \frac{KSr}{L} \times 2Mg \,[\text{N·m}]$$

巻上機の効率 η [%] を考慮し，電動機の出力 P [kW] を求めると

$$P = \frac{\omega_0 H_0}{\eta} = \frac{\omega_0 H_0}{\eta} = \frac{\omega_0}{\eta} \cdot \frac{KSr}{L} \times 2Mg \quad (\because \omega_0 = rv_0)$$

$$= \frac{v_0}{\eta \cdot r} \cdot \frac{KSr}{L} \times 2Mg = \frac{v_0 KS}{L\eta} \times 2Mg \,[\text{W}]$$

となる．

(2) 山ろく駅からの乗客 n_1 人，山頂駅からの乗客 n_2 人であるから，乗客による荷重とケーブルカーの荷重の合計は，次式で表される．

$$(n_1 m + M)g + (n_2 m + M)g = \{2M + (n_1 + n_2)m\}g$$

したがって，このときの抗力 F_1 [N] は，①式の $2Mg$ を上式の右辺に置き換え

ことにより，求まる．つまり，$2Mg \rightarrow \{2M + (n_1 + n_2)m\}g$ とする．

$$F_1 = \frac{KS}{L} \cdot \{2M + (n_1 + n_2)m\}g \, [\text{N}]$$

$t = 0 \sim T$ の速度の時間積分（面積）は，線路長 L と等しいことから，図2より L は次式で表される．

$$L = \frac{v_0 t_0}{2} + (T - 2t_0)v_0 + \frac{v_0 t_0}{2} = (T - t_0)v_0$$

$$= \left(T - \frac{v_0}{\alpha}\right)v_0 = v_0 T - \frac{v_0^2}{\alpha} \, [\text{m}]$$

T について求めると，

$$T = \frac{L}{v_0} + \frac{v_0}{\alpha} \, [\text{s}]$$

となる．

乗客なしの条件で，ケーブルカーと滑車を含めた慣性モーメント $J' \, [\text{kg} \cdot \text{m}^2]$ を全運動エネルギー $W \, [\text{J}]$ から求めると

$$W = \frac{1}{2}(2M)v^2 + \frac{1}{2}J\omega^2 = \frac{1}{2}(2M)(r\omega)^2 + \frac{1}{2}J\omega^2 = \frac{1}{2}(2Mr^2 + J)\omega^2$$

$$= \frac{1}{2}\left(2M + \frac{J}{r^2}\right)r^2 \times \omega^2 \, [\text{J}]$$

ケーブルカーと滑車を含めた慣性モーメント $J' \, [\text{kg} \cdot \text{m}^2]$ は，次式で表される．

$$J' = \left(2M + \frac{J}{r^2}\right)r^2 \, [\text{kg} \cdot \text{m}^2]$$

加速トルク $H_1 \, [\text{N} \cdot \text{m}]$ は

$$H_1 = J'\frac{\mathrm{d}\omega}{\alpha t} = \left(2M + \frac{J}{r^2}\right)r^2 \times \left(\frac{\alpha}{r}\right)\frac{\alpha t}{\alpha t}$$

$$= \left(2M + \frac{J}{r^2}\right)r\alpha \, [\text{N} \cdot \text{m}]$$

$$\omega = \frac{v}{r} = \frac{\alpha t}{r}$$

$$\frac{\mathrm{d}\omega}{\mathrm{d}t} = \frac{\mathrm{d}}{\mathrm{d}t}\left(\frac{\alpha t}{r}\right) = \frac{\alpha}{r}\frac{\alpha t}{\mathrm{d}t}$$

(3) 位置エネルギーの増加分 $\Delta E_\mathrm{p} \, [\text{J}]$ は，山ろく駅を基準として山頂駅で考える．

$t = 0 \, \text{s}$ のとき，山頂駅の位置エネルギー $E_1 \, [\text{J}]$ は，

$$E_0 = n_2 \times mgh \, [\text{J}]$$

$t = T \, [\text{s}]$ のとき，山頂駅の位置エネルギー $E_2 \, [\text{J}]$ は，

$$E_2 = n_1 \times mgh \, [\text{J}]$$

となる．

よって，山頂駅の位置エネルギーの増加分 ΔE_p [J] は
$$\Delta E_p = E_T - E_0 = n_1 \times mgh - n_2 \times mgh = (n_1 - n_2)mgh \text{ [J]}$$

1) 仕事 E_F は，抗力×移動距離から求めることができる．
$$E_F = F_1 \times L = \frac{KS}{L} \cdot \{2M + (n_1 + n_2)m\}g \times L$$
$$= KS \cdot \{2M + (n_1 + n_2)m\}g \text{ [J]}$$

問題13 (1) 1—エ，2—キ，3—ア
(2) 4—カ，5—イ，6—エ
(3) 7—ウ，8—イ
(4) 9—ウ，10—エ
(5) 11—カ，12—ノ，13—ニ，14—チ，15—ト，16—ソ，17—サ，
18—ケ，19—キ，20—ア

(1) 電気加熱の特徴は，以下のとおりである．
① 被加熱材に直接に熱が発生する．
② **高エネルギー密度**の熱源である．
③ 加熱に**酸素**を必要としない．
④ 投入するエネルギー量の**制御**が容易である．

(2) 金属の溶接にはアーク溶接と抵抗溶接が一般に使用される．アーク溶接には被膜金属アーク溶接，ガスシールドアーク溶接，ノンガスシールド溶接，サブマージドアーク溶接法がある．このうち，溶接部の表面に盛り上げた微細な粒状フラックスの中に裸の溶接用電極ワイヤを押し込みながら溶接を行う方法を**サブマージド**

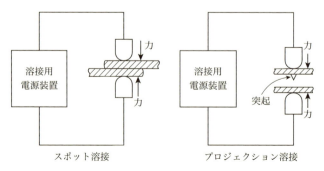

第1図

アーク溶接という．また，フラックスの代わりに**炭酸ガス**でアークをシールドする方法を**炭酸ガス**アーク溶接という．

一方，抵抗溶接方法のうち，板を重ねて点状に溶接するものに**スポット**溶接やプロジェクション溶接がある（第1図参照）．

(3) 赤外加熱に使用される放射源には赤外電球と遠赤外ヒータがある．赤外電球は一般の白熱電球と同じ構成で主に**近赤外**線放射源として使用される．遠赤外ヒータ（**セラミックヒータ**）は，金属管内に発熱体を収め金属管の表面にセラミックスを溶射形成したものなどが使用され遠赤外線を放射する（第2図参照）．

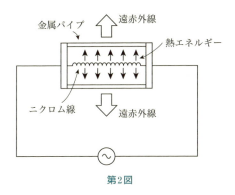

第2図

(4) 誘導加熱は導電性の被加熱材の周囲にコイルを配置し，これに交流電流を通じると，被加熱材の内部に交番磁束を生じ，**電磁誘導作用**により**渦電流**を誘導する．被加熱材は，その固有抵抗と渦電流により発生するジュール熱により直接に加熱される．

誘導加熱では，表皮効果のため，誘導される渦電流は一様ではなく，表面に集中して流れ，内部に入るに従い指数関数的に減少する．導体表面の電流を I [A] とすると，導体表面から深さ x [m] の点の電流 I_x [A] は，次式で表される．

$$I_x = Ie^{-\frac{x}{\delta}} \text{ [A]}$$

ここで，δ は導体表面の電流 I の $1/e$（$= 36.8\%$）になる位置までの深さで，電流浸透深さと呼ばれる．電流浸透深さは，導体の抵抗率を ρ [Ω·m]，周波数を f [Hz]，導体の非透磁率を μ_r とすれば，次式で表される．

$$\delta = 503 \times \sqrt{\frac{\rho}{\mu_r f}} \text{ [m]}$$

この式から，周波数が高ければ電流浸透深さは浅くなるため，被加熱物の表面の

みが加熱される．逆に周波数が低ければ，被加熱物全体を均一に加熱することができる．

(5) 単位時間当たりの加熱処理量 C [kg/h] は

$$C = 2.0 \times 10^{-5} \, \text{m}^2 \times 0.2 \, \text{m/s} \times 8\,000 \, \text{kg/m}^3 = 0.032 \, \text{kg/s} = 115.2 \, \text{kg/h}$$

よって，電源装置入力端における電力原単位 M [(kg・h)/kg] は，

$$M = \frac{P_\text{i}}{C} = \frac{43}{115.2} = 0.3732 ≒ 0.373 \, (\text{kW・h})/\text{kg}$$

ただし，P_i は，電源装置入力端電力 [kW] とする．

電源装置出力端電流 I [A] は，電源装置出力端電力 P_o が 40 kW，電圧 V が 600 V であるので，次式より求まる．

$$I = \frac{P_\text{o}}{V} = \frac{40 \times 10^3}{600} = 66.666 ≒ 66.7 \, \text{A}$$

加熱装置の抵抗 R_1 [Ω] は

$$R_\text{h} = \frac{P_\text{h}}{I^2} = \frac{36 \times 10^3}{66.7^2} = 8.092 ≒ 8.09 \, \Omega$$

となる．ただし，P_h は，加熱装置入力端電力 [kW] とする．

ケーブルを含めた電源装置の出力端側をみたときの合成抵抗 R [Ω] は

$$R = \frac{V^2}{P_\text{O}} = \frac{600^2}{40 \times 10^3} = 9.0 \, \Omega$$

よって，ケーブルの抵抗 R_l [Ω] は

$$R_\text{l} = R - R_\text{h} = 9.0 - 8.09 = 0.91 \, \Omega$$

次に，ケーブルの抵抗を 60 % にしたときの値 R_l' [Ω] は

$$R_\text{l}' = 0.91 \times 0.6 = 0.546 \, \Omega$$

となる．電源装置の出力端電流 I' [A] は

$$I' = \frac{V}{R_\text{l} + R_\text{h}} = \frac{600}{0.546 + 8.09} = 69.476\,6 ≒ 69.5 \, \text{A}$$

加熱装置入力端電力 P_h' [kW] は

$$P_\text{h}' = I'^2 \times R_\text{h} = 69.5^2 \times 8.09 = 39\,076 \, \text{W} ≒ 39.1 \, \text{kW}$$

となり，加熱に寄与する電力 P_h0' [kW] は

$$P_\text{h0}' = P_\text{h}' - P_\text{hl} = 39.1 - 6 = 33.1 \, \text{kW}$$

となる．ただし，P_hl は，加熱器内部の熱損失 [kW] とする．

当初，加熱に寄与する電力は表 1 より，36 - 6 = 30 kW であったのが，33.1 kW に改善された．このことより，加熱処理量 C' [kg/h] は

$$C' = \frac{33.1}{30} \times C = \frac{33.1}{30} \times 115.2 = 127.10 \fallingdotseq 127 \, \text{kg/h}$$

電源装置の効率 η は一定であるから，表より求める．

$$\eta = \frac{P_\text{i}}{P_\text{o}} = \frac{40}{43} = 0.9302 \fallingdotseq 0.930$$

電源装置入力端電力 $P_\text{i}'[\text{kW}]$ は

$$P_\text{i}' = \frac{V \times I'}{\eta} = \frac{600 \times 69.5}{0.93} \fallingdotseq 44\,839 \, \text{W} \fallingdotseq 44.8 \, \text{kW}$$

となり，このときの電源装置入力端における電力原単位 $M'[(\text{kW·h})/\text{kg}]$ は

$$M' = \frac{P_\text{i}'}{C'} = \frac{44.8}{127} = 0.352\,75 \fallingdotseq 0.353 \, (\text{kW·h})/\text{kg}$$

となる．

問題14 (1)　1—オ，2—イ，3—キ，4—ケ，5—ウ，A—6.4，B—11.9，
　　　　　　C—191

　　　　(2)　D—43.2，E—86.4

(1)　H_2O を電気分解し，水素（H_2）と酸素（O_2）を発生させるシステムが水電解である．水電解のアノード，カソードの反応式は

　　アノード：$4OH^{-1} \rightarrow O_2 + 2H_2O + 4e^-$

　　カソード：$2H_2O + 2e^- \leftarrow H_2 + 2OH^-$

となる．

1)　アノード反応式より，酸素1分子が生成するのに必要な電子の数は4である．

2)　1 mol の酸素と1 mol の水素との質量比（酸素/水素）は，次式で表される．

$$質量比 = \frac{O_2 の分子量}{H_2 の分子量} = \frac{16 \times 2}{1 \times 2} = 16$$

3)　1 mol の酸素と1 mol の水素を生成するのに要する電気量比（酸素/水素）は，次式で表される．

$$電気量比 = \frac{4個の電子}{2個の電子} = 2$$

4)　この電解（2時間）で生成した酸素と水素の体積比（酸素/水素）は，反応式より次式で表される．

$$体積比 = \frac{酸素の係数}{水素係数} = \frac{1}{2} = 0.5$$

5)　この電解で生成した酸素と水素の質量比（酸素/水素）は，反応式より次式

で表される.

$$\text{質量比} = \frac{O_2 \text{の分子量}}{H_2 \text{の分子量} \times 2} = \frac{16 \times 2}{2 \times 2} = 8$$

6) この電解で要した電気量 $Q\,[\text{kA·h}]$ は

$Q = \text{電流密度} \times \text{電極面積} \times \text{時間} = 40\,\text{kA/m}^2 \times 8\,\text{m}^2 \times 2\,\text{h} = 640 = 6.4 \times 10^2\,\text{kA·h}$

7) この電解で得られた水素のモル数 n は,2電子反応であり,ファラデー定数が $F = 26.8\,(\text{A·h})/\text{mol}$ であるから,次式で表される.

$$n = \frac{Q}{2F} = \frac{6.4 \times 10^2 \times 10^3}{2 \times 26.8} = 11.94 \times 10^3\,\text{mol} \fallingdotseq 11.9\,\text{kmol}$$

($\theta = 6.4 \times 10^2\,\text{kA·h} = 6.4 \times 10^2 \times 10^3\,\text{A·h}$)

8) この電解で得られた酸素の質量 $m\,(\text{kg})$ は,次式で表される.

$$m = \frac{Q}{4F} \times (O_2) = \frac{6.4 \times 10^2 \times 10^3}{4 \times 26.8} \times (16 \times 2) \fallingdotseq 191 \times 10^3\,\text{g} = 191\,\text{kg}$$

(2) 質量エネルギー密度は,次式で表される.

$$\text{質量エネルギー密度} = \frac{\text{エネルギー}}{\text{質量}} = \frac{12 \times 72}{20} = 43.2\,(\text{W·h})/\text{kg}$$

体積エネルギー密度は,次式で表される.

$$\text{体積エネルギー密度} = \frac{\text{エネルギー}}{\text{体積}} = \frac{12 \times 72}{25 \times 20 \times 20}$$

$$= 0.086\,4\,(\text{W·h})/\text{cm}^3 = 86.4\,(\text{W·h})/\text{L}$$

$\therefore\ 1\,\text{L} = 1\,000\,\text{cm}^3$

問題15 (1) 1—シ,2—ウ,3—ケ,4—カ,5—コ

(2) 6—オ,7—イ,A—37.5,B—19.2,C—15.4,D—11.5,E—7.7

(1) 照明器具が備えるべき機能と維持すべき特性は,次のとおりである.

① 光制御機能:照明器具に光源をセットし,光源の**配光**を照明の使用者の目的に応じて制御し,高い**器具効率**を保ちつつ最も適した配光状態にすることである.

② 保護機能:光源の使用者に危険のないような状態に保持する.**通電部分**の遮へい,ランプ破損の場合の保護などである.

また,蛍光ランプの照明器具は多くの場合,**点灯回路**を内蔵し,ときには器具,回路一体形のこともあるので,回路装置として適正な機能をもつ必要がある.天井

への取付けに際しては，**屋内配線**との接続方法や整合性に配慮する．

(2) 座標，各照度および角度は，第1図のようになる．

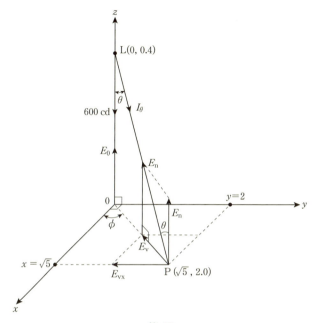

第1図

1) 距離の逆2乗の法則より，原点Oにおける水平面照度 E_0 [lx] は，次式で表される．

$$E_0 = \frac{I_\theta}{z^2} = \frac{600 \times \cos\theta}{4^2} = 37.5 \,\text{lx}$$

2) PL間の距離 r [m] は，

$$r = \sqrt{(x^2+y^2)+z^2} = \sqrt{((\sqrt{5})^2+2^2)+4^2} = \sqrt{25} = 5\,\text{m}$$

となる．$\cos\theta$ は

$$\cos\theta = \frac{z}{r} = \frac{4}{5} = 0.8$$

となる．このときの法線照度 E_n [lx] は，

$$E_n = \frac{I_\theta}{r^2} = \frac{600\cos\theta}{5^2} = \frac{600 \times 0.8}{25} = 19.2\,\text{lx}$$

となる．

3) 水平面照度 E_h [lx] は，

$E_h = E_n \cos\theta = 19.2 \times 0.8 = 15.36 \fallingdotseq 15.4\,\text{lx}$

となる．

4) 鉛直面照度 E_v [lx] は，

$E_v = E_n \sin\theta = E_n\sqrt{1-\cos^2\theta} = 19.2 \times \sqrt{1-0.8^2} = 19.2 \times 0.6$

$= 11.52 \fallingdotseq 11.5\,\text{lx}$

5) PO間と x 軸のなす角を ϕ とすると $\sin\phi$ は，第2図より，次式で表される．

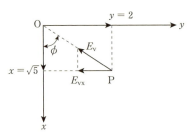

第2図　第1図を z 軸上，真上から見た図

$\sin\phi = \dfrac{2}{\sqrt{(\sqrt{5})^2+2^2}} = \dfrac{2}{3}$

点Pにおいて x 軸に平行な面の照度（鉛直面照度）E_{vx} [lx] は，次式で表される．

$E_{vx} = E_v \sin\phi = 11.5 \times \dfrac{2}{3} = 7.666 \fallingdotseq 7.7\,\text{lx}$

問題16 (1) 1ーチ, 2ーシ, 3ース, 4ーキ, 5ーカ, 6ーウ
(2) 7ース, 8ーコ, 9ート, 10ーイ, 11ーソ, 12ーサ

(1) 自然エネルギーや**排熱**の有効活用が重要視されている．自然エネルギー利用において問題となるのは，時間によるエネルギー量の変動が大きいことである．日射量，風速，外気温度は時々刻々と変化するため，それらのエネルギーを安定的に使用するのは困難である．一方では地下水は一年中15℃程度の一定温度を維持していることから，**熱源**として利用が容易である．

地下水利用が，昭和30年代頃からビルの空調設備の冷却水として普及したが，地下水位が低下して，地盤沈下などの問題が発生した．対策として，一度くみ上げた地下水を**還元井戸**から地中に戻す方法がある．または，地下水をくみ上げず，水-水熱交換器を地中に埋設して空調設備の冷却水と地下水の熱交換を行う方法もある．

ヒートポンプで冷房を行うときに室外機の凝縮器の排熱を大気に放散するのが一般的である．冬期にヒートポンプで暖房を行うときは，四方弁で冷媒の流路を変更し，室外機を蒸発器とし，大気から熱を吸収することになる．この場合，室内の空気を凝縮器の排熱で暖房し，室外機の蒸発器で低温の外気を冷却する．このときにヒートポンプが能力不足を生じることがあるために，**補助熱源**として電気ヒータを使用する場合がある．この電気ヒータの使用により，総合的な熱効率（成績係数：**COP**）が低下することになる．

　太陽熱は，年間を通じて利用できるので，太陽熱を集熱し水を加熱して温水にし，これをヒートポンプの凝縮器で再加熱すれば，使用温度まで**昇温**することができる．

　(2)　セントラル方式の空調システムでは，1台の空調機で単一ダクトにより，空調を行う方式である．複数の部屋を空調対象室とした場合，代表室の室温を検出し給気温度制御，もしくは還気温度制御を行う．一般には，事務室と会議室のように，負荷形態が異なる部屋が同一系統で処理されていると，部屋ごとにより温度の分布（ばらつき）が発生する可能性がある．

　これを改善するためにゾーニング（系統分け）が必要となってくる．

　①　ゾーンごとに**変風量**方式（VAN方式）として，ゾーンの温度を検出して，そのゾーンの給気風量を制御する．ただし，その部屋の**二酸化炭素濃度**が上昇する場合など換気上の制約から，風量の下限値を設定しておく必要がある．

　②　負荷変動が著しい部屋の場合は，外気温度や日射量などの変動外乱を除去するために，ペリメータゾーン（外壁付近）にファンコイルユニットを設置し，**個室制御**を行う．

　それ以外は，中央方式による定風量方式で給気温度制御，ゾーン分けによる変風量方式で対応する．

　③　ダクト系統が負荷ゾーンに分けられている場合，変風量方式でゾーンごとに風量を変える．あるいは，定風量方式ではゾーンごとのダクト系に**ブースタコイル**を設置して，ゾーンの室温を検出することにより，ブースタコイルの流量を調整する．このとき，空調機の主コイルは**給気**温度を一定値にするように冷温水流量の制御を行う．

さくいん

記号

△-Y結線（平衡三相負荷）‥‥‥‥255
△→Yへの変換 ‥‥‥‥‥‥‥‥239
△-Y変換‥‥‥‥‥‥‥‥‥‥‥239
△-△結線（平衡三相負荷）‥‥‥253
△−△結線（平衡三相負荷）‥‥‥253

英数

1人当たりの一次エネルギー消費
‥‥‥‥‥‥‥‥‥‥‥‥‥‥ 53
2乗平均法‥‥‥‥‥‥‥‥‥‥522
3線短絡電流‥‥‥‥‥‥‥‥‥373
3電圧計法‥‥‥‥‥‥‥‥‥‥326
3電流計法‥‥‥‥‥‥‥‥‥‥327
BEMS‥‥‥‥‥‥‥‥‥‥58, 124
COP ‥‥‥‥‥‥‥‥‥‥‥‥ 56
ESCO事業者‥‥‥‥‥‥‥‥‥156
GDP ‥‥‥‥‥‥‥‥‥‥‥‥ 53
IGBT ‥‥‥‥‥‥‥‥‥‥‥‥461
IPCC ‥‥‥‥‥‥‥‥‥‥‥‥ 56
SI単位‥‥‥‥‥‥‥‥‥‥‥‥ 66
V-Y変換‥‥‥‥‥‥‥‥‥‥‥228
V曲線‥‥‥‥‥‥‥‥‥‥‥‥432
Y-Y結線（平衡三相負荷）‥‥‥‥252
Y-△始動方式‥‥‥‥‥‥‥‥‥502
Y→△への変換 ‥‥‥‥‥‥‥‥240
ZEH ‥‥‥‥‥‥‥‥‥‥‥‥ 58

ア行

アーク加熱‥‥‥‥‥‥‥‥‥‥563
アナログ量‥‥‥‥‥‥‥‥‥‥312
アノード‥‥‥‥‥‥‥‥‥‥‥580

安定運転の条件‥‥‥‥‥‥‥‥509
アンペア周回積分の法則‥‥‥‥202
イオン交換膜法‥‥‥‥‥‥‥‥583
位相特性曲線‥‥‥‥‥‥‥‥‥432
位置エネルギー‥‥‥‥‥‥‥ 67
一次エネルギー量‥‥‥‥‥‥‥ 51
一次遅れ要素‥‥‥‥‥‥‥‥‥284
一次周波数による制御‥‥‥‥‥514
一次銅損‥‥‥‥‥‥‥‥‥‥‥416
異容量V結線‥‥‥‥‥‥‥‥‥362
色温度‥‥‥‥‥‥‥‥‥‥‥‥591
インディシャル応答‥‥‥‥‥‥282
インバータ‥‥‥‥‥‥‥‥‥‥457
インバータ方式‥‥‥‥‥‥‥‥594
インパルス応答‥‥‥‥‥‥‥‥284
インペラカット‥‥‥‥‥‥‥‥144
渦電流‥‥‥‥‥‥‥‥‥‥‥‥560
渦電流損‥‥‥‥‥‥‥‥‥‥‥390
運動エネルギー‥‥‥‥‥‥‥ 67
運輸部門‥‥‥‥‥‥‥‥‥‥‥ 54
液中燃焼‥‥‥‥‥‥‥‥‥‥‥149
エコノマイザ‥‥‥‥‥‥‥‥‥121
エコノマイザサイクル‥‥‥‥‥635
エネルギー‥‥‥‥‥‥‥‥‥ 2
エネルギー管理員
‥‥‥‥8, 14, 16, 21, 22, 26, 27
エネルギー管理企画推進者
‥‥‥‥‥‥‥‥‥ 6, 12, 19
エネルギー管理者‥ 7, 14, 20, 25
エネルギー管理統括者‥ 6, 12, 19
エネルギー効率‥‥‥‥‥‥‥‥576
エネルギー消費関係性能‥‥‥‥ 31
エネルギー消費機器等‥‥‥‥‥ 31

エネルギー消費原単位……… 44, 53
エネルギー消費性能…………… 31
オットーサイクル機関……… 96
温室効果ガス………………… 57

カ行

外気冷房制御…………………118
界磁制御………………………514
回生制動………………………504
回転磁界………………………410
回転界磁形……………………425
回転速度………………………411
回転体の加速・減速時間 ………508
回転体の加速中の運動方程式…507
回転電機子形…………………425
外乱……………………………267
ガウスの法則………… 185, 187
化学エネルギー…………… 68
化学当量………………………574
核エネルギー…………… 69
角速度…………… 413, 445
かご形回転子…………………411
重ねの理………………………235
ガスタービンサイクル機関…… 97
カソード………………………580
加速度…………………… 76
家庭部門………………… 54
動コイル形……………………318
可動鉄片形……………………318
過渡応答………………………270
過渡特性………………………282
可変風量方式…………………634
乾き度…………… 93, 133
換算係数………………… 45
慣性の法則……………… 76
慣性モーメント………………506

間接抵抗加熱方式………………559
完全拡散面による照明(輝度)計算
………………………598
管理関係事業者………………… 25
管理標準………………… 45
環流ダイオード………………465
管路抵抗曲線…………………540
機械的出力…………… 413, 416
基準エネルギー消費効率………123
輝度……………………………590
基本単位………………… 66
基本方針………………………… 3
規約効率………………………393
逆相制動………………………451
逆潮流…………………………100
逆転制動………………………503
逆誘導起電力…………………447
逆ラプラス変換………………272
吸収式冷凍機…………………115
極数による制御………………515
極性……………………………386
局部照明………………………605
局部的全般照明………………606
寄与率…………………… 34
距離の逆2乗の法則…………596
キルヒホッフの法則…………233
空気線図………………………623
空気調和システム……………615
空気調和設備等………………… 28
空気調和設備の省エネルギー対策
………………………635
空気との混合…………………627
空気比…………… 90, 115
空調エネルギー消費係数 633, 634
クーロンの法則………………184
組立単位………………… 66

蛍光ランプ	592
ゲートターンオフサイリスタ	460
減圧運転	139
減磁作用	434
減速比	534
原単位評価	633
顕熱	79, 624
顕熱比	624, 634
高圧	352
高圧ナトリウムランプ	595
光源	591
交差磁化作用	433, 434
工場エネルギー管理システム	154
校正	315
光色	591
光束	588
光束発散度	589
光束法による照明計算	598
光度	589
合理化計画に係る指示及び命令	9, 17, 24
コージェネレーション	100
誤差	314
誤差率	314
コンバータ	457
コンバインドサイクル発電	98

サ行

サージング	544
最終エネルギー消費	54
サイリスタ	458
産業部門	54
業用空調	614
産業用蒸気	46
三元触媒方式	101
三相4線式	359

三相交流	249
三相全波整流回路	467
三相短絡曲線	437
磁位	198
シーケンス制御	266
磁界の強さ	198
磁化作用	433, 434
磁化電流	385
磁気力	197
仕事	76, 185
仕事エネルギー	68
仕事率	77
仕事量	186
自己誘導	212
実測効率	392
時定数	273
始動	590
始動・停止時に生じる損失	510
湿り度	93
集合	305
自由落下運動	76
重力加速度	535
ジュール熱	558
出力比	520
受電方式	103
需要率	105, 374
蒸気タービン	98
照度	589
照度範囲	146
照明のエネルギー管理	608
照明の保守	607
照明率	591
常用予備切換方式	356
蒸留塔	149
食塩電解	583
自励式	449

665

真空蒸気加熱……………………151
進数の変換………………………299
真理値表…………………………306
水銀ランプ………………………595
水質管理…………………………119
水頭圧……………………………540
スケール…………………………132
スタータ方式……………………593
スチームトラップ………………120
ステップ応答……………………284
滑り………………………………410
スポットネットワーク受電……103
スポットネットワーク方式……356
スラッジ…………………………132
制御対象…………………………267
制御部……………………………267
静止レオナード方式……………452
成績係数（COP）………………622
成績係数…………………………633
整定時間…………………………283
静電形……………………………318
静電容量…………………………189
静電力……………………………184
精度………………………………314
整流形……………………………318
整流装置…………………………463
整流ダイオード…………………458
赤外加熱………………… 112, 567
石炭………………………………52
石油………………………………52
セラミックファイバ……………102
絶対温度…………………………78
セルシウス温度…………………78
選択透過フィルム………………128
全電圧始動（直入れ始動）方式…502
全日効率…………………………104

潜熱………………………………79
潜熱回収方式……………………121
全熱交換器………………………118
全般照明…………………………605
全負荷銅損………………………393
相互インダクタンス……………214
相互誘導…………………………212
操作量……………………………267
相対的評価………………………633
送風機の可変速運転……………542
送風抵抗曲線……………………542
度…………………………………75
速度制御………………… 452, 514
損失比……………………………520

タ行

大温度差システム………………128
耐熱クラス………………………516
対流………………………………82
対流伝熱…………………………82
流伝熱……………………………554
多重効用缶………………………149
タスク・アンビエント照明
　………………………… 113, 606
立上り時間………………………283
他励式……………………………449
単位ステップ応答……… 282, 284
短時間使用………………………518
短時間定格………………………519
単相３線式………………………357
単相全波整流回路………………465
単相半波整流回路………………463
短絡事故…………………………372
短絡事故電流……………………372
短絡比……………………………438
蓄熱システム……………………118

中央方式（セントラル方式）……616
抽気タービン……………………140
中長期的な計画の作成… 8, 16, 23
直接抵抗加熱方式………………558
直線状に減少する分布負荷……378
直流降圧チョッパ回路…………471
直流昇圧チョッパ回路…………472
直流他励式電動機………………510
直流チョッパ……………………457
直流チョッパ方式………………452
直流チョッパ回路………………470
直流電動機………………………445
直流電動機の始動方式…………501
直流発電機………………………444
直列導線数………………………446
通年エネルギー消費効率………634
低圧………………………………352
低圧バンキング方式……………353
ディーゼルサイクル機関……… 97
低温プラズマ……………………111
定期の報告……………… 9, 16, 23
抵抗制御…………………………514
ディジタル量……………………312
定風量方式（CAV）……………616
鉄損………………………………390
鉄損電流…………………………385
テブナンの定理…………………234
電圧源……………………………242
電圧降下率………………………106
電圧制御…………………………514
電位………………………………185
電位差……………………………573
電解精錬…………………………584
電界の強さ………………………184
電気加熱器設備…………………110
電機子……………………………427

電機子反作用……………………433
電機子反作用によるリアクタンス434
電気需要平準化時間帯………… 4
電気の需要の平準化…………… 3
電気分解…………………………573
電気力線…………………………187
点光源による照度計算…………597
磁ネルギー………………………214
電磁気エネルギー……………… 68
電子ビーム加熱…………………568
電磁誘導…………………………210
伝達関数…………………………276
電動機の効率……………………497
電動機の使用……………………518
電動機の速度変動率……………497
電動機の定格……………………519
電動機の熱特性…………………515
点灯装置…………………………113
伝導伝熱………………………… 82
天然ガス………………………… 52
電流力計形………………………318
電流源……………………………242
電流効率…………………………575
電流浸透深さ……………………560
電力半減深度……………………566
電気需要平準化評価原単位…… 44
等価変換…………………………277
同期インピーダンス……………438
同期角速度………………………413
同期調相機………………………433
等速円運動……………………… 77
銅損………………………………391
動程………………………………590
特性根……………………………290
特定エネルギー消費機器……… 32
特定関係機器…………………… 32

667

特定事業者……………………… 5
特定熱損失防止材料…………… 34
特定連鎖化事業者……………… 11
特別高圧………………………352
突極形…………………………426
突極機…………………………429
トップランナー………………… 58
ド・モルガンの法則 …………306
トライアック…………………460
トルク…………………… 413, 504

ナ行

内部位相角……………………427
内燃機関………………………496
二次遅れ要素…………………284
二次銅損………………………416
入射角余弦の法則……………596
入出熱法………………………… 93
認定管理統括事業者…………… 18
熱………………………………… 2
熱エネルギー………………… 68
熱機関………………………… 96
熱源装置………………………616
熱交換器………………………… 94
熱時定数………………………517
熱抵抗………………………… 83
熱電形…………………………318
熱伝導…………………………552
ネットワークプロテクタ………356
ネットワークリレー…………356
熱の損失の防止………………… 28
熱反射ガラス…………………128
熱プラズマ……………………111
熱力学の第一法則……………… 81
熱力学の第二法則……………… 81
熱量…………………………… 79

年間熱負荷係数………………634
燃焼ガス量…………………… 92
燃料…………………………… 2
ノートンの定理………………237

ハ行

背圧タービン…………………140
排ガス中の残存酸素量………120
ばいじん………………………133
排他的論理和…………………305
バイポーラトランジスタ………461
倍率器…………………………322
白熱電球………………………592
はずみ車効果…………………506
発電制動………………………503
バランサ………………………358
パワーMOSFET ………………461
パワートランジスタ…………461
判断基準……………………… 4
反復使用………………………518
反復負荷連続使用……………519
反復定格………………………520
ピークカット………………… 69
ピークシフト………………… 69
ヒートパターン………………132
ヒートポンプ………… 118, 621
ビオ・サバールの法則 ………199
光エネルギー………………… 68
光トリガサイリスタ…………460
ヒステリシス損………………390
ヒステリシスループ…………390
ひずみ波回路…………………262
ひずみ率………………………264
ビット…………………………299
非突極形………………………426
非突極機………………………427

比熱	79	平均演色評価数	591
百分率同期インピーダン	438	平等分布負荷	376
表皮効果	560	平均放射温度	634
漂遊負荷損	391, 392	ベクトルオペレータ	252
比例推移	417	変圧器の最大効率	393
ピンチ効果	565	変圧器の平行運転	394
ファラデー定数	574	変位	75
ファラデーの法則	210, 574	偏位法	311
ファンの風量制御	109	偏差	267
フィードバック制御	266	変風量システム	118
フィードフォワード制御	266	変風量方式(VAV)	616
風圧曲線	542	変揚程制御	118
負荷機械	145	変流比	322
負荷曲線	373	変流量システム	118
負荷損	391	放射状(樹枝状)方式	354
負荷特性	508	放射束	588
負荷分担	396, 398	放射伝熱	82, 553
負荷率	105, 374	膨張	96
複素アドミタンス	221	飽和温度	93
複素電力	230	飽和曲線	624
不等率	106, 374	補機損	392
不平衡三相負荷	257	保健用空調	613
ブラシレス	426	ポンプの可変速運転	539
プラズマ加熱	565	ポンプの流量制御	108
フラッシュ蒸気	96		
ブリッジの平衡条件	333		

マ行

フルビッツの安定判別方法	296	
フレミングの左手の法則	204	マイクロ波加熱	112, 566
フレミングの右手の法則	211	巻上機	534
ブロック線図	276	巻数比	323
ブロンデルの定理	327	巻線形回転子	411
分解電圧	573	摩擦制動	503
分極電圧	573	末端負荷	375
分極の強さ	193	右ねじの法則	201
ぶんさんほうしき	616	水電解	580
分流器	321	メタルハライドランプ	595
		モリエ線図	620

ヤ行

誘電加熱	111, 562
誘電分極	192
誘電率	187
誘導加熱	111, 560
誘導形	318
誘導起電力	445, 447
誘導性リアクタンス	220
誘導電動機	512
誘導電動機の始動方式	501
誘電損率	563
揚程曲線	540
容量性リアクタンス	220
余剰エネルギー	45

ラ行

ラウスの安定判別法	291
ラピットスタート	594
ラプラス変換	270
ランキンサイクル機関	97
ランプ応答	284
ンプ効率	590
ランベルトの余弦則	598
リアクトル始動方式	502
力学エネルギー	67
力率改善	106
リジェネレイティブバーナ	148
理想気体の状態式	80
硫酸ミスト	96
流体機械	145
通流率	470
ループ(環状)方式	355
零位法	311
励磁電流	385
冷凍サイクル	621

レーザ加熱	569
レギュラネットワーク方式	353
連鎖化事業	11
連続使用	518
連続定格	519
レンツの法則	210
論理積	305
論理否定	305
論理和	305

ワ行

ワードレオナード方式	452

── 著 者 略 歴 ──

佐藤 義美（さとう よしみ）

1980年　設計会社 入社
　　　　工場電気設備の設計・施工監理業務に従事
1985年　複写機メーカー 入社
　　　　国内生産事業所の建設・改修に伴う建築設備の計画・
　　　　予算管理及び施工監理業務や海外生産事業所のISO
　　　　14001における定期監査及び「エネルギー管理技術」
　　　　の技術指導に従事
　現在，電験・エネルギー管理士受験指導及びエネルギー関連
のコンサル業務に従事

　主な取得資格　エネルギー管理士（熱・電気）
　　　　　　　　第1種電気主任技術者
　　　　　　　　第1種電気工事士

© Yoshimi Sato 2019

スッキリわかるエネルギー管理士電気分野

2019年10月25日　　第1版第1刷発行

著　者　　佐　藤　義　美
発行者　　田　中　久　喜
発　行　所
株式会社 電気書院
ホームページ　wwws.denkishoin.co.jp
（振替口座　00190-5-18837）
〒101-0051　東京都千代田区神田神保町1-3ミヤタビル2F
電話(03)5259-9160／FAX(03)5259-9162

印刷　創栄図書印刷株式会社
Printed in Japan／ISBN978-4-485-21222-6

- 落丁・乱丁の際は，送料弊社負担にてお取り替えいたします．
- 正誤のお問合せにつきましては，書名・版刷を明記の上，編集部宛に郵送・FAX（03-5259-9162）いただくか，当社ホームページの「お問い合わせ」をご利用ください．電話での質問はお受けできません．また，正誤以外の詳細な解説・受験指導は行っておりません．

JCOPY 〈出版者著作権管理機構 委託出版物〉

本書の無断複写（電子化含む）は著作権法上での例外を除き禁じられています．複写される場合は，そのつど事前に，出版者著作権管理機構（電話：03-5244-5088，FAX：03-5244-5089，e-mail：info@jcopy.or.jp）の許諾を得てください．また本書を代行業者等の第三者に依頼してスキャンやデジタル化することは，たとえ個人や家庭内での利用であっても一切認められません．

書籍の正誤について

万一，内容に誤りと思われる箇所がございましたら，以下の方法でご確認いただきますようお願いいたします．

なお，正誤のお問合せ以外の書籍の内容に関する解説や受験指導などは**行っておりません．**このようなお問合せにつきましては，お答えいたしかねますので，予めご了承ください．

正誤表の確認方法

最新の正誤表は，弊社Webページに掲載しております．「キーワード検索」などを用いて，書籍詳細ページをご覧ください．

正誤表があるものに関しましては，書影の下の方に正誤表をダウンロードできるリンクが表示されます．表示されないものに関しましては，正誤表がございません．

弊社Webページアドレス
http://www.denkishoin.co.jp/

正誤のお問合せ方法

正誤表がない場合，あるいは当該箇所が掲載されていない場合は，書名，版刷，発行年月日，お客様のお名前，ご連絡先を明記の上，具体的な記載場所とお問合せの内容を添えて，下記のいずれかの方法でお問合せください．
回答まで，時間がかかる場合もございますので，予めご了承ください．

　郵送先　〒101-0051
東京都千代田区神田神保町1-3
ミヤタビル2F
㈱電気書院　出版部　正誤問合せ係

　ファクス番号　**03-5259-9162**

ネットで問い合わせる　弊社Webページ右上の「**お問い合わせ**」から
http://www.denkishoin.co.jp/

お電話でのお問合せは，承れません

(2015年10月現在)